KB266428

자연은 왜 이토록 단순하면서도 아름다운가

자연은 왜 이토록 단순하면서도 아름다운가

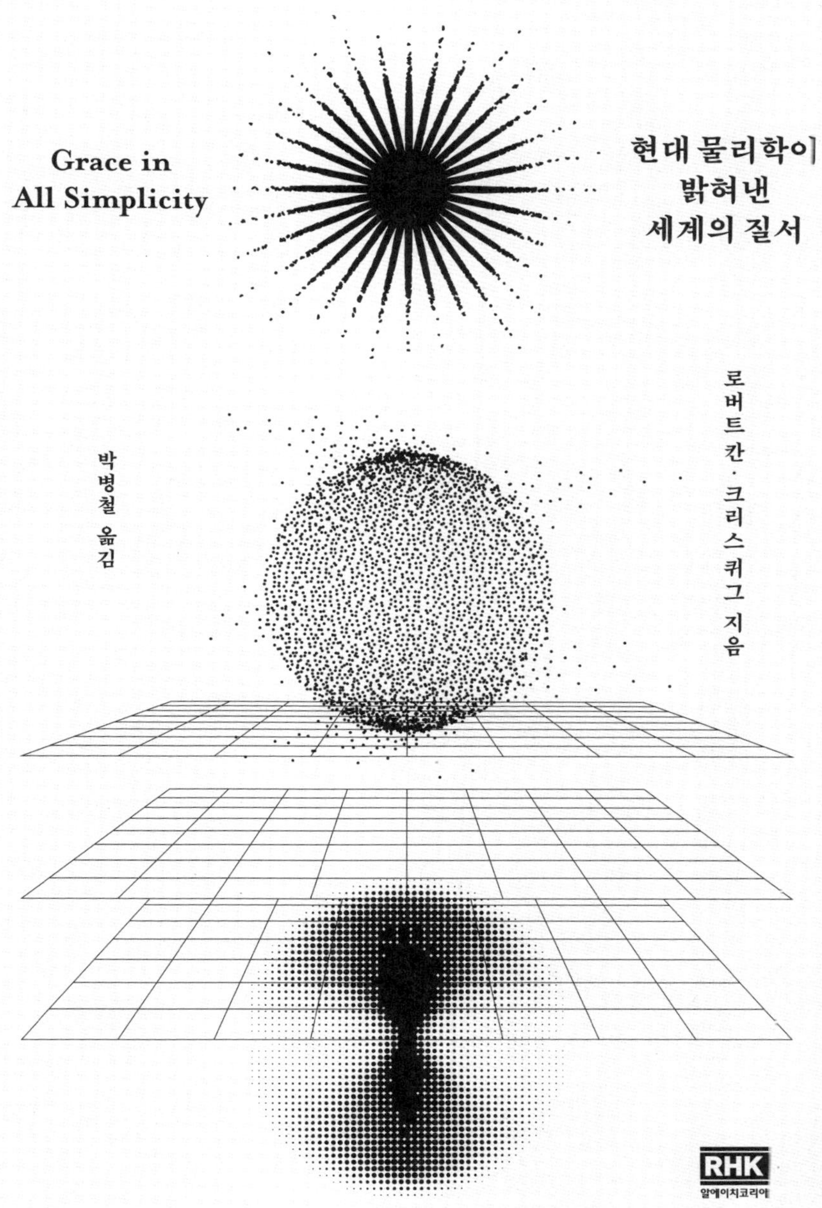

Grace in
All Simplicity

현대 물리학이
밝혀낸
세계의 질서

박병철 옮김

로버트 칸·크리스 퀴그 지음

RHK
알에이치코리아

과학을 통해 삶의 풍요로움을 추구하는
모든 동료, 스승, 제자들에게
그리고 자연을 경이로운 눈으로 바라보는 이들 모두에게
이 책을 바친다.

추천의 글

물리학자들이 자연의 기본 법칙을 발견해온 현장을 가장 가까이에서 생생하게 보여준다. 아이러니하게도 인간이 우주의 비밀을 밝혀온 과정은 단순하지도, 우아하지도 않지만 보는 이의 마음을 완전히 사로잡는 매력이 있다.

스티븐 추, 노벨 물리학상 수상자·스탠퍼드대 물리학과 교수

물리계의 작동 원리를 밝혀온 물리학자들의 창의적인 실험 이야기를 흥미진진하고도 생동감 넘치게 들려주고 있다. 물론 그들이 발견한 우주의 법칙도 실험 못지않게 기발하고 경이롭다. 입자물리학과 우주론의 드라마틱한 발전사가 당대를 살아온 과학자의 시선에서 생생하게 펼쳐진다.

솔 펄머터, 노벨 물리학상 수상자·UC 버클리 물리학과 교수

우주 삼라만상을 설명하는 가장 근본적인 이론을 찾기 위해 고군분투해온 과학자들의 이야기가 빼곡하게 담겨 있다. 마지막 장 '가장 이상적인 우주?' 하나만으로도 이 책은 읽을 가치가 충분하다.

윌리엄 콜글레이저, 전 미국 국무장관 과학기술 자문위원

현대과학의 역사를 비롯하여 그 역사를 만든 인물과 실험, 그들의 성공과 실패담, 이 모든 것의 형이상학적 주해가 한 편의 장편 서사시처럼 펼쳐져 있다. 이 놀랍도록 사색적이고 교훈적인 책을 읽다 보면 칸과 퀴그가 전하는 어메이징 그레이스 amazing grace가 들려오는 듯하다.

제임스 게이츠 주니어, 이론물리학자·미국 국립과학훈장 수상자

"우주는 무엇으로부터 탄생했는가?"라는 궁극의 질문을 탐구해온 최고 물리학자들의 위대한 이야기.

에드워드 터프트, 통계학자·예일대 명예교수

우주의 근본 법칙을 알아내기 위해 열정과 능력을 쏟아부은 전 세계 과학자들의 파란만장했던 일대기와 함께 그들에게 보내는 최고의 찬사가 담겨 있다. 우리 존재에 대한 호기심에서 출발하여 시간과 공간의 속박에서 벗어나 기어이 진실에 도달한 그들의 이야기가 장엄하게 펼쳐진다. 과학에서는 분야 간 협동이 개인의 창의력 못지않게 중요하다는 사실을 다시 한번 일깨워주는 책이다.

〈커커스 리뷰〉

지난 100여 년에 걸쳐 물리학자와 우주론학자들이 발견한 경이로운 세계로 우리를 데려다준다.

지노 세그레, 펜실베이니아대 물리학과 교수

로버트 칸과 크리스 퀴그는 복잡다단한 과학의 기본 개념을 일상적인 언어로 풀어내는 탁월한 재능을 갖고 있다. 이들의 책을 읽다 보면 궁금했던 것들이 명쾌하게 이해되면서 또 다른 호기심이 떠오른다. 이 책의 어떤 부분을 읽어도, 더 알고 싶은 욕구가 끓어오를 것이다.

그레일 마커스, 문화평론가

읽는 이의 상상력을 사정없이 자극하면서 신비한 개념의 세계로 안내하는 가이드북이다. 여러 세대에 걸친 과학자들이 친숙한 세계의 저변에 깔린 기이한 특성을 어떻게 찾아내고 그것을 어떻게 이해했는지, 명쾌한 필체로 흥미롭게 풀어놓았다. 경이로움과 재미를 모두 맛볼 수 있는 훌륭한 책이다.

매들린 내시, 전 〈타임〉 과학전문기자

학술적이지만 누구나 이해할 수 있는 스토리텔링으로 과학적 모험담과 사람 사는 이야기를 하나로 엮은 책이다. 평생 진리를 추구해온 물리학자들의 삶도 우아하지만, 그들이 발견한 자연의 법칙도 그 못지않게 우아하다. 이 책은 자연의 진리를 추구하는 과학자들뿐만 아니라 과학을 좋아하는 독자들에게도 최고의 안내서가 되어줄 것이다.

데이비드 살츠버그, UCLA 물리학과 교수

　　자연은 왜 이토록 단순하면서도 아름다운가

과거와 현재의 수많은 과학자들이 펼치는 모험 이야기. 혁신적인 아이디어, 놀라운 장비, 매혹적인 사람들의 이야기를 들려줌으로써 우리 주변의 우주에 대한 이해에 한 걸음 더 다가가게 해준다. 독자들은 두 물리학자의 목소리를 통해 과학의 황금기를 여행하게 될 것이다.

김영기, 시카고대 물리학과 석좌교수·전 미국물리학회 회장

칸과 퀴그는 과학자들이 어떻게 노력하고 성장하며 앞으로 나아가는지를 생생한 이야기로 들려준다. 이 책 속에서 진리와 아름다움은 나란히 어우러진다.

이기명, 고등과학원 명예교수·국가석학

저자들은 물리학의 위대한 발견들을 흥미로운 이야기로 풀어낸다. 과학적 통찰과 숨은 뒷이야기를 함께 담아, 복잡한 개념을 누구나 즐길 수 있는 문학적 서사로 빚어낸다. 물리학을 쉽고도 매혹적으로 보여주는 이 책은 학생과 물리학자뿐 아니라 물리학에 관심 있는 일반 독자들에게도 깊은 영감을 선사할 것이다.

고병원, 고등과학원 양자우주센터 시니어 펠로

이 책의 목적은 우주에서 우리의 위치를 파악하고, 새로운 사실을 발견해온 사람들을 통해 과학의 본질과 의미를 조명하는 것이다. 책에 실린 내용 중에는 새로운 진실이 발견되기까지 수많은 사람들이 거쳐온 모험담도 있고, 아직 답을 찾지 못한 수수께끼도 있다. 오늘날 물리학자와 천문학자들은 수수께끼의 답을 찾기 위해 1조×1조 분의 1미터에서 우주 전체에 이르는 다양한 규모의 공간을 탐험하고 있으며, 1조×1조 분의 1초에서 우주의 나이보다 긴 시간에 이르는 다양한 시간 간격을 머릿속에 그리면서 우주의 근본 원리를 찾고 있다. 일상사를 떠나 다른 규모의 세상으로 들어가려면 인간의 무딘 감각을 보완하는 새로운 도구를 고안하고, 기존의 틀에서 벗어나는 파격적 사고에 익숙해져야 한다.

지금부터 자연의 새로운 법칙을 찾기 위해 고군분투했던 과학자들의 파란만장한 여정을 따라가 보자. 이 길은 산꼭대기와 동굴, 그리고 지구에서 가장 추운 곳을 거쳐 우주의 가장 먼 곳까지 숨 가쁘게 이어질 것이다. 책을 끝까지 후루룩 넘겨본 사람은 알겠지만, 이 책에는 골치 아픈 방정식도, 난해한 표나 그림도 없다. 번거로운 각주와 후주도 없다! 그냥 공원을 산책하듯 가벼운 마음으로 발걸음을 떼기만 하면 된다. 우리 여행의 백미는 도중에 만나는 사람들이다. 이들은 주로 지난 50년 사이에 활동했던 과학자들이지만, 더 오래전에 활동했던 사람도 종종 마주치게 될 것이다. 위대한 발견을 이룬 사람들이 모두 위대한 과학자로 남은 것은 아니다. 개중에는 과학을 전공하지 않은 아마추어도 있고, 옆집 아저씨 같은 보통 사람과 평범한 사고를 거부한 괴짜, 공연자들도 있으며, 의외로 지극히 내성적인 사람도 있다.

이 책은 과학 세계를 탐험하는 독자들의 가이드가 되어줄 것이다. 우리의 여정은 "시대순"이 아니라 "추천순"으로 진행된다. 예를 들어 힉스보손Higgs boson(모든 입자에 질량을 부여하는 입자) 이야기가 나오면, 이와 관련하여 우주 공간을 가득 메우고 있을 것으로 추정되는 미지의 암흑물질dark matter과 아직도 베일에 싸인 암흑에너지dark energy로 옮겨가는 식이다. 이 과정에서 독자들은 물질과 힘의 특성을 서술하는 일련의 이론을 접하게 될 텐데, 논리체계는 매우 단순하고 우아하지만 전체적인 그림은 아직 완성되지 않은 상태다. 또 이 책을 읽다 보면 새롭고 기이한 이론이 언제든지 나타날 수 있으니, 마음의 준비를 단단히 하기 바란다. 그렇다고 미리 겁먹을 필요는 없다. 굳이 음악가가 아니어도 교향곡을 감상할 수 있듯이, 전문 과학자가 아니어도 여행을 충분히 즐길 수 있다. "궁금한 것을 참지 못하는" 호기심만 있으면 된다.

우리의 첫 번째 정거장은 이탈리아와 스위스의 국경지대다. 이곳의 한 깊은 계곡에서 세 명의 젊은이가 번개를 이용하여 원자atoms를 쪼개는 실험을 하기 위해 복잡한 전선을 연결하고 있다. 과연 이들은 최초로 원자핵을 분리한 사람으로 역사에 남을 것인가? 아니면 최초의 입자가속기particle accelerator를 만들어서 큰 상을 받게 될 것인가?

두 번째로 방문할 곳은 18세기 런던이다. 이곳에서는 유서 깊은 구호기관인 차터하우스Charterhouse로부터 기초연금을 받으며 근근이 살아가는 스티븐 그레이Stephen Gray가 정전기를 비롯하여 도체와 부도체의 특성을 연구하고 있다. 또한 그는 전신電信, telegraph의 개념을 최초로 떠올린 사람이기도 하다.

제1차 세계대전이 발발하기 직전에 원자핵을 최초로 발견했던 어니스트 러더퍼드Ernest Rutherford의 연구실도 방문할 예정이다. 그 후 젊은 물리학자 헨리 모즐리Henry Moseley는 각 원자핵의 양전하를 측정하는 방법을 개발하여 드미트리 멘델레예프Dmitrii Mendeleev가 만들었던 주기율표를 개선했고, 그때까지 발견되지 않았던 원소 네 개의 존재를 예측했다.

항상 짙은 안개에 뒤덮여 있는 스코틀랜드 최고봉 벤네비스Ben Nevis의 정상에서 1911년에 찰스 윌슨Charles T. R. Wilson이 실행했던 유명한 실험도 재현해볼 것이다. 그가 발명한 안개상자cloud chamber는 외계에서 날아온 우주선宇宙線, cosmic ray, 우주에서 지구로 쏟아지는 고

에너지 입자와 방사선의 총칭을 비롯한 새로운 입자의 흔적을 선명하게 보여주면서, 물질 연구의 새로운 장을 열었다. 알프스와 안데스산맥에 설치한 안개상자에는 새롭고도 기이한 입자들이 수시로 포착되었으며, 그 후 발명된 입자가속기 안에서는 전기 전하를 띤 하전입자들이 무더기로 발견되었다. 그런데 이 많은 입자를 자세히 들여다보니, 한 가지 또렷한 패턴이 존재했다. 모든 입자들이 "쿼크quark"라는 기본입자로 이루어져 있다고 가정하면, 이들의 특성을 논리정연하게 설명할 수 있었던 것이다단, 전자와 뉴트리노는 예외다. 한 가지 이상한 점은 "혼자서 돌아다니는 단일 쿼크"가 아직 한 번도 발견되지 않았다는 것이다. 적어도 지금까지는 그렇다…….

이 책이 안내하는 대로 따라가다 보면, 쿼크라는 입자가 (조금 과장해서) 거의 만질 수 있을 정도로 가까워졌던 역사적인 날도 방문할 수 있다. 맵시쿼크charm quark와 반맵시쿼크anti-charm quark로 이루어진 입자가 실험실에서 발견되어 1974년 11월 11일에 논문으로 발표되었던 바로 그날이다.이 입자의 이름은 "제이-프시 중간자J/Ψ meson"다.

반입자antiparticle의 특성을 이해하려면 영국의 물리학자 폴 디랙Paul Dirac이 전자의 거동을 서술하는 간단한 방정식을 유도했던 1928년으로 돌아가야 한다. 오늘날 "디랙 방정식Dirac equation"으로 알려진 이 한 줄짜리 방정식에는 전자와 빛(광자) 사이의 상호작용과 반전자positron(전자의 반입자)의 의미가 함축되어 있다. 또한 디랙 방정식은 양자전기역학quantum electrodynamics, QED이라는 극적인 물리학 스토리의 각본이 되었는데, 6막이 지나면 QED로 계산

 자연은 왜 이토록 단순하면서도 아름다운가

된 값과 실험으로 얻은 값 사이의 차이는 1조 분의 1 이하로 줄어든다.

물리계의 대칭symmetry과 보존법칙 사이의 관계를 수학적으로 증명한 독일의 여성 수학자 에미 뇌터Emmy Noether의 업적도 빼놓을 수 없다. 그 후 헤르만 바일Hermann Weyl은 이와 비슷한 논리를 이용하여 양자역학Quantum Mechanics에 내재된 대칭성이 전자기력electromagnetic force과 연결된다는 사실을 증명했고, 그 덕분에 물리학자들은 자연을 더욱 깊은 수준에서 이해할 수 있게 되었다.

쿼크 가설이 처음 제기되었을 때는 이론 자체가 너무 단순해서 사실일 가능성이 거의 없어 보였고, 그 단순한 입자들이 모여서 실제 입자가 만들어지는 과정을 설명할 수도 없었다. 쿼크의 역할을 제대로 이해하려면 "색color, 실제 색이 아님"이라는 개념을 도입해야 한다. 여기에 뇌터의 논리를 적용하면 색에 존재하는 대칭은 "쿼크를 단단히 결합시켜서 혼자 돌아다니지 못하도록 방지하는 힘"의 존재를 암시한다. 여기서 탄생한 이론이 바로 양자색역학quantum chromodynamics, QCD이다.

오스트리아 태생의 미국 물리학자 볼프강 파울리Wolfgang Pauli는 이로부터 놀라운 사실을 발견했다. 특정 원소가 전자 한 개를 방출하고 주기율표에서 바로 옆에 있는 다른 원소로 변할 때, 에너지가 보존되지 않는 것처럼 보인 것이다. 어떤 경우에도 에너지는 보존되어야 한다고 굳게 믿었던 파울리는 사라진 에너지가 눈에 보이지 않는 입자에 실려서 방출된다는 가설을 내놓으면서, "어떤 장치를 동원해도 그 입자는 절대 보이지 않을 것"이라고 장담했다. 이 입자는 훗날 발견되어 뉴트리노neutrino로 명명되었다. 그 후 이탈리아 태생의 미국 물리학자 엔리코 페르미Enrico Fermi는 파울리의 가설에 디랙의 이론을 결합하여 새로운 이론을 구축하게 된다.

생소한 입자의 세계에서 잠시 벗어나, 1911년에 지구에서 가장 낮은 온도에 도달했던 네덜란드의 대학도시 레이던Leiden도 방문할 예정이다. 이곳에서 헤이커 카메를링 오너스Heike Kamerlingh Onnes는 절대 영도(0K)보다 4.2K 높은 섭씨 −269도에서 헬륨을 액화시켜 극저온 물질의 특성을 연구하던 중, 수은의 전기저항이 0으로 사라져 전류가 영원히 흐르는 기적 같은 현상을 발견했다. 그렇다, 그는 초전도 현상superconductivity을 최초로 발견한 주인공이다! 그 후 1950년대에 미국 벨 연구소Bell Labs의 테드 게발Ted Geballe과 베른트 마티아스Bernd Matthias는 초전도성을 이용하여 초강력 자석을 만드는 데 성공했다.

엔리코 페르미의 약한 상호작용 이론theory of weak interactions은 간단한 수정을 거친 후 근 30년 동안 명맥을 유지했다. 그러나 6막까지 진행된 양자전기역학과 달리 1막을 넘기지 못한 채 지지부진하다가, 초전도성에 영감을 얻어 후속 이론이 등장하게 된다. 이 이론을 구축했던 스티븐 와인버그Steven Weinberg와 셸던 글래쇼Sheldon Glashow, 그리고 압두스 살람Abdus Salam은 자연에 숨어 있는 대칭성에 의해 상호작용(힘)의 형태가 결정된다는 사실을 발견했다. 그리고 이들이 구축한 약전자기 이론electroweak theory, 약력과 전자기력을 하나의 체계로 통일한 이론은 약력weak force(약한 상호작용)이라는 새로운 힘과 함께 힉스보손의 존재를 예견했다.

그런데 물리학자들은 이 모든 이론을 어떻게 검증할 수 있었을까? 해결사는 유럽핵입자물리연구소CERN에 있는 대형 강입자 충돌기Large Hadron Collider, LHC였다. 둘레가 무려 27킬로미터에 달하는 이 초대형 가속기는 와인버그를 포함한 삼인조가 몬테 제네로소Monte Generoso에서 시도했던 것보다 훨씬 빠르고 매끈한 방법으로 고에너지에 도달할 수 있다. LHC에 주입된 양성자는 거의 빛의 속도로 내달리면서 6조 8000억 전자볼트(eV)라는 엄청난 에너지를 갖게 된다.

과학자들은 인간의 감각 영역을 확장하는 감지장치가 발명될 때마다 중요한 발견을 이루어냈다. 원자보다 작은 입자의 상호작용을 보여주는 안개상자와 거품상자가 그 대표적 사례다. 물론 장치의 성능이 아무리 떨어져도 사람의 눈은 전자기기의 감지 능력을 따라가지 못한다. 디지털 혁명을 선도했던 마법의 실리콘은 입자물리학particle physics의 판도까지 바꿔놓았다. 그러나 안개상자와 거품상자의 위력은 후대에 충실하게 전수되었고, 데이비드 니그렌David Nygren은 이 장치를 업그레이드하여 입자의 궤적을 3차원적으로 보여주는 시간투영상자Time Projection Chamber를 발명했다.

번뜩이는 영감과 혁신은 전혀 예상하지 못했던 곳에서 발현되곤 한다. 우리 세대에 미국 어린이의 대부분은 메이저리그 스타가 되기를 꿈꿨지만, 사실상 이것은 실현 불가능한 꿈이었다. 그러나 "올스타 베이스볼All-Star Baseball"이라는 보드게임이 나온 후로, 아이들은 간단히 게임판을 돌리면서 전설의 타자 베이브 루스Babe Ruth를 비롯한 야구 영웅들의 환상적인 공격력을 스스로 재현할 수 있게 되었다. 메이저리그 출신 이선 앨런Ethan Allen이 발명한 이 확률 게임은 야구 경기를 실제와 거의 비슷하게 시뮬레이션함으로써, 일류 야구선수가 되지 못한 아이들에게 또 다른 형태의 만족감을 선사했다. 물리학도 마찬가지다. 입자물리학과 금융이론에 지대한 공헌을 했던 몬테카를로 시뮬레이션Monte Carlo simulation은 우리가 그 이름을 알기 훨씬 전부터 사용되어온 계산법이다.

1960년대부터 입자물리학자들은 강한 핵력strong nuclear force(강력)과 약한 핵력weak nuclear force(약력), 그리고 전자기력의 배후에 눈에 보이지 않는 대칭성이 존재한다고 굳게 믿어왔고, 이 믿음은 뉴트리노와 전자의 상호작용 및 고에너지 충돌 실험을 통해 점점 더 확고해졌다. 그러나 약전자기 이론에서 예견된 힉스보손은 여전히 발견되지 않은 채 사람들의 애간장만 태우다가, 2012년 7월 4일에 LHC를 이용한 두 개의 실험에서 드디어 그 흔적이 발견되었다. 그것은 정말로 힉스보손이었을까? 힉스보손이 맞다면 우리는 그로부터 무엇을 알 수 있으며, 다음에는 또 어떤 입자가 발견될 것인가?

기본입자와 이들 사이의 힘을 서술하는 이론은 거의 완벽한 것 같다. 그래서 입자물리학자들은 이런 질문을 수시로 떠올린다. "이제 종착지에 도착했는가?" 원자보다 작은 미시세계만 고려한다면 그럴 수도 있지만, 거시적인 우주까지 고려하면 천만의 말씀이다. 지금의 물리학 이론으로 설명되는 것은 우주라는 거대한 콘텐츠의 5퍼센트밖에 안 된다.

우주는 빅뱅Big Bang이라는 초대형 폭발을 거쳐 탄생했고, 이 엄청난 사건의 잔해는 지금도 마이크로파 우주배경복사cosmic microwave background, CMB의 형태로 우주 전역에 퍼져 있다. 우주배경복사가 발견되고 30년이 지난 후, 조지 스무트George Smoot의 연구팀은 우주 초기(사람으로 치면 탄생 1일 차)에 존재했던 미세한 얼룩을 재현하는 데 성공했다. 이것은 온도가 주변과 10만 분의 1쯤 차이 나는 지역으로, 현재의 우주를 낳은 씨앗에 해당한다. 이로써 우주론은 포괄적인 서술을 벗어나 구체적인 수치로 진행되는 양적 과학量的科學, quantitative science이 되었다.

우주는 지금도 팽창하고 있지만, 중력은 팽창을 방해하는 쪽으로 작용한다. 그렇다면 우주는 중력 때문에 팽창 속도가 점차 느려지면서도 영원히 팽창할 것인가? 아니면 허공으로 던진 공이 다시 아래로 추락하듯 어느 순간부터 팽창을 멈추고 수축할 것인가? 새뮤얼 펄머터Samuel Perlmutter의 팀을 비롯한 여러 연구팀은 이 문제를 파고든 끝에, 한결같이 "둘 다 아니다!"라는 결론에 도달했다. 우주에 존재하는 에너지의 절반 이상은 팽창을 가속화하는 쪽으로 작용한다. 그런데 이 에너지는 어떤 물체에도 대응되지 않기 때문에, 암흑에너지라는 모호한 이름으로 불리고 있다. 게다가 우주에 존재하는 물질의 80퍼센트는 어떤 관측 장비에도 감지되지 않는 암흑물질이다. 간단히 말해서, 우주의 대부분이 완전한 미지未知로 남아 있다는 이야기다.

우리의 여정은 반세기 전에 구소련의 물리학자 안드레이 사하로프Andrei Sakharov가 떠올렸던 심오한 질문을 제기하는 것으로 마무리된다. 우주는 왜 텅 비지 않고, 무언가가 존재하게 되었는가?

처음에 물질matter과 반물질antimatter의 양이 같았다면 완벽하게 상
쇄되어 무無의 우주가 되었을 텐데, 우리의 우주는 왜 그런 길을 가
지 않았는가? 사하로프는 물질의 영속성에 대한 세 가지 기준을
제시했는데, 이 기준은 지금도 현대 우주론의 길을 안내하는 길잡
이 역할을 하고 있다.

지금까지 언급된 내용은 이 책의 일부에 불과하다. 기발한 실험
이나 번뜩이는 통찰력으로 한 가지 문제를 해결하면 어김없이 또
다른 문제가 등장하여 발목을 잡고…… 우리의 여정은 갈수록 험
난해진다. 만물의 기본단위라는 쿼크를 이미 발견했는데, 우주는
왜 아직도 미지의 물질로 가득 차 있는 것일까? 암흑에너지와 암
흑물질의 정체는 과연 무엇일까?

물리학은 지난 수백 년 사이에 그야말로 장족의 발전을 이루었
다. 그러나 가장 뛰어난 이론으로 알려진 입자물리학의 "표준모형
standard model"에는 입자의 질량과 상호작용의 세기 등 이론으로 결
정할 수 없는 변수가 무려 20여 개나 된다. 우리가 매일 겪고 있는
일상적인 세계의 특성은 바로 이 변수들로부터 결정된 것이다. 이
들은 왜 지금과 같은 값을 갖게 되었을까? 지금으로선 알 길이 없
다. 변수의 값을 조금만 바꿔도 우리의 우주는 완전히 다른 세상이
된다. 우리가 태생적으로 운이 좋았던 것일까? 지금의 우주는 이
론적으로 가능한 수많은 우주 중에서 가장 좋은 우주일까? 이 단
계에 이르면 물리학은 형이상학과 섞이기 시작하지만, 바로 전 단
계까지는 분명히 과학적인 질문이며 그 답은 오직 새로운 탐험과
발견을 통해서만 얻어질 수 있다. 한 가지 놀라운 사실은 우리가

더 많이 알고 더 많은 것을 이해할수록, 그에 대한 설명은 더 만족
스러우면서도 더욱 단순해져 왔다는 점이다. 그렇다, 단순한 것은
우아할 뿐만 아니라 그 안에 아름다움과 진리를 내포하고 있다.

$$\boxed{1장}$$

원자 쪼개기 : 1927년

유럽에 뇌우가 몰아치는 날은 1년 중 평균 11일에 불과하지만, 이
탈리아와 스위스의 접경지역에 있는 몬테 제네로소Monte Generoso
에서는 이틀에 하루꼴로 기막힌 풍경이 펼쳐진다. 오후 한때 진하
고 두꺼운 구름이 몰려오면 1500미터 아래에 있는 루가노 호수
Lake Lugano가 보라색으로 물들고, 잠시 후 한 줄기 번개가 목구멍을
넘어가는 한 잔의 그라파grappa, 이탈리아산 브랜디처럼 짜릿한 충격을
안겨준다.

천둥소리는 산길을 따라 웅장하게 울려 퍼지고, 떨어지는 빗방
울은 착지점의 재질(나뭇잎, 줄기, 땅바닥, 인공건축물 등)에 따라
각기 다른 소리를 내며 자연의 교향곡을 들려준다. 그리고 이튿날
아침이 되면 공기가 깨끗해져서, 거의 100킬로미터 떨어진 마터
호른Matterhorn, 스위스와 이탈리아의 국경에 있는 페나인 알프스산맥의 최고봉. 허

발 4478미터의 송곳니가 선명하게 모습을 드러낸다. 가끔은 남서쪽으로 160킬로미터 거리에 있는 몬테 비소산Monte Viso이 보일 때도 있다.

1927년에 제네로소산을 방문한 사람들은 또 다른 이유로 뇌우의 위력을 실감했다. 그곳에는 산 정상에서 고도 150미터 아래 능선 끝까지 약 800미터에 이르는 구간에 걸쳐 철제 케이블로 짠 그물이 설치되어 있는데, 밤이 되면 청록색 빛의 코로나가 그물 주변으로 몇 미터까지 뻗어 나가면서 오로라aurora borealis(극광)를 방불케 하는 장관을 연출했고, 폭풍이 치는 날에는 그물 근처에서 거의 1초에 한 번씩 엄청난 굉음이 터져 나왔다. 현장에 나갔던 〈뉴욕타임스〉 기자는 이 광경을 목격하고 "구름 위에서 거대한 기관총이 일제사격을 퍼붓는 것 같았다"고 했다.

이곳에서 여름을 보낸 사람들은 아페리티프apéritif, 식전주를 음미하면서, 베를린에서 날아와 실험을 진두지휘하는 세 명의 청년에 대해 이런저런 이야기를 나누었다. 오로라 같은 섬광과 속사포처럼 터지는 천둥소리의 정체는 과연 무엇일까? 날씨를 인공적으로 조절하는 실험이라도 하는 것일까? 아니면 번개에서 에너지를 얻으려는 것일까? 사람들 사이에서는 "세 명의 독일 젊은이들이 석탄과 석유를 대신할 에너지를 원자에서 추출하고 있다"는 소문이 떠돌고 있었다.

아르노 브라슈Arno Brasch와 프리츠 랑게Fritz Lange, 그리고 쿠르트 우르반Kurt Urban은 그들 나름대로 유명세를 즐기면서 원자력 에너지에 대해 많은 이야기를 나누었다. 사실 원자력 에너지는 어니스

   자연은 왜 이토록 단순하면서도 아름다운가

트 러더퍼드의 실험이 알려진 20세기 초부터 과학자들 사이에 끊임없이 회자되어온 문제였다. 당시 러더퍼드와 23세의 젊은 화학자 프레더릭 소디Frederick Soddy는 스스로 빛을 발하는 라듐원소를 바라보며 화학반응보다 훨씬 강력한 무언가가 진행되고 있음을 깨달았다. 그것은 원소의 원자핵에 변형이 일어나면서 특정 원소가 다른 원소로 변환되는 매우 특별한 과정이었다.

원자력 에너지를 추출하는 것이 몬테 제네로소 과학자들의 당면 과제는 아니었지만, 이들의 기이한 행동 때문에 떠돌기 시작한 소문에는 어느 정도 진실이 담겨 있었다. 세 명의 젊은 물리학자는 그 옛날 벤저민 프랭클린Benjamin Franklin이 목숨을 걸고 실행했다는 전설적 실험을 대규모로 확장하여, 원자핵을 분해할 정도로 막대한 에너지를 자연에서 얻고자 했다. 그리고 이 모든 계획의 저변에는 러더퍼드의 발자취를 따라 세상의 구성성분을 알아내려는 열정이 불타고 있었다.

어니스트 러더퍼드는 1871년에 뉴질랜드에서 농부의 아들로 태어났다. 어릴 때부터 똑똑하기로 유명했던 그는 열여덟 살 때 혼자서 자석의 특성을 연구할 정도로 뛰어났지만, 농사일에 파묻혀 재능을 제대로 발휘하지 못했다(당시 영국 식민지에서 과학적 재능을 발휘하기란 결코 쉬운 일이 아니었다). 그러던 어느 날, 23세가 된 러더퍼드가 밭에서 감자를 캐고 있는데 어머니가 영국에서 날아온 전보 한 통을 보여주었다. 그것은 지구 반대편 케임브리지대학교에서 보내온 과학박람회 초청장이자 케임브리지대학교 입학을 허가한다는 합격증이었다. 잔뜩 흥분한 러더퍼드는 급하게 호미질을 하며 큰소리로 외쳤다. "이게 내가 캐는 마지막 감자가 될 거야. 야호!"

러더퍼드는 1895년에 케임브리지로 이주했는데, 당시는 물리학 연구를 하기에 더없이 좋은 시기였다. 바로 그해에 독일의 물리학자 빌헬름 콘라트 뢴트겐Wilhelm Conrad Röntgen이 X-선을 발견했고, 다음 해에는 프랑스의 앙리 베크렐Henri Becquerel이 우라늄에서 방사선이 방출된다는 사실을 알아냈다. 그리고 마리 퀴리Marie Curie와 그녀의 남편 피에르 퀴리Pierre Curie는 우라늄보다 강한 방사선을 방출하는 폴로늄polonium, Po과 라듐radium, Ra을 분리하는 데 성공했고, 1897년에는 러더퍼드의 스승인 조지프 톰슨Joseph. J. Thomson이 원자보다 훨씬 가벼우면서 모든 물질에 존재하는 전자electron를 발견했다. 그는 하나의 원자 안에 음전하를 띤 전자가 수천 개 들어 있고, 이들을 포함하는 원자의 몸체가 균일하게 양전하를 띠고 있어서 전체적으로 중성인 상태를 유지한다고 가정했다. 전자를 건포도에 비유하면, 원자는 건포도가 곳곳에 박혀 있는 푸딩과 비슷하다.

러더퍼드는 톰슨의 연구팀에 합류하여 우라늄에서 방출되는 신비한 광선을 연구하기 시작했다. 퀴리 부부가 분리한 라듐에서는 두 종류의 방사선이 방출되었는데, 하나는 얇은 알루미늄 막이나 골판지만 갖다 대도 쉽게 차단되면서 자기장을 걸어주면 경로가 살짝 휘어지는 반면, 다른 하나는 장애물을 쉽게 통과하면서 약한 자기장을 걸어도 경로가 크게 휘어졌다. 러더퍼드는 전자를 알파선α-ray, 후자를 베타선β-ray으로 명명했고, 나중에 발견된 또 하나의 방사선(자기장의 영향을 받지 않으면서 투과력이 훨씬 강한 방사선)은 감마선γ-ray이라 불렀다.

방사선 연구가 세계적으로 알려지면서 1898년에 러더퍼드는 캐나다 몬트리올에 있는 맥길대학교로부터 교수직을 제안받았다. 유럽과 지리적으로 멀리 떨어져 있어서 불리한 점이 많았지만 학교 측은 러더퍼드에게 최첨단 장비를 아낌없이 지원했고, 덕분에 그는 새로운 발견을 연속적으로 이루어낼 수 있었다.

러더퍼드는 옥스퍼드에서 그를 따라 함께 캐나다로 옮겨온 소디와 함께 방사능의 특성을 연구하던 중, 특정 원소에서 방사선이 방출되면 다른 원소로 바뀐다는 놀라운 사실을 알아냈다. 방사선을 방출하는 토륨thorium, Th에서 라듐이 발견된 것이다. 이때 두 사람 사이에 오간 대화는 다음과 같다.

소디: 러더퍼드, 이거야말로 원자 변신술이네요!
러더퍼드: 쉿! 그런 단어는 쓰지 마.
소디: 왜요? 변신술이 뭐 어때서요?
러더퍼드: 그런 식으로 말했다간 우리 머리가 날아갈 거야. 무슨 연금술사 같잖아.

(그러나 1937년에 러더퍼드가 방사선을 주제로 출간한 책의 제목은 《새로운 연금술: 물질의 변이가 일어나는 방식과 물리적 의미The Newer Alchemy: The Transmutation of elements, how it has been accomplished and what it means》였다.) 라듐이 방사성붕괴를 일으키면 초당 16,000킬

로미터(광속의 약 20분의 1)의 속도로 알파입자를 방출하고, 자신은 라돈radon, Rn으로 변한다(라돈은 무색, 무미, 무취의 기체로서 인간의 감각기관으로는 감지할 수 없으며, 비흡연자에게 폐암을 발생시키는 주범으로 추정되고 있다). 러더퍼드와 소디가 라듐에서 방출되는 알파입자의 에너지를 계산해보니, 나무를 태우거나 다이너마이트를 터뜨릴 때보다 100만 배 이상 큰 값이 얻어졌다. 이는 곧 원자 속 어딘가에 엄청난 양의 에너지가 저장되어 있음을 의미한다.

이 아이디어는 1909년에 소디가 집필한 《라듐에 대한 해석The Interpretation of Radium》에 잘 요약되어 있다. 이 책의 마지막 장에서 그는 원자의 에너지 저장소를 불의 발견에 비유하면서 "원시인들이 불의 사용법을 완전히 익힐 때까지 수많은 화재 사고를 겪었던 것처럼, 이제 막 발견된 방사능의 불꽃도 일대 혁신과 함께 재앙을 초래할 수도 있다"고 경고했다. 그의 글은 다음과 같이 이어진다.

라듐의 사례에서 알 수 있듯이, 우리가 얻을 수 있는 에너지의 양에는 한계가 없다. 한계가 있는 것은 우리의 지식뿐이다. 그러나 방사능 에너지는 워낙 막대하기 때문에, 단 한 번의 실수로 돌이킬 수 없는 재앙이 닥칠 수도 있다.

심지어 그는 구약성서에 나오는 인간의 타락Fall of Man 이야기가 원자력 에너지를 남발하다가 초래된 결과라고 주장하기도 했다. 무한한 가능성을 보유한 문명이 재앙을 코앞에 두고 있다는 소디의 선지적 예견은 기술에 대한 맹신을 경고했던 허버트 조지 웰스 Herbert George Wells의 미래철학과 일맥상통한다. 제1차 세계대전이 발발하기 직전 소디의《라듐에 대한 해석》에 헌정된 웰스의 소설《자유로워진 세계 The World Set Free》에서, 저자는 소디의 경고를 현실 세계에 실감 나게 구현했다. "~일 수도 있다"는 소디의 가정을 "~이 되었다"는 과거형 서술문으로 바꾼 것이다. 이 책에서 웰스는 인류가 원자력 에너지를 이용하여 도시에 불을 밝히고, 공장을 가동하고, 비행기를 띄우고, 가공할 무기를 만드는 시기를 1933년으로 설정했다. 실제와 10여 년쯤 차이가 나지만, 이 정도면 꽤 정확한 예측이다. 그는 "원자폭탄으로 문명이 사라진다"는 것이 세계정부를 대상으로 캠페인을 펼치는 데 가장 효과적인 시나리오라고 생각했다. 그러나 러더퍼드가 활동하던 시대는 대중소설에 원자가 등장하기 한참 전이었다.

원자론의 기원은 기원전 1세기 로마제국의 시인 루크레티우스 Lucretius까지 거슬러 올라가지만, 원자의 존재가 실험을 통해 확인된 것은 우리 할아버지 세대(약 100년 전)에 있었던 일이다. 19세기 말까지만 해도 과학자들은 원자가 현실적인 실체인지, 아니면 단지 계산을 위한 도구인지 갈피를 잡지 못했다. 특정 화합물에 포함된 원소의 비율이 일정하고 원소가 더 이상 잘게 분해되지 않는 것을 보면 모든 물질이 원자로 이루어져 있는 것처럼 보이지만, 원자를 눈으로 본 사람이 단 한 명도 없었기에 누구든지 반론을 제기할 수 있었다. 물리화학의 선구자 중 한 사람인 빌헬름 오스트발트 Wilhelm Ostwald는 원자를 단 한 번도 언급하지 않은 채 모든 화학 현상을 논리적으로 설명하는 교과서를 집필하기도 했다. 그는 1895년에 개최된 학술회의에서 원자론 반대파를 대표하여 다음과 같이 주장했다. "원자를 연상시키는 논리로 물리적 세계를 서술하는 것은 기만에 가깝다. 과학자라면 이런 시도를 깨끗하게 포기해야 한다." 그러면서 "어떤 형상도 만들지 말라"는 모세Moses의 말을 인용했다고 하니, 그가 원자론을 얼마나 싫어했는지 짐작이 가고도 남는다. 물리학자이자 철학자, 심리학자였던 독일의 에른스트 마흐Ernst Mach도 원자론에 불편한 심기를 드러냈다. "원자와 분자는 대수학의 연산기호처럼 물리적 현실과 무관하다. 그것은 자연의 질문에 답할 때 계산을 간단하게 만들어주는 도구일 뿐이다."

이 논쟁이 원자론 지지자의 승리로 끝난 이유는 그들이 원자를 보았기 때문이 아니라(원자는 너무 작아서 어떤 도구를 사용해도 볼 수 없다), 개별 원자의 크기와 무게를 알아냈기 때문이다. 거시적으로 안정한 상태(완벽한 평형과 균일한 온도)에서 액체 위에 떠 있는 입자는 외력外力이 작용하지 않아도 이리저리 불규칙하게 움직인다. 1908년에 프랑스 소르본대학교의 장 페랭Jean Perrin은 무작위로 진행되는 브라운 운동Brownian motion이 "주변에 있는 물 분자들이 수면 위에 떠 있는 꽃가루 분말과 끊임없이 충돌하면서 나타나는 현상"임을 알아냈고, 알베르트 아인슈타인Albert Einstein은 이와 비슷한 논리를 적용하여 물 분자의 질량을 계산할 수 있었다. 또한 페랭은 작은 원자와 분자에서 초래된 역학적 효과를 입증함으로써 회의론을 종식시켰고, 오스트발트는 1909년에 노벨상을 받은 직후 원자론 지지자로 급선회했다. 마흐는 끝까지 원자론에 반대하다가 1916년에 세상을 떠났지만, 구시대의 과학자들은 다양한 증거 앞에서 모든 물질에 최소단위가 존재한다는 주장을 더이상 외면할 수 없었다. 그리하여 러더퍼드가 활동하던 시기에 원자론은 자명한 정설로 자리 잡게 된다. 아이러니한 것은 물리학자들이 원자론을 수용하면서도 "더 이상 쪼갤 수 없는 최소단위"를 쪼개려고 안간힘을 썼다는 점이다.

방사능은 물리학자들이 원자론을 놓고 한창 논쟁을 벌이던 시기에 발견되어 지지자들에게 힘을 실어주었다. 그것을 돌연변이라 부르건 또는 변환이라 부르건 간에, 한 원소에서 알파입자나 베타입자가 방출되었을 때 다른 원소로 바뀐다는 것은 분명한 사실이었다. 그렇다면 원자는 더 이상 쪼갤 수 없는 최소단위가 아니라, 그 안에 더 작은 세부 구조가 존재해야 한다. 러더퍼드와 소디는 "원자가 변하려면 특정 부분이 달라져야 하므로, 원자는 내부 구조를 갖고 있다"고 결론지었다. 다시 말해서, 원소의 특성은 내부 구조에 의해 결정된다는 뜻이다. 별것 아닌 것 같지만, 이들의 추론은 과학계에 혁명적인 변화를 몰고 오게 된다.

1907년에 영국으로 돌아와 맨체스터대학교에서 새로운 직책을 맡게 된 러더퍼드는 알파입자를 메스 삼아 원자를 자르기로 마음먹었다. 그 무렵 러더퍼드는 알파입자에 대해 꽤 많은 것을 알고 있었다. 그가 실험에 사용한 알파입자는 유리관으로 에워싸인 라돈에서 자연적으로 방출된 것이다. 유리관 끝에 작은 구멍을 뚫어서 방출된 알파입자 중 일부가 그곳으로 빠져나오는 식이다. 이 입자가 미리 세팅해놓은 표적(러더퍼드는 운모를 표적으로 사용했다)을 만나면 곧바로 관통해서 반대편으로 나올 텐데, 러더퍼드의 목적은 표적을 통과한 알파입자의 궤적으로부터 표적 원자의 내부 구조를 추정하는 것이었다. 또한 그는 알파입자의 최종 도착점을 눈으로 확인하기 위해 인광 물질을 바른 스크린을 사용했다. 그로부터 얼마 후에 등장한 브라운관 TV의 초기 버전이라고 생각하면 된다. 표적을 관통한 알파입자가 스크린에 도달하면 순간적으로 반짝이는 섬광이 나타나는데, 러더퍼드의 주 업무는 제자들과 함께 암실에 죽치고 앉아 이 섬광의 횟수를 헤아리는 것이었다. 비슷한 시기에 같은 실험을 했던 연구팀 중에는 동공瞳孔의 감도를 높이기 위해 벨라도나 추출액belladonna drops을 실험자의 눈에 주입하는 경우도 있었다. 아무튼 러더퍼드가 분석한 실험 결과에 따르면, 알파입자의 경로가 운모를 통과한 후 1도쯤 변형되는 것으로 나타났다. 아주 작은 값 같지만, 톰슨의 건포도 푸딩 모형이 맞다면 너무 큰 값이다. 원자의 크기는 수십억 분의 1센티미터에 불과하므로, 러더퍼드는 원자 내부의 무언가가 매우 강력한 전기력을 발휘하여 알파입자의 궤적을 예상보다 크게 변형시켰다고 생각했다.

이 상황을 골프에 비유해보자(러더퍼드도 일요일에는 어김없이 골프를 쳤다). 표적으로 사용한 운모의 원자는 퍼팅할 때 골프공의 궤적을 좌우하는 잔디밭의 작은 굴곡과 비슷하다. 빠르게 움직이는 알파입자는 운모 원자를 통과할 때 원래 궤적에서 아주 조금 벗어났을 뿐이지만, 이 작은 차이가 원자모형에 근본적인 변화를 가져왔다.

러더퍼드는 맨체스터대학교의 박사후 연구원(포스트닥) 한스 가이거Hans Geiger와 젊은 대학원생 어니스트 마스든Ernest Marsden 에게 "궤적이 더 크게 변형되는 알파입자가 있는지 찾아보라"고 지시했다. 직설적으로 말하면, 딴짓할 생각 말고 하루 종일 암실 에 처박혀 있으라는 뜻이다. 이들이 정말로 할 일이 없었는지, 또 는 지도교수의 말을 잘 듣는 체질이었는지 알 수 없지만, 아무튼 가이거와 마스든은 수많은 나날을 암실에서 하염없이 스크린을 바라보며 보냈다. 지성이면 감천이라고 했던가. 1909년 6월의 어 느 날, 가이거가 러더퍼드를 찾아와 숨을 헐떡이며 말했다. "교수 님, 금박에 알파입자를 발사했더니, 8000개 중 한 개꼴로 뒤로 팅 겨 나왔어요!" 러더퍼드는 어안이 벙벙해졌다. 각도가 크게 벗어 난 것도 놀라운데 아예 뒤로 팅겨 나왔다니, 이건 또 무슨 조화란 말인가? 훗날 러더퍼드는 이 일을 회상하며 말했다. "그것은 내 인 생을 통틀어 가장 놀라운 사건이었다. 허공에 휴지 한 장을 매달 아 놓고 구경 40센티미터짜리 대포를 쐈는데, 대포알이 뒤로 팅겨 나온 것과 마찬가지였다." 게다가 알파입자가 뒤로 팅기는 사건은 표적 원자가 무거울수록 더욱 빈번하게 나타났다.

1911년, 러더퍼드는 이 놀라운 현상에 대한 자신의 견해를 발표 했다. 완만하게 잘 다듬어진 그린에서 퍼팅한 골프공은 절대 출발 점으로 되돌아오지 않는다. 그러므로 알파입자가 가끔씩 뒤로 팅 겨 나오려면, "원자 골프장"의 그린은 대부분 평평하면서 중심부 에는 가늘고 높은 언덕이 우뚝 솟아 있어야 한다. 이런 희한한 골 프장에서 원자의 중심을 향해 똑바로 퍼팅을 시도하면, 공은 중심부에 솟아 있는 언덕을 어느 정도 타고 올라가다가 다시 굴러 내려와 출발점으로 되돌아올 것이다. 그리고 중심에서 조금 벗어난 방향으로 출발한 공은 언덕 근처를 지날 때 (뒤로 튕길 정도는 아니지만) 경로가 크게 휘어질 것이다. 퍼팅을 여러 번 시도했을 때 뒤로 되돌아오는 공은 극히 드물겠지만, 이것만으로도 원자 골프장은 충분히 경이롭다.

러더퍼드는 알파입자가 튕겨 나오는 이유를 다음과 같이 설명했다. "원자의 중심에는 작고 단단한 핵nucleus이 존재하며, 질량의 대부분과 양전하의 전부가 이곳에 집중되어 있다. 입사된 알파입자는 대부분이 중심부를 피해 가지만, 어쩌다가 중심부와 정면충돌하면 강한 반발력이 작용하여 뒤로 튕겨 나온다." 그 후 러더퍼드는 약간의 계산을 거친 후 톰슨의 건포도 푸딩 모형을 수정하여, 원자의 중심에 원자핵이 있고 전자들이 그 주변을 공전하는 새로운 원자모형을 제안했다. 원자핵을 태양에, 전자를 행성에 비유하면 전체적인 구조는 태양계와 비슷하다. 이 모형에 의하면 원자의 내부 공간은 대부분이 텅 비어 있다. 원자핵을 작은 진주알이라 하면, 가장 가까운 전자는 그로부터 약 45미터 거리를 두고 공전하는 셈이다.

러더퍼드의 혁명적 연구는 제1차 세계대전이 발발하면서 한동안 소강상태를 맞이하게 된다. 그의 실험을 도왔던 가이거와 마스든은 전쟁터로 차출되었고, 러더퍼드 자신도 정부의 위탁을 받아 대잠수함전의 기술적 부분을 보완하느라 정상적인 연구를 할 수 없었다. 그저 보조 기술자 한 명을 채용하여 소규모 실험을 간간이 진행했을 뿐이다. 이 무렵에 그는 알파입자 발사체로 라돈보다 강력한 라듐 C(비스무트-214, ^{214}Bi)를 사용했고, 표적도 운모에서 질소 기체로 바꾸었다. 그런데 이렇게 달라진 조건에서 실험을 해보니, 가끔씩 뒤로 튕겨 나온 것은 알파입자가 아니라 양성자proton(단 하나뿐인 전자를 잃은 수소원자)였다. 러더퍼드는 결과를 철저히 분석한 끝에 다음과 같이 결론지었다. "양성자는 알파입자의 잔해가 아니며, 방사성물질에서 직접 방출된 것도 아니다. 질소원자가 고속으로 진행하는 알파입자와 충돌하면 강력한 힘에 의해 붕괴되고, 그 부산물로 양성자가 방출된다."

라듐 C에서 방출된 고에너지 알파입자는 질소 원자의 중심부에 있는 에너지 언덕을 충분히 높이 올라가서(즉, 원자핵의 중심부에 아주 가까이 접근해서) 질소 원자핵의 일부로 병합된다. 그러나 이런 조합으로는 안정한 상태를 유지할 수 없기 때문에, 질소 원자핵은 양성자 하나를 밖으로 뱉어내고 산소 원자핵으로 변신한다. 자연에 존재하는 방사성물질은 방사선을 방출하면서 스스로 붕괴되는데, 러더퍼드는 이 변신과정이 실험실에서 인공적으로 일어날 수 있음을 보여주었다. 그의 연구 논문은 다음과 같이 마무리된다. "알파입자(또는 더 가벼운 탐사입자)의 에너지를 더 높일 수 있다면, 질소보다 가벼운 원자핵도 분해할 수 있다."

그 후로 물리학자들은 원자핵의 내부를 본격적으로 파고들기 시작했다. 그 작은 덩어리 안에 또 무엇이 들어 있으며, 그들을 하나로 묶어주는 힘은 무엇인가? 수많은 질문이 쏟아져 나왔지만, 가장 궁금한 질문은 이것이다. "원자 내부에 저장된 에너지를 끄

집어내서 실생활에 활용할 수 있을까?" 원자에 내부 구조가 존재한다는 사실이 알려지면서, 한때 철학으로 간주되었던 질문을 과학이라는 이름으로 당당하게 제기할 수 있게 되었다. 자연에는 왜 특정한 원소(주기율표에 등록된 원소)만 존재하는가? 그리고 이들은 왜 지금과 같은 특성을 갖게 되었는가? 과학자들은 관측 결과를 설명하는 단순 작업에서 탈피하여 "세상이 지금과 같은 모습으로 보이는 이유"를 설명하고 싶었다. 원자의 베일이 벗겨지면서 과학의 지평이 비약적으로 넓어진 것이다.

라듐은 원자론을 개척한 일등 공신이었지만, 여기서 방출된 알파입자로 원자의 내부 구조를 들여다보는 데에는 뚜렷한 한계가 있었다. 가장 큰 문제는 라듐이 너무 귀하고 비싸다는 점이다. 1920년대에 대부분의 연구소에서는 라듐 1그램을 구하기가 하늘의 별 따기처럼 어려웠다. 모든 라듐은 방사선을 방출하면서 붕괴되는데, 1620년이 지나면 처음 있던 양의 절반으로 줄어든다(이 기간을 반감기half-life라 한다). 여기서 다시 1620년이 지나면 남은 양이 또 절반으로 줄어들고…… 이런 식으로 끝없이 반복된다. 1620년이면 꽤 긴 시간 같지만, 지구의 나이인 45억 년에 비하면 거의 찰나에 불과하다. 그래서 지구 초기에 존재했던 라듐은 수많은 반감기를 거치면서 거의 다 붕괴되어 사라졌다. 지금 남아 있는 라듐은 45억 년 동안 반감기를 반복적으로 거치고 살아남은 잔여물이 아니라, 우라늄의 방사성붕괴를 통해 생성된 것이다(우라늄의 반감기는 매우 길어서, 지구의 나이와 비슷하다). 게다가 그 양이 어찌나 작은지. 광석에서 라듐을 추출하려면 엄청난 노동을 감수해야 한다. 퀴리 부부가 파리의 "비참한 헛간miserable shed"에서 방사성물질을 연구할 때, 역청 우라늄 광석 5톤에서 추출한 라듐은 겨우 1그램에 불과했다. 1930년에 제작된 영국의 파테 뉴스 필름Pathé newsreel, 20세기 초에 유행했던 짧은 다큐멘터리 형식의 뉴스 영상 시리즈에서는 라듐을 가리켜 "세상에서 가장 귀한 물질"이라고 했다. 물론 귀한 만큼 값도 비싸서 1927년에 라듐 1그램의 가격은 무려 6만 달러였고, 전 세계에 공급된 라듐의 총량도 1파운드(약 450그램)를 넘지 않았다.

문제는 이뿐만이 아니다. 라듐 C에서 방출된 알파입자의 속도는 광속의 16분의 1쯤 되는데, 원자핵의 깊은 속까지 들여다보기에는 역부족이다. 라듐 미사일을 맞고도 끄떡없는 원자핵을 분해하려면 알파입자의 에너지(또는 속도)가 더 커야 한다. 그리고 다이아몬드보다 비싼 알파입자를 고집하는 것도 별로 좋은 생각이 아니다. 혹시 다른 종류의 가벼운 입자(양성자나 전자)를 빠르게 발사하면 알파입자가 뚫지 못했던 전기장을 관통할 수 있지 않을까? 원자핵의 내부 구조를 알아내려면 더 많은 에너지와 더욱 강력한 빔, 그리고 다양한 종류의 탐사입자가 필요했고, 이를 위해서는 라듐에 의존했던 실험 장비를 근본적으로 뜯어고쳐야 했다.

제네로소산에 모인 젊은 과학자들(아르노 브라슈, 프리츠 랑게, 쿠르트 우르반)의 최대 관심사는 원자핵을 쪼개서 내부 구조를 알아내는 것이었다. 러더퍼드의 한계를 뛰어넘으려면 몇 그램이 아니라 몇 킬로그램의 라듐에서 방출되는 알파선만큼 강력한 입자빔particle beam을 만들어야 한다.

알파입자를 비롯한 하전입자는 전기력을 이용하여 속도를 높일 수 있다. 배터리의 두 극(양극과 음극)을 각각 금속판에 연결하고 양전하를 띤 알파입자가 양극 금속판 근처를 지나가게 하면, 전기력의 영향을 받아 음극판 쪽으로 가속된다. 브라슈, 랑게, 우르반은 러더퍼드의 실험을 뛰어넘기 위해 수백만 볼트의 전압을 생성해서 입자를 가속시키고자 했다. 번개에서 전기에너지를 추출하여 하전입자의 에너지를 높인다는 황당한 아이디어를 구현하겠다고 직접 나선 것이다. 자연이 선물한 라듐으로 원자핵을 들여다볼 수 없다면, 자연의 또 다른 선물인 대기전기(번개)를 이용할 수도 있다.

1752년에 벤저민 프랭클린은 천둥 번개가 몰아치는 날 목숨을 걸고 연을 날려서 전기불꽃을 일으키는 데 성공했다. 그가 정말로 연에 피뢰침을 달고 번개 속을 내달렸는지는 확실치 않지만, 아무튼 이 실험으로 "번개=전기적 방전 현상"임이 밝혀진 것만은 분명한 사실이다. 그 후 프랭클린의 후계자들은 번개의 특성을 파고든 끝에 "날씨가 맑은 날에도 지구 전역에는 수시로 번개가 치고 있으며, 이로 인해 지구를 에워싼 대기는 항상 대전帶電된 상태를 유지한다"는 사실을 알아냈다. 넓게 트인 바다나 사막 위의 대기에는 표면에서 대기 끝까지 손전등용 배터리를 직렬로 쌓아 올린 것의 4배에 달하는 전기가 대전되어 있다.

대기에 저장된 전기에너지를 추출하기에 가장 좋은 시기는 천둥 번개가 칠 때다. 이런 날 지면 위의 "대기 배터리"에는 1인치(2.54센티미터)당 약 1만 볼트의 전기에너지가 저장된다. 이럴 때

연이나 열기구를 수백 미터 상공으로 띄워서 에너지를 추출할 수도 있지만, 대부분의 경우 뇌우는 강풍을 동반하기 때문에 망가지기 쉽다. 무슨 좋은 방법이 없을까? 있다. 두 산봉우리 사이에 집전기를 설치하면 이것이 하나의 금속판 역할을 하고, 지면 자체가 또 하나의 금속판 역할을 하여 전기에너지를 추출할 수 있다. 산봉우리와 지면 사이의 대기에서 얻을 수 있는 전압은 거의 수백만 볼트에 달한다. 이것이 바로 브라슈, 랑게, 우르반의 목표였다.

아이디어는 그럴듯한데, 적절한 장소를 고르는 것이 문제였다. 무엇보다 번개가 자주 쳐야 하고, 사람이 올라가서 장비를 설치할 수 있는 곳이어야 한다. 기상학자는 이들에게 남아프리카와 남미의 안데스산맥을 추천했지만 운송 비용이 너무 비싸서 포기했고, 유럽에서는 스위스의 티치노주 Ticino가 가장 적절해 보였다. 티치노에 뇌우가 자주 몰아치는 이유는 아드리아해에서 따뜻하고 습한 공기가 자주 유입되고, 이 공기가 가파른 계곡에 갇히면 적절한 산비탈을 타고 봉우리까지 쉽게 올라갈 수 있기 때문이다. 또한 산꼭대기의 빙하로 인해 고지대의 공기가 차가운 것도 유리한 요소로 작용했다. 몬테 제네로소에는 톱니식 철도가 설치되어 있어서 루가노 호수 근처의 카폴라고 Capolago까지 쉽게 왕복할 수 있었기에, 인력과 장비를 실어 나르기에도 안성맞춤이었다.

이곳에 도착한 베를린 삼인조는 제일 먼저 전하를 모으기 위해 제네로소 정상과 산타가타 Monte Sant'Agata 정상 사이에 1.6킬로미터짜리 금속제 그물을 설치했다. 이 집전기의 평균 고도는 약 700미터로, 200층짜리 건물 높이와 비슷하다. 여기에 번개가 내리치면 약 2000만 볼트의 전기에너지가 저장되는데, 이 정도면 실험을 하기에 충분한 양이었다. 세 젊은이는 당장 실험에 착수하고 싶었지만, 다른 물리학자들이 말리는 바람에 한 발 뒤로 물러났다. 풀 스케일 장비로 다짜고짜 실험에 돌입하는 것이 너무 위험하다고 판단되었기 때문이다.

그래서 삼인조는 800미터 거리를 두고 솟아 있는 두 봉우리 사이에 소규모 장비를 설치하기로 했는데, 이를 위해서는 두 가지 문제를 해결해야 했다. (1) 작은 규모로 충분한 에너지를 얻으려면 효율이 높은 집전기를 만들어야 하고, (2) 철제 그물이 지면에 닿아서 전하가 산비탈을 따라 유출되지 않도록 확실하게 매달아야 한다. 집전기(수천 개의 못이 달린 철망)를 만드는 것 자체는 별로 어려운 일이 아니었다. 벤저민 프랭클린이 날렸던 연(비단 손수건)을 테니스코트만 한 2톤짜리 철망으로 대체하면 된다.

정작 어려운 부분은 집전기에서 전하가 유출되지 않도록 절연絶緣하는 것이었다. 이들은 철망과 지지대 사이에 절연체를 덧대야 한다는 것을 잘 알고 있었기에, 바위 위를 지나는 지지 케이블에 특수 제작한 세라믹 절연체를 입혔다. 이렇게 하면 케이블을 고전압으로부터 보호하고, 강풍으로 인한 파손도 막을 수 있다.

폭풍우가 몰아치는 밤에 철망 주변에서 나타나는 코로나 방전(더운 날 저녁 고압 송전선에서 "쉿, 쉿" 거리는 소리와 함께 불꽃이 번쩍이는 현상)은 또 다른 골칫거리였다. 원자핵을 분해하기 위해애써 모아놓은 고전압은 주변의 공기 분자까지 분해했고, 이 과정에서 이온화된 공기가 마치 도체처럼 작용하여 철망에 축적된 전하를 외부로 유출시킨 것이다. 이 효과는 도체가 작거나 뾰족할수록 더욱 크게 나타나기 때문에, 도체를 크게 만들면 코로나 방전을 줄일 수 있다. 그러나 큰 도체는 무거울 뿐만 아니라 값도 비싸서 실용성이 떨어진다. 삼인조는 지지대에 가까운 곳에서 코로나의 규모에 따라 직경 8센티미터에서 1미터에 걸친 다양한 크기의 금속 구를 150미터 길이의 케이블에 진주 구슬을 꿰듯 꿰어 넣었다(케이블이 절연체와 닿는 곳에서 코로나 방전이 제일 강하게 일어난다).

이들의 목표는 단순히 고전압을 축적하는 것이 아니라, 고전압으로 입자빔을 가속시켜서 원자핵을 관통하는 것이었다. 이를 위해서는 전압의 세기를 정확하게 알아야 했기에, 지형이 비교적 완만한 지지대 아래쪽에 전압측정기를 설치했다. 삼인조는 집전기의 마지막 원통 아래에 있는 탑에 굵은 전선을 감아 레버를 통해 위아래로 움직이도록 만들고, 탑에서 200미터쯤 떨어진 곳에 골판지로 지어놓은 번개 대피용 오두막에서 레버를 작동시켰다. 1928년 봄에 〈뉴욕타임스〉에는 다음과 같은 기사가 실렸다. "지금 제네로소산에서는 목숨을 건 연구가 진행 중이다. 이곳에서 폭풍이 몰아칠 때 안전가옥 밖으로 나가는 것은 머리카락이 곤두서고 몸이 저릴 정도로 무지막지한 전류에 몸을 내맡기는 것과 마찬가지다."

폭풍우 시즌에 전하가 충분히 축적되면 원통 끝부분에서 전선 쪽으로 강렬한 스파크가 일어나곤 했다. 전압이 높을수록 스파크는 더욱 크고 강해진다. 이때 스파크가 두 전극 사이의 최대거리인 4.5미터에 도달하면 전압이 200만 볼트에 도달했다는 뜻이다. 1927년 실험은 공사 현장이 워낙 험난하여 사고가 빈번하게 발생하는 바람에 계획보다 많이 지체되었고, 코로나 방전을 막는 데에도 상당한 비용과 시간이 소요되었다. 게다가 장비의 성능을 테스트하려면 뇌우 시즌의 막바지까지 기다려야 했다. 삼인조는 스파크가 절연체를 가로질러 일어나는 광경을 바라보면서, 보관할 방법만 있다면 더 높은 전압도 만들어낼 수 있음을 깨달았다.

브라슈, 랑게, 우르반은 여름 내내 몬테 제네로소에서 사투를 벌인 끝에 막대한 양의 전기에너지를 얻을 수 있다는 결론에 도달했다. 그러나 절연체를 많이 사용할수록 전압이 낮아지는 것은 여전히 해결해야 할 과제로 남아 있었다. 이들은 절연체 문제를 해결하고 고전압으로 원자핵을 파괴하는 방법을 연구하기 위해, 베를린 연구소로 돌아갔다.

고에너지 추출법을 연구한 사람은 이들뿐만이 아니었다. 그사이에 영국 왕실로부터 기사 작위를 받은 56세의 어니스트 러더퍼드는 1927년 11월 왕립 학술회의에 초청되어 모두발언을 하면서, 다른 연구소에서 진행 중인 실험을 종합적으로 평가했다. 그는 우아한 이론을 간단한 장비로 구현하여 엄청난 성공을 거두었기에, 규모가 큰 실험 장비를 별로 좋아하지 않았다. 케임브리지대학교 캐번디시 연구소Cavendish Laboratory의 동료들이 고전압으로 입자를 가속시키는 실험을 같이 하자며 지난 5년 동안 제안을 해왔는데도, 러더퍼드는 별 관심을 보이지 않았다. 그러나 입자물리학의 대세는 이미 고에너지 쪽으로 기울었기에, 러더퍼드는 실험 장비의 규모를 키우는 쪽에 동의할 수밖에 없었다. 베를린 삼인조는 이 분야의 유일한 개척자가 아니었지만, 원자 물리학자들은 그들이 벤저민 프랭클린의 실험정신을 계승했다며 칭찬을 아끼지 않았다. 몸을 사리지 않는 모험심과 무모할 정도의 도전정신을 한꺼번에 발휘했으니 칭송받을 만하다. 1928년 여름, 〈타임스〉에는 '위험천만한 연구'라는 제목으로 다음과 같은 기사가 실렸다.

> 그들은 잘 알려지지 않은 대상을 다루고 있는데, 무엇이 안전하고 무엇이 위험한지조차 알 수 없기에 더욱 위험하다. 그들의 목표는 라듐 100킬로그램에서 방출된 알파선과 맞먹는 입자빔을 생성하는 것이다. 이 엄청난 에너지가 통제를 벗어나면 무슨 사고가 날지 짐작하기 어렵고, 굳이 예측하려는 사람도 없다.

그러나 〈타임스〉의 편집자는 '일요 논평'이라는 칼럼에서 다소 낙관적인 의견을 내놓았다.

> 이 독일인들은 얼마 전에 치른 전쟁에서 마을 전체를 날려버린 폭탄보다 훨씬 강력한 에너지를 다루고 있다. 원자를 분해하려면 발명가와 물리학자, 공학자 등이 합심하여 최대한의 자원을 투입해야 한다. 당연히 위험한 계획이지만, 실험이 성공한다면 이보다 큰 소득이 없다. 그야말로 무한의 잠재력을 지닌 엄청난 에너지원이다! 러더퍼드도 에너지를 키워서 "쪼개진 원자

목록"을 늘려나갔고, 그 덕분에 물리화학은 새로운 영역으로 확장되었다. 우리 인간에게 "우주의 구성 요소를 통제하는 능력"이 조금 더 부여된 것이다.

베를린으로 돌아온 브라슈, 랑게, 우르반은 하늘에서 떨어진 번개처럼 "전압을 급격하게 높여서" 입자를 가속시키는 방법을 연구했고, 이듬해인 1928년 여름에는 번개를 활용하는 방법을 집중적으로 파고들었다. 전하가 빠르게 축적되면 코로나 방전이 일어나도 별 지장이 없었기에, 1927년에 막대한 비용과 시간을 들여 설치했던 금속구도 더 이상 필요 없게 되었다.

처음에 삼인조는 집전기에서 망을 제거하여 무게를 줄였고, 더 높은 전압에 대비하기 위해 절연체를 추가했다. 새로운 장치(수평 안테나)에는 1.6킬로미터 거리에 번개가 떨어져도 매우 높은 전압이 유도되었지만, 절연체를 추가했음에도 불구하고 애써 모아놓은 전하는 사용하기도 전에 쉽게 빠져나가곤 했다. 그리고 원치 않은 방전이 일어나면 커다란 폭발음과 함께 전하가 절연체 사슬을 따라 부분적으로 이동한 후 지면으로 점프하여 사라졌다. 자연은 과학자들이 원하는 것보다 훨씬 높은 전압을 제공했지만, 그 선물을 효율적으로 활용하는 것은 완전히 다른 문제였다. 베를린 삼인조는 절연체와 씨름하면서 또 한 번의 여름을 보냈다.

절연체 사슬을 두 배로 늘리면 방전을 줄일 수 있지만, 안테나가 너무 무거워져서 원하는 높이만큼 올릴 수 없다. 물리학자들은 육중한 세라믹 절연체 사슬을 지름 5센티미터에 길이 90미터짜리 절연 밧줄로 교체하여 무게를 줄인다는 아이디어를 내놓았다. 그리고 단열재 일부가 떨어져 나가서 밧줄에 불이 붙는 사고를 방지하기 위해, 밧줄 끝부분에 더 많은 절연체를 투입했다. 이 모든 작업을 끝내고 나니 장비의 무게가 1927년의 절반으로 줄어들어서 원하는 높이까지 들어 올릴 수 있게 되었다. 게다가 철망과 세라믹 절연체, 금속구 등이 빠진 덕분에 안테나가 바람에 손상되는 사고도 눈에 띄게 줄어들었다.

안테나의 전압이 어느 정도 목표치에 도달하고 난 후 높은 전압을 정확하게 측정하는 도구도 만들어야 했는데, 바로 이때 베를린 삼인조가 간단하고 독창적인 방법을 떠올렸다. 안테나에 전선을 매달아서 한쪽 끝을 절연 밧줄에 묶은 후, 이 밧줄이 탑 위의 도르래를 지나 철제 창고로 이어지도록 만든 것이다. 이렇게 하면 밧줄을 당기거나 늘어뜨려서 고압전선 끝부분의 높이를 조절할 수 있다. 그리고 산허리에 연결된 또 하나의 전선을 탑에서 조금 높은 곳에 부착하여 안테나에 매달린 절연 밧줄로 지지되도록 만들었다.

폭풍이 몰아치던 어느 날, 삼인조 중 한 명이 느슨한 고압전선을 (절연이 제대로 되어 있기를 간절히 기도하면서) 접지선 쪽으로 불꽃이 생길 때까지 천천히 감아올렸다. 그러자 눈부신 섬광과 함께 딱딱거리는 굉음이 터져 나오기 시작했고, 바로 그 순간에 전선 사이의 거리를 측정하여 안테나의 전압을 알아낼 수 있었다. 위험 요소는 이뿐만이 아니다. 집전기는 번개를 유도하여 고전압을 생성하기 위해 만든 도구였지만, 위치가 훤하게 노출되어 있기 때문에 번개의 입장에서 보면 유혹적인 피뢰침이나 다름없다. 폭풍우가 몰아치던 날 번개가 안테나에 30번 떨어진 적도 있다. "번개는 같은 곳에 두 번 떨어지지 않는다"는 속설이 여기서는 전혀 통하지 않았다. 과학잡지 〈월간대중과학 Popular Science Monthly〉에서는 쿠르트 우르반을 "세상에서 가장 큰 충격(하늘의 전류)을 받은 사람"으로 지정했다. 겁 많은 사람은 몬테 제네로소의 실험 현장에 발도 들이지 못했을 테니, 이 정도 호칭은 받을 만하다.

번개 치는 날에는 18미터가 넘는 스파크가 발생했고, 잠재전압은 최소 800만 볼트까지 도달했다. 소규모로 제작한 시제품에서 원자 탐사에 필요한 에너지를 성공적으로 얻어낸 것이다. 제네로소와 산타가타의 정상을 연결하는 거대한 장치는 더 이상 필요하지 않았다. 제네로소에서 세웠던 첫 번째 목표(고전압 수집)는 이렇게 달성되었다. 삼인조는 전압측정법을 개선하고 장비 사용법을 익히면서 1928년 여름을 보냈다. 그런데 이들이 수집한 고전압으로 탐사입자(알파입자, 전자, 양성자)를 가속시켜서 정말로 원자핵을 분해할 수 있을까?

안타깝게도 그 단계까지는 가지 못했다. 1928년 8월 20일, 당시 24세였던 쿠르트 우르반이 안테나에 올라갔다가 45미터 아래로 추락사했기 때문이다. 언론은 그의 사망 소식을 짤막하게 보도했는데, 물리학자들 사이에서는 그가 번개에 맞아 사망했다는 소문이 괴담처럼 떠돌았다. 우르반은 제네로소에서 잠시 언론의 주목을 받았으나, 그의 죽음은 별다른 관심을 끌지 못했다. 생전에 그의 용감한 실험정신을 적극적으로 소개했던 〈타임스〉는 사망 관련 기사를 아예 싣지도 않았다.

번개를 연구하다가 최초로 사망했던 순교자는 사정이 더욱 좋지 않았다. 벤저민 프랭클린이 폭풍우 속에서 연을 날린 다음 해에, 러시아 제국과학아카데미Imperial Academy of Science(표트르 대제 Peter the Great가 상트페테르부르크에 설립한 과학연구소)의 실험물리학 교수 게오르그 빌헬름 리히만Georg Wilhelm Richmann은 체계적인 연구를 위해 번개를 자신의 집으로 유도하기로 마음먹었다. 그는 지붕에 철봉을 세워놓고 쇠사슬로 묶어서 측정장치에 연결했는데, 현대인의 눈에는 복잡한 자살 장치처럼 보였을 것이다. 모든 준비를 마친 후, 리히만은 실험 현장을 그림으로 남기기 위해 당대 최고의 조각가인 이반 소콜로프Ivan Sokolow를 집으로 초대했다. (이런 자세는 요즘 과학자들도 배울 필요가 있다. 중요한 실험을 후대에 남기려면 영상 기록으로 남기는 것이 상책이다. 게다가 요즘은 막강한 유튜브도 있지 않은가!)

19세기 대중 역사서에는 리히만의 마지막 순간이 다음과 같이 기록되어 있다.

> 리히만이 소콜로프를 지붕으로 데리고 올라가 실험 장비의 작동 원리를 설명하던 중, 엄청난 천둥소리가 도시 전체를 덮쳤다. 바로 그 순간 불붙은 철봉이 30센티미터 거리에 서 있는 리히만의 머리 위로 떨어졌고, 불행히도 그는 그 자리에서 즉사했다. 소콜로프는 한동안 넋이 나간 채 리히만의 최후를 바라보았으나, 불행 중 다행히도 본인은 큰 부상을 입지 않았다.

리히만은 번개가 (숙련된 실험가에게도) 얼마나 위험한 현상인지 몸으로 증명했다. 지난 20여 년 동안 마술쇼 무대에서 유럽인들을 즐겁게 해주었던 정전기 트릭과는 완전히 차원이 달랐던 것이다. 학자들은 과학을 위해 희생된 리히만에게 깊은 애도를 표했고, 그의 죽음은 모든 사람에게 강한 인상을 남겼다. 그러나 전기현상에 관심이 많았던 영국의 화학자 조지프 프리스틀리Joseph Priestly는 1767년에 발표한 논문에서 모든 전기 기술자들이 리히만처럼 명예롭게 죽는 것은 아니라며, 전기실험을 할 때 각별히 주의할 것을 당부했다.

제네로소산에서의 실험은 우르반이 비극적 사고를 겪으면서 중단되었고, 브라슈와 랑게는 베를린으로 돌아와 번개 이외의 다른 도구로 원자를 분해하는 방법을 연구했다.

그러나 1929년에 미국 캘리포니아주 버클리와 영국 케임브리지에서 일어난 사건으로 인해 "원자 쪼개기 경쟁"은 커다란 전환점을 맞이하게 된다. 그해 초 어느 날, 캘리포니아대학교의 신참 교수 어니스트 올랜도 로런스Ernest Orlando Lawrence는 대학 도서관에서 독일의 전기공학 학술지를 훑어보다가, 노르웨이의 롤프 비데뢰Rolf Widerøe가 쓴 "양성자(또는 알파입자) 가속 방법"에 시선이 꽂혔다. 1901년에 미국 사우스다코타주에서 노르웨이 이민자의 아들로 태어난 로런스는 예일대학교에서 박사학위를 취득한 후 한동안 그곳에서 교수로 재직하다가, 캘리포니아로 자리를 옮긴 후부터 본격적으로 재능을 발휘하기 시작했다. 본인의 고백에 의하면, 그는 독일어가 너무 서툴러서 비데뢰의 글을 읽을 때 오직 사진과 그림만으로 내용을 이해했다고 한다. 그런데도 로런스는 비데뢰의 아이디어가 기본적으로 놀이터에서 그네를 미는 원리와 똑같다는 것을 금방 알아차렸다. 아이가 탄 그네를 뒤에서 밀어줄 때, 강한 힘으로 한 번에 미는 것보다 적절한 타이밍에 작은 힘을 반복적으로 가하는 것이 훨씬 효과적이다. 이와 마찬가지로, 하전입자(전하를 띤 입자)를 적절한 타이밍에 약한 전압을 걸어서 조금씩 반복적으로 가속시키면 높은 에너지에 도달할 수 있다. 그렇다면 어떻게 타이밍을 맞출 수 있을까? 여기서 로런스의 획기적인 아이디어가 등장한다. 일반적으로 하전입자가 자기장 안에서 움직이면 속도와 자기장의 방향에 따라 특정 방향으로 힘을 받게 된다(이 힘을 로런츠 힘Lorentz force이라 하는데, 속도 및 자기장과 모두 직각을 이루는 방향으로 작용한다). 따라서 균일한 자기장에 하전입자를 발사하면 항상 속도의 직각 방향으로 힘이 작용하고 이 힘이 구심력 역할을 하여, 입자는 주기가 일정한 원운동을 하게 된다. 이 원 궤도의 어딘가에 가속장치를 설치하면 적절한 타이밍에 입자를 반복적으로 가속시킬 수 있다.

로런스는 자신의 아이디어를 버클리대학교의 제자인 스탠리 리빙스턴Stanley Livingston에게 전수했고, 1930년에 리빙스턴은 최초의 입자가속기 시제품인 "사이클로트론cyclotron"을 완성했다. 이 장치에 양성자를 주입한 후 가속 전극에 1000볼트(또는 그 이하)의 전압을 주기적으로 걸었더니, 양성자의 에너지가 8만 볼트까지 올라갔다. 볼트volt는 "단위전하당 에너지"를 의미한다. 사이클로트론의 원리가 확립된 후 로런스와 리빙스턴은 100만 볼트짜리 양성자를 만들어내기 시작했고, 1931년과 1932년에는 특별 제작한 25센티미터짜리 자석을 이용하여 실험 현장에 투입 가능한 정식 사이클로트론을 선보였다. 이들은 1932년 초에 양성자의 에너지를 120만 볼트까지 올렸는데, 영국 캐번디시 연구소의 존 콕크로프트John Cockcroft와 어니스트 월턴Ernest Walton이 이 값에 먼저 도달했다는 소식이 들려왔다. 그러나 로런스와 리빙스턴은 기록에 연연하지 않고 오직 입자빔의 에너지를 높이는 일에만 전념했다. 번개나 방사선 같은 자연의 힘에 의존하지 않고, 오직 인간의 능력만으로 원자핵을 쪼갤 수 있게 된 것이다.

총알의 구경을 알파입자에서 양성자로 줄이는 아이디어(케임브리지 물리학자들의 기술적 문제를 단기간에 해결해준 아이디어이기도 하다)의 원조는 러시아의 이론물리학자 조지 가모George Gamow였다. 그 시대의 대부분 물리학자들이 그랬듯이, 가모도 처음에는 방사능 현상에 당혹감을 감추지 못했다. 어떤 원자핵은 눈 깜짝할 사이에 붕괴되고, 어떤 핵은 느긋하게 붕괴되는가 하면, 또 어떤 핵(대부분의 원자핵)은 영원히 붕괴되지 않는 것처럼 보였다. 또한 러더퍼드가 1927년에 발견한 현상은 가모를 더욱 혼란스럽게 만들었다. 익히 알려진 바와 같이 우라늄은 초속 1만 3000킬로미터의 속도로 알파입자를 방출하고 토륨으로 바뀐다. 그러나 러더퍼드는 초속 1만 9000킬로미터로 움직이는 알파입자를 우라늄에 발사했을 때, 원자핵을 망가뜨리지 않고 핵의 자기장에 의해 경로가 휘어진다는 사실을 확인했다. 이상하지 않은가? 우라늄 원자핵이 보유한 전기장 방패는 초속 1만 9000킬로미터짜리 알파입자를 막아낼 정도로 강력한데, 속도가 초속 1만 3000킬로미터에 불과한 알파입자가 어떻게 우라늄 원자핵을 탈출할 수 있다는 말인가?

가모는 레닌그라드에서 박사학위를 받은 후 괴팅겐대학교를 방문했다가, 양자역학과 관련하여 "이 세상에 뚫을 수 없는 장벽이란 존재하지 않는다"는 사실을 알게 되었다. 당신이 빠르게 달리다가 벽에 부딪히기를 여러 번 반복하다 보면, 한 번쯤은 벽을 통과할 수도 있다(당신이 원자 규모의 입자라면 확률은 더욱 높아진다). 이것이 바로 "양자터널효과quantum tunneling effect"다. 가모가 계산을 해보니, 우라늄 핵 안에서 알파입자가 에너지 장벽을 뚫고 탈출할 확률은 약 100조×1조×1조 분의 1(10^{38}분의 1, 0.000……001으로 쓰면 0의 개수가 38개)이었다. 엄청나게 작은 확률이지만, 알파입자는 1초당 약 100만×10억 번(10^{21}번)씩 핵 장벽에 부딪히면서 탈출을 시도하고 있기 때문에, 수십억 년이 흐르면 결국 탈출에 성공한다. 이것이 바로 알파붕괴alpha decay이며, 붕괴된 우라늄은 토륨으로 변했다가 다시 붕괴되어 라듐이 된다.* 그리하여 가모는 다음과 같이 결론지었다. "핵을 분해할 때, 핵의 에너지 장벽을 뛰어넘을 정도로 강력한 입자빔을 만들 필요가 없다. 조금 약한 미사일을 충분히 많이 쏘면 결국 그들 중 몇 개는 양자터널효과에 의해 핵의 내부로 진입할 것이다." 간단히 말해서, 부족한 개별

---

* 지구의 나이인 45억 년은 약 1.4×10^{17}초이므로, 45억 년 전부터 지금까지 알파입자는 우라늄 핵을 1.4×10^{38}번 때린 셈이다. 그런데 탈출확률은 10^{38}분의 1이므로, 지금쯤이면 탈출에 성공하고도 남는다.

에너지를 인해전술로 극복한다는 뜻이다.

당시 31세의 신출내기 박사였던 존 콕크로프트는 가모의 논문을 읽고 인공적으로 가속된 양성자로 가벼운 원자를 때렸을 때 핵이 분해될 확률도 계산할 수 있음을 금방 알아차렸다. 그는 약간의 계산을 거친 후, 개당 수십만 볼트에 불과한 양성자를 높은 강도high intensity로 발사하면 가벼운 금속원소인 붕소boron, B의 원자핵을 분당 수백만 번 붕괴시킬 수 있다는 결론에 도달했다. 강도가 높다는 것은 에너지가 크다는 뜻이 아니라, 단위시간당 발사 개수가 많다는 뜻이다. 양자터널효과 덕분에 기술적인 문제가 갑자기 만만해진 것이다. 러더퍼드의 응원에 용기를 얻은 콕크로프트는 고속입자 생성에 여러 번 실패하면서 경험을 쌓은 25세의 연구생 어니스트 월턴과 의기투합하여 원자핵 분해 작전에 본격적으로 돌입했다.

콕크로프트는 핵을 분해하는 데 필요한 입자빔의 강도를 계산한 후, 월턴과 함께 이 조건을 (다소 불규칙하게나마) 만족하는 28만 볼트짜리 입자빔을 만들었다. 그런데 이 입자빔으로 무거운 원소와 가벼운 원소를 아무리 때려도, 핵붕괴의 증거인 감마선(고에너지 X-선)은 단 한 번도 검출되지 않았다. 게다가 1931년 중반에는 공간확보 경쟁에서 밀려나, 그 작은 실험실조차 물리화학자들에게 빼앗기고 말았다. 졸지에 낙동강 오리알이 된 두 사람은 새 실험실을 찾아 헤매다가 폐기된 강의실 하나를 간신히 확보했고, 그곳에서 새로운 마음으로 새 실험에 착수했다. 진공 누출과 절연 실패 등 골치 아픈 문제가 수시로 발목을 잡았지만, 이들은 콕크로프트가 직접 설계한 전압증배기voltage multiplier, 낮은 교류전압을 높은 직류전압으로 바꾸는 장치를 이용하여 빔의 에너지를 50만~60만 볼트까지 올리는 데 성공했고, 12월이 되자 장비가 안정적으로 가동되기 시작했다. 그 후로 3개월 동안 콕크로프트와 월턴은 공기 중에서 고속 양성자의 속도 범위를 확인한 후, 빔의 궤적을 유도하는 자기장을 이용하여 정확한 속도를 측정했다.

캐번디시 연구소에서 러더퍼드는 "악어"라는 별칭으로 불렸다. 어떤 경우에도 뒤돌아보는 일 없이 오직 앞으로 나아가기만 하고 (파충류의 특징), 예비 작업이 늦어질 때마다 안달복달해댔기 때문이다. (그가 악어로 불린 데에는 또 다른 이유가 있다. 원래 목소리가 날카로운 데다 발걸음 소리가 유난히 커서, 학생들은 그 소리만 들어도 러더퍼드가 다가오고 있음을 알아챌 수 있었다. 〈피터 팬〉에 등장하는 악당 후크선장이 시계 소리가 들려올 때마다 시계를 삼킨 악어를 떠올리며 공포에 질리는 것과 비슷한 상황이다.) 영국 왕실로부터 작위를 수여받은 러더퍼드, 아니, 넬슨의 제1대 러더퍼드 남작 First Baron Rutherford of Nelson은 젊은 연구원과 학생들에게 "중요한 것은 기술이 아니라 입자빔이 원자핵을 분해할 수 있는지 여부"라며 스트레스를 듬뿍 안겨주었다. 하루는 연구원들을 한자리에 모아놓고 더없이 점잖은 어조로 이렇게 말했다고 한다. "그러니까…… 이번 주말까지 스크린을 설치해서 거기 도달한 알파입자를 찾지 못한다면 말이지. 자네들은 아마 해고될 걸세."

두목님의 인자하면서도 살벌한 경고에 잔뜩 긴장한 콕크로프트와 월턴은 며칠 동안 날밤을 새워가며 기속관의 진공챔버 vacuum chamber 안에 표적으로 사용할 리튬과 섬광 스크린을 설치했다. 리튬은 수소와 헬륨에 이어 세 번째로 가벼운 원소로서, 정상적인 조건에서 고체상태로 존재하는 가장 가벼운 원소이기도 하다.

1932년 4월 13일 목요일, 월턴은 양성자빔의 에너지를 조금씩 높이다가 거의 최고치에 고정시켰다. 그날 콕크로프트는 다른 연구실 교수에게 호출되어 자리에 없었고, 초보 연구원인 월턴은 스크린에서 반짝이는 섬광(알파입자가 도달했다는 증거)을 한 번도 본 적이 없었다. 실험실에는 관측자를 방사선으로부터 보호하기 위해 차폐막으로 에워싼 상자가 있었는데, 별 기대 없이 그 안으로 기어 들어간 월턴은 한동안 스크린을 멍하니 바라보다가 어느 순간 갑자기 번쩍이는 섬광을 포착했다. 앗! 저게 과연 알파입자일까? 혹시나 해서 전원 스위치를 껐더니 섬광이 사라졌고, 스위치를 켜니 섬광이 다시 나타나기 시작했다. 그는 이 과정을 서너 번 반복한 후, 확신에 찬 목소리로 외쳤다.

월턴: 이거 완전 대박 사건이네!

(콕크로프트에게 전화) 방금 알파입자를 봤어요! 확실합니다. 빨리 와서 확인해보세요!

콕크로프트: (헐레벌떡 달려옴) 진짜 대박 사건이네!

(러더퍼드에게 전화) 방금 알파입자를 봤어요! 확실합니다. 빨리 와서 확인해보세요!

러더퍼드: (미심쩍은 표정으로 들어옴) 웬 호들갑인가? 학자답게 체통을 지켜야……

말이 채 끝나기도 전에 두 사람은 러더퍼드를 관측용 상자 안으로 밀어 넣었다. 육중한 체격으로 좁은 공간에 잔뜩 웅크리고 앉은 러더퍼드는 해변가에 좌초된 바다코끼리를 연상케 했다. 그는 핵붕괴로 인해 알파입자가 방출되었다는 확신이 들 때까지 불편한 자세로 스크린을 뚫어지게 노려보았고, 얼마 후 낮은 소리로 중얼거렸다.

러더퍼드: 대박 사건이 맞긴 맞구먼…….

콕크로프트와 월턴은 주말까지 관측을 완료한 후, 자신의 발견을 알리는 짤막한 편지를 써서 〈네이처Nature〉의 편집자에게 보냈다. 이들의 실험에 의하면 양성자는 리튬 핵과 결합하여 불안정한 베릴륨(Be, 네 번째 원소)의 핵이 되고, 이것이 다시 두 개의 알파입자로 분해되어 800만 볼트의 에너지로 튀어나온 것이다. 놀라운 것은 12만 5000볼트의 낮은 전압에서도 스크린에서 섬광이 관측되었다는 점이다. 만일 이들이 감마선에 연연하지 않고 처음부터 알파입자를 찾았다면, 성공의 팡파레를 1년 일찍 울릴 수 있었을 것이다! 원자핵이 붕괴되는 속도는 에너지가 클수록 빨라지는 것으로 나타났다. 25만 볼트에서는 양성자 10억 개 중 한 개꼴로 붕괴를 일으킨 반면, 50만 볼트에서는 붕괴 빈도가 10배로 증가했다. 이로써 원자핵(방패)과 사람(창)의 결투는 결국 사람의 승리로 끝났고, 원자핵의 구조와 특성을 연구하는 핵물리학의 시대가 활짝 열리게 되었다.

＊

콕크로프트와 월턴이 극적으로 알파입자를 관측하고 몇 주가 지난 후, 랑게가 갑자기 목소리를 높였다. "브라슈와 나는 자연의 막대한 힘을 이용하여 수백만 개의 원자를 분해했다. 원자 몇 개를 분해한 영국인들과는 수준이 다르다." 베를린의 언론은 '프리츠 랑게 박사의 놀라운 보고서'라는 제목으로 다음과 같은 기사를 내보냈다. "제너럴 일렉트릭General Electric Company의 독일 지사인 알게마이네 일렉트리시타트 게젤샤프트Allgemeine Elektricitäts Gesellschaft의 오버쇠네바이데Oberschöneweide 변압기 공장에서 실험을 진행해온 연구원들은 콕크로프트-월턴의 장비보다 훨씬 강력한 입자빔을 만들어냈다." 랑게는 자신이 만든 양성자빔이 지나칠 정도로 강력하기 때문에, 기존의 감지기로는 잔해를 확인하기 어렵다고 주장했다.

브라슈와 랑게는 원자핵을 이해하기 위해 제네로소에서 엄청난 일을 벌였지만, 틈날 때마다 핵물리학 이외의 새로운 응용 분야를 찾고 있었다. 1932년 8월에 브라슈는 500만 볼트짜리 전자빔을 이용한 암 치료법을 처음으로 발표했다. 당시에는 암을 치료할 때 주로 X-선을 사용했는데, 환자들은 한 번 치료할 때마다 몸을 X-선에 몇 시간 동안 노출시켜야 했다. 그러나 브라슈와 랑게가 개발한 새로운 치료법은 전자빔을 1만 분의 1초 동안 쪼이는 것으로 충분했다.

브라슈는 다양한 동물의 치료 사례를 제시하면서(피부(털)에 손상을 주지 않으며, 종양을 억제하는 효과가 있음), 전자빔 요법을 적절히 통제하면 치료 성공률이 더욱 높아질 것으로 예측했다. 그러나 사람을 대상으로 임상시험을 하기 전에 해결해야 할 문제가 너무 많았고, 10만 분의 1초 동안 전자빔을 조인 쥐가 며칠 후에 죽은 것도 결코 좋은 징조가 아니었다. 1933년 1월 27일, 브라슈는 공식 석상에서 "원자력 에너지를 활용하려면 핵을 교란하는 새로운 방법이 필요하다"고 주장했다. 자연적으로 발생한 전자빔(베타선)을 원자핵에 쏘는 것은 섬이 몇 개 없는 바다에 융단폭격을 퍼붓는 것과 비슷하다. 공격 목표인 섬에는 단 몇 개의 폭탄만 떨어지고, 대부분의 폭탄은 죄 없는 물고기만 죽일 뿐이다. 반면에 인공적으로 가속된 전자빔과 이로부터 생성된 불안정한 원자핵은 값비싼 라듐을 대신하여 암 치료에 활용할 수 있다.

브라슈와 랑게의 핵의학nuclear medicine 프로젝트는 독일에서 꽃피우지 못했다. 브라슈가 베를린에서 강연한 지 겨우 사흘 만에 나치당의 돌격부대가 나치 깃발과 횃불을 들고 브란덴부르크 문으로 모여들어 히틀러의 총리 취임을 축하했기 때문이다. 그날부터 독일은 히틀러의 손아귀에 들어갔고, 베를린의 찬란한 문화와 지적 탐구 정신은 몇 달 만에 완전히 사라졌다. 이 시기에 많은 과학자들이 그랬던 것처럼 랑게는 자신의 꿈을 이루기 위해 소련으로 도피했고, 브라슈는 지인의 도움을 받아 미국으로 이주했다.

평소 독일 공산당의 열렬한 당원이었던 프리츠 랑게는 1935년에 소련의 주요 연구센터인 하리코프Kharkov 소재 우크라이나 물리기술연구소Ukrainian Physical-Technical Institute의 고전압 연구실험실 소

장으로 임명되어, 크랭크축과 터빈의 재질을 검사하는 초강력 X-
선 발생기를 제작했다. 그리고 1940년에는 「우라늄 폭발물 활용
법The Use of Uranium as an Explosive」이라는 논문을 동료와 공동 집필했
는데, 소련 과학자들이 부정적인 평가를 내리는 바람에 국방위원
회의 관심을 끌지 못했다. 제2차 세계대전이 끝나가던 무렵 소련이
원자폭탄 개발에 착수했을 때 랑게는 이 프로젝트에 차출되었다.
그는 핵분열성 우라늄-235를 추출하는 원심분리기를 개발했고,
1959년에 소련 치하의 동베를린으로 돌아가 동독 과학 아카데미
East German Academy of Science의 생물물리학 연구소 소장이 되었다.

한편, 미국에 정착한 아르노 브라슈는 사업가이자 자선가인 루
이스 스트라우스Lewis Strauss의 눈에 띄어 물심양면으로 많은 도움
을 받았다(스트라우스는 훗날 미국 원자력위원회 의장이 되었다).
스트라우스는 브라슈의 기술이 방사성 동위원소인 코발트(Co-
60)를 대량생산하여 암 치료에 기여할 수 있음을 간파했다. 특히
그는 두 부모를 암으로 잃은 경험이 있었기에, 오래전부터 암 치료
에 남다른 관심을 갖고 있었다. 브라슈는 스트라우스의 전폭적인
지원 덕분에 캘리포니아 공과대학(칼텍Caltech)의 켈로그 복사연구
소Kellogg Radiation Laboratory에 취직하여 서지전압 발생기surge generator
개발을 주도했다. 그러나 1940년에 미국 정부가 핵무기 개발 필
요성을 느낀 후로 정부지원금은 핵무기 관련 프로젝트에 집중되
기 시작했고, 그 와중에 서지전압 발생기 개발은 뒷전으로 밀려났
다. 전쟁이 끝난 후 브루클린에 정착한 브라슈는 의약품을 살균하
고, 음식을 익히거나 맛을 바꾸지 않은 채 보관할 수 있는 강력한

전자총을 개발하여 상품화에 성공했다. 또한 그가 개발한 전자빔 가공법(전자빔을 쪼여서 재료의 품질을 개선하는 방법)은 지금도 모든 형태의 열 수축 자재를 생산하는 데 사용되고 있다.

（2장）

저항과의 조우

크리스 저자 중 한 사람인 크리스 퀘그는 배터리를 갖고 놀면서 전기라는 것을 처음 알게 되었다. 그 배터리는 시어스 로벅*Sears Roebuck*에서 구입한 지름 6센티미터, 높이 15센티미터의 묵직한 원통형 *No. 6* 건전지로, 꼭대기에 황동으로 만든 두 개의 단자가 달려 있었다. 거기에는 전력, 즉 에너지가 저장되어 있었으며, 오래 사용하면 외벽을 두른 푸른 종이의 색상이 달라지면서 전력의 소모 상태를 알려주었다. 건전지는 잠재력으로 가득 찬, 정말로 신기한 물건이었다.

당시 열한 살이었던 나는 책을 뒤지다가 초인종에 쓰는 절연선과 철로 된 못만 있으면 전자석을 만들 수 있다는 사실을 알게 되었다. 외할아버지가 기중기에 달린 커다란 자석으로 물건을 들었다 놨다 하는 모습이 항상 신기했는데, 그 비결이 바로 온오프_{on-off} 스위치가 달린 전자석이었던 것이다.

외할아버지는 폴란드 크라쿠프Kraków 인근에서 농사를 짓다가 1911년에 펜실베이니아 동부로 이주하여 제철소에 취직했다. 이민 초기에 현장감독이 주관하는 경진대회에서 우승하여 베들레헴 제철소의 기중기 기사로 발탁되었고, 그곳에서 밤낮을 가리지 않고 열심히 일하면서 주변 사람들의 신뢰를 쌓아 나갔다. 그는 일뿐만 아니라 삶의 모든 면에서 믿을 수 있는 사람이었다. 나는 외할아버지가 모는 기중기를 꼭 한번 타보고 싶었지만, 아쉽게도 그 꿈은 이루어지지 않았다. 기중기로 하는 일이라곤 좁아터진 운전석에 8시간 동안 쪼그리고 앉아서 거대한 전자석으로 묵직한 짐을 이리저리 옮기는 것이 전부였지만, 내 눈에는 그것이 엄청나게 중요한 일처럼 보였다. 외할아버지가 출근하지 않으면 공장이, 아니, 온 세상이 멈출 것만 같았다.

그 전해 여름, 보이스카우트 캠프에 참가하여 30킬로미터 하이킹을 하던 중 철길 옆에 버려진 커다란 대못과 절연체로 코팅된 전선을 발견했다. 당시에는 어디에 쓰는 물건인지 전혀 몰랐지만, 생긴 모양이 꽤 특이했기 때문에 기념품 삼아 집으로 가져와서 내 방 창가에 진열해놓았다. 그리고 1년이 지난 후, 책에서 전자석 제작법을 발견했을 때 그 대못은 여전히 창틀에 놓여 있었다.

나는 전선을 1미터쯤 잘라낸 후, 전선 끝부분의 절연체를 조심스럽게 긁어냈다. 절연체가 꽤 단단하게 붙어 있어서 몹시 힘들고 위험한 작업이었지만, 조금씩 벗기다 보니 드디어 녹슬지 않은 적갈색 구리선이 1센티미터 남짓 드러났다. 나는 건전지의 바깥쪽 단자 주변으로 전선을 구부린 후 너트로 고정시켰는데, 이때 전선을 감은 방향에 따라 결과가 달라진다. 시계방향으로 감으면 전선이 너트 쪽으로 당겨지고, 반시계방향으로 감으면 너트가 전선을 바깥쪽으로 밀어낸다. 전자석은 아직 완성되지 않았지만, 나는 중요한 사실을 조금씩 알아가고 있었다. 다음에 할 일은 대못을 전선으로 감는 것이다. 12번쯤 감으면 겉모습이 제법 전자석처럼 보인다. 자, 이제 성능을 확인할 시간이다. 전선 끝부분을 건전지의 나머지 극에 연결하고 그 근처에 작은 못을 들이댔더니 작은 스파크가 일어나면서 못이 허공으로 떠올라 전선을 감은 전자석에 들러붙었고, 단자에서 전선을 분리하니 못은 맥없이 바닥으로 떨어졌다. 당시 우리 집 지하실에는 내가 제일 좋아하는 장난감 기중기가 있었는데, 여기에 방금 만든 전자석을 달면 외할아버지가 운전하는 진짜 기중기와 거의 똑같아질 것 같았다. 나는 대못과 전선, 그리고 건전지로 만든 어설픈 전자석을 들고 당장 지하실로 달려갔다.

지하실 바닥에 이리저리 흩어진 한 무더기 못은 전자석의 성능을 테스트하기에 아주 적당한 화물이었다. 그런데 못을 몇 번 옮기다 보니, 내가 읽었던 책에 적혀 있지 않은 의외의 현상이 나타나기 시작했다(그래서 그 책을 좋아했던 것 같다. 따라 하다 보면 새로운 사실을 알게 되니까). 전선을 건전지에 연결한 상태에서 몇 초만 지나도 전선이 따뜻해졌다. 여기서 몇 초 더 버텼더니 만질 수 없을 정도로 뜨거워졌다. 그렇다, 그것은 바로 저항resistance 때문이었다. 저항이라는 개념을 책에서 배우지 않고 전선을 만지면서 손가락으로 느꼈으니, 그야말로 "피부에 와닿는" 교훈을 얻은 셈이다. 그 후로 나는 기중기보다 전기와 자기에 더 큰 흥미를 느꼈던 것 같다. 물론 방과 후 친구들과 하는 공놀이가 훨씬 더 재미있었던 건 사실이다.

굳이 전선이 뜨거워지지 않더라도, 전선 끝을 손가락으로 쥔 채 붙였다 떼었다 하기가 불편해서 스위치를 달기로 마음먹었다. 부모님께서 나의 새로운 관심을 기특하게 여기고 새 건전지와 18게이지짜리 전선굵기가 약 0.8밀리미터인 전선을 사주셨지만, 나에게 당장 필요한 것은 스위치였다. 그 무렵 우리 집에는 금전등록기처럼 생긴 금속제 저금통이 하나 있었다. 5센트나 10센트, 또는 25센트짜리 동전을 입구에 넣고 레버를 당기면 조그만 창에 누적 금액이 표시되는 식이었는데, 아이들에게 저축하는 습관을 길러주기 위해 총액이 10달러에 도달하기 전에는 저금통이 열리지 않도록 설계되어 있었다. 부모님은 이 저금통을 사주고 마음이 든든했겠지만, 나와 여동생은 저금통을 산 지 며칠 만에 일찍 여는 방법을 터득했다. 자신의 은행을 스스로 턴 나는 (주머니에 동전을 가득 담고) 마을 끝에 있는 전기제품 상가로 순례를 떠났고, 그곳에서 와이어 스트리퍼를 구매했다. 내 인생 최초의 "내돈내산" 공구였던 와이어 스트리퍼는 전선의 피복을 벗기는 공구인데, 언뜻 보면 가지치기 가위와 비슷하게 생겼지만 짧은 턱의 폭을 조절하면 다양한 굵기의 전선 피복을 깔끔하게 벗길 수 있다.

나는 집으로 돌아오는 동안 오른손에 와이어 스트리퍼를 들고 허공을 저으며 전선 자르는 연습을 했다. 중심부의 구리선을 망가뜨리지 않을 정도로 손잡이를 부드럽게 눌러서 바깥쪽으로 밀어냈을 때 예쁘게 드러난 구리선을 상상하니 콧노래가 절로 나왔다. 상상 속 실험을 수십 번 반복한 나는 집에 도착했을 때 이미 숙련공이 되어 있었고, 그날부터 며칠 동안 내 방에는 깔끔하게 잘려나간 붉은 플라스틱 부카티니bucatini, 속이 빈 빨대 모양의 파스타가 어지럽게 굴러다녔다.

스위치도 하나 샀다. 건전지 단자와 전선의 접점이 그대로 노출되어 있어서 스파크가 일어날 수도 있기 때문에, 안전을 위해 나이프 스위치작은 작두처럼 생긴 회로개폐장치를 선택했다. 안정적인 회로가 완성되고 전자석도 제대로 작동하는 것을 확인하고 나니, 허파에 슬슬 바람이 들어가기 시작했다. 전선을 감은 철심(대못)을 다른 재질로 바꿨을 때 어떤 변화가 생기는지 궁금해진 것이다. 나는 대못 대신 스크루드라이버, 연필, 육각 렌치, 멍키스패너, 심지어 손가락에 전선을 감고 못, 알루미늄포일, 석탄 덩어리, 철사 조각 등을 들어 올리는 실험을 했다. 물론 전선도 다양한 종류로 바꿔보았는데, 내가 가장 좋아한 것은 구리선이었다. 구리선은 손맛이 좋고 적당히 단단해서 한번 감아놓으면 모양이 잘 유지된다. 반면에 알루미늄선은 느낌이 차갑고 구리처럼 반짝거리지도, 매끄럽지도 않아서 내 취향에 맞지 않았다. 첫 번째 건전지가 수명을 다하기 전에, 나는 철심 없이 코일만 감아놓으면 못을 들어 올리지 못하지만 나침반 바늘을 돌아가게 만든다는 사실을 알게 되었다. 그렇다, 전류는 전구에 불이 들어오게 할 뿐만 아니라 자기적 영향을 미친다.

미국의 생물학자 에드워드 윌슨Edward Wilson은 그의 저서《자연주의자Naturalist》에서 이런 스타일의 교육법을 적극 권장했다. "자연주의자를 만드는 것은 체계적인 지식이 아니라 중요한 시기에 겪은 일련의 경험이다. 책에 파묻혀 사는 것보다는 잠시 원시인이 되어 필요한 것을 직접 찾거나 머릿속에 그려보는 것이 더 낫다."

어린 시절에 나는 "실험"과 "전기놀이"라는 어휘를 같은 의미로 사용했다. 그런데 나중에 알고 보니 18세기 과학자들이 전기에 대한 지식을 체계화할 때에도 나와 비슷한 과정을 거친 것 같았다. 노벨 물리학상 수상자인 미국의 물리학자 이지도어 라비Isidor Rabi 는 자신의 동료들을 평가하면서 "그들은 나이가 들어도 호기심을 잃지 않기에 늙지도 않는다"고 했다. 전기에 갓 눈뜬 초짜에게 이보다 듣기 좋은 말이 또 어디 있을까?

＊

1746년 봄, 어느 화창한 날 오후에 성직자이자 루이 15세의 왕실 전기기술자였던 장 앙투안 놀레Jean-Antoine Nollet 는 카르투지오 수도회의 수도사들을 모아놓고 이상한 명령을 내렸다. "형제 여러분, 제가 나눠드린 짧은 철사를 모두 왼손에 쥐셨습니까? 좋습니다. 그러면 지금부터 자신의 오른쪽 옆 사람이 들고 있는 철사를 오른손으로 잡고 우리 수도원(현재 파리의 룩셈부르크 정원) 부지를 에워싸는 원형 대열로 정렬해주시기 바랍니다." 수도승들은 영문도 모르는 채 인간사슬을 만들었고, 놀레는 사슬 끝에 있는 사람의 한쪽 손을 항아리처럼 생긴 작은 단지에 올려놓았다. 그러자 700명에 달하는 수도승들이 일제히 경련을 일으키면서 공중으로 뛰어올랐다. 역사책에 기록된 바에 의하면, 당시 수도승들은 전류가 몸에 흐를 때 온몸의 털이 곤두서는 듯한 느낌을 받았다고 한다.

그날 놀레가 사용한 단지는 전하를 저장하고 운반하는 도구, 즉 "레이던병Leiden jar"이었다. 그로부터 몇 달 전, 네덜란드 레이던의 전기기술자들은 물이 든 병 안에 못을 매달고 병을 손으로 잡으면 강한 전기가 흘러서 사람을 거의 기절시킨다는 사실을 알게 되었다. 이 놀라운 발명품 덕분에 과학에 무지한 일반 대중들도 전기를 알게 되었으며, 얼마 후에는 유럽 전역에 레이던병 열풍이 불어닥쳤다. 처음에는 레이던병이 사람을 죽인다는 소문이 돌면서 이상한 마법 취급을 받았지만, 반복 실험을 통해 안전이 보장된 후로는 각계각층 사람들이 "레이던병 마술"을 보기 위해 실험실로 모여들곤 했다.

쇼비즈니스가 거의 없던 시절에 짜릿한 전기충격과 딱딱거리며 튀어 오르는 불꽃은 가장 인기 있는 볼거리였고, 사람들은 그것을 구경하기 위해 기꺼이 지갑을 열었다. 그러나 유랑극단에 만족할 수 없었던 기술자들은 전기로 마비된 사람을 치료하거나 사나운 가금류를 진정시키는 등 다양한 응용 분야를 개척해나갔고, 전기에 대해 더 알고 싶어하는 사람들이 많아지면서 도시마다 전기를 주제로 한 강연과 공개실험이 활발하게 진행되었다. 그리고 유럽을 휩쓴 전기 열풍은 순회강연을 하는 교수와 실험가, 그리고 야바위꾼들을 통해 미국으로 전달되었다.

전기에 대한 대중의 열망은 결코 과학자들에 뒤지지 않았다. 과학 역사가들은 볼거리에 불과했던 전기를 과학의 영역으로 격상시킨 사람으로 영국의 아마추어 과학자 스티븐 그레이Stephen Gray를 꼽는다. 그는 63세라는 적지 않은 나이에 전기를 처음 접한 후, 정교한 실험을 통해 전기의 특성을 하나둘씩 규명해나갔다.

유럽 전역에 흑사병이 만연했던 1666년에 캔터베리의 장인 가문Canterbury artisans에서 태어난 그레이는 부친의 가업을 이어 염색업에 종사했으나, 진정한 관심사는 자연현상을 관찰하고 설명하는 자연철학이었다(당시는 "과학"이라는 용어가 자리 잡기 전이었다). 30세가 된 그는 자신이 직접 제작한 물방울 현미경water-drop telescope, 빛이 물을 만났을 때 굴절되는 현상을 이용하여 관찰 대상을 확대하는 도구으로 다양한 현상을 관찰한 후 결과를 요약하여 런던 왕립학회에 보냈는데, 전문학자들의 호평을 받아 〈왕립학회 회보Philosophical Transactions〉에 실렸다. 그 후로 30년 동안 그레이는 다양한 실험 도구를 설계하여 왕립학회에 제출했으며, 일식과 월식, 태양의 흑점, 목성의 가장 큰 네 개 위성의 운동 등 천문 현상을 정확하게 관측하여 아마추어 과학자로서 이름을 알리게 된다. 그의 보고서 중 일부는 학술적으로 중요할 뿐만 아니라 실용적 가치도 있었다. 그가 목성의 위성들이 목성 뒤로 숨는 시간(하루 1~2회)을 오랫동안 관측하여 작성한 "위성출몰 시간표"는 크로노미터chronometer, 항해용 정밀시계가 없던 시대에 바다를 항해하는 선장들에게 좋은 길잡이가 되어주었다(단, 이 표를 사용해서 항로를 계산하려면 날씨가 맑아야 하고, 성능 좋은 망원경도 있어야 한다).

그레이가 전기 분야에서 탁월한 업적을 남길 수 있었던 것은 어떤 것도 대충 넘기지 않는 그의 꼼꼼한 성격 덕분이었다. 그 시기에 "전기를 띤 물체"란 "(자석을 제외하고) 다른 가벼운 물체를 끌어당기는 물체"를 의미했다. ("전기electricity"라는 단어는 그리스어로 호박琥珀을 뜻하는 "엘랙트론elektron"에서 유래된 것이다. 고대 그리스인들은 호박을 천에 대고 문지른 후 작은 물체에 갖다 대면 물체가 호박에 끌려온다는 것을 알고 있었다. 머리를 빗은 후 종잇조각에 갖다 댔을 때 조각들이 빗에 들러붙는 것과 같은 현상이다.) 그레이 시대에 가장 널리 알려진 전기 물질은 납유리flint-glass로 만든 튜브, 즉 납유리관이었다. 납유리관을 부드러운 물체에 대고 문지르면 다량의 정전기가 쉽게 유도된다. 그레이는 이 정전기가 다른 물체로 옮겨갈 수 있는지 확인하기 위해, 대전된 물체가 가벼운 솜털이나 황동 조각, 또는 (영국인들이 "네덜란드산 금"이라며 싸구려 취급했던) 금박 모조품을 끌어당기는 능력을 일일이 측정하여 수치화했다.

스티븐 그레이가 남긴 값진 유물 중 하나는 지름 2.5센티미터에 길이가 1미터나 되는 대형 유리관이다. 관 속에 먼지가 유입되어 전기력이 약해지는 것을 막기 위해, 사용하지 않을 때는 양 끝을 막을 수 있도록 코르크 마개가 달려 있다. 그레이가 왕립학회에 제출한 보고서에는 다음과 같이 적혀 있다. "첫 실험의 목적은 튜브의 양 끝을 열어놓은 경우와 코르크로 막은 경우의 전기력 차이를 확인하는 것이었는데, 실험 결과 아무런 차이도 관측되지 않았다. 그러나 튜브 위쪽 끝에 깃털을 가까이 가져가니 들러붙거나 밀려났고, 깃털을 반대쪽 끝으로 가져갔더니 똑같은 현상이 여러 번 반복되었다. 이로부터 나는 대전된 튜브와 코르크 사이에 무언가 '당기는 힘'이 교환된다는 결론에 도달했다."

그레이는 실험 장비의 외형을 바꿨을 때 무엇이 어떻게 달라지는지 철저하게 확인한 덕분에, 질문을 떠올리기도 전에 답을 알 수 있었다. 그의 실험에 의하면, 무언가를 끌어당기는 힘은 분명히 유리관에서 코르크 마개로 전달되고 있었다. 〈왕립학회 회보〉에 게재된 그레이의 보고서를 읽어보면, 자연현상을 논리적으로 이해하려는 그의 열정이 고스란히 느껴진다. 전기가 다른 물질로 전달되는 것이라면 어떤 조건에서 얼마나 멀리 전달될 수 있는가? 그리고 이 과정에서 물체의 재질은 어떤 영향을 주는가? 그레이는 질문의 답을 찾기 위해 모든 장비를 총동원하면서도, 과도한 열정 때문에 실험이 왜곡되지 않도록 매사에 자제력을 발휘했다.

그는 코르크 마개를 길이 10센티미터, 20센티미터, 60센티미터인 나무막대와 철선, 상아, 황동선 등 다양한 물체로 바꿔서 당기는 힘을 측정했는데, 상아로 만든 구체는 코르크보다 훨씬 강한 힘으로 깃털을 밀거나 잡아당겼고, 길이 1미터짜리 철선을 코르드에 꽂고 튜브를 문질렀을 때는 깃털을 노끈으로 매달아야 할 정도로 격렬하게 반응했다.

어느 정도 분위기를 파악한 그레이는 금속에 집중하기로 마음먹고 1기니짜리 동전과 1실링 동전, 반페니 동전, 주석, 납 등을 튜브에 끈으로 매달아 전기력을 측정했다. 여기서 잠시 그의 보고서를 읽어보자.

나는 금속의 무게를 조금씩 키워나가다가 나중에는 부삽, 집게, 철제 부지깽이, 구리주전자, 은주전자까지 동원했다. 이들은 한결같이 전기적 성질이 강해서 황동 조각을 몇 센티미터 높이까지 들어 올렸다. 금속이 전기에 민감하다는 사실을 확인한 후 부싯돌, 사암, 자철광, 벽돌, 타일, 분필, 그리고 몇 종류의 식물을 대상으로 동일한 실험을 반복한 끝에, 이들 모두 (정도의 차이는 있지만) 전기력의 영향을 받는다는 사실을 알 수 있었다.

그는 손에 잡히기만 하면 무엇이건 닥치는 대로 전기력 테스트에 동원한 것 같다.

질서정연한 현대과학의 관점에서 볼 때, 그레이의 실험은 다소 무작위적이고 어설픈 구석도 많다. 명백한 증거 앞에서 결론을 내리지 못하고 망설이는 모습은 답답함을 넘어 둔해 보이기까지 한다. 그러나 그의 치밀함과 일관적인 논리는 칭송받아 마땅하다. 그의 보고서에는 실험 방법이 매우 자세하게 서술되어 있어서, 누구든지 동일한 실험을 반복할 수 있다. 또한 그는 실험 환경과 조건을 체계적으로 바꿔가면서 결과를 좌우하는 요인을 정확하게 짚어냈다. 그가 실험에 이토록 심혈을 기울이면서도 섣불리 결론을 내리지 않은 것은 그의 꼼꼼한 성격 탓도 있지만, "신중한 자세"를 최고 덕목으로 꼽았던 당대 과학자들의 영향이기도 하다.

그레이의 다음 목표는 전기적 힘Electrical Virtue이 도달할 수 있는 거리를 파악하는 것이었다. 그는 각종 지팡이와 4미터짜리 낚싯

 자연은 왜 이토록 단순하면서도 아름다운가

대, 고래 뼈 등을 코르크에 연결하여 실험했고, 나중에는 실험 도구가 거의 5.5미터까지 길어졌다(이보다 긴 물건은 그의 실험실에서 다룰 수 없었다).

그 시대 대부분의 과학자들과 달리, 스티븐 그레이에게는 고정적인 수입이 없었다. 그는 생계를 위해 평생 과학과 무관한 일을 해야 했고, 틈날 때마다 실험 결과를 급하게 정리해서 학회에 보내곤 했다. 자신의 연구 활동에 한계를 느낀 그는 최초의 왕립 천문학자 존 플램스티드John Flamsteed 신부에게 보낸 보고서의 끝부분에 약간의 핑계를 추가했다. "올해는 일이 너무 많아서 천문관측을 거의 하지 못했습니다." 그 후 1711년에는 왕립학회 회장에게 "런던 차터하우스에 거주할 수 있도록 도와달라"고 부탁했고, 9년 후에 조지 왕자Prince George(훗날 영국 왕 조지 2세로 즉위함)의 허락을 받아 연금 수급자의 자격으로 차터하우스에 입성했다. 그곳에서 한 시인으로부터 "백발의 현자hoary Sage"라는 별칭을 얻은 그는 비로소 모든 열정을 과학에 쏟을 수 있게 되었다.

차터하우스는 노인 거주지 및 소년들을 위한 학교로 1611년에 설립되었다. 설립자인 토머스 서턴Thomas Sutton은 링컨셔 출신의 귀족으로, 엘리자베스 1세 여왕 시대에 주요 관직을 거치면서 막대한 부를 축적한 사람이다(여왕보다 부자라는 소문까지 나돌 정도였다). 그러나 말년에는 부자로 사는 것이 식상했는지 재산을 사회에 환원하는 데 조금씩 관심을 갖더니, 주교로부터 편지 한 통을 받은 후부터 완전히 자선가로 돌변했다. 그리고 1611년에 카르투지오 수도원Carthusian monastery(1535년에 헨리 8세가 로마 가톨릭과 단절을 선언하면서 해체됨) 부지에 교회와 빈민구호소, 학교를 지어서 사회에 기부하고, 바로 그해에 세상을 떠났다. 그 덕분에 어려운 처지에 놓인 혼자 사는 노인들(전직 공무원, 군 장교, 성직자, 교사, 예술가, 음악가 등)은 아늑한 집을 갖게 되었으며, 별도로 배정된 관리인으로부터 각별한 보살핌을 받을 수 있었다.

토머스 서턴이 인생 막판에 펼친 자선 행위로 천국에 갔는지는 알 수 없지만, 이승에서는 확실하게 이름을 남겼다. 차터하우스 졸업생이자 저명한 작가인 윌리엄 메이크피스 새커리William Makepeace Thackeray는 그의 대표작 《뉴컴가 The Newcomes》에서 차터하우스의 분위기를 꽤 자세히 소개했다.

설립자의 날인 12월 12일이 오면 특별 제작한 가운을 입은 소년이 "우리의 창립자 Fundatoris Nostri"라는 제목의 라틴어 찬양사를 낭독하는 것으로 기념행사가 시작된다. 이날은 시토회 수사 Cistercians를 포함한 종교인과 정재계 인사들이 대거 참석하여 설립자의 뜻을 기리고 결속을 다진다. 낭독이 끝나면 예배당으로 가서 설교를 들은 후 만찬장으로 이동하여 옛 친구들과 재회하고, 옛날식으로 건배하고, 담소를 나눈다(가끔 누군가가 나서서 연설을 할 때도 있다). 연설장에서 예배당으로 이동할 때에는 진행자의 지시에 따라 질서정연하게 행진하는데, 이때 진행자는 전통적인 지팡이를 들고 선두에 서서 사람들을 예배당으로 이끈 후 특별히 마련된 좌석에 앉는다. 현역 학생들은 이미 깔끔한 제복을 차려입은 채 해맑은 표정으로 청중석에 앉아 있고, 이곳에 거주하는 노인들도 검은 가운을 입고 대기 중이다. 예배당에 불이 켜지면 기괴한 문장이 박혀 있는 설립자의 무덤이 시야에 들어온다. 바로 그곳에서 우리의 창립자가 가운을 입고 누워서 "위대한 시험의 날"을 기다리고 있다.

차터하우스 외에 스티븐 그레이와 인연이 깊은 또 하나의 기관이 있다. 바로 세계적 권위와 명성을 자랑하는 왕립학회인데, 정식 명칭은 "자연 지식 향상을 위한 런던 왕립학회Royal Society of London for Improving Natural Knowledge"다. 왕립학회는 1662년에 찰스 2세의 후원으로 설립되었다(그는 "과학과 예술을 가장 통 크게 후원하는 군주"의 타이틀을 놓고 사촌지간인 프랑스의 태양왕 루이 14세와 신경전을 벌이고 있었다). 왕립학회는 "Nullius in verba", 즉 누구의 말도 곧이곧대로 믿지 말라는 모토 아래, 고대 그리스의 대학자 아리스토텔레스의 관념론으로부터 탈피를 선언하고, 오직 실험에 의존하여 진리를 탐구한다는 원칙을 내세웠다. 그 후로 〈왕립학회 회보〉에 글을 기고하려면 지식인의 상징인 라틴어 대신 속세의 언어인 영어를 써야 했고, 글의 내용도 품격을 포기한 채 "솔직하고, 자연스럽고, 긍정적이고, 명쾌하고, 누구나 이해할 수 있는 쉬운 문체"로 바뀌었다. 또한 지식인의 전유물로 여겨졌던 〈왕립학희 회보〉는 회원이 아닌 사람들에게도 보급되기 시작하여 얼마 후에는 외국어 버전까지 출간되었다.

그레이는 전기가 한 물체에서 다른 물체로 옮겨간다는 것을 증명하기 위해 노력했고(결국 증명해냈다), 이 과정에서 훨씬 중요한 사실을 발견하게 된다. 그는 1729년 5월에 유리관(튜브)을 포함한 실험 장비 몇 개를 들고 플램스티드의 사촌 존 고드프리John Godfrey가 있는 켄트주의 노턴 코트Norton Court를 방문했다. 전형적인 영국 신사이자 천문학 애호가인 고드프리는 그레이를 열렬히 환영하면서 커다란 방을 실험실로 내주었고(고드프리는 스티븐 그레이를 처음 만났던 1715년에 왕립학회 회원이 되었다), 덕분에 그레이는 실험용 유리관을 거의 10미터까지 확장할 수 있었다. 그런데 여기서 약간의 부작용이 생겼다. 튜브를 문지르면 끝에 달린 코르크가 황동 조각을 더욱 강하게 끌어당겼지만, 문지르는 동안 튜브가 크게 휘청거려서 실험을 제어하기가 어려워진 것이다.

전기 전달 실험이 기술적 한계에 도달하자 그레이와 고드프리는 실험 장비를 법원의 발코니로 옮겨서 유리관에 끈을 매달기로 했다. 그러면 튜브에서 발생한 전기력이 8미터 길이의 끈을 타고 그 끝에 매달아 놓은 상아로 만든 공, 즉 상아구ivory ball로 전달될 것이다. 이것을 실험으로 확인한 두 사람은 5.4미터짜리 튜브에 10미터 끈을 묶은 혼합형 도구를 만들었다. 그리고 그레이가 발코니에서 튜브를 다루는 동안 고드프리는 아래에서 황동 조각이 담긴 쟁반을 들고 대기하기로 했다. 그레이의 보고서에는 이 실험이 다음과 같이 기록되어 있다.

튜브를 문지르자 전기가 튜브 끝에 도달한 후 끈을 타고 상아구로 흘러 들어가 황동 조각을 끌어당겼고, 상아구가 진동하면 황동 조각도 구를 따라 이리저리 흔들리다가 쟁반에서 쏟아졌

 자연은 왜 이토록 단순하면서도 아름다운가

다. 그러나 이런 실험은 야외에서 하기에 부적절하다. 바람이 조금만 불어도 황동 조각이 엉뚱한 방향으로 날아가기 때문이다.

당시 전기 전달 거리의 세계기록은 15.6미터였다.

두 사람이 실행한 마지막 실험은 전하를 수평 방향으로 전달하는 것이었는데, 별로 중요한 실험은 아니지만 결국 실패로 끝나고 말았다. 천장 대들보 못에 끈을 묶고 자신의 허리 높이에 유리관을 수평으로 매달아서 동일한 실험을 반복했더니 아무런 힘도 관측되지 않았던 것이다. 그레이는 다음과 같이 결론지었다. "이 경우에는 전기적 힘이 끈을 타고 올라가 대들보 속으로 흡수되었을 것으로 추정된다. 그래서 코르크(또는 상아구)에는 전기가 전달되지 않았거나, 극히 미량의 전기만이 전달되어 황동 조각을 잡아당기지 못했을 것이다." 그 후로 그레이는 수평 실험을 더 이상 시도하지 않았지만, 수직 실험의 규모를 키워서 세인트 폴 대성당의 돔에 올라가 실행한다는 야심 찬 계획을 세웠다.

다행히도 수평 전달에 관한 그레이의 설명은 노턴에서의 실험이 마지막이 아니었다. 그해(1729년) 6월 말에 그레이는 켄트주의 페이버섬Faversham 근처에 있는 오터든 플레이스Otterden Place로 가서 왕립학회의 또 다른 회원인 그랜빌 휠러Granville Wheeler를 만났다. 휠러는 그레이 못지않게 호기심 많고 손재주가 좋은 이상적인 조력자였고, 그의 널찍한 저택은 그레이가 계획했던 실험을 실행하기에 더없이 좋은 장소였다.

사전에 휠러와 편지를 교환한 후 유리관 하나만 달랑 들고 오터

든 플레이스에 도착한 그레이는 시계탑에 올라 유리관 아래로 10
미터 길이의 끈을 늘어뜨려서 전기력이 수직으로 전달되는 것을
확인하는 실험을 시연했다. 잔뜩 흥분한 휠러가 "전기력이 수평
방향으로 전달되는 것도 보고 싶다"고 재촉하자, 그레이는 노턴에
서의 실험이 실패했던 이유를 찬찬히 설명해주었다.

> 휠러: 그렇다면 유리관에 연결된 끈의 몇 군데를 명주실로 매
> 달면 어떨까요?
> 그레이: 아하! 그러면 새어나가는 전기가 줄어들 테니 효과가
> 있겠군요.

두 사람은 더욱 야심 찬 실험을 계획했고, 휠러의 하인들까지 동
원되어 실험을 도왔다.

첫 번째 합동실험은 휠러의 저택에 있는 가장 큰 방(높은 지붕에
매트가 덮여 있었다)에서 진행되었는데, 24미터의 끈을 수평으로
펴서 명주실에 매달아 놓았더니 상아구에 황동 조각이 잘 들러붙
었다. 신이 난 휠러는 규모를 더 키워보자며 끈을 45미터까지 연
장했고, 이 경우에도 전기력은 잘 전달되는 것 같았다. "튜브가 황
동 조각에 직접 영향을 미치지 않도록 둘 사이의 거리를 충분히 떼
어놓았는데도 튜브를 문지르자 전기가 끈을 타고 전달되어 황동
조각이 이전처럼 상아구에 들러붙었다." 그레이는 끈을 반으로 접
었을 때 전기 전달 효과가 어떻게 달라지는지 확인하기 위해 커다
란 창고로 장소를 옮겼다. 이곳에서 그는 끈을 88미터까지 연장한

후 반으로 접어서 비슷한 실험을 반복했고, 끈을 여러 번 접어도 황동 조각이 상아구에 강하게 들러붙는 것을 확인했다. 두 사람은 여기에 잔뜩 고무되어 더 긴 끈으로 시도했으나 튜브를 문지르자 명주실이 끊어졌고, 명주실과 비슷한 길이의 철선으로 바꿔도 무게를 버티지 못했다. 그런데 몇 번의 시행착오를 겪은 후 황동선으로 매달아서 간신히 무게를 지탱하게 되었을 때, 의외의 결과가 나타났다. "튜브를 아무리 문질러도 황동 조각은 상아구에 들러붙지 않았고, 긴 튜브로 바꿔도 결과는 마찬가지였다. 이전 실험에 성공했던 이유는 끈을 매단 실이 짧았기 때문이 아니라, 그 재질이 명주(실크)였기 때문이다."

그렇다. 그레이와 휠러는 전기를 멀리 전달하는 실험을 하다가 "자연에는 전기를 잘 전달하는 도체도 있고, 전기를 전달하지 않는 부도체도 있다"는 중요한 사실을 알게 된 것이다. 이 발견은 훗날 전기산업을 일으키는 원동력이 되었으며, 두 실험가에게는 사로운 문제를 던져주었다.

며칠 후 그레이와 휠러는 다락방에 황동 조각으로 만든 감지기를 설치하고, 상아구를 묶은 줄을 창밖으로 빼서 지상 12미터 높이에 매달아 놓았다. 그리고 이로부터 30미터쯤 떨어진 곳에 높이 3미터짜리 기둥을 세운 후, "전기를 전달하는 끈"을 명주실에 대달아 두 지점 사이를 연결했다. 역사상 최초의 전신주가 세워진 것이다. 두 사람은 정원 너머 폭포가 있는 곳까지 비슷한 간격으로 기둥(전신주) 두 개를 더 세우고 얼마 후 네 개를 추가하여, 총 여덟 개로 이루어진 200미터 규모의 원시적 전신 시스템을 만들었다. 그레이가 다락방에 설치한 튜브를 문질렀을 때 반대쪽 끝에 있던 휠러는 황동 조각이 들러붙는 것을 확인했고, 역할을 바꿔서 실험했을 때에도 동일한 결과가 얻어졌다. 이 실험에 의하면 전기신호가 뚜렷한 감쇠 현상 없이 도달할 수 있는 거리는 약 230미터였다. 그 후로 2년 동안 그레이, 고드프리, 휠러는 도체와 부도체를 분류하면서 둘 사이의 근본적 차이를 밝히기 위해 일련의 새로운 실험을 고안했다.

스티븐 그레이가 만든 각종 계측기(주로 차터하우스의 천연자원을 이용했다)는 실험의 정확도를 높였을 뿐만 아니라, 전기라는 현상을 일반 대중에게 알리는 데에도 크게 기여했다. 1730년 4월의 어느 날, 64세의 그레이는 실험실로 꾸며놓은 자신의 방에서 검은 가운을 걸치고 과감한 실험에 착수했다.

실험은 8세의 남자아이를 대상으로 진행되었다. 소년의 몸무게는 옷까지 포함해서 47파운드 10온스(약 27.6킬로그램)다. 소년을 수평 방향(엎드린 자세)으로 매달고, 그의 가슴과 허벅지에 끈을 연결하여 아래로 내려뜨렸다. 아래에 놓아둔 접시에는 황동 조각이 가득 들어 있다. 이 상태에서 소년과 연결된 튜브를 문지르니, 황동 조각이 소년의 얼굴을 향해 20~25센티미터까지 뛰어올랐다.

요즘 같으면 당장 아동학대로 고발당했겠지만, 18세기의 유럽은 전혀 그런 세상이 아니었다. 오히려 이 실험 덕분에 전기에 대한 세간의 관심이 크게 증폭되었고, 특히 프랑스 파리의 왕실 정원 관리인이자 과학 아카데미 회원인 샤를 프랑수아 뒤페Charles François Du Fay는 그레이의 실험을 재현하는 데 온 정열을 쏟아부었다. 그는 "아무것도 모르는 아이보다 과학자를 매다는 것이 효과적"이라며 자신이 몸소 줄에 매달려서 전기충격을 직접 느껴보기로 했다. 이 실험에서 조수 역할을 했던 놀레가 뒤페의 몸에서 약 2.5센티미터 떨어진 곳에 손을 가져갔더니 "딱딱!" 소리와 함께 바늘로 찌르는 듯한 통증이 느껴졌고, 어두운 방에 작은 불꽃이 튀었다(고통스럽기는 뒤페도 마찬가지였다).

뒤페의 "인간 불꽃 실험"이 영국에 알려지자 그레이는 1734년 7월에 오터든 플레이스를 다시 방문했을 때 그의 실험을 재현했다.

> 휠러에게 실험계획을 들려주었더니 전기충격을 견딜 정도로 젊고 튼튼한 하인 한 명과 튼튼한 비단 줄을 구해왔다. 우리는 하인의 몸에 튜브를 연결한 후 그를 엎드린 자세로 줄에 매달아 놓고 튜브를 문질러서 전기를 흘려보냈다. 잠시 후 휠러가 그의 손을 하인의 손과 얼굴 근처로 가져갔더니 딱딱거리는 소리와 함께 스파크가 일어났다. 불꽃이 어찌나 강했던지, 휠러의 손가락에 작은 화상 자국이 남을 정도였다. 그러나 하인이 입은 옷 근처로 손을 가져갔을 때는 아무런 효과도 나타나지 않았고, 두꺼운 스타킹을 신은 다리 근처에서만 전기충격을 느낄 수 있었다.

이 실험을 계기로 그레이는 전기와 번개의 관계를 집중적으로 파고들기 시작했다. 1732년 3월 15일, 스티븐 그레이는 그동안의 연구 업적을 인정받아 65세라는 적지 않은 나이에 왕립학회의 정식 회원으로 추대되었다.

소년을 허공에 매달았던 실험은 지역마다 조금씩 다른 형태로 진행되었는데, 여기에는 각 나라의 국민적 특성이 반영된 듯 보인다. 예를 들어 독일에서는 유리관(튜브) 대신 빠르게 회전하는 유리구를 소년의 발바닥에 묶어서 사람을 전기회로의 일부로 만들었고, 프랑스에서 뒤페의 실험을 도왔던 놀레는 소년 대신 아름다운 처녀를 매달아서 사람들의 관심을 끌었다. 훗날 그레이와 뒤페의 실험은 세련된 형태로 개선되어 루이 15세의 궁전과 파리의 고급 살롱에서 신기한 볼거리로 재현되었고, 전기에 대한 대중의 관심은 얼마 후 그 유명한 레이던병으로 옮겨가게 된다.

세상을 떠나기 바로 전날에도 새로운 아이디어를 떠올릴 정도로 전기를 향한 그레이의 열정은 식을 줄을 몰랐다(그는 1736년 2월 7일에 70세를 일기로 사망했다). 당시 왕립학회 회장이었던 크롬웰 모티머Cromwell Mortimer는 "내가 어렴풋이 생각하던 것을 그는 매우 구체적으로 떠올렸다"며 그레이의 죽음을 애도했다. 변치 않는 호기심으로 매사에 세밀한 주의를 기울이면서 오직 실험만으로 모든 것을 입증했던 스티븐 그레이는 왕립학회의 설립 이념과 너무나도 일치하는 인물이었다.

자연현상에 가톨릭 교리를 접목하여 19세기 자연과학을 이끌었던 윌리엄 톰슨William Thomson(훗날 켈빈 경Lord Kelvin으로 알려지게 된다)은 1860년 5월 18일에 열린 금요일 저녁 왕립학회 강연에서 그레이의 업적을 되돌아보며 다음과 같이 말했다.

스티븐 그레이는 전기의 위력을 확인하기 위해 가능한 한 전깃불을 많이 저장하는 위험한 실험을 마다하지 않았다. 전기력이 전하량에 비례한다는 그의 추측은 결국 옳은 것으로 판명되었으며, 천둥과 번개의 본질도 전기일 것으로 추정된다.
전기기계와 레이던병은 더 많은 전기를 저장하려는 실험가들의 욕구를 충족시켜주었으며, 천둥 번개를 모방한 실험에서 전기충격을 받으며 그들이 느꼈던 놀라움과 기쁨은 폭우 속에서 연을 날린 벤저민 프랭클린에게 고스란히 전달되어 놀라운 발견으로 이어졌다. 호박을 문질렀을 때 발생하는 인력과 자연적으로 발생한 번개는 본질적으로 동일한 현상이다. 사소한 것을 가볍게 여기지 않는 고귀한 탐구 정신이 없었다면, 우리는 이 값진 지식을 결코 얻을 수 없었을 것이다.

3장

원자번호 매기기

금 조각은 단 한 종류의 원자로 이루어져 있다. 그것을 갈고, 끓이고, 다른 물질과 섞어서 화학반응을 일으켜도 금은 여전히 금일 뿐이다. 일상적인 환경에서 금은 그보다 작은 요소로 분해되지 않는다. 금은 만물의 기본단위인 "원소element" 중 하나이기 때문이다.

방사성원소를 제외한 모든 원소는 세월이 아무리 흘러도 변하지 않는다. 물론 시간이 흐르면 바위는 닳고, 나무는 시들고, 우리는 늙어 죽지만, 원자는 끝까지 살아남아서 재활용된다. 원자는 재배열되거나 결합 방식이 달라질 수도 있다. 그러나 어제 보았던 탄소와 금은 내일도 여전히 탄소와 금으로 존재할 것이다. 원자는 불변일 뿐만 아니라 무수히 많기도 하다. 2000년 전에 클레오파트라가 코로 들이마셨던 원자가 방금 당신의 기관지로 들어갔을 수도 있다. 그녀가 내쉰 후 지금까지 순환해온 원자는 십자군 전쟁 때 성십자가True Cross, 예수가 처형될 때 사용된 십자가라며 통용된 가짜 십자가보다 많고, "우드스톡 페스티벌Woodstock Festival* 때 나도 거기에 있었다"고 우기는 허풍쟁이보다도 압도적으로 많다.

주기율표에 등록된 원소 중 10개는 고대인들도 알고 있었다. 그후로 19세기 중반에 와서야 공기 중의 산소와 그을음에 섞인 탄소, 왕관에 들어가는 금 등 50여 종의 원소가 알려졌고, 화학자들이 원소 목록을 작성하면서 거동 방식과 결합 비율도 조금씩 알려지게 되었다. 다양한 화합물에 포함된 원소의 양을 정밀하게 측정하여 원자의 상대적 무게를 알아내는 식이다. 가장 가벼운 원소인 수소에 "1"이라는 무게를 할당한 후 다른 원소의 상대적 무게를 측정하다 보니, 어느덧 원소의 무게는 240까지 늘어났다(이 값을 원자량atomic weight이라 한다). 가벼운 원소에서는 원자량이 거의 규칙적으로 증가하지만, 무거운 원소로 가면 규칙에서 벗어나 점프가 일어난다.** 그래서 초기의 화학자들은 원소의 종류가 얼마나 많은지 짐작하기 어려웠고, 자신이 만든 원소 목록이 얼마나 완전한지 알 방법도 없었다.

1862년, 파리 에콜 데 민École des Mines(고등광업학교)의 지질학 교수였던 알렉상드르에밀 베기에 드 상쿠르투아Alexandre-Émile

---

Béguyer de Chancourtois는 무게(원자량)가 16만큼 차이 나는 원소들이 화학적으로 비슷할 뿐만 아니라 땅속에서 종종 한꺼번에 발견된다는 사실을 깨닫고, 원통 옆면에서 비슷한 원소들이 수직선을 따라 늘어서도록 나선형으로 배열했다. 그는 이 내용을 프랑스 과학 아카데미French Academy of Sciences에서 출간한 회보에 발표했으나 별다른 주목을 받지 못했다. 정확한 이유는 알 수 없지만, 아마도 원통형 배열을 그림으로 보여주지 않았기 때문일 것이다.

그로부터 2년 후, 영국의 화학자 존 뉴랜즈John Newlands는 원소의 화학적 특성이 반복되는 현상을 "옥타브 법칙law of octaves"이라는 이름으로 공식화했다. 음악에서 임의의 음과 8도 위의 음(한 옥타브 높은 동일 음)이 완벽한 조화를 이루는 것처럼, 원소를 가벼운 순서로 나열했을 때 임의의 원소는 여덟 번 후에 나타나는 원소와 조화를 이루는 것처럼 보였다. 그러나 런던 화학회Chemical Society 회원들은 "화학을 음악에 비유하는 것은 지나친 비약"이라며 뉴랜즈의 주장을 받아들이지 않았다.

베기에와 뉴랜즈는 화학원소의 주기적 특성을 다소 낭만적으로 해석하여 동료 과학자들을 어리둥절하게 만들었지만, 뛰어난 통찰력을 지닌 사람에게는 너무나도 명백한 사실이었다. 1869년에 러시아의 화학자 드미트리 이바노비치 멘델레예프Dmitrii Ivanovich Mendeleev는 그때까지 알려진 63종의 원소를 원자량 순서로 나열해놓고 비교하다가, 이들의 화학적 특성이 주기적으로 반복된다는 사실을 또다시 발견했다. 예를 들어 나트륨(Na, 원자량 23)과 칼륨(K, 원자량 39)은 둘 다 재질이 부드러운 은백색 금속으로, 공기

중에서 빠르게 변색되고 물과 격렬하게 반응하는 등 화학적 성질이 마치 형제처럼 비슷하다. 그러나 강한 냄새에 누르스름한 초록색을 띤 염소 기체(Cl)와 지독한 냄새를 풍기는 붉은색 액체 브롬(Br), 그리고 어두운 보라색 결정체인 요오드(I)를 한 가족으로 엮으려면 원소에 대해 더 많은 것을 알아야 한다. 그래서 멘델레예프 시대의 화학자들은 원소의 겉모습을 넘어 거동 방식에 관심을 두기 시작했다.

평소 카드놀이를 좋아했던 멘델레예프는 카드에 각 원소의 이름과 원자량을 적어놓고 솔리테어 게임을 하듯이 카드를 나열했다. 그런데 원자량에 따라 주기적으로 반복되는 특성을 구현하기 위해 일부 원자량을 수정하고 보니 곳곳에 빈칸이 드러났고, 그는 이것이 "아직 발견되지 않은 원소가 존재한다는 증거"라고 주장했다. 그러고는 아직 발견되지 않은 원소의 원자량을 비롯한 화학적 특성을 예측했는데, 놀랍게도 그의 예측은 얼마 지나지 않아 사실로 판명되었다. 멘델레예프의 주기율표에서 빈칸으로 남아 있던 원소들(실리콘, 알루미늄, 붕소 등)이 1875~1886년 사이에 무더기로 발견된 것이다. 이 원소에는 최초 발견자의 고향을 뜻하는 이름이 붙여졌는데, 게르마늄(germanium, 독일, Ge)과 갈륨(gallium, 갈리아, Ga), 스칸듐(scandium, 스칸디나비아, Sc)이 그 대표적 사례다.

그 후로 주기율표는 예측하지 못했던 원소들까지 발견되면서 점점 더 길어졌다. 1890년대에는 헬륨(He)이나 네온(Ne) 같은 비활성 기체가 발견되었는데, 이들은 반응성이 너무 약해서 눈에 띠는 화합물을 만들지 않기 때문에 화학자들의 관심을 끌지 못했다. 그리고 희토류稀土類, rare-earth(이터븀 Yb, 사마륨 Sm, 툴륨 Tm, 가돌리늄Gd, 프라세오디뮴Pr, 네오디뮴Nd, 디스프로슘 Dy, 루테튬Lu, 홀뮴Ho 등)는 이미 알려진 일부 원소와 너무 비슷해서, 처음 발견되었을 때는 새로운 원소라는 걸 아무도 눈치채지 못했다. 게다가 이들은 자기들끼리도 성질이 비슷해서 주기율표에 개별적으로 할당될 때까지 꽤 오랜 시간이 걸렸다.

오늘날 희토류는 주기율표에서 "란타넘족 Lanthanide"이라는 이름으로 원자번호 57(란타넘, La)에서 71(루테튬, Lu) 사이를 차지하고 있다(스칸듐과 이트륨은 예외다). 과거에는 그저 "다른 원소와 섞여 있어서 추출하기 어려운 원소"일 뿐이었지만, 지금은 액정 디스플레이와 광섬유 케이블, 전기자동차의 배터리, 풍력 터빈용 영구자석, 발광 다이오드 등 다양한 분야에 사용되면서 그 가치가 날로 솟구치는 중이다.

전 세계의 학생들은 오늘도 주기율표를 외우느라 여념이 없다. 많은 이가 학창 시절에 겪어봤을 것이다. 시도해본 사람은 알겠지만, 주기율표를 다 외우기에는 원소의 종류가 너무 많다. 목록이 너무 길어서, 주기율표를 완성했다 해도 그다지 획기적인 업적처럼 보이지 않는다. 그러나 원소의 발견과 멘델레예프의 분류법 덕분에 자연에 대한 이해의 폭이 크게 넓어졌고, 이로부터 더 많은 것을 알아낼 수 있는 지식적 기반이 마련되었다. 이해의 폭이 넓어진 이유는 자연에 존재하는 수많은 종류의 물질들이 100종 남짓한 원소의 조합이라는 중요한 사실을 알았기 때문이다. 화학이 등장하기 전에는 모든 물질을 "서로 무관한 독립적 존재"로 간주했는데, 이들의 공통분모가 밝혀진 후에는 거의 무한대에 가까운 물질을 일일이 추적할 필요가 없어졌다. 또한 주기율표로부터 더 많은 지식을 얻을 수 있었던 비결은 원자에 내부 구조가 존재한다는 것을 어니스트 러더퍼드와 그의 동료들이 알아냈기 때문이다.

양자역학의 선구자인 덴마크 물리학자 닐스 보어Niels Bohr는 1913년에 출간된 〈철학회보The Philosophical Magazine〉 7월호에 다음과 같은 글을 실었다.

> 러더퍼드는 물질을 향해 입사된 알파선이 큰 각도로 산란되는 이유를 설명하기 위해 새로운 원자모형을 제시했다. 이 모형에 의하면 원자는 양전하를 띤 핵과 음전하를 띤 채 그 주변을 선회하는 전자로 이루어져 있다. 그러나 이 원자모형으로 물질의 속성을 설명하다 보면 심각한 문제에 직면하게 된다.

1912년, 러더퍼드는 29세에 이미 세계적인 물리학자가 되었고, 덴마크에서 갓 박사학위를 받은 26세의 닐스 보어는 맨체스터로 자리를 옮겨 러더퍼드의 조수로 연구 생활을 시작했다. 보어는 대학자 앞에서 항상 공손하고 예의 바르게 행동했지만, 러더퍼드의 말투가 워낙 특이해서 알아듣기가 매우 어려웠다. 보어와 친분이 있었던 내 스승들의 증언에 따르면, 어느 나라 언어로 말을 해도 러더퍼드의 말은 이해하기 어려웠다고 한다. 그는 매사에 직설적이고 솔직했으며, 목소리가 어찌나 쩌렁쩌렁한지 어쩌다 그가 고

함이라도 치면 정밀하게 세팅해놓은 실험 도구가 망가질 정도였
다. 후대 물리학자들에게 전설처럼 전해오는 사진이 한 장 있는데,
동료의 실험실을 방문한 러더퍼드가 실험 장치를 유심히 들여다
보고 있고, 그 뒤에는 "제발 목소리 좀 낮춰주세요"라는 푯말이 걸
려 있다.

이처럼 성격이 다른 러더퍼드와 보어도 중요한 부분에서는 죽
이 잘 맞는 파트너였다. 보어는 이론물리학자이고 러더퍼드는 실
험물리학자였지만 둘 다 수학적 형식보다 경험에 기초한 추론을
중요하게 여겼으며, 새로운 아이디어를 떠올리고 근본적 문제를
해결하는 데 모든 열정을 쏟아부었다. 보어는 맨체스터에서 원자
핵을 연구하기로 마음먹고 부푼 꿈을 가득 안은 채 코펜하겐으로
돌아갔다.

러더퍼드의 원자모형에 의하면, 전자는 태양계의 행성처럼 원
자핵 주변을 공전한다. 그런데 전자기 이론에 의하면 정해진 궤도
를 도는 하전입자는 빛을 방출하면서 에너지를 잃고, 그 결과 공전
궤도가 작아지면서(즉, 점점 작아지는 나선을 그리면서) 순식간에
핵으로 빨려 들어가야 한다. 수명을 다한 인공위성이 지구 대기에
서 나선 궤적을 그리며 추락하는 것과 비슷하다. 그러나 대부분의
원자는 세월이 아무리 흘러도 전자가 핵으로 빨려 들어가지 않고
안정한 상태를 유지한다. 어떻게 그럴 수 있을까? 가능한 답은 두
가지뿐이다. 러더퍼드의 원자모형이 틀렸거나, 원자는 거시세계
(우리가 일상적으로 경험하는 세계)의 물리학과 완전히 다른 법칙
을 따르고 있음이 분명하다.

"제발 목소리 좀 낮춰주세요TALK SOFTLY PLEASE."
1934년 J. A. 랫클리프와 러더퍼드. 캐번디시 연구소 소장.

외국을 가보면 현지인의 언어와 관습이 낯설게 느껴진다. 이럴 때 자신이 이미 알고 있는 지식(모국어나 교육 등으로부터 얻은 지식)으로 그들의 언어와 관습을 추론할 수 있을까? 어림도 없다. 유럽인은 티베트 사람들이 장례를 치를 때 시신을 동물에게 던져주는 풍습을 절대 이해할 수 없다. 원자 이하의 작은 세계도 이처럼 우리의 상식에서 완전히 벗어난 세계가 아닐까? 그럴지도 모른다. 사실 물리학자들은 방사능을 연구하면서 원자의 기이한 거동을 이미 확인한 바 있다.

아이작 뉴턴Isaac Newton 이후로 물리학자와 철학자를 비롯한 대부분의 사람들은 우주를 "정확하고, 쉽게 변하지 않으면서 인간이 발견할 수 있는 규칙을 따라 시계처럼 작동하는 거대한 기계장치"로 간주해왔다. 우주 만물은 명백한 인과율을 따르고 있으므로, 별과 행성의 거동을 서술하는 수많은 방정식을 일일이 풀 수 있다면, 그들의 미래도 정확하게 예측할 수 있다. 이런 결정론적 패러다임에 파묻혀 수백 년을 살아왔으니, 원자가 고전적 인과율을 따른다고 믿은 것은 어느 모로 보나 당연한 일이었다. 그래서 19세기에 원자의 존재를 믿었던 일부 물리학자들은 원자를 지배하는 방정식을 알아내기만 하면 원자의 거동도 정확하게 계산할 수 있다고 생각했다.

이런 분위기에서 어느 날 갑자기 방사능이 물리학 무대에 등장했다. 어떤 방사성원소의 반감기가 1시간이라면, 개개의 원자핵이 1시간 안에 붕괴될 확률은 50퍼센트다. 즉, 1시간이 지나면 절반은 붕괴되어 다른 원자핵으로 변하고, 나머지 절반은 그대로 있다. 그 후 다시 1시간이 흐르는 동안 남은 원자핵이 붕괴될 확률은 이전과 똑같이 50퍼센트다. 방사성 물질은 1시간이 지날 때마다 절반으로 줄어들지만, 살아남은 원자핵의 생존게임은 항상 새롭게 시작된다. 즉, 방사성원소의 원자는 나이를 먹지 않는다. 이들이 늙는다는 것은 붕괴되었다는 뜻이기 때문이다.

방사성붕괴는 카지노의 룰렛처럼 무작위로 일어난다. 룰렛을 돌렸을 때 붉은색이 10번 연속 나왔다 해도, 11번째 시도에서 빨간색이 나올 확률은 이전과 똑같다. 룰렛의 구슬은 자신의 과거를 기억하지 못하기 때문이다. 원자도 마찬가지다. 특정 원자가 반감기를 10번 연속 무사히 넘겼다 해도, 11번째 반감기에서 붕괴될 확률은 이전 반감기의 붕괴 확률과 똑같다.

방사성원소 속의 특정 원자가 붕괴되는 시점을 정확하게 알 수 없는 이유는 무엇인가? 정보가 부족해서 그런가? 아니다. 정보가 부족한 게 아니라, 아예 없기 때문이다. 방사성붕괴는 무작위로 일어나는 사건이며, 우리가 알 수 있는 것이라곤 "하나의 원자핵이 붕괴될 때까지 버틸 수 있는 평균 시간"뿐이다.

원자의 안정성에 관한 수수께끼는 미시세계와 거시세계가 근본적으로 다르다는 것을 보여주는 중요한 사례다. 다행히도 닐스 토어는 "인간의 경험이 모든 영역을 커버할 정도로 예민하지 않다"는 점을 인정할 만큼 겸손했고, 전통(뉴턴 역학)에서 벗어나 새로운 법칙을 떠올릴 정도로 대담하기도 했다. 그는 원자들이 거시세계와 무관한 그들만의 규칙에 따라 움직인다고 가정한 후, 러더퍼드 원자모형의 문제를 해결하기 위해 하나의 과감한 칙령을 선

포했다. 보어의 주장은 〈철학회보〉에 실린 세 편의 논문(제목은
세 편 모두「원자와 분자의 구조에 관하여On the Constitution of Atoms and
Molecules」였다)을 통해 공개되었는데, 가장 중요한 것은 원자가 놓
일 수 있는 다양한 에너지 상태 중 "복사에너지를 방출하지 않는
최저 에너지 상태"가 존재한다는 것이었다. 원자가 이런 상태에
놓이면 전자는 죽음의 나선을 그리면서 핵으로 빨려 들어가지 않
고 안정적인 궤도를 유지할 수 있다. 또한 보어는 "전자는 특정 궤
도만 점유할 수 있으며, 허용된 궤도 사이는 점자가 진입할 수 없
는 금지구역"이라고 주장했다.

물리학 이론의 타당성은 황당한 정도와 완전히 무관하다. 이론
의 옳고 그름은 오직 실험을 통해 결정된다. 보어의 주장도 실험으
로 검증되어야 했는데, 그는 친절하게도 구체적인 실험 방법까지
제시했다.

원자에 열을 가하거나 어떤 형태로든 에너지를 주입하면 그에
대한 반응으로 빛을 방출한다. 유리관을 네온가스로 채우고 그 안
에서 불꽃을 일으키면 재즈 카페의 간판을 연상시키는 오렌지색
네온사인이 되고, 불에 소금을 뿌리면 나트륨의 상징인 선황색 불
꽃이 일어난다. 원자에서 방출된 빛이 프리즘을 통과하면 총천연
색 무지개 대신 하나의 색으로 이루어진 띠가 또렷하게 나타나는
데(이것을 스펙트럼이라 한다), 띠의 색상은 원자의 종류와 상태에
따라 다르다. 현악기의 줄을 퉁겼을 때 줄마다 다른 소리가 나는
것과 비슷한 현상이다(소리의 높이는 줄의 진동수에 따라 다르고,
원자에서 방출된 빛의 색은 빛의 진동수에 따라 다르다). 즉, 원자에

서 방출된 빛의 색은 하나의 원자를 다른 원자와 구별하는 고유의 코드(화음)인 셈이다.

사실, 방금 말한 "코드"는 원자 스펙트럼을 칭하기에 그다지 적절한 단어가 아니다. 이보다는 차라리 보어의 논문이 출판되기 몇 주 전(1913년 7월)에 초연된 스트라빈스키Stravinsky의 〈봄의 제전 The Rite of Spring〉에 수시로 등장하는 불협화음에 가깝다. 당시 물리학자들은 이렇게 생각했다. "진동수의 조합으로 이런 스펙트럼이 만들어지려면, 원자의 내부 구조는 그랜드 피아노 못지않게 복잡할 것이다. 그런데 피아노를 계단 아래로 굴렸을 때 들려오는 요란한 소음을 듣고, 그 내부 구조를 무슨 수로 알아낸다는 말인가?" 그러나 보어는 더할 나위 없이 단순한 모형으로 수소 원자의 스펙트럼에 나타난 선의 위치를 이론적으로 계산했다. 수소 원자에는 전자가 하나밖에 없지만, 보어의 모형에 의하면 이 전자는 일련의 정해진 궤도만 점유할 수 있으며, 빛을 방출하거나 흡수하면서 다른 궤도로 점프할 수 있다. 이것이 그 유명한 "양자도약quantum leap" 이다! 이때 두 궤도(점프 전과 점프 후의 궤도)의 에너지 차이는 원자가 방출하거나 흡수한 에너지와 같다. 보어가 제안한 새로운 원자모형은 허무할 정도로 단순했지만, 이로부터 계산된 스펙트럼의 위치는 실제 측정값과 거의 정확하게 일치했다. 이로써 보어는 나노 세계(일상적인 세계의 10억 분의 1)를 이해하는 첫걸음을 내디뎠고, 그로부터 10년 후에 양자역학이라는 결실을 맺게 된다.

수소보다 무거운 원자는 두 개 이상의 양성자를 갖고 있고, 따라서 궤도 전자도 두 개 이상 존재한다. 보어는 이런 원자의 복잡한 스펙트럼까지 계산하진 못했지만, 원자핵에 가장 가까운 전자가 방출하는 빛의 진동수는 예측할 수 있었다. 가장 안쪽 궤도를 점유한 전자는 다른 전자의 영향을 거의 받지 않으므로, 궤도의 크기와 형태가 수소 원자의 경우와 매우 비슷할 것이다. 무거운 원자는 양전하와 음전하의 양이 많아서 전자를 더욱 강하게 잡아당기기 때문에 일반적으로 궤도의 규모가 가벼운 원자(수소)보다 작지만, 무거운 원자가 양자도약을 하면 수소 같은 가벼운 원자보다 많은 에너지가 방출된다. 그런데 빛의 에너지가 크다는 것은 빛의 진동수가 크다는 뜻이므로, 이런 경우에는 가시광선보다 에너지가 큰 자외선이나 X-선이 방출될 것이다. 보어의 이론에 의하면 이 X-선도 수소 원자의 스펙트럼처럼 분광학적 지문 역할을 한다. 만일 우리가 X-선을 볼 수 있다면, 방출되는 빛만 봐도 어떤 원소인지 금방 알 수 있을 것이다.

물론 사람의 눈은 X-선을 볼 수 없지만 사진 필름 같은 도구를 사용하면 쉽게 검출된다. 1895년, 독일의 물리학자 빌헬름 콘라트 뢴트겐Wilhelm Conrad Röntgen은 X-선을 발견한 지 단 몇 주 만에 아내의 손뼈를 X-선으로 촬영하여 "보이지 않는 빛"의 존재를 눈으로 확인했다. 그러므로 X-선을 눈으로 보는 것은 문제가 되지 않는다. 그렇다면 보이지 않는 빛의 색상(또는 파장)은 어떻게 알 수 있을까?

가시광선이 프리즘을 통과했을 때 파장(또는 진동수)에 따라 다양한 색으로 퍼져나간다는 것은 누구나 아는 사실이다. 사실 빛이 프리즘을 통과하면 가시광선뿐 아니라 적외선과 자외선도 분리되어 퍼져나간다. 다만, 눈에 보이지 않아서 인식하지 못하는 것뿐이다. 프리즘 외에 빛을 색상별로 분리하는 방법이 또 있을까? 있다. 거울에 일정한 간격으로 홈집을 낸 회절격자diffraction grating를 사용하면 된다. X-선의 파장을 알아내려면 2.54센티미터 안에 격자선이 1억 개쯤 나 있는 초정밀 회절격자가 필요한데, 굳이 이런 격자판을 인공적으로 만들려고 애쓸 필요는 없다. 결정체를 구성하는 원자들이 원래 이와 비슷한 간격으로 배열되어 있기 때문이다. 뮌헨대학교 강사였던 막스 폰 라우에Max von Laue는 여기에 착안하여 X-선을 회절시키는 실험을 실행했다. 결정체結晶體를 향해 X-선을 발사하면 그 안에 배열된 원자들이 초정밀 회절격자 역할을 하여 X-선을 산란시킨다. 이때 결정격자 사이의 간격과 X-선이 산란된 각도를 알면 X-선의 파장을 알 수 있다. 또는 이와 반대로 이미 파장이 알려진 X-선을 결정체에 발사하여 결정격자의 간격을 알아낼 수도 있다.

한편, 영국 맨체스터 연구소의 헨리 모즐리Henry Moseley와 찰스 골턴 다윈Charles Galton Darwin은 방사능 연구에 여념이 없는 러더퍼드를 붙잡고 "우리도 라우에처럼 회절 실험을 해야 한다"며 열심히 설득하고 있었다. 찰스 골턴 다윈은 진화론의 원조이자《종의 기원On the Origin of Species》을 쓴 찰스 다윈Charles Darwin의 손자로서 물리학의 다윈을 꿈꾸는 패기만만한 물리학자였다. 모즐리의 가문도 만만치 않다. 그의 할아버지와 아버지는 17세기부터 대를 이어 왕립학회 회원이 되었고, 외조부인 존 귄 제프리스John Gwyn Jeffereys는 세계적으로 유명한 패류貝類학자였다(그의 조부인 헨리 모즐리는 수리물리학자였다). 모즐리의 부친 헨리 노티지 모즐리 Henry Nottidge Moseley는 수석 자연과학자의 자격으로 HMS 챌린저호를 타고 3년 반 동안 지구를 한 바퀴 돌면서 다양한 연구를 수행했으며, 증기선을 타고 세계 최초로 남극권을 횡단한 기록도 보유하고 있다.

모즐리와 다윈은 라우에의 실험을 업그레이드한 후, 백금을 표적 삼아 X-선 회절 실험에 착수했다. 보어의 이론을 실험으로 검증할 준비가 끝난 것이다. 그 무렵 멘델레예프의 원소 주기율표는 심각한 문제를 안고 있었다. 원자량이 증가하는 순서로 원소를 나열하는 것이 부적절하게 보였기 때문이다. 불활성기체인 네온(Ne)이 나트륨(Na)보다 앞에 있으니 또 다른 불활성기체인 아르곤(Ar)도 칼륨(K)보다 먼저 나와야 할 것 같은데, 아르곤의 원자량은 칼륨보다 거의 1만큼 크기 때문에 원자량 순서로 나열하면 아르곤이 칼륨 뒤에 배치된다. 이뿐만이 아니다. 주기율표에서 코발트(Co)는 니켈(Ni)보다 앞에 있는데, 원자량은 코발트가 더 크다. 멘델레예프 시대에는 이것을 "측정상의 오류"로 치부하고 넘어갔지만, 기술이 훨씬 좋아진 지금(모즐리 시대)도 여전히 문제로 남아 있으니 어떻게든 해결책을 찾아야 했다.

그 무렵 학계에서는 "원자번호atomic number"라는 개념이 서서히 자리를 잡아가고 있었다. 원자번호는 단순히 주기율표의 각 칸에 순차적으로 매긴 번호가 아니라, 원자의 속성을 담은 숫자다. 이 시기에 러더퍼드의 왼팔과 오른팔이었던 한스 가이거와 어니스트 마스든은 산란실험을 개량하여 원자핵의 상대적 전하량을 측정하는 방법을 알아냈는데, 금을 대상으로 실행해보니 원자량의 절반에 가까운 100이라는 값이 얻어졌다. 측정상의 오차를 감안해도 이 값은 주기율표에서 금에 할당된 번호인 76과 적지 않은 차이를 보였지만, 아직 발견되지 않은 원소들이 중간값을 채워준다면 금의 원자번호는 100에 가까워질 수 있을 것 같았다.

모즐리는 새로운 실험을 계획하던 중 이전에 다윈과 함께 백금으로 했던 실험이 적절치 않음을 깨닫고 길이 90센티미터, 지름 30센티미터짜리 유리관 안에 여러 종의 샘플을 얹을 수 있는 작은 이동장치를 만들었다. 그리고 이동장치가 앞뒤로 움직일 수 있도록 도르래와 낚싯줄을 설치한 후 손잡이까지 달아놓았다. 이런 식으로 원하는 샘플을 타깃에 고정하고 전자빔을 쏘면 방출된 X-선이 결정을 통과하면서 파장에 따라 분산되어 사진 건판에 흔적을 남길 것이었다. 모즐리는 다양한 샘플로 실험을 반복한 후, 여기서 얻은 분광지문을 철저하게 분석했다.

이 분야에서 일하는 사람들이 대체로 그렇지만, 특히 모즐리는 한번 집중하면 아무도 말릴 수 없는 일 중독자였다. 근무시간이 워낙 불규칙해서 환한 대낮에 코를 골거나 새벽 3시에 먹을 것을 찾아 돌아다니기 일쑤였고, 장비가 고장나면 며칠 동안 날밤을 새워가며 문제를 해결하곤 했다. 반면에 러더퍼드는 일을 하다가도 간간이 명상에 빠지거나 휴식을 취하는 등 균형 잡힌 삶을 추구하는 쪽이었다. 그는 밤에 실험실을 폐쇄할 것을 권했지만, 워커 홀릭인 모즐리는 조금도 개의치 않고 놀라운 속도로 실험데이터를 쌓아갔다.

1913년 11월 초, 모즐리는 어머니에게 다음과 같은 편지를 보냈다.

> 그동안 참 많은 우여곡절을 겪었지만, 지금은 X-선 스펙트럼 한 장을 찍는 데 5분밖에 걸리지 않습니다. 영상도 훨씬 선명해졌고요. 탄탈룸(Ta)과 은(Ag) 외에 크롬(Cr), 망간(Mn), 철(Fe), 코발트(Co), 니켈(Ni), 구리(Cu)의 원자번호를 단 4일 만에 알아냈어요. 원자의 내부 구조는 대부분 비슷하기 때문에 실험 결과를 잘 분석하면 그 안에 무엇이 어떤 규칙에 따라 들어 있는지 알아낼 수 있을 겁니다.

헨리 모즐리는 1913년에 맨체스터에서, 1914년에 옥스퍼드에서 연달아 논문을 발표했는데, 여기에는 알루미늄(Al, 원자량 27)과 금(Au, 원자량 197) 사이의 원소를 대상으로 산란실험을 실행하여 얻은 데이터가 일목요연하게 정리되어 있다. 보어가 예측한 대로 X-선의 파장은 원소마다 다르게 나타났고, 모즐리는 이 결과에 기초하여 알루미늄(원자번호 13)과 금(원자번호 79) 사이에 있는 원소들의 원자번호가 핵에 포함된 양전하의 양과 일치한다는 사실을 알아냈다. 사실은 일치하는 게 아니라 비례한다. 예를 들어 코발트의 원자번호는 27, 니켈은 28이고 아르곤의 원자번호는 18, 칼륨은 19이다. 앞서 언급했던 순서상의 문제가 이것으로 말끔하게 해결되었다. 화학은 거짓말을 하지 않지만, 원자량은 원소의 순서를 결정하는 적절한 기준이 아니었던 것이다.

   자연은 왜 이토록 단순하면서도 아름다운가

얼마 후 프랑스의 저명한 화학자 조르주 위르뱅Georges Urbain이 희토류원소 샘플을 들고 모즐리를 찾아왔다. 주기율표에서 희토류의 위치를 파악하면 더 많은 사실을 알아낼 수 있다고 생각했기 때문이다. 모즐리는 그가 가져온 희토류를 몇 주 동안 분석하여 주기율표에서 올바른 위치를 찾았고, 아직 발견되지 않은 희토류가 존재한다는 것도 알아냈다.

> 위르뱅: 네? 제가 가져온 희토류 샘플 분석이 벌써 끝났다고요? 그럼 주기율표에 그것들 위치도 알았겠네요?
> 모즐리: 당연하죠. 별일 아니었습니다. 그런데 데이터에 의하면 아무래도 아직 우리가 모르는 희토류가 더 있는 것 같아요.
> 위르뱅: 그래요? 그렇다면 그 일, 저한테 맡겨주세요. 제가 책임지고 마무리하겠습니다!

위르뱅은 그 후로 몇 년 동안 희토류를 사냥하면서 "모즐리는 상상력에 기초한 멘델레예프의 주기율표를 엄밀한 과학으로 재정비했다"며 찬사를 아끼지 않았고, 러더퍼드는 "우리가 원자의 내부구조를 알아낼 수 있었던 것은 원자의 속성을 원자량 대신 원자번호로 정의했기 때문"이라고 했다.

처음에 과학자들은 원자번호와 원자량의 차이를 설명하기 의해, 원자핵 안에 양전하를 띤 양성자와 음전하를 띤 전자가 모두 들어 있다고 가정했다(이런 추세는 1932년까지 계속되었다). 대부분의 물리학자들은 양전하(양성자)와 음전하(전자)의 차이가 핵의 전하(모즐리의 원자번호)로 나타난다고 믿었기에, "원자량=양성자의 총 개수"라고 생각했다. 그리고 러더퍼드의 연구 동료인 프레더릭 소디Frederick Soddy는 "원자량은 다르지만 화학적 성질이 똑같은 원소가 여러 개 존재할 수 있다"는 것을 깨닫고, 이런 원소들을 하나로 묶어서 동위원소isotope라 불렀다. 그의 설명에 의하면 원자핵에 양성자와 전자를 같은 수만큼 추가했을 때 원자량은 달라지지만, 화학적 성질은 동일하게 유지된다. 물론 오늘날 이것은 틀린 설명이다. 원자핵에는 양성자 외에 중성자도 있는데, 이때는 중성자가 발견되기 전이었다. 올바른 설명은 뒤에 나올 것이다.

한 원소에서 다음 원소로 이동할 때 원자량은 제멋대로 증가하는 반면, 원자번호는 항상 1씩 증가한다. 모즐리가 이 규칙에 따라 원자번호 13에서 79에 이르는 모든 원소를 정리하고 보니 43과 61, 그리고 75번이 여전히 빈칸으로 남아 있었다. 과거에 멘델레예프가 그랬듯이, 모즐리도 "아직 발견되지 않았지만 존재할 가능성이 매우 높은 원소"를 자연스럽게 예견하게 된 것이다(그러나 멘델레예프가 놓쳤던 불활성기체는 주기율표에서 이미 자리가 다 차 있었다). 이제 누락된 원소를 찾아서 (멘델레예프가 했던 식으로) 예측된 화학적 특성을 찾거나, (모즐리가 했던 식으로) 예측된 X-선 스펙트럼을 얻어내면 주기율표가 완성된다.

그러나 제1차 세계대전이 발발하면서 모즐리의 원소 찾기 프로젝트는 시작도 하기 전에 끝나버렸다. 그 시기에 많은 젊은이들이 그랬던 것처럼, 모즐리도 프로이센의 군국주의에 맞서기 위해 자원입대했기 때문이다. 당시 46세였던 러더퍼드도 잠수함 탐지 연구팀에 차출되어 개인적인 연구를 거의 하지 못했다. 전쟁 때문에 물리학이 멈춰버린 것이다. 실전에 투입된 모즐리는 전우들과 함께 다르다넬스 해협으로 이동하는 동안 비장한 마음으로 다음과 같은 유서를 남겼다. "내 모든 재산을 런던 왕립학회에 기증하오니, 병리물리학과 병리화학 등 실험과학을 육성하는 데 써주시기 바랍니다. 단, 수학이나 천문학처럼 단순히 목록을 작성하거나 지식을 체계화하는 분야에 쓰이는 것은 원치 않습니다." 우주의 구성 요소를 체계화한 사람이 쓴 유서치곤 참으로 아이러니하다.

1915년 3월 18일, 영국 해군의 터키군 습격 작전은 실패로 돌아갔고, 갈리폴리반도에 상륙한 연합군은 단 1킬로미터도 전진하지 못한 채 해안에 고립되었다. 당시 영국군 사령관은 화력을 보강하기 위해 다섯 개 사단을 추가로 배치했는데, 그중 13사단 38여단에 당시 27세였던 헨리 모즐리가 속해 있었다. 병력 4만 명의 38여단은 호주-뉴질랜드군이 4월에 점령한 안작만Anzac Cove에 상륙하자마자 사리 베이어Sari Bair 능선을 야밤에 점령하라는 명령을 받았다. 잘 훈련된 터키군이 철통처럼 방어 중인 요새를 밤에 공격하는 것은 어느 모로 보나 무모한 작전이었지만, 말단 장교와 병사들은 상부의 명령에 따를 수밖에 없었다. 결국 8월 8일과 9일에 감행한 공격은 처참한 패배로 끝났고, 10일에는 터키군이 대대적인 반격을 가해왔다. 이 전투에서 무려 20만 명의 연합군이 전사했는데, 그 명단에는 한때 원자번호를 열심히 헤아렸던 헨리 모즐리도 끼어 있었다(머리에 관통상을 입고 즉사한 것으로 알려졌다).

원자번호를 매기는 작업은 전쟁이 끝난 후 다시 시작되었다.

1925년 9월에 독일의 화학자 발터 노다크Walter Noddack와 그의 아내 이다 노다크Ida Noddack, 오토 베르크Otto Berg는 주기율표에서 원자번호 25번인 망간(Mn)의 아래 칸과 그 아래 칸에 들어갈 43번과 75번 원소를 발견했다. 이들은 75번을 라인강의 옛 이름을 딴 레늄rhenium(Re)으로, 43번은 제1차 세계대전 때 독일군이 동프로이센의 마수리아 호수Masurian Lake에서 거둔 승리를 기념한다는 의미에서 마수륨masurium(Ma)으로 명명했다. 처음에 레늄은 매우 낯선 원소였으나, 화학자들이 레늄 정제법을 집중적으로 연구한 덕분에 몇 년 후에는 그램당 3~4달러에 살 수 있을 정도로 흔해졌다. 반면에 미국의 여성 화학자 메리 엘비라 윅스Mary Elvira Weeks가 집필한 《원소의 발견Discovery of Elements》에 의하면, 마수륨은 1933년까지 정제되지 않았다.

마수륨과 레늄이 발견되고 1년이 지난 후, 일리노이대학교의 스미스 홉킨스Smith Hopkins가 61번째 원소를 발견하고 자신이 속한 학교 이름을 따서 "일리늄illinium"으로 명명했다. 미국에서 원소가 발견된 것은 처음 있는 일이었기에 홉킨스는 일리노이를 넘어 전국적인 스타가 되었고, 1926년 3월 21일 자 〈뉴욕타임스〉에는 일리늄의 특성과 과학사적 의미가 전면에 걸쳐 게재되었다. 메리 윅스도 깊은 감명을 받아 자신의 책 《원소의 발견》에 다음과 같이 적어놓았다.

차이코프스키의 〈1812년 서곡〉에서 프랑스풍 선율이 뒤이어 터져 나오는 러시아 승전곡에 묻혀 사라지듯이, 홉킨스 교수의

스펙트럼에서 네오디뮴(Nd, 원자번호 60)은 새로 등장한 일리
늄에 압도되어 사라졌다. 홉킨스가 얻은 X-선 회절 스펙트럼
은 모즐리가 예측했던 패턴과 정확하게 일치한다. 희토류의 마
지막 원소인 61번 일리늄이 드디어 주기율표에서 제자리를 찾
았다.

그러나 안타깝게도 새로 발견된 세 개의 원소 중 두 개는 실체가
없는 환상이었다.상태가 매우 불안정해서 방사성 동위원소로만 존재한다. 레늄
은 실제로 존재하고 양도 비교적 풍부한 편이지만, 마수륨과 일리
늄은 전혀 그렇지 않았다. 주기율표의 빈칸을 채우려는 열망이 너
무 강한 나머지 데이터를 "냉정하게" 분석하지 않은 것이다. 노다
크가 그랬고, 홉킨스도 마찬가지였다. 85번과 87번 원소로 발표
된 버지늄virginium과 앨라배민alabamine도 이와 비슷한 전철을 밟아
역사 속으로 사라졌다. 주기율표의 빈자리에 들어갈 원소가 존재
한다는 것은 누구나 알고 있지만, 그 원소가 수십억 년 후에 발견
될 정도로 오랫동안 존재한다는 보장은 어디에도 없다. 문제는 이
사실을 아무도 눈치채지 못했다는 점이다. 43번과 61번(그리고
85번과 87번)은 방사성원소이기 때문에 (지질학적 시간 규모에서
볼 때) 눈 깜짝할 사이에 지구에서 사라졌다. 노다크와 그의 동료
들은 이 점을 간과한 것이다.

43번을 포함한 일부 원소는 자연에 존재하지 않았기에 인공적
으로 만들어야 했다. 1937년에 버클리의 입자가속기 사이클로트
론을 운용하던 에밀리오 세그레Emilio Segrè와 카를로 페리에Carlo

Perrier는 샘플 더미에서 극미량의 43번 원소를 분리하는 데 성공했다. 그로부터 30년 후 "핵물리학의 신"으로 등극한 세그레는 우리가 학생 신분으로 로런스 방사선 연구소Lawrence Radiation Laboratory를 방문했을 때 그곳의 실험을 진두지휘하고 있었다. 그는 젊은 학생들을 모아놓고 제2차 세계대전 이전에 활약했던 거장들의 이야기를 들려주었는데, 43번 원소에 관한 이야기가 특히 기억에 남는다.

세그레가 로런스 방사선 연구소를 처음 방문한 것은 박사과정을 마치고 팔레르모대학교에 신임 강사로 부임한 1936년 무렵이었다. 연구소의 상징인 사이클로트론을 둘러보던 중, 그는 방사성 폐기물 더미를 발견하고 "시칠리아로 가져가서 연구할 수 있도록 조금만 나눠달라"고 부탁했다. 샘플에는 불안정한 상태의 인(P)을 비롯하여 다양한 방사성 동위원소가 들어 있어서, 방사선을 이용하여 생물학적 과정을 추적하는 도구로 사용된다.

1937년 초에 세그레는 어니스트 로런스로부터 편지 한 통을 받았는데, 그 안에는 몰리브덴(Mo)으로 만든 금속박막을 포함하여 다양한 방사성 샘플이 들어 있었다. 버클리 사이클로트론의 입자빔 조종장치에 붙어 있던 부속 중 일부를 떼어내서 이 분야에 관심이 많은 세그레에게 보낸 것이다. 그 후로 이런 편지는 여러 차례 배달되었고, 샘플의 방사능을 측정하는 것이 세그레의 주 업무가 되었다. 몰리브덴의 원자번호는 42이므로, 사이클로트론으로 가속된 입자빔을 쪼이면 바로 다음 원소인 43번이 생성될 가능성이 있었다. 세그레와 페리에는 샘플에서 새로운 방사성원소를 분리하여 다양한 실험을 수행한 끝에, 그 원소의 화학적 특성이 이론적으로 예측된 43번 원소와 일치한다는 것을 증명했다. 전쟁이 끝난 후 원자로에서 43번 원소가 다량으로 발견되었을 때, 세그레와 페리에는 뿌듯한 마음으로 최초의 인공원소를 "테크네튬technetium(Tc)"으로 명명했다. 한때 마수륨이 차지할 뻔했던 자리에 진짜 주인이 들어선 것이다. 그리고 1939~1945년 사이에 파리와 버클리, 오크리지의 과학자들이 87번 프랑슘francium(Fr)과 85번 아스타틴astatine(At), 61번 프로메튬promethium(Pm)을 인공적으로 만드는 데 성공하여 남은 빈칸을 채워 넣었다. 이로써 모즐리의 주기율표가 드디어 완성되었고, 이와 함께 "핵화학nuclear chemistry"이라는 새로운 분야가 탄생했다.

몇 해 전에 화학자들이 마수륨과 일리늄을 새로운 원소로 착각한 데에는 그럴 만한 이유가 있었다. 노다크와 홉킨스 등이 한창 새로운 원소를 찾고 있을 때, 베타 방사능beta radioactivity은 발견된지 30년이 지났는데도 여전히 미스터리로 남아 있었다. 베타선이 방출되는 과정은 다음과 같다. 원자핵이 전자 한 개를 방출하면이것도 붕괴의 일종이다 핵의 전하, 즉 원자번호가 1만큼 증가한다. 붕괴되기 전의 핵과 붕괴되고 남은 핵은 완벽하게 정의되어 있으므로, 방출된 전자는 명확한 값의 에너지를 갖고 있어야 한다. 즉, 방출된 전자의 에너지는 붕괴 전 핵에너지와 붕괴 후 핵에너지의 차이와 같다. 그러나 실험실에서 관측된 전자의 에너지는 예상했던 값보다 항상 작게 나타났다. 나머지는 대체 어디로 사라진 것일까? 실험을 아무리 반복해도 결과는 항상 똑같았고, 궁지에 몰린 닐스 보어는 "에너지가 보존되지 않을 수도 있다"며 한발 뒤로 물러났다. 과거의 경험에서 얻은 교훈을 너무 빨리 포기했다는 느낌이 든다.

이 문제를 해결한 사람이 바로 볼프강 파울리였다. 30세의 젊은 나이에 "물리학의 신"으로 불렸던 그는 학창 시절에 상대성이론에 관한 논문을 써서 아인슈타인에게 극찬을 받았고, 20대에 이미 원자물리학의 대가가 되었다. 당시 물리학자들 사이에서 파울리는 "극단적 보수주의자"로 알려져 있었다. 정치적으로 우파라는 뜻이 아니라, "웬만해선 기존의 법칙에 손을 대지 않고, 오직 논리적 추론으로 문제를 해결하는 사람"이라는 뜻이다.

또한 파울리는 중요한 것과 중요하지 않은 것을 빠르고 정확하게 구별하는 천재적 감각의 소유자였다. 1930년 12월, 파울리는 방사능 학회가 열리는 튀빙겐으로 가서 이틀 후에 있을 학생 파티 참석 예정자들에게 급히 편지를 보냈다.

"친애하는 방사성 신사 숙녀 여러분. 저는 당분간 베타붕괴beta decay에 대한 제 아이디어를 발표하지 않을 생각이지만, 여러분께는 은밀히 공개하겠습니다. 코너에 몰려서 사투를 벌이다가 극단적인 해결책을 찾았거든요." 그는 베타붕괴의 와중에 사라진 에너지가 "전기적으로 중성이면서 질량이 거의 0에 가까운 입자"에 실려 날아간다고 가정했다. 훗날 이 입자는 "가벼운 중성입자"라는 뜻의 뉴트리노neutrino(중성미자)로 불리게 된다. 그동안 뉴트리노가 실험실에서 검출되지 않은 이유는 다른 물질과 상호작용을 거의 안 하기 때문이다. 이런 귀신 같은 입자가 에너지를 갖고 도망갔으니, 에너지가 사라진 것처럼 보인 것이다. 파울리는 편지 끝서명란에 "당신의 겸손하고 충직한 하인으로부터"라고 써놓았다. 그의 공격적인 기질을 아는 사람은 기가 막혀서 혀를 내둘렀을 것이다. 그 후 파울리의 가설은 빠르게 퍼져나갔지만, 뉴트리노는 1956년이 되어서야 발견되었다.

파울리가 뉴트리노를 도입했을 때만 해도, 원자핵의 구성성분은 여전히 미지로 남아 있었다. 물론 과거에 모즐리가 각 원소에 번호를 매기고 원자핵의 전하량을 측정했지만, 핵 속에 양성자와 전자가 함께 뭉쳐 있다는 아이디어는 많은 문제점을 안고 있었다. 새로 등장한 양자역학에 의하면, 전자는 핵의 구성원이 아니라 핵 주변에 안개처럼 퍼진 형태로 존재한다. 다시 말해서, 전자는 핵 내부에서 일어나는 일과 무관하다는 이야기다. 그렇다면 핵의 구성성분은 양성자가 전부일까? 혹시 그 외에 다른 입자가 존재하지 않을까? 이 문제의 실마리가 풀린 곳은 러더퍼드의 본거지인 케임브리지대학교의 캐번디시 연구소였다.

1932년에 영국의 물리학자 제임스 채드윅James Chadwick은 폴로늄(Po)에서 방출된 알파입자로 베릴륨(Be)을 때렸을 때 생성되는 고투과성 방사선을 분석하다가 "원자핵에는 양성자 이외에 양성자와 비슷하지만 전하가 없는 입자가 존재한다"는 놀라운 결론에 도달했다. 채드윅이 드디어 중성자neutron를 발견한 것이다. 그 후로 몇 년 사이에 핵의 진짜 모습이 만천하에 공개되었는데, 원자핵은 양성자와 중성자로 이루어져 있고, 전자는 핵의 구성 요소가 아니었다. 이로써 모든 원소가 원자번호(양성자의 개수)로 구별되는 이유가 분명해졌다. 양성자 수에 중성자 수를 더하면 원자량이 되고, 중성자의 개수가 달라지면 원래 원소의 동위원소가 된다. 동위원소 중에는 꽤 긴 시간 동안 안정한 상태를 유지하는 것도 있고, 방사선을 방출하면서 빠르게 붕괴되는 것도 있다. 중성자가 베타붕괴를 일으키면 양전자 positron(전자의 반입자)와 뉴트리노를 방출하고 양성자로 변한다. 정확하게는 뉴트리노의 반입자인 반뉴트리노가 방출된다. 멘델레예프의 주기율표에서 원자량이 불규칙적으로 증가했던 이유는 대부분의 원소들이 "양성자 수는 같으면서 중성자 수가 다른" 동위원소를 갖고 있기 때문이다.

이리하여 "손으로 만질 수 있는" 물질의 기본 구조가 그 모습을 드러냈다. 원자는 보어의 주장대로 중심부에 위치한 작은 핵과 먼 거리에서 그 주변을 공전하는 전자로 이루어져 있고, 핵은 양성자와 중성자로 이루어져 있다. 여기에 전자가 한 궤도에서 다른 궤도로 점프하는 양자도약을 도입하면 다양한 원자 스펙트럼도 설명할 수 있다. 고대인들은 원자를 "더 이상 쪼갤 수 없는 만물의 기본 단위"라고 생각했으나 사실은 그렇지 않았다. 물론 움직이는 부품이 있지만, 그랜드 피아노처럼 복잡하지 않다. 여기에 용기를 얻은 물리학자들은 미시세계뿐만 아니라 광활한 우주까지도 우아하고 단순하면서 강력한 논리로 설명할 수 있다는 희망을 품기 시작했다.

그러던 어느 날, 우주에서 날아온 황새 한 마리가 물리학 전당의 현관 앞에 새끼 대신 새로운 물질을 가져다주었고, 간신히 정돈된 물리학은 이로 인해 또다시 혼란에 빠지게 된다.

 자연은 왜 이토록 단순하면서도 아름다운가

4장

하늘에서 날아온 입자

벤네비스산 Ben Nevis(해발고도 1344미터)은 스코틀랜드 그레이트 글렌Great Glen 계곡의 서쪽 끝에 우뚝 솟아 있다. 영국에서 제일 높은 이 산은 산 전체가 거대한 화강암 덩어리로서, 깎아지른 듯한 절벽의 높이만도 600미터가 넘는다(휴 먼로Hugh Munro의 고산 목록에는 M1으로 기록되어 있다). 벤네비스는 고대 아일랜드어인 게일어로 "머리가 구름에 덮인 산"이라는 뜻이다. 어쩌다 구름이 걷혔을 때 이 산에 오르면 아일랜드의 앤트림 힐스Antrim Hills와 스카이 섬Isle of Skye의 블랙 쿨린 능선Black Cuillin Ridge을 형성하는 11개의 던로산 Munros, 스코틀랜드에서 해발고도가 3000피트(약 914미터) 이상인 산을 한눈에 볼 수 있다. 하지만 구름이 짙게 낀 날은 정상에 있는 석탑까지 가는 것만도 결코 만만한 일이 아니다. 벤네비스산의 상층부는 습하고 추우면서 강풍이 심하게 불고, 눈은 1년 중 언제라도 내릴 준비가 되어 있다.

1894년 9월, 25세의 젊은 물리학자 찰스 톰슨 리스 윌슨Charles Thomson Rees Wilson은 벤네비스산 정상에 있는 천문대를 방문하여 몇 주 동안 머물렀다. 그는 10대 시절부터 자연과 하일랜드The Highlands, 스코틀랜드 북부를 중심으로 펼쳐진 산악지대를 사랑하는 자연주의자였다. C. T. R.(동료들은 윌슨을 이렇게 불렀다)이 쿨린 힐스Cuillin Hills나 앤트림 힐스를 봤는지는 알 수 없지만, 그는 한동안 짙은 안개 속에 묻혀 지내면서 "소립자의 궤적을 보여주는 도구"를 구상하고 있었다. 그리고 훗날 이 도구는 자연을 바라보는 방식을 송두리째 바꾸게 된다.

윌슨은 자신의 저서에 다음과 같이 적어놓았다.

> 정말로 경이로운 광학적 현상이었다. 구름 사이로 태양이 비치면 계곡에 드리운 구름의 그림자와 산봉우리 그림자, 그리고 안개 속에 서 있는 내 그림자 등등…… 이 모든 것이 아름다운 색을 띠며 몽환적인 풍경을 만들어냈다. 자연의 시각적 효과에 흠뻑 매료된 나는 실험실에서 이 장관을 재현하고 싶었다.

얼마 후 윌슨은 케임브리지로 돌아와 의대 강좌의 실습 조교로 일하면서, 벤네비스산에서 봤던 코로나와 브로켄 유령Brocken spectre, 태양빛이 구름이나 안개에 산란되어 관측자의 그림자 주변에 무지개색 띠를 드리우는 현상을 캐번디시 연구소에서 재현하기로 마음먹었다(당시 윌슨의 친구 중 한 명이 어니스트 러더퍼드였다). 윌슨이 보았던 풍경은 결

     자연은 왜 이토록 단순하면서도 아름다운가

국 빛이 구름에 의해 산란된 결과이므로, 제일 먼저 할 일은 구름이 형성되는 과정을 알아내는 것이었다.

구름은 하늘뿐만 아니라 우리 주변에서도 만들어진다. 추운 날 연못 위에 낀 안개나 뜨거운 커피잔 위로 피어나는 김도 따지고 보면 구름의 일종이다. 다들 알다시피 물은 끊임없이 증발하면서 따뜻한 공기 속으로 유입된다. 따뜻하고 습한 공기가 주변 공기와 섞이면 온도가 내려가면서 더 이상 수증기를 머금을 수 없게 되고, 이때가 되면 일부 수증기가 무수히 많은 먼지 입자를 중심으로 응축되어 작은 물방울(이슬)로 맺힌다. 그리고 이 물방울은 근처의 건조한 공기와 섞이면서 다시 공기 속으로 증발한다.

윌슨이 제일 먼저 만든 것은 피스톤이 달린 유리 용기였다. 피스톤과 용기 사이에 틈이 생기지 않도록 패킹을 딱 맞게 입히면, 외부의 오염물질이 유입되지 않은 채 용기 내부의 습한 공기를 빠르게 팽창시킬 수 있다. 그는 피스톤을 조금씩 당기는 식으로 미세한 팽창을 반복적으로 실행하면 용기 내부의 먼지 입자가 제거된다는 것을 깨달았다. 피스톤을 당기면 용기의 부피가 커지고 온도가 내려가면서 수증기가 조금씩 응결되는데, 이때 용기 속의 먼지가 미세한 안개 방울에 섞이면서 수증기로부터 빠져나오기 때문이다. 먼지 입자가 없으면 용기의 부피가 커져도(즉, 피스톤을 잡아당겨도) 안개가 만들어지지 않는다. 그러나 공기에 먼지가 없어도 큰 비율로 팽창시켰더니 작은 물방울이 생성되었고, 이 현상은 팽창과정을 아무리 반복해도 사라지지 않았다. 마치 용기 안에서 약간의 응결핵condensation nucleus, 증기가 응결해 액체 방울을 형성할 때 중심 역할을 하는 미립자 또는 먼지이 끊임없이 공급되는 것 같았다.

월슨은 수증기 함량이 정상 값의 8배로 과포화된 상태에서 용기의 부피를 크게 늘려보았다. 그러자 미세한 물방울로 이루어진 짙은 안개가 만들어졌고, 이 안개에 백색광을 비췄더니 천연색의 고리 무늬가 나타났다. 물방울의 지름이 빛의 파장과 비슷할 정도로 작아서 간섭干涉, interference이 일어났기 때문이다. 맑은 날 도로에 고인 기름의 표면에 무지개무늬가 생기는 것과 비슷한 현상이다. 벤네비스산에서 보았던 자연의 경이로움을 실험실에서 재현하는 데 성공한 월슨은 곧바로 후속 질문을 떠올렸다. 먼지가 제거된 안개상자(유리 용기) 안에서 끊임없이 공급되는 응결핵의 정체는 과연 무엇일까?

1895년 말, 독일의 물리학자 뢴트겐이 X-선을 발견했다는 놀라운 소식이 전해졌다. 그리고 얼마 후 조지프 톰슨은 그의 조수 에버니저 에버렛Ebenezer Everett이 만든 X-선 관을 이용하여 X-선에 노출된 공기의 전기전도성이 높아진다는 것을 확인했다. 왜 그럴까? 톰슨과 러더퍼드는 몇 번의 추가 실험을 실행한 후 "기체에서 이온ion(전하를 띤 원자)이 생성되었기 때문"이라고 결론지었다. 응결핵은 공기 분자보다 크지 않아야 하는데, 이 조건을 만족하는 가장 그럴듯한 후보가 이온이었기 때문이다. 톰슨과 월슨의 추측이 옳다면 안개상자에 X-선을 쪼였을 때 다량의 이온(응결핵)이 생성되어야 한다. 이 소식을 전해 듣고 잔뜩 흥분한 월슨은 에버렛의 X-선 관을 빌려서 과포화된 안개상자에 X-선을 쪼여보았다. 이전에 백색광을 쪼였을 때는 물방울이 몇 개 생겼다가 금방 사라졌는데, X-선을 쪼였더니 두꺼운 구름이 형성되어 몇 분 동안 유지되었다. 그리고 안개상자에 전기장을 걸어서 공기 중의 이온을 제거하고 부피를 늘렸더니 구름이 더 이상 만들어지지 않았다. 벤네비스산에서 윌슨을 매혹시켰던 코로나와 휘광을 재현하기 위해 만든 안개상자가 X-선 덕분에 이온의 존재를 드러낸 것이다. 응결핵의 정체를 밝힌 윌슨은 곧 물리학계의 스타로 떠올랐고, 1900년에는 왕립학회 회원으로 선출되었다. 윌슨은 1895년에 벤네비스산에 다시 올랐다가 그를 "안개상자 제2라운드"로 이끄는 중요한 경험을 하게 된다.

1895년 여름 동안 윌슨은 벤네비스산 북서쪽에 펼쳐진 편자 모양의 고원 카른모어데르그Càrn Mòr Dearg(M7)에서 극심한 뇌우를 겪었다. 자욱한 안개가 산꼭대기를 덮은 어느 날, 머리카락이 곤두설 정도로 강력한 천둥소리가 들려왔고, 겁에 질린 그는 피할 곳을 찾아 비탈길 아래쪽으로 머리를 숙이고 뛰어내렸다. "산 정상을 떠난 직후 머리 위로 밝은 섬광과 함께 엄청난 천둥 번개가 내리쳤다. 일단은 살아남는 것이 급선무였지만, 번개가 지나간 후에는 안도의 한숨과 함께 참을 수 없는 궁금증이 밀려오기 시작했다. 그토록 엄청난 전기장이 갑자기 생겼다가 사라지면 어떤 변화가 일어날까?" 그 후로 윌슨은 대기 전도에 각별한 관심을 갖게 되었다.

1785년에 프랑스의 물리학자 샤를 오귀스탱 드 쿨롱Charles Augustin de Coulomb은 대전된 금속 구를 명주실에 매달았을 때 전하가 서서히 새어나가는 것을 확인하고, 관찰 결과를 논문으로 발표했다. 그는 두 전하 사이에 작용하는 전기력이 거리의 제곱에 반비례한다

는 사실(역제곱 법칙inverse-square law)을 알아낼 정도로 뛰어난 실험
가였지만, 전하가 명주실을 타고 흘러 나가는지 아니면 공기 중으
로 소멸되는지 확신을 갖지 못했다. 이 문제는 100여 년이 지난 후
윌슨이 안개상자를 만들던 무렵에도 여전히 미지로 남아 있었다.

윌슨은 자신이 직접 제작한 금박 검전기gold-leaf electroscope, 얇은 금
박지 두 장을 도체에 붙여서 전하량을 측정하는 장치를 이용하여 실험을 반복
한 끝에, 공기의 미약한 전도성 때문에 전하가 새어나간다는 사실
을 확인했다. 공기가 전도성을 띠는 이유는 이온 때문인데, 어두운
방의 밀폐된 용기에서도 이온은 끊임없이 생성되고 있었다. 먼지
가 없는 안개상자에서 이 이온이 응결핵 역할을 하여 안개가 형성
된 것 같았다.

안개상자 속 이온과 X-선의 관계를 파악한 윌슨은 공기가 전기
전도성을 띠는 것이 우주에서 지구로 날아온 이온 때문이라고 가
정했다. 그리고 이 가설을 확인하기 위해 스코틀랜드의 피블스
Peebles 근처에 있는 칼레도니아 기차 터널Caledonian Railway tunnel로
가서 지상에 있는 공기와 지하 수백 피트에 갇힌 공기의 전도성을
비교해보았는데, 아쉽게도 두 값은 별 차이가 나지 않았다. 윌슨
의 가정이 틀린 것일까? 아니다. 여기에는 윌슨이 미처 생각하지
못한 또 다른 원인이 숨어 있었다. 지하동굴에 갇힌 공기는 주변
암석에서 방출된 미량의 라돈(불활성기체, Rn)에 의해 이온화되
기 때문에, 바깥 공기보다 전도성이 조금 높아진다. 이 효과가 "우
주에서 날아온 이온의 효과"와 거의 비슷하여 두 공기의 전도성에
차이가 없었던 것이다.

공기가 부분적으로 이온화되는 현상(이것을 불측전리不測電離, residual ionization라 한다)은 다양한 분야에서 사람들의 관심을 끌었다. 만일 대기 중 이온(전리 방사선이라고도 한다)이 우주가 아닌 지구로부터 생성된다면, 대기가 이온화된 정도는 지표면 근처에서 제일 크게 나타날 것이다. 왜냐하면 토양에서 생성된 방사선은 높은 고도에 도달하기 전에 대기에 흡수되기 때문이다. 1910년, 독일 예수회 수사이자 네덜란드의 성 이그나티우스 칼리지Saint Ignatius College의 물리학자였던 테오도어 불프Theodor Wulf는 부활절 시즌에 파리를 방문하여 에펠탑에 올랐다. 그곳은 전 유럽에서 온 관광객들로 북적대고 있었지만, 불프의 목적은 관광이 아니었다. 그는 6일 동안 에펠탑을 부지런히 오르내리면서 꼭대기(324미터)와 바닥의 대기 중 이온 농도를 측정했다. 전리 방사선이 지구에서 방출된 것이라면, 탑 꼭대기의 이온 농도는 지표면의 수십 분의 1에 불과해야 한다. 그런데 막상 측정을 해보니, 탑 꼭대기의 이온 농도가 지표면 이온 농도의 절반을 훨씬 넘는 것으로 나타났다. 이는 곧 전리 방사선의 일부가 우주에서 유입되었음을 의미한다. 심증을 굳힌 불프는 더욱 정확한 측정을 위해 관측용 열기구를 띄울 것을 건의했다.

불프의 제안을 진지하게 받아들인 사람은 비엔나대학교 라듐 연구소의 빅토르 프란츠 헤스Victor Franz Hess였다. 그는 대기 중 이온화가 어느 고도까지 지속되는지 확인하기 위해 열기구 제작에 착수했고, 저온-저기압에서 정상적으로 작동하는 검전기까지 만들었다. 1911년에 헤스는 오스트리아 왕립 항공클럽Royal Imperial

Austrian Aeroclubs의 도움으로 직접 열기구를 타고 올라가서 1000미터 상공과 지표면의 이온 농도가 거의 같다는 것을 확인했다. 전리 방사선을 대기에 공급하는 원천이 지각 외에 또 있었던 것이다.

그 후 헤스는 비엔나 제국 과학 아카데미Imperial Academy of Sciences의 지원을 받아 1912년에 7번의 비행을 더 시도했다. 그러나 비엔나에서 공급된 열기구용 가스로는 원하는 고도까지 올라갈 수 없었기에, 8월 7일에 보헤미아 북부의 우스티 나트라벰Ústí nad Labem으로 가서 고고도 비행에 착수했다. 물리학자가 아니라 무슨 탐험가 같지 않은가? 그는 수소 1700세제곱미터를 채운 기구 보헤미아호Bohemia를 타고 최고 5300미터까지 상승하여 6시간 동안 관측을 시도한 후 베를린 동부지구에 착륙했다.

결과는 어땠을까? 대략 고도 1000미터까지는 전리 방사선의 강도(이온 농도)가 서서히 감소했다. 지표면의 방사성 물질에서 방출된 감마선이 공기 중에 흡수되었기 때문이다. 그러나 기구의 고도가 1000미터를 초과한 후에는 전리 방사선 수치가 증가세로 바뀌었고, 높이 올라갈수록 증가하는 속도도 빨라졌다. 보헤미아호가 최고 고도에 도달했을 때, 전리 방사선은 지표면보다 거의 3배나 강한 것으로 나타났다.

헤스는 다음과 같이 결론지었다. "우주에서 날아온 고에너지 전리 방사선이 지구 대기에 유입되고 있으며, 이들 중 일부는 지표면까지 도달한다. 또한 해가 지거나 일식이 일어났을 때에도 전리 방사선의 강도는 감소하지 않으므로 방사선의 진원지는 태양이 아니며, 고도가 높아질수록 방사선 수치가 기하급수적으로 높아지

     자연은 왜 이토록 단순하면서도 아름다운가

고 있으므로, 위로 올라갈수록 더욱 빠르게 증가할 것이다.”

헤스의 실험이 학계에 알려지자 물리학자들 사이에 열띤 논쟁이 벌어졌다. 아니, 논쟁이라기보단 일방적인 비난에 가까웠다. 대부분의 물리학자들은 “우주에서 날아온 이온”이라는 것 자체가 만화 같은 이야기라며 헤스의 주장을 개인적인 환상으로 치부했다. 이런 부정적인 분위기에도 불구하고 헤스의 주장을 진지하게 받아들인 사람이 있었으니, 그가 바로 독일의 젊은 물리학자 베르너 콜회르스터Werner Kolhörster였다.

할레대학교 기상학 및 지구물리학 연구팀의 일원이었던 콜회르스터는 헤스의 검전기가 더욱 높은 고도에서 작동하도록 개량한 후, 1913~1914년에 걸쳐 열기구를 다섯 차례 띄워서 전리 방사선의 양을 정확하게 측정했다. 1914년 6월 28일에 그의 열기구는 에베레스트산보다 조금 높은 8990미터까지 올라갔는데, 이곳의 전리 방사선은 헤스가 측정한 값보다 무려 12배나 높게 나타났다. 이 정도면 고집스러운 물리학자들을 설득할 수 있을 것 같았지만, 관측이 끝나고 두 달도 안 되어 제1차 세계대전이 발발하는 바람에 또다시 묻히고 말았다.

회의론자들은 우주에서 초광선이 날아온다는 주장을 받아들이지 않았고, 열기구를 이용한 실험 결과도 믿지 않았다. 안개상자를 만들었던 윌슨은 번개의 막대한 에너지를 받아 가속된 전자가 전리 방사선의 형태로 나타난다고 생각했다.

1920년대 중반에 캘리포니아 공과대학(칼텍)의 물리학자 로버트 밀리컨Robert Millikan과 그의 동료들은 실험자가 없어도 측정값을 자동으로 기록하는 전위계electrometer, 충전된 물체들 사이의 전위차를 측정하는 장치를 만들었다.

그 사이에 열기구 기술도 빠르게 발전하여 이전보다 훨씬 높은 고도까지 올라갈 수 있게 되었다. 밀리컨은 전리 방사선이 우주에서 날아온다는 헤스의 주장에 코웃음을 쳤지만, 자신이 개발한 전위계를 무인 열기구에 장착하고 3만 미터까지 띄웠다가, 최종 데이터를 확인하고는 심한 충격에 빠졌다. 전리 방사선이 대기 중에서 생성된다는 이론으로는 도저히 설명할 수 없는 결과가 얻어졌기 때문이다. 실험을 다시 해도 결과는 똑같았다. 전리 방사선의 원천은 지구가 아닌 우주였던 것이다. 명백한 증거 앞에서 더 이상 버티기 어려워진 밀리컨은 그동안의 생각을 바꾸고 우주에서 날아온 전리 방사선을 "우주선宇宙線, cosmic ray"이라 부르면서 자신이 최초 발견자임을 홍보하기 시작했다. 칼텍에 떠도는 소문에 의하면, 1937년에 캠퍼스 공사 현장에서 돌아가던 굴착기에 써 있던 "세상을 구원한 건 예수JESUS SAVES"라는 문구 아래에 다음과 같은 말이 새겨져 있었다고 한다. "……공로는 밀리컨에게 돌아갔다… BUT MILLIKAN GETS CREDIT."

1930년에 물리학계의 분위기는 우주선의 존재를 받아들이는 쪽으로 바뀌었으나, 진정한 출처는 여전히 미지로 남아 있었다. 지금 우리는 우주선의 주요 성분이 양성자와 알파입자, 그리고 무거운 원자핵임을 알고 있다. 그러나 이보다 훨씬 강력한 초고에너지 우주선의 정체는 아직도 알려지지 않은 상태다.

     자연은 왜 이토록 단순하면서도 아름다운가

*

　1910년 말부터 찰스 윌슨은 새로운 이유로 안개상자에 다시 관심을 갖기 시작했다. "공기에 X-선을 쪼이면 응결핵이 생성되고, 이로부터 구름(안개)이 만들어진다"는 사실을 알아냈던 그는 추후 실험을 통해 자외선이나 알파입자 등도 그와 동일한 응결핵을 만든다는 것을 알고 있었다. 그렇다면 알파입자가 지나간 궤적을 눈으로 볼 수도 있지 않을까? 빠르게 움직이는 알파입자 주변에 응결핵(이온)이 형성되면, 그 주변에 있는 물방울들이 뭉쳐서 일종의 비행운을 만들어내지 않을까? 이것이 바로 윌슨의 생각이었다. 그는 당장 실험에 착수했고, 1911년 3월에 드디어 알파입자 하나가 지나간 궤적을 촬영하는 데 성공했다.

　윌슨이 찍은 사진이 공개되자 물리학자들은 경악을 금치 못했다. 눈에 보이지 않는 잉크로 쓰인 방사능 소설책이 윌슨의 마법 덕분에 "누구나 읽을 수 있는 책"으로 돌변한 것이다. 1912년에 입자의 궤도 사진이 처음 공개되었을 때, 윌슨의 제자인 세실 프랭크 파월Cecil Frank Powell은 "실험물리학 역사상 최고의 걸작"이라며 극찬했고, 러더퍼드는 윌슨의 안개상자를 가리켜 "물리학 역사를 통틀어 가장 독창적인 장치"라고 했다. 얼마 전까지만 해도 기껏해야 입자가 최종적으로 도달한 위치밖에 알 수 없었는데, 이제 입자가 거쳐온 길까지 선명하게 볼 수 있게 되었으니, 핵물리학자들에게는 더없이 좋은 소식이었다.

　제1차 세계대전이 끝난 후 연구실로 돌아온 윌슨은 무려 500개의 안개상자로 촬영한 사진을 발표했는데, 그중에는 역사상 최초로 입자의 반응과정을 처음부터 끝까지 3차원 입체로 촬영한 사진도 포함되어 있었다. 또한 그는 감마선에 의해 궤도에서 벗어난 전자의 궤적을 사진으로 찍어서, 시카고대학교의 아서 홀리 콤프턴 Arthur Holly Compton이 처음으로 발견했던 현상을 재확인했다.* 윌슨의 안개상자는 감마선을 포함한 빛이 본질적으로 입자임을 확인한 최초의 도구이기도 하다. 사실 안개상자에서 제일 먼저 발견된 입자는 전자도, 알파입자도 아닌 광자photon였다.

안개상자는 핵반응의 베일을 벗기는 데에도 지대한 공헌을 했다. 러더퍼드가 알파선으로 질소 핵을 붕괴시키던 무렵에 패트릭 블래킷Patrick Blackett이라는 젊은 물리학자가 캐번디시 연구소에 연구생으로 들어왔다. 그에게 처음 떨어진 과제는 원자핵이 변형되는 과정을 안개상자로 촬영하는 것이었는데, 놀랍게도 그는 3년 만에 무려 40만 개의 궤적을 분석하여 "질소 원자핵이 알파입자를 삼킨 후 양성자를 방출하는 현장"을 여덟 장의 선명한 사진으로 잡아냈다. 프레더릭 소디가 "원자 변신술"이라 불렀던 마법의 내막이 만천하에 공개된 것이다.

안개상자는 원자 규모에서 일어나는 오만가지 과정을 실황 중계하듯 생생하게 보여주었고, 세실 파월은 "그 도구 덕분에 원자물리학의 새로운 지평이 열렸다"며 스승(윌슨)의 업적을 찬양했다.

---

* 원자에 X-선이나 알파선을 쪼였을 때, 전자가 산란되면서 재방출된 X-선 또는 알파선의 파장이 길어지는 현상. 이것을 콤프턴 효과Compton effect라 한다.

안개상자 기술은 전 세계로 빠르게 퍼져나가면서 규모가 커지고 성능도 개선되었다. 러시아의 물리학자 드미트리 스코벨친Dmitri Skobeltsyn은 윌슨의 안개상자에 자기장을 걸어놓고 그 안에서 입자가 그리는 궤적의 곡률을 측정하여 각 입자의 운동량을 측정했으며, 이로부터 콤프턴 효과와 관련된 모든 세부 사항을 결정할 수 있었다. 또 1927년에는 자기장을 걸어도 궤적이 거의 휘어지지 않는 입자를 발견했는데, 근원지를 추적해보니 지구가 아닌 하늘에서 날아온 것이었다. 이때 찍은 사진은 외계에서 날아온 입자를 보여준 최초의 사진이 되었고, 스코벨친은 여기에 근거하여 "높은 고도에서 대기가 이온화되는 현상은 우주선(외계 방사선)으로 설명할 수 있다"고 주장했다. 우주선이 대기 중 원자와 충돌하면서 다량의 입자가 생성되고, 이들 중 일부가 스코벨친의 안개상자에 포착된 것이다. 스코벨친의 우주선이 알려진 후, 다른 연구소에서도 이와 비슷한 실험 논문이 연이어 발표되었다.

그 후로 30여 년 동안 우주선은 "고에너지 충돌의 여파로 생성된 파편을 이용하여 원자핵의 내부를 들여다보는" 가장 이상적인 수단으로 활용되었으며, 물리학자들은 홍수처럼 쏟아지는 안개상자 사진을 보며 흥분을 감추지 못했다. 게다가 적절한 조건이 갖춰지면 궤적의 선명한 정도로부터 입자가 지나간 후 시간이 얼마나 흘렀는지 알 수 있었고, 궤적의 밀도로부터 입자의 종류까지 짐작할 수 있었다.

1930년대 초에 밀리컨과 칼 데이비드 앤더슨Carl David Anderson은 강한 자기장을 이용하여 양성자의 궤적을 한쪽으로, 전자의 궤적을 반대쪽으로 휘어지게 만드는 안개상자를 만들었다. 그런데 1932년 8월 2일에 사진을 분석하던 중 이상한 궤적을 발견하고 잠시 혼란스러워졌다. 궤적이 휘어진 방향을 보면 양전하를 띤 입자임이 분명했는데, 궤적의 곡률이 양성자와 판이했기 때문이다. 그것은 양성자처럼 묵직한 입자가 아니라 가볍고 날렵한 입자만이 그릴 수 있는 궤적이었으며, 궤적의 곡률로 보아 전자와 질량이 비슷할 것 같았다. 앤더슨은 이 한 장의 사진에 기초하여 "양전하를 띤 전자가 존재한다"고 주장하기 시작했다.

앤더슨의 논문은 1932년 9월 9일 자 〈사이언스 Science〉에 소개되었고, 1933년 2월 말에 물리학 저널 〈피지컬 리뷰 Physical Review〉에 실린 그의 논문 「양전하를 띤 전자 The Positive Electron」에서는 음전하를 띤 전자와 구별하기 위해 처음으로 "양전자 positron"라는 용어가 등장했다.

이로써 안개상자는 새로운 입자를 보여주는 기적의 도구로 자리 잡게 된다. 물론 모든 실험이 성공으로 이어진 것은 아니다. 운이 좋으면 흥미로운 궤적을 찍을 수 있지만, 대부분의 사진은 텅 비어 있기 일쑤다. 양전자를 발견한 앤더슨도 엄청나게 많은 사진을 찍었지만, 실제로 건진 것은 50분의 1에 불과했다.

패트릭 블래킷이 케임브리지에서 알파입자 연구에 몰두하고 있을 때, 이탈리아의 물리학자이자 전기회로 전문가인 주세페 오키알리니 Giuseppe Occhialini가 캐번디시 연구소를 방문했다. 만나자마자 뜻이 맞은 두 사람은 가이거-뮐러 튜브 Geiger-Müller tube(1925년에 한스 가이거와 발터 뮐러 Walther Müller가 발명한 입자감지기)를 안개상자에 설치하고 우주선 관측에 돌입했다. 위-아래 쌍으로 설치해놓은 안개상자에서 동시에 신호가 감지되면 오키알리니의 전자회로(원시적인 컴퓨터)가 자동으로 사진을 찍는 식이다. 얼마 후이 실험은 엄청난 성공을 거두었다. 거의 모든 사진에 입자의 흔적이 찍힌 것이다. 게다가 이들은 자기장이 걸려 있는 대형 안개상자 안에서 입자의 궤적을 두 개의 카메라로 찍은 후, 데이터를 조합하여 3차원 입체영상으로 재현했다. 두 사람은 양전자를 곧바로 다시 발견함으로써 앤더슨의 주장에 힘을 실어주었으며, 하나의 점에서 전자와 양전자가 동시에 방출되는 극적인 장면을 촬영하여 세상을 놀라게 했다. 에너지로부터 물질(그리고 반물질)이 창조되는 현장이 사상 처음으로 카메라에 포착된 것이다. 당시에는 블래킷 자신도 잘 몰랐지만, 사실 그 사진은 폴 디랙의 "쌍생성雙生成, twin birth" 이론을 입증하는 확실한 증거였다.

영국의 물리학자 폴 디랙은 1931년에 양전자의 존재를 예측했으나, 한동안 별다른 주목을 받지 못했다. 그는 전자의 거동을 서술하는 방정식(디랙 방정식)을 유도했는데, 해를 구하던 중 수학의 무연근無緣根, 주어진 방정식은 만족하지만 답으로 인정될 수 없는 해과 비슷한 상황에 봉착했다. 한 가지 예를 들어보자. 삼식이는 삼순이보다 두 살 많고, 둘의 나이를 곱하면 120이다. 그렇다면 삼식이와 삼순이는 각각 몇 살인가? 답을 제대로 구하려면 이차방정식을 풀어야 하지만, 이 문제는 워낙 간단해서 암산으로도 가능하다. 그렇다. 삼식이는 12세이고 삼순이는 10세다. 잠깐, 삼식이가 −10세이고 삼순이가 −12세여도 삼식이는 삼순이보다 두 살 많고, 두 나이의 곱은 120이 된다. 이것도 답으로 인정해야 할까? 아니다. 나이는 항상 자연수여야 하므로, 두 번째 답은 "방정식은 만족하지만 사람의 나이가 될 수 없는" 무연근이다.

디랙은 전자의 에너지가 음수인 해를 발견하고, 처음에는 물리적 의미가 없는 무연근이라고 생각했다. 그러나 물리적으로 의미가 없다는 것도 엄밀한 논리로 증명되어야 한다. 디랙은 해결책을 찾기 위해 한동안 고심하다가 결국 에너지가 음수인 입자를 무시할 수 없다는 결론에 도달했고, 이로부터 "반입자antiparticle"의 존재를 예견했다. 그로부터 50년이 지난 후, 디랙은 옛일을 회상하며 이렇게 말했다.

> 물리적 예측은 어떻게 이루어지는가? 가장 필요한 것은 믿을 만한 이론이다. 세상이 뒤집어져도 끝까지 신뢰할 만한 이론이 있어야 한다. 그래야 이론에서 황당한 결과가 유도돼도 굳건한 신념으로 끝까지 밀어붙일 수 있다.

결국 디랙이 옳았다. 에너지가 음수처럼 보인 이유는 에너지 자체가 음수여서가 아니라, 전하의 부호가 −가 아닌 +였기 때문이다. 즉, 자연에는 전자와 성질이 비슷하면서 전하가 +이고 에너지도 양수인 입자가 존재한다는 뜻이다.

그렇다면 이 입자의 질량은 얼마일까? 방정식에 의하면 전자와 질량이 같아야 했지만, 디랙은 자신이 서지 않았다. 사실 그는 이 새로운 입자가 양성자(전자보다 1836배 무거움)이기를 바랐다.

   자연은 왜 이토록 단순하면서도 아름다운가

그러면 자신이 세운 방정식으로 전자와 양성자가 모두 유도되기 때문이다. 당시는 중성자와 뉴트리노가 발견되기 전이었기에, 물리학자들은 모든 물질이 전자와 양성자로 이루어져 있다고 믿고 있었다. 그러므로 하나의 방정식에서 두 입자가 자연스럽게 예측된다면, 그 방정식은 우주 전체를 서술하는 엄청난 방정식이 될 것이다. 그러나 디랙 방정식은 좀처럼 타협할 줄 몰랐고, 결국 디랙은 방정식에서 느닷없이 튀어나온 입자가 반입자임을 인정할 수밖에 없었다.

크리스 퀴그의 회상

나는 디랙을 세 번째 만났을 때 비로소 용기를 내어 양전자에 대해 물어볼 수 있었다. 가장 하고 싶은 질문은 이것이었다. "대체 무슨 생각으로 음에너지 해解를 양전자가 아닌 양성자로 해석하신 겁니까?" 그를 만난 곳은 플로리다 주립대학교의 강당이었는데, 나는 그곳에서 강연을 하기로 되어 있었고, 디랙은 몇 해 전 그 학교에서 은퇴한 후 명예교수 자격으로 초청된 인사 중 한 명이었다. 1920~1930년대에 "물리학의 신"으로 명성을 떨친 대학자 앞에서 강연을 하게 되었으니, 내 다리가 얼마나 후들거렸을지 짐작이 갈 것이다. 그러나 제일 앞줄에 앉은 디랙은 강연 중에 간간이 미소를 지었고, 나는 그것이 (착각일지도 모르지만) 좋은 징조라고 생각했다.

그날 저녁 칵테일 파티장 한쪽 구석에서 디랙과 단둘이 마주쳤을 때 나는 벼르던 질문을 던졌고, 그는 역시 침묵의 대가답게 한

동안 입을 열지 않았다. 일대일이건 대중 앞이건 간에, 디랙은 모든 사람이 자신에게 집중한다는 확신이 서기 전까지는 고개를 떨군 채 침묵을 지키곤 했다. 그런데 그날 침묵은 유난히 길었고, 나는 슬슬 후회하기 시작했다. "이거…… 내가 괜한 질문을 한 건가? 질문이 좀 건방졌나? 이 타이밍에 사과를 해야 할까?" 머릿속이 꼬일 대로 꼬였을 때, 디랙이 눈썹을 살짝 찡그리며 말했다. "그 시절에는 말이죠…… 제가 새로운 입자를 예측하는 데 좀 소극적이었어요." 그렇다. 나처럼 20세기 후반에 활동했던 이론물리학자들은 자신이 유도한 방정식에 모든 것을 걸었고, 털끝 같은 가능성만 있으면 "새로운 입자를 발견했다"며 목소리를 높이곤 했다. 그러나 20세기 초에 디랙은 자신의 방정식이 얼마나 중요한지 미처 깨닫지 못했던 것 같다. 그는 자장가 같은 어조로 차분하게 말을 이어갔다. "그 시대의 물리학자들은 새로운 입자가 발견되는 것을 별로 반기지 않았답니다. 그러니 뜬금없는 양전자보다 사람들에게 익숙한 양성자 쪽으로 생각이 기운 거지요."

양전자가 발견되고 브래킷과 오키알리니의 "전자회로를 장착한 안개상자"가 상용화되면서, 물리학자들은 우주선 안에 들어 있는 전자와 광자의 상호작용을 집중적으로 연구하기 시작했다. 캘리포니아 공과대학의 칼 앤더슨Carl Anderson과 세스 네더마이어Seth Neddermeyer는 브래킷과 오키알리니의 안개상자 중앙에 1센티미터 두께의 백금판을 설치하고 약 6000장의 사진을 찍었다. 이들의 목적은 우주선이 물질을 통과할 때 에너지가 감소하는 정도를 측정하는 것이었는데, 실험 결과는 (1) 차단막을 통과하면서 에너지의 대부분을 잃는 입자와 (2) 차단막을 통과해도 에너지 손실이 비교적 적은 입자로 나뉘었다. 이들 중 (1)은 궤적을 통해 전자와 양전자임을 쉽게 알아낼 수 있었으나, (2)에 해당하는 입자는 "전자와 양성자의 중간쯤 되는 질량을 갖고 있으면서 전하를 띤 입자"라는 것 외에 기존의 어떤 입자와도 일치하지 않았다. 일상적인 물질에서는 이런 입자가 발견된 적이 없었기에, 앤더슨과 네더마이어는 "자연에는 이런 입자의 출현을 막는 법칙이 존재해야 한다"고 결론지었다.

한편, 일부 물리학자들은 지면이나 해수면 가까이 도달한 우주선에 그와 같은 입자가 섞여 있음을 발견하고 질량을 측정해보니, 양성자의 10분의 1에서 7분의 1 사이로 나타났다. 전자도, 양성자도 아닌 새로운 입자가 발견된 것이다. 그들은 "가벼운 전자와 무거운 양성자의 중간"이라는 뜻으로, 이 입자를 "메소트론mesotron", 또는 "메손meson(중간자)"으로 명명했다.

그 후 중간자의 질량은 반복측정을 통해 양성자의 약 9분의 1(전자의 207배)로 확인되었고, 이름도 "뮤온muon"으로 바뀌었다. 이 입자는 지면에 도달한 우주선의 80퍼센트를 차지한다. 당신이 이 문장을 읽는 동안에도 수십 개의 뮤온이 당신의 몸을 통과하고 있다.

앤더슨과 네더마이어의 안개상자에서 뮤온이 발견되기 1년 전인 1936년에, 일본 교토대학교의 물리학자 유카와 히데키湯川秀樹가 원자핵 안에서 양성자와 중성자의 결합력nuclear force(핵력)을 설명하는 이론을 제안했다. 원자핵은 매우 작으므로(10^{-15}미터,

100만 분의 1×10억 분의 1미터), 이 힘이 작용하는 범위도 10^{-15}미터를 넘지 않아야 한다. 유카와는 핵의 크기에 기초하여 다음과 같은 가설을 제안했다. "양성자와 중성자를 하나로 묶는 힘, 즉 핵력은 아직 알려지지 않은 새로운 입자에 의해 매개되고 있으며, 이 입자의 질량은 대략 양성자의 7분의 1쯤 될 것으로 추정된다. 중성자를 양성자로 바꾸는 방사성 베타붕괴도 이 힘을 통해 나타나는 현상이다." 이 가설이 옳다면, 그가 가정한 입자는 전자와 뉴트리노(파울리가 가정한 입자, 중성미자)로 붕괴되어야 한다.

유카와는 도쿄대학교의 일본 수리물리학 월례 회의에 참석하여 새로운 입자를 소개하면서, 이 입자가 원자핵뿐만 아니라 우주선에서도 발견될 수 있다고 주장했다. 그러나 일본의 물리학자들이 별다른 관심을 보이지 않자 유카와는 자신의 논문을 복사하여 버클리에 있는 줄리어스 로버트 오펜하이머Julius Robert Oppenheimer에게 보냈고, 얼마 후 새로운 입자를 발견했다는 앤더슨과 네더마이어의 논문이 발표되었을 때 오펜하이머는 거의 본능적으로 유카와의 가설을 떠올렸다. 그 무렵 일부 논문에서는 유카와가 제안한 매개입자를 "유콘Yukon"이라 부르면서 앤더슨-네더마이어 입자와 같은 것으로 취급하고 있었다. 게다가 유카와의 논문이 발표되고 얼마 지나지 않아 뮤온이 전자와 중성입자로 붕괴된다는 증거가 발견되면서, 일상적인 물체에 뮤온이 존재하지 않는 이유를 설명했던 유카와의 이론에 힘을 실어주었다. 뮤온이 발견되지 않는 이유는 원자핵을 탈출하는 즉시 붕괴되기 때문이라는 것이다.

제2차 세계대전이 발발하면서 다수의 물리학자들은 고국을 떠

 자연은 왜 이토록 단순하면서도 아름다운가

나거나, 전쟁 관련 연구에 동원되거나, 안전을 위해 몸을 숨겨야 했다. 그 바람에 핵물리학 연구는 뒷전으로 밀려났지만, 전쟁의 와중에도 기초 연구에 매진하는 일부 학자들이 있었다.

이탈리아의 물리학자 오레스테 피초니Oreste Piccioni는 자신의 연구실이 로마의 산 로렌초San Lorenzo 철도역과 가까워서 부수적 피해를 입지 않을까 걱정하던 끝에, 모든 실험 자재를 바티칸 근처 리체오 베르질리오Liceo Virgilio의 반지하 교실로 옮겨놓았다. 그리고 암시장에서 어렵게 구한 전자장비를 어두침침한 방에 세팅해놓고 동료인 마르첼로 콘베르시Marcello Conversi와 함께 우주선에 섞인 뮤온을 끈질기게 관측하여 "뮤온의 수명이 약 200만 분의 1초"라는 결과를 얻었다.

피초니와 콘베르시는 전쟁 기간 내내 뮤온에 대한 비밀 연구를 계속했다. 몇 년 후 전쟁이 끝나자 저항군으로 활약했던 연구 동료 에토레 판치니Ettore Pancini가 연구실로 돌아왔고, 오랜만에 뭉친 세 사람은 앤더슨-네더마이어 입자의 정체를 밝히는 실험에 본격적으로 착수했다. 음전하를 띤 뮤온이 자유롭게 움직이다가 임의의 물질을 만나면 원자핵 속의 전자와 충돌하면서 속도가 느려진다. 만일 뮤온이 유카와가 예견했던 핵력의 매개입자라면, 원자핵과 지극히 긴밀한 사이일 것이다. 페르미의 표현을 빌리면 "침대에 누워 죽을 겨를도 없이 순식간에 잡아먹혀야 한다." 뮤온은 상태가 불안정하여 전자와 뉴트리노로 붕괴되는데, 실험실에서는 붕괴가 일어나기 전에 감지될 수 있다. 1946년 12월, 세 명의 로마인은 탄소 덩어리와 충돌한 뮤온이 탄소 원자핵에 흡수되지 않고 원래 시나리오대로 붕괴된다는 사실을 확인했다. 결국 앤더슨-네더마이어 입자는 유카와가 예측했던 매개입자가 아니었던 것이다. 그렇다면 당장 다음 질문이 떠오른다. 뮤온의 정체는 무엇이며, 유카와의 입자는 어디서 찾아야 하는가?

한편, 전쟁 때문에 국내(일본)에 고립되었던 다니카와 야스타카谷川康隆는 1942년에, 사카타 쇼이치坂田昌一는 1943년에 뮤온이 "유카와 입자가 붕괴되면서 생성된 부산물"이라고 제안했다. 이탈리아 삼인조의 결과가 알려진 후 1947년에 미국의 물리학자 로버트 마샤크Robert Marshark도 동일한 주장을 펼쳤다. 다시 말해서, 뮤온은 유카와 입자인 척하는 사기꾼이 아니라, 유카와 입자에서 태어난 자손이라는 것이다. 그러나 뮤온의 정체를 밝힌 결정적인 증거는 칙칙한 지하실이 아닌 산꼭대기에서 발견되었다.

＊

사진술의 선구자들은 사진 건판에 이상한 잠상潛像, 사진 촬영 후 현상하지 않은 건판에 찍힌 보이지 않는 영상을 남기는 주범이 빛 외에 또 있다는 사실을 알게 되었다. 초크나 대리석 가루, 면, 깃털 등도 건판의 감광막에 잠상을 만든다. 운반 가능한 사진 건판을 최초로 발명한 사람은 조제프 니세포르 니엡스Joseph Nicéphore Niépce의 사촌이자 "사진의 아버지"로 알려진 아벨 니엡스 드 생빅토르Abel Niépce de Saint-Victor였다. 그는 1867년에 접시에 종이를 여러 장 깔고 그 위에 우라늄염을 놓았을 때 접시가 뿌옇게 흐려지는 현상을 발견하고, 그 원인이 우라늄 화합물에서 방출되는 인광燐光 때문이라고 생각했다. 만일 그가 이 현상을 깊이 파고들었다면 최초의 방사능 발견자로 이름을 남겼을 것이다.

20세기 초에 물리학자들은 알파입자가 유상액乳狀液, emulsion, 한 종류의 액체에 다른 종류의 액체 방울이나 액정이 분산되어 있는 콜로이드계을 통과할 때 흔적을 남긴다는 사실을 알게 되었다. 사진용 유상액은 소량의 요오드화은(AgI)과 다량의 브롬화은(AgBr) 결정 입자를 젤라틴에 섞어서 만들어진다. 전하를 띤 입자가 이 액체를 통과하면 경로 근처에 있는 브롬화은 입자에 자극을 주고, 나중에 사진 건판을 현상하면 이 입자들은 마치 보이지 않는 줄에 매달린 은구슬처럼 모습을 드러낸다.

처음에 사진 건판은 섬광막scintillation screen, 섬광 물질을 이용하여 방사선을 검출하는 평평한 판 대용으로 사용되었다. 현상된 건판에 찍힌 검은 점들은 섬광이 발생한 지점이며, 그 위치는 전문 도구를 이용하여 정확하게 측정할 수 있다. 1911년에 윌슨의 안개상자 사진이 발표되자 물리학자들은 비로소 알파입자를 유상액에 발사하여 궤적을 추적한다는 아이디어를 떠올렸다.

그 후 1910년부터 1915년까지 엄청난 양의 사진을 촬영하면서도 1920년대까지 별다른 성과를 거두지 못하다가, 미국에서 활동한 물리학자 마리에타 블라우Marietta Blau가 젤라틴 형태의 유상액에 알파입자를 발사하는 실험을 하던 중 수소 원자에서 제거된 양성자의 흔적을 발견하면서 새로운 국면을 맞이하게 된다. 처음게 그녀는 비엔나에 있는 라듐연구소에서 동료인 헤르타 밤바허Herta

Wambacher와 함께 상업용 유상액의 감도를 높이는 연구를 수행하다가 1930년대부터 우주선을 연구하기 시작했다. 1937년에 블라우와 밤바허는 인스브루크 근처 해발 2300미터에 있는 하펠레카 우주선 관측소Hafelekar cosmic-ray observatory(1931년에 빅토르 헤스가 설립한 단체)까지 올라가서 고고도 우주선을 관측했는데, 5개월 동안 사투를 벌인 끝에 유상액의 한 점에서 8~9개의 궤적이 방출되는 희귀한 사진을 얻을 수 있었다(그들은 이런 점을 "별star"이라 불렀다). 개개의 별들은 마치 포켓볼에서 브레이크 샷에 의해 당구공이 흩어지듯이 은이나 브롬 원자가 우주선에 얻어맞아 분해되는 모습을 또렷하게 보여주었으며, 이로써 블라우와 밤바허는 원자가 분해되는 현장을 사진으로 포착한 최초의 물리학자가 되었다.

마리에타 블라우가 비엔나에서 연구를 시작하던 무렵, 세실 파월은 케임브리지의 캐번디시 연구소에서 윌슨과 러더퍼드의 지도를 받는 신출내기 연구생이었다. 윌슨 못지않게 자연주의를 추구했던 그는 자연현상을 직접 관측하고 표본을 수집하는 것을 좋아했다. 다시 말해서, 이론가 타입이 전혀 아니라는 뜻이다. 지금까지 이 책에 등장한 인물들의 공통점이기도 하다. 캐번디시에서 안개상자 전문가가 된 파월은 1928년에 브리스틀대학 부설 윌스 연구소H. H. Wills Physics Laboratory의 소장인 아서 틴들Arthur Tyndall의 조수로 자리를 옮겼다. 콕크로프트와 월턴이 원자핵을 인공적으로 분해하는 데 성공한 직후에 파월은 콕크로프트-월턴 가속기 제작에 참여하면서 핵물리학을 본격적으로 파고들기 시작했다.

　원래 파월은 안개상자를 감지기로 사용하려 했으나, 이론물리학자 발터 하이틀러Walter Heitler로부터 "블라우와 밤바허가 유상액에서 핵반응을 촬영하는 데 성공했다"는 소식을 전해 듣고 생각이 달라졌다. 하이틀러는 사진 촬영법이 이론물리학자도 할 수 있을 정도로 간단하다며 유상액이 든 용기를 들고 고도 3500미터의 융프라우요흐Jungfraujoch 정상까지 올라가는 기염을 토했고, 그곳에서 브리스틀 연구팀은 원자핵이 붕괴되면서 양성자와 알파입자가 튀어나오는 "별"을 여러 개 촬영했다.

　파월은 가속기를 6개월 동안 가동하여 안개상자로 사진 3만 장을 찍는다는 계획을 세웠다. 그러나 안개상자는 예민하게 작동하는 시간이 찰나에 불과한 반면, 유상액은 눈을 깜박이지 않으면서 입자의 궤적을 기록한다. 파월은 두 장치의 효율을 신중하게 비교한 후, 안개상자를 과감하게 포기하고 유상액 쪽으로 급선회했다.

　새로운 촬영법에는 다른 장점도 있었다. 사진 건판은 입자가 들어온 지점과 운동 방향을 정확하게 보여주기 때문에, 기록된 궤적으로부터 입자의 종류와 에너지를 알 수 있다. 입자의 속도가 빠를수록 이온화 현상이 약해지고 유상액이 민감하게 반응하기 때문에, 사진에 나타난 입자들 사이의 간격이 넓어진다. 그러므로 입자들 사이의 거리를 알면 속도를 알 수 있고, 입자의 속도가 빠를수록 감지하기가 어려워진다. 당시 상업용으로 판매되던 유상액은 가시광선을 이용한 일반 촬영기와는 용도가 완전히 달랐기 때문에, 핵입자의 궤적을 기록할 때 많은 오차가 수반되었다.

　제동식 안개상자triggered cloud chamber, 전기회로로 작동하는 전자식 안개상자를 발명한 주세페 오키알리니는 파시스트가 점령한 이탈리아를 떠나 브라질의 상파울루에서 연구를 진행하다가 돌연 이타치아이아 산맥Itatiaia mountains의 산악 가이드로 변신하더니, 1945년에 전쟁이 끝나자 유럽으로 돌아와 브리스틀 연구팀에 합류했다. 그곳에서 파월의 유상액 촬영법에 깊은 인상을 받은 그는 "감도를 개선하면 핵 연구에 적용할 수 있다"는 생각으로 사진 건판 제조업체인 일퍼드사ilford Ltd.와 접촉을 시도했고, 그 덕분에 일퍼드의 연구진은 기록 능력이 훨씬 뛰어난 건판을 만들 수 있었다. 또 오키알리니는 양성자와 알파입자의 궤적이 담긴 사진 몇 장을 브라질의 물리학자 세자르 라테스César Lattes에게 보냈는데, 그가 유상액에 각별한 관심을 보이자 그를 브리스틀로 데려와 자신의 연구팀에 합류시켰다.

오키알리니는 물리학뿐만 아니라 삶의 방식에도 탁월한 감각을 발휘했다. 그는 한 달짜리 휴가를 얻었을 때 유상액으로 코팅된 작은 건판 몇 개를 들고 프랑스 피레네산맥의 2900미터 높이에 있는 피크뒤미디Pic du Midi 관측소에 올라가서 적절한 위치에 설치했다. 한 달 동안 원 없이 산을 타면서 알짜배기 사진 데이터까지 얻은 것이다.

훗날 파월은 다음과 같이 회고했다.

브리스틀에서 회수한 사진 건판을 현상해보니, 완전히 새로운 세계가 눈앞에 펼쳐졌다. 느린 양성자의 궤적은 자잘한 입자들로 덮여서 단단한 은막대silver rod처럼 보였고, 유상액의 일부를 현미경으로 들여다봤더니 초고속 우주선에 얻어맞아 붕괴된 입자들로 가득 차 있었다. 지금의 기술로는 도저히 도달할 수 없는 고에너지 세계가 모습을 드러낸 것이다. 마치 이국적인 나무와 진기한 과일로 가득 차 있으면서 단단한 울타리로 에워싸인 과수원을 몰래 들여다보는 기분이었다.

파월은 사진 건판 주변에 현미경 여러 개를 설치해놓고 젊은 여성 몇 명을 고용하여 흥미로운 궤적을 찾아달라고 부탁했다. 그들은 숙련된 물리학자가 아니었지만 탁월한 미적 감각을 발휘하여 능숙하게 일을 해냈고, 며칠 후 마리에타 쿠르츠Marietta Kurz라는 여성이 흥미로운 궤적을 찾아냈다. 그것은 속도가 서서히 느려지면서 갈고리처럼 구부러진 궤적을 그리는 중간자였는데, 궤적의 끝부분에서 또 하나의 중간자가 직선 궤적을 그리며 빠르게 뻗어 나가고 있었다. 그리고 이런 이중 궤적은 이튿날에도 발견되었다.

궤적을 분석한 결과, 두 번째 중간자가 앤더슨-네더마이어의 뮤온이라면 첫 번째 중간자의 질량은 전자의 265배로 추정되었다. 새로운 입자가 발견된 것일까? 단 두 개의 데이터만으로는 확실한 결론을 내리기 어려웠기에 브리스틀 그룹은 인원을 더 투입하여 관측에 열을 올렸으나, 이중 중간자가 또다시 발견될 때까지는 6~8주를 더 기다려야 했다.

세자르 라테스는 데이터 수집량을 늘리기 위해 이런저런 궁리를 하다가 한 가지 아이디어를 떠올렸다. "높은 산꼭대기에 사진 건판을 설치하면 어떨까?" 그는 당장 브리스틀의 지리학자를 찾아가 자문을 구했고, 볼리비아의 수도 라파스에서 24킬로미터쯤 가면 해발 5400미터 고지에 기상관측소가 있다는 사실을 알게 되었다. 의기양양해진 라테스는 브리스틀 연구팀의 소장인 틴들에게 자신의 계획을 설명했다.

> 라테스: 그러니까, 남미에 있는 차칼타야산Mount Chacaltaya 꼭대기에 사진 건판을 설치하고 한 달만 기다리면 데이터를 무진장 얻을 수 있다니까요!
>
> 틴들: 흠, 왕복 항공료와 체류비가 만만치 않겠지만, 자네를 믿고 한번 투자해보겠네. 거리가 꽤 머니까 비행기는 안전한 BOAC 항공(영국 국제 항공사)을 타고 가게나.
>
> 라테스: 에이, 굳이 그럴 필요 있나요. 저가 항공사면 됩니다. 저는 남미 사람답게 바리그 슈퍼 컨스텔레이션 항공Varig Super Constellation을 타겠습니다.

라테스는 운이 좋았다. 그가 비행기를 타고 떠났던 바로 그날, 안전하기로 소문난 BOAC 항공 여객기가 다카르(세네갈의 수도)에 추락하여 탑승자 전원이 사망하는 대형 참사가 발생했다.

차칼타야산에는 1940년대 초에 건설된 스키 리조트가 있는데, 전 세계 스키장 중에서 해발고도가 제일 높고 경관도 아름답기로 유명하다. 라테스가 굳이 이런 휴양지를 선택한 것은 순전히 우연이었을 것이다(적어도 나는 그렇게 믿고 싶다). 200미터짜리 하강 코스는 경사가 매우 급했지만 중급이었고, 워낙 고지대라 대기가 희박해서 오래 머물면 정신이 혼미해질 지경이었다. 라테스는 이런 곳에 사진 건판 한 개를 한 달 동안 노출시킨 후 브리스틀로 가져왔는데, 현상을 해보니 피크뒤미디 관측소에서 얻은 것과 동일한 궤적이 무려 30개나 찍혀 있었다(오키알리니가 피레네산맥에서 찍은 것보다 10개나 더 많았다). 차칼타야 관측소는 그 후 수십 년 동안 우주선을 관측하다가, 지금은 기상관측소로 운영 중이다.

라테스의 사진 건판을 분석한 결과, 첫 번째 궤적은 유카와의 핵력 매개입자로 밝혀졌고, 두 번째 궤적은 앤더슨-네더마이어의 뮤온으로 판명되었다. 파월의 연구팀은 첫 번째 입자를 "파이(π)"로, 두 번째 입자를 "뮤(μ)"로 명명했으나, 지금은 이름 뒤에 입자를 뜻하는 접미사 "~on"을 붙여서 각각 "파이온 pion"과 "뮤온 muon"으로 부르고 있다. 파이온은 뮤온과 뉴트리노(질량이 거의 0인 입자로서, 자세한 설명은 나중에 할 예정이다)로 붕괴되는데, 후자는 사진 건판에 흔적을 남기지 않는다.

1947년에 파이온이 발견되면서 물리학자들은 원자와 원자핵의 구조를 구체적으로 그릴 수 있게 되었다. 원자에 속한 전자는 원자핵 주변을 공전하고, 유카와의 파이온은 양성자와 중성자를 단단하게 결합시킨다. 그리고 아직 발견되지 않은 뉴트리노는 베타붕괴가 일어날 때 전자와 함께 방출되는 유령 같은 입자이며, 뮤온(처음에 유카와의 파이온으로 오인되었다)은 일상적인 물질에서 발견되지 않기 때문에 왠지 낭비라는 느낌을 준다.

컬럼비아대학교의 위대한 원자물리학자 이지도어 라비는 뮤온이 발견되었다는 소식을 듣고 미간을 찌푸리며 중얼거렸다. "빌어먹을…… 그건 또 누가 주문한 거야?” 그렇다. 짜증이 날 만도 하다. 자연에는 왜 “없어도 될 것 같은” 입자가 무더기로 존재하는 것일까?

          자연은 왜 이토록 단순하면서도 아름다운가

5장

입자 식물원

안개상자와 사진 건판을 수천 미터 산꼭대기까지 들고 올라가서 우주선을 관측했던 물리학자들은 19세기 자연사학자들과 비슷한 점이 있다. 1800년대의 자연주의자들은 희귀한 동식물을 찾기 위해 갈라파고스 제도 같은 오지를 방문하거나, 화학합성으로 영양분을 만들어내는 박테리아를 연구하기 위해 깊은 바닷속 열수 분출공熱水噴出孔, deep-sea vent으로 직접 들어가곤 했다.

지구로 쏟아지는 우주선은 대기를 통과하면서 다량의 에너지를 잃는다. 그래서 우주선 사냥꾼들은 에너지가 조금이라도 더 남아 있는 우주선을 관측하기 위해 융프라우와 피크뒤미디, 차칼타야 등 고지대를 찾아다녔다. 생물학자들이 흡습지吸濕紙, 습기를 빨아들이는 고흡수성 종이에 들러붙은 씨앗이나 병에 보관된 곤충 샘플을 연구하는 동안, 물리학자들은 새로운 입자의 궤적을 사진으로 찍어서 자신의 연구실로 가져왔다. 원소에 번호를 붙였던 헨리 모즐리는 목록을 작성하고 체계화하는 작업을 폄하할지도 모르지만, 과학이 하나의 학문으로 자리 잡으려면 이런 번거로운 과정을 반드시 거쳐야 한다. 깊은 곳에 숨어 있는 원리를 알아내려면 겉으로 드러난 규칙부터 찾아야 하기 때문이다.

18~19세기 초에 출간된 식물학 서적에는 온갖 식물의 외형뿐만 아니라, 씨앗이 발화하는 핵심 단계까지 세밀한 그림으로 묘사되어 있는데, 이 점은 물리학도 마찬가지였다. 우주선을 찍은 사진에는 입자가 탄생하는 순간부터 안개상자를 통과한 후 갑자기 붕괴되어 사라질 때까지, 입자의 모든 역사가 담겨 있다. 식물계에서는 대부분의 변화(발아, 성장, 시들기)가 점진적으로 진행되는 반면, 입자는 갑자기 태어났다가 느닷없이 사라진다. 예를 들어 전하를 띤 파이온이 사라지면, 그 자리에 뮤온과 뉴트리노가 곧바로 나타나는 식이다. 게다가 예외적인 경우도 있다. 파이온이 붕괴될 때 1만 번 중 한 번은 뮤온과 뉴트리노가 아닌 전자와 뉴트리노가 나타난다. 파이온 외의 다른 입자들은 붕괴되는 경우의 수가 이보다 훨씬 많을 수도 있다.

잎사귀의 외형과 잎맥은 겉으로 드러나 있으므로, 마음만 먹으면 누구나 볼 수 있다. 반면에 우주선에서 수집된 표본은 누구나 볼 수 없지만, 물리학자는 그 작은 세계에서 일어난 일에 현실적인 의미를 부여한다. 식물학자가 잎에 새겨진 암호를 해독하여 식물의 비밀을 풀어나가는 것처럼, 물리학자는 각 입자의 궤적에 담긴 이야기를 풀어낼 수 있어야 한다. 물론 대부분의 이야기는 익히 알려진 것이어서 재차 강조할 필요가 없지만, 가끔은 하나의 궤적 또는 한 장의 사진에서 전혀 예상하지 못했던 이야기가 탄생할 때도 있다.

조지 로체스터George Rochester와 클리퍼드 버틀러Clifford Butler는 1945년에 우주선에서 생성된 입자를 체계적으로 분석함으로써, 우주선 물리학 전성기의 대미를 장식했다. 이들은 종전 후 맨체스터에 새로 설립된 패트릭 블래킷 연구소에서 11톤짜리 자석으로 만든 자기장 안에 제동식 안개상자를 갖다 놓고, 우주선 입자의 투과력을 측정하기 위해 상자 내부에 납으로 만든 차단막을 설치했다. 그리고 자동 계수기를 사용하여 5409장의 사진을 촬영한 후, 제동식 안개상자의 장점을 살려서 입체사진으로 만들었다. 안개상자가 처음 등장했을 때 찍은 사진에는 민들레꽃처럼 퍼져나가는 우주선의 궤적과 앤 여왕의 레이스Queen Anne's lace(파이온과 뮤온을 뜻함) 사이에 네잎클로버처럼 생긴 작은 궤적이 숨어 있었는데, 당시에는 그 의미를 아무도 알아채지 못했다. 그러나 로체스터와 버틀러는 수천 개의 표본(사진)을 분석한 끝에 "평범함 속의 특별함"을 골라내는 데 성공했다.

1946년 10월 15일, 소나기처럼 쏟아지는 우주선 궤적에서 처음으로 새로운 형태가 발견되었다. 납 차단막 바로 아래쪽에서 뒤집어진 V자(∧) 모양 궤적이 느닷없이 나타난 것이다. 로체스터와 버틀러는 그해 겨울을 고스란히 바쳐서 분석한 끝에 "새로운 궤적은 안개상자로 볼 수 없는 중성입자가 질량이 거의 같은 양전하 입자와 음전하 입자로 붕괴되면서 나타난 흔적일 것"이라고 결론지었다. 처음에 "브이(vee 또는 V)"로 불렸던 이 입자는 상태가 매우 불안정하고 질량이 전자의 1000배에 가까워서 이미 발견된 중간자보다 무거울 것으로 추정되었다. 그러나 로체스터와 버틀러는 또 다른 ∧형 입자가 발견될지도 모른다며 당분간 발표를 보류했다.

1947년 5월 25일, 두 번째로 특이한 사건이 발생했다. 위쪽에서 안개상자로 진입한 입자의 궤적이 이전과 다른 방향으로 V자를 그리며 꺾어진 것이다. 로체스터와 버틀러는 궤적이 급변한 이유를 "불안정한 하전입자가 안정한 하전입자와 중성입자로 붕괴되었기 때문"이라고 해석하면서, 붕괴된 입자의 질량이 전자의 1000배쯤 될 것으로 예측했다.

두 사람의 연구 결과는 1947년 12월에 더블린 고등연구소에서 발표되었으며, 과학 학술지 〈네이처〉를 통해 세상에 알려졌다. 당시에는 파이온(π)이 새로 발견되어 세간의 주목을 받고 있었기에, 많은 물리학자는 두 번째 V 입자가 파이온일 것이라고 생각했다.

그 후로 2년 동안 맨체스터 연구팀은 V 입자를 추가로 발견하지 못했다.

블래킷은 오키알리니의 강력한 권유에 따라 11톤짜리 자석과 일단의 연구팀을 피크뒤미디로 파견하여 1950년 7월부터 안개상자를 운영하기 시작했다. 그럴 수밖에 없었던 것이, 당시 물리학자들 사이에서는 새로운 입자를 발견하는 것이 초유의 관심사로 떠올랐기 때문이다. 1949년 11월 말, 칼텍의 칼 앤더슨은 블래킷에게 보낸 편지에 30여 개에 달하는 "갈고리형 궤적pothooks"의 사례

     자연은 왜 이토록 단순하면서도 아름다운가

를 보고하면서 새로운 입자가 발견될 가능성을 강하게 시사했다. 그리고 같은 해에 브리스틀 연구팀은 유상액 속에서 긴 거리를 이동하다가 세 개의 파이온으로 붕괴되는 무거운 입자(전자 질량의 985배)를 발견하고 "타우(tau, τ)"로 명명했다.

로체스터와 버틀러는 피크뒤미디에 도착한 후 처음 6개월 동안 V형 하전입자 7개와 V형 중성입자 36개를 발견했다. 중성입자는 두 가지 유형이 존재했는데, 첫 번째 유형은 맨체스터에서 분석했던 첫 번째 샘플처럼 양의 파이온과 음의 파이온으로 분해되고, 두 번째 유형은 양성자와 음의 파이온으로 분해되었다. "이국적인 나무와 진기한 과일로 가득 차 있으면서 단단한 울타리로 에워싸인 과수원을 몰래 들여다보는 기분"이라는 세실 파월의 서술은 전혀 과장이 아니었다.

새로 발견된 입자는 이상할 정도로 수명이 길었다. 이들은 우주선에 섞인 양성자가 대기 속의 원자핵과 충돌할 때 생성되는데, 이 과정에 작용하는 힘은 파이온을 소나기처럼 양산했던 "강한 핵력strong nuclear interaction"이다. 또 새로운 입자가 붕괴되면서 파이온이나 양성자처럼 강한 핵력을 주고받는 입자가 생성되는 경우도 종종 있는데, 바로 이 점이 골칫거리였다.

통상적으로 강한 상호작용(또는 강한 핵력 또는 강력)은 빛이 양성자의 지름을 통과하는 데 걸리는 시간(수조×수조 분의 1초) 동안 일어난다. 그러나 V형 입자의 수명은 이보다 10조 배 이상 길게 나타났다. 이 정도면 그냥 넘길 문제가 아니다. 우주의 나이(140억 년)는 인간 수명(100년)의 약 1억 배인데, V형 입자의 예상 수명과 실제 수명 사이의 비율은 인간과 우주의 수명 비율보다 10만 배나 크다. 새로 발견된 입자의 붕괴과정에는 강력을 교환하는 입자들만 관련되어 있는데도, 이 과정에 작용하는 힘은 강력이 아니었다. 무언가 알 수 없는 요인이 빠른 붕괴를 금지하는 것 같았다.

뮤온은 가끔 V형 입자가 붕괴될 때 나타나므로, 파이온과 달리 강한 상호작용을 겪지 않는 것으로 보인다. 이는 곧 V형 입자의 붕괴에 관여하는 힘이 강력이 아니라, 방사성 베타붕괴를 일으키는 "느슨한" 약한 상호작용(또는 약한 핵력 또는 약력)일 수도 있음을 의미한다.

1953년에 미국의 이론물리학자 머리 겔만 Murray Gell-Mann은 이 문제를 파고들다가 간단한 해결책을 떠올렸다. "그냥 붕괴가 일어나지 않는 것으로 간주하고, 이 이상한 입자에 '기묘도 strangeness'라는 속성을 부여하면 된다!" V형 입자는 기묘도를 갖는 반면, 파이온은 기묘도를 갖지 않는다. 즉, 파이온의 기묘도는 0이다. 강한 상호작용에서 기묘도가 생성되거나 파괴되지 않는다면, V형 입자는 두 개의 파이온으로 빠르게 변할 수 없다. 그리고 약한 상호작용이 기묘도 법칙을 따르지 않는다면, V형 입자는 두 개의 "느려터진" 파이온으로 붕괴될 수 있다. 강력한 충돌과정에서 기묘입자(기묘도가 0이 아닌 입자)가 생성되는 이유를 어떻게 설명해야 할까? 기묘도=1인 입자와 기묘도=−1인 입자가 동시에 생성되었다고 생각하면 된다. 그러면 전체적인 기묘도는 변하지 않으므로 문제 될 것이 없다.

꽤 그럴듯한 해결책 같긴 한데, "기묘도"라는 다분히 인위적인 개념을 도입한 것이 마음에 걸린다. 기묘도는 대체 어디서 온 것일까? 이 분야의 개척자들은 굳이 이런 의문을 떠올리며 고민하지 않았을 것이다. 기존의 데이터를 설명하고 새로운 환경에 적용 가능한 규칙을 발견한 것은 물론 좋은 일이었지만, 기묘도의 정체는 향후 20년 동안 입자물리학의 미스터리로 남게 된다.

입자물리학의 낭만기라 할 만한 우주선 관측시대는 1953년에 롱아일랜드의 브룩헤이븐 국립연구소Brookhaven National Laboratory에서 운용하던 입자가속기 "코스모트론Cosmotron"이 양성자빔을 30억 전자볼트(3GeV)까지 가속시키면서 대단원의 막을 내렸다. 코스모트론으로 정교하게 만들어진 양성자빔은 넓게 퍼지면서 예측하기도 어려운 우주선과 비교할 때 압도적인 장점을 갖고 있다. 산 꼭대기에서 언제 쏟아질지 모를 천연 우주선을 하염없이 기다리는 사진 건판은 모든 것이 완벽하게 제어 가능한 코스모트론의 경쟁 상대가 될 수 없었다(게다가 우주선과 달리 코스모트론의 성능은 얼마든지 개선될 수 있다!).

1953년 7월, 프랑스 피레네산맥에 있는 바뇨르드비고르Bagnères-de-Bigorre 카지노에서 영웅시대의 마지막 우주선 회의가 개최되었는데, 사실 이 모임은 기묘입자의 발견을 기념하는 축제에 가까웠다. 카지노가 들어선 거리는 오늘날 "불바르 드 리페롱Boulevard de l'Hypéron"으로 불린다. 바로 이 회의에서 양성자의 이상한 파트너 입자에 "하이퍼론hyperon"이라는 명칭이 부여되었기 때문이다. 회의가 끝날 무렵, 마지막 연설을 맡은 세실 파월은 비장한 표정으로 연단에 올라 외쳤다. "신사 숙녀 여러분, 지금 우리는 침략받고 있습니다. 입자가속기가 우리의 입지를 위협하고 있단 말입니다!” 그러자 프랑스 우주선 연구의 선구자이자 프랑스 아카데미의 종신회원인 루이 르프랭스 랭게Louis Leprince-Ringuet도 한마디 거들었다. “맞습니다. 속도를 늦추지 말고 죽어라 달려야 합니다. 우리는 추격당하고 있습니다. 기계한테 쫓기고 있다고요!”

✳

1950년, 칼텍에서 박사과정을 갓 졸업한 도널드 글레이저Donald Glaser에게 기쁜 소식이 날아들었다. 미시간대학교에서 교수직을 제안해온 것이다. 그는 칼텍을 떠나면서 지도교수 칼 앤더슨이 항상 입에 달고 다녔던 질문을 머릿속에 다시 한번 되새겼다. “오늘은 갈고리형 궤적에 대해 무엇을 알아냈는가?” 글레이저는 칼텍 시절에 안개상자와 전자석으로 우주선을 관측하면서 안개상자의 장단점을 훤히 꿰뚫고 있었는데, 결정적 단점 중 하나는 대형 안개상자를 동원해도 V형 궤적을 하루에 평균 한 개밖에 포착하지 못한다는 것이었다. 게다가 측정 과정에서 종종 오류가 발생하여 궤적을 해석하는 데 많은 어려움을 겪었다.

글레이저는 흥미로운 사건을 더 많이 포착하고 정확성도 뛰어난 신형 안개상자를 개발하기로 마음먹었다. 훗날 그는 이 시절을 회상하며 말했다. “내 꿈은 산꼭대기에 앉아서 새로 만든 기계가 신기한 입자 사진을 찍는 모습을 느긋하게 바라보는 것이었다. 세계 각지의 연구소에서 젊은 대학원생들이 내가 찍은 사진을 열정적으로 분석하는 모습은 상상만 해도 흐뭇했다." 글레이저는 가이거 계수기와 핵 유상액, 그리고 기존의 안개상자에서 힌트를 얻어 고속입자가 상자를 통과할 때 흘리고 간 소량의 에너지를 이용하여 신호를 증폭시키는 장치를 고안했다. 바로 이것이 훗날 그에게 노벨상을 안겨준 "거품상자 bubble chamber"다.

거품상자로 찍은 사진은 안개상자로 얻은 영상의 반전 사진 negative image(흑과 백이 뒤집힌 사진)과 비슷하다. 안개상자는 과포화된 수증기 속을 입자가 지나가면서 이온화되면, 그 경로를 따라 물방울이 응축되어 입자가 지나간 길을 드러내는 장치였다. 반면에 거품상자에는 수증기 대신 끓기 직전의 과열된 액체가 담겨 있어서, 하전입자가 그 속을 통과하면서 이온화되면 주위에 거품이 형성된다. 이때 압력을 빠르게 낮추면 물방울이나 거품이 눈에 보일 정도로 커져서 입자의 경로를 쉽게 확인할 수 있다.

글레이저는 우주선이 작은 상자 안에 뚜렷한 궤적을 남긴다는 사실을 확인한 후, 프로판 가스로 내부를 채운 15센티미터짜리 모형을 만들어서 코스모트론에 설치한다는 계획을 세웠다. 그러나 가속기 담당자들은 "그런 허접한 장치를 검증하기 위해 가속기를 돌리는 건 공적자금의 낭비"라며 그의 제안을 거부했다. 낙담한 글레이저는 가속기 주변을 둘러보다가 차폐용 콘크리트에 살짝 금이 간 곳을 발견했는데, 때마침 그 옆에 연구원들이 휴식 시간에 카드놀이를 할 때 쓰는 작은 테이블이 놓여 있었다. 그는 담당자에게 통사정하여 카드 테이블 위에 거품상자를 설치해도 좋다는 허락을 기어이 받아냈다. 그리고 그로부터 몇 주 후, 글레이저는 도

스모트론 연구원들에게 아직 마르지도 않은 36장의 필름을 보여주었는데, 거기에는 파이온→뮤온→전자로 이어지는 연쇄붕괴과정이 무려 20건이나 찍혀 있었다. 과학사에 길이 남을 "거품상자 혁명"이 시작된 것이다.

거품상자는 새로 만든 입자가속기와 궁합이 잘 맞았다. 가속기에서 몇 초 간격으로 빔 펄스가 생성될 때마다 상자의 피스톤이 작동하도록 동기화시켜놓으면 모든 과정이 자동으로 진행된다. 하전입자가 거품상자를 통과하면 자동으로 압력이 낮아지면서 거품이 형성되고, 카메라의 자동 셔터가 작동하여 거품 궤적을 촬영하는 식이다.

사진이 대량으로 쏟아져 나오자 가속기 물리학자들이 바빠졌다. 처음에는 담당 연구원들이 직접 궤적을 분석했지만, 시간이 지날수록 업무량이 너무 많아져서 "인간 스캐너" 부대를 대거 고용할 수밖에 없었다. 이들이 사진에서 궤적을 찾아 군데군데 점을 찍어놓으면, 나중에 컴퓨터가 이 점들을 매끈한 선으로 이어서 궤적을 복원했다. 단 한 번의 실험에 수만에서 수십만 장의 사진이 쏟아져 나왔으니, 분석팀의 규모가 얼마나 컸을지 짐작이 갈 것이다. 가속기 연구소의 물리학자들, 특히 자연주의자들은 물 만난 고기 마냥 연일 즐거운 비명을 질러댔다. 거품상자 사진에는 수십 종의 새로운 입자가 모습을 드러냈는데, 개중에는 단 한 번에 식별된 것도 있고, 여러 장의 사진에서 공통점을 추적하여 어렵게 찾은 것도 있다.

우리가 1960년대 후반에 대학원생 신분으로 버클리 방사선 연구소에 합류했을 때, 그곳은 거품상자 연구의 중심지가 되어 있었다. 당시 우리는 연구 경험이 거의 없는 신출내기였지만 현장에서 아원자 입자를 채집하고 배우면서 서서히 자연주의자가 되어갔다. 우리에게 입자는 추상적 개념이 아니라 꽃이나 나무 같은 "실존하는 자연물"이었으며, 후손에게 물려줄 문화유산이었다. 방사선 연구소의 복도는 거품상자로 찍은 사진으로 거의 도배가 되어 있었고, 어스름 저녁때가 되면 우리는 분석실에 들어가 인간 스캐너들이 궤적을 분석하는 모습을 뿌듯한 마음으로 지켜보았다. 그러다 누군가가 새로운 궤적을 발견하면 테이블 위에 사진을 올려놓고 저마다 의견을 내놓으며 열띤 토론을 벌이곤 했다.

외국 여행을 갔을 때 열정과 호기심이 있으면 생소한 문화를 빠르게 배울 수 있지만, 그래도 여행안내서를 갖고 다니면 큰 도움이 된다. 1958년에 월터 바커스Walter Barkas와 아서 로즌펠드Arthur Rosenfeld는 입자의 이름과 질량, 수명 등을 일목요연하게 정리한 "입자 식물원 목록"을 수첩 형태로 만들었는데, 지갑에 들어갈 정도로 작은 크기여서 모든 연구원이 하나씩 갖고 다녔다. 우리가 방사선 연구소에 처음 왔을 때 입자 데이터 그룹Particle Data Group은 이미 버클리의 정식 산하기관으로 승격되어, 국제 입자물리학계에서 핵심적인 역할을 하고 있었다. 바커스와 로즌펠드의 입자 목록은 1967년에 어느덧 51페이지로 늘어났고, 2022년에 발행된 일본 학술지 〈이론 및 실험물리학 현황Progress of Theoretical and Experimental Physics〉에는 "입자물리학 리뷰Review of Particle Physics"라는 274페이지짜리 입자 목록이 부록으로 딸려 있었다!

로즌펠드가 1967년에 작성한 목록에는 케이온kaon(전하를 띤 V
형 입자의 현대식 이름)이 10나노초(10^{-8}초)의 짧은 일생을 마친
후 붕괴되는 방법이 10가지로 나와 있는데, 이들 중 뮤온과 뉴트
리노로 붕괴될 확률이 63.4퍼센트로 가장 높다. 이와 대조적으로
케이온이 전자와 뉴트리노로 붕괴될 확률은 0.02퍼센트밖에 안
된다. 나머지(약 36퍼센트)는 파이온으로 붕괴되거나, 파이온과
뉴트리노와 전자(또는 뮤온)로 붕괴되는 경우다.

입자 목록은 학생들에게 난제를 안겨주었다. 붕괴는 왜 입자마
다 다른 속도로 진행되는가? 붕괴 확률이 경우마다 다른 이유는
무엇인가? 케이온은 왜 뮤온과 뉴트리노로 붕괴되는 것을 선호하
는가?

붕괴 패턴에 대한 이론적 설명이 주어져도, 그것만으로는 충분
하지 않다. 입자에 대한 직관적 감각을 키워야 한다. 직관이란 일
종의 공감 능력으로, 상대방(자연 또는 그녀)의 입장에서 생각하
려 애쓸 때 주어지는 선물이다. 미래에 일어날 일을 미리 짐작하는
것도 직관이 있어야 가능하다. 직관을 개발한다는 것은 자연이 지
은 시詩에 귀를 기울이고, 입자의 본질을 은유적으로 표현하는 방
법을 찾고, 그것을 마음속에 영상으로 그리는 능력을 키운다는 뜻
이다.

이 책의 저자 중 한 사람인 밥Bob, 로버트 칸의 애칭은 하버드대학
교 학부생 시절에 세계적으로 유명한 물리화학자 브라이트 윌슨
주니어Bright Wilson Jr.가 강의하는 원자물리학을 수강한 적이 있다.
이 강좌가 개설되기 30년 전에, 윌슨 교수는 미국의 전설적인 화

     자연은 왜 이토록 단순하면서도 아름다운가

학자 라이너스 폴링Linus Pauling과 함께 《양자역학의 화학적 응용
Introduction to Quantum Mechanics with Applications to Chemistry》이라는 교과
서를 집필했는데, 이 책에는 분자에 포함된 전자의 복잡한 궤도가
빼곡하게 그려져 있다. 보기만 해도 어지러운 그림을 직접 그리고
그것을 30년 동안 강의해왔으니, "전자를 말로 표현하는 기술"은
윌슨을 따라갈 사람이 없다고 봐도 무방할 것이다. 밥은 개강 후
며칠 동안 망설이다가 드디어 용기를 내서 질문을 던졌다.

밥: 교수님께서는 전자가 어떤 모양이라고 생각하시나요?
윌슨: 좋은 질문이군. 나는 전자가 노란색을 띤 작은 공이라고
생각한다네.

전자는 노란색 빛의 파장보다 훨씬 작으므로 결코 노란색을 띨
수 없다. 물론 윌슨은 이 사실을 누구보다 잘 알고 있었다. 또한 전
자는 크기나 형태가 없는 점입자point particle이므로 공에 비유하는
것도 적절치 않다. 그러나 전자를 이해하고 받아들이려면 수학 방
정식의 해解보다 머릿속에 그릴 수 있는 이미지나 상징물이 있어
야 한다. 만화와 현실을 혼동하지만 않는다면, 전자를 만화 캐릭터
로 가시화하는 것도 도움이 된다.
전자의 복잡한 성질과 여러 해 동안 씨름을 벌여왔으니, 이제 한
걸음 물러서서 생각해볼 때가 되었다. 과연 우리는 전자를 어떤 이
미지로 간직해야 할까? 가까운 친구를 떠올릴 때 그렇듯이, 방법
은 여러 가지가 있다. 예를 들어 전자는 매끈한 은銀의 표면처럼 빛

을 완벽하게 반사하는 구체일 수도 있고, 핵 주변에 넓게 퍼져서 화학적 특성을 좌우하는 구름 같은 존재일 수도 있다. 물질을 통과하는 전자는 그 안에 있는 원자가 만든 전기장에 의해 이리저리 휘둘리면서 빛(가시광선)이나 X-선 같은 전자기파를 방출하고, 이로부터 전자와 반전자가 쌍으로 생성되기도 한다. 이런 식으로 전자를 머릿속에서 가시화하다 보면, 나뭇가지에 매달린 꽃송이나 웨딩드레스에 달린 장식용 레이스에서 전자가 물질을 통과하는 모습을 떠올리게 된다. 물론 때로는 전자를 작은 노란색 공으로 생각해야 할 때도 있다. 일종의 직업병 같지만, 어떤 형태로든 이미지를 떠올리는 것은 전자의 특성과 본질을 이해하는 데 반드시 필요한 과정이다.

우리는 전자의 거동 방식을 이해하면서 직관적인 "감"을 함께 키워왔다. 예를 들어 델타 제로delta-zero(Δ^0)라는 입자는 양성자와 음의 파이온, 또는 중성자와 중성 파이온으로 붕괴되고 람다Lambda(Λ) 입자도 이와 동일한 방식으로 붕괴되는데, Δ^0가 붕괴되는 속도는 Λ보다 백만 배에서 십억 배 더 빠르다. 기묘도의 실체가 무엇인지 정확하게 알 수 없다 해도 그것은 분명히 자연에 존재하는 특성이므로, 어떻게든 그에 해당하는 이미지를 만들어야 한다. 케이온과 람다, 시그마Sigma(Σ), 크시(Xi, Ξ) 등과 같은 기묘입자는 한 번에 붕괴되지 않고 몇 단계에 걸쳐 연쇄적으로 붕괴되기 때문에 "캐스케이드 입자 Cascade particle"라고도 하는데, 이들의 파트너에 해당하는 π, N, Δ 입자는 그런 성질을 갖고 있지 않다. 기묘입자는 약한 상호작용이 교환될 때만 드러나는 확고한 속성을 갖고 있지만, 기묘도 자체는 다분히 추상적인 개념이다. 다들 알다시피 전기전하는 손끝으로 느낄 수 있다. 추운 겨울날 바깥을 돌아다니다가 따뜻한 방에 들어가서 스웨터를 벗을 때 "딱, 딱!" 소리가 나는 것은 분리되어 있던 양전하와 음전하가 재결합을 하기 때문이다. 반면에 기묘도는 안개상자에서 V자형 궤적을 만들어낼 만큼 실제적인 특성이지만, 소리를 내지 않고 인력이나 척력을 발휘하지도 않는다.

그럼에도 불구하고 기묘도는 입자를 분류할 때 반드시 고려해야 할 특성 중 하나다. 입자는 가장 근본적인 단계에서 강한 상호작용을 교환하는 입자(줄여서 강입자, 또는 하드론hadron이라 한다)와 그 외의 입자(줄여서 경입자, 또는 렙톤lepton이라 한다)로 나뉘어진다. 하드론은 다시 "양성자와 중성자를 포함하는 바리온baryon(중입자)"과 "파이온을 포함하는 중간자(메손meson)"로 나뉘고, 바리온과 중간자는 기묘도에 따라 다시 하위 그룹으로 세분된다.

양성자와 중성자는 기묘도가 0이고, Λ와 Σ는 기묘도가 -1이다. 또 중간자 중에서 양의 K 중간자(양의 케이온, K^+)는 기묘도가 $+1$이고, 그 반입자인 음의 K 중간자(음의 케이온, K^-)는 기묘도가 -1이다. K^-는 "칼륨이온"과 표기가 같아서 혼동할 우려가 있다. 바리온 중에는 Ξ^0과 Ξ^-처럼 기묘도가 -2인 입자도 있다. 분류표의 마지막 단계로 가면 전기전하로 입자를 분류하는데, 여기서 파이온은 양의 파이온(π^+), 중성 파이온(π^0), 음의 파이온(π^-)으로 구별되며, 질량이 거의 같은 양성자와 중성자는 전하가 각각 $+$, 0인 쌍을 이룬다. 또한 Λ는 전하가 0인 것밖에 없는 반면, Σ는 π처럼 세 종류($+$, 0, $-$)

가 있다.

　입자 목록을 작성하는 것은 십자말풀이 퍼즐과 비슷하다. 단, 우리에게 친숙한 십자말풀이는 단어가 들어가지 않는 칸이 검은색으로 미리 칠해져 있지만, 입자 목록 만들기 게임에서는 어디가 검은색 칸인지 전혀 모르는 상태에서 단어를 맞춰나가야 한다. 그렇다고 검은색 칸이 없는 것도 아니다. 어딘가는 분명히 "들어갈 입자가 없는" 검은색 칸인데, 그것조차 스스로 알아내야 한다.

　입자 퍼즐이 어려운 이유는 이뿐만이 아니다. 단어 퍼즐은 해당 단어에 대해 명확한 힌트가 주어져 있지만, 입자 퍼즐의 힌트는 모호하기 그지없다. 예를 들어 "질량이 비슷하면서 기묘도가 0이 아닌 두 개의 바리온이 존재한다"와 같은 식이다. 그래도 이 정도는 쉬운 편에 속한다(답은 양성자와 중성자다). 기묘도가 0인 입자와 0이 아닌 입자(기묘입자)를 연결하는 힌트는 훨씬 모호할 뿐만 아니라, 심지어 힌트 자체가 틀렸거나 아예 없는 경우도 있다. 지금까지 알려진 입자가 하나의 배열에 예쁘게 들어간다는 보장이 없으므로, 힌트가 부실한 여러 개의 다이어그램을 동시에 풀어야 한다. 1960년대 초의 입자물리학자들은 어떤 힌트가 어떤 퍼즐에 적용되는지, 그리고 퍼즐이 총 몇 개인지를 알아내기 위해 연일 사투를 벌였다. 단어 퍼즐의 해답은 이튿날 신문에 실리지만, 입자 목록의 해답은 이 세상 어디에도 존재하지 않았다.

　1961년, 캘리포니아 공과대학의 머리 겔만과 런던 임피리얼 칼

　　자연은 왜 이토록 단순하면서도 아름다운가

리지Imperial College의 유발 네에만 Yuval Ne'eman이 드디어 해답을 찾아
냈다. 이들이 알아낸 바리온 목록은 육각형 배열을 이루는데, 제일
윗줄에는 한 칸 간격으로 중성자(n)와 양성자(p)가 들어가고 그
아랫줄에 3종의 시그마입자 Σ^-, Σ^0, Σ^+가 위치한다. 단, 이들은 십
자말풀이처럼 바둑판 모양으로 정렬되지 않으며, 중성자와 양성
자 아래(육각형의 중심)에 Σ^0가 있다. 그리고 제일 아래에는 Ξ^-와
Ξ^0가 각각 중성자, 양성자와 열을 맞춰 놓여 있다.

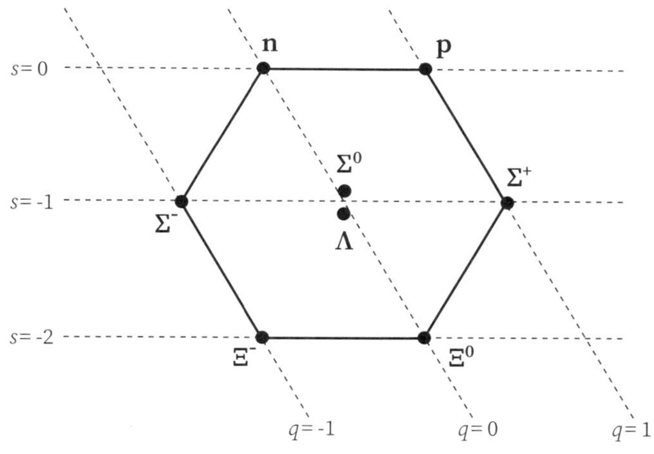

스핀=1/2인 바리온의 육각형 다이어그램 (Octet, 8중항)

이 배열에는 어떤 규칙이 숨어 있을까? 우선, 제일 위쪽 가로줄
에 있는 입자들은 기묘도(S)가 0이고 두 번째 줄은 S=−1, 세 번째

줄은 S=-2이다. 여기 수록된 입자들은 스핀이 1/2이라는 공통점을 갖고 있다. 이 조건을 만족하는 바리온이 하나 더 있는데, 기묘도가 -1인 Λ^0가 바로 그것이다. Σ^0와 Λ^0는 기묘도와 전하가 모두 같기 때문에 같은 위치(육각형의 중심)에 놓여 있다. 그리고 왼쪽 위에서 오른쪽 아래로 대각선을 그렸을 때, 같은 대각선 위에 놓인 입자들은 전하(q)가 같다.

스핀spin은 입자가 갖는 고유의 특성인데, 고전 물리학에는 이에 대응되는 개념이 없어서 설명하기가 쉽지 않다. 굳이 비유하자면 스핀은 가운데 축을 중심으로 회전하는 물체(팽이, 바퀴, 자전하는 행성 등)의 각운동량과 비슷하다. 양자역학 태동기에 물리학자들은 원자의 스펙트럼을 분석하던 중 원자 속 전자의 각운동량이 $\hbar$(에이치바라고 읽음)라는 상수의 정수배(0, 1, 2 3……배)임을 알게 되었다. 즉, 각운동량이 $2\hbar$, $3\hbar$인 전자는 있어도 $2.3\hbar$나 $3.75\hbar$인 전자는 없다는 뜻이다. 그러나 각운동량의 기본단위인 $\hbar$는 값이 너무 작기 때문에, 일상생활 속에서는 각운동량이 $\hbar$의 정수배로 점프하는 것을 감지할 수 없다. 예를 들어 1분당 33번 회전하는 레코드판의 각운동량은 대략 $10^{30}\hbar$쯤 된다.

1924년 말에 볼프강 파울리는 "하나의 양자적 상태에는 단 한 개의 전자만이 들어갈 수 있다"는 그 유명한 배타원리exclusion principle를 발표했다. 이것은 양자역학의 근간을 이루는 매우 혁신적인 원리였지만, 실험 결과와 일치하려면 "전자는 서로 다른 두 가지 상태에 존재할 수 있다"는 가정을 아무런 설명 없이 내세워야 했다. 이듬해 여름, 레이던대학교의 대학원생 새뮤얼 구드스미트Samuel Goudsmit와 조지 울런벡George Uhlenbeck은 "전자가 팽이처럼 자전하면 기본단위의 절반에 해당하는 $\hbar/2$의 각운동량을 가질 수 있다"는 아이디어를 떠올렸다. 전자가 시계방향 또는 반시계방향으로 자전하는 상태는 파울리가 말했던 "전자의 두 가지 상태"에 정확하게 대응되는 것 같다. 하지만 우리의 일상적인 경험으로는 말도 안 되는 생각이다. 전자는 크기가 없는 점입자인데, 대체 무엇이 회전한다는 말인가? 회전하는 팽이는 서서히 에너지를 잃다가 결국 멈추는데, 전자는 왜 자전하면서 에너지를 잃지 않는 것인가? 온갖 의문이 쏟아져 나왔지만, 어쨌거나 하나의 전자가 두 가지 상태에 존재할 수 있다는 것은 엄연한 사실이었다. 전자나 양성자처럼 스핀이 반정수($\hbar$, $\hbar$, ……)인 입자는 무조건 파울리의 배타원리를 따르며, 이들을 묶어서 "페르미온fermion"이라 한다(자세한 내용은 나중에 다룰 것이다).

입자 여섯 개를 육각형의 꼭짓점에, 그리고 입자 두 개를 육각형의 중심에 갖다 놓으면 외관상 질서정연하게 보이긴 한다. 그런데 이것이 전부일까? 십자말풀이에서 검은색 칸은 정해진 규칙에 따라 배열되어 있다. 입자 퍼즐의 경우도 마찬가지여서 배열은 상하, 좌우로 대칭을 이뤄야 한다. 또한 이로부터 얻은 해解도 대칭적이어야 하는데, 어떤 대칭인지 미리 알 수 없기 때문에 힌트를 통해 알아내는 수밖에 없다. 즉, 입자 퍼즐을 풀려면 대칭부터 결정해야 한다. 알려진 바에 의하면, 중심부에 입자 하나가 추가된 육각형은 특수한 형태의 3차 유니터리군unitary group의 패턴과 동일하다.

그렇다면 이와 동일한 규칙(동일한 대칭)을 중간자에도 적용할
수 있을까? 1961년 초까지만 해도 스핀이 0인 중간자는 7개뿐이
었는데, 이들 역시 육각형 배열에 잘 들어맞았다. Σ^-, Σ^0, Σ^+가 있던
곳에 세 종류의 파이온(π^-, π^0, π^+)이 들어가고, 기묘도가 이들보
다 1만큼 큰 K^0와 K^+는 (위로 올라갈수록 기묘도가 증가한다는 규
칙에 따라) 파이온의 윗줄에 위치한다. 그리고 이들의 반입자인 $\overline{K}^0$
와 K^-는 육각형의 제일 아랫줄에 있다.

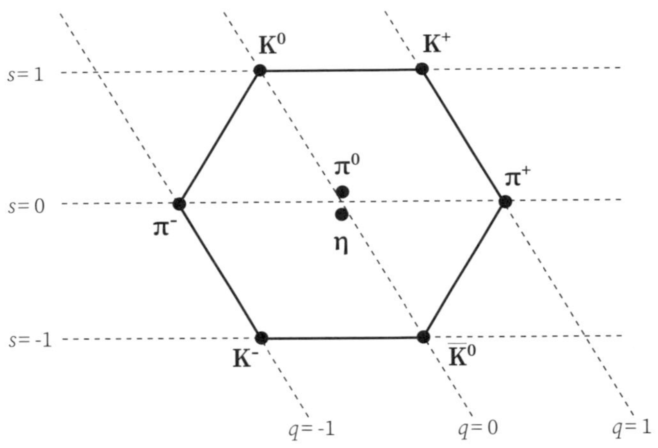

중간자meson의 육각형 다이어그램 (Octet, 8중항)

1961년 후반에 발견된 에타(η)는 스핀=0인 여덟 번째 중간자
로서, 중성 파이온(π^0)과 같은 자리를 차지한다. 이렇게 두 번째

배열이 완성되었다.

안정한 상태를 유지하거나, 광자를 방출하면서 붕괴되거나, 약한 상호작용을 통해 느리게 붕괴되는 모든 하드론의 규칙은 위에 제시한 두 개의 육각형 배열에 함축되어 있다. 그러나 물리학자들은 안정한 입자의 "순간적 파트너"에 해당하는 또 다른 입자를 발견했고, 이는 1954년에 엔리코 페르미에 의해 또 하나의 배열로 정리되었다. 페르미와 그의 동료들은 파이온 빔을 이용하여 "적절한 에너지에서 파이온과 양성자는 매우 강한 친화력을 갖는다"는 사실을 발견했다. 친화력이 강하다는 것은 파이온과 양성자가 결합하여 새로운 입자를 만들어낸다는 뜻이다. 그러나 여기에는 붕괴를 막아줄 기묘도가 존재하지 않기 때문에, 한번 생성된 입자는 핵반응 과정 중 자연스럽게 붕괴된다. 세 종류의 파이온(π^-, π^0, π^+)이 중성자와 결합하는 경우에도 이와 비슷한 친화력이 발휘되어 양의 파이온과 양성자는 델타-플러스-플러스(Δ^{++})를 만들고, 양의 파이온과 중성자는 델타-플러스(Δ^+), 그리고 음의 파이온과 양성자는 중성 델타(Δ^0)를 만들어낸다. Δ의 붕괴과정을 연구하던 물리학자들은 스핀이 1/2인 양성자나 중성자와 달리 Δ 입자의 스핀이 3/2이라는 사실을 알게 되었다.

1960~1961년 동안 시그마입자 및 캐스케이드Cascade와 사촌지간이면서 스핀이 3/2인 입자들이 연이어 발견되었고, 1962년에 겔만은 스핀이 3/2인 바리온을 10개짜리 볼링핀과 비슷한 SU(3) 패턴으로 배열해보았다.

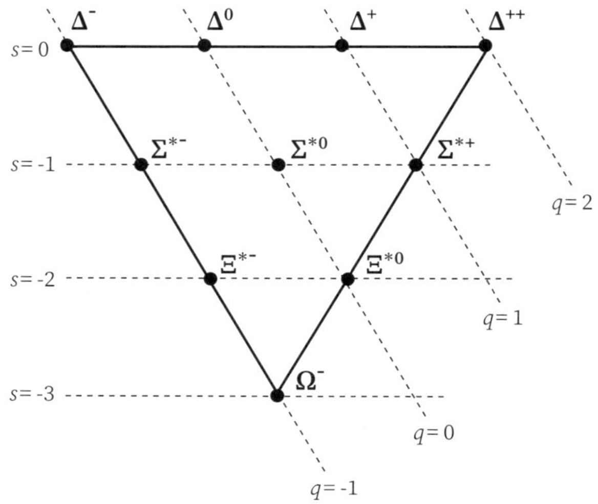

스핀=3/2인 바리온의 다이어그램 (Decimet, 10중항)

그림에서 보다시피 맨 윗줄에는 기묘도(s)=0인 네 종류의 델타 입자가 있고, 두 번째 줄에는 기묘도=−1인 세 종류의 시그마스타 (Σ^{*-}, Σ^{*0}, Σ^{*+})가 있으며, 세 번째 줄에는 기묘도=−2인 크시스타 (Ξ^{*-}, Ξ^{*0})가 위치한다. 그러나 당시에는 1번 볼링핀(제일 앞에 있는 헤드핀)에 해당하는 입자가 발견되지 않았기에, 겔만은 "기묘도=−3이면서 음전하를 띤 열 번째 입자가 존재할 것"이라며 오메가 마이너스(Ω^-)라는 이름까지 붙여놓았다. SU(3) 패턴이 완벽하게 구현되려면 입자는 9개가 아닌 10개여야 하기 때문이다. Ω^-가 정말로 존재한다면, 나머지 9개의 파트너들과 달리 빠르게 붕괴

 자연은 왜 이토록 단순하면서도 아름다운가

되지는 않을 것이다. 유난히 큰 기묘도(-3)가 붕괴를 저지할 것이기 때문이다.

브룩헤이븐 연구소의 닉 사미오스Nick Samios를 비롯한 32명의 연구원들은 겔만이 예견한 입자를 찾기로 마음먹었다. 이들의 작전은 2미터짜리 거품상자에 액체수소 900리터를 채워 넣고 50억 전자볼트의 케이온 빔을 발사하는 것이었는데, 1963년 12월 14일부터 이듬해 1월 말까지 장비를 풀가동하여 거의 5만 장의 사진을 얻어냈다. 하루 평균 1000장이 넘는 사진을 찍은 셈이다. 1월 31일, 사미오스는 스캐닝 테이블을 바라보다가 문득 오메가 마이너스의 전체적인 수명 주기가 눈에 들어왔다. K^+와 (보이지 않는) K^0에서 생성된 Ω^-가 Ξ^0와 π^- 중간자로 붕괴되기 전에 짧은 궤적을 남긴 것이다. 거기에는 Ω^-가 Ξ^0와 π^-로 붕괴되는 과정과 Ξ^0가 Λ와 π^0로 붕괴되는 과정, Λ가 양성자와 π^-로 붕괴되는 과정, 그리고 π^0가 두 개의 광자로 붕괴된 후 이들이 다시 전자-양전자 쌍으로 물질화되는 과정이 아름다운 그림으로 드러나 있었다. 과거의 안개상자 사진과 유상액 사진처럼, 사미오스 연구팀이 찍은 사진은 입자물리학의 한 획을 그은 역사적 사진으로 남았다.

사미오스 연구팀이 브룩헤이븐에서 Ω^-를 발견했을 무렵, 캘리포니아 공과대학의 겔만과 유럽핵입자물리연구소CERN의 조지 츠바이크George Zweig가 단순하면서 파격적인 가설을 제안했다. "하드론이 기본입자가 아니라 더 작은 세 개의 입자로 구성되어 있다고 가정하면, 8중항octet(8개의 입자로 이루어진 배열)과 10중항decimet(10개의 입자로 이루어진 배열)의 SU(3) 패턴을 설명할 수 있다." 츠바이크는 이 입자를 "에이스ace"라 부르길 원했으나, 물리학자들은 겔만이 선택한 "쿼크quark"가 더 매력적이라고 생각했다.

쿼크라는 용어가 문학작품에서 인용된 것이라는 설도 있다. 제임스 조이스James Joyce의 소설 《피네간의 경야Finnegan's Wake》는 H. C. 이어위커H. C. Earwicker라는 주인공이 하룻저녁에 꾼 꿈에 관한 이야기인데, 대사 중에 "마크 대왕에게 세 개의 쿼크를!Three quarks for Muster Mark!"에서 따왔다는 것이다. 그러나 스스로 만물박사를 자처하는 겔만조차 "쿼크라는 용어를 선택할 때 제임스 조이스의 소설을 한순간도 떠올리지 않았다"며 세간에 떠도는 소문을 일축했다.

1960년대에 발견된 모든 하드론은 오늘날 우리가 위쿼크up quark, 아래쿼크down quark, 기묘쿼크strange quark, "야릇한 쿼크"로 번역되기도 하는데, 다른 쿼크와 문법적 균형이 맞지 않아 기묘쿼크로 통일했다라 부르는 세 개의 쿼크로 설명할 수 있다. 양성자는 위쿼크 두 개와 아래쿼크 한 개로 이루어져 있고, 중성자는 아래쿼크 두 개와 위쿼크 한 개로 이루어져 있으며, Ω^-는 기묘쿼크 세 개로 이루어져 있다. 또한 파이온이나 케이온 같은 중간자는 쿼크와 반쿼크가 결합한 형태다.

쿼크의 가장 유별난 특징은 전하량이 정수가 아닌 분수라는 점이다. 예를 들어 위쿼크의 전하는 $+2/3$이고, 아래쿼크와 기묘쿼크의 전하는 $-1/3$이다. 전하량이 1이라는 것은 전자 한 개가 가진 전하의 크기를 기준으로 한 값이다. 그러나 현실 세계에서 정수 이외의 전하가 관측된 사례는 단 한 번도 없다. 양성자의 전하는 $+1$이고 중성자는 0,

전자는 -1, 기타 등등이다. 그래서 겔만은 자신이 쿼크를 제안했으면서도 "물리적 실체가 아니라 계산상의 편의를 제공하는 수학적 허구"라 생각했고, 츠바이크는 "확실한 증거는 없지만 실제로 존재하기를 바란다"고 했다. 젊은 츠바이크가 쿼크(에이스)라는 아이디어를 겔만 교수에게 처음으로 소개했을 때, 그 자리에 있던 선배 하나가 이렇게 발했다고 한다. "콘크리트 쿼크 모형이라…… 멍청이들이나 떠올릴 법한 아이디어로구먼."

쿼크의 존재 여부와 상관없이, 중간자와 바리온 퍼즐은 더욱 간단하고 근본적인 쿼크 퍼즐로 만들 수 있다. 이 퍼즐에서 첫 번째 줄의 답은 위쿼크와 아래쿼크이고, 두 번째 줄에는 위쿼크와 아래쿼크의 가운데에 기묘쿼크가 들어간다. 쿼크로 이루어진 삼각형 패턴은 Ω^-로 완성된 (입자 10개로 이루어진) 삼각형 다이어그램의 작은 타일에 해당한다. 또한 반쿼크 퍼즐은 이 삼각형을 뒤집어놓은 형태로서, 첫 번째 줄에 반기묘쿼크가 들어가고 두 번째 줄에 반위쿼크와 반아래쿼크가 들어간다. 이 삼각형 타일을 이어 붙이면 SU(3) 대칭의 모든 결과를 재현할 수 있다. 이로써 입자 10개로 이루어진 삼각형과 8개로 이루어진 육각형 배열이 몰라보게 간단해진다.

쿼크는 입자족의 패턴을 설명해줄 뿐만 아니라, 기묘도의 수수께끼도 해결해주었다. 기묘입자는 기묘쿼크나 반기묘쿼크가 포함된 입자이며, 파이온과 양성자처럼 강력(강한 상호작용)을 행사하는 입자들이 서로 충돌하면 쿼크를 통해 일종의 "유전물질"이 교환된다. 또한 고에너지 충돌에서는 쿼크와 반쿼크가 동시에 생성될 수 있는데, 기묘쿼크가 생성되면 반기묘쿼크도 함께 생성되어 전체 기묘도는 변하지 않는다. 강력이 교환되는 과정에서는 기묘쿼크가 저절로 사라지지 않기 때문에, 기묘쿼크나 반기묘쿼크를 포함한 케이온은 강력을 교환해도 기묘쿼크가 없는 파이온으로 변하지 않는다.

약한 상호작용(약력)에서는 한 종류의 쿼크가 다른 쿼크로, 또는 한 종류의 렙톤이 다른 렙톤으로 바뀐다. 중성자가 양성자와 전자, 반뉴트리노로 붕괴될 때에는 약한 상호작용에 의해 아래쿼크 하나가 위쿼크로 바뀌고 전자와 반뉴트리노가 생성되어, 전체 전하량은 그대로 보존된다. 위쿼크와 아래쿼크로 이루어진 양성 파이온(π^+)이 붕괴하면 쿼크와 반쿼크가 만나 소멸되고, 그 자리에 양성 뮤온과 뉴트리노가 나타난다. 약한 상호작용은 기묘쿼크를 위쿼크로, 반기묘쿼크를 반위쿼크로 바꿀 수 있다.

모든 것이 완벽하게 들어맞는다. 한 가지 문제는 쿼크를 본 사람이 아무도 없다는 것이다. 이 상황을 생물학에 비유해보자. 어느 똑똑한 생물학자가 온갖 종류의 동물과 식물을 끈질기게 분석한 끝에 "세포 안에 DNA로 이루어진 염색체가 존재한다면 모든 생물이 지금과 같은 형태로 존재하는 이유를 설명할 수 있다"고 주장했다. 그의 이론은 꽤 그럴듯하여 대부분의 생물학자들이 설득되었다. 그런데 세포를 아무리 뒤져도 염색체나 DNA가 발견되지 않았다면, DNA 이론을 무시할 수도, 그렇다고 완전히 신뢰할 수도 없게 된다.

1968년, 스탠퍼드 선형가속기센터Stanford Linear Accelerator Center,

     자연은 왜 이토록 단순하면서도 아름다운가

SLAC에서 한 번도 본 적 없는 쿼크가 실존하는 입자임을 보여주는 또 하나의 증거가 발견되었다. SLAC는 맨체스터에서 가이거와 마스든이 러더퍼드의 지시를 받아 수행했던 실험을 대규모로 재현하기 위해 설립된 연구소로서, 이름 그대로 3.2킬로미터짜리 직선형가속기가 스탠퍼드대학교 캠퍼스를 겨누고 있다. 가속기 전체가 실내에 설치되어 있으니, 이곳은 아마도 세계에서 제일 긴 건물일 것이다(물론 이 기록은 건물을 정의하는 방식에 따라 달라질 수도 있다). 선형가속기는 산타크루즈 산맥과 샌프란시스코만 평지 사이의 언덕을 따라 설치되어 있다. 가속기 자체는 최첨단 시설이지만, 스탠퍼드대학교의 상징인 붉은 기와지붕이 나지막하게 모여 있어서 목가적인 분위기가 그런대로 남아 있는 편이다.

제롬 프리드먼Jerome Friedman과 헨리 켄들Henry Kendall, 딕 테일러Dick Taylor 등 매사추세츠 공과대학Massachusetts Institute of Technology, MIT과 SLAC의 물리학자들이 공동으로 실행한 이 실험에서 3.2킬로미터짜리 선형가속기는 러더퍼드의 알파선 역할을 대신하는 장치였고, 표적도 금박에서 수소로 바뀌었다. 또한 러더퍼드가 산란된 알파입자를 확인할 때 사용했던 인광 스크린은 트럭만 한 자석 안에 설치된 전자식 입자감지기particle detector로 대체되었는데, 이 장치는 다양한 방향으로 산란된 전자를 볼 수 있도록 회전식 지지대 위에 놓여 있었다. 대부분의 사람들은 전자(에너지가 210억 전자볼트에 달하는 초고속 전자)가 큰 각도로 산란되지 않을 것으로 예상했지만, "직경 40센티미터짜리 포탄이 휴지 조각을 맞추고 뒤로 통기는 현상"이 또다시 나타났다. 원자 내부에 작고 단단한 원자핵이 존재했던 것처럼, 양성자 내부에도 작고 단단한 물질이 존재했던 것이다.

큰 각도로 산란된 사례가 많다는 것은 양성자 내부에 전하를 띤 작은 물체가 존재할 수도 있음을 시사한다. 그러나 이런 가능성을 떠올리려면 양성자의 내부 구조를 머릿속에 그릴 정도로 상상력이 풍부해야 했고, 이 방면의 일인자였던 리처드 파인먼Richard Feynman은 SLAC에서 개최한 세미나에 참석하여 자신의 의견을 밝혔다(이 책의 저자 중 한 명인 크리스도 이 세미나에 참석하기 위해 생전 처음 샌프란시스코만을 건넜다).

세미나는 와인을 곁들인 저녁 식사가 끝난 후 시작되었다. 물리학에 대한 열정이 지나쳤는지, 아니면 술기운 때문이었는지 잘은 모르겠지만, 아무튼 그날 세미나실의 분위기는 웬만한 록 콘서트장을 방불케 했다. 전자를 산란시킨 주범이 양성자 전체가 아니라 그 안에 있는 작은 하전입자라면, 전자의 산란각이 그토록 큰 이유를 설명할 수 있다. MIT와 SLAC의 실험물리학자들이 관측한 것은 양성자가 아니라, 그 안에 들어 있는 "단단한 구성성분"이었다. 강단에 오른 파인먼은 연설 도중 그것을 "파톤parton"이라 칭했는데, 아마도 그 순간에 청중들은 똑같은 생각을 떠올렸을 것이다. "저 친구, 지금 쿼크를 말하는 거야?"

1972년에 밥(로버트 칸)이 박사후 연구원(포스트닥) 자격으로 SLAC에 합류했을 때, 제일 먼저 주어진 과제는 파인먼과 비제이제임스 비요르켄James Bjorken가 양성자-전자 충돌을 설명하기 위해 고안한 새로운 언어에 익숙해지는 것이었다. 비제이는 198센티미터의 장신이어서 어딜 가나 눈에 띄었지만, 키 못지않게 물리적 직관과 기술도 탁월한 사람이었다. 한번은 그가 동료 두 명과 함께 그랜드 티턴Grand Teton(해발 4200미터)에 올랐다가 하산하던 중 폭풍을 만나 작은 동굴에서 하룻밤 묵은 적이 있는데, 동굴 입구 바로 위로 번개가 떨어지는 바람에 근처를 지나던 등반객 세 명이 화상을 입고, 그중 한 명은 의식을 잃었다. 그 후로 SLAC에는 다음과 같은 이야기가 전설처럼 떠돌았다. "그날 번개가 비제이의 뇌를 때리면서 자연과 통하는 채널이 열렸대요. 통찰력이 남다른 것도 다 그것 때문이래요." 파인먼과 비요르켄이 발명한 언어로 자세히 분석해보니, 양성자는 하나의 덩어리가 아니라 쿼크와 반쿼크로 이루어진 복합체였다. 그리고 이들이 양성자 안에서 에너지를 공유하는 방식도 MIT-SLAC 실험을 통해 정확하게 밝혀졌다.

그러나 이 모든 결과에도 불구하고 대부분의 물리학자들은 과거의 선배들이 원자를 믿지 않았던 것처럼, 쿼크를 실체가 아닌 "편리한 계산 수단"쯤으로 취급했다. 오만가지 입자들이 난무하는 입자 식물원에서 질서를 찾고 종류(중간자와 하드론, 기묘입자와 일반 입자 등)를 구분하는 것은 나름대로 의미 있는 일이었지만, 다른 곳에는 없고 오직 원자핵 속에만 존재하는 입자를 인정하기란 결코 쉬운 일이 아니었을 것이다. 쿼크가 입자물리학 무대에서 한자리를 차지하려면, 원자핵 바깥의 일상적인 공간에서 그 모습을 드러내야 했다. 이런 요구가 최고조에 달했을 때 입자물리학계에 극적인 변화가 일어났으니, 그것이 바로 물리학사에 길이 남을 "11월 혁명"이었다!

6장

혁명!

1974년 11월 11일 월요일
워싱턴대학교 - 밤

"전화 부탁하네. 내가 안 받으면 SLAC에 하고. 데이브로부터."

연구실에 도착하니 책상 위에 이런 쪽지가 놓여 있었다. 일주일 전 시애틀에 내린 폭우가 지붕 틈으로 새는 바람에 애써 계산해놓은 연구 노트는 여전히 쭈글쭈글한 상태였다. 전화를 부탁한다는 쪽지는 종종 받아봤는데, 데이브 잭슨Dave Jackson이 남긴 메모는 무언가 심상치 않아 보였다. 무슨 일이 일어났는지는 모르겠지만, 그 진원지는 분명 SLAC일 것이다. 어느새 내 손가락은 전화기로 옮겨가 9-1-415-926-3300번을 누르고 있었다. 내선번호 2266을 호출하자 샤론 젠슨Sharon Jensen의 목소리가 들려왔다. "하임Haim을 바꿔드릴까요?”

페르미 국립 가속기 연구소 – 크리스

11월의 어느 날 아침, 벤 리Ben Lee(한국계 물리학자 이휘소李輝昭)
가 연구실로 들어오며 말했다. “맵시쿼크charm quark를 찾은 것 같
아.” 얼굴은 웃고 있었지만 당황한 기색이 역력했다. 그는 창밖으
로 펼쳐진 초원을 물끄러미 바라보다가 다시 입을 열었다. “내가
지금 꿈을 꾸고 있는 건가?”

벤과 나는 이곳에 부임한 지 몇 달밖에 안 되었기에 옷차림이 촌
놈 패션을 벗어나지 못하고 있었다. 그해 여름에 나는 런던에서 국
제 고에너지 물리학회가 열린 직후 페르미 국립 가속기 연구소로
자리를 옮겼고, 벤도 비슷한 시기에 페르미 연구소 이론물리학 연
구팀의 수장으로 부임했다. 당시 나는 서른 번째 생일을 한 달 남
긴 청년이었고(4년 전에 버클리에서 박사학위를 받았다), 벤은 나
보다 열 살 많은 베테랑이자 입자물리학계의 저명인사로서, 쉽게
당황하는 인물이 결코 아니었다(그는 한국에서 화학공학을 전공했
으나, 물리학을 공부하겠다는 일념으로 한국전쟁이 끝난 후 미국 유
학길에 올랐다).

우리가 일리노이주 바타비아Batavia로 이주한 이유는 창밖으로
펼쳐진 광활한 대지 때문이다. 물론 땅 투기를 하러 온 게 아니다.
좀 더 정확하게 말하자면, 그 대지 밑 지하에 설치된 거대한 실험

도구에 이끌려 이곳으로 오게 되었다. 페르미 연구소 부지에서 땅 밑으로 10미터쯤 내려가면 거대한 땅다람쥐가 파놓은 것 같은 초대형 터널이 도넛 모양으로 뚫려 있는데(반지름이 약 1킬로미터이므로 둘레는 2π=6.3킬로미터다), 이것이 바로 당시 세계에서 가장 강력한 입자가속기였던 테바트론Tevatron이다.

연구실 칠판에는 내가 어제저녁에 휘갈긴 계산이 어지럽게 적혀 있었다. 벤이 불 꺼진 담배 파이프를 왼손으로 옮겨 쥐면서 물었다. "칠판 좀 지워도 되겠나?" 그러고는 내 대답을 듣기도 전에 황급히 칠판을 지우기 시작했다.

"방금 SLAC에서 연락이 왔는데 말이지……."

밥

샤론이 옳았다. 내가 통화하려던 사람이 바로 하임 하라리Haim Harari였다. 나는 SLAC에서 박사후 연구원으로 있을 때 하임을 처음 봤는데, 그의 본거지는 분명히 이스라엘의 바이츠만 과학연구소Weizmann Institute of Science였지만 SLAC에서 거의 먹고 자는 것 같았다. 또한 그는 매해 개최되는 SLAC 여름학교에서 특유의 이스라엘 억양으로 물리학 강의를 했는데, 유머와 재치가 워낙 뛰어나서 나를 포함한 대학원생과 연구원들 사이에 최고의 인기를 누렸다. 여름학교의 대부분 강사들은 칠판과 분필보다 A4 용지만 한 투명 필름에 매직펜으로 내용을 적어서 프로젝터를 통해 스크린에 띄우는 방식을 선호했다. 이렇게 하면 학생들은 강사의 악필을 해독하느라 고생하지 않아도 되고, 강사는 강의자료를 연구 노트로 활용할 수 있어서 일거양득이었다. 대부분의 강의는 투명 필름을 프로젝터에 올려놓고 내용을 설명한 후 다음 필름을 올려놓는 식으로 밋밋하게 진행되었는데, 하임의 강의 방식은 화끈하게 달랐다. 일단, 그가 제시한 첫 필름은 대부분이 빈칸이다. 그런데 한 차례의 설명이 끝나면 필름을 치우지 않고 그 위에 두 번째 필름을 겹쳐놓는다. 그러면 허전했던 빈칸에 내용이 추가되면서 완성도가 높아지고, 세 번째, 네 번째 필름이 그 위에 겹쳐지면서 더욱 완전한 그림이 만들어진다. 이렇게 하임 특유의 기교가 발휘될 때마다 학생들은 일제히 감탄사를 내뱉었고, 강의가 끝나면 극장에서 애니메이션을 보고 나오는 아이들처럼 이야기꽃을 피우곤 했다. 강의실뿐만이 아니다. 복도에서 마주치거나 함께 점심 식사를 할 때에도 논쟁에 발동이 걸리기만 하면 상대가 누구건 끝장을 볼 때까지 열변을 토했고, 어쩌다 상대방이 틀린 주장을 펼치기라도 하면 사정없이 비판을 퍼부어 거의 그로기 상태로 만들어버렸다. 하지만 무엇보다도 타고난 이야기꾼이었던 하임은 월요일 아침에 나를 만났을 때 자신의 재능을 십분 발휘하여 상황을 설명해주었다.

뉴스의 진원지는 3.2킬로미터짜리 스탠퍼드 선형 충돌기의 끝에 설치된 새로운 관측 장비 "SPEAR(Stanford Positron Electron Accelerating Ring)"였다. 한 무리의 전자(전자빔)가 그 반입자인 양전자 무리와 정면충돌을 일으키는 곳이다. 사실, 두 입자빔이 충돌해도 대부분의 입자(전자와 양전자)는 아무런 방해 없이 가뿐하게 통과한다. 그러나 가끔은 입자끼리 당구공처럼 충돌하여 흩어지는 경우도 있는데, 바로 이럴 때 놀라운 일이 발생한다. 물질과 반물질이 만나 소멸되면서 이들의 에너지가 아주 짧은 시간 동안 미세한 공간에 집중되었다가, 다시 전자와 양성자로(또는 다른 물질이나 완전히 새로운 물질로) 재탄생하는 것이다. 그러므로 전자빔과 양전자빔이 서로 반대 방향으로 내달리다가 SPEAR에서 충돌할 때마다 물리학자들은 새로운 입자를 관측할 기회를 얻는 셈이다. 충돌 빈도수는 1초당 거의 200만 번인데, 앞서 발한 대로 무사 통과하는 경우가 대부분이어서 실질적인 기회는 그리 많지 않다.

일상생활에서는 반물질을 접할 기회가 거의 없다. 그러나 가속기 실험실에서는 에너지가 물질이나 반물질로 변하는 사건이 스위스 은행의 환전 건수보다 빈번하게 일어난다. 단, 돈을 환전할 때는 수수료가 붙지만, 에너지를 질량으로 바꿀 때는 모든 거래가 공짜로 이루어진다. 이 모든 것이 아인슈타인의 그 유명한 질량-에너지 변환 공식 $E=mc^2$ 덕분이다. 질량과 에너지는 교환 가능한 화폐이기 때문에, 굳이 미국식 달러와 영국식 파운드를 혼용할 필요가 없다. 그래서 입자물리학자들은 질량과 에너지를 구별하지 않고 "전자볼트electron volt(eV)"라는 하나의 단위로 표현한다. 그리고 대기업만 상대하는 고급 금융가처럼, 입자물리학자가 다루는 에너지도 수백만, 수십억, 때로는 수조 전자볼트를 호가한다.

SPEAR에서 입자빔이 교차하는 곳에는 직경 3.5미터, 길이 3.5미터짜리 원통형 입자감지기가 자리 잡고 있다. SLAC과 로런스 버클리 연구소에서 온 30여 명의 물리학자들이 온 정성을 다하여 전자-양전자가 충돌할 때 생성된 물질을 기록하고 분석하는 곳이다. 이들은 근 1년 동안 전자-양전자의 에너지를 다양한 값으로 바꿔가면서 소멸되는 비율을 측정하고, 생성된 입자의 궤적과 특성을 분석했다.

입자물리학 분야에서 가속기나 감지기를 새로 만드는 것은 초대형 프로젝트에 속한다. 새로운 가속기가 필요하다고 생각되면 사전검토 및 설계에 몇 년이 소비되고, 본격적인 제작에 착수한 후에도 각종 학술회의에서 진행 상황을 보고하고 중간 결과를 분석하는 등 복잡한 절차를 거쳐야 한다. SPEAR도 제작 기간 중 몇 개의 당혹스러운 결과가 학회에 보고되었는데, 그것이 새로운 입자의 징후인지 아니면 조작 미숙에 기인한 오류인지 판별하기가 어려웠다.

처음에는 별문제 아닌 것처럼 보였다. 전자와 양전자의 에너지 합을 3.2GeV(32억 eV)로 설정했을 때 소멸 현상이 예상보다 30퍼센트 더 빈번하게 나타났고, 3.0GeV와 3.3GeV일 때는 예상과 거의 비슷했다. 그런데 에너지를 3.1GeV로 맞췄더니 8번 중 6번은 정상이었지만 나머지 두 번은 소멸 비율이 예상치의 3~5배까지 높아졌다. 대체 왜 이렇게 널을 뛰는 것일까?

SPEAR 초창기에 전자-양전빔의 충돌에너지를 설정하는 직업은 오븐의 온도를 정하는 것과 비슷했다. 요리사가 오븐의 온도를 375도에 맞췄다면 325도나 450도처럼 엉뚱한 온도로 달궈지는 일은 없겠지만, 음식을 제대로 만들기 위해 반드시 온도를 375도에 맞출 필요는 없다(374도나 380도에 맞춰도 비슷한 요리가 완성된다). 그러나 375도에 맞춘 오븐이 하루는 355도까지밖에 안 올라가고, 또 다른 날에는 395도까지 올라간다면, 그랑 마니아 수플레soufflé Grand Marnier의 외형이 커스터드에서 솜사탕처럼 변할 수도 있다.

SPEAR가 변덕스러운 오븐처럼 작동하여, 전자-양전자 소멸에서 과민한 수플레가 만들어질 수 있을까?

연구원들은 이 가능성을 테스트하기 위해 SPEAR의 에너지를 3.100GeV, 3.102GeV 등과 같이 세밀하게 조정하는 장치를 만들었다. 마치 오븐의 온도 조절 기능을 374.8도, 375도, 375.2도…… 등으로 세밀하게 맞추는 것과 비슷하다. 이렇게 하면 어떤 온도에서 가장 이상적인 요리가 만들어지는지 정확하게 알 수 있다.

일상적인 조건에서 입자감지기는 몇 초마다 한 번씩 입자를 감지하여 작은 스파크를 만들어낸다. 그러나 이들 중 대부분은 우주선을 타고 날아온 입자나 궤도를 벗어난 전자와 양전자, 또는 전자소음이어서 피로한 실험자를 더욱 지치게 만든다. 실험의 하이라이트는 전자와 양전자가 만나 소멸하면서 다른 물질(입자)을 생성하는 순간인데, 이런 일은 거의 1분에 한 번꼴로 일어난다. SPEAR 제어실에 들어가면 고전압에서 발생한 스파크 소리를 원 없이 들을 수 있다. "딱…… 딱…… 딱……."

전자-양전자로 만들어진 수플레는 변하는 에너지에 매우 민감하게 반응했다. 3.100GeV에서는 별다른 징후를 보이지 않다가

3.105GeV로 올린 후에는 "딱!" 소리가 1초에 한 번 이상 들려왔다. 충돌 확률이 정상치의 70배로 치솟은 것이다! 그리고 충돌이 일어날 때마다 컴퓨터에는 소멸 사건이 선명하게 기록되었다. 평상시 온도에서 10센티미터 높이로 구워지던 수플레가 최적 온도에서 거의 7미터로 높아진 셈이다.

입자빔의 "온도"를 3.105GeV 위로 올렸더니 충돌 포화가 진정 국면으로 접어들었고, 3.140GeV에서는 소멸 빈도가 정상치의 두 배까지 떨어졌다.

전자-반전자 소멸 빈도가 특정 에너지에서 급격하게 증가했다가 에너지를 조금 높였을 때 다시 급격하게 떨어진다는 것은 바로 그 에너지에서 모종의 "공명resonance"이 일어난다는 뜻이다. 물리학과 친하지 않은 독자들도 공명이라는 단어에는 익숙할 것이다. 콜라병에 입을 갖다 대고 적절한 세기로 바람을 불어넣으면 팬 플루트 같은 소리가 난다. 물론 콜라병은 공명을 일으키는 진동수가 한 개뿐이어서 한 가지 소리밖에 낼 수 없지만, 진짜 플루트처럼 정교하게 설계된 목관악기는 공명 진동수가 여러 개여서 다양한 소리를 낼 수 있다. 입자물리학에서 공명이란 "특정한 질량과 수명을 가진 불안정한 복합 입자"를 의미한다. 입자와 소리를 비교하자면 질량은 공명 진동수(또는 음의 높이)에 대응되고, 입자의 수명은 소리의 순도純度*와 관련되어 있다.

---

* 진동수의 순수한 정도. 대부분의 진동은 여러 개의 진동수가 중첩되어 일어나는데, 단 하나의 진동수만으로 진동하는 경우 소리의 순도가 가장 높다.

콜라병 피리는 입술을 떼는 즉시 소리가 사라지지만, 소리굽쇠는 망치와의 접촉이 끝난 후에도 한동안 울림이 계속된다. 소리의 순도가 높을수록 진동이 오래 지속되기 때문이다. 반면 입자의 공명은 어느 순간 갑자기 붕괴되며, 공명이 일어난 지점에서 두 개 이상의 입자로 분해된다. 공명이 유지되는 시간은 질량의 폭width, 즉 질량의 불확실성과 밀접하게 관련되어 있다.

조지 츠바이크와 머리 겔만은 핵 내부의 입자와 공명을 이해하기 위해 (각자 독립적으로) 쿼크 모형을 제안했다. 짧은 공명은 쿼크 세 개, 또는 쿼크 한 개와 반쿼크 한 개가 일시적으로 결합한 상태다.

쿼크 모형quark model(내부 구조가 없어서 더 이상 분해되지 않는다고 가정한다)은 원자핵과 관련된 현상을 깔끔하게 설명해주었다. 그러나 혼자 자유롭게 돌아다니는 쿼크(자유쿼크free quark)는 단 한 번도 발견된 적이 없었기에 이론물리학자들은 쿼크 모형을 물리적 실체가 아닌 수학적 도구쯤으로 생각했다. 가속기 연구소의 실험물리학자들은 자유쿼크를 찾기 위해 무진 애를 썼지만, 아무도 성공하지 못했다. 그 소망이 어찌나 간절했는지 "생물체의 몸 안에 쿼크가 집중되어 있을 것"이라며 굴 껍질을 갈아서 분석하는 사람도 있었다. 그래도 쿼크는 끝내 발견되지 않았고, 쿼크 사냥꾼들은 식사 시간마다 스스로를 위로했다. "괜찮아. 그 덕분에 굴 요리라도 마음껏 먹을 수 있게 됐잖아……."

전자와 양전자는 3.105GeV에서 소멸되면서 아주 짧은 시간 동안 복합 입자를 생성한다. 이것은 과연 어떤 입자로 이루어져 있을까? 쿼크 모형이 옳다면 그 복합 입자는 네 번째 쿼크와 그 반쿼크로 이루어져 있을 것이다. 그런 쿼크가 존재한다면 얼마나 매력적charm일까?

크리스

벤은 SLAC에서 얻은 결과를 설명했고, 나는 어안이 벙벙해졌다.

그날 아침 연구소에 출근할 때만 해도 우리는 이미 수백 개의 입자를 알고 있었다. 원자핵 속의 양성자와 중성자, 우주선에서 발견된 파이온과 케이온, 가속기에서 만들어진 람다, 시그마, 로우rho 등등. 어찌나 많은지, 영어는 물론 그리스 알파벳까지 동원해도 모자랄 지경이었다. 상황이 이런데 하나쯤 추가된다고 해서 뭔 일 있겠는가? SPEAR에서 새로 발견된 입자는 질량이 양성자의 3배가 넘는다니, 무게로 따지면 단연 챔피언 감이었다.

전자-양전자가 소멸되는 비율도 엄청나게 높아졌다. 그러나 더욱 놀라운 것은 공명이 일어나는 에너지 구간이 일반 입자보다 1000배나 좁다는 점이었다. 다시 말해서, 공명 피크가 좁고 날카롭게 솟아 있다는 뜻이다. 건초더미에서 바늘을 찾은 정도가 아니라, 끝없이 펼쳐진 허허벌판에서 깃대 하나를 발견한 셈이다.

나도 놀랐지만, 벤은 거의 정신이 나간 것 같았다. 최근 발표된 약력 이론(방사능과 관련된 현상을 설명하는 이론)이 옳다면 겔단과 츠바이크가 제안했던 모형은 아직 미완성이며, 약력 이론의 결점을 커버해줄 "매력적인" 네 번째 쿼크가 존재해야 한다. 벤은 최근 들어 메리 K. 게일러드Mary K. Gaillard, 조너선 로스너Jonathan Rosner와 공동으로 발표한 논문 「매력을 찾아서Search for Charm」에서, 숨은 매력(맵시쿼크)과 반매력(반맵시쿼크)으로 나타나는 공명현상을 설명한 바 있다.* 맵시쿼크의 질량은 대략 30억 eV(3GeV)이고, 공명의 폭은 200만 eV(2MeV)였다. 또한 기존의 쿼크-반쿼크 공명은 수명이 매우 짧았지만, 이번에 발견된 입자는 맵시쿼크와 반맵시쿼크가 만나서 소멸한 후 전자쌍이나 뮤온쌍(전자의 무거운 사촌), 또는 이미 알려진 다른 입자쌍으로 재탄생했기 때문에, 수명이 비정상적으로 길게 나타났다(또는 폭이 매우 좁았다). SLAC로부터 날아온 소식은 게일러드와 벤 리, 로스너의 요구 사항을 모두 만족하는 것 같았다. 아니, 사실은 그 이상이었다.

벤 리가 고개를 저으며 말했다. "정말이지 놀랄 노 자네. 새뮤얼 팅Samuel Ting도 지금쯤 같은 결과를 얻었을 거야."

스탠퍼드에서 멀리 떨어진 롱아일랜드의 브룩헤이븐 연구소에서 MIT 교수 새뮤얼 팅과 12명의 동료들은 베릴륨 조각에 양성자빔을 충돌시켜서 SLAC에서 발견한 것과 비슷한 입자를 골라내는 데 성공했다. SLAC 실험의 핵심이 "전자-양전자 충돌에너지 조절"이라면, 브룩헤이븐 실험의 핵심은 "충돌의 여파로 생성된 전자-양전자의 에너지 측정"이라 할 수 있다. 브룩헤이븐에서 생성

---

* charm quark는 한국 물리학 용어사전에 "맵시쿼크"로 번역되어 있는데, 이보다는 "매력쿼크"가 본래의 취지에 더 가깝다. 그러나 혼란을 방지하기 위해 이 책에서는 "맵시쿼크"로 통일했다.

 자연은 왜 이토록 단순하면서도 아름다운가

된 전자-양전자 쌍의 대부분은 에너지가 3.1GeV에 매우 가까웠
는데, 새뮤얼 팅의 연구팀은 이 값을 외부에 공개하지 않은 채 실
험 조건을 다양하게 바꿔가면서 확실한 결론이 내려질 때까지 동
일한 실험을 반복했다.

스탠퍼드에서 최종 결과가 얻어지던 바로 그 무렵, 새뮤얼 팅은
SLAC의 소장 볼프강 파노프스키Wolfgang Panofsky에게 실험 방법과
우선순위를 권고하는 프로그램 자문위원회에 호출되어 샌프란시
스코행 비행기에 올랐다. 고에너지 물리학 연구소에서 자문위원
회의 역할은 연구원의 능력을 평가하고, 외부 전문가의 의견을 듣
고, 정보 전달을 위한 네트워크를 구축·관리하는 것이다. 월요일
아침, 회의가 시작되기 전에 새뮤얼 팅은 파노프스키와 버트 리히
터Burt Richter(SPEAR의 창단 멤버)를 만나 새로 발견된 공명 에너지
에 대해 논하던 중 브룩헤이븐의 에너지 소식을 전해 들었다. 그렇
다. 둘은 거짓말처럼 똑같은 값이었다! 두 팀의 다른 점이라곤 새
입자에 부여한 이름뿐이었는데, SLAC팀은 삼지창 모양의 그리스
문자 Ψ(psi, 프사이)로 정했고, 브룩헤이븐팀은 대문자 J를 선택했
다. 재미있는 것은 J가 중국식 발음으로 "팅"에 가깝다는 점이다.
새뮤얼 팅은 중국계 미국인이다.

벤 리가 하던 이야기를 멈추고 내게 물었다. "그런데 자넨 지금
자문위원회에 와 있잖아. 원래 캘리포니아에 있어야 하는 거 아닌
가?"

옳은 지적이었다. 11월 회의는 내가 SLAC 자문위원회의 회원
자격으로 참석한 첫 번째 회의였지만, 과학적 토론보다는 새로운

발견을 축하하는 성격이 짙었기 때문에 굳이 참석할 필요가 없다고 생각했다. 최근에 페르미 연구소로 자리를 옮긴 나는 한 달 일정으로 칼텍을 방문할 계획이었는데, 그 전에 〈피지컬 리뷰 레터스Physical Review Letters〉에 보낼 논문을 완성하고 싶었다. 그래서 벤 리가 내 연구실로 들어왔을 때, 나는 자랑스럽게 말했다. "무의미한 회의로 시간을 낭비하느니, 차라리 그 시간에 내 연구를 하는 게 낫죠. 제 나이에 이런 생각을 하다니, 꽤 똑똑하지 않습니까?"

벤 리는 아이러니를 즐기는 사람이었다. "자네, 농담도 제법 잘하는구먼." 그렇다. 그날 나는 헛다리를 제대로 짚었다. 따분할 것 같아 참석하지 않았던 세미나에서 SLAC과 브룩헤이븐의 "이중 발견 소식"이 터져 나온 것이다. 물리학의 역사가 바뀌는 현장을 목격하지 못한 나는 땅을 치며 후회했다. 그날 나는 위원회 회의에 절대 빠지지 않기로 다짐했고, 그 후로 50년 동안 개근 도장을 찍었다. 아쉽게도 역사가 바뀌는 사건은 아직 일어나지 않았지만, 언젠가는 개근상에 준하는 보상을 받으리라 믿는다.

밥

크리스와 나는 둘 다 존 데이비드 잭슨John David Jackson의 제자였다. 국적을 불문하고 물리학과 대학원생이라면 모를 수가 없는 이름이다. 대학원 전자기학 강좌의 최고 교과서인 《고전 전자기학Classical Electrodynamics》을 집필한 장본인이기 때문이다. 각 장의 끝부분에는 학생들의 피를 말리는 연습문제가 무더기로 실려 있는데, 이 문제를 풀려면 물리학뿐만 아니라 수학도 잘해야 한다. 잭슨의 문제가 얼마나 어려웠는지, 코넬대학교 대학원생들은 영화〈사운드 오브 뮤직Sound of Music〉에 삽입된 노래 '마리아Maria'를 다음과 같이 바꿔 부르곤 했다.

원곡	개사
How do you solve a problem like Maria?	How do you solve the problem out of Jackson?
골칫덩이 마리아를 어떻게 해야 하나요?	잭슨의 문제를 어떻게 풀어야 하나요?
How do you catch a cloud and pin it down?	In any less than geological time?
구름을 무슨 수로 붙잡아둘 수 있나요?	다음 지각변동이 일어나기 전까지 풀 수 있을까요?

개중에는 문제에 채인 나머지 이렇게 중얼거리며 스스로 위로하는 학생도 있었다. "이건 사람이 풀 수 있는 문제가 아냐. 아마 잭슨도 못 풀걸?" 그러나 그것은 착각이었다.

일요일 오후, 잭슨은 버클리에 전화를 걸었다가 SLAC에서 새로운 입자가 발견되었음을 알게 되었다. 그는 몇 가지 사항을 확인한 후 전화를 끊고 자리에 앉아 계산을 수행했는데, 단 몇 줄을 끼적이고는 다음과 같은 결론에 도달했다. "실험이 완벽하게 제어된 상태에서 진행되었다면, 에너지 피크는 과거에 SPEAR에서 얻은 것보다 30배 좁으면서 30배 높게 나타났을 것이다." 역시 문제풀이의 황제다운 결론이었다. 완벽하게 구워진 수플레는 200미터가 넘는 높이까지 치솟아야 한다. SPEAR의 물리학자들(그리고 SLAC의 이론물리학 자문위원들)은 잭슨의 예측을 전해 듣고 깜짝 놀랐지만, 정작 논문을 발표할 때에는 그의 계산을 싣지 않았다.

나는 잭슨과 대화를 나누면서 일부러 회의적인 태도를 취했다. 새로 발견된 쿼크가 모든 면에서 마치 짜놓은 시나리오처럼 들어맞았기 때문이다. 게일러드, 벤 리, 로스너가 예측했던 바로 그 에너지에서 놀라울 정도로 좁고 높은 피크가 생성되었으니, 이거 너무 완벽하지 않은가! 그것은 맵시쿼크가 아닐 것이다. 그러기에는 모든 것이 너무 완벽하다. 그러나······.

물론 나는 쿼크의 존재를 믿었다. 나는 쿼크가 존재한다는 가정하에 모든 계산을 수행했고, 쿼크를 주제로 논문도 여러 편 발표했다. 하지만 많은 물리학자들은 쿼크를 "인위적으로 만들어낸 추상적 개념"으로 여겼다. 19세기 중반에 물리학자들에게 외면당했던 원자처럼, 쿼크 역시 실험 결과를 설명하는 편리한 방법일 뿐, 그것이 물리적 실체라는 증거는 어디에도 없었다. 한 번도 본 적 없는 구성 요소를 현실로 인정하는 것보다는 방정식 안에 숨겨서 필요할 때마다 티 안 나게, 요긴하게 써먹는 편이 더 나을 것 같았다. 쿼크를 사용하여 계산을 수행하다가 마지막 순간에 쿼크를 쓱 지우고 이렇게 말하면 그만이다. "쿼크는 수학적 허구일지도 모르지만, 어쨌거나 저는 그로부터 얻은 답을 믿습니다.”

그러나 1974년 11월 11일이 되자 모든 것이 달라졌다. 쿼크가 실존하는 입자로 확인되었기 때문이다.

책상 위에 놓인 바인더에는 지난 몇 주 동안 “가상의 맵시쿼크”에 대해 계산해놓은 내용이 빼곡하게 들어 있었다. 시애틀의 동료가 내게 전해준 페르미 연구소의 데이터 그래프에는 언덕길에 놓인 자갈처럼 뭉툭한 돌출부가 모호하게 튀어나와 있었는데, 나는 그것을 맵시쿼크로 해석하려고 무진 애를 썼다. 그런데 200미터가 넘는 수플레라니! 이건 더 따질 것도 없지 않은가. SPEAR의 그래프는 평지에서 갑자기 산봉우리로 솟았다가 다시 아래로 떨어지는 것이, 마치 스키 점프대를 거꾸로 뒤집어놓은 것 같았다. 나는 바인더를 덮어서 선반에 올려놓았고, 그 후로 두 번 다시 펼쳐보지 않았다.

크리스

새로운 발견에 잔뜩 흥분한 동료들이 내 연구실로 하나둘 모여들기 시작했다. 우리는 이 역사적인 순간을 물리학자라는 신분으로 맞이하게 된 것을 함께 축하하며 마음껏 쾌재를 불렀고, 잠시 후 복도에 설치된 대형 칠판 앞으로 자리를 옮겼다. 이제 이 칠판은 새로운 물리학에 대한 공지로 가득 찰 것이다.

벤 리가 말한 새로운 입자는 이전 실험에서 봤던 것과 사뭇 달랐지만, 우리에게는 이미 익숙했다. 그동안 상상만 해왔던 입자가 현실세계에 모습을 드러내긴 했는데, 그 모습이 너무나 드라마틱해서 실감이 나지 않았다. 1년 전 페르미 연구소에서 발표한 이론 논문 중 4분의 1이 J/Ψ 입자에 관한 내용이었는데, 그것이 정말로 실험실에서 발견되었으니 물리학계가 발칵 뒤집힌 것은 당연한 일이었다. 이제 물리학자는 말할 것도 없고, 대학원생들조차 앞으로 어떤 연구를 해야 할지 고민할 필요가 없어졌다. 쿼크가 실존하는 입자로 확인되면서 맵시쿼크에 기초한 기본 상호작용 이론이 입증되었으므로, 이제 남은 일은 세부 사항을 다듬어서 실험으로 검증하는 것이다.

흥분이 어느 정도 가라앉자 연구원들은 뿔뿔이 흩어져서 저마다 전화기를 붙잡고 떠들기 시작했다. 이 놀라운 소식을 1초라도 빨리 바깥세상에 전하고 싶었을 것이다. 일부는 게일러드, 로스너, 벤 리의 논문 「매력을 찾아서」를 펼쳐놓고 한 줄 한 줄 읽어 내려갔고, 차분하게 앉아서 페르미 연구소의 차기 연구과제를 생각하는 사람도 있었다. 우리는 점심시간에 식당에 모여 밥이 입으로 들어가는지, 코로 들어가는지도 모르는 채 다시 한번 열띤 토론을 벌였다. 이제야 실감이 난다. 정말로 세상이 바뀌었다.

그 무렵 페르미 연구소에서 바쁘게 움직이는 연구원 중 절반 이상은 대학교에서 파견된 대학원생과 박사후 연구원, 주말을 이용하여 잠시 방문한 교수들이었고, 연구소 구내식당은 새로운 소식과 논평이 정신없이 오가는 뒷골목 시장이었다. 어딜 가나 온통 새로운 입자 이야기뿐이었고, 모든 사람의 입에서 튀어나온 첫마디는 "그게 어떻게 틀릴 수 있겠어?"였다. 이론가와 실험가 모두 똑같은 질문을 던졌지만, 생각하는 방식은 사뭇 달랐다. 일반적으로 이론물리학자는 의외의 결과에 도달했을 때 인간이 범한 오류를 찾거나, 일상적인 해석을 내리려 애쓰는 경향이 있다. 반면에 실험물리학자는 현실세계가 작동하는 방식을 알고 있기에, 실험 장비가 오작동하여 인간을 현혹시킬 가능성부터 떠올린다.

놀라운 결과를 회의적인 시각으로 바라보는 것은 과학 분야에서 두드러지게 나타나는 특성이다. 여기에는 고지식함도, 기존의 질서에 대한 맹신도 없다. 모름지기 과학이란 서로 무관한 현상들을 우표책처럼 모아놓은 박물관이 아니라, 통일된 주제 안에서 다양한 지식(또는 관측 결과)을 연결하는 거대한 네트워크이기 때문이다. 과학을 이끄는 또 하나의 중요한 원동력은 "경험"이다. 우리의 삶이 그렇듯이 입자물리학에서도 "진실이라고 받아들이기에 너무 좋은 것"은 진실이 아닐 가능성이 높다.

그러나 SLAC과 브룩헤이븐에서 얻은 결과는 도저히 거짓으로 치부할 수 없을 정도로 너무나 딱 들어맞았다. 독립적으로 운영되는 두 연구팀이 똑같은 공명을 관측했으니, 거짓일 수가 없지 않은가. 그래서 모든 실험물리학자는 똑같은 질문을 던졌다. "어떻게 하면 나도 그것을 볼 수 있을까?"

밥

시애틀과 페르미 연구소는 버클리, SLAC, 케임브리지, 프린스턴을 제네바, 함부르크, 파리, 로마, 그리고 모스크바, 쓰쿠바筑波와 연결하는 허브 역할을 했다. 이 네트워크에는 수천 명의 고에너지 물리학자들이 거대한 커뮤니티를 형성하고 있어서, 어떤 데이터도 비밀로 남을 수 없다. 연구 결과가 학술지에 게재되려면 몇 달을 기다려야 하므로, 뉴스를 빠르게 전하려면 핫라인이 있어야 한다. 그러나 1974년에는 이메일도, 월드와이드웹도 없었기에, 전화로 소식을 전하는 수밖에 없었다. 11월 11일 월요일 아침, 전 세계의 고에너지 물리학 연구소는 시도 때도 없이 울리는 전화벨 소리에 업무가 마비될 지경이었다.

이 기적의 입자는 순식간에 세계적인 화젯거리로 떠올랐다. 정확한 특성은 아직 알려지지 않았지만, 물리학의 미래를 바꿀 중요한 입자라는 점에는 의심의 여지가 없었다. 금요일이 되자 이탈리아의 프라스카티Frascati에서 "입자가속기 ADONE으로 새 입자를 만들어냈다"는 소식이 들려왔다. ADONE의 성능으로는 도달하기 어려운 에너지인데, 연구원들이 거의 도박에 가까운 무리수를 둬서 문제의 입자를 기어이 만들어낸 것이다.

11월 21일, 어느 정도 숨 돌릴 여유가 생겼을 때 나는 동료들과 함께 물리학과 전체를 대상으로 하는 세미나를 준비했다. 새로 발견된 J/Ψ 입자와 맵시쿼크의 관계를 설명하고, 그 외에 다른 가능한 해석도 제시할 생각이었다. 그런데 세미나가 열리는 바로 그날,

SPEAR 팀이 3.695GeV에서 또 하나의 공명을 발견했다는 뉴스가 날아들었다. 마치 J/Ψ 입자의 음악적 배음倍音, overtone이 들려오는 것 같았다. 만일 그것이 쿼크와 반쿼크로 이루어진 또 하나의 입자였다면 매우 자연스러운 일이고, 그렇지 않다면 기적 같은 우연의 일치일 것이다. 완전히 자유로운 쿼크는 아직 발견되지 않았지만, 새로운 공명 속에 역학적 물체가 존재한다는 것만은 분명한 사실이었다.

물론 섣부른 판단은 금물이다. 더 많은 데이터가 확보될 때까지 기다려야 한다. 그러나 최근 일어난 일련의 사건들은 분명히 한 방향을 가리키고 있었다. 나는 침을 꿀꺽 삼키며 속으로 중얼거렸다. "그게 정말로 맵시쿼크라면, 물리학을 연구하는 방법 자체를 바꿔야 하는 거 아닐까?"

✳

SLAC과 브룩헤이븐의 이중 발견 소식이 전해지던 바로 그 순간부터, 우리는 거대한 집단지성의 대리인이 되었다. 전 세계의 물리학자들은 저마다 대안 가설을 제기하면서 열띤 논쟁을 벌였고, "매력charm(맵시)"의 의미를 밝히기 위해 수많은 후속 실험이 실행되었다. 그리고 여기서 얻은 결과는 학술지나 책 등의 매개체를 통하지 않고 곧바로 배포되었다. 논문을 학술지에 게재하기 전에 프린트물 형터로 배포하는 것을 프리프린트preprint라 한다. 얼마 전까지만 해도 자신의 연구 결과를 세상에 알리기까지 몇 달이 걸렸는데, 이제는 누가 무슨 연구를 하고 있는지 실시간으로 알 수 있게 된 것이다. 심지어 논문을 공식 학술지에 보낸 후 출판될 때까지 기다리는 것을 시간 낭비로 여기는 풍조까지 생겼다. 지금은 인터넷을 통해 다른 사람의 논문을 실시간으로 볼 수 있지만, 1970년대에는 완전히 새로운 유행이었다.

입자물리학의 즉흥연주는 그 후로 몇 주 동안 끊임없이 이어졌다. 그 와중에 지치거나 관심을 잃고 떠나는 사람은 단 한 명도 없었고, 악보도 필요 없었다. 각 연구팀은 기존의 음악에 장식음을 추가하여 더욱 아름답게 꾸미거나, 하나의 주제를 골라서 변주곡을 만들기도 했다. 독주자는 현란한 기교를 부리면서 뜨거운 반응과 흥미로운 대화를 촉진하고(기교는 도발적일수록 좋다), 그 덕분에 악단 전체의 수준이 업그레이드된다. 그러다가 막다른 길에 도달하면 어떻게 하냐고? 걱정할 것 없다. 막다른 길은 실험가들이 이미 다 찾아놓았기 때문에, 그 길만 피해 가면 된다. 물론 음악의 진화를 이끈 것은 실험이었다. 새로운 실험 결과가 나오면 어떤 팀은 연구를 갈아엎고, 또 어떤 팀은 만세를 부르며 규모를 키우는 등 즉각적인 반응을 보였다. 우여곡절 끝에 끝까지 살아남은 아이디어는 단순하면서도 강력하여, 물리학의 음악을 모르는 사람도 처음 몇 소절만 들으면 금방 따라 부를 수 있었다.

다음 날, 다음 주, 또는 다음 달에 출시된 실험데이터를 빠르게 이해하려면 새로 나도는 관용어에 익숙해져야 했다. 혁명이란 원래 그런 것이다. 시간이 지나면 결국 모든 사람이 조화로운 연주에 참여하게 되고, 개종을 거부하는 보수주의자들은 자연스럽게 도태된다.

1974년 10월까지는 입자물리학자들이 각기 다른 언어를 사용했으나, 11월 혁명 이후에는 "쿼크"의 언어만 남았다. 수학적 허구가 아니라, 손만 뻗으면 만질 수 있는 문자 그대로의 쿼크가 물리학 무대를 점령한 것이다. 승리의 언어는 어디서나 통용되었고, 모든 주제에 빠짐없이 등장했다. 과거 입자물리학에는 전자의 상호작용, 양성자의 상호작용, 뉴트리노 상호작용 등 하위분야가 존재했지만, 이제 그런 식의 구분도 무의미해졌다.

오랜 세월 동안 의사소통이 단절된 채 독립적으로 연구를 진행해왔던 물리학자들이 상대방의 말을 경청하는 시대가 도래했다. 그리고 이런 추세가 전 세계로 빠르게 확산되면서, 우리가 알고 있던 모든 것이 정교한 톱니바퀴처럼 서로 맞아떨어지기 시작했다. 전자를 사용한 팀과 양성자를 사용한 팀이 똑같이 J/Ψ 입자를 발견한 것은 이런 추세를 반영하는 상징적 사건이었다.

J/Ψ가 발견되었다는 소식을 처음 접했을 때 우리는 세상이 변했다는 사실을 제일 먼저 알았지만 그 변화가 얼마나 심오하고 얼마나 오래 지속될지 짐작하지 못했고, 매력적인 쿼크가 올바르게 해석될 때까지 1년 반이 더 걸린다는 것도 알지 못했다. 이뿐만이 아니다. 우리는 11월 혁명의 핵심 아이디어가 훗날 입자물리학의 기초가 된다는 것도 몰랐고, 그 아이디어를 확장하기 위해 얼마나 많은 노력이 요구되는지도 알지 못했으며, 10년 안에 더 큰 가속기가 등장하여 11월 혁명을 완수하게 된다는 것도 알지 못했다 이제 와서 돌이켜보면, 입자물리학이 갈 길은 1974년 11월 11일에 정해졌다고 해도 과언이 아니다.

자연의 비밀을 밝히는 최전선에 서 있다고 해서 지나치게 심각해질 필요는 없다. 전자와 양성자 대신 전자와 양전자로 이루어진 원자를 포지트로늄positronium이라 한다. 이와 비슷하게, 맵시쿼크와 반맵시쿼크로 이루어진 공명(입자)은 차모늄charmonium이다. 1975년 1월에 크리스와 마틴 아인혼Martin Einhorn은 「새로 발견된 좁은 공명에 대하여On the New Narrow Resonance」라는 제목의 논문을 까다롭기로 유명한 학술지 〈피지컬 리뷰 레터스〉에 보냈는데, 그 내용은 별로 심각하지 않았다.

> ……그러므로 새로 발견된 공명은 네 번째 쿼크와 반쿼크로 이루어진 속박상태bound state임이 분명하다. 우리는 네 번째 쿼크가 갖는 양자수를 "판다Panda"◆라 하고, 새로운 입자를 "판데모늄pandaemonium"으로 부르기로 했다.

그리고 각주에 다음과 같이 적어놓았다.

> [◆] 판다는 워낙 수줍음이 많아서 같은 판다끼리만 어울린다. 그리고 자이언트 판다는 엄청나게 무거우므로, 무거운 입자에 잘 어울리는 이름이다.

기발하면서도 꽤 합리적인 작명법 아닌가? 새로운 쿼크는 매우 희귀하면서 오직 자신의 반입자 쌍과 결합한 상태(맵시쿼크-반맵시쿼크)로 발견되는 반면, 이미 알려진 위쿼크와 아래쿼크, 기묘쿼크는 다른 반입자 쌍과 결합하기도 한다. 예를 들어, π^+ 중간자는 위쿼크와 반아래쿼크가 결합한 상태다. 게다가 새 쿼크(맵시쿼크)는 위, 아래, 기묘쿼크보다 3~5배나 무겁다. 논문을 보내고 6주가 지난 후 학술지 편집자로부터 답장이 왔는데, 그는 우리의 위트를 인정하면서도 결국 정중하게 "게재 불가" 판정을 내렸다. 죄(논문에 농담을 실은 죄)에 합당한 처벌을 받은 셈이다. 그러나 언론은 크리스와 아인혼이 쓴 논문의 내용보다 "판데모늄"이라는 이름을 훨씬 크게 보도했다.

11월 혁명은 과학의 경계가 허물어지고 물리학의 범위가 크게 확장되었음을 알리는 신호탄이었다. 1920년대에 양자역학이 탄생하면서 물리학자들은 과학 역사상 처음으로 일상적인 물질의 특성을 설명할 수 있게 되었다. 방정식에 전자와 양성자의 질량과 전하를 대입하여 풀면 수소 원자의 특성이 얻어지는 식이다. 그러나 입자의 질량이 지금과 같은 값을 갖게 된 이유는 여전히 미스터리였다. 양성자의 질량은 938.27208816MeV이고 전자의 질량은 0.51099895000MeV이다. 이 값은 대체 무엇으로부터 결정되었는가? 질량을 정하는 방정식은 무엇인가? 11월 혁명 후로는 이토록 난해한 질문까지 과학의 영역으로 영입되었으며, 물리적 세계에 대한 이해의 수준도 한층 더 높아졌다.

과학계에 제아무리 요란한 혁명이 불어닥쳐도, 20~30년이 지나면 결국 교과서에 실리기 마련이다. 11월 혁명도 예외가 아니어서, 15년이 지난 1989년에는 마법 같은 쿼크와 그 파트너들이 전 세계 과학 교실에 전시되었다. 아마도 학생들은 벽에 걸린 입자 믁

록을 식상한 세계지도 대하듯 눈길도 제대로 주지 않았을 것이다. 그러나 1974년의 그날, 발견의 현장에 있었던 사람들에게 입자 목록은 위대한 혁명의 상징이었다.

그리고 그 혁명은 아직도 진행 중이다.

　　　　자연은 왜 이토록 단순하면서도 아름다운가

$$7장$$

스토리텔러

몇 년 전, 우리는 뉴멕시코주에 있는 하프시코드 제작 장인의 작업실을 방문한 적이 있다. 그 장인은 은퇴한 칼텍의 물리학자 로버트 워커Robert Walker인데, 반가운 손님이 왔다면서 다양한 재료와 제작 단계를 자세히 설명해주었다. 그리고 독일 출신의 하프시코드 연주자 이고르 킵니스Igor Kipnis가 자신이 만든 악기를 사용한다고 자랑하면서, 그가 연주한 안토니오 솔레르Antonio Soler의 판당고Fandango를 들려주었다. 그러나 워커가 가장 자랑스럽게 여긴 것은 완성된 하프시코드가 아니라, 재료를 깎고 다듬는 조그만 대패였다.

명품 악기를 만드는 장인은 뛰어난 도구 제작자이기도 하다.

음악 애호가들은 한 시대를 풍미한 거장들의 연주를 들으며 온몸에 전율을 느낀다. 지금도 바이올리니스트와 청중들은 수백 년 전에 최고의 악기를 설계하고 손수 만들었던 크레모나Cremona의 장인들과 아마티Amati, 과르네리Guarneri, 스트라디바리Stradivari에게 최고의 찬사를 보내고 있다. 만일 우리가 타임머신을 타고 그들의 작업실을 방문한다면, 과연 어떤 도구를 보여줄까? 음악가와 작곡가들이 악기 장인과 밀접한 관계인 것처럼, 과학자(이론가와 실험가)는 실험 도구 제작자와 뗄 수 없는 관계에 있다. 과학적 도구라고 하면 이 책에서 언급했던 안개상자나 입자가속기를 떠올리겠지만, 실험을 하지 않는 이론물리학자에게도 도구는 여전히 필요하다. 이 장에서는 입자물리학의 표준모형standard model을 구축하기 위해 다양한 이론적 도구를 만들었던 사람들을 소개하고자 한다.

물리적 세계를 연구할 때에는 인간의 감각을 확장하는 관측 도구 못지않게 "적절한 언어"를 선택하는 것도 중요하다. 이 세상에는 수많은 언어가 있지만, 자연을 서술하는 데 가장 적절한 언어는 단연 수학이다. 수학자들의 편견일 수도 있다고? 아니다. 자연의 법칙은 수학으로 서술했을 때 가장 간결하고 명쾌하면서, 동시에 가장 아름답기도 하다.

르네상스 시대의 상징적 인물인 레오나르도 다빈치Leonardo da Vinci는 그가 저술한 미술책에서 원근법과 천문학이 대수학과 기하학의 산물임을 지적하면서 "경험의 수학화"를 유난히 강조했다.

탐구 대상이 무엇이건, 수학적 증명을 거치지 않은 것은 진정한 과학이라 할 수 없다. 마음에서 출발하여 마음으로 끝나는 과학은 단호하게 거부되어야 한다. 정신적 담론에는 경험이 누락되어 있고, 경험 없이는 확고한 지식을 얻을 수 없기 때문이다.

갈릴레오 갈릴레이Galileo Galilei가 현대과학의 선구자로 칭송받는 이유는 물체의 운동법칙과 천문학의 기틀을 다졌을 뿐만 아니라, 그것을 적절한 언어로 표현했기 때문이다. 그는 우주에서 인간의 지위가 전혀 특별하지 않다는 것을 증명하여 코페르니쿠스 혁명을 완수하는 데 결정적인 기여를 했고, 실험을 통해 자연을 탐구하는 방법을 확립했으며, 작고 하찮은 지식이라도 촘촘하게 엮으면 위대한 진실을 알아낼 수 있다는 것을 몸소 보여주었다.

철학은 우주라는 거대한 책에 쓰여 있으며, 우리는 마음만 먹으면 언제든지 그 책을 읽을 수 있다. 하지만 그 전에 책에 적힌 문자와 언어부터 습득해야 한다. 우주의 책은 수학이라는 언어로 쓰여 있고, 그 문자는 삼각형, 원, 포물선 등과 같은 기하학적 도형으로 이루어져 있다. 그러므로 기하학을 모르면 한마디도 이해하지 못한 채 미궁 속을 헤매게 될 것이다.

1919년에 아서 에딩턴Arthur Eddington이 이끄는 관측팀이 아프리카 동부 해안의 프린시페섬Principe에서 일식을 관측하여 "빛의 경로는 중력에 의해 휘어진다"는 아인슈타인의 일반상대성이론General Theory of Relativity을 증명했을 때, 11월 9일 자 〈뉴욕타임스〉에는 다음과 같은 머리기사가 실렸다.

휘어진 하늘의 빛

: 과학자들, 일식 관측 결과에 열광. 아인슈타인의 이론이 마침내 입증되다

당시 40세였던 아인슈타인은 순식간에 세계에서 제일 유명한 과학자가 되었고, 그의 인지도는 100년이 넘은 지금까지 굳건하게 유지되고 있다. 그는 1921년에 프로이센 과학 아카데미Prussian Academy of Sciences 회의에 참석하여 다음과 같은 미묘한 말을 남겼다.

수학 법칙은 현실을 서술하기엔 확실치 않고, 확실한 수학 법칙은 현실과 관련이 없다.

지금 우리가 최고 과학자들의 말을 부지런히 인용한 것은 그들의 권위에 편승하려는 게 아니라, 의견의 다양성을 강조하기 위해서다. 수학의 역할을 단 몇 마디로 축약할 수 있을까? 밥은 하버드대 학생 시절 룸메이트였던 로저 하우Roger Howe(현재 예일대학교 교수이자 화려한 수상 경력을 자랑하는 수학자)에게 이렇게 말한 적이 있다. "수학은 존재할 가능성이 있는 모든 것을 알려주고, 물리학은 실제로 존재하는 것만 알려준다."

크리스는 수학을 "자연을 이해하는 데 가장 적절한 언어"라고 생각한다. 수학은 우리의 생각을 정제하고 순화하여, 새로운 지혜로 인도하는 "정련精練의 불"이다.

배터리가 만든 전기장이나 나침반 바늘을 돌아가게 만드는 자

기장이 빛과 밀접하게 관련되어 있다는 것은 직관적으로 이해하기 어렵다. 그러나 제임스 클러크 맥스웰James Clerk Maxwell은 실험 도구가 변변치 않았던 19세기 중반에 이 놀라운 사실을 알아냈다. 그가 유도한 맥스웰 방정식은 전기장과 자기장이 함께 작용하여 빛, 라디오파(전파), 마이크로파, X-선 등과 같은 파동을 만들어낸다는 것을 명백하게 보여준다. 전파를 최초로 관측했던 하인리히 헤르츠Heinrich Hertz는 맥스웰 방정식을 다음과 같이 평가했다.

> 맥스웰이 구축한 빛의 전자기 이론을 공부하다 보면, 수학이 독립적으로 존재하면서 그 자체로 지능을 갖고 있다는 느낌을 받게 된다. 수학은 우리보다 현명하고, 심지어 수학을 개발한 사람보다도 현명하여, 항상 투자한 것보다 많은 것을 되돌려준다.

언어의 진화과정을 추적하다 보면, 오래된 언어가 표현력이 더욱 풍부한 새 언어로 바뀌는 순간을 찾고 싶어진다. 영어학자들은 오늘날 통용되는 관용어의 대부분이 셰익스피어 시대에 등장한 것으로 추정하고 있다. 실제로 셰익스피어는 지금 우리가 사용하는 단어와 관용어의 상당 부분을 만들어냈으며, 삶에서 쉽게 마주치는 보편적인 주제를 다루었다. 다른 국가에서 언어의 발달에 공헌한 사람으로는 이탈리아의 단테Dante와 스페인의 세르반테스Cervantes, 프랑스의 몰리에르Molière, 독일의 괴테Goethe 등이 있다.

과학의 언어도 이와 비슷하다. 아이작 뉴턴은 만인이 인정하는

"고전물리학의 셰익스피어"다. 셰익스피어가 세상을 떠나고 26년 후인 1942년에 태어난 그는 증명과 수학을 언어로 삼아 새로운 물리학을 구축했고, 이 방법은 350년이 지난 지금도 통용되고 있다. 과학 역사상 최고의 명저로 꼽히는 뉴턴의 《프린키피아Principia》(원제는 "자연철학의 수학적 원리Philosophiæ Naturalis Principia Mathematica")는 당대 지식인의 전유물이었던 라틴어로 쓰였고, 증명의 대부분은 갈릴레오가 선호했던 기하학을 통해 이루어졌지만, 그는 이 한 권의 책으로 과학의 미래를 바꾸었다.

뉴턴이 《프린키피아》에서 밝힌 중력법칙은 인간의 지성이 거둔 가장 위대한 승리 중 하나로 꼽힌다. 1900년대 초에 아인슈타인의 일반상대성이론이 등장하면서 조금 수정되긴 했지만, 천문학적 스케일에서 아주 짧은 (거시적) 거리에 이르기까지, 뉴턴의 중력법칙에서 벗어난 사례는 지금까지 단 한 번도 발견되지 않았다. 그는 행성의 공전궤도가 타원이라는 사실을 알아냈을 뿐만 아니라 목성과 토성의 운동, 지구를 중심으로 한 달의 운동, 바다의 조수 현상, 심지어 사과나무에서 사과가 떨어지는 것까지도 중력에 의해 나타난 현상임을 수학적으로 증명했다. 다시 말해서 중력은 모든 시간, 모든 장소에 한결같이 적용되는 일관적이고 범우주적인 법칙이라는 뜻이다(그래서 중력을 만유인력萬有引力이라고도 한다). 과학자들이 질서와 법칙이라는 개념을 세울 수 있었던 것은 자연에 일관성이 존재하기 때문이며, 우주를 이해할 수 있었던 것은 그 법칙이 범우주적으로 적용되기 때문이다.

뉴턴은 자연이 "안정성"보다는 "변화"를 추구한다는 사실을 간파하고, 이 은밀한 비밀을 드러내기 위해 새로운 수학을 개발했다. 처음에 그는 이것을 유율법流率法, fluxation이라 불렀는데, 간단히 말하면 "(대부분의 흥미로운 자연현상을 포함하여) 변하는 양을 (인지할 수 없을 정도로) 무한히 작은 변화의 누적으로 표현하는 방법"이다. 오늘날 "미적분학calculus"으로 알려진 이 계산법 덕분에, 후대의 물리학자들은 광범위한 자연현상을 체계적으로 정확하게 분석할 수 있었다.

비슷한 시기에 박학다식하기로 유명했던 독일의 수학자 고트프리트 빌헬름 라이프니츠Gottfried Wilhelm Leibniz도 독자적으로 미적분학을 구축했다. 오늘날 우리가 사용하는 미적분 기호는 뉴턴이 아닌 라이프니츠가 고안한 것이다. 프랑스의 에밀리 뒤 샤틀레 후작부인Marquise Émilie du Châtelet은 뉴턴의《프린키피아》를 프랑스어로 번역했는데, 친절한 해설을 첨부하여 "원작보다 더 뉴턴다운 번역본"이라고 평가받았다. 우리는 "물리학에 미적분학을 적용하여 문제를 해결한 최초의 과학자"로 뉴턴을 떠올리지만, 영어권 이외의 국가에서는 미적분학의 선구자로 라이프니츠를 떠올리는 사람드 많다.

뉴턴의 역학에서 초기조건initial condition이 주어지면 물체의 미래가 완벽하게 결정된다(초기조건을 대입해서 운동방정식을 풀면 된다). 뉴턴은《프린키피아》끝부분에 첨부된 "일반 해설General Scholium"에서 "행성과 혜성은 위에 언급한 법칙에 의거하여 주어진 궤도를 영원히 따라갈 것"이라고 주장했다. 그러나 운동을 길으킨 최초의 원인을 언급할 때는 다소 소극적인 자세를 보인다.

행성과 혜성이 지금과 같은 위치를 점유하게 된 이유를 설명하려면 중력 외에 다른 법칙을 고려해야 한다……. 태양계처럼 더없이 우아한 체계가 만들어지려면 "현명하고 강력한 존재"의 손길이 반드시 필요하다. 다른 별들도 우리 태양계처럼 행성을 거느리고 있다면, 그들 역시 전능한 존재의 손길을 거쳤을 것이다.

뉴턴의 우주관에는 종교적 신념이 양념처럼 가미되어 있지만, 자연을 탐구하는 그의 방법은 19세기까지 물리학 전체를 지배했다.

뉴턴을 극작가에 비유하면 운동방정식은 그가 쓴 대본에 해당한다. 등장인물은 허공을 향해 발사된 대포알이나 궤도운동을 하는 천체일 수도 있고, 여러 천체의 집합일 수도 있다. 실제 작가는 특정 배우를 염두에 두고 글을 쓰는 경우도 있지만, 물리학의 대본에는 이런 제약이 없기에 어떤 배우도 출연 가능하다. 물리학자가 배우를 선택하면, 대본은 그들에게 언제 무엇을 할지 결정해준다. 방정식이 배우들의 귀에 대고 "이렇게 한 후 저렇게 하고, 또 이렇게……"라며 속삭인다고 상상해보라. 모든 배우는 매우 복종적이어서 방정식의 지시 사항을 정확하게 따른다. 즉흥연기나 애드리브 같은 건 끼어들 여지가 없다. 뉴턴의 물리학에서 계의 미래는 완전히 결정되어 있다. 그로부터 250년 후에 아인슈타인이 절대공간과 절대시간의 개념에서 탈피하여 뉴턴의 방정식에 약간의 수정을 가하고(특수상대성이론) 중력을 새로운 관점에서 재서술했을 때에도(일반상대성이론) 결정론적 세계관은 굳건하게 자리를 지켰다. 실제로 우리의 일상적인 경험은 웬만해서 이 범주를 벗어나지 않는다.

그러나 20세기 초에 원자와 양자라는 새로운 배우들이 물리학의 중앙무대에 등장하면서 판도가 크게 달라졌다. 가장 크게 달라진 점은 미세 규모의 자연을 다룰 때 운동이 어디서 시작되었는지 정확하게 알 수 없다는 것이다. 전자를 예로 들어보자. 전자를 관측하려면 일단 빛을 쪼여야 한다. 이때 빛의 파장이 짧을수록 전자의 위치를 정확하게 알 수 있다. 그러나 파장이 짧은 빛은 에너지가 크기 때문에 전자의 속도를 크게 변화시킨다. 위치를 관측하는 행위 자체가 속도를 교란시키는 것이다. 이와 반대로 파장이 긴 빛을 쪼이면 속도를 정확하게 알 수 있지만, 전자의 위치가 모호해진다(초점이 안 맞은 사진과 비슷하다). 이처럼 무언가를 측정할 때마다 물리계가 교란되기 때문에, 위치를 먼저 측정한 후 속도를 측정하는 것과 속도를 먼저 측정한 후 위치를 측정하는 것은 다른 결과를 낳게 된다. 이것이 바로 "입자의 위치와 속도를 동시에 정확하게 측정할 수 없다"는 베르너 하이젠베르크Werner Heisenberg의 불확정성 원리uncertainty principle로서, 정확한 초기조건(운동이 시작될 때 물체의 위치와 속도)에 기초한 뉴턴의 물리학을 위태롭게 만들었다.

이뿐만이 아니다. 1920년대에 물리학자들은 뉴턴의 고전물리학으로는 탁자 표면이 단단한 이유나 금속 표면이 반짝이는 이유를 설명할 수 없다는 사실을 깨달았다. 이것을 이해하려면 일상적인 물체보다 10억 배 이상 작은 미시세계(원자와 분자의 역할이 두 드러지는 규모의 세계. 나노세계라고도 한다)의 법칙을 알아야 하는데, 그곳은 고전역학이 아닌 양자역학quantum mechanics이 지배하는 세계였다. 거시세계(우리가 매일 겪는 일상적인 세계)에서 물질의 속성을 끈질기게 파고들면 포사체의 궤적과 행성의 운동은 물론이고, 잘하면 국가 간 통상마찰까지도 해결할 수 있지만, 원자 내부에서 일어나는 일까지 알아낼 수는 없다. 나노세계로 진입하는 것은 한 번도 가본 적 없는 외국을 방문하는 것과 비슷하다. 자국에서 아무리 많은 지식을 습득했다 해도, 이로부터 외국의 언어와 관습을 유추할 수는 없다. 새로운 언어를 배우려면 새로운 세계로 들어가야 한다. 그런데 한 가지 놀라운 점은 양자세계에서 일어나는 일이 거시세계의 특성을 결정한다는 것이다.

이것이 바로 20세기 초에 물리학자들이 커다란 대가를 치르고 얻었던 값진 교훈이다. 인간적인 척도(우리가 일상적으로 느끼는 거리와 시간)는 자연을 이해하는 데 적절하지 않다. 아니, 오히려 불리할 수도 있다. 물리학뿐만 아니라 생물학, 우주론, 생태학 등 다른 과학도 마찬가지다. 동물을 예로 들어보자. 아이들은 기린을 좋아한다. 생김새가 아주 특이하면서 순한 얼굴을 하고 있기 때문이다. 기린은 왜 그토록 특이하게 생겼을까? 몸집은 왜 그렇게 크고, 목은 또 왜 그리 길어졌으며, 다른 생명체와는 어떤 식으로 관련되어 있을까? 자신의 신체구조를 아무리 분석해도 이 질문에는 답할 수 없다. 답을 구하는 유일한 방법은 기린의 유전적 특성인 DNA를 분석하는 것뿐이다. 또한 기린의 습성을 이해하려면 여러 계절에 걸쳐 그들의 행동을 주의 깊게 관찰해야 한다.

코페르니쿠스는 지구가 우주의 중심이 아니라는 충격적 사실을 알아냈고, 아인슈타인은 시공간에서 "남들보다 우월한 관점"이 존재하지 않는다는 것을 알아냈다. 둘 다 과학의 패러다임을 바꾼 위대한 혁명이었으며, 이로부터 우리의 사고는 더욱 크고 심오한 세계로 확장될 수 있었다. 생명의 기원을 추적했던 그레고어 멘델Gregor Mendel과 다윈, 유전자 코드를 해독한 과학자들의 공헌도 결코 여기에 뒤지지 않는다. 그러나 나는 거시계와 미시계의 근본적 차이를 발견한 것도 방금 열거한 혁명 못지않게 중요한 사건이라고 생각한다.

양자역학은 고전물리학에서 말하는 "시계우주태엽이 풀리면서 시계가 작동하듯, 우주의 모든 사건은 초기에 정해진 길을 따라 일어난다는 관점"보다 훨씬 미묘하다. 초기조건이 정확하게 정의되었다 해도, 결과를 100퍼센트 정확하게 예측할 수 없다. 이 정도면 게임의 규칙이 완전히 바뀐 거나 마찬가지다. "나올 가능성이 가장 높은 결과"는 뉴턴식 논리를 따르는 것처럼 보이지만, 양자역학의 계산에 의하면 (뉴턴의 법칙에 위배되는) 다른 결과도 얼마든지 나올 수 있다. 우리가 할 수 있는 일이라곤 개개의 결과들이 초래될 "확률"을 계산하는 것뿐이다. 그리고 이 확률을 계산하려면 1920년대에 베르너 하이젠베르크, 에르빈 슈뢰딩거Erwin Schrödinger, 볼프강 파울리, 폴 디랙, 막스 보른Max Born 등이 개척했던 새로운 사고방식과 절차를 따라야 한다.

양자역학을 대표하는 방정식은 1925년 말에서 1926년 초에 슈뢰딩거가 알프스의 휴양지 아로사Arosa에서 겨울 휴가를 보내던 중 유도했던 슈뢰딩거 방정식Schrödinger's equation이다. 그가 이 시기에 여행을 갔던 이유에 대해서는 개인사와 얽힌 몇 가지 뒷이야기가 있지만, 그가 유도한 방정식이 과학사에 길이 남을 위대한 업적이라는 데에는 이견의 여지가 없다. 슈뢰딩거 방정식을 풀어서 얻은 "파동함수wave function"는 관측을 실행했을 때 나올 수 있는 여러 가지 경우의 확률을 알려준다. 하나의 양성자에 속박된 하나의 전자(수소원자)가 가질 수 있는 다양한 에너지준위energy level도 이 방정식을 풀어서 얻은 것이다. 그로부터 50년 후 J/Ψ 입자가 발견되면서 11월 혁명이 촉발된 것도 입자의 거동을 확률적으로 예측하는 슈뢰딩거 방정식이 있었기 때문이다. 물리학자들은 무거운 쿼크와 무거운 반쿼크로 이루어진 "쿼코늄quarkonium"의 에너지준위를 관측한 후 이 값을 이론(슈뢰딩거 방정식을 풀어서 얻은 값)과 비교함으로써 쿼크들 사이에 교환되는 상호작용을 이해할 수 있었으며, 이와 더불어 슈뢰딩거 방정식이 미시세계의 모든 물체에 적용된다는 확신을 갖게 되었다.

뉴턴의 운동방정식($F=ma$)과 마찬가지로, 슈뢰딩거 방정식도 특정 배우를 염두에 두고 쓴 각본이 아니다. 그러나 슈뢰딩거의 양자 배우들은 뉴턴 극단의 구식 배우보다 훨씬 자유롭기 때문에 기발한 즉흥연기를 마음껏 펼치며 관객들을 놀라게 한다. 드라마의 결과라는 것이 "모든 가능한 결과의 집합"이니, 배우(입자)들은 오프닝부터 엔딩까지 원하는 건 무엇이든 할 수 있다. 슈뢰딩거 프로덕션의 영화는 무수히 많은 이야기를 짜기워서 만든 것으로, 똑같은 영화(파동함수가 같은 영화)인데도 볼 때마다 다른 결과에 도달한다(관측할 때마다 다른 결과가 나올 수 있다).

수소보다 무거운 원자에 슈뢰딩거 방정식을 적용하려면 전자는 (구드스미트와 울런벡이 제안한 대로) 기본양자 $\hbar$의 절반에 해당하는 스핀($\hbar/2$)을 가져야 하며, 파울리의 배타원리에 따라 하나의 전자는 단 하나의 양자상태만을 점유해야 한다. 이런 제한조건이 없으면 슈뢰딩거의 물질파이론으로는 두 개 이상의 전자를 가진 원자의 거동을 설명할 수 없다. 이 책의 마지막 장에서는 배타원리가 일상생활에 어떤 영향을 미치는지, 그리고 배타원리가 없다면 이 세상이 얼마나 달라지는지 알아볼 것이다.

영국의 이론물리학자 폴 디랙은 자연이 전자에 이중적 특성을 부여한 이유가 궁금해졌다. 그는 자연이 최소한의 법칙으로 운영된다고 굳게 믿었는데, 아마도 이것은 말수가 워낙 적었던 그의 성격과 무관하지 않을 것이다(소문에 의하면 하루 평균 한두 마디 정도 말을 했다고 한다). 1928년 초에 디랙은 "홀로 고립되어 있으면서 아인슈타인의 특수상대성이론을 따르는 전자"를 주인공으로 내세운 간결한 양자 각본을 발표했다. 그는 자신이 유도한 방정식이 외관상 적절하다고 생각했지만, 그로부터 의외의 결과가 유드되는 바람에 한동안 깊은 고민에 빠졌다.

디랙 방정식은 입력보다 출력이 압도적으로 많다. 가성비로 따지면 방정식 중 단연 챔피언이다. 일단 디랙 방정식에는 단일 전자와 관련된 모든 정보가 담겨 있다. 전자가 상대성이론과 양자이론을 모두 만족하려면 기본 양자의 절반에 해당하는 스핀을 가져야 하는데, 이것은 방정식에 인위적으로 추가할 수 있는 양이 아니다.

디랙은 자신의 이론을 무거운 원자에 적용한 논문의 초록에 다음과 같이 적어놓았다. "물리학과 화학에 적용되는 수학 법칙은 완벽하게 알려져 있다. 문제는 방정식이 너무 복잡해서 풀기가 어렵다는 점이다."

디랙의 과감한 주장은 과연 사실일까? 지난 수십 년 사이에 비약적으로 발전한 계산화학은 디랙의 희망 사항을 근사적으로나마 충족시켰을까? 이 질문은 지금도 역사학자와 철학자, 화학자들 사이에 뜨거운 논쟁거리로 남아 있다. 디랙은 매사에 진지한 사람이었지만, 물리학의 현주소를 평가하면서 약간의 농담을 구사했을지도 모른다.

디랙은 대본을 완성한 후 놀라운 사실을 알게 되었다. 자신은 분명히 전자 하나만을 주인공으로 내세웠는데, 이야기를 전개하다 보니 주인공이 둘로 늘어난 것이다. 그렇다. 나머지 하나의 주인공은 "양전하를 띤 전자"였다. 처음에 그는 몹시 당황했지만, 자신이 구축한 상대론적 양자이론이 제대로 작동하려면 분명히 반물질 파트너가 존재해야 했다. 전자의 반입자는 1932년에 미국의 물리학자 칼 앤더슨이 우주선에서 발견하여 양전자라는 이름으로 불리게 된다. 전자뿐만 아니라 모든 입자는 반물질 파트너에 해당하는 반입자를 갖고 있다(반물질에 대해서는 18장에서 좀 더 자세히 다룰 예정이다).

디랙이 쓴 대본의 도입부를 읽어보면, 전자기력은 전자의 내부가 아닌 "외부의 영향"인 것처럼 보인다. 수소원자에서 전자와 양성자 사이에 작용하는 전기적 인력이 그 대표적 사례다. 그러나 전자는 전하와 함께 스핀도 갖고 있어서 초소형 자석(나침반 바늘)과 비슷한 성질을 띠고 있으며, 자석의 강도는 일상적인 자석과 비교가 안 될 정도로 작기 때문에 원자물리학에서는 "g-인자 g-factor"라는 양으로 표시한다. 디랙 방정식에서 전자의 g-인자는 2인데, 대충 말하자면 "애초에 짐작했던 값의 2배"라는 뜻이다. 이것은 자연이 전자를 위해 선택한 숫자로서, 정확한 값을 구하려면 약간의 미세조정이 필요하다.

미세조정 작업은 전자기(빛)를 "능동적 행위자"로 간주하는 것으로 시작된다. 디랙은 자신의 대본에 빛을 등장시키면서 최소한의 지문地文, 희곡에서 대사를 제외한 부분을 할당했다. "전기전하를 찾아라." 빛의 임무는 전자와 전기장 사이의 상호작용을 결정하는 것이다. 여기에는 외부 전기장뿐만 아니라 전자가 스스로 만든 전기장도 포함된다! 예를 들어 두 개의 전자가 충돌한 후 각자 다른 방향으로 흩어지는 경우를 생각해보자. 이 과정에서 일어날 수 있는 가장 간단한 시나리오는 다음과 같다. 전자 하나가 어느 시점에 광자를 방출하고, 이 광자를 다른 전자가 흡수하는 것이다. 또는 두 번째 전자가 광자를 방출하고, 이 광자가 첫 번째 전자에게 흡수되었다고 생각해도 된다.

그러나 이 모든 것은 즉흥연기가 용인되는, 아니, 의무적으로 강요되는 양자 영역에서 일어나는 일이다. 첫 번째 전자에서 방출된 광자는 곧바로 두 번째 광자에게 흡수될 수도 있지만, 도중에 "광자가 전자와 양전자로 돌변하여 약간의 오락거리를 제공하고, 이들이 다시 결합하여 본래의 광자로 되돌아간 후" 두 번째 전자에게 흡수될 수도 있다. 이것은 디랙이 쓴 대본의 2막에 해당한다. 제아무리 상상력이 뛰어난 무대감독이라 해도, 디랙의 규칙에 따라 전자 두 개로 연출할 수 있는 상황은 단 몇 가지뿐이다. 양자물리학자라면 이들을 종합하여 신뢰할 수 있는 예측을 내놓아야 하는데, 문제가 워낙 미묘하여 1940년대 말까지 해결되지 않은 채 남아 있었다.

가장 큰 문제는 전자의 질량처럼 관측 가능한 물리량이 무한대로 나온다는 것이었다. 전자의 질량이 유한하다는 것은 너무도 자명한 사실이므로, 이론을 살리려면 어떻게든 무한대를 유한한 값으로 바꿔놓아야 한다. 이론물리학자들은 "재규격화renormalization"라는 약간의 편법을 도입하여 전자의 질량을 유한한 값으로 만드는 데 성공했지만, 디랙은 전자와 광자의 이론에 혹처럼 나 있는 결점을 도저히 참을 수 없었다. 그는 세상을 뜨기 직전까지 "도중에 용(무한대)을 죽이지 않고 올바른 답을 얻어내는 길을 찾아야 한다"고 주장했으나, 안타깝게도 현실은 그가 원하는 대로 돌아가지 않았다.

디랙의 대본이 3막, 4막, 5막으로 갈수록 가능한 시나리오는 기하급수로 늘어났다. 이 복잡한 상황에서 질서를 유지하려면 등장인물 사이에 일어날 수 있는 모든 사건을 일목요연하게 정리한 "안내지도"가 필요했는데, 이 과업을 완수한 사람은 하버드대학교의 물리학자 줄리언 슈윙거Julian Schwinger였다. 평소 탁월한 사고력과 명쾌한 설명으로 유명했던 그는 디랙의 이론에 기초하여 견고한 계산법을 개발했고, 훗날 1965년 이 공로를 인정받아 노벨상을 받게 된다. 1947년에 슈윙거는 2차 상호작용(대본의 2막)을 고려했을 때 전자의 g-인자가 2에서 약간 벗어나 2.002324로 커진다는 것을 이론적으로 예측했고, 이 값은 비슷한 시기에 얻어진 관측값과 거의 정확하게 일치했다. 그 후 이론물리학자들이 6막에서 계산한 전자의 g-인자는 2.00231930436050이었으며, 실험실에서 측정된 값은 2.00231930436146이었다. 보다시피 이론과 실험이 소수점 이하 11자리까지 일치한다. 이 정도면 "과학 역사상 가장 정확한 이론"으로 손색이 없다.

이로써 슈윙거는 "양자장quantum fields"이라는 추상적 개념을 물리학의 중앙무대에 데뷔시켰다. 장場, field의 개념을 최초로 도입한 사람은 영국의 실험물리학자 마이클 패러데이Michael Faraday다. 초등학교도 마치지 못한 채 독학으로 물리학을 공부하여 왕립학회 회원까지 오른 그는 1845년에 전자기적 영향력이 공간을 타고 퍼져나가는 현상을 설명하기 위해 전기장과 자기장을 도입했다. 초등학교를 나온 사람이라면 그의 아이디어를 시각화하는 실험을 적어도 한 번쯤은 해봤을 것이다. 막대자석 위에 종이를 얹고 그 위에 쇳가루를 뿌리면 자석의 남극과 북극을 연결하는 일련의 곡선을 따라 질서정연하게 배열된다. 이 놀라운 광경을 보고서도 자기장의 존재를 의심할 사람이 있을까? 일반적으로 장은 공간의 모든 곳에 존재하며, 각 지점마다 고유의 방향과 값을 갖고 있다. 19세기식 장의 개념에 양자역학과 특수상대성이론을 결합한 것이 바로 그 유명한 양자장이론quantum field theory으로, 자연의 힘을 서술하는 가장 정확한 이론으로 알려져 있다. 이 이론에서 광자나 전자와 같은 입자는 해당 장의 들뜬상태(양자)에 해당한다.

　(물리학자를 포함하여) 대부분의 사람들은 전자와 광자의 상호작용 시나리오가 복잡해질수록 슈윙거의 접근법이 번거롭다고 생각했다. 바로 이 무렵에 양자전기역학의 또 다른 영웅인 리처드 파인먼이 전자와 광자의 상호작용을 도식적으로 표현하는 "파인먼 다이어그램Feynman diagram"을 개발하여, 복잡하고 난해한 계산을 (물리학과 대학원생이라면) 누구나 할 수 있게 만들었다.

　파인먼 다이어그램을 도입하면 아원자규모에서 일어나는 상호작용을 간단하면서도 정확하게 표현할 수 있다. 이 다이어그램은 개개의 입자를 나타내는 몇 개의 간단한 그래픽 요소로 구성된다. 예를 들어 전자는 화살이 붙은 직선(↑)으로, 광자는 물결선(〰)으로, 전자가 광자를 흡수하거나 방출하는 지점은 점(•)으로 표현하는 식이다. 전자와 광자가 충돌하는 장면을 표현하는 방법 중 하나는 다음과 같다. 일단 무대 왼쪽에서 전자와 광자가 출연하여 서로 가까이 접근하다가, 이들이 만나는 곳에서 광자는 점을 남기고 사라진다(전자에게 흡수되었다). 그 후 전자는 무대를 가로지르며 계속 이동하다가 어느 순간 또 하나의 점으로 표시된 곳에서 광자를 방출하고, 직선(전자)과 물결선(광자)은 무대 오른쪽으로 사라진다.

　언뜻 보면 썰렁한 만화 같지만, 사실 파인먼 다이어그램에는 양자장이론의 모든 것이 담겨 있다. 개개의 선과 점에 할당된 요소를 정해진 규칙에 따라 곱하면 확률진폭probability amplitude(다이어그램으로 표현된 상호작용이 실제로 일어날 확률)을 계산할 수 있다. 그

　　자연은 왜 이토록 단순하면서도 아름다운가

러나 파인먼 다이어그램 계산법은 단순한 곱셈이 아니어서, 익숙해지려면 꽤 많은 노력을 들여야 한다. 물리학과 대학원에서는 파인먼 다이어그램이 진정한 대학원생을 가늠하는 일종의 통과의례처럼 전해 내려오고 있다. 방금 언급한 다이어그램은 보는 관점에 따라 두 개의 광자가 충돌하여 전자와 양전자를 생성하는 과정을 나타낼 수도 있고, 그 반대일 수도 있다. 그래서 하나의 공식을 써 내려가기 전에, 반응들 사이의 관계를 면밀하게 살펴야 한다.

리처드 파인먼은 자신이 고안한 다이어그램을 어찌나 좋아했는지, 1975년에 새로 뽑은 차 도지 트레이즈먼 맥시밴Dodge Tradesman Maxivan에 10여 개의 다이어그램을 그려 넣고 다녔다. 줄리언 슈윙거는 입자보다 장場에 중점을 둔 접근 방식을 고수했지만, 결국은 파인먼식 계산법의 위력을 인정하면서 다음과 같이 말했다. "최근 등장한 전자계산기 덕분에 어린아이도 수십 자리 곱셈을 척척 해내듯이, 파인먼 다이어그램 덕분에 양자전기역학적 계산을 누구나 수행할 수 있는 세상이 되었다." 물론 우리도 파인먼의 덕을 톡톡히 본 세대다. 그의 다이어그램은 계산을 쉽게 만들었을 뿐만 아니라, 생각하고 토론하는 방식에도 커다란 영향을 미쳤다.

파인먼 다이어그램을 이용하면 3막 이상에 나오는 상호작용을 간단하게 정리할 수 있다.* 들어오고 나가는 입자와 점(상호작용이 일어나는 곳)이 배열될 수 있는 모든 가능한 경우를 다이어그램으

---

* 저자가 말하는 1막, 2막은 물리학 용어로 1단계 상호작용, 2단계 상호작용이라 한다. 단계가 높아질수록 상호작용도 복잡해진다.

로 그리면 된다. 문제는 뒤로 갈수록 가능한 경우의 수가 많아진다는 것이다. 예를 들어 전자의 자기모멘트magnetic moment를 계산했던 6막으로 가면 가능한 다이어그램의 수가 1만 2672개나 된다! 요즘은 계산의 상당 부분이 자동화되었지만, 고단계 계산을 수행하려면 여전히 강인한 체력과 고도의 집중력을 발휘해야 한다.

이론물리학은 두뇌를 사정없이 혹사하는 학문이지만, 간간이 즉각적인 즐거움을 안겨주기도 한다. 우리는 대학원에 진학하기 훨씬 전부터 아름다운 그리스 문자를 쓰고, 우아한 수학기호를 그리고, 난해한 방정식을 칠판에 휘갈기면서 사전 준비를 했다. 그리고 대학원에 진학한 후에는 파인먼 다이어그램과 한바탕 씨름을 벌이는 와중에도 수학 때문에 고생했던 과거를 온전히 보상받는 듯한 느낌이 들었다. 다이어그램 자체가 아름다우니, 생각도 아름다워지는 것 같다.

8장

기능은 형태를 따른다!

미국의 모더니즘 건축가 루이스 설리번Louis Sullivan은 1896년에 출간한 에세이 〈고층건물에 대한 예술적 고찰 The Tall Building Artistically Considered〉에서 "구조물을 제작할 때는 단순히 고전적 형태를 따를 것이 아니라, 본래의 용도에 충실해야 한다"고 주장했다.

모든 자연물은 겉으로 드러난 외관을 통해 자신이 어떤 존재인지 말해준다. 우리는 자연물의 형태로부터 그들이 우리와 다름을 인지하고, 그들끼리 어떻게 다른지도 알 수 있다…….
활강하는 독수리와 활짝 핀 사과꽃, 수레를 끄는 말, 쾌활한 백조, 가지를 뻗은 참나무, 굽이치는 시냇물, 하늘에 떠다니는 구름, 매일 뜨고 지는 태양 등 모든 만물의 형태는 기능을 따르며(즉, 형태는 기능에 의해 결정되며), 이것이 바로 자연의 법칙이다 설리번이 말한 법칙은 훗날 F로 시작하는 세 단어, 즉 "형태는 기능을 따른다 Form Follows Function"로 요약되어, 모든 디자이너들이 추구해야 할 제1계명으로 자리 잡았다. 고대 그리스의 사원이나 로마제국의 목욕탕, 현대의 사무용 건물을 보면 이 법칙이 충실하게 적용된 것처럼 보인다. 심지어 레몬즙을 짜는 도구와 컴퓨터의 그래픽 사용자 인터페이스 graphical user interface, GUI에서도 설리번의 법칙을 찾을 수 있다. 하지만 과연 이것이 유일하게 생산적인 방식일까? 기능을 우선시하지 않고는 본래의 목적을 달성할 수 없는 것일까?

지난 세기에 자연의 기본 힘을 연구하던 물리학자와 수학자들은 설리번의 모더니즘 모토가 자연에 항상 적용되지 않는다는 것을 깨달았다.

그들은 "자연의 법칙에 내재된 대칭성이 상호작용의 형태를 결정한다"는 중요한 사실을 알아냈다. 즉, 설리번의 계명과 반대로 기능이 형태를 따랐던 것이다 Function Follows Form. 이 원리는 강력과 약력, 전자기력, 그리고 아인슈타인의 일반상대성이론을 통해 업그레이드된 중력에 일괄적으로 적용되며, 자연의 기본 힘을 이해하는 열쇠이기도 하다.

아이작 뉴턴은 힘을 "물체의 운동상태(진행 방향과 속도)를 변화시키는 요인"이라고 생각했지만, 현대 물리학에서 힘은 더욱 일반적인 의미로 확장되었다. 즉, 무언가를 변화시키는 요인은 모두 힘(상호작용)으로 간주된다. 예를 들어 두 개 이상의 입자들이 서로 충돌하여 에너지나 운동량 또는 외형이 변했다면, 이들 사이에 모종의 상호작용이 교환된 것이다. 또한 상호작용은 하나의 고립된 개체(입자 또는 원자)가 자발적으로 변하는 원인이 될 수도 있다.

현대 물리학의 선구자들이 "힘은 대칭으로부터 결정된다"는 사실을 깨달을 때까지 걸어온 파란만장한 여정은 1918년에 제시된 두 가지 아이디어로부터 시작되었다.

아인슈타인이 일반상대성이론을 구축하던 무렵, 독일의 수학자 헤르만 바일Hermann Weyl은 스위스 연방 공과대학Swiss Federal Institute of Technology의 수학과 교수로 재직 중이었다. 얼마 후 일반상대성이론을 접하고 깊은 감명을 받은 그는 1918년에 작성한 강의 노트 '공간-시간-물질Space-time-Matter'에 다음과 같이 적어놓았다.

진리를 가로막고 있던 장벽이 마침내 허물어졌다. 덕분에 우리의 탐구 대상은 비약적으로 넓어졌고, 우리가 전혀 예상하지 못했던 영역도 가시권 안으로 들어왔다. 이는 곧 우리가 모든 물리적 사건의 근원에 더욱 가까이 다가갔음을 의미한다.

평소에 바일은 자연물(유기체와 광물)의 예술적 균형과 대칭에 유별난 관심을 갖고 있었는데, 누군가가 이유를 물으면 "비율의 조화라는 다소 모호한 개념에서 생겨난 대칭을 수학적으로 표현하는 것이 나의 가장 큰 즐거움"이라며 여유 있는 미소를 지어 보이곤 했다. 일반적으로 대칭symmetry은 "동일함"을 의미한다. 어떤 물체의 좌우를 뒤집거나(거울 반전) 특정 각도로 회전시키거나,

또는 위치를 바꿔도 원래의 모양이 변하지 않을 때, 우리는 그 물체가 "대칭성을 갖고 있다"고 말한다. 예를 들어 거울에 비친 상은 원래 모습과 같고, 구球는 임의의 방향, 임의의 각도로 회전시켜도 모양이 변하지 않으며, 결정체를 이룬 원자는 주변의 다른 원자와 완전히 동일하다. 그러므로 이론의 형태(겉으로 드러난 모습)는 이론을 대표하는 방정식의 대칭성에 반영되어 있다.

1918년에 바일은 "아인슈타인의 이론을 확장하면 중력과 전자기력이 하나로 통합된다"는 과감한 추측을 내놓았다. 만일 이것이 사실이라면 고전물리학을 대표하는 두 이론은 "시공간의 기하학적 특성"으로부터 탄생한 필연적 결과물이 된다. 또한 바일은 거리와 시간의 척도인 게이지gauge를 도입하여 "시공간의 각 점에서 척도를 독립적으로 선택해도 자연의 법칙은 달라지지 않는다"고 주장했다. 이 주장은 널리 수용되지 않았지만, 1920년대에 바일은 동료들의 조언과 건설적인 비판을 바탕으로 물리학 이론의 수학적 특성을 파고든 끝에 "전자기학을 낳는 대칭성"을 떠올렸다. 그 내용을 지금 당장 설명하고 싶지만, 물리학자들조차 1920년대에 양자역학이 탄생한 후에야 간신히 이해했을 정도로 난해하기 때문에, 나중에 준비가 되었을 때 다시 다루기로 한다.

바일의 논리를 이해하기 위해, 망망대해에서 배의 길을 안내하는 항해지도를 생각해보자. "북쪽"이라는 단어가 모두에게 동일한 의미로 전달되려면 방향을 정하는 절대적인 기준이 있어야 한다. 북동, 남동, 남남서 등 다른 방향도 마찬가지다. 그럴 리는 없겠지만 만일 국제기구에서 지구의 방위를 지금과 다른 방식으로 정의

　　　자연은 왜 이토록 단순하면서도 아름다운가

한다면, 항해사는 새로운 기준에 따라 자신의 방향을 판단해야 한다. 그런데 여기서 한 걸음 더 나아가 지역마다 다른 기준으로 방향을 정의한다면, 요정 같은 매개체가 바쁘게 날아다니면서 각 지역 사이의 상관관계를 알려주지 않는 한 극심한 혼란이 야기될 것이다.

양자역학에도 이와 비슷하게 "국지적 선택과 무관하게 유지되는 불변성"이 존재한다. 아무런 방해 없이 시공간을 자유롭게 날아다니는 전자를 상상해보자. 양자역학에서 전자의 위치는 파동함수로 표현되며, 파동함수는 시공간의 모든 곳에서 복소수複素數, complex number, 즉 실수와 허수의 조합으로 표현된다. 학생들에게 양자역학을 가르칠 때, 첫 수업 시간에 강조하는 것이 있다. 파동함수의 전체적인 위상phase(실수부와 허수부의 상대적 크기를 나타내는 각도)은 측정 가능한 양이 아니라는 것이다. 그러므로 시공간 전체에 걸쳐 임의의 값을 위상에 더해도 물리학은 변하지 않는다.

여기서 한 걸음 더 나아가 시공간의 위치마다 각기 다른 양을 위상에 더해준다면, 마법 같은 매개체가 바쁘게 돌아다니면서 각 지역에 더해준 양을 모두에게 알려주지 않는 한 극심한 혼란이 야기될 것이다. 양자이론이 일관성을 유지하려면 이런 매개체가 존재해야 한다. 시공간의 모든 점에 존재하는 관측자들에게 각자 마음대로 표준위상을 선택할 수 있도록 자율권을 주었는데, 물리적 결과가 어떻게 동일하게 유지될 수 있을까? 방법이 있다. 이전에 없었던 상호작용을 도입하고, 이 힘이 스핀=1인 힘입자fore particle(힘을 매개하는 입자)를 통해 매개된다고 생각하면 된다. 여기서 새로운 힘이란 다름 아닌 전자기력이며, 매개입자는 전하를 쫓아다니는 무질량입자, 즉 광자photon다.

대칭성으로부터 힘이 도출된다는 것을 제일 먼저 알아낸 사람은 헤르만 바일이었다. 학생들은 우리를 괴짜라고 생각할지도 모르지만, 대칭에서 상호작용이 유도되는 첫 번째 사례를 접하던 순간, 우리는 말로 표현할 수 없는 감동을 받았다. 물론 여기서 중요한 요소는 국소적 척도local gauge가 아닌 국소적 위상대칭local phase symmetry이다. 그러나 물리학자들은 1918년에 바일이 떠올렸던 아이디어에 경의를 표하는 의미에서, 이 대칭성을 "게이지 대칭gauge symmetry"이라 불렀다. 그로부터 25년이 지난 후, 바일의 추측은 단순한 호기심을 넘어 이미 알려진 자연법칙을 재구성하는 기발한 아이디어로 주목받게 된다.

바일이 게이지 대칭을 발표했던 바로 그해에 독일의 여성 수학자 아말리에 에미 뇌터Amalie Emmy Noether는 대칭으로부터 보존법칙과 상호작용이 결정되는 일반원리를 두 개의 수학정리로 요약함으로써, 자연법칙을 바라보는 과학자들의 시각을 송두리째 바꿔놓았다.

에미 뇌터는 1882년에 독일 뉘른베르크 북쪽의 대학도시인 에를랑겐Erlangen에서 태어났다. 에를랑겐대학교의 수학과 교수였던 그녀의 아버지 막스Max는 학계에서 인정받는 유명한 학자였으나, 에미는 부친을 따라 수학자가 되겠다는 꿈을 마음껏 펼칠 수 없었다. 당시에는 거의 모든 대학이 여성의 입학을 허락하지 않았기 때문이다. 실제로 1898년에 에를랑겐대학교 학술원 회의에 참석한 교수들은 "여학생을 입학시키면 모든 학문적 질서가 와해될 것"이라고 입을 모았다.

그러나 뇌터는 선천적으로 포기를 모르는 사람이었다. 그 시기에 비슷한 처지의 젊은 여성들(학문에 뜻을 둔 야심 찬 중산층 여성들)처럼 뇌터는 사립 여학교에 다니면서 영어와 프랑스어 교사가 되기 위한 교육을 받았지만, 속으로는 전혀 다른 꿈을 꾸고 있었다. 그녀는 전통적인 여성 수업을 받으면서도, 슈투트가르트Stuttgart와 에를랑겐에 있는 개인 교사를 찾아다니며 김나지움Gymnasium, 유럽의 청소년 교육기관. 한국의 학제와 비교하면 초등 6학년~대학 1학년 과정과 비슷하다에서 남학생들에게 제공되는 수학 강의를 들었다. 매주 거의 300킬로미터에 달하는 거리를 오가며 향학열을 불태운 덕분에 그녀는 대학 강의를 들을 수 있는 자격을 얻었고 1903년에는 대학입학 자격시험에 통과했으나, 에를랑겐대학교에서 여학생 입학을 허락하지 않는 바람에 좀 더 개방적인 괴팅겐대학교를 선택했다. 당시 괴팅겐대학교에는 카를 슈바르츠실트Karl Schwarzschild와 헤르만 민코프스키Hermann Minkowski, 펠릭스 클라인Felix Klein, 다비트 힐베르트David Hilbert 등 세계 최고의 수학자들이 모여 있었기에, 뇌터는 첫 학기부터 그들의 강의를 들을 수 있었다.

한 한기가 지난 후, 에를랑겐대학교 측은 마음을 바꾸어 약 1000명의 신입생을 뽑으면서 뇌터와 또 한 명의 여성을 정식 학생으로 받아주었고, 집념의 여성 뇌터는 그때부터 본격적으로 수학자의 길을 걷게 된다.

1907년, 난해한 계산으로 점철된 뇌터의 박사학위 논문이 최으

등으로 심사를 통과했다(훗날 그녀는 자신의 학위논문을 "쓰레기"라고 표현했는데, 자만심에서 나온 말은 결코 아니었다). 이로써 뇌터는 유럽에서 수학 박사학위를 취득한 두 번째 여성이 되었으나, 그녀의 진정한 목표는 계산 기계가 아니라 "수학적 발명가"가 되는 것이었다.

박사가 된 에미 뇌터는 1908년부터 1915년까지 에를랑겐 수학 연구소에 재직하면서 강의와 연구 등 교수와 다름없는 업무를 수행했다. 그러나 여성을 차별하는 사회적 분위기는 별로 달라지지 않아서 그녀는 합당한 대우와 그에 맞는 보수를 한 번도 받지 못했다. 그럼에도 불구하고 뇌터는 1909년에 독일 수학회의 정회원이 되었고, 같은 해에 여성 최초로 연례회의에서 강연을 맡는 등 활발한 활동을 이어나갔다. 주목할 것은 이 시기에 뇌터의 주 연구 분야가 계산 위주의 수학에서 그녀의 주특기인 추상 수학으로 넘어갔다는 점이다.

1915년에 펠릭스 클라인과 다비트 힐베르트는 뇌터에게 "괴팅겐에 와서 일반상대성이론을 주제로 강의를 해달라"고 요청했고, 뇌터는 흔쾌히 수락했다. 당시 괴팅겐대학교는 수학자들에게 올림푸스 신전과 같은 성지였기 때문이다. 펠릭스 클라인은 뫼비우스 띠의 일반적 형태인 "클라인 항아리Klein bottle, 안과 밖의 구별이 없는 위상수학적 곡면. 항아리처럼 생겼지만 부피를 갖지 않기 때문에 물을 담을 수 없다"를 고안한 수학자로서, 1872년 기하학에 대칭을 적극적으로 도입하는 "에를랑겐 프로그램"을 주도하기도 했다. 또한 다비트 힐베르트는 현대수학을 대표하는 전설적 인물로서, 1900년 프랑스 파리에서 개최된 세계 수학자 대회에서 "20세기에 풀어야 할 23개의 문제"를 제시하여 전 세계 수학자들을 바쁘게 만들었다.

괴팅겐의 수리과학부 교수들은 뇌터를 적극적으로 반기면서, 수강생들이 그녀에게 수업료를 직접 건네는 조건으로 강의를 허락했다. 대학 측이 뇌터에게 급여를 지급했다는 기록을 남기기 싫었기 때문이다. 그러나 역사 및 언어학부 교수들은 "학생들이 수업 중에 여성의 신체를 보면 주의력이 산만해진다"면서 뇌터의 영입을 반대했고, 보다 못한 힐베르트는 강의를 자신의 이름으로 개설하고 뇌터를 조교로 임명하여 강의를 진행하는 방식으로 사태를 마무리했다.

1918년 7월, 에미 뇌터는 펠릭스 클라인의 박사학위 취득 50주년을 기념하여 「불변량의 변분법 문제Invariant Variational Problems」라는 제목의 논문을 그에게 헌정했는데, 여기 수록된 두 개의 정리는 훗날 그녀에게 불멸의 명성을 안겨주게 된다. 논문의 목적은 대칭의 개념을 자연에 적용했을 때 어떤 제한조건이 부과되는지 확인하는 것이었다. 제1정리는 앞서 언급한 항해지도의 사례처럼 광역대칭global symmetry에 적용된다. 즉, 시공간의 모든 지점에서 어떤 기준을 일괄적으로 바꾼 경우다. 뇌터는 이 정리에서 "자연법칙을 표현한 방정식의 형태를 바꾸지 않는 모든 대칭연산(무한히 작은 변화로 구성된다)은 보존법칙을 낳는다"고 결론지었다. 예를 들어 바일의 위상대칭은 "전하는 생성되지 않고 파괴되지도 않는다"는 전하보존법칙을 낳는다.

이보다 훨씬 쉽게 시각화할 수 있는 대칭원리는 더욱 광범위한 보존법칙으로 귀결된다. 물체의 운동을 기술하는 역학이 지금처럼 발전할 수 있었던 것은 수학의 발달과 함께 영감 어린 시행착오를 수도 없이 겪었기 때문이다. 과거의 물리학자들은 에너지 보존법칙(에너지는 창조되지도, 파괴되지도 않으며, 오직 형태만 달라질 수 있다는 법칙) 같은 근본적 법칙을 "경험상 분명히 성립하지만, 근원이 분명치 않은 법칙"쯤으로 여겼다. 그러나 에미 뇌터의 제1정리에 의하면 에너지 보존법칙은 "자연의 법칙은 시간이 흘러도 변하지 않는다"는 시간대칭성으로부터 자연스럽게 유도되는 결과다. 또한 "공간의 모든 지점에서 똑같은 물리법칙이 적용된다"는 공간대칭성을 요구하면 운동량 보존법칙이 유도되고, "자연은 특정 방향을 선호하지 않는다"는 회전대칭성을 요구하면 회전운동의 척도인 각운동량 보존법칙이 유도된다. 대칭과 보존법칙 사이의 대응 관계를 주의 깊게 보면, 자연의 거동방식에 대해 "……이어야 한다"는 광범위한 주장을 펼칠 때마다 구체적이고 유용한 의외의 결과가 얻어진다는 것을 알 수 있다. 이와 반대로 보존법칙이 성립하지 않는다는 것은 그에 해당하는 대칭이 붕괴되었음을 의미한다. 이 정도만 해도 놀라운데, 뇌터의 제1정리는 시작일 뿐이다.

에미 뇌터의 제2정리는 시공간의 각기 다른 위치에서 독립적으로 수행되는 대칭변환에서 시작된다. 이것은 게이지이론gauge theory(대칭은 상호작용을 결정한다)의 씨앗이자 상대성이론과도 깊이 관련되어 있으며, 헤르만 바일의 모호한 직관을 강력한 도구로 바꿔놓은 정리이기도 하다. 임의의 게이지 대칭에 뇌터의 제2정리를 적용하면 질량이 없고 스핀=1인 힘입자로 매개되는 상호작용이론이 도출되며, 입자의 수와 특성은 대칭에 의해 결정된다. 광자가 전기전하를 따라다니듯이, 일반적으로 매개입자는 주어진 게이지 대칭에서 보존되는 전하를 따라다닌다. 광자는 전기적으로 중성이어서 자기들끼리는 상호작용을 하지 않기 때문에, 전기장이 아주 강하지 않은 한 자기들끼리 아무렇지 않게 통과한다. 그래서 모든 전자기파(AM, FM, TV, Wi-Fi, 5G 블루투스, 가시광선 등)는 평화롭게 공존할 수 있다.

대칭을 가정하고 그로부터 상호작용 이론을 구축할 수 있다고 해서, 당신이 무작위로 내린 선택이 항상 자연과 관련된다는 뜻은 아니다. 그러나 뇌터의 정리는 다른 몇 가지 요인 때문에 "이론 제조기"로서의 능력을 마음껏 발휘하지 못했다. 무엇보다 그녀의 논문이 처음부터 정식 학술지에 발표되지 않아서 당대 과학자들의 관심을 끌지 못한 것이 첫 번째 요인이었다.

에미 뇌터는 추상수학으로 관심을 돌려 "현대 대수학의 어머니"가 되었다. 이런 그녀가 왜 그렇게 턱도 없이 저평가되었을까? 두 번째 이유는 그 무렵 물리학자들이 자연에 존재하는 상호작용의 개수를 정확하게 파악하지 못했기 때문이다. 당시에는 방사선도, 원자핵의 구조도 정확하게 알려지기 전이었기에 약력과 강력을 체계적으로 설명할 수 없었다. 세 번째 이유는 당시 물리학자들에게 대칭 외에도 튀겨야 할 물고기가 워낙 많았기 때문이다. 앞에서도 수플레와 커스터드 등 음식 비유를 많이 들었는데, 아무래도 저자가 미식가인 것 같다. 20세기 초의 물리학자들은 주기율표에서 헬륨보다 무거운 원자의 특성을 연구하고, 여기서 얻은 지식을 고체물리학과 응집물티학에 적용하고, 원자핵의 내부 구조를 파헤치는 등 할 일이 산더미처럼 쌓여 있었다. 이렇게 바쁜 와중에 수학적이고 추상적 개념인 대칭까지 챙기는 것은 다소 무리였을 것이다.

에미 뇌터는 괴팅겐에서 수학적으로 전성기를 맞이했지만, 자신의 업적에 걸맞은 대접을 받은 적이 단 한 번도 없었다. 제1차 세계대전이 독일의 패전으로 끝난 후, 바이마르 공화국은 여성을 대학교수로 채용하는 것을 허락했다. 그 덕분에 뇌터는 1919년에 교수 자격을 획득했고, 40세가 된 1922년부터 시간강사 신분으로 학생들을 가르칠 수 있게 되었다. 괴팅겐에서 그녀를 따르는 학생들은 "뇌터크나벤Noetherknaben(뇌터의 소년들)"으로 불렸는데, 강의가 끝나면 괴팅겐 거리를 무리 지어 돌아다니다가 선술집에 자리를 잡고 큰소리로 수학 논쟁을 벌이곤 했다. 뇌터가 이렇게 동료 교수와 학생들 사이에서 명망을 쌓아가던 무렵, 국가 사회주의당(나치당)이 독일 정권을 장악하면서 그녀의 괴팅겐 생활은 막을 내리게 된다.

1933년에 독일 문화부 장관은 모든 대학의 유대인 교수를 방출할 것을 지시했고, "러시아 수학자들과 활발하게 교류해온 유대인 여성 교수"였던 뇌터는 다른 유대인 교수 다섯 명과 함께 제일 먼저 학교를 떠나야 했다.

유대인 박해가 날이 갈수록 심해지자 힐베르트를 비롯한 일부 교수들은 1933년 말까지 괴팅겐대학교에서 쫓겨난 교수들을 위해 안전한 피난처를 제공하고 생활비를 지원해주었다. 그리고 미국에서는 "독일 실향민 학자 지원 위원회"를 조직하여 독일에서 건너온 과학자들이 연구를 계속할 수 있도록 도와주었는데, 그 덕분에 뇌터는 펜실베이니아주에 있는 브린 모어 칼리지Bryn Mawr College에서 2년간 방문 교수로 머물 수 있게 되었다.

브린 모어 칼리지는 "여성에게 고등교육의 기회를 제공한다"는 취지하에 1885년 설립된 미국 최초의 사립여자대학으로 대학원 과정까지 운영되었으며, 본인이 원하면 유럽식 전통에 따라 독자적인 연구를 수행할 수도 있었다. 이곳에서 뇌터는 대학 측의 배려로 매주 한 번씩 프린스턴에 있는 고등연구원Institute of Advanced Study을 방문하는 특혜를 누렸는데, 덕분에 그녀는 유럽에서 건너온 최고의 석학들과 교류하면서 수학자로서의 삶을 계속 이어갈 수 있었다(당시 프린스턴의 수학자 중에는 헤르만 바일도 있었다).

브린 모어 칼리지에서 "미스 뇌터"를 종종걸음으로 따라다니던 여학생들이 뇌터크나베만큼 극성스러웠는지는 알 수 없지만, 그들의 열정만큼은 괴팅겐 학생들 못지않았다. 그리고 프린스턴대학교에서 뇌터의 강의를 들은 학생들도 그녀의 실력과 인품을 깊이 존경했다. 그러나 미국에서 제2의 인생을 펼치던 그녀는 1935년 봄방학 때 간단한 복부 수술을 받았다가 돌연 합병증이 발생하여 며칠 만에 세상을 뜨고 말았다. 뇌터의 사망 소식을 접한 아인슈타인은 "여성 고등교육이 시작된 후로 지금까지 배출된 인재 중 단연 최고의 천재"라며 그녀의 죽음을 애도했고, 헤르만 바일은 그녀의 추모식에서 "뇌터 누님은 여러 면에서 분명히 나보다 뛰어난 수학자였다"고 고백했다.

뇌터가 세상을 떠나고 근 20년이 지나서야 비로소 물리학자들은 제2정리의 위력을 깨닫기 시작했다. 1932년에 중성자를 발견했던 제임스 채드윅은 게이지이론을 연구하면서 더욱 유명해졌고, 다른 이론물리학자들도 너 나 할 것 없이 이 분야에 뛰어들어 뇌터의 덕을 톡톡히 보았다.

중성자는 양성자와 함께 원자핵을 이루는 구성 요소다. 양성자의 전하는 전자의 전하와 크기가 같고 부호만 반대이며, 중성자는 이름에서 알 수 있듯이 전기적으로 중성이다(즉, 전하를 갖고 있지 않다). 또한 양성자와 중성자는 전자와 마찬가지로 기본 단위의 절반에 해당하는 스핀(1/2)을 갖고 있으며, 둘의 질량은 거의 비슷하다. 원자물리학자들이 즐겨 쓰는 단위로 표기하면 양성자의 질량은 938,272,088.16eV이고, 중성자의 질량은 939,565,420.52eV다(둘 다 대략 1GeV로 통용된다).

양성자와 중성자의 질량 차이가 고작 7퍼센트에 불과하니, 왠지 두 입자는 "핵자核子, nucleon"라는 한 입자의 두 가지 측면일 수도 있을 것 같다. 3장에서 만났던 양자역학의 천재 베르너 하이젠베르크는 이 단순한 아이디어에서 출발하여, 양성자와 중성자의 관계가 스핀-업(+)인 전자와 스핀-다운(-)인 전자의 관계와 비슷할 것으로 추측했다. 양성자와 중성자를 구별하는 새로운 양자수를 아이소스핀isospin(기존의 스핀을 확장한 개념)이라 한다. 양성자의 아이소스핀은 업up이고, 중성자의 아이소스핀은 다운down이다. 1930~1940년대에 원자핵을 단단하게 묶어두는 힘과 핵반응의 얼개가 조금씩 밝혀지면서 양성자와 중성자를 연결하는 대칭이 부각되기 시작했고, 아이소스핀은 이 대칭을 다루는 최적의 도

 자연은 왜 이토록 단순하면서도 아름다운가

구로 떠올랐다.

대칭의 위력을 누구보다 잘 알고 있었던 하이젠베르크는 어느 날 제자들과 대화를 나누는 자리에서 이런 말을 남겼다.

> "태초에 입자가 있었다"는 데모크리토스Democritos식 주장보다 는 "태초에 대칭이 있었다"는 표현이 더 적절하다. 모든 기본 입자에는 대칭이 반영되어 있고, 대칭을 드러내는 가장 단순한 방법이 바로 입자이기 때문이다. 그리고 무엇보다 중요한 것은 입자라는 것 자체가 대칭의 산물이라는 점이다.

그러나 하이젠베르크는 그토록 대칭을 중요하게 여기면서도, 자신의 아이디어와 뇌터의 정리를 결합할 생각은 한 번도 떠올리지 않았다. 아마도 양자역학 개발에 너무 몰두하여 그런 논문이 있는지조차 몰랐을 것이다.

1954년, 브룩헤이븐 연구소의 양전닝楊振寧, Chen Ning Yang과 로버트 밀스Robert Mills는 뇌터의 제2정리를 아이소스핀 대칭에 적용함으로써, 대칭과 관련된 문제를 물리학의 중앙무대에 올려놓았다. 전자기력을 번외로 간주하면, 양성자와 중성자는 굳이 그런 이름으로 부를 필요가 없다. 과거 물리학자들이 개개의 입자에 연연하지 않았다면, "양성자와 중성자의 복합체"를 양성자라 부를 수도 있었을 것이다. 이와 같은 임의성은 (뇌터의 정리에 따라) 아이소스핀이 보존량임을 의미하는 아이소스핀 대칭에 반영되어 있다. 그러나 양과 밀스는 여기에 다음과 같이 이의를 제기했다. "누군가가 시공간의 한 지점에서 무엇을 양성자라 부르고 무엇을 중성자라 부를지 결정했을 때, 시공간의 다른 지점에 있는 다른 사람들에게 다른 선택의 여지가 없다는 것은 지나친 제한이다." 이들은 시공간 어디에서나 양성자와 중성자를 마음대로 정의할 수 있는 가능성을 찾기 시작했다. 앞에서 언급했던 위상대칭을 아이소스핀으로 일반화시킨 것이다.

물론 간단한 문제는 아니다. 양-밀스의 과제를 완수하려면 수학 연산을 연구 노트 몇 장에 걸쳐 수행해야 한다. 계산이 복잡한 이유는 각기 다른(총 세 가지) 아이소스핀 대칭연산 결과가 연산을 수행하는 순서에 따라 달라지기 때문이다. 루빅큐브와 씨름을 해본 사람은 이와 같은 "비가환연산noncommuting operation"을 경험한 적이 있을 것이다. 큐브와 친하지 않은 독자들을 위해 좀 더 간단한 실험을 해보자. 책꽂이에서 아무 책이나 한 권을 꺼내 표지가 위(천장)를 향하고, 책등은 왼쪽을 바라보도록 책상 위에 똑바로 눕혀 놓는다. 준비되었는가? 이제 책을 반시계방향으로 90도 돌린다. 그러면 표지는 여전히 위를 향하고, 책등은 당신에게 가까운 쪽(아래쪽)으로 이동할 것이다. 그다음, 그 상태에서 왼쪽 모서리(책의 위쪽 모서리)를 들어 올려서 시계방향으로 90도 돌리면 표지는 오른쪽을 향하고, 책등은 당신을 향하게 된다. 지시를 제대로 따랐다면 책은 아래쪽 모서리를 받침 삼아 똑바로 서 있을 것이다. 이것으로 첫 번째 회전(연산)은 끝났다. 이제 책을 처음 위치로 되돌려놓고 회전변환을 다시 시도해보자. 단, 이번에는 회전하는 순서를 바꿀 것이다. 우선 책등을 들어 올려서 시계방향으로 90도

　　자연은 왜 이토록 단순하면서도 아름다운가

돌린다. 그러면 책은 앞 모서리(책을 읽을 때 펼치는 부분)를 받침 삼아 똑바로 서고, 표지는 오른쪽을 향할 것이다. 그다음, 앞 모서리가 책상과 닿은 상태를 유지하면서 반시계방향으로 90도 돌리면, 뒷표지가 당신을 향하고 책등은 천장을 향하게 된다. 자, 어떤가? 두 개의 똑같은 회전연산을 순서만 바꿔서 적용했는데 결과가 완전 딴판이다. 덧셈이나 곱셈 같은 대수적 연산은 순서를 바꿔도 결과가 달라지지 않지만, 회전과 같은 변환연산자는 적용 순서에 따라 각기 다른 결과가 얻어진다.

뇌터의 제2정리는 양전닝과 밀스가 생각했던 이론이 실제로 구축될 수 있음을 말해준다. 약간의 인내심을 발휘하면 대학원생도 할 수 있다. 그것은 스핀이 1이면서 전하가 +1, 0, −1인 세 개의 무질량 힘입자에 의해 매개되는 양성자와 중성자의 상호작용에 관한 이론이다. 일반적으로 스핀이 정수인 입자를 보손boson이라 하며, 광자가 전하를 쫓아다니듯 양–밀스 힘입자(게이지 보손gauge boson이라 한다)는 아이소스핀을 쫓아다닌다. 힘입자는 아이소스핀을 갖고 있기 때문에 상호작용을 교환하는데, 바로 이것이 전자기력과 다른 점이다.

양과 밀스는 이전에 몰랐던 새로운 상호작용을 유도함으로써, 자연의 힘에 대한 기존의 사고방식을 근본적으로 바꿔놓았다. 이들이 사용했던 아이소스핀 대칭 사례는 "대칭은 상호작용을 결정한다"는 에미 뇌터의 제2정리가 사실임을 확실하게 보여주었다. 이것을 건축물과 비교하면 대칭은 건물의 외형(형태)이고 상호작용은 건물의 기능에 해당하므로 "형태는 기능을 따른다"는 루이스

설리번의 격언과 정반대로, 기능이 형태를 따르는 셈이다. 정말 흥미롭지 않은가?

하지만 섣부른 판단은 금물이다. 우리는 4장에서 핵력의 가장 중요한 부분이 스핀=0인(1이 아님!) 유카와 히데키의 파이온pion을 통해 매개된다고 했다. 게다가 파이온은 실험실에서 발견될 정도로 질량이 크다(즉, 무질량 입자가 아니다!). 정밀하고 우아하게 만들어진 양-밀스 이론이 원래의 목적에 부합되지 않은 것이다. 그런데 왜 우리는 양-밀스 이론을 이토록 열심히 설명하고 있는 것일까?

진화의 역사에서 적응에 실패하여 도태된 종은 두 번 다시 나타나지 않는다. 그러나 물리학에서는 이론이 성공을 거두지 못했다 해도, 기본 아이디어는 과학자의 기억과 연구소의 도서관에 보관되어 끝까지 살아남는다. 그러다 누군가가 이 아이디어를 새로운 환경에 적용하여 역전 만루 홈런을 칠 수도 있다. 양전닝과 로버트 밀스가 실패한 이유는 올바른 아이디어를 잘못된 문제에 적용했기 때문이었다. 사실 그 당시에는 올바른 문제가 무엇인지 아는 사람도 없었다.

다음 장에서는 올바른 문제를 제시하고, 뇌터와 바일, 양전닝과 밀스의 이론으로 강한 상호작용의 비밀이 밝혀진 과정을 따라가 보기로 한다.

9장

새로운 법칙

양과 밀스는 양성자와 중성자의 상호작용 이론을 구축하는 데 실패했지만, 대다수의 물리학자들은 "상호작용은 대칭으로부터 결정된다(기능은 형태를 따른다)"는 아이디어가 너무나 아름다워서 틀릴 수가 없다고 생각했다. 그 후 10년 동안 이론물리학자들은 대칭의 개념을 고이 간직한 채 힘을 매개하는 게이지 보손에 질량을 부여하는 방법을 연구했고, 그 덕분에 양-밀스 이론은 물리학의 무대에서 퇴출당하지 않고 생명을 유지할 수 있었다. 과연 양-밀스 이론은 이론적 유희를 위한 놀이터에 불과했을까? 아니면 자연의 기본 상호작용을 이해하는 열쇠로 화려하게 부활할 것인가? 물리학자들은 답을 찾을 때까지 10년을 기다려야 했다.

상황은 별로 낙관적이지 않았다. 러시아의 위대한 물리학자 레프 란다우Lev Landau는 1959년에 출간한 저서에 다음과 같이 적어놓았다.

지금의 이론물리학은 강한 상호작용을 다루기에 역부족이다. 이것은 누구도 부인할 수 없는 명백한 사실이다……. 프리먼 다이슨Freeman Dyson은 "올바른 이론이 나오려면 적어도 100년은 기다려야 할 것"이라고 단언했다.

다이슨은 양자전기역학의 파인먼 다이어그램과 줄리언 슈윙거의 연산자 방법이 동일하다는 것을 입증하여 세계적으로 유명해진 미국의 이론물리학자다.

양자전기역학의 무대에서 간단한 1막짜리 연극(1단계 계산)은 물리적 현상에 대하여 "실제 값과 그런대로 비슷한" 근사값을 제공한다. 여기서 2막, 3막……까지 가거나 다른 상호작용을 고려하면 더욱 정확한 값을 얻을 수 있다. 단계가 높아질수록 계산 결과가 하나의 값으로 수렴하는 이유는 전자기력의 세기가 비교적 약하기 때문이다. 그러나 핵력은 매우 강한 힘이기 때문에, 막이 진행될수록(즉, 계산 단계가 높아질수록) 기여도가 점점 커져서 통제 불능 상태에 도달하게 된다. 무한등비급수의 공비가 1보다 커서 발산하는 경우와 비슷하다.

내가 대학원에 다니던 시절, 양자장이론의 성지는 단연 버클리였다. 이곳의 물리학과 교수이자 S-행렬 구두끈 이론S-matrix bootstrap theory의 창시자인 제프리 추Geoffrey Chew는 강력과 관련된 수십 종의 입자들(양성자, 중성자, 파이온 등)을 기본입자로 보는 관점에 반기를 들었다. 그의 구두끈 이론에 의하면 모든 관측 가능한 값은 일반적 원리에 따라 고유한 방식으로 연결되며, 강력은 개별 입자의 특성이 아닌 자기조화self-consistency를 통해 예측될 수 있다. 이 접근 방식은 상상력으로 먹고사는 물리학자들을 끊임없이 자극하면서 다양한 이론적 개발 도구를 양산했지만, 근본적인 해결책은 되지 못했다.[*]

강한 상호작용(강력)에 대한 포괄적 이론은 한때 실패작으로 간주되었던 양-밀스 이론으로부터 탄생했다. 1950년대 중반에 스탠퍼드대학교의 물리학자 로버트 호프스태터Robert Hofstadter가 이끄는 연구팀은 고에너지 상태에 있는 수소에 전자를 산란시키는 실험을 하던 중 양성자와 중성자 안에 내부 구조가 존재한다는 증거를 처음으로 발견했다. 호프스태터는 주어진 데이터를 면밀히 분석한 끝에 양성자의 전하가 지름 10^{-15}미터짜리 초소형 구체 안에 흐릿한 구름처럼 분산되어 있다고 결론지었다.

5장에서 언급한 대로, 조지 츠바이크와 머리 겔만은 원자핵이 세 가지 구성 요소로 이루어져 있다는 가정하에, 1960년대 중반까지 알려진 모든 중간자와 바리온, 그리고 아직 발견되지 않은 관련 입자의 세부 구조를 예측했다. 여기서 세 가지 구성 요소란 세 개의 쿼크(위쿼크, 아래쿼크, 기묘쿼크)로서, 이들 사이에 간단한 결합규칙을 부여하면 강력을 교환하는 모든 입자의 특성을 설명

---

[*] 원래 bootstrap은 구두끈이 아니라 "롱부츠의 목 끝에 달린 작은 고리 모양 손잡이"를 칭하는 단어였다. 여기에는 "부트스트랩을 잡아당겨서 자신의 몸을 들어 올린다"는 역설적인 의미가 담겨 있다.

할 수 있다. 이들의 가설에 의하면 중간자는 쿼크와 반쿼크가 결합한 상태이며, 바리온은 세 개의 쿼크로 이루어져 있다.

그러나 다수의 이론물리학자들(특히 양-밀스 이론에 매료된 사람들)은 양성자와 중성자 내부에 또 다른 구조물이 존재한다는 것을 믿지 않았고, 아예 싸구려 꼼수로 치부하는 사람도 있었다. 그나마 우호적인 사람들조차 쿼크 가설을 "꽤 유용한 기억법" 정도로 생각했다. 츠바이크와 겔만의 가설을 진지하게 받아들인 물리학자는 아주 극소수였는데, 이들도 중간자와 바리온이 쿼크로 이루어져 있다는 가정하에 실행된 계산을 선뜻 받아들이지 않았다. 과거에 화학자들이 원자를 "편리한 계산 도구"쯤으로 취급했던 것과 비슷한 상황이다. 그들에게 쿼크가 이질적으로 보인 이유는 크게 두 가지로 요약된다. 첫째, 쿼크의 전하량은 정수가 아닌 분수였고(전자의 전하를 -1이라 했을 때, 쿼크의 전하는 -1/3, 또는 +2/3이다) 둘째, 그토록 공을 들였음에도 불구하고 텅 빈 공간에서 혼자 돌아다니는 쿼크를 본 사람이 아무도 없었기 때문이다.

5장에서 언급했던 SLAC-MIT 실험은 1960년대 후반에 더욱 정밀하게 개선되어, 입자가 충돌하는 순간을 이전보다 짧은 노출 시간과 높은 해상도로 촬영할 수 있게 되었다. 그리고 이곳의 실험팀은 업그레이드된 장비를 십분 활용하여 양성자와 중성자가 (파인먼과 비요르켄이 "파톤parton"이라 불렀던) 작은 하전입자로 이루어져 있음을 확인했다. 이 입자(얼마 후 쿼크로 확인된 입자)는 핵자 안에서 자유롭게 움직이는 것처럼 보였지만 핵자에서 탈출하는 모습은 단 한 번도 관측되지 않았다. 대체 무엇이 쿼크를 핵자 안에 철통처럼 가둬놓고 있는 것일까? 이 의문이 해결될 때까지 쿼크는 이론이 아닌 가설로 남아야 했다.

사실 쿼크 모형은 가설이라 부르기도 어려울 정도로 심각한 문제점을 안고 있었다. 파울리의 배타원리에 의하면 스핀이 $1/2$인 입자들은 동일한 양자상태를 점유할 수 없는데, 쿼크는 이 원리를 위배하는 것처럼 보였다. 쿼크 모형의 초기 버전에 등장했던 오메가 마이너스(Ω^-) 입자가 대표적 사례다. Ω^-는 세 개의 기묘쿼크로 이루어져 있으며, 이들은 모두 동일한 스핀($1/2$)과 아이소스핀(0)을 갖고 있다. 즉, 기묘쿼크 세 개가 동일한 양자상태를 점유하고 있는 것이다. 이 문제는 오스카 그린버그Oscar W. Greenberg와 난부 요이치로南部陽一郎, 한국 출신 물리학자 한무영韓武榮에 의해 해결되었는데, 아이디어가 허무할 정도로 간단하다. 입자의 양자상태를 결정하는 요인에 새로운 항목을 추가하면, 동일하게 보였던 양자상태가 구별 가능해진다. 이들은 모든 종류의 쿼크에 세 가지 속성을 추가하여 1인실처럼 보였던 양성자 호텔 객실을 3인실로 바꿔놓았다.

새로 도입된 세 가지 속성을 어떤 이름으로 부르는 게 좋을까? 몇 번의 논의를 거친 후 최종적으로 선택된 것은 빛의 삼원색인 적red, 녹green, 청blue이었다. 이것을 쿼크의 색전하color charge라 한다. 물론 쿼크가 진짜로 색을 띤다는 뜻은 아니다. 예를 들어 Ω^-는 세 개의 기묘쿼크로 이루어져 있는데, 쿼크의 색전하가 각각 적, 녹, 청이어서 결과적으로 Ω^-는 색전하를 갖지 않는다. 붉은빛, 초록빛, 푸른빛을 더하면

색이 없는 백색광이 되기 때문이다. 이와 비슷하게 중간자도 색전하가 없다. 여기에 "색이 없는 상태만이 독립적으로 존재할 수 있다"고 가정하면, 혼자 돌아다니는 쿼크가 발견되지 않은 이유도 자연스럽게 설명된다. 물리학자들은 쿼크의 색을 이용하여 추측성 계산을 쏟아내기 시작했고, 이 과정에서 "색이 없는 쿼크"보다 "색이 있는 쿼크"가 실험 결과와 더 잘 일치한다는 사실도 알게 되었다.

일단 문제는 해결되었다. 그러나 쿼크의 색이 배타원리를 피해가기 위한 미봉책이 아니라 원래 존재하는 근본적인 물리량이라면, 좀 더 심각하게 받아들여야 한다. 양성자와 중성자라는 명칭이 임의적이었던 것처럼, 쿼크의 색이름도 정하기 나름이다. 그렇다면 아이소스핀 대칭과 유사한 "색대칭color symmetry"이 존재할 수도 있지 않을까? 꽤 그럴듯한 추측이다. 실제로 (겔만과 네에만의 중간자―바리온 분류법을 통해 물리학자들에게 이미 친숙해진) SU(3) 대칭은 색전하에도 적용된다. 향대칭flavor symmetry, "향香"이란 입자를 분류하는 또 하나의 항목으로, 총 여섯 가지가 있다은 전하나 기묘도처럼 외부로 드러난 속성에 적용되는 반면, 색대칭은 직접 관측할 수 없는 내부 속성에 적용되는 대칭이다. 겔만과 네에만이 제시한 중간자 및 바리온 족族은 1개, 또는 8개, 또는 10개로 구성되어 있는데, 이들을 각각 SU(3) 향 일중항singlet, 8중항octet, 10중항decimet이라 한다. 쿼크와 반쿼크로 이루어진 모든 중간자와 세 개의 쿼크로 이루어진 모든 바리온은 색전하가 없다(즉, 색 일중항color singlet이다). 그래서 물리학자들은 쿼크와 반쿼크의 조합으로 이루어져 있으면서 혼자 돌아다닐 수 있는 모든 입자도 색 일중항 상태(색전하가 없는 상태)에 있어야 한다고 생각했다.

여기까지 왔으니, 양과 밀스가 아이소스핀 대칭을 다룰 때 했던 것처럼 색-SU(3)를 게이지 대칭으로 선택해보자. 그러면 8개의 무질량 힘입자가 얻어지고, 각 입자는 색상color과 반색상anticolor을 모두 갖게 된다. 흔히 "글루온gluon"으로 알려진 이 입자들은 쿼크와 반쿼크를 묶어서 하드론을 만드는 역할을 하며, 입자의 색을 쫓아다닌다(광자가 전하를 쫓아다니는 것과 비슷하다). 일반적으로 힘입자는 변화를 낳는 원천이다. 광자는 하전입자의 에너지와 운동량을 바꾸고, 글루온은 여기에 더해 쿼크의 색전하까지 바꿀 수 있다. 전기적으로 중성인 광자와 달리 글루온은 그 자체로 색전하를 띠고 있어서 자기들끼리 상호작용을 교환할 수 있으며, 쿼크처럼 "색 일중항 상태의 객체" 안에 갇혀 있다.

이론물리학자들은 색상 게이지이론color gauge theory을 개발할 때 매우 조심스러웠다. 쿼크 및 글루온 이론의 창시자 중 한 사람인 머리 겔만이 1972년에 개최된 고에너지 물리학 국제 학술대회 International Conference on High Energy Physics에서 했던 연설을 들어보면, 그가 얼마나 자제력을 발휘하고 있는지 피부로 느껴질 정도다.

쿼크와 모종의 접착제(글루온을 뜻함)를 기본 요소로 삼으면, 하드론에 관한 이론을 구축할 수 있을지도 모른다. 아직은 소설 같은 이야기지만, 추상적인 물리적 특성을 실제 하드론에 적용하여 긍정적인 결과가 얻어진다면 한 번쯤 시도해볼 만한 가치가 있다.

이론물리학자들은 왜 그토록 몸을 사렸을까? 무엇보다 자유쿼크 free quark(혼자 돌아다니는 쿼크)가 발견된 적이 없고, 쿼크 구속 이론quark confinement theory(쿼크가 핵자 안에 영원히 갇혀 있다는 이론)은 한낱 가설에 불과했기 때문이다. 어떻게든 이론을 구축하여 올바른 방정식이 얻어졌다 해도, 강력의 세기가 크기 때문에 다중 상호작용을 고려한 섭동이론 perturbation theory, 각 단계의 계산 결과를 종합해서 최종 답을 얻는 방법. 뒤로 갈수록 기여도가 작아야 계산 결과를 신뢰할 수 있다 으로는 계산 결과를 신뢰할 수 없다. 양자이론에서 상호작용의 세기는 관측 장비의 해상도에 따라 달라지는데, 양자전기역학의 경우에는 전하에 가까이 다가갈수록 상호작용의 세기가 커진다. 전하를 띤 전자가 광자, 전자, 양전자 등 끊임없이 변하는 가상입자 virtual particle*의 구름에 에워싸여 있기 때문이다. 전자는 가상양전자를 끌어당기고 가상전자를 밀어내기 때문에, 멀리서 바라본 전하량은 전자 근처에 밀집된 양전하로 인해 실제보다 조금 적게 보인다. 그러나 전자기력은 거리가 가까울수록 강해지다가 무한히 가까워지면 힘도 무한히 커지므로, 이 이론은 앞뒤가 맞지 않는다. 레프 란다우도 이 문제 때문에 한동안 골머리를 앓았다.

양자전기역학에서 이 문제는 무한히 가까운 거리(또는 고에너

---

* 매우 짧은 시간 동안 존재하면서 명확한 질량을 갖지 않는 입자. 전자기력을 매개하는 광자와 강력을 매개하는 글루온이 대표적 사례다. 현실 세계에서 관측되는 광자는 가상광자와 구별하기 위해 "실재광자real photon"라 한다.

  자연은 왜 이토록 단순하면서도 아름다운가

지, 또는 짧은 파장)에서 발생한다. 그래서 대부분의 물리학자들은 "아직 알려지지 않은 미지의 현상이 이 과정에 개입하여 이론을 구원해줄 것"이라며 다소 안일하게 생각했고, 안데르센 동화에 나오는 공주처럼 매트리스 20장과 이불 20장 밑에 숨겨놓은 완두콩 때문에 잠을 설칠 정도로 예민한 사람들만이 양자전기역학의 앞날을 걱정할 뿐이었다. 그러나 거리가 무한히 가깝지 않은 "근접거리"에서도 무한대가 발생하는 강력이론이라면 이야기가 달라진다. 겔만은 1950년대에 결합상수coupling constant, 상호작용의 강도를 나타내는 상수와 거리의 상관관계를 분석한 최초의 물리학자였기에, 자연스럽게 이 문제에 관심을 갖게 되었다.

어쨌거나 거리가 가까울수록 상호작용의 세기가 강해진다는 것은 거리가 멀수록 상호작용이 약해져서 쿼크가 속박을 풀고 자유로워질 수 있다는 뜻이므로, 파톤(쿼크)모형이나 쿼크 구속이론과 정면으로 상치된다. 그래서 한동안 이론물리학자들 사이에는 "양자장이론과 파톤모형의 양립 불가능성"을 입증하는 것이 두슨 유행처럼 퍼져나갔다. 직관적으로 그럴듯해 보이는 파톤모형이 틀린 것일까? 아니면 강력을 서술하는 양자장이론이 틀린 것일까? 물리학자들은 믿을 만한 가이드라인도 없이 자신의 입맛이나 선입견에 따라 둘 중 하나를 선택해야 했다. 하루가 멀다 하고 쏟아져 나오는 강력이론들은 한결같이 "거리가 가까울수록 상호작용은 강해진다"며 양자전기역학과 비슷한 주장을 펼치고 있었다.

그러던 중 1973년에 프린스턴대학교의 데이비드 그로스David Gross와 그의 제자인 프랭크 윌첵Frank Wilczek, 하버드대학교의 대학원생 데이비드 폴리처David Politzer가 "색전하를 고려한 쿼크와 글루온의 게이지이론은 양자전기역학과 정반대의 거동을 보인다"는 놀라운 결과를 발표했다. 아주 짧은 거리(또는 아주 큰 에너지)에서는 강력의 세기가 오히려 약해진다는 것이다. 양자전기역학과 달리 강력에서는 가상 글루온이 쿼크의 색전하를 분산시키는 경향이 있기 때문에, 쿼크에 더 가까이 다가간다는 것은 더 작은 색전하를 관측한다는 뜻이다.

쿼크와 글루온 사이에 교환되는 상호작용의 세기가 둘 사이의 거리가 가까워질수록 꾸준히 약해지는 현상을 "점근적 자유asymptotic freedom"라 한다. 다이슨은 강력이론이 100년 후에나 완성될 것이라고 예견했지만, 불과 10여 년 만에 모두가 기다리던 청신호가 켜졌다. 새로운 강력이론에서는 색전하가 핵심적 역할을 했기에, "양자색역학quantum chromodynamics, QCD"이라는 이름으로 불리게 된다.

QCD로 업그레이드된 파톤모형은 만화 같은 그림에서 벗어나, 양성자를 타깃으로 한 전자 산란실험의 결과를 예측하는 확실한 이론으로 자리 잡았다. 1974년에 데이비드 폴리처와 톰 아펠퀴스트Tom Appelquist는 무거운 쿼크와 반쿼크가 결합한 상태가 원자와 비슷할 것으로 예측했는데, 이 예측은 6장에서 언급한 "차모늄charmonium"이 발견되면서 현실로 이루어졌다. 그 후 페르미 연구소의 입자가속기 테바트론Tevatron과 CERN의 대형 강입자 충돌기LHC의 출력이 높아지면서 많은 입자들이 새로 발견되었고, 이론물리학자들은 쿼크, 반쿼크, 글루온 등 다수의 입자가 포함된 파인먼 다이어그램을 2막, 3막, 심지어 4막까지 계산하여 실험 데이터와 불과 몇 퍼센트 오차범위 내에서 일치하는 결과를 얻어냈다.

자유쿼크와 글루온은 여전히 실험실에서 발견되지 않았지만, 1970년대 초에 SLAC에서 새로운 현상이 관측되었다. 전자와 양전자가 만나 소멸될 때 파이온을 포함하여 강력을 교환하는 입자들(하드론)이 마치 스프레이가 분사되듯 연달아 나타난 것이다. 흔히 "제트$_{jet}$"로 알려진 이 분사체는 전자-반전자 소멸과정에서 마치 쿼크와 반쿼크를 추적하는 것처럼 거동했다. 그 후 1979년에 함부르크의 전자-양전자 충돌기 PETRA에서는 더 높은 에너지로 실험을 하던 중 쿼크와 반쿼크, 그리고 글루온의 특성을 모두 지닌 세 종류의 제트현상이 관측되었으며, 이 결과를 접한 물리학자들은 (아주 완강한 반대론자를 제외하고) 글루온이 실제로 존재하는 입자임을 인정하게 되었다.

비요르켄과 파인먼의 통찰 어린 직관에서 탄생한 QCD는 "적어도 고에너지 영역에서는 강한 상호작용을 쉽게 다룰 수 있다"는 것을 보여주었지만, 사실 이 정도는 시작에 불과했다.

✻

아이작 뉴턴은 1687년에 출간한 명저 《프린키피아》에서 질량을 "밀도와 부피에서 비롯된 물질의 양"으로 정의했다. 질량이란 물질의 본질적인 속성으로, 뉴턴의 만유인력의 법칙(중력법칙)과 운동법칙을 통해 그 진가를 드러내면서 고전물리학의 기본개념으로 자리 잡았다. 뉴턴에게 질량은 중력의 원천이자 관성의 크기를 가늠하는 척도였다. 관성이란 "외부에서 힘이 작용하지 않을 때 물체가 현재의 운동상태(속도)를 유지하려는 경향"을 의미한다. 뉴턴의 정의에 따르면 물체의 질량은 "그 물체를 구성하는 각 부분의 질량의 합"으로, 우리의 일상적인 경험과 일치한다. 그리고 이로부터 "질량은 보존된다"는 법칙도 자연스럽게 떠오른다. 그러나 고전적 관점에서 볼 때 질량은 한쪽에서 증가하고 다른 쪽에서 감소하여 보존되는 것이 아니라, 처음 주어진 그 양대로 영원히 보존되어야 한다.

18세기에 상트페테르부르크의 미하일 로모노소프Mikhail Lomonosov와 파리의 앙투안 라부아지에Antoine Lavoisier는 질량보존의 법칙을 화학의 영역으로 확장시켰다. 이들의 신중한 분석 덕분에 화학은 연금술사의 전유물에서 양적量的인 과학으로 격상되었고, 존 돌턴John Dalton을 비롯한 과학자들의 연구를 통해 현대 원자론의 모태가 되었다.

전자의 질량이 전자 스스로 만든 전기장에서 발생할 수도 있다는 사실이 알려지기 전까지 근 200년 동안 질량은 자연의 본질(물체의 고유속성 중 하나)로 남아 있었다. 질량의 개념을 현대적으로 수정한 사람은 상대성이론의 창시자인 알베르트 아인슈타인이다. 그는 1905년에 "물체의 관성은 에너지 함량에 따라 달라지는가?" 라는 의미심장한 질문을 떠올렸고, 몇 줄의 계산을 거친 후 "물체의 질량은 그 물체가 정지상태에 있을 때의 에너지를 광속의 제곱으로 나눈 값과 같다"는 혁명적인 결론에 도달했다($m=E/c^2$, 즉

$E=mc^2$이다!).

아인슈타인의 질량–에너지 호환 관계는 1932년에 영국 캐번디시 연구소의 존 콕크로프트와 어니스트 월턴이 실행한 원자 충돌 실험을 통해 사실로 확인되었다. 리튬(^{7}Li) 원자에 양성자를 충돌시켰더니 두 개의 알파입자가 튀어나오면서 에너지가 방출된 것이다. 이듬해에 이렌 졸리오퀴리Irène Joliot-Curie와 프레데리크 졸리오퀴리Frédéric Joliot-Curie는 물질을 통과하는 고에너지 광자가 전자와 반전자로 물질화되는 현상을 발견함으로써 에너지가 물질로 변할 수 있음을 확인했다.[*]

질량과 에너지가 달러와 유로처럼 서로 호환 가능하다면, 질량과 에너지 중 어느 쪽이 더 근본적인 양인가? 이 문제를 파고들다 보면 궁극적인 질문에 도달하게 된다. "질량의 기원은 무엇인가?" 질량과 정지 에너지에 대한 아인슈타인의 개념과 "질량은 각 부분의 합"이라는 뉴턴식 개념 사이에는 미묘하면서도 의미심장한 차이가 있다. 원자나 분자의 질량을 계산하는 절차는 원자핵과 전자의 질량을 더한 후, 원자핵과 전자 사이의 전기적 인력으로부터 발생한 작은 기여도를 빼주는 식으로 진행된다. 말로는 "작은 기여도"라고 했지만, 사실 이것은 과소평가된 표현이다. 메탄(CH_4)이 산소와 함께 연소되어 물과 이산화탄소로 변할 때 방출되는 에너지는 반응 전과 반응 후 질량 차이의 4만 분의 1밖에 안 된다. 이

---

[*] 이들 두 사람은 마리 퀴리의 딸과 사위다. 사위는 "퀴리 집안에 아들이 없다"며 자신과 아내 집안의 성을 모두 따랐다. 부부는 부모의 뒤를 이어 1935년 노벨 화학상을 공동 수상했다.

정도면 질량보존의 법칙이 꽤 정확하게 들어맞는 셈이다. 그러나 화석연료로 유지되는 우리의 경제 시스템은 이 눈곱만 한 차이에 전적으로 의존하고 있다(사람의 신진대사도 마찬가지다). 엄밀히 말해서 원자핵의 총질량은 양성자의 질량과 전자의 질량에 준경험적 지식에 해당하는 핵력의 질량 기여도를 더한 값이다. 두 개의 양성자와 두 개의 중성자가 단단히 결합한 알파입자, 즉 헬륨의 원자핵은 양성자 두 개와 중성자 두 개의 개별 질량을 산술적으로 더한 값보다 0.75퍼센트쯤 작다. 원자핵의 영역에서도 "물체의 질량은 각 부분 질량의 합"이라는 뉴턴식 관점은 꽤 믿을 만한 1차 근사라 할 수 있다. 이것을 거시적 규모로 키우면 0.75퍼센트는 태양에너지의 원천이자 수소폭탄의 파괴력으로 나타난다.

한때 기본입자로 여겨졌던 핵자는 어떤가? 양성자의 특성은 그 안에 들어 있는 두 개의 위쿼크와 한 개의 아래쿼크에 의해 결정되고, 중성자는 한 개의 위쿼크와 두 개의 아래쿼크에 의해 결정된다. 그리고 양자전기역학은 양성자와 중성자의 질량이 어디에서 비롯되었는지를 말해준다.

앞서 언급한 점근적 자유에 의하면, 쿼크와 글루온 사이의 강한 상호작용은 둘 사이의 거리가 양성자의 지름보다 작을 때 약해진다. 이런 유별난 특성 덕분에 우리는 여러 단계의 근사적 과정을 거쳐 고에너지 충돌 사건의 결과를 거의 정확하게 예측할 수 있다. 단계별(1막, 2막, 3막……)로 진행되는 전통적 계산법으로는 색전하를 가진 입자(쿼크와 글루온)들이 색전하가 없는 물체 안에 영원히 갇혀 있다는 사실을 알 길이 없다. 그러나 점근적 자유에서 알 수 있는 또 한 가지 사실은 양성자의 크기만큼 먼 거리에서 강력의 세기가 오히려 강해진다는 것이다.

물리학자들은 시공간을 연속체가 아닌 격자(그물망 구조)로 간주하고 이것을 배경 삼아 양자색역학을 정의함으로써, 강력의 결과를 정확하게 예측하는 수학적 모형을 만들었다. 이것이 바로 코넬대학교의 이론물리학자 케네스 윌슨Kenneth Wilson이 개척한 "격자 양자색역학lattice QCD"인데, 1막, 2막과 같은 단계를 거치지 않고 모든 계산을 일괄적으로 수행한다는 특징이 있다. 또한 이 계산은 슈퍼컴퓨터의 시뮬레이션으로 진행되기 때문에, 연필과 종이로 이루어지는 구식 계산보다 훨씬 빠르고 강력하다. 지금까지 알려진 바에 의하면 격자 QCD는 쿼크와 글루온의 속박이론에 중요한 실마리를 제공하고, 핵자를 비롯한 하드론(강력을 교환하는 입자)의 크기와 질량을 예측하고, 무거운 핵의 고에너지 충돌이나 중성자별의 내부, 또는 중성자별이 다른 별과 합쳐지는 과정에서 쿼크와 글루온이 거동하는 방식을 알려준다.

격자 QCD를 포함한 다양한 이론과 정황증거들을 종합해볼 때 쿼크와 글루온이 색 일중항color singlet 상태에 갇혀 있다는 것은 매우 신뢰할 만한 가설이지만, 엄밀한 수학적 증명은 아직 이루어지지 않았다. 매사추세츠주 케임브리지에 있는 클레이 수학연구소Clay Mathematics Institute에서는 이것을 "새천년에 해결되어야 할 7대 문제" 중 하나로 선정했는데, 누구든지 목적을 달성하면 전 세계 물리학자들의 뜨거운 찬사와 함께 100만 달러의 상금까지 받을 수 있다. 쿼크와 글루온의 속박을 설명하는 올바른 이론은 과연 존재할 것인가? 아니면 영원히 가설로 남을 것인가? 별로 상상하고 싶진 않지만, 의외의 장소에서 자유쿼크가 발견되어 모든 노력이 허사로 돌아가는 건 아닐까? 미래에 어떤 결과가 초래되건, 자유쿼크와 글루온을 찾는 실험은 계속되어야 한다. 우리의 이해도를 검증하고 새로운 사실을 밝히려면 그 길밖에 없다.

격자 계산이라는 렌즈를 통해서 볼 때, 양자색역학은 양성자와 중성자가 매우 이례적인 입자임을 보여준 셈이다. 원자핵의 질량은 "구성 요소의 질량의 합"보다 엄청나게 크다. 여기에는 뉴턴의 정의가 통하지 않으며, 원자나 분자 단계에서 관측된 차이보다도 훨씬 크다. 실제로 쿼크 세 개의 질량을 산술적으로 더한 값은 양성자나 중성자의 질량의 몇 퍼센트에 불과하다. 질량의 대부분은 글루온의 강한 인력으로부터 생성되며, 이로부터 핵자의 질량과 크기가 결정된다. 대충 말하자면 핵자의 질량은 핵자 안에서 돌아다니는 쿼크의 상대론적 에너지와 쿼크의 활동 범위를 제한하기 위해 저장된 에너지로부터 발생한다. 여기에는 질량을 정지상태의 에너지로 정의한 아인슈타인의 개념이 적용되어 있다.

양자색역학으로 핵자의 질량을 설명하는 것은 곧 우주 만물의 질량을 설명하는 것과 같다. 빛을 발하는 모든 물체는 별과 구름을 구성하는 양성자와 중성자로 이루어져 있기 때문이다. 이것은 실로 놀라운 업적이다! 양자색역학 자체를 자연의 새로운 법칙이라 해도 과언이 아닐 정도다.

물론 미스터리는 여전히 남아 있다. 전자와 쿼크의 질량은 무엇으로부터 결정되었는가? 이들이 정말로 크기가 없어서 더 작은 조각으로 분해되지 않는다면, 무슨 수로 질량을 갖는다는 말인가? 그 답은 "기능은 형태를 따른다(상호작용은 대칭을 따른다)"는 전제하에 구축된 또 하나의 이론인 약력이론 weak theory과 전자기력에서 찾을 수 있을지도 모른다. 그러나 여기에는 약간의 변형이 수반된다. 앞으로 우리는 예정된 여행을 계속하면서 이 이론을 발전시키고, 질량의 근원에 얼마나 가까이 다가갔는지 수시로 확인할 예정이다. 그 첫 번째 단계는 베타붕괴에서 출발한 약력이론이 그동안 어떤 길을 거쳐왔는지 되돌아보는 것이다.

(10장)

베타버전

방사선 물리학의 선구자들(앙리 베크렐, 마리 퀴리, 피에르 퀴리, 어니스트 러더퍼드, 프레더릭 소디 등)은 한 원소가 다른 원소로 변하는 현상을 두 가지 방법으로 목격했다. 첫 번째 방법은 원자핵이 알파입자를 방출하고 양성자와 중성자 수가 원래 핵보다 두 개씩 작아지는 "알파붕괴alpha decay"다. 이때 방출된 알파입자, 즉 헬륨(^{4}He)의 원자핵은 처음부터 핵 안에 존재했다가 1장에서 언급한 양자터널효과에 의해 강한 결합력을 이기고 탈출에 성공한다. 이 과정에서 양성자와 중성자는 생성되지도, 파괴되지도 않는다. 두 번째 방법은 원자핵이 베타선beta ray(전자 또는 양전자)을 방출하는 베타붕괴beta decay로서, 붕괴가 일어난 후에도 양성자와 중성자의 합은 변하지 않고 원자핵의 전하량만 한 단위만큼 커지거나 작아진다.

퀴리 부부가 관측한 알파붕괴 중 하나는 라듐-226(^{226}Ra, 양성자 88개, 중성자 138개)이 라돈-222(^{222}Rn, 양성자 86개, 중성자 136개)와 알파입자(양성자 2개, 중성자 2개)로 붕괴되는 것이었다. 베타붕괴의 가장 간단한 사례는 중성자(전하=0)가 양성자(전하=+1)와 전자(전하=-1)로 붕괴되면서 질량이 거의 0에 가까운 뉴트리노(스핀=1/2, 전하=0)가 방출되는 경우다. 붕괴 전에 존재했던 핵자가 붕괴 후 다른 핵자로 바뀌는 식이다. 알파붕괴는 핵자(양성자와 중성자)의 정체성을 유지한 채 배열만 바꾸는 반면, 베타붕괴가 일어나면 핵자의 종류가 달라진다.

1930년 여름, 엔리코 페르미는 미시간대학교에서 개최된 이론물리학 여름학교 심포지엄에 참석하기 위해 로마를 떠났다. 이 여름학교는 공식 행사는 아니었지만 학생들에게 세계적 석학들의 강연을 제공하여 특정 분야에 입문시키고, 전문학자들에게 최신 연구 동향을 빠르게 전달하여 논문을 업데이트하는 등 오랜 세월 동안 물리학계에 지대한 공헌을 해왔다. 또한 이곳에서 작성된 강의 노트는 이후 몇 년 동안 정규 강의와 세미나의 교과서로 사용되면서 독창적인 연구의 밑거름이 되었다. 크리스의 동료인 안드레아스 크론펠드Andreas Kronfeld는 "여름학교에서 일생을 걸고 풀 만한 숙제를 내줬으면 좋겠다"고 했다. 학생들에게는 무리겠지만, 물리학 강사들은 내심 그런 기대를 걸고 앤아버Ann Arbor, 미시간대학교가 있는 도시로 모여들었다.

미시간에서 진행된 페르미의 강의는 1932년에 미국 학술지 〈리뷰스 오브 모던 피직스Reviews of Modern Physics〉에 게재되었을 뿐만 아니라, 향후 수십 년 동안 이 분야의 최고 교과서로 통용되었다. 그는 전자와 광자에 대한 디랙의 이론을 더욱 명확한 형태로 재구성했고, 주요 문제의 응용 사례를 제시하여 실질적인 이해를 도왔다.

볼프강 파울리가 뉴트리노 가설을 발표했을 때, 페르미는 방사선의 양자이론이 베타붕괴를 이해하는 데 도움이 된다는 것을 금방 깨달았다. 일반적으로 원자는 들뜬 상태에서 저에너지 양자상태로 떨어질 때 광자를 방출한다(즉, 새로운 광자가 생성된다). 다시 말해서, 광양자light quanta(빛의 양자, 또는 광자)의 총개수가 고정되어 있지 않다는 뜻이다. 페르미는 여기에 착안하여 원자핵이 베타붕괴를 겪을 때 중성자가 양성자로 변하면서 전자와 뉴트리노가 쌍으로 생성된다고 가정했다. 알파붕괴에서 방출되는 알파입자와 달리, 전자와 뉴트리노는 붕괴되기 전부터 원자핵에 존재했던 입자가 아니다. 그러므로 붕괴 결과를 설명하는 한 가지 방법은 중성자가 양성자+전자+뉴트리노로 구성되어 있다고 가정하는 것이다. 여기에는 양성자와 중성자를 "핵자의 두 가지 상태"로 간주했던 베르너 하이젠베르크의 아이디어도 적지 않은 영향을 미쳤다.

처음에 파울리는 전기적으로 중성이면서 질량이 거의 0에 가깝고 거의 모든 것을 통과할 정도로 투과력이 강한 입자를 "뉴트론Neutron(독일어)"으로 명명했으나, 얼마 후 발견된 양성자의 파트너 입자(중성자)에게 이 이름을 양보했다. 그 후 페르미의 연구팀은 이탈리아어로 "크다"는 뜻의 접미사가 "~one"이고 "작다"는 뜻의 접미사가 "~ino"라는 점에 착안하여 양성자의 파트너를 뉴트로네neutrone(큰 중성입자)로, 페르미의 입자를 뉴트리노neutrino(작은 중성입자)로 명명했다. 지금 우리는 뉴트리노를 일반용어처럼 사용하고 있지만, 베타붕괴에서 전자와 함께 방출되는 입자는 뉴트리노가 아니라 그 반입자인 반뉴트리노antineutrino다.

우리가 버클리대학교의 학부생이었던 시절, 에밀리오 세그레로부터 1933년 겨울 크리스마스 시즌에 페르미의 연구팀이 돌로미티Dolomites, 이탈리아 북부의 산맥. 휴양지로 유명하다로 휴가 여행을 떠났던 이야기를 들은 적이 있다.

어느 날 저녁, 하루 종일 스키를 타고 파김치가 되어 돌아온 페르미는 발 가르데나Val Gardena의 셀바Selva에 있는 오스발트 호텔 객실에서 잠시 휴식을 취한 후, 팀원들을 자신의 방으로 불러모아놓고 베타붕괴에 대한 자신의 아이디어를 설명하기 시작했다. 그 자리에는 에밀리오도 있었는데, 그는 다른 두 명의 동료와 함께 침대 가장자리에 걸터앉아 페르미의 설명에 귀를 기울였다. 당시 팀원들에게 교황 같은 존재였던 페르미는 한참 동안 열변을 토하다가 메모지에 수식을 써 내려갔는데, 양성자와 중성자, 전자, 뉴트리노의 상호작용이 매우 가까운 거리에서 일어난다는 점을 강조하면서 이것을 기하학적 점으로 표현했다. 그의 베타붕괴 이론(지금은 약한 상호작용이라 부른다)은 디랙의 전기역학과 구조적으로 비슷했지만, 광자 같은 장거리 힘입자(먼 거리까지 힘을 매개하는 입자)가 누락되어 있었다. 그가 팀원들에게 보여주려 한 것은 광자의 방출과 흡수로 서슬

되는 기존의 이론을 베타붕괴에 적용하는 방식이었다.

세그레의 설명이 너무 빨라서 수학적 세부 사항까지 이해할 수는 없었지만, 그의 이야기를 듣다 보니 문득 키안티Chianti, 이탈리아 토스카나 지방에서 생산되는 적포도주가 생각났다. 어쨌거나 페르미는 다양한 방사성 핵의 베타붕괴 반감기와 뉴트리노를 도입하게 만든 동기인 베타선 에너지 분포의 계산법을 보여주었다.

얼마 후 페르미는 자신이 구축한 베타붕괴 이론을 과학 학술지 〈네이처〉에 기고했는데, 담당 편집자는 "물리적 현실과 지나치게 동떨어진 추측"이라며 게재를 거부했다. [당시 페르미가 한 일이라곤 전자기력과 중력, 그리고 모호하게 정의된 강력과 더불어 새로운 자연의 힘을 정의한 것뿐이었다. 베타붕괴에 대한 페르미의 이론은 "플레이버 물리학flavor physics(전하를 변화시키는 약한 상호작용을 통해 하나의 쿼크가 다른 쿼크로 변하는 현상)"의 시초라 할 수 있다.] 1933년 말에 페르미는 원래의 논문을 4페이지 반 분량으로 축약하여 이탈리아 국립연구위원회La Ricerca Scientifica에서 출간하는 학술지에 「베타선 방출에 관한 이론Attempt at a theory of the emission of beta rays」이라는 제목으로 실을 수 있었다. 그리고 전체 내용은 1944년 초에 이탈리아 학술지 〈누오보 치멘토Nuovo Cimento〉와 독일 학술지 〈물리학 저널Zeitschrift für Physik〉에 게재되었다.

물리적 밑그림에 수학이라는 옷을 입히면 아이디어가 정교해질 뿐만 아니라, 문제를 바라보는 관점도 다양해진다. 예를 들어 파인먼 다이어그램을 이용하면 반응이 일어나는 과정을 "시간의 역방향"을 따라 바라볼 수 있고, 시간과 공간이 섞인 "비스듬한 방향"에서 바라볼 수도 있다. 페르미의 이론에서는 (핵을 적절하게 세팅했을 때) 양성자가 중성자로 바뀌면서 양전자와 (당시에는 발견되지 않은) 뉴트리노가 방출될 가능성이 자연스럽게 제기된다. 1934년에 이렌 졸리오퀴리와 프레데리크 졸리오퀴리는 알루미늄(^{27}Al, 양성자 13개와 중성자 14개)에 알파입자를 충돌시켜서 인(^{30}P, 양성자 15개와 중성자 15개)을 얻었고, 이 과정에서 중성자 한 개가 방출되는 것을 확인했다. ^{30}P는 자연에 존재하지 않기에, 두 사람은 인공 방사선을 최초로 발견한 사람으로 과학사에 이름을 남길 수 있었다(^{30}P의 반감기는 2분 30초밖에 안 된다).

이렌과 프레데리크의 논문이 발표되고 얼마 지나지 않아, 맨체스터대학교의 한스 베테Hans Bethe와 루돌프 파이얼스Rudolf Peierls가 1934년 2월 10일 자로 〈네이처〉의 편집자에게 「뉴트리노The Neutrino」라는 제목의 논문을 보냈다. 로마식 명명법에 기초하여 파울리가 예견한 입자에 정식 이름을 붙인 것이다. 이 논문에서 베테와 파이얼스는 다음과 같이 주장했다. "양의 베타붕괴(양전자가 방출되는 베타붕괴)가 인공적으로 일어났다는 것은 베타입자(전자 또는 양전자)와 뉴트리노가 방출 시점에 생성되었음을 강력하게 시사하고 있다. 양전자가 원자핵 안에 이미 존재했다는 가정은 설득력이 떨어지기 때문이다." 그러고는 곧바로 뒤를 이어 "뉴트리노가 생성될 수 있다면 소멸될 수도 있을 것"이라고 했다. 가장 흥미로운 사례는 원자핵이 전자나 양전자를 방출하고 뉴트리노를 흡수하여 전하가 1만큼 달라지는 경우일 것이다. 그러나 이런 상호작용이 일어날 확률은 지극히 낮다. 베타붕괴에서 방출된 뉴트리노는 두께가 1000만×10억 킬로미터(1000광년)인 고체를 관통할 정도로 투과력이 높다.* 그래서 맨체스터의 이론물리학자들은 "핵이 변하는 과정에서 생성된 뉴트리노가 다시 핵에 흡수될 가능성은 거의 없다"고 결론지었다.

페르미의 이론은 상호작용의 빈도가 뉴트리노의 에너지에 비례한다는 흥미로운 특징을 갖고 있다. 그러나 베테와 파이얼스는 "우주선 같은 고에너지 빔에서도 베타붕괴는 매우 드물게 일어나는 사건이어서 관측이 불가능할 것"이라고 주장했다. 그러므로 뉴트리노가 베타붕괴 이외의 다른 상호작용을 하지 않는다면, 그것을 관측할 방법은 실질적으로 없는 거나 마찬가지다. 두 사람은 "관측될 수 없는 입자를 가정하여 상황을 끔찍하게 만들었다"며 베타붕괴 이론에 일침을 가했는데, 사실 이 일을 처음 벌인 사람은 페르미가 아니라 파울리였다.

뉴트리노를 발견할 확률이 0에 가깝다는 것은 분명히 타당한 주장이었다. 그러나 베테와 파이얼스의 비판적 태도는 훗날 새로운 기술로 뉴트리노의 상호작용 빈도를 인위적으로 높여서 약한 상호작용 연구를 가능하게 만드는 계기가 되었다. 그 후로 물리학자들은 베테와 파이얼스가 생각했던 반응(반뉴트리노가 흡수되고 양전자가 방출되는 반응)이 원자로의 중심부에서 관측될 때까지 거

---

* 구멍 같은 흔적을 남기면서 힘으로 뚫고 나가는 것이 아니라, 그냥 아무렇지도 않게 통과한다. 뉴트리노는 다른 입자와 상호작용을 거의 하지 않기 때문이다.

 자연은 왜 이토록 단순하면서도 아름다운가

의 20년을 기다려야 했다. 요즘 과학자들은 크기가 무려 1세제곱 킬로미터에 달하는 초대형 감지기를 이용하여 우주선에서 일어나는 뉴트리노의 상호작용을 일상적으로 검출하고 있는데, 개중에는 태양계 바깥에서 날아온 뉴트리노도 있다.

페르미가 발 가르데나에서 팀원들에게 공개했던 베타붕괴 이론은 30년이 지난 후 핵물리학과 입자물리학의 필수지식이 되어 내가 배우던 교과서에도 실렸다. 그러나 그의 이론은 정설로 정착되기 전에 한 가지 중요한 수정을 거치게 된다.

수정된 내용을 이해하려면 약간의 배경지식이 필요하다. 고전물리학은 특정 위치나 특정 방향, 또는 특정 순간을 편애하지 않는다. 즉, 공간의 모든 지점과 방향, 그리고 시간 속의 모든 순간은 완전히 동등하다. 이것을 대칭의 언어로 서술하면 다음과 같다. "시간과 공간은 병진변환translation에 대해 대칭적이며, 3차원 공간은 회전변환rotation에 대해서도 대칭적이다." 그리고 각 대칭은 뇌터의 정리를 통해 에너지보존법칙과 운동량보존법칙, 그리고 각운동량보존법칙으로 귀결된다.

병진변환과 회전변환에 대한 대칭은 "연속대칭continuous symmetry"의 사례다. 변환을 가할 때 이동 거리나 회전 각도를 아무렇게나 잡아도 대칭성이 유지되기 때문이다. 그러나 고전이론에는 연속대칭뿐만 아니라 불연속대칭discrete symmetry도 존재한다. 예를 들어 물리법칙에서 허용된 운동은 시간이 반대 방향으로 흘러도 여전히 허용된다. 즉, 물리법칙은 "시간반전time reversal"이라는 변환에 대해서도 대칭적이다. 날아가는 야구공을 동영상으로 촬영한 후 거꾸로 재생했을 때, 화면에 나타난 공의 움직임은 뉴턴의 운동방정식을 여전히 만족한다. 공간반전도 이와 비슷하다. 날아가는 야구공을 직접 바라보지 않고 거울에 비친 상을 바라본다 해도, 거기 나타난 공의 움직임은 착실하게 운동방정식을 따른다. 좌우뿐만 아니라 전후, 상하를 뒤집은 경우도 마찬가지다.

원자 스펙트럼에 대한 연구가 활발하게 진행되던 1920년대에, 물리학자들은 각 원자의 전이轉移 스펙트럼(원자 내부의 전자가 다른 에너지준위로 점프할 때 흡수되거나 방출된 빛의 스펙트럼)에서 허용된 진동수와 금지된 진동수가 또렷하게 존재한다는 사실을 발견했다. 그 후 양자역학의 상징인 슈뢰딩거의 파동방정식을 간단한 원자에 적용하여 스펙트럼의 패턴을 이론적으로 설명할 수 있게 되었다. 슈뢰딩거 방정식의 해인 파동함수는 원자 규모에서 두 가지 유형으로 존재하는데, "공간을 반전시켜도 값이 변하지 않는 우함수偶函數, even function"와 "공간을 반전시켰을 때 값은 변하지 않지만 부호가 바뀌는 기함수奇函數, odd function"가 바로 그것이다. 분광학자들은 광자 한 개가 방출되는 전이과정이 "우함수와 기함수가 결합된 파동함수"로 서술된다는 사실을 알아냈다. 원자의 상태와 광자를 모두 고려했을 때 반전과 관련된 파동함수의 속성이 원자의 상태에서 비롯된 것이라면, 그리고 전이 과정에서 이와 같은 속성(패리티parity, 또는 반전성이라고 함)이 변하지 않는다면, 파동함수가 우함수와 기함수의 결합으로 표현되는 이유를 이해할 수 있다. 광자는 홀수 패리티odd parity*를 선호하기 때문에, 짝수 패리티 상태에서 시작된 전이는 홀수 패리티 상태에서 끝나야

한다. 짝수 패리티(출발 준위)=홀수 패리티(광자)×홀수 패리티
(도착 준위)이기 때문이다. 이런 규칙이 적용된다는 것은 원자 영
역에서 반전대칭이 존재한다는 뜻이다(또는 패리티가 보존된다는
뜻이기도 하다). 고전 전자기학과 양자전기역학에서 패리티 보존
법칙이 성립하지 않는 사례는 지금까지 단 한 번도 발견되지 않았
다. 그래서 물리학자들은 패리티 보존법칙이 "언제 어디서나, 무
조건 성립하는" 자연의 기본 법칙이라고 생각했다.

1940년대에 붕괴과정에서 생성된 불안정한 입자들이 무더기
로 발견되면서, 입자물리학자들은 각 입자에 (질량, 전하, 스핀과
더불어) 패리티를 부여하고 "패리티 선택규칙parity selection rules"이
라는 것을 만들어서 붕괴입자를 더 작고 가벼운 입자로 분류하려
고 했다. 패리티 보존법칙이 모든 입자에 적용되는 범우주적 칙령
이라면 지극히 자연스러운 수순이다. 그러나 "타우tau(τ)"와 "세타
theta(θ)"로 명명된 두 입자 때문에 패리티 분류에 제동이 걸렸다.
타우입자는 세 개의 파이온으로 붕괴되는 중간자인데 면밀히 분
석한 끝에 홀수 패리티를 갖는 것으로 확인되었고, 두 개의 파이온
으로 붕괴되는 세타 중간자는 짝수 패리티였다. 그런데 타우와 서

타는 질량이 전자의 약 1000배로 똑같고, 수명은 거의 같다. 아니, 붕괴 후 생성되는 입자의 수가 다른데, 둘의 질량이 어떻게 같다는 말인가? 이뿐만이 아니다. 뮤온이나 전자를 포함하는 다른 붕괴입자 중에서도 질량과 수명이 똑같은 입자들이 속속 발견되었다. 과연 이들은 서로 다른 다섯 개의 입자일까? 아니면 네 개? 세 개? 두 개? 그것도 아니면 거동 방식이 유별난 하나의 입자일까? 이 문제는 1956년 4월 초에 열린 로체스터 고에너지 물리학회에서 초유의 관심사로 떠올랐다.

듀크대학교에서 온 젊은 실험물리학자 마틴 블록Martin Block은 리처드 파인먼과 같은 객실에서 묵고 있었다. 어느 날 저녁, 블록이 파인먼에게 단도직입적으로 물었다. "왜들 그렇게 패리티 보존에 연연하는 겁니까? 타우와 세타가 같은 입자면 안 되나요? 패리티 보존법칙이 항상 성립하지는 않는다고 가정하면 어떨까요?" 파인먼의 전기《파인만 씨, 농담도 잘하시네!Surely You're Joking, Mr. Feynman!》에 의하면, 당시 파인먼은 이렇게 대답했다고 한다. "글쎄, 딱히 미친 소리 같진 않은데…… 오늘은 그냥 자고, 내일 아침에 다른 도사들한테 물어보지 그래?"

우리는 마틴 블록을 오랫동안 알고 지냈다. 1940년대 후반에 컬럼비아대학교의 대학원생으로 마리에타 블라우와 함께 우주선을 연구했던 그는 졸업 후 페르미 연구소에서 테바트론을 다루며 실험물리학의 첨단을 달리다가 훗날 이론으로 전향했는데, 아흔이 넘은 나이에 〈피지컬 리뷰〉에 논문을 실을 정도로 열정적인 사람이었다. 또한 넘치는 열정의 소유자답게, 1분 이상 침묵하는 모습을 본 적이 없을 정도로 말이 많은 사람이었다. 그러나 1956년의 그날, 블록은 파인먼의 위로에도 불구하고 걱정 어린 표정으로 말했다. "싫어요. 그 사람들은 제 말을 듣지도 않을 겁니다. 저 대신 물어봐주실래요?"

이튿날, '새로운 입자에 대한 이론적 해석'이라는 양전닝의 강연이 끝났을 때, 파인먼이 손을 번쩍 들고 질문을 던졌다.

> 파인먼: 제 과학 자문이 그러는데요, 타우와 세타가 명확한 패리티를 갖지 않는…… 그러니까, "패리티가 보존되지 않는 하나의 입자"의 각기 다른 패리티 상태에 해당하는 거 아닐까요? 자연에는 왼손잡이 입자와 오른손잡이 입자를 구별하는 명확한 기준이 있다고 보십니까?

> 양전닝: 저와 리정다오李政道도 그 문제를 생각해봤는데, 아직 결론을 내리지 못했습니다.

> 좌중의 한 사람: 질량도, 운동량도, 에너지도 없으면서 시공간의 변환 특성만 실어나르는 입자가 방출된다고 생각하면 어떨까요? 제가 생각해도 헛소리처럼 들리지만, 이게 유일한 해결책인 것 같은데요?

그가 말한 "시공간의 변환 특성"이란 패리티를 의미했다. 당시 타우–세타 수수께끼tau-theta puzzle는 파울리의 뉴트리노를 능가할 정도로 심각한 문제였으나, 회의록에는 이들의 대화가 진지했는지, 아니면 그저 지나가는 농담이었는지 확실하게 나와 있지 않다. 아무튼 이날의 토론은 뚜렷한 결론 없이 마무리되었고, 패리티 비보존에 수반되는 끔찍한 상황을 거론하는 사람도 없었다. 그들도 패리티가 보존되지 않는 경우에 어떤 결과가 초래되는지 각자 나름대로 생각해봤겠지만, "고양이 목에 방울을 달기"를 공론화한 사람은 마틴 블록이었다.

컬럼비아대학교의 리정다오와 프린스턴 고등과학원Princeton Institute for Advanced Study의 양전닝은 시급한 마음으로 패리티 보존 문제를 검토하기 시작했다. 1920년대에 중국에서 태어난 두 사람은 제2차 세계대전이 끝난 후 미국으로 이주하여 시카고대학교에서 엔리코 페르미에게 물리학을 배웠다. 그 후 1948년에 양전닝은 에드워드 텔러Edwad Teller의 지도하에 박사학위를 받았고, 리정다오는 1950년에 페르미의 지도하에 박사학위를 받았다. 로체스터 학회가 끝나고 몇 주가 지난 후, 리정다오와 양전닝의 눈에 드디어 전체적인 그림이 보이기 시작했다. 전자기력과 강력에서는 패리티가 확실하게 보존되는 반면, 약력(약한 상호작용)의 경우에는 패리티의 보존 여부를 실험으로 확인한 사례가 한 번도 없었던 것이다. 두 사람은 이를 확인하기 위한 실험을 설계하다가 리정다오의 연구 동료인 우젠슝吳健雄에게 조언을 구하기로 했다. 그녀는 제2차 세계대전이 끝난 후부터 베타붕괴 과정에서 방출된 전자의 에너지 스펙트럼을 세밀하게 측정하여 페르미의 약력이론을 확립하는 데 결정적 기여를 한 실험물리학의 세계적 권위자였다.

중국에서 태어나 1936년에 미국으로 건너온 우젠슝은 버클리 대학원에서 어니스트 로런스의 지도를 받다가 1940년에 에밀리오 세그레의 지도하에 핵분열 생성물에 관한 논문으로 박사학위를 받았으며, 1952년에는 여성 최초로 컬럼비아대학교 물리학과의 종신교수가 되었다.

베타붕괴에서 방출된 전자의 진행 방향과 방사성 핵의 스핀을 비교하면 패리티가 보존되지 않는다는 것을 확인할 수 있다. 패리티 변환(반전변환)을 가했을 때 운동량은 반전되지만 스핀(각운동량의 일종)은 반전되지 않기 때문이다. 우젠슝은 양전닝과 리정다오에게 "코발트-60(^{60}Co, 양성자 27개, 중성자 33개)이 니켈-60(^{60}Ni, 양성자 28개, 중성자 32개)으로 변하는 베타붕괴를 관측하면 확실한 결론을 내릴 수 있을 것"이라고 조언했다. 저온에서 강한 자기장을 걸어주면 코발트 핵의 스핀이 한 방향으로 정렬되기 때문에, 이것을 기준 삼아 전자가 방출되는 방향을 판단한다는 작전이었다.

6월 22일, 리정다오와 양전닝은 실험 결과를 「패리티는 약한 상호작용에서도 보존되는가?Is Parity Conserved in Weak Interaction?」라는 제목의 논문으로 정리하여 〈피지컬 리뷰〉에 제출했다. 요즘은 분위기가 많이 달라졌지만, 당시만 해도 대부분의 물리학자는 제목이 의문문인 논문을 유난히 싫어했다. 그들에게 답을 강요하면 질문이 무엇이건 일단 "No!"를 외칠 가능성이 높다. 따라서 "~보존되는가?"는 패리티 비보존이라는 혁명적 내용이 담긴 논문으로는 별로 좋은 제목이 아니었다. 결국 편집자는 제목을 바꿀 것을 건의했고, 리정다오와 양전닝의 논문은 「약한 상호작용에서 패리티 보존에 관한 문제Questions of Parity Conservation in Weak Interactions」라는 제목을 달고 1956년 10월 1일에 출판되었다.

리정다오와 양전닝은 "타우-세타 수수께끼만으로는 약한 상호작용에서 패리티 보존이 위반된다고 단정 지을 수 없다"고 주장했다. 타우와 세타를 증인으로 내세우기에는 알려지지 않은 점이 너무 많았기 때문이다. 이들은 로체스터에서 파인먼이 지적했던 내용을 감안하여 다음과 같이 결론지었다. "약한 상호작용에서 패리티의 보존 여부를 확인하려면, 약한 상호작용이 오른쪽과 왼쪽을 구별하는지, 그 여부를 확인하는 실험부터 실행해야 한다." 그러고는 앞으로 실행해야 할 실험 목록을 제시했는데, 그중 첫 번째 실험(코발트-60 원자핵의 베타붕괴)은 우젠슝의 조언을 따른 것이었다. 그 외에 또 다른 실험으로는 전하를 띤 파이온이 뮤온과 뉴트리노로 붕괴된 후 뮤온이 전자와 두 개의 뉴트리노로 붕괴되는 과정을 관측하는 것인데, 첫 번째 붕괴에서 패리티가 위배된다면 뮤온의 스핀 방향은 운동 방향과 나란한 상태가 된다.* 그러므로 뮤온의 스핀과 전자의 진행 방향 사이의 관계를 알면 패리티의 보존 여부를 확인할 수 있다.

1956년 여름부터 우젠슝은 실험을 위한 준비 작업에 착수했다. 그녀는 코발트-60 핵을 특정한 결정체에 주입한 후 자기장 안에

---

* 스핀을 가진 물체가 자전하는 방향을 따라 오른손 네 손가락을 감았을 때, 엄지손가락이 향하는 방향이 스핀 방향이다.

서 절대온도 0도(0K, 섭씨 -273도)에 가깝게 냉각시키면, 코발트 핵이 편극偏極, polarized(스핀이 특정 방향으로 정렬되는 현상)된다는 것을 잘 알고 있었다. 고난도의 저온 실험을 실행하기 위해, 그녀는 "방사성 핵의 저온 정렬"의 전문가인 미국 표준연구원의 에릭 앰블러Eric Ambler에게 도움을 청했다.

우젠슝은 컬럼비아대학교 퍼핀홀Pupin Hall에 있는 그녀의 연구실과 워싱턴 D.C. 북서쪽에 있는 표준연구원을 왔다 갔다 하면서 그해 여름과 가을을 다 보냈고, 12월 말에는 코발트 함유 결정체를 비롯하여 측정 장비와 관련된 문제를 대부분 해결했다. 그리고 그녀의 연구팀이 패리티 비보존의 강력한 징후(베타선이 핵의 스핀 방향과 반대 방향으로 방출)를 발견했을 무렵에는 컬럼비아대학교에 이미 소문이 자자하게 퍼져 있었다.

컬럼비아대학교 물리학과에는 매주 금요일마다 리정다오를 비롯한 물리학과 교수들이 상하이 카페Shanghai Café에 모여서 점심 식사를 같이하는 전통이 있었다(물론 이 전통은 리정다오가 만든 것이다). 1957년 1월 4일, 리정다오는 평소 하던 대로 동료 교수들의 메뉴를 세심하게 정해준 후 침착하게 말했다. "아까 우젠슝이 전화를 걸어왔는데, 예비 실험에서 의미심장한 결과가 나왔다고 합니다." 식당 테이블에 모여 앉은 사람들의 눈이 휘둥그레졌고, 그들 중 가장 크게 놀란 사람은 리언 레더먼Leon Lederman이었다. 그는 지난해 가을에 파이온-뮤온-전자로 이어지는 붕괴 체인을 연구한 후로 "패리티 위배 효과가 너무 미미해서 관측하기 어려울 것"이라고 줄곧 생각해왔기 때문이다. 그런데 우젠슝이 코발트-60으로 눈에 띄는 효과를 감지했다면······.

그날 저녁 레더먼은 네비스 사이클로트론 연구소Nevis Cyclotron Laboratory의 대학원생 마르셀 바인리히Marcel Weinrich를 만나기 위해 자동차를 타고 허드슨강 강변도로를 달리다가 문득 우젠슝이 얻었다는 "의미심장한 결과"를 떠올렸다. 자전하는 물체가 붕괴할 때 특별한 자전 방향을 선호한다면 관심을 가져볼 만하다. 바인리히가 뮤온을 연구할 때 사용했던 장비를 조금 수정하면(사실은 수정이 아니라 바인리히가 공들여 만들어놓은 장치를 낱낱이 분해해야 했다), 두드러지게 나타난다는 패리티 비보존 효과를 관측할 수 있을 것 같았다. 그는 IBM 왓슨 과학연구소IBM Watson Scientific Research Laboratory에서 마법사로 소문난 리처드 가윈Richard Garwin을 급히 실험팀에 영입하여 주말 내내 실험 장비와 씨름을 벌였고, 화요일 아침에 드디어 명확한 결과를 얻어냈다. 파김치가 된 레더먼은 잠깐 눈을 붙이기 위해 집으로 돌아왔는데, 바인리히가 그새를 못 참고 전화를 걸어왔다. "패리티 비보존이 표준편차 22 수준으로 확인되었습니다!" 레더먼은 이 소식을 곧바로 리정다오에게 전했다.

표준편차는 가능성(또는 불가능성)을 통계적으로 가늠하는 척도로서, 이 값이 클수록 데이터가 한곳에 집중되지 않고 넓게 퍼져 있다는 뜻이다. 표준 정규분포 곡선에서 데이터가 참값true value으로부터 표준편차 이상으로 벗어날 확률은 32퍼센트(약 3분의 1)인데, 이 정도면 평범한 수준이다. 또 데이터가 표준편차의 3.3배 이상 벗어날 확률은 1000분의 1이고, 표준편차의 4.9배 이상 벗어날 확률은 100만 분의 1이다. 그러므로 실험 데이터가 표준편차 22 수준으로 확인되었다면 실험 자체에 문제가 있거나(재무분석가 여러분, 듣고 계신가요?) 표준오차분포(벨 곡선Bell curve)를 잘못 선택했다는 뜻이다.

코발트-60 실험팀은 수요일 새벽 2시에 만족스러운 결과를 확인하고 1949년산 샤토 라피트 로칠드Château Lafite Rothschild, 프랑스 보르도산 빈티지 와인를 종이컵에 따라 마시며 성공을 자축했다. 그날 아침, 표준연구원의 과학자들과 함께 출근한 우젠슝은 쓰레기통에 쌓인 종이컵을 보고 패리티 비보존이 증명되었음을 짐작했다고 한다.

컬럼비아대학교 측은 1월 15일에 기자회견을 열어 이 놀라운 소식을 세상에 알렸는데, 주요 공헌자로 거론된 사람은 리정다오와 양전닝, 우젠슝과 미국 표준연구원, 레이먼드 헤이워드Raymond Hayward, 데일 호프스Dale Hoppes, 랠프 허드슨Ralph Hudson, 네비스 연구팀의 가윈, 레더먼, 바인리히였다. 이튿날 아침 〈뉴욕타임스〉 1면에는 "물리학의 기본 개념, 실험으로 뒤집히다Basic Concept in Physics Reported Upset in Test"라는 자극적 헤드라인과 함께 컬럼비아 대학신문에 실린 기사 전문을 인용해가면서 패리티 비보존의 의미가 상세하게 보도됐다. 특히 "이로써 인류는 다른 세계에 사는 외계인에게 왼손잡이와 오른손잡이의 의미를 설명할 수 있게 되었다"는 문장이 기억에 남는다. 패리티 비보존을 이용하지 않으면, 외계인에게 어느 쪽이 오른쪽이고 어느 쪽이 왼쪽인지 설명할 수 없다. 역사적 발견의 주인공이 된 두 연구팀(중국 출신 팀과 레더먼 팀)은 기자회견을 하던 무렵에 짧은 논문을 작성하여 〈피지컬 리뷰〉의 편집자에게 보냈고, 두 논문(코발트-60과 파이온-뮤온-전자 붕괴)은 2월 15일 자 학술지에 나란히 게재되었다. 한편, 시카고대학교의 제롬 프리드먼과 밸런타인 텔레그디Valentine Telegdi도 파이온-뮤온-전자의 연쇄붕괴 과정에서 발견된 패리티 비보존 사례를 1월 17일 자로 〈피지컬 리뷰〉에 보냈으나, 편집상의 문제로 다른 두 논문과 함께 실리지 못하고 그다음 호인 3월 1일 판을 통해 공개되었다.

이 발견에 대해 논평을 내놓은 외계인은 없었지만 지구의 물리학계는 발칵 뒤집어졌다. 특히 패리티 비보존을 헛소리로 치부했던 볼프강 파울리는 마치 장례식 상주와 같은 자세로 자연의 섭리를 겸허하게 받아들였다. 그는 테두리가 검게 칠해진 부고용 카드를 빅토어 바이스코프Victor Weisskopf에게 보냈는데, 거기에는 다음과 같이 적혀 있었다.

오랜 세월 우리의 충실한 친구였던 PARITY가 추가 실험을 위해 실험대에 올랐다가 1957년 1월 19일 자로 영면에 들었기에, 비통한 마음으로 이 소식을 전합니다.
_유족 e(전자), μ(뮤온), ν(뉴트리노) 배상

요즘 물리학자들처럼 우리도 패리티 비보존을 교과서에서 배웠기에, 발견 당시의 놀라움과 환희를 현장감 있게 전달하기가 쉽지 않다. 크리스는 자신이 집필한 게이지이론 교과서에 다음과 같이 적어놓았다.

우리는 약력에서 패리티가 보존되지 않는다는 사실에 익숙하기 때문에, 감각이 다소 무뎌진 것 같다. 자연의 깨진 거울은…… 정말 위대한 미스터리다. 다음 주, 혹은 내년까지 이 미스터리를 풀지 못한다 해도 우리 머릿속에, 그리고 과학을 향한 우리의 열망 속에 또렷이 남아 있을 것이다. 아니, 반드시 남아 있어야 한다.

뒷이야기 하나 더! 실험에 들어가기 전에 리정다오와 양전닝, 라인하르트 외메Reinhard Oehme는 이론적 분석을 통해 패리티는 약한 상호작용에 존재하는 대칭이 아님을 증명했다. 그리고 파이온-뮤온-전자 효과는 패리티와 전하반전 불변성charge conjugation invariance(입자와 반입자를 맞바꿔도 변하지 않는 성질)이 모두 위배되는 경우에만 관측될 수 있음을 확인했다. 또한 가원과 그의 동료들이 얻은 결과는 약한 상호작용에 두 개의 불연속 대칭이 동시에 적용되지 않는다는 것을 의미했다. 결국 패리티 보존은 폐기되었지만 전하반전(C)과 패리티(P)를 결합한 CP-불변성invariance은 살아남았고, 그 덕분에 시간반전 불변성time reversal invariance(T)도 살아남았다. 왜냐하면 자연은 어떤 경우에도 CPT 변환에 대해 불변이어야 하기 때문이다. 이것은 18장에서 만나게 될 중성 K-중간자와 그 반입자의 붕괴에 중요한 영향을 미친다. 반코발트-60(코발트-60의 반물질)을 이용한 실험은 실용성이 떨어질 수도 있지만, 음전하를 띤 뮤온과 양전하를 띤 반뮤온의 붕괴과정을 비교하면 패리티와 전하반전이 위배되는 사례를 최대한으로 관측할 수 있다.

1957년 초에 네덜란드 레이던에 있는 카메를링 오너스 저온물리연구소Kamerlingh Onnes low-temperature laboratory의 물리학자들은 코발트-58(^{58}Co, 양성자 27개, 중성자 31개)이 철-58(^{58}Fe, 양성자 26개, 중성자 32개)과 양전자 및 뉴트리노로 붕괴할 때 방출된 양전자의 스핀이 원래 핵의 스핀과 같은 경향이 있음을 발견했다. 이것은 코발트-60이 붕괴할 때 방출된 전자와 정반대의 결과다. 즉, 입자와 반입자는 전하뿐만 아니라 거동 방식 자체가 다르다는 뜻이다!

베타붕괴 상호작용이 "좌측성left-handed"이라면, 이 모든 것이 자연스럽게 설명된다. left-handed를 "왼손잡이" 또는 "왼손성"으로 번역하는 경우도 있다. 베타붕괴에서 방출된 전자는 반시계방향 스핀을 갖고 있다. 일반적으로 스핀이 1/2인 입자(전자, 양성자, 중성자 등)는 좌측성과 우측성이 섞인 상태로 존재하지만, 베타붕괴를 일으키는 약한 상호작용은 입자의 좌측성 성분이나 우측성 성분에만 작용한다. 브룩헤이븐 연구소의 모리스 골드하버Maurice Goldhaber와 리 그로진스Lee Grodzins, 앤드루 수냐르Andrew Sunyar는 독창적인 실험법을 개발하여, 직접 관측을 하지 않고서도 상호작용이 지극히 미약한 뉴트리노의 방향성(좌측성, 우측성)을 알아내는 데 성공했다. 이들이 초점을 맞춘 대상은 희토류 중 가장 희귀한 원소인 유로퓸-152(^{152}Eu, 양성자 63개, 중성자 89개)가 사마륨-152(^{152}Sm, 양성자 62개, 중성자 90개)로 붕괴되는 과정이었는데, 이것은 유로퓸 원자 속의 전자가 핵에 포획되는 베타붕괴의 한 변종에 해당한다. 이 과정에서 유로퓸의 핵은 뉴트리노를 방출하고 사마륨 핵의 들뜬상태로 변했다가, 감마선을 방출하면서 바닥상태로 떨어진다. 이때 감마선 광자의 원형 편광circular polarization을 측정하면 뉴트리노의 스핀 방향을 알 수 있다. 이 실험에서 방출된 뉴트리노는 완벽한 좌측성을 갖고 있었다!

사실, 방향성은 거시적 물체에 어울리는 개념이다. 예를 들어 사람의 두 손은 서로 거울대칭 관계여서 하나를 다른 하나로 대체할 수 없으며, 거울 반전을 제외한 어떤 변환을 가해도 상대방과 같아질 수 없다.

잠시 세월을 거슬러 올라 1848년 파리 고등사범학교École Normale Supérieure를 갓 졸업한 25세의 루이 파스퇴르Louis Pasteur는 그의 첫 번째 업적이라 할 수 있는 결정편광장치crystal handedness를 발명했다.

당시 과학자들은 빛과 물질의 상호작용, 특히 편광된 빛이 만들어내는 현상에 매료되어 있었다. 태양과 촛불, 그리고 대부분의 인공광원에서 방출된 빛은 편광된 상태가 아니다. 즉, 이런 빛은 진행 방향에 수직한 모든 방향으로 진동할 수 있다. 반면에 수면이나 포장도로처럼 평평한 면에서 반사된 빛은 단 하나의 면에서만 진동한다(즉, 편광되어 있다). 선글라스에 사용되는 폴라로이드 필터(편광필터)는 특정 평면에서 진동하는 빛만 통과시키기 때문에, 진동하는 면의 방향을 잘 선택하면 반사를 막을 수 있다. 컴퓨터 모니터의 화면도 편광필터로 코팅되어 있어서 눈부심 현상을 줄여준다. 편광 선글라스를 착용한 채 모니터 앞에 앉아서 선글라스의 방향을 이리저리 돌리면 특정 방향에서 화면이 검게 변하는 것을 볼 수 있다.

19세기 초에 프랑스의 물리학자 장 바티스트 비오Jean-Baptiste Biot는 생체 물질(테레빈 증기, 와인 저장통 바닥에 쌓이는 침전물인 타르타르tartar 등)과 편광된 빛 사이의 상호작용을 연구하다가 빛이 액체나 증기를 통과할 때 편광면(빛이 진동하는 면)이 살짝 돌아간다는 사실을 알아냈다. 어떻게 보면 "물질이 빛에 반응했다"고 간주할 수도 있다. 즉, 물질이 왼쪽과 오른쪽을 구별한 것이다. 비오는 이런 현상이 물질을 구성하는 분자의 특성에 기인한다고 생각했다. 그리고 이 모든 것은 원자라는 개념이 과학계에 수용되기 훨씬 전의 일이었다. 그 후 독일의 화학자이자 결정학자인 아일하르트 미처리히Eilhard Mitscherlich가 "와인 통에서 추출한 타르타르 용액은 빛에 대해 활성적이지만, 산업시설에서 생산된 동일한 용액은 그렇지 않다"고 발표함으로써, 빛의 편광면이 돌아가는 현상을 수수께끼로 만들어버렸다.

이 보고서를 읽은 젊은 파스퇴르의 머릿속에는 한 가지 질문이 끊임없이 맴돌았다. 두 화학물질은 겉보기에 다른 점이 없는데, 왜 편광된 빛에 각기 다른 영향을 미치는 걸까?

파스퇴르가 미처리히의 "광학적으로 비활성인(즉, 편광면을 회전시키지 않는) 액체"를 증발시켰더니, 비오가 "광학적으로 활성인 액체"에서 얻은 것처럼 완벽한 대칭에서 살짝 어긋난 비대칭 결정이 얻어졌다. 활성 액체의 결정은 모두 같은 종류였기에, 파스퇴르는 이것을 "왼손잡이left-handed"라 불렀다. 광학적으로 비활성

     자연은 왜 이토록 단순하면서도 아름다운가

인 액체는 서로 거울에 비친 것처럼 좌우가 뒤바뀐 두 종류의 결정으로 이루어져 있었는데, 파스퇴르가 핀셋을 이용하여 이들을 분리시켰더니 왼손잡이 결정은 비오가 관측했던 대로 편광면을 회전시켰고, 오른손잡이 결정은 편광면을 반대 방향으로 회전시켰다. 그리고 두 종류의 결정을 섞은 경우에는 미처리히의 산업용 타르타르 용액처럼 편광면이 돌아가지 않았다. 두 가지 회전효과가 반대 방향으로 일어나서 서로 상쇄되었기 때문이다! 비오는 그 원인을 물질의 화학적 구성성분에서 찾으려 했지만, 알고 보니 결정의 기하학적 형태도 회전효과를 좌우하는 주요 요인이었다. 이로써 파스퇴르는 입체화학stereochemistry 또는 공간화학spatial chemistry이라 불리는 새로운 과학 분야의 창시자가 되었으며, 이로부터 물(H_2O)과 이산화탄소(CO_2)에서 버키볼Buckyball, C-60, 버크민스터풀러린Buckminsterfullerene의 별칭과 DNA에 이르기까지 다양한 분자의 결합각도와 원자 간 거리를 작은 구슬과 연결막대로 구현하는 볼–스틱 모형ball-and-stick model이 탄생했다.

파스퇴르는 자연에 비대칭("생명 비대칭의 법칙"이라는 거창한 이름으로 불리기도 했다)이 나타나는 근본적 이유를 나름대로 설명했는데, 그 내용이 꽤나 추상적이다. "오직 생명에서 유래된 믈질만이 비대칭성을 갖고 있다. 왜냐하면 생명의 발달을 관장하는 우주의 힘 자체가 비대칭적이기 때문이다." 그는 분자단계에서 나타나는 비대칭성이 유기물과 광물을 구별하는 기준이라고 생각했다. 그렇다면 여기서 한 가지 질문이 떠오른다. 유기물의 오른손잡이 성향은 진화과정에서 우연히 생긴 것일까? 아니면 원래 자연의 힘에 그런 편향성이 존재하기 때문일까? 이쯤에서 약한 상호작용을 떠올리는 사람도 있겠지만, 구체적인 연관성은 아직 밝혀지지 않았다.

파스퇴르가 말한 비대칭은 오늘날 "카이랄성chirality"이라는 용어로 알려져 있다. 이것은 영국의 물리학자 켈빈 경Lord Kelvin(본명은 윌리엄 톰슨William Thomson)이 왕립학회 회장을 지냈던 1893년에 옥스퍼드대학교의 청소년 과학클럽에 초빙되어 분자와 결정체에 대한 강의를 하면서 처음 도입한 용어다. "임의의 기하학적 도형이나 점들의 집합을 아무리 회전시키거나 뒤집어도 거울에 비친 상과 같아질 수 없을 때, 그 물체는 카이랄성을 갖고 있다." [이용어는 '손'을 뜻하는 그리스어 χειρ(jheir)에서 유래되었다.]* 단, 전자나 뉴트리노처럼 무한히 작은 입자의 카이랄성은 모양과 무관한 근본적인 속성으로 이해되어야 한다. 입자의 스핀과 마찬가지로, 카이랄성은 우주를 지배하는(또는 지배할 것으로 추정되는) 시공간의 대칭에 내재되어 있다.

베타붕괴 상호작용이 좌편향성임을 수학적으로 예측한 사람은 리처드 파인먼과 머리 겔만, 로버트 마샤크, 조지 수다르샨George Sudarshan이었다. 이들은 약력의 후보로 "벡터 마이너스 축벡터vector minus axial vector(줄여서 V-A)"라는 특별한 형태를 제안했고, 이것은 실험을 통해 빠르게 검증되었다. 그 후 뮤온이 "전자뉴트

---

* 자동차도 회전시키거나 뒤집어서 비행기와 같아질 수 없지만, 자동차와 비행기는 카이랄성으로 연결된 관계가 아니다. 카이랄성을 가지려면 두 물체는 거울대칭 관계에 있어야 한다.

리노electron neutrino(전자와 향flavor이 같은 뉴트리노)가 아닌 뮤온뉴트리노muon neutrino(뮤온과 향flavor이 같은 뉴트리노)"와 짝을 이룬다는 사실이 밝혀지면서, 전체적인 구조가 눈에 보이기 시작했다. 약한 상호작용(약력)은 전자뉴트리노를 전자로(또는 그 반대로), 뮤온뉴트리노를 뮤온으로(또는 그 반대로), 양성자를 중성자로(또는 그 반대로) 바꾸며, 힘의 세기는 본질적으로 같다.

생명 활동에 관여하는 모든 아미노산이 한 종류의 방향성만을 갖는 이유가 과연 약한 상호작용이 왼손잡이(좌측 편향)를 선호하기 때문일까? 그럴듯한 추측 같지만, 약한 상호작용은 분자력(분자들 사이에 작용하는 인력)보다 훨씬 약하기 때문에 그럴 가능성은 거의 없다.

페르미의 약력이론은 오늘날까지 "제한된 에너지 범위 안에서 매우 잘 들어맞는 이론"으로 남아 있다. 그 사이에 양성자와 중성자는 쿼크로 대체되었고, 새로운 렙톤족이 전자와 뉴트리노에 합류하여, 물질을 구성하는 입자는 크게 하드론과 렙톤으로 구별된다. 한 가지 문제는 약력을 2막까지 계산했을 때 그 값이 너무 커서 수학적으로 통제 불능상태가 된다는 점이다. 다른 상호작용에서는 2막에서 얻은 값이 1막에서 얻은 값을 더욱 정확하게 보정해주는데(이것을 양자보정quantum correction이라 한다), 약력의 경우에는 보정의 수준을 넘어서 배보다 배꼽이 커진다. 그 결과는 베테와 파이얼스가 계산한 뉴트리노의 산란에너지에 잘 나와 있다. 통상적인 가속기 실험실에서 뮤온뉴트리노가 전자와 충돌했을 때 전자뉴트리노와 뮤온이 생성될 확률은 별로 높지 않지만, 뉴트리노의 에너지가 10억×10억 eV에 가까워지면 이론적으로 계산된 확률이 100퍼센트를 초과하는 황당한 사태가 발생한다.

양자보정을 가했을 때 상호작용이 일어날 확률이 100퍼센트를 넘지 않으려면 무언가 특단의 조치가 필요했다. 물리학자들은 대칭으로부터 상호작용 에너지가 결정되는 과정을 올바르게 이해하기 위해 초저온 상태로 관심을 돌렸고, 이 영역에서 전혀 짐작하지 못했던 물질의 특성과 함께 "무거운 힘입자"에 대한 게이지이론을 발견하게 된다.

11장

닥터 딥프리즈

북위 90도! 남위 90도! 전인미답의 북극점과 남극점은 마치 자석처럼 모험가들을 끌어당겼고, 그들은 스키와 썰매, 그리고 썰매견을 이끌고 그곳을 향해 나아갔다. 북극점에서는 더 이상 북쪽으로 갈 수 없고 남극점에서는 더 이상 남쪽으로 갈 수 없으니, 얼음과 눈으로 뒤덮인 미지의 영토는 그들에게 지구의 끝이나 다름없었다. 그러나 1909년 4월에 로버트 피어리Robert Peary가 북극에 도달하고 1911년 12월에 로알 아문센Roald Amundsen이 그 대척점인 남극에 도달했을 때, 그곳은 더 이상 지구에서 가장 추운 지점이 아니었다. 네덜란드의 대학도시인 레이던에서 헤이커 카메를링 오너스Heike Kamerlingh Onnes가 유리관과 유리그릇으로 만들어진 복잡한 미로 안에서 남극이나 북극보다 훨씬 추운 −200도를 구현했기 때문이다. 모험가들이 지리학적 탐사를 벌이는 동안 물리학자들은 최저온 도달기록을 놓고 치열한 경쟁을 벌이고 있었다. 저온물리학자는 액체 온도계가 얼어붙을 정도로 차가운 온도를 쫓아다니는 사람이다. 카메를링 오너스를 비롯한 그 시대의 저온물리학자들은 실험 대상의 온도를 측정하고 다음 목표를 설정할 때 기체온도계를 사용했다. 압력을 일정하게 유지한 채 기체에 열을 가하면 부피가 커지고, 온도를 내리면 부피가 작아진다. 실험 삼아 100도(물의 비등점)에서 특정 기체의 부피를 측정하고, 다시 온도를 0도(물의 빙점)까지 내려서 같은 기체의 부피를 측정했다고 하자. 이제 둘 사이의 비율을 알면 임의의 온도에서 해당 기체의 부피를 알 수 있다. 결론부터 말하면, 모든 기체는 온도가 1도씩 증가할 때마다 "0도일 때 부피의 273분의 1"씩 증가한다. 이 말을 거꾸로 뒤집으면 기체의 온도가 1도씩 내려갈 때마다 0도일 때 부피의 273분의 1만큼 감소한다는 뜻이다. 그런데 273은 유한한 숫자이므로, 기체의 온도를 내리는 데에는 분명히 한계가 있다. 따라서 기체의 온도를 한계치까지 내리면, 부피가 "양자적 요동조차 허용하지 않는" 0으로 줄어든다. 이 온도가 바로 −273.15도, 즉 절대온도 0도(0K)로서, 저온물리학자들이 꿈꾸는 진정한 북극(또는 남극)에 해당한다.

그러나 실제 기체는 저온에서 이 규칙을 얌전하게 따르지 않고, 특정 온도에 이르면 돌연 액체로 변한다. 과거에는 온도나 압력에 상관없이 항상 기체 상태로 존재하는 것을 "영구기체permanent gas"라 했으나, 냉각기술이 발달하면서 영구기체 목록에 올라 있던 기체들이 하나둘씩 제거되었다. 예를 들어 과거 한때 영구기체로 알려졌던 일산화질소(NO)는 일상적인 대기압에서 121K(섭씨 -152.15도)까지 냉각하면 액체가 된다(절대온도 단위로 환산하면 물의 빙점은 273.15K이고, 비등점은 373.15K이다). 우리에게 친숙한 습지가스 marsh gas인 메탄은 113K에서 액화되고 산소는 90K, 일산화탄소는 83K, 질소는 77K에서 액화된다. 저온물리학자들은 기체의 액화에 성공할 때마다 더 낮은 온도에서 액화되는 새로운 기체를 찾았고, 이를 위해서는 낮은 온도를 구현하는 냉각제도 개발해야 했다. 그러니까 각종 기체의 액화온도는 절대온도 0K를 정복하기 위한 중간 캠프였던 셈이다. 그러나 극저온에서도 끝까지 액화되기를 거부하고 버티는 반골이 있었으니, 그것은 바로 수소기체였다.

냉각의 달인 중 한 명이었던 스코틀랜드의 까다로운 화학자 제임스 듀어 James Dewar는 액화된 기체를 저장하거나 뜨거운 액체를 보관하기 위해, 이중 플라스크 벽 사이를 진공상태로 비운 보온병을 발명했다. 그의 실험실은 런던의 앨버말 스트리트 Albemarle Street에 있는 왕립연구소 Royal Institution의 한 귀퉁이에 자리 잡고 있었는데, 가스엔진과 압축기 등 액화에 필요한 중장비로 가득 차 있어서 실험실이라기보다 공장에 가까웠다. 듀어는 수소를 냉매보다 차갑게 만들기 위해 200기압의 압력으로 수소기체를 압축한 후 액체공기로 냉각했다. 이렇게 만들어진 저온압축 수소기체를 미세한 노즐을 통해 진공 중에 분사하면 온도가 더 떨어진다. 1852년에 제임스 프레스콧 줄 James Prescott Joule과 윌리엄 톰슨이 개발한 이 기술은 오늘날 가정용 냉장고와 에어컨의 기본 원리가 되었으며,

산업현장에서 기체를 대량으로 액화할 때도 사용되고 있다. 듀어는 10년 이상 공을 들인 끝에 드디어 1898년에 20K에서 수소를 액화하는 데 성공했고(피어리와 아문센이 극점에 도달하기 훨씬 전이었다), 14K에서 고체 수소를 만들어 13K까지 식힐 수 있었다.

당시 듀어는 미처 깨닫지 못했지만, 그는 방대한 영역으로 첫발을 내디딘 개척자였다. 얼마 지나지 않아 그는 정상적인 화학반응이 저온에서 멈추고, 배터리를 냉동시키면 전류가 흐르지 않는다는 사실을 알게 되었다. 또한 그는 저온에서 다양한 금속과 합금의 전기저항을 측정한 끝에 "순수한 금속은 절대온도 0K에서 완벽한 도체가 될 수 있다"고 결론지었다. 그러나 저온의 한계라는 0K는 여전히 도달할 수 없는 꿈 같은 목표였다.

듀어는 1902년에 출간된 브리태니커 백과사전Encyclopedia Britannica 10판에서 액화가스에 대해 다음과 같이 적어놓았다. "궁극의 목적지(절대온도 0K)에 도달하지 못한다 해도, 물리학자는 공기와 수소가 액체 상태로 존재하는 저온에서 물질의 특성을 계속 연구해나갈 것이다. 이들이 과학의 영역을 넓혀준 덕분에 자연철학자는 완전히 새로운 환경에서 물질의 특성과 거동 방식을 연구할 수 있게 되었다."

듀어를 비롯한 저온물리학자들이 수소를 액화하려고 노력하는 동안, 지구 어딘가에서 수소보다 더욱 완강한 기체가 발견되었다. 사실 과학자들은 이런 기체가 특정 장소에 존재한다는 것을 이전부터 알고 있었다. 단지 그곳이 지구가 아닌 우주였을 뿐이다. 1868년에 일단의 천문학자들이 태양의 대기로부터 뿜어져 나오는 기체 속에서 이 신비한 물질을 발견했다. 햇빛이 프리즘을 통과하면 빨간색부터 보라색까지 넓은 띠를 형성하면서 퍼져나가지만, 기체에서 방출된 빛은 단색광이기 때문에 프리즘을 통과해도 넓게 퍼지지 않는다(태양빛을 다성화음에 비유하면, 기체에서 방출된 빛은 단음에 해당한다). 모든 기체는 자신만의 고유한 특징(파장)을 갖고 있어서, 분광기spectrometer를 이용하면 기체에서 방출된 빛의 파장을 알 수 있다. 프랑스의 천문학자 피에르 장센Pierre Jules César Janssen과 영국의 천문학자 노먼 로키어Norman Lockyer는 태양의 구성성분을 알아내기 위해 분광기를 이용하여 태양 플레어를 관측하다가 나트륨 특유의 이중선 근처에서 노란색 선을 발견했는데, 그것은 당시 알려진 원소 목록에 없는 새로운 원소의 존재를 암시하고 있었다. 이렇게 발견된 원소가 바로 태양의 신 헬리오스Helios의 이름을 딴 헬륨helium(He)이다. 그 후로 25년 동안 헬륨은 오직 태양에만 존재하는 원소로 여겨지다가, 두 차례의 우연한 사건으로 인해 "지구에 존재하는 원소 명단"에 이름을 올리게 된다. 1889년에 러시아의 화학자 드미트리 멘델레예프가 영국 왕립학회에서 주최한 패러데이 강연Faraday Lecture의 연사로 초빙되어 주기율표를 설명할 때까지만 해도, 그는 헬륨을 가상의 물질이라고 생각했다.

그로부터 3년 후, 영국의 물리학자 존 윌리엄 스트럿John William Strutt(레일리 경Lord Rayleigh으로 더 잘 알려져 있다)은 그의 저서에서 "질소의 밀도에 대한 최신 연구 결과는 매우 당혹스럽다……"고 적어놓았다. 예전에 그는 다른 곳에서 질소를 채취하여 밀도를 측정한 적이 있었는데, 그때 얻은 값과 살짝 달랐기 때문이다. 공기에서 산소와 이산화탄소, 그리고 수증기를 제거하여 얻은 대기질소는 화합물에서 추출한 질소보다 0.5퍼센트쯤 무거웠다. 이 차이를 설명하려면 공기 중에 산소, 이산화탄소, 수증기, 질소 외에 다른 물질이 조금 섞여 있다고 생각하는 수밖에 없다. 레일리의 푸념은 다음과 같이 계속된다. "대기 중에 다른 물질이 존재한다는 가설을 잠정적으로 받아들인다 해도 마음 한구석이 영 개운치 않다. 지구 전체의 대기량을 생각할 때 그 정도면 실로 엄청난 양인데, 미지의 원소가 우리 주변을 에워싸고 있는데도 오랜 세월 동안 그 존재조차 깨닫지 못했다는 게 말이 되는가?"

레일리는 제임스 듀어와 대화를 나누다가, 100년 전에 헨리 캐번디시Henry Cavendish도 이 가능성을 제기했다는 사실을 알게 되었다. 캐번디시는 공기에서 추출한 질소에 산소를 추가한 후 불꽃을 일으켜서 이산화질소를 만들었는데, 질소가 모두 소모된 후에도 소량의 거품이 남는 것을 보고(원래 질소 부피의 120분의 1도 안 됨) 공기 중에 자신이 모르는 다른 성분이 존재할지도 모른다고 생각했다.

레일리와 윌리엄 램지William Ramsay는 빅토리아 시대의 첨단장비로 캐번디시의 실험을 재현하여 질소보다 무거운 미지의 기체를 분리하는 데 성공했고, 정밀한 측정 끝에 이 기체가 대기의 1퍼센트를 차지한다고 결론지었다. 이렇게 발견된 원소가 바로 아르곤argon(Ar)이다. 아르곤은 그리스어로 "(일을 하지 않고) 게으르다"는 뜻인데, 이런 이름이 붙은 이유는 아르곤이 다른 원소와 화학반응을 일으키지 않았기 때문이다.

램지는 새로 발견된 아르곤의 진원지를 찾기 위해 동물계와 식물계, 그리고 광물을 이 잡듯이 뒤지고 다니다가 1895년에 중간 보고서를 제출했다. "지금은 쥐와 노르웨이산 우라늄 광물에서 아르곤의 흔적을 찾고 있는데, 성공할 가능성은 거의 없는 것 같다. 특히 완두콩과 쥐의 몸에서 아르곤의 흔적이 전혀 발견되지 않았기에, 동물과 식물의 몸에는 아르곤이 없는 것이 거의 확실하다." 그러자 한 광물학자가 "우라늄 원석을 산성용액에 넣고 끓일 때 불활성기체inactive gas, 헬륨이나 아르곤과 같이 화학반응을 일으키지 않는 기체의 총칭가 발생하는지 확인해보라"고 조언했다. 이 말을 신중하게 받아들인 램지는 1895년 3월에 런던의 한 광물상으로부터 소량의 노르웨이산 클레베이트 cleveite, 우라늄과 함께 희토류가 일정량 이상 함유된 원석를 구입했고, 여기서 발생한 기체에 전기불꽃을 일으켰더니 아르곤과 다른 스펙트럼선이 나타났다. 그는 이 생소한 기체에 "크립톤crypton"이라는 이름을 부여하고 유리관에 샘플을 담아서 당시 최고의 분광학자인 윌리엄 크룩스William Crookes에게 보냈으나, 이튿날 아침 의외의 전보가 날아들었다. "당신이 말한 크립톤은 헬륨입니다. 직접 와서 확인해보세요." 그렇다, 태양에만 존재한다고 믿었던 헬륨이 드디어 지구에서 발견된 것이다!

그 후 램지와 레일리는 자연산 헬륨을 찾기 위해 사방을 돌아다녔다. 결국 이 기체는 방사성 원석과 미네랄 온천의 기포에서 발견되었으며, 심지어 일부는 대기 중에도 섞여 있었다. 흥미로운 것은 램지가 헬륨 사냥을 하던 와중에 헬륨과 아르곤의 친척뻘인 너온neon(Ne)과 크립톤, 그리고 크세논xenon, 독일어로는 크세논, 영어로는 제논이라고 읽는다을 발견했다는 점이다. 그 후 1896년에 저온물리학 연구를 위해 극소량의 헬륨이 제공되었는데, 수소가 액체로 존재하는 극저온(20K, 또는 -253도 이하)에서도 헬륨은 여전히 기체 상태로 존재한다는 것이 밝혀졌다. 액체헬륨이 "절대온도 0K에 도달하기 위한 마지막 관문"으로 떠오른 것이다.

이 경쟁에서 제일 유리한 사람은 1882년부터 레이던에서 최첨단 저온실험실을 운영해온 헤이커 카메를링 오너스였다. 제임스 듀어와 달리 "아마추어 과학자들이 사설 실험실에 모여 중요한 발견을 이루어내던 시절"을 온몸으로 겪으면서 숙련된 연구팀의 가치를 누구보다 잘 알고 있었던 오너스는 1901년에 거금을 들여서 도구 제작사와 유리가공사glass blower(특히 유리 부는 직공)를 양성하는 학교를 설립하는 등 연구의 수준을 높이기 위해 끊임없이 노력했다. 이 학교에는 은 도금된 유리병 안에 은 도금된 조금 작은 유리병이 들어 있는 작품이 전시되어 있는데, 보는 사람마다 연구소가 추구하는 정밀성과 조직력에 감탄을 자아냈다고 한다. 사실 오너스의 레이던 저온물리연구소Leiden Cryogenic Laboratory는 제임스 듀어가 수소 액화에 성공한 지 8년이 지나도록 수소를 액화시키지 못했다. 그러나 1906년에 헬륨 샘플을 대량으로 확보하여 액체헬륨을 만들 수 있는 가장 강력한 후보로 떠올랐고, 냉동 기술도 나날이 발전하여 10K(-263도)까지 도달했다.

레이던 저온물리연구소의 기술책임자는 당대의 뛰어난 장인이자 디자이너인 메이스터 헤릿 얀 플림Meester Gerrit Jan Flim으로, 그의 직함인 "메이스터(마스터)"라는 이름 자체가 중세시대 장인들의 조합인 길드guild를 연상케 한다. 그는 성격이 워낙 솔직담백하여 직속상관에게 대들기 일쑤였고, 자신의 생각이 틀린 것으로 판명되면 "그래, 내가 잠시 미쳤었어"라고 인정한 후, 같은 실수를 두 번 다시 반복하지 않았다. 여기서 잠시 가부장적인 오너스와 솔직담백한 플림이 나눴다는 대화를 들어보자.

> 오너스: 자네 아들 말이야, 이제 다 크지 않았나?
> 플림: 네, 조금 있으면 19세가 됩니다.
> 오너스: 자네를 닮아서 손재주 하나는 기가 막히더군. 그래, 어떤 일을 시킬 건가?
> 플림: 대학에 보낼 생각입니다. 이미 계획도 다 세워놓았어요.
> 오너스: 뭐라고? 대학에 가서 그 좋은 손재주를 썩힌다고? 자네 아들은 기술학교에 가서 최고의 장인이 되어야 해!
> 플림: 다른 건 몰라도 그것만은 따를 수 없습니다. 그 애는 내 아들이고 줄곧 내 돈으로 키웠으니, 앞날도 내가 결정할 겁니다!

결국 플림의 아들은 의대에 진학했고, 훗날 레이던에서 명망 있는 의사가 되었다.

카메를링 오너스는 1926년에 세상을 떠날 때까지 44년 동안 연구소의 "자비로운 독재자"로 군림하면서 연구원들에게 깊은 영감을 불어넣었다. 레이던 연구소에서 자기장이 원자 스펙트럼에 미치는 영향을 정확하게 분석하여 1902년에 노벨상을 수상한 피터

르 제이만 Pieter Zeeman은 훗날 오너스를 회상하며 이렇게 말했다. "그는 구름을 몰고 가는 바람처럼 우리 마음을 자신이 원하는 방향으로 몰고 다녔다. 그가 하는 말에는 항상 친절과 위트가 배어 있었으며(가끔은 신랄할 때도 있었다), 한번 장광설을 늘어놓으면 신기하게도 기적 같은 결과가 뒤따르곤 했다." 오너스의 장례식이 거행되던 날, 연구원과 기술자들은 검은 코트와 묵직한 실크 모자를 착용하고 레이던 외곽에 있는 묘지까지 행진했는데, 운구 마차를 끄는 말들이 워낙 힘이 좋아서 행렬에 뒤처지지 않으려면 거의 뛰어가야 했다. 이윽고 묘지에 도착하여 장례식이 시작되자, 미스터 플림은 모두의 기억에 남을 추도사를 읽어 내려갔다. "……마지막 순간까지 우리를 헐떡이며 뛰게 만들다니, 역시 소장님다우십니다……."

카메를링 오너스는 초지일관의 정신을 항상 강조했다. "연구원의 최고 덕목은 초지일관, 일편단심이다. 마음속에 단 하나의 아이디어만을 간직한 채, 그것을 이루기 위해 무조건 앞만 보고 달려야 한다. 그 외의 생각은 잡념일 뿐이며, 그런 것은 당면한 목적을 달성한 후에 추구해도 늦지 않다." 그는 헬륨을 액화할 때에도 모든 변수를 사전에 철저히 조사한 후, 단 한 번의 시도로 성공할 것을 당부했고, 이를 위해 수많은 사전실험 reconnaissance experiment을 실행했다. 또한 그는 극저온에서 헬륨의 거동을 예측하여 온도에 따른 공략법을 단계별로 수립했는데, 그의 예측에 의하면 헬륨은 6K(-267도)에서 액화될 것 같았다.

듀어와 오너스 모두 액화에 가장 이상적인 헬륨 기체의 양을

100~200리터로 예상했다. 극저온-고압기체를 갑자기 팽창시키면 액화되는 양은 원래 기체의 500분의 1밖에 안 되기 때문에, 처음부터 많은 양에서 출발해야 한다. 그런데 이렇게 많은 헬륨을 어떻게 구해야 할까? 요즘은 아마존에 주문만 하면 안전용기에 담긴 헬륨가스가 현관문 앞까지 배달되지만, 1906년에는 사용자가 헬륨을 찾아서 직접 정제하는 수밖에 없었다.

천문학자들은 뜨거운 별과 성간물질(별들 사이의 빈 공간을 떠다니는 물질)의 스펙트럼을 분석한 끝에, 헬륨이 (관측 가능한) 우주 총질량의 23퍼센트를 차지한다고 결론지었다. 제일 많은 것은 약 76퍼센트인 수소이며, 헬륨이 두 번째로 많다. 수소와 헬륨을 합하면 전체의 99퍼센트가 넘는다. 이 정도면 꽤 많은 양이지만, 지구에서는 사정이 크게 다르다. 헬륨 원자는 매우 가벼우면서 다른 원소와 화학반응을 하지 않기 때문에, 지구 초기에 존재했던 헬륨은 이미 오래전에 우주로 탈출했다. 현재 지구에 존재하는 헬륨은 지각地殼의 총질량의 수십억 분의 1에 불과하며, 전체 공기의 20만 분의 1(0.0005퍼센트)쯤 된다. 이것도 초기 보유량의 잔해가 아니라, 방사성 물질에서 알파입자(헬륨 원자핵)가 방출되면서 원자가 하나둘씩 누적된 결과다.

요즘은 천연가스 시추공에서 해마다 약 2500억 리터의 헬륨이 추출되고 있다. 천연가스와 함께 나오는 헬륨을 최초로 발견한 사람은 과학 탐험대가 아니라, 1903년 5월에 캔자스주 덱스터Dexter에서 석유를 찾던 시추공들이었다. 그들은 온갖 고생을 하며 지하 120미터까지 파 내려가다가 의외의 가스층을 발견하고 온 도시가 떠나가도록 환호성을 질렀다. 이 기쁜 날을 어찌 그냥 보낼 수 있을까? 현장감독과 시추공은 말할 것도 없고, 수 킬로미터 거리에 사는 사람들까지 모두 모여서 덱스터에 찾아온 행운을 자축했다. 축하 행사의 클라이맥스는 지지대에 짚단을 매달아 놓고 그 밑에 있는 분출공에 불을 붙여서 천연가스의 위력을 눈으로 확인하는 것이었는데, 현장감독이 불을 붙이는 순간, 모든 기쁨이 물거품처럼 사라져버렸다. 분출공에 아무리 불을 갖다 대도 불이 붙지 않았던 것이다. 주정부에서 파견한 지질학자 에라스무스 하워스Erasmus Haworth는 가스 샘플을 캔자스 주립대학교에 보냈고, 그곳의 지질학자 데이비드 맥팔런드David McFarland가 며칠 만에 이유를 알아냈다. "일반적인 천연가스는 99퍼센트가 메탄인데, 덱스터 가스는 메탄 15퍼센트에 질소 72퍼센트, 불활성기체 12퍼센트로 구성되어 있습니다. 그러므로 이 가스는 연료로 사용하기에 적절하지 않습니다."

불이 붙지 않은 이유는 알겠는데, 불활성기체는 또 무엇인가? 1905년 12월에 맥팔런드와 해밀턴 케이디Hamilton Cady는 덱스터 가스의 불활성기체를 분석한 끝에 다음과 같이 발표했다. "덱스터 가스에는 헬륨이 대량으로(약 2퍼센트) 함유되어 있다. 희귀한 원소를 무한정 공급할 수 있게 된 캔자스주 정부와 주민들에게 축하의 인사를 보낸다." 이듬해에 케이디와 맥팔런드는 44개의 가스 시추공에서 헬륨을 발견했는데, 매장량은 덱스터가 단연 최고였다. 그리고 얼마 후 텍사스주의 애머릴로Amarillo에서 헬륨 함유량이 7퍼센트나 되는 대규모 가스 매장지가 발견되었으나, 당시에는 헬륨 소비량이 극히 미미했기 때문에 미국 정부는 물론이고 사기업들도 별다른 관심을 갖지 않았다(정부가 헬륨에 관심을 갖기 시작한 것은 제1차 세계대전이 발발한 후부터였다. 군사용 비행선을 띄우려면 헬륨이 필요했기 때문이다).

덱스터 가스 매장지에는 액화 실험에 필요한 헬륨이 무진장으로 널려 있었지만, 대서양 건너편에 있는 듀어와 카메를링에게는 그림의 떡이었다. 그리하여 듀어는 네온과 함께 소량의 헬륨이 섞여 있는 "왕의 우물King's Well(영국의 역사 도시 배스Bath에 있는 유서 깊은 온천)"로 관심을 돌렸고, 경쟁자들을 의식한 카메를링 오너스는 듀어에게 헬륨을 공급해달라고 특별히 부탁했다. 듀어는 몇 년 동안 공을 들여서 상당량의 헬륨을 채취했으나, 기술자 한 사람이 실수를 하는 바람에 그 소중한 헬륨을 하루아침에 몽땅 잃고 말았다. 이 사고 때문에 듀어는 맨땅에서 다시 시작해야 했고, 오너스는 어떻게든 다른 방법을 찾아야 했다.

다행히도 오너스는 그의 동생이자 암스테르담 상업정보국 소장인 오노 카메를링 오너스Onno Kamerlingh Onnes가 모나즈석monazite, PO_4, 희토류 원소가 포함된 적갈색의 인산염 광물에서 헬륨을 추출하는 방법을 알아낸 덕분에, 다시 한번 기회를 잡을 수 있었다. 상업정보국 연구원들이 미국 노스캐롤라이나에서 발견한 모나즈석에는 라듐 방사선의 모체인 토륨이 다량 함유되어 있다. 그 안에서는 바위가 처음 생성된 시기부터 방사능 붕괴가 일어날 때마다 헬륨 원자가 하나씩 누적되어왔는데, 평균 함유량은 모나즈석 모래 1그램당 약 1밀리리터(1세제곱센티미터)다. 제일 먼저 할 일은 모나즈석 수백 킬로그램을 미세한 가루로 분쇄한 후 1000도 이상으로 가

열하는 것이다. 이렇게 얻은 기체에 일련의 화학처리공정을 거친 후 수소가 액화되는 온도(20K)까지 냉각시켜서 필요 없는 물질을 걸러내고, 다시 공기가 액화되는 온도(60K)에서 목탄을 이용하여 다시 한번 여과과정을 거친다. 오너스의 실험팀은 이 과정을 끈질기게 반복하여 실험용 헬륨 200리터와 예비용 헬륨 160리터를 추출했는데, 그래 봐야 총질량은 수십 그램에 불과했다.

순수한 헬륨을 충분히 확보한 오너스는 본격적으로 "헬륨 액화작전"에 착수했지만, 사실 그는 성공할 가능성이 거의 없다고 생각했다. 펌프와 압축기를 몇 시간 동안 한 치의 오차도 없이 작동시키는 것도 문제였고, 장치 안으로 스며든 불순물 때문에 밸브가 막힐 수도 있었다(듀어도 네온을 액화시킬 때 이것 때문에 실험을 망친 적이 있다). 게다가 실험 기간 내내 헬륨 순환을 관리하고 압축기를 안정적으로 작동시킬 전문 인력이 태부족했기에, 만일의 사태에 대비하여 다량의 액체공기와 액체수소를 사전에 비축해둬야 했다. 1908년 7월 10일 오후 5시 30분, 액체수소 생산 라인이 가동되면서 드디어 실험이 시작되었다. 이 작업은 다음 날 오후까지 계속되었고, 헬륨 실험이 시작된 것은 오후 4시 30분이었다.

예비냉각작업precooling(예냉豫冷)은 "압축→냉각→팽창"을 반복하면서 이루어진다. 연구원들은 헬륨액화장치의 튜브가 여전히 투명한 것을 보고 헬륨의 순도가 높다는 것을 확인할 수 있었지만, 몇 시간이 지나도록 액체헬륨 수집 용기는 텅 비어 있었다. 액체수소 저장고의 마지막 병이 분명히 액화기에 연결되어 있는데도, 액체헬륨은 한 방울도 생성되지 않았다.

그날 저녁 7시쯤, 한 외부 방문객이 실험실에 들어와 장비를 둘러보다가 침울한 분위기를 감지하고 조심스럽게 말했다. "수집 용기 아래쪽에서 빛을 비춰보면 어떨까요?" 연구원 한 명이 지푸라기라도 잡는 심정으로 플라스크 아래쪽에서 위를 향해 빛을 비췄더니 정말로 액체헬륨의 찰랑거리는 수면이 시야에 들어왔고, 지켜보는 사람들 입에서 환호성이 터져 나왔다. 훗날 오너스는 한 강연 석상에서 말했다. "그것은 평생 잊을 수 없는 광경이었다. 액체헬륨을 본 적이 한 번도 없었기에, 눈앞에서 출렁이는데도 실감이 나지 않았다." 액체헬륨이 너무 투명해서 수집 용기로 흘러 들어가는 것을 아무도 눈치채지 못한 것이다.

이튿날 〈뉴욕타임스〉에는 다음과 같은 기사가 실렸다. "카메를링 오너스는 더블린에서 개최된 영국협회 회의에서 액체헬륨 생산에 성공했음을 밝혔고, 이 소식을 접한 듀어 교수는 자기 일처럼 기뻐했다."

헬륨의 비등점(4.2K)에 도달한 오너스는 아무도 가보지 못한 나머지 영역(4.2K~0K)까지 정복하기로 마음먹었다. 그의 경쟁자들은 모두 실패했고, 1923년까지 헬륨 액화에 성공한 사람은 오너스뿐이었다. 정복 여행 첫날 밤, 수집기의 압력을 낮췄더니 소중한 액체헬륨 60밀리리터(4분의 1컵)가 증발하면서 남은 헬륨이 1.7K까지 냉각되었다. 당시 네덜란드의 만화가들은 유명인을 "닥터 딥프리즈Dr. Deepfreeze(냉동 박사)"라 불렀는데, 오너스에게 이브다 적절한 별명은 없을 것 같았다.

당시 저온물리학자들은 액체헬륨을 먼저 만들기 위해 치열한 경쟁을 벌였지만, 온도를 낮추는 것만이 유일한 목표는 아니었다. 완벽한 소리를 내기 위해 아름다운 프레임frame, 건반악기에서 현이 들어가는 부분. 정확한 음을 내려면 가장자리가 지수함수 곡선 형태여야 한다을 제작하는 하프시코드 장인처럼, 오너스는 액체헬륨을 도구 삼아 놀라운 발명품을 만들고 싶었다. "지식은 측정을 통해 쌓인다"를 평생 좌우명으로 간직했던 그는 무엇이건 측정할 때마다 최고의 신중함을 발휘했고, 이 노력은 대부분 혁신적인 결과로 이어졌다.

4.2K라는 극저온에서 무언가를 측정하려면, 300K(27도)에 가까운 실내와 완전히 단절되어 있어야 한다. 카메를링 오너스는 액체헬륨 저장장치를 제작하는 데에만 꼬박 2년을 투자했다. 제임스 듀어의 보온병 원리를 이용한 이 장치는 이중 보온병 안에 진공용기를 매달아 놓은 형태로서, 가늘고 긴 구멍을 통해 내부를 들여다볼 수 있었다(안쪽 플라스크는 액체수소로, 바깥쪽 플라스크는 액체공기로 채워졌는데, 둘 다 레이던 연구실에서 쉽게 구할 수 있는 재료였다). 액체헬륨 저장장치는 1911년에 완성되었다. 드디어 액체/기체 헬륨의 밀도 및 열적 특성과 함께 극저온에서 금속의 전기저항을 측정할 수 있게 된 것이다.

스티븐 그레이가 알아낸 바와 같이 물질의 전기전달 능력은 재료에 따라 큰 차이가 나는데, 금과 구리, 또는 은처럼 저항이 적은 것을 도체導體, conductor라 한다.

일반적으로 도체에 전류가 흐르면 열이 발생한다. 전류의 흐름을 방해하는 전기저항 때문이다. 물론 저항이 클수록 발생하는 열도 많아진다. 도체가 뜨거워지면 위험할 것 같지만, 사실 우리는 저항의 덕을 톡톡히 보고 있다. 전기담요와 토스터, 백열전구 등은 "전기에너지를 열이나 빛으로 바꾸는" 저항을 이용한 장치다. 그러나 전깃줄과 모터의 권선捲線, winding, 친친 감은 전깃줄, 또는 전자석 코일의 경우, 저항은 소중한 전기를 무용한 열熱로 날려버리는 에너지 횡령범이다.

제임스 듀어는 정교한 실험을 통해 순수한 금속을 냉각했을 때 저항이 줄어들면서 전기전도성이 높아진다는 사실을 확인했다. 1911년에는 금속의 물성物性과 관련하여 신뢰할 만한 이론이 존재하지 않았지만, 카메를링 오너스는 "금속의 순도가 충분히 높으면 온도가 내려갈수록 저항이 점차 감소하다가 0K에 도달하기 직전에 완전히 사라질 것"이라고 믿었다. 원자와 분자의 열에너지가 거의 없는 극저온으로 가면, 원자의 구조 및 금속/합금의 형성 원리를 좀 더 구체적으로 알 수 있을 것 같았다. 그런데 금과 백금을 냉각시켰더니 15K부터는 저항이 더 이상 줄어들지 않은 채 일정한 값을 유지했고, 오너스는 이것이 불순물 때문이라고 생각하여 대상을 수은으로 바꿨다. 수은은 상온에서 액체 상태로 존재하고 피자 오븐과 비슷한 온도에서 끓기 때문에, 반복 증류를 통해 순도를 높일 수 있다. 극지 탐험가들은 세 마리 개의 밤three-dog night*에 수은이 얼어붙는다는 것을 잘 알고 있다. 물의 빙점은 그보다 훨씬 높고, 사람의 체온은 더 높다. 레이던 연구팀은 U자 모양의 가느다

---

* 개 세 마리를 끌어안고 있어야 견딜 수 있을 정도의 추위로, 아주 추운 날을 의미한다. 이보다 덜 추운 날은 one-dog night, two-dog night 등으로 불린다.

란 관을 만든 후, 그 안에 수은을 채워 넣고 온도를 234K 이하(약 −38도 이하)로 냉각시켰더니 수은이 U자 모양의 가느다란 실처럼 얼어붙었다.

본격적인 실험은 1911년 4월 8일부터 시작되었다. 오너스와 플림은 실험 장비를 관리하고 코르넬리우스 도스먼Cornelius Dorsman이 온도를 측정하는 동안, 질 홀스트Gilles Holst는 실험실로부터 50미터 떨어진 조용한 방으로 가서 검류계로 샘플의 저항을 측정했다. 온도 4.3K에서 금과 수은의 저항은 예상에서 크게 벗어나지 않았으나, 3K에 도달하자 홀스트로부터 급한 연락이 날아왔다. "수은의 저항이 사라졌습니다. 저항이 0이라고요!"(훗날 홀스트는 세계적 규모의 산업연구 실험실 중 하나인 필립스 물리연구소Philips Physical Laboratories의 소장이 되었다.)

이때는 저항 관련 데이터를 단 두 개밖에 얻지 못했기에, 오너스는 자신의 짐작대로 온도가 내려갈수록 저항이 감소한다고 생각했다. 그러나 정교한 장비로 교체하여 다시 실험을 해보니, 온도와 저항은 단순한 비례관계가 아니었다. 10월 26일, 레이던 연구팀은 특정 온도로부터 100만 분의 몇 도 이내의 구간에서 수은의 저항이 실온저항의 10만 분의 1 이하로 떨어진다는 놀라운 사실을 알아냈다. 이 정도면 어떤 온도계로도 측정 불가능한 수준이다(즉, 저항이 0이라고 봐도 무방하다). 수은의 전기적 특성이 극저온에서 아무도 예측하지 못한 방식으로 급변했던 것이다. 수은은 상온에서 평범한 액체금속이지만, 4.2K에서는 저항이 없는 초전도체superconductor가 된다. 평범한 수은과 초전도체 수은은 물과 얼음

이상으로 판이하게 다른 물질이다. 게다가 수은의 초전도성이 헬륨 액화 온도보다 수백 분의 1도 낮은 온도에서 나타난다는 것이 오너스를 더욱 헷갈리게 만들었다. 어쨌거나 헬륨을 액화하는 기술이 개발된 후로 과학의 새로운 지평이 열린 것만은 분명한 사실이다.

그 후 닥터 딥프리즈(오너스)는 스티븐 그레이 못지않은 일편단심으로 초전도 현상을 파고들었다. 그는 어떤 물질이건 손에 잡히기만 하면 일단 저항부터 측정했는데, 순금과 백금은 기대와 달리 온도를 낮춰도 저항이 줄지 않았고, 금이나 카드뮴을 함유한 수은은 저온에서 초전도체가 되었다. 그런데 거울에 사용되는 아말감amalgam(수은, 은, 구리, 아연 등으로 만든 합금)도 액체헬륨 온도에서 초전도체가 되는 것을 확인한 후에는 굳이 수은을 증류할 필요가 없어졌다(수은의 초전도성이 순도와 무관했기 때문이다). 오너스는 후속 실험을 통해 주석은 3.7K에서 초전도체가 되고 인듐(In)은 3.4K, 주석-수은 호일은 4.2K, 탈륨(Tl)은 2.36K, 납(Pb)은 7.2K에서 초전도체가 된다는 것을 알아냈다. 이 모든 것은 헬륨의 액화온도 근처에서 일어난 현상이었기에, 저온물리학과 저항 측정의 선구자였던 제임스 듀어는 이 분야에서 더 이상 업적을 남기지 못했다.

초전도체로 만든 초미세 전선(매우 가느다란 전선)은 꽤 많은 전류를 전달할 수 있지만, 전류가 어떤 특정 값을 초과하면 갑자기 초전도성이 사라진다. 액체헬륨으로 납을 냉각시켜서 만든 전선은 6A(암페어)에서 초전도성을 유지하다가 13A를 넘으면 초전도성을 잃고 녹기 시작한다. 또한 온도가 낮을수록 초전도성이 강해져서 전선의 온도를 낮추면 과도한 전류가 흘러도 초전도성을 유지할 수 있다.

물리학자들은 주석과 납이 저온에서 초전도성을 띤다는 소식을 접하고 흥분을 감추지 못했다. 주석과 납은 실온에서 쉽게 가공할 수 있으니, 응용 분야는 실로 무궁무진하다. 카메를링 오너스는 저온물리학에 기여한 공로를 인정받아 1913년에 노벨상을 받았는데, 시상식 당일 수상 연설에서 다음과 같은 아이디어를 제기했다. "저항열이 없으면 촘촘하게 감은 미세한 전선에 고밀도의 전류를 흘려보낼 수 있다. 그렇다면 철심 없이 코일만 사용하여 강한 자기장을 만들 수 있을 것이다." 그러나 막상 실험실로 돌아와 초전도 코일에 다량의 전류를 흘려보냈을 때, 또 다른 복병이 그의 발목을 붙잡았다. 납으로 만든 가느다란 초전도 전선은 아무런 저항 없이 전류를 흘려보냈는데, 똑같은 전선을 실패 모양의 심에 1000번 감았더니(이런 전선을 코일coil이라 한다) 이전 전류의 10분의 1만 흘러도 초전도성이 사라졌다. 코일이 만든 자체 자기장이 전류의 흐름을 방해했기 때문이다(전선의 온도를 높인 것과 같다). 오너스는 일련의 후속 실험을 통해 작은 영구자석만으로도 초전도성이 완전히 사라질 수 있음을 알게 되었다. 손에 닿을 것 같았던 "강력한 자석"의 꿈이 지평선 너머로 사라진 것이다.

오너스는 초전도 고리에 전류를 한번 흘려보내면 영원히 흐른다는 것을 증명하기 위해 독창적인 실험을 고안했다. 제일 먼저, 납 전선 코일의 양 끝을 이어붙여서 평범한 전자석이 만든 자기장 안에 넣고 1.8K까지 냉각시킨다. 이 상태에서 전자석의 전원을 끄면 초전도 전선에 작은 전류가 유도되는데, 이것은 그 근방에 설치한 작은 나침반의 변화로 확인할 수 있다. 이 실험을 실온에서 한다면 유도전류는 금방 사라지지만, 극저온에서는 액체헬륨이 증발하고 도선의 온도가 7.2K에 도달하여 저항을 회복할 때까지 계속해서 흐른다. 가능성을 확인한 오너스는 연구 노트에 다음과 같이 적어놓았다. "냉각된 코일에 전류를 흘려보내서 먼 거리까지 전달하면…… 초전도체의 영구자석 효과를 시연할 수 있다." 그로부터 몇 년이 지난 1932년에 플림은 영국 왕립과학연구소 측으로부터 초전도 실험을 시연해달라는 요청을 받고 런던으로 날아갔다. 그곳에서 플림이 설치한 초전도 회로는 2년 동안 동일한 양의 전류를 흘려보내다가, 트럭 운전기사들의 파업으로 헬륨 공급에 차질이 생기면서 중단되었다.

초전도 자석으로 유도된 영구전류persistent current, 영원히 흐르는 전류를 이용하면 자기에너지를 저장할 수 있다. 이 저장장치는 전력분배기의 부하를 평준화하여 과부하로 인한 사고를 막아준다.

레이던과 런던에서 이루어지던 극저온 연구는 제1차 세계대전이 발발하면서 잠정적으로 중단되었다. 1915년에 듀어는 72세의 고령에도 불구하고 영국 왕립과학연구소의 전쟁 프로그램에 자원하여 액체산소로 독가스 피해자를 치료하고 비행기 조종사들에게 산소를 공급하는 등 다방면에서 맹활약을 펼쳤고, 개인적으로는 가격이 저렴한 비누를 이용하여 얇은 비누막과 거품의 특성을 연구했다. 카메를링 오너스는 1915년에 명예교수가 된 후로 1923

년까지 헬륨 액화를 시도하지 않았다. 그해에 토론토와 버클리에
액화 장치가 도입되면서 레이던의 독주 시대는 막을 내렸지만, 저
온물리 분야에서는 그 후로도 오랫동안 최고의 명성을 유지했다.

오늘날 액체헬륨은 상업적으로 유통되는 물질로, 대량으로 구
매할 경우 가격도 리터당 수십 달러 정도로 그리 비싸지 않다. 지
금도 지구에서 가장 추운 곳은 남극이나 북극이 아닌 저온물리학
실험실이다. 이곳에서는 1나노켈빈(10^{-9}K, 10억 분의 1K)이라는
극저온에서 보스-아인슈타인 응축물Bose-Einstein condensate(과냉각
상태에서 원자들이 구름처럼 정지해 있는 물질)이 일상적으로 만들
어지고 있다. 또한 NASA의 냉각원자연구소Cold Atom Laboratory에서
는 중력이 거의 없는 국제우주정거장에서 초냉각실험을 실행하기
위해 소규모의 원자를 1피코켈빈(10^{-12}K, 1조 분의 1K)까지 냉각
하는 기술을 개발 중이다.

（12장）

엉클 테드

입자가속기와 자기공명영상magnetic resonance imaging, MRI이 정상적으로 작동하려면 상상을 초월할 정도로 강력한 자석이 있어야 한다. 초전도를 이용한 초강력 자석이 처음으로 만들어진 것은 레이던에서 초전도체가 발견되고 거의 50년이 지난 후의 일이었다. 카메를링 오너스의 꿈은 여러 후배 과학자의 손을 거쳐 이루어졌는데, 그중에서 가장 기여도가 높은 사람은 아마도 테드 게발Ted Geballe일 것이다. 본명은 시어도어 게발Theodore H. Geballe이다. 저자는 과학자의 인명을 언급할 때 주로 애칭을 쓰고 있다. 그는 스탠퍼드대학교 에너지 세미나의 공동 강사직을 99세에 그만두었지만, 100세가 넘은 후에도 연구를 멈추지 않았다.

샌프란시스코의 유대인 가정에서 태어난 테드는 자전거와 케이블카 또는 노면전차를 타고 도시를 누비면서 어린 시절을 보냈다.

그는 샌프란시스코에 있는 갈릴레오 고등학교를 나왔는데, 동문 중 제일 유명한 이탈리아인은 과학자가 아니라 빈스Vince, 돔Dom, 조Joe라 불리는 디마지오DiMaggio 삼형제였고, 또래 친구들은 과학보다 스포츠를 훨씬 좋아했다.

그가 과학에 관심을 갖게 된 것은 여름방학을 맞이하여 동생 론Ron과 함께 폴린Pauline 고모의 집을 방문했을 때부터였다. 그 지역 학교의 선생님이었던 고모는 라이너스 폴링 가Linus Pauling family(고모의 시댁)의 첫 과학 교사로서 집안의 큰 자랑거리였다. "고모는 아이들을 자신과 동등하게 대하는 훌륭한 교사였다. 언제나 가르치는 일을 천직으로 여겼고 모든 사람을 존중했으며, 모든 이야기를 화학과 연관시켜서 유익한 교훈으로 결론을 맺곤 했다." 그녀는 부엌에서 달걀을 삶을 때도 "샌프란시스코보다 산에서 더 오래 삶아야 하는 이유"를 들려주었고, 시골에서 산책하다가 펌프가 눈에 띄면 펌프로 물을 퍼 올리는 원리를 설명해주었다. 그러나 테드에게 인상 깊었던 것은 폴린 고모의 지식 자체보다 "새로운 지식을 향한 열정"이었다. 고모의 영향을 받아 화학실험 세트를 갖고 있었던 테드와 론은 툭하면 도구를 태워 먹기 일쑤였고, 심지어 집에 불을 낸 적도 있었다. 테드가 중년으로 접어든 후에도 여전히 활기가 넘쳤던 폴린 고모는 남동생의 손자인 밥이 책의 저자 중 한 사람인 로버트 칸에게 대기압으로 음료수 캔을 납작하게 만드는 방법을 알려주고 음수도 가르쳐주었다. 그녀의 장서 중 1933년에 출간된 메리 엘비라 윅스의 《원소의 발견》 초판은 지금도 밥이 가장 아끼는 책이다.

테드는 대학에 진학하기 위해 샌프란시스코만을 건너 동부 버클리로 진출했다. 그래 봤자 여전히 미국 본토의 서쪽 끝이다. 대학 야구팀의 중견수로 스카우트된 게 아니라, 화학과 학부생으로 입학한 것이다. 그곳에서 테드는 레이던 연구소의 정신을 이어받은 윌리엄 프랜시스 지오크 연구소William Francis Giauque Laboratory의 일원이 되었다. 초전도의 세계로 가는 테드의 여정은 대학교 3학년 때 지오크의 대학원생 제자가 그의 조교로 배정되면서 본격적으로 시작된다. 매사에 자신만만하고 패기가 넘쳤던 조교는 테드에게 말했다. "지오크를 포함해서 그 주변에 있는 사람들은 금속 내부의 전자를 절대 이해할 수 없을 거야. 혁신적인 이론이 나왔는데 거들떠보지도 않더라고." 당시에는 금속 1세제곱센티미터당 10억×1조 개씩 들어 있는 전도전자(전기전도를 일으키는 자유전자)가 전자기력의 영향을 받아 기체처럼 움직인다는 이론이 학계에 통용되고 있었는데, 조교는 그것을 조금도 믿지 않았다. 테드와 그의 젊은 멘토는 3학년 전용 연구실에서 전자로 이루어진 유체의 특성을 측정하는 실험에 도전했다가 크게 실패한 적이 있다. 그러나 테드는 실패를 통해서도 배울 것이 있다며 조금도 실망하지 않았다. 사실 이것은 과거 한때 버클리대학교의 화학과를 이끌었던 길버트 뉴턴 루이스Gilbert Newton Lewis의 좌우명이기도 했다. 그는 "교수는 모든 것을 알 수 없고, 교과서에는 모든 답이 들어 있지 않다"며 형식적인 수업보다 몸으로 체험하는 실험을 더 중요하게 생각했다.

테드는 대학 졸업을 코앞에 두고 군에 징집되어 와이오밍주의 샤이엔Cheyenne에 있는 워런기지Fort Warren에서 군 생활을 시작했다. 그러던 어느 날 5일의 휴가를 얻어 자동차를 몰고 산마테오San Mateo까지 달려가서 향후 78년 동안 그의 아내로 살게 될 프랜시스 시시 코슐랜드Frances Sissy Koshland와 결혼식을 올린 후, 곧바로 워런 기지로 복귀하여 상황을 보고했다. 일본이 진주만을 공습한 지 몇 달이 지난 후, 테드는 호주, 뉴기니, 필리핀 등지에 파견되어 대공포 추적 장치를 관리하면서 3년을 보냈다. "전쟁이 끝나갈 무렵, 벨 연구소에서 진공관이 들어 있는 블랙박스를 전장에 보내왔다. 겉에는 '포수용 조준장치'라고 적혀 있는데, 황당하게도 설명서가 없었다. 만일 그들이 설명서를 같이 보냈더라면, 전쟁은 좀 더 일찍 끝났을 것이다. 아무튼 나는 이 일을 계기로 벨 연구소의 존재를 처음 알게 되었다."

종전과 함께 집으로 돌아온 테드 게발은 부친의 뒤를 이어 신발 도매업에 투신할지, 아니면 대학원에 진학할지를 놓고 고민에 빠졌다. "27세를 창의력의 전성기가 이미 지나버린 노인이라고 생각했다. 그러나 군에서 보내버린 청춘을 생각하니 억울해서 견딜 수가 없었다. 군에서 맞이했던 가장 좋은 날은 버클리에서 겪었던 최악의 날보다도 못했다. 다이빙대 끝에 서서 한참 망설이고 있을 때 나의 아내 시시가 살짝 등을 떠밀었고, 결국 나는 버클리로 돌아왔다. 다행이었던 것은 학교로 돌아오자마자 과학에 대한 흥미가 곧바로 되살아났다는 점이다."

길버트 루이스의 교육이념에 따라, 버클리 대학원 지망생들은 비전공 분야를 주제로 세미나를 주최하여 합격점을 받아야 했다. 테드는 도서관에서 적절한 주제를 찾던 중 "초전도체 근방에서 에

  자연은 왜 이토록 단순하면서도 아름다운가

너지의 변화 없이 전자를 운반하는 방법"에 대한 논문을 발견하고 쾌재를 불렀다. 학부생 시절부터 초전도체에 많은 관심을 갖고 있었기 때문이다. "나는 초전도체를 처음 접한 순간부터 그 분야에 완전히 빠져들었다. '초超, super'라는 접두어가 붙으면 실제보다 훨씬 과장된 할리우드 캐릭터가 연상되지만 초전도체의 '초'는 전혀 그런 느낌이 아니었다. 품질 좋은 구리선에 전류를 흘리면 1초쯤 지속된다. 물론 배터리 같은 전력공급장치가 없을 때의 이야기다. 그러나 우주가 처음 탄생했을 때 초전도체에 전류가 흐르기 시작했고, 그 후로 지금까지 극저온 상태가 유지되었다면, 그 초전도체에는 지금도 전류가 흐르고 있을 것이다. 다시 말해서 초전도체는 '완벽한 전도체'다. 게다가 초전도체의 내부에는 자기장이 존재하지 않는데, 이것도 영구전류 못지않게 놀라운 특성이다."

초전도체의 자기적 특성은 1933년에 베를린에서 발터 마이스너Walther Meissner와 로베르트 옥센펠트Robert Ochsenfeld에 의해 최초로 발견되었는데, 이들이 실행한 실험은 대충 다음과 같다. 일단 따뜻하게 데운 주석 샘플을 자기장 안에 넣어서 자기력선이 샘플을 통과하도록 만든다. 이 상태에서 주석의 온도를 3.7K까지 낮추면 주석 내부에 형성된 자기장이 표면 아래 수백만 분의 1센티미터까지 밀려나고, 결국 대부분의 자기장은 샘플의 내부가 아닌 주변을 타고 흐르게 된다. 이것은 완벽한 전도체의 특징이 아니라 초전도 때문에 나타나는 새로운 현상이다. 이것을 마이스너 효과Meissner effect라 한다.

카메를링 오너스가 초전도 자석 실험에 실패했던 이유는 다음과 같다. 샘플을 임계온도 이하로 냉각했을 때 초전도체가 되는 이유는 "일상적인 저항 물질이 되는 데 필요한 에너지"보다 "초전도체가 되는 데 필요한 에너지"가 더 작기 때문이다. 그러나 마이스너의 실험에서 알 수 있듯이, 초전도체가 되려면 자기장을 밀어내야 한다. 즉, 그만큼의 "일work"을 해야 한다는 뜻이다. 그러므로 자기장을 밀어내는 데 필요한 에너지가 "초전도체가 됨으로써 절약되는 에너지"보다 크면, 샘플은 초전도성을 잃고 일상적인 물체가 된다(굳이 귀한 에너지를 들여가며 초전도체가 되지는 않기 때문이다). 임계온도에서 아슬아슬하게 초전도성을 유지하는 물체는 아주 작은 자기장의 개입에도 금방 초전도성을 잃는다. 물론 임계온도보다 충분히 낮은 온도에서는 꽤 강한 자기장을 걸어도 초전도성을 유지할 수 있다. 그러나 샘플의 온도를 아무리 낮춰도 초전도체가 견딜 수 있는 자기장에는 뚜렷한 한계가 있다. 카메를링 오너스는 샘플로 납선을 사용했는데, 그 안에 형성된 자기장이 너무 약해서 자석의 역할을 하지 못했던 것이다.

훗날 게발은 이렇게 말했다. "나는 마이스너의 업적이 대단하다고 생각한다. 그의 실험은 초전도에 대한 기존의 생각을 완전히 바꿔놓았으며, 니오븀(Nb), 탄탈룸(Ta) 같은 원소 및 니오븀-카바이드의 합금 등 새로운 초전도체를 다량으로 발견했다." 니오븀의 임계온도는 9.25K로, 기존의 "최고온 초전도체" 기록 보유자였던 납을 밀어내고 챔피언이 되었다가 얼마 후 니오븀-카바이드 합금(11K)에 밀려났고, 1942년에는 질화니오븀niobium nitride(15K)이 새로운 챔피언으로 등극했다.

 자연은 왜 이토록 단순하면서도 아름다운가

윌리엄 지오크는 샘플을 잘 만들면 영구전류의 꿈을 이룰 수 있다고 믿었으나, 초전도의 원리를 설명하는 이론은 여전히 중구난방이었다. 그는 지난 수백 년 동안 농약으로 사용되어온 황산구리 오수화물copper sulfate pentahydrate$(CuSO_4 \cdot 5H_2O)$을 커다란 결정으로 키워서 저온 열역학적 특성 및 자기적 특성을 연구하기로 마음먹었다. 때마침 이 화합물의 결정구조가 영국의 과학자들에 의해 밝혀졌는데, 표면적과 부피의 비율이 거의 일정해서 연구 대상으로 안성맞춤이었다. 지오크가 제일 먼저 할 일은 황산구리 오수화물의 결정을 가능한 한 크게 키우는 것이었다. 어떻게 해야 할까? 그는 벨 연구소 소장인 머빈 켈리Mervin Kelly에게 편지를 썼다. 그곳에서 전쟁에 필요한 변환기를 제작하기 위해 니오브산리튬$(LiNbO_3)$ 결정을 대규모로 배양한 적이 있기 때문이다. 얼마 후 벨 연구소의 과학자 앨런 홀든Alan Holden으로부터 답장이 왔는데, 거기에는 "결정과 용액 사이의 경계면에서 적절한 농도가 유지되어야 하며, 이를 위해서는 결정을 열심히 휘저어야 한다"고 적혀 있었다. 물론 무턱대고 저으면 애써 키운 결정이 파괴될 것이므로, 이를 방지하는 비법이 있어야 한다. 해결책은 의외로 간단했다. 오래된 세탁기에서 내용물을 휘젓는 교반기를 떼어내 결정 배양액 안에 설치하면 된다. 홀든은 패러데이학회 논문집Transactions of the Faraday Society에 이 비법을 공개하여, 무언가 대단한 것을 기대했던 과학자들에게 "꿩 잡는 것이 매"라는 좋은 교훈을 남겨주었다. 그리고 그로부터 1년 반이 지난 후, 세탁용 교반기의 달인이 된 게발은 이 비법으로 키운 결정을 타원형으로 갈아서 본격적인 측정에 들어갔다.

1952년, 테드는 세탁기 비밀요법을 머릿속에 간직한 채 "무엇이건 가능할 것 같은" 뉴저지주 머리힐Murray Hill에 있는 벨 연구소로 자리를 옮겼다. 몇 해 전에 트랜지스터transistor가 발명되면서 벨 전화사Bell Telephone Company는 막대한 돈을 연구 프로그램에 쏟아붓기 시작했는데, 그 정도는 시작에 불과했다.

벨 연구소에 처음 들어선 순간부터 그 분위기에 완전히 압도되었다. 고체물리학의 세계적 대가 중 절반이 그곳에 모인 것 같았다. 그야말로 신들의 전당이었다. 관리자는 나에게 "자네라면 어떤 일도 할 수 있을 것"이라고 장담했지만, 도저히 수긍할 수 없었다. 그 쟁쟁한 대학자들 틈바구니에서 대체 내가 무슨 일을 할 수 있겠는가? 그러나 관리자의 말은 사실이었다. 모든 연구원은 자신의 연구과제를 스스로 선택했고, 진행 방식도 혼자 결정했다. 얼마 후 나는 연구원의 90퍼센트가 여전히 진공관 설계에 전념하고 있음을 알게 되었으나, 전체적인 분위기는 고체물리학 쪽으로 빠르게 변해가고 있었다. 트랜지스터를 비롯하여 에너지 소모량이 적은 소형 고체 소자를 발명한 사람은 제2차 세계대전이 끝난 후 벨 연구소 측이 미국과 소련에서 영입한 과학자들이었다.

테드 게발은 두 개의 연구 프로젝트를 놓고 저울질하고 있었다. 트랜지스터의 주원료인 반도체semiconductor(도체와 부도체의 중간쯤 되는 물질)를 연구해야 할까? 아니면 독일계 과학자 베른트 마티아스Bernd Matthias가 이끄는 연구팀에 들어가서 초전도체를 연구하는 게 좋을까? 한창 고민에 빠져 있을 때, 관리자가 다가와 넌지시 말했다. "뭘 망설이나? 지금은 반도체, 특히 게르마늄germanium(Ge)이 대세라고." 버클리에서는 하나의 결정을 키우느라 1년 이상을 보냈는데, 벨 연구소의 반도체 연구팀으로 들어가면 시중에 나도는 상품보다 훨씬 순수한 게르마늄 결정을 마음껏 주무를 수 있다. 게다가 샘플을 냉각하는 건 그의 주특기였으니, 저온에서 게르마늄의 특성을 연구할 수도 있지 않은가? 당시에는 어느 누구도 극저온에서 작동하는 반도체를 본 적이 없었고, 연구소에서는 "재료가 저질이면 측정 결과가 좋고, 재료가 좋으면 측정 결과가 엉터리다"라는 농담이 나돌고 있었다(그래서 누군가가 결과를 내놓으면 반 장난삼아 "둘 중 어느 쪽이지?"라고 묻곤 했다). 결국 테드는 반도체를 선택했고, 좋은(순수한) 재료로 좋은(상상력이 한껏 발휘된) 측정을 할 수 있는 기회가 주어졌다. 하긴, 지오크의 제자로서 그 외에 어떤 선택을 내릴 수 있겠는가?

초전도성은 오너스가 처음 발견한 후 오랜 세월 동안 미스터리로 남아 있다가, 무려 46년이 지난 1957년에 존 바딘John Bardeen과 리언 쿠퍼Leon Cooper, 로버트 슈리퍼Robert Schrieffer에 의해 베일을 벗게 된다(이들의 이론을 "BCS 이론"이라 한다). 그러나 테드가 반도체로 전향한 것은 BCS 이론이 등장하기 몇 년 전의 일이었다.

1950년경, 세계 최고의 이론물리학자들조차 초전도 현상을 설명하지 못하여 애를 태우고 있을 때, 엔리코 페르미가 새로운 초전

도체를 발견하면서 새로운 실마리를 찾았다. 여기서 잠시 게발의
설명을 들어보자.

페르미는 시카고대학교를 방문한 두 명의 연구원 존 흄John
Hulm과 베른트 마티아스에게 새로운 초전도체를 찾아달라 부
탁했고, 이들은 재료 합성 및 측정 시간을 절약해주는 간단한
도구를 만들었다. 존은 시카고를 떠나기 직전에 바나듐(V) 원
자 3개와 실리콘(Si) 원자 1개로 이루어진 화합물을 발견했는
데, 17K에서 초전도성을 띤다는 사실이 확인되어 "최고온 초
전도체"의 기록을 갱신했다. 그 후 베른트는 자신의 본거지인
벨 연구소로 돌아왔고, 바로 그 무렵에 내가 그의 연구팀에 합
류한 것이다.

베른트는 샘플의 구성성분 중 한 원소를 다른 원소로 대체하여
새로운 재료를 만드는 데 온 정신을 집중했다. 마치 원소와 함께
숨 쉬면서 그들과 공생하는 인간 원소 같았다. 동료들은 "멘델레
예프의 직계 후손"이라며 베른트의 열정과 실력에 존경을 표했고,
테드 게발도 그에게 많은 영향을 받았다. "베른트는 심오한 지식
과 상상력을 겸비한 실력자로서, 주기율표에 대해 놀라운 직관이
있었다. 누구보다 예민하면서 매사 치밀했던 그는 자신이 어느 위
치에 있건 항상 더 높은 곳으로 올라가기 위해 노력했다. 특히 자
신이 올바른 길로 가고 있는지, 아니면 엉뚱한 길로 접어들었는지
를 판단하는 능력은 타의 추종을 불허했다."

베른트 마티아스는 가끔 초자연적인 분위기를 풍기곤 했다. 스위스 연방 공과대학(ETH 취리히) 동문인 롤프 슈테펜Rolf Steffen과의 대화에서 그런 면이 느껴진다.

롤프: 세슘(Cs)은 알칼리 금속 중에서 반응성에 제일 높은데, 여기에 압력을 가하면 초전도체가 된다는 주장이 있더라고. 나는 통 이해가 가지 않던데, 네 생각은 어때?
베른트: 아마 맞을 거야. 오줌 눌 때 그걸 느꼈거든.

마티아스와 게발은 벨 연구소의 팀원들과 함께 새로운 초전도체의 일류 사냥꾼으로 떠올랐다. 훗날 게발은 이 시절을 회상하며 말했다.

마티아스와 나는 일요일 아침마다 새로운 아이디어를 얻기 우해 학술지를 뒤졌고, 의외의 결과가 눈에 띄면 곧장 벨 연구소의 도서관으로 달려갔다. 초전도 분야에서는 이곳이 다른 어떤 도서관보다 월등했기 때문이다. 우리는 논문 제목만 보고 평범한 금속인지, 아니면 절연체로 끝날지 나름대로 예측했고, 둘 다 아닌 경우에는 초전도체 후보 목록에 올려놓았다.
정말로 좋았던 것은 구성 원소와 제조법만 알려주면 무엇이건 초단시간 안에 만들어내는 기술자들이 연구소에 득시글했다는 점이다. 초전도 테스트는 민감하지만 그리 복잡하지 않았기에, 샘플 몇 밀리미터만 있으면 곧바로 실행할 수 있었다. 마치

미어터지는 지원자들 무리에서 극소수의 적임자를 가려내는 심사위원이 된 듯한 기분이었다.

테드 게발의 연구팀은 눈코 뜰 새 없이 바쁜 나날을 보냈고, 좋은 환경을 만들어준 연구소 경영진에게 보답이라도 하듯 단 1년 만에 10~20개의 초전도체를 발견하는 쾌거를 이루어냈다.

마티아스와 게발은 새로운 물질을 합성하는 것 외에 초전도의 본질을 밝히는 실험도 함께 수행했다. 두 사람의 호흡이 잘 맞은 데에는 여러 이유가 있겠지만, "이론을 살짝 얕잡아보는 실험가"라는 공통점도 크게 작용했을 것이다. 게발은 자신의 연구 방식을 다음과 같이 설명했다.

나는 이론물리학자들이 어렵다고 여기는 것을 좋아한다. 이미 이해된 내용을 뒤늦게 검증하는 건 내 취향이 아니다. 나는 새로운 것을 발견하고 검증할 때 가장 큰 보람을 느낀다. 원자와 분자의 집합적 거동을 분석하다가 새로운 현상이 눈에 뜨이면, 무조건 실험으로 확인해야 직성이 풀린다. 내가 응집물리학condensed matter physics에 관심이 많은 것도 이런 이유 때문이다. 동료 기술자들의 헌신적인 노력 덕분에 새로운 초전도체를 꽤 많이 발견할 수 있었다. 우리는 니오븀(Nb)-주석(Sn) 합금이 바나듐(V)-실리콘(Si) 합금보다 좋은 초전도체가 될 것으로 예상했는데, 문제는 초전도성을 나타나는 임계온도가 얼마인지 모른다는 점이었다. 처음에는 니오븀-주석 합금이 질소보다 높은 77K에서 초전도성을 띨 것으로 예상했으나, 정작 실험을 해보니 18K였다. 우리는 여기에 0.1테슬라tesla, 자기장의 단위의 자기장을 걸었을 때 초전도성이 그대로 유지된다는 사실까지만 확인하고 실험을 그만두었다. 그런데 얼마 후 베른트가 한 학회에 참석하여 니오븀-주석 합금에 대해 발표했을 때, 사람들은 "변두리 물리학"이라며 관심을 갖지 않았다. 임계온도가 높아도 전류가 증가하거나 자기장이 강해지면 다시 내려간다는 것이 이론적으로 규명되었기 때문이다. 결국 니오븀-주석 합금은 우리가 중요한 특성을 놓치는 바람에 쓸모없는 애물단지로 남게 되었다.

1960년의 어느 날, 테드 게발은 루디 콤프너Rudi Kompfner, 루돌프 콤프너Rudolf Kompfner, 루디는 애칭이다라는 친구로부터 솔깃한 제안을 받았다. "통신위성 추적 장치를 만들려면 작은 초전도 자석이 필요한데, 이걸 벨 연구소에서 개발하면 어떨까?" 당시 게발에게는 니오븀 선으로 감은 초전도 자석이 몇 개 있었는데, 여기서 얻은 자기장은 구리와 철선으로 감은 통상적인 전자석의 자기장보다 훨씬 약해서 실용성이 없었다. 그러나 마티아스와 게발은 자석을 만드는 것이 "연구 방향을 초전도 쪽으로 바꾸는 행위"라고 생각했다. 이들은 지식을 응용하는 것보다 근본 원리를 이해하는 데 더 많은 관심을 갖고 있었기에 자석을 만드는 일은 벨 연구소의 야금학 연구부서를 이끄는 진 쿤즐러Gene Kunzler(그 역시 지오크의 제자였다)에게 돌아갔고, 마티아스와 게발은 유망한 재료를 추천하는 자문 역할을 맡기로 했다. 쿤즐러의 연구팀은 금도금을 입힌 몰리브덴(Mo)-레늄(Re) 와이어를 작은 자석에 감아서 긍정적인 결과를 얻은 후, 니오븀-주석 합금으로 관심을 돌렸다. 금도금은 게발의 주특기로, 자석에 코일을 여러 번 감았을 때 코일과 코일 사이를 절연하는 효과가 있다. 금은 정상적인 환경에서 전류를 전달하는 도체지만, 액체헬륨의 온도에서는 초전도체와 비교할 때 거의 무한대에 가까운 저항을 발휘한다. 그리고 의외의 상황에서 전류가 급증하여 초전도성이 사라지면, 금이 전류 전달자 역할을 하여 과열과 용융을 방지하는 효과도 있다.

사실, 니오븀-주석 합금으로 전환하는 것은 말처럼 쉬운 일이 아니었다. 니오븀과 주석을 적절한 비율로 섞으면 쉽게 결합되지만(주석 원자 1개당 니오븀 원자 3개), 이렇게 만들어진 합금은 가단성可鍛性, 외부 충격에 깨지지 않고 늘어나는 성질이 떨어져서 가느다란 선 모양으로 뽑아내기가 쉽지 않다. 한 가지 해결책은 분말형 니오븀과 주석을 섞어서 이미 만들어놓은 가느다란 니오븀 튜브에 부어 넣는 것이다. 이 튜브를 압축하여 원하는 형태로 가공한 후 1000도에서 16시간 동안 구우면 그 안에 있는 니오븀과 주석 분말이 결합하여 합금이 된다.

1960년 12월, 쿤즐러와 그의 동료들은 이렇게 제작된 와이어 샘플을 액체헬륨 온도까지 냉각시켜서 자기장에 넣었다. 그랬더니 자석으로 만들 수 있는 가장 강한 자기장 안에서 초전도성이 나타났다. 게발은 이를 두고 "아무도 예상하지 못한 의외의 결과"라고 했다.

그러나 이 정도는 시작에 불과했다. 니오븀-주석 와이어는 "납의 초전도성이 사라질 정도로 강한 자기장" 안에서도 다량의 전류(1000A/1mm^2, 1제곱밀리미터당 1000암페어)를 계속해서 흘려보냈다. 게발은 말한다. "그것은 완전히 예상 밖의 일이었다. 임계 자기장이 큰 것도 놀라웠지만, 그토록 많은 전류가 흐른다는 것은 정말로 기절초풍할 노릇이었다." 그로부터 몇 달 만에 니오븀-주석 합금으로 자석을 만드는 것은 연구소의 일상사가 되었고, 쿤즐러의 연구팀은 1년이 채 지나기 전에 실험용으로 7테슬라의 자기장을 발휘하는 초전도 전자석을 만들었다.

훗날 게발은 당시의 상황을 다음과 같이 회상했다.

처음 한동안은 우리가 사용했던 기술의 물리적 의미를 깨닫지 못했다. 그런데 어느 날 문득 "자석을 가동하는 데 쓰는 전기요금에 비하면, 초전도를 일으키는 데 들어가는 냉각비용은 새발의 피도 안 된다"던 카메를링 오너스의 말이 떠오르면서 온몸에 전율이 느껴졌다. 니오븀-주석 합금이 바로 우리 눈앞에 있었기 때문이다! 얼마 전까지만 해도 애물단지로 취급되던 물건이 기적의 물질로 거듭난 것이다. 이 사실이 알려지자 고에너지 물리학계는 말 그대로 발칵 뒤집혔다.

놀랍게도 초전도 합금의 기적 같은 특성은 25년 전에 하리코프에 있는 우크라이나 물리기술연구소Ukrainian Physical-Technical Institute에서 레프 슈브니코프Lev Shubnikov가 이끌던 실험팀에 의해 이미 알려져 있었다. 아마도 당시에는 마땅히 응용할 곳이 없어서 홍보에 애를 쓰지 않았던 모양이다. 게다가 1937년에 자행된 대숙청Great Terror, 소련에서 1937년부터 1년간 집중적으로 스탈린 체제에 조금이라도 비판적인 태도를 보인 사람을 감금하거나 처형한 사건의 와중에 슈브니코프가 36세의 젊은 나이로 처형당했고, 1941년에는 독일이 소련을 침공하는 바람에 저온물리학 연구가 완전히 중단되었다.

니오븀-주석 합금은 엄청난 자기장 안에서 어떻게 초전도성을 유지하는 것일까? 과거에는 물질 내부의 자기장을 바깥쪽으로 밀어내는 데 소모되는 에너지를 절약하기 위해 샘플 자체를 얇게 만들었다. 그러나 재료가 얇으면 그 안에 흐를 수 있는 전류의 양도 작아지기 때문에 효용성이 떨어진다.

서방세계 과학자들이 소련의 과학 발전상에 어두웠던 이유는 러시아어로 작성된 논문이 영어로 번역된 사례가 별로 없었기 때문이다. 소련 과학자들의 논문은 1950년대 중반이 되어서야 비로소 조금씩 알려지기 시작했다. 특히 초전도 분야는 교류가 거의 전무하여, 1950년에 비탈리 긴즈부르크Vitaly Ginzburg와 레프 란다우가 공동 집필한 선구적 논문은 무려 10년이 지나서야 서방세계에 알려지게 되었다. 다음 장에서 언급되겠지만, 긴즈부르크-란다우이론은 약력이론과 전자기이론의 체계를 세우는 데 핵심적 역할을 했다.

긴즈부르크와 란다우는 하리코프 연구소 동료였던 슈브니코프의 연구 결과를 잘 알고 있었지만, 합금 만드는 일 자체를 다소 저급하게 여겼기에 굳이 이론적으로 설명하려고 애쓰지 않았다.

알렉세이 아브리코소프Aleksei A. Abrikosov는 1953~1957년 동안 긴즈부르크와 란다우, 슈브니코프의 연구를 검토한 끝에 "다양한 합금을 포함한 제2형 초전도체는 자기장을 부분적으로 밀어낸다"는 결론에 도달했다. 또한 그는 물질의 일부 영역이 정상상태定常~, static state를 유지하면서 그 주변에 초전도 현상이 일어나도록 미세 구역을 분할하는 것이 이론적으로 가능하다고 주장했다. 다시 말해서, 자기장을 외부로 완전히 밀어내지 않고 정상적인 영역에 가둬놓아도 초전도체가 될 수 있다는 뜻이다. 만일 이것이 사실이라면 초전도체 제작 비용을 절감할 수 있다. 단, "초전도 영역보다 에너지가 큰 정상 영역"을 만드는 데 들어가는 추가 비용이 초전도체로 얻을 수 있는 이득보다 작아야 한다. 물론 그 여부는 재료에 따라 다르겠지만, 이런 재료를 찾을 수만 있다면 초전도성은 강한 자기장과 공존할 수 있을 것이다. 그런데 알고 보니 니오븀-주석 합금이 바로 그런 물질이었고, 미국의 과학자들은 아브리코소프의 통찰력에 때늦은 경의를 표했다.

벨 연구소에서 테드 게발의 니오븀-주석 초전도체 탄생을 축하하기 위해 성대한 파티를 열었던 날, 눈치 빠른 변호사가 한마디 했다. "이참에 다른 초전도체들도 특허를 내야 하지 않을까요?" 그러자 베른트 마티아스가 주머니에서 성냥갑을 꺼내고는 그 뒷면에 초전도체 명단을 급히 적어 내려갔다. "연성 고체 용액 니오븀-지르코늄, 니오븀-티타늄……." 이 즉흥적인 사건이 없었다면 벨 연구소는 특허를 확보하지 못했을 것이다.

니오븀-주석 합금이 매우 견고하다는 사실을 쿤즐러가 발견한 후로, 연구원들은 새로운 초전도체 사냥에 더욱 열을 올리기 시작했다. 니오븀-주석 합금은 전이온도(초전도성이 나타나는 온도)가 비교적 높고 강한 자기장을 견딜 수 있지만, 재질이 너무 단단해서 다루기가 어려웠기 때문이다. 마티아스와 게발은 더 좋은 초전도체를 찾기로 마음먹었다.

1953년에 존 돈트John Daunt와 제임스 코블James Cobble은 인공적으로 만든 방사성원소 테크네튬technetium(^{43}Tc)이 11K보다 높은 온도에서 초전도성을 보인다고 발표했다. 화합물이 아닌 순수 원소 중에서는 가장 높은 임계온도다. 그러나 지구상에는 테크네튬을 생산하는 광산이 없었기에, 재료를 구하려면 오크리지Oak Ridge에 있는 원자로 폐기물 저장소를 뒤져야 할 판이었다. 마티아스는 이 문제를 해결하기 위해 주기율표에서 테크네튬의 앞뒤에 있는 원소 몰리브덴(^{42}Mo)과 루테늄(^{44}Ru)을 이용하여 결정구조가 똑같은 합금을 만들었는데, 10.6K에서 초전도 현상이 나타났다. 테크네튬의 임계온도가 8K였으니, 가짜가 진짜를 능가한 셈이다.

존 훔이 만든 몰리브덴-레늄(Re, 테크네튬과 같은 족族의 안정한 원소) 합금은 전이온도가 약 12.5K였다. 지금 저자는 임계온도와 전이온도를 같은 뜻으로 사용하고 있다. 둘 다 "초전도 현상이 나타나는 온도"라는 뜻이다. "베른트 마티아스는 몰리브덴-테크네튬의 전이온도가 높아서 가느다란 와이어로 가공할 수 있다고 생각했다." 테크네튬 때문에 가짜 결정을 키우느라 고생했던 마티아스는 똑같은 짓을 두 번 하기 싫다며 다른 곳에서 해결책을 찾았다. 자신이 자문위원으로 있던 로스앨러모스 연구소Los Alamos Lab.에서 테크네튬 0.5그램을 은

밀히 입수해온 것이다. 007을 방불케 하는 비밀작전 덕분이었는지 실험 결과는 꽤 긍정적이었지만, 이번에는 실험물리학 최대의 적인 "돈"이 발목을 잡았다. 훗날 게발에게 이 일화에 대해 물었을 때, 그는 씩 웃으며 말했다. "방사성이 없고 턱없이 비싸지 않았다면 그런대로 쓸 만했을 것이다." 결국 몰리브덴-루테늄과 몰리브텐-테크네튬은 실용적인 초전도체가 되지 못했다.

오늘날 니오븀-주석 초전도체는 매우 강한 자기장이 요구되는 특별한 경우에만 사용된다. 그리고 니오븀-티타늄은 베른트 마티아스가 성냥갑 뒷면에 휘갈겼던 "연성 II형 초전도체" 중 하나로서, 주로 강한 자기장 및 고전류에 사용된다. 이것은 니오븀-주석보다 임계온도와 임계자기장이 낮지만 가늘고 유연한 와이어로쉽게 가공할 수 있어서, 구리 주형鑄型을 사용하면 현대 기술의 상징인 초미세 케이블을 만들 수 있다. 고에너지 초전도 싱크로트론superconducting synchrotron인 페르미 연구소의 테바트론에도 니오븀-티타늄이 사용되었다.

니오븀-티타늄 자석은 입자물리학의 상징인 대형 강입자 충돌기Large Hadron Collider, LHC의 주변에서 입자빔의 방향을 조종해왔다. 또한 1980년대 중반에는 액체헬륨의 온도에서 작동하는 니오븀-티타늄 케이블이 자기공명영상MRI에 도입되면서, 의학계도 초전도체의 혜택을 보기 시작했다. 오늘날 초전도 자석은 안정성이 매우 높기 때문에 환경이 열악한 오지의 광산에서 광물을 분리할 때 사용되며, 제지 분야에서 불순물을 제거하여 점토의 백색도를 높이는 데에도 사용되고 있다.

1986년 초에 IBM 취리히 연구소의 두 물리학자 게오르크 베드노르츠Georg Bednorz와 알렉산더 뮐러Alexander Müller는 란탄(La), 바륨(Ba), 구리, 산소로 이루어진 세라믹 화합물이 액체 네온의 비등점보다 높은 30K에서 초전도성을 띤다는 사실을 알아냈다. 그러나 "고온 초전도체를 발견했다"며 난리를 치다가 오류로 판명된 사례가 하도 많았기 때문에, 처음에는 별다른 관심을 끌지 못했다.

그런데 그해 12월에 테드 게발이 보스턴에서 개최된 재료연구 학술회의에 참석했다가 "다나카 쇼지田中昭二가 이끄는 도쿄대학교 연구팀이 취리히 팀의 실험을 재현하여 초전도 현상을 확인했다"는 소식을 듣게 되었다. 게다가 회의에 참석한 마티아스의 제자 폴 추Paul Chu도 게발을 만난 자리에서 자신도 휴스턴대학교에서 다나카와 동일한 결과를 얻었다고 했다. 훗날 게발은 이 일을 다음과 같이 회상했다. "너무 놀라서 숨이 멎는 것 같았다……. 그토록 오랫동안 찾아 헤매던 것을 내가 아닌 다른 사람이 찾아서 아쉬운 감도 있었지만, 그런 것을 따질 계제가 아니었다. 나는 곧바로 스탠퍼드에 전화해서 상황을 알렸고, 문제의 화합물을 만드는 실험은 내가 도착하기도 전에 이미 시작되었다."

스탠퍼드 팀이 바륨을 스트론튬(Sr)으로 대체했더니 초전도 전이온도가 40K까지 올라갔고, 그해 크리스마스 무렵에 폴 추는 바륨 화합물을 압축하여 전이온도를 50K 이상으로 끌어올렸다. 물질을 압축하면 전이온도가 높아진다고? 그렇다면 과거에 별 볼 일 없었던 물질도 압력을 높이면 초전도체가 될 수 있다는 얘기가 아닌가. 그때부터 문자 그대로 "초전도 경쟁"이 시작됐다. 마치 우주에 존재하는 모든 압축 물질이 자신이 하던 일을 멈추고 초전도체 모집 오디션에 지원한 것 같았다.

이 시기에 과학자들은 전통적인 방법(원소 바꿔치기, 원소 비율 바꾸기, 압력 가하기 등)에서 소위 말하는 "흔들어 굽기(무엇이건 닥치는 대로 갈고 섞어서 화덕에 굽기)"에 이르기까지 온갖 수단과 방법을 총동원했고, 어쩌다가 특정 재료가 초전도 징후를 보이면 사방에서 난리가 나곤 했다.

1987년 2월, 폴 추는 "액체질소보다 높은 온도인 94K에서 초전도 현상을 보이는 물질(이트륨-바륨-구리 산화물)을 발견했다"고 발표했다. 그는 고온 초전도체가 자연이 우리에게 준 선물이라며 기뻐했고, 게발은 "77K보다 높은 초전도체는 상상도 하지 못했다. 기껏해야 25~26K 정도일 것으로 예상했다"며 감탄을 자아냈다.

그런데 그로부터 4주쯤 지난 후에는 새로운 발견이 거의 매일같이 이루어지면서, 미국 물리학회가 초전도체에 거의 점령당하다시피 했다. 1987년 3월 18일 저녁, 뉴욕 힐튼호텔의 1140석 규모의 연회장 랑데부 트리아농 볼룸Rendezvous Trianon Ballroom에서 초전도체에 관한 전국 학술회의가 열렸다. 이 행사는 패널 두 명이 모두발언을 한 후 각 연구팀이 순차적으로 나와서 자신의 연구 결과를 5분 동안 발표하는 식으로 진행되었는데, 이튿날 새벽 3시 15분이 되어서야 간신히 끝날 정도로 대성황을 이루었다.

회의 참석자들은 그날을 가리켜 "물리학의 우드스탁 Woodstock 1969년 8월에 뉴욕시 교외에 있는 우드스탁에서 열린 초대형 록 페스티벌"이라고 했다.[우드스탁은 고사하고 소규모 록 콘서트를 한 번이라도 가보고 그런 말을 하는지 의심스럽긴 하다.] 실온 초전도체의 꿈이 코앞으로 다가온 것일까? 대부분의 물리학자는 그렇게 믿었다.

뉴욕 주식시장에는 "투기꾼들이 이트륨 관련 주를 싹쓸이하고 있다"는 소문이 나돌았고, 초전도체 특허 신청서가 하늘에 뿌려진 색종이처럼 사방에 날아다녔다. 연구 보고서 중에는 틀린 것도 있고 과장된 것도 많았지만, 초전도 과열 현상은 좀처럼 누그러들지 않았다. 바야흐로 새로운 시대가 도래한 것이다.

명망 있는 학자들도 초전도 열풍에 평정심을 잃곤 했다. 1977년 노벨 물리학상 수상자인 필립 앤더슨Philip Anderson은 "초전도체 덕분에 자기장이 10배 이상 강력해질 것이므로 대형 입자가속기는 역사 속으로 사라질 것"이라 장담했고, 응집물리학의 대가인 마빈 코언Marvin Cohen은 철물점에서 전선을 살 때 가게 주인으로부터 "초전도요? 아니면 일반 전선이요?"라는 질문을 받게 될 것이라고 했다. 사실, 초전도 때문에 실수를 범한 사람은 이들이 처음이 아니다. 1988년에 노벨상을 받은 리언 레더먼은 페르미 연구소 소장이었던 1979년에 필 도나휴 TV 쇼에 출연하여 초전도 전구를 열성적으로 소개한 적이 있다. 이상하지 않은가? 초전도 전선은 저항이 없고, 저항이 없으면 전구는 절대로 빛을 발할 수 없다. 초전도체의 매력에 너무 심취한 나머지 기초 상식을 잠시 망각한 것이다.

물론 지금도 철물점에서는 초전도 전선을 팔지 않으며, 그런 것을 찾는 사람도 없다. 현재 최고온 초전도 기록은 수은-바륨-구리 산화물이 보유한 133K인데, 실온 20도가 절대온도로 293K이니 아직도 갈 길이 멀다. (테드 게발의 손자 재커리 게발Zachary Geballe의 연구팀은 란탄-수소 화합물에 190만 기압을 가했을 때 260K(-13도)에서 초전도 현상이 일어난다는 증거를 발견했다.) 게다가 새로 발견된 고온 초전도체는 과거의 니오븀-주석 합금처럼 가공하기 어렵고 애써 만들어놓아도 쉽게 깨지거나 부서져서 가정용 전선으로 쓰기에는 역부족이다. 그러나 초전도체는 무선통신에서 모터와 에너지 저장, 그리고 입자가속기용 자석에 이르기까지 응용 가능한 분야가 워낙 많기 때문에, 끈기를 갖고 연구할 가치가 있다.

현재 대형 강입자 충돌기에 사용할 차세대 자석으로 가장 유망한 후보는 니오븀-주석 합금으로, 과학자와 공학자들이 열심히 연구 중이다. 지금 당장은 11~12테슬라짜리 자석을 목표로 하고 있는데, 계획대로 된다면 16테슬라도 가능하다. 제조법은 1960년대에 벨 연구소에서 사용했던 방법을 발전시킨 것으로, 분말로 채워진 니오븀 튜브를 여러 층으로 쌓아서 원하는 직경의 와이어로 압출하는 식이다. 일단 코일이 완성되면 절연 작업 및 안정화 단계를 거친 후 640도짜리 아르곤 기체 안에서 48시간 동안 숙성시킨다. 철심에 전선을 감아서 만든 일반 전자석과는 차원이 달라도 한참 다르다.

13장

약전자기 이론

페르미의 베타붕괴 이론을 패리티parity(반전성) 비보존까지 포함하도록 확장시키면 꽤 유용한 이론이 되지만, 약한 상호작용(약력)에 대한 최종 이론은 될 수 없다. 바로 이 점을 강조하기 위해 10장의 제목을 "베타버전"으로 지었다. 페르미의 이론이 최종 버전이 아닌 베타버전이었다는 뜻이다. 뒤늦게나마 알려주니 다행이다. 베타붕괴 이론의 문제점은 다음 두 가지로 요약할 수 있다. (1) 그의 이론에 의하면 뉴트리노가 물질과 상호작용을 주고받을 확률이 에너지와 함께 커지다가 결국 100퍼센트를 초과하고, (2) 이론의 계산은 1막짜리 단막극(양자보정 1차 근사)에서만 의미를 갖는다. 이런 문제가 생긴 이유는 약한 상호작용이 하나의 지점point에서 일어난다고 가정했기 때문이다. 광자를 통해 매개되는 전자기력이나 글루온으로 매개되는 강력과는 대조적이다.

만일 약한 상호작용이 "질량이 큰 입자(예를 들어 5억 전자볼트 이상)"를 통해 매개된다면, 약력이 미치는 범위는 양성자의 크기 이하로 제한될 것이다. [약력이 작용하는 범위는 매개입자의 질량에 반비례한다.] 페르미의 이론에는 분명히 성공적인 부분도 있다. 그러나 상호작용의 확률이 이론처럼 높다면 뉴트리노의 에너지가 지금까지 관측된 가장 강력한 우주선의 에너지보다 커야 한다. 여기에 질량이 큰 매개입자를 도입하면 발등에 떨어진 불은 끌 수 있지만, 완전한 해결책이 될 수는 없다. 막이 계속될수록 양자보정이 작아지기는커녕, 대책 없이 커지기 때문이다. 게다가 상호작용의 확률이 무한정 증가하는 현상은 또 다른 문제점을 낳는다.

물리학자들은 베티붕괴를 매개하는 입자를 "W"라고 명명했다. 약하다는 뜻의 단어 'weak'의 첫 글자에서 따온 이름이다. 양자전기역학과 1950~1960년대 초반에 베타붕괴와 뮤온붕괴 등을 통해 얻은 지식을 종합해볼 때, W 입자는 스핀이 1이면서 전자와 같은 1단위 전하(양전하 또는 음전하)를 가져야 할 것 같았다. 또한 1960년대 초에 뉴트리노의 상호작용을 통해 위크보손weak boson(약력의 매개입자)을 생성하려는 시도가 실패로 돌아가면서, W 입자의 질량이 수십억 전자볼트를 넘을 것으로 예측되었다. 결국 W 입자는 1983년에 CERN에서 발견되었는데, 질량이 무려 800억 전자볼트에 달했다. 오늘날 CERN의 대형 강입자 충돌기LHC에서는 W 입자가 초당 여러 개씩 만들어지고 있다. 입자 데이터 그룹Particle Data Group에서 발표한 W-보손 보고서는 무려 41페이지나 된다.

이론물리학자는 사고실험thought experiment, 현실적으로 실행이 불가능하여 상상으로 실행하는 실험을 통해 이론의 문제점을 발견하거나 새로운 현상을 예측하곤 한다. 뮤온뉴트리노가 전자와 충돌하여 뮤온과 뉴트리노로 분해되는 과정이 대표적 사례다(10장 베타버전의 마지막 부분 참조). 이 반응을 머릿속에 그려보면 페르미의 이론이 "낮은 에너지에서 약한 상호작용을 근사적으로 서술한 이론"임을 알 수 있다.

자, 지금부터 사고실험이다. 뉴트리노와 반뉴트리노가 정면으로 충돌해서 전하가 각각 +1, -1인 한 쌍의 위크보손(W^+, W^-)을 생성한다고 가정해보자. 파인먼 다이어그램의 언어로 표현하면 뉴트리노는 전자와 W^+로 분해되고, 이 전자가 반뉴트리노와 결합하여 W^-가 된다. 물론 뉴트리노와 반뉴트리노가 충돌하는 사건은 지금까지 단 한 번도 관측된 적이 없다. 뉴트리노 빔끼리의 충돌은 말할 것도 없고, 뉴트리노빔이 우주 초기에 생성된 "화석 뉴트리노"와 충돌한 사례도 관측되지 않았다. 그러나 상상력을 동원하면 실험으로는 불가능한 일을 해낼 수 있다. 뉴트리노-반뉴트리노 충돌에서 상호작용이 일어날 확률은 에너지를 따라 빠르게 증가하다가 결국 100퍼센트를 넘을 것이다. 그러므로 W 보손을 등판시켜서 위기에 빠진 약력이론을 구원하려면, 이 입자의 거동을 규제하는 방법을 찾아야 한다.

자, 어디서 시작해야 할까? 뭐니 뭐니 해도 대칭으로부터 상호작용을 유추하는 게이지이론이 최선의 선택일 것 같다. 그런데 대체 어떤 대칭인가? 물리학 이론에 게이지 대칭이 존재한다는 사실은 알고 있지만, 무수히 많은 게이지 대칭과 다양한 힘을 일대일로 짝지어주는 원리 같은 것은 존재하지 않는다(이미 존재하지만, 우리가 모를 수도 있다). 이런 상황에서 우리가 할 수 있는 일이란 게이지 대칭을 암시하는 패턴을 찾아서 일련의 계산을 수행하고, 여기서 얻어진 수학적 구조가 자연의 힘을 올바르게 서술하는지 확인하는 것이다.

약력의 올바른 대칭을 최초로 설명한 사람은 코펜하겐의 닐스 보어 이론물리학 연구소Niels Bohr's Institute for Theoretical Physics에 박사후 연구원(포스트닥)으로 파견된 셸던 글래쇼Sheldon Glashow였다. 엔리코 페르미는 1933년에 발표한 「베타선 방출에 관한 이론」을 전자기파의 양자이론에 기초하여 재구성했는데, 1960년에 글래쇼가 결과를 분석하던 중 약력이론과 전자기이론 사이의 긴밀한 관계를 포착한 것이다. 그는 자신의 저서에 다음과 같이 적어놓았다. "언뜻 보면 전자기력과 약력은 완전히 무관한 힘처럼 보인다. 그러나 약력이 불안정한 보손을 통해 매개된다고 가정하면, 둘 사이에 중요한 유사점이 드러나기 시작한다." 두 경우 모두 하나의 결합강도coupling strength(힘의 세기를 나타내는 척도)로 다양한 현상을 설명할 수 있으니, 전자기력과 약력은 범우주적으로 통용되는 상호작용임이 분명하다. 예를 들어 페르미의 이론은 베타붕괴와 뮤온붕괴를 모두 설명할 수 있다. 그리고 전자기력과 약력은 둘 다 스핀이 1인 장field을 통해 전달된다.

그러나 여기에는 사소한 문제가 하나 있다. 약력은 짧은 거리에서만 작용하는 힘이어서 전하를 띤 W 보손이 꽤 큰 질량을 가져야 하는데, 전자기력의 매개입자인 광자는 질량이 없다. 글래쇼는 말한다. "그것은 위크보손과 광자의 유사성에 찬물을 끼얹는 걸림돌이었다. 그러나 무언가가 발에 걸리적거린다고 해서 가던 길을 멈출 수는 없지 않은가? 나는 일단 W 보손의 질량 문제를 무시하기로 했다." 정말로 영감 어린 우회 작전이었다. 골치 아픈 문제는 일단 옆으로 제쳐놓되, 절대 잊으면 안 된다. 글래쇼는 수많은 게이지 대칭 중 약력에 어울릴 것 같은 후보를 골라서 계속 앞으로 나아갔다. 이 대칭은 두 가지 요소로 이루어져 있는데, 하나는 양-밀스 이론을 낳은 "양성자-중성자 아이소스핀 대칭"과 비슷하고, 다른 하나는 양자전기역학QED의 기초인 "위상대칭"과 비슷하다. 글래쇼는 걸림돌을 무시하고 넘어갔지만, 그로부터 60년이 지난 지금은 굳이 그 과정을 따라갈 필요가 없다. 그래서 이 책에서는 문제점을 먼저 서술한 후 약력의 대칭에 대해 알아보기로 한다.

다행히도 입자물리학자는 다른 분야의 전문가들에게 배울 것이 꽤 많은 편이다. 지금도 최고 수준의 물리학부에서는 학생들에게 다양한 분야의 지식을 초급 수준이라도 습득하도록 권유(사실은 강요)하고 있으며, 학과 세미나 시간에는 물리학뿐만 아니라 지질학, 천문학 등 관련 분야의 최신 동향을 수시로 확인하고 있다.

약력의 경우에는 12장에서 언급한 마이스너 효과(초전도체가 자기장을 밀어내는 현상)가 중요한 실마리를 제공했다. 만일 초전도체 내부에 자기장이 머리카락 한 올만큼이라도 침투할 수 있다면, 광자는 초전도체 안에서 묵직한 질량을 가져야 한다. 정상적인 환경에서 전자기력의 매개입자인 광자는 질량이 없어야 하지만,

초전도체처럼 특수한 매질 안에서는 "무거운 매개입자"가 되어야 마이스너 효과를 설명할 수 있다. 광자의 질량이 클수록 자기장이 침투하는 깊이가 얕아지기 때문이다.

초전도라는 특수한 환경에 자기장이 존재할 때 광자가 질량을 갖는 것처럼, 혹시 우리 우주도 "약력 게이지 보손이 묵직한 질량을 갖는 환경"인 것은 아닐까? 그렇다. 답은 "yes"다! 과거에 얻었던 교훈이 이 사실을 뒷받침하고 있다. 자연에서 우리가 간파한 대칭이 물리법칙에 모두 드러나지 않는다는 교훈이 바로 그것이다. 이 점을 이해하기 위해, 몇 가지 예를 들어보자.

액체란 전자기력으로 결합된 원자(또는 분자)가 무질서하게 모여 있는 상태다. 투명한 용기에 담긴 액체는 어느 방향에서 바라봐도 똑같다. 즉, 전자기학 이론은 특정한 위치나 방향을 선호하지 않는다. 전자를 병진대칭, 후자를 회전대칭이라 한다. 흔히 "대칭"이라고 하면 왼쪽과 오른쪽이 똑같은 좌우 대칭이나 특정 각도로 돌렸을 때 똑같아지는 불연속 회전대칭을 떠올리지만, 무질서한 액체 속에는 이보다 훨씬 큰 대칭이 존재한다. 액체를 냉각했을 때 형성되는 결정은 이전과 동일한 원자(또는 분자)의 규칙적인 집합이며, 이들 역시 전자기력을 통해 형태를 유지하고 있다. 단, 결정에서는 액체와 달리 구성 입자들이 몇 가지 특정 방향을 따라 일정한 간격으로 배열되어 있기 때문에 보는 방향에 따라 형태가 달라진다. 다시 말해서, 결정이라는 규칙적인 구조가 전자기력의 병진 대칭과 회전대칭을 숨기고 있는 것이다.

대부분의 눈 결정은 여섯 개의 가지가 방사형으로 뻗어 나가는 평면 정육각형 모양을 하고 있는데, 이 형태는 오랜 옛날부터 대칭의 상징으로 여겨졌다. 눈 결정을 60도만큼 회전시켰을 때 최종적으로 얻어지는 형태는 회전하기 전과 똑같다. 즉, 눈 결정은 "6중 대칭"을 갖고 있다. 이것을 현미경으로 확대해서 보여주면 대부분의 사람들은 아름답다며 감탄을 자아내지만, 사실 이 대칭은 물방울에 존재했던 대칭의 극히 일부에 불과하다. 저명한 천문학자 요하네스 케플러Johannes Kepler가 신성로마제국 황제 루돌프 2세Rudolf II의 궁정 수학자였던 시절, 프라하의 겨울 길을 걷다가 옷에 떨어지는 육각형 눈 결정으로 보고 완전히 매료되어 "별들은 외형이 제각각이지만, 기본적인 구조는 육각형일 것"이라고 추측했다. 그러고는 1611년에 이 아이디어를 《육각형 눈송이에 관하여Strena seu De Nive Sexangula》라는 20쪽 남짓한 소책자로 출간하여 친구이자 후원자인 요한 마테우스 바커 폰 바켄펠스Johann Matthäus Wacker von Wackenfels에게 선물했다. 케플러는 "자연이 6각 패턴을 선호하는 데에는 그럴 만한 이유가 있다"면서, "형태가 없는 물에는 이런 패턴이 존재하지 않고, 일부 작용체에서만 발견된다"고 주장했다. 그의 말이 전부 옳다고 할 수는 없지만, 케플러의 추측은 대칭에 대한 과학적 탐구의 출발점이었다.

　물리학자는 복잡한 계를 이상화idealization함으로써 문제해결의 실마리를 찾는다. 여기서 말하는 이상화는 계의 품질을 높인다는 뜻이 아니라, 계의 구조를 단순하게 축약한다는 뜻이다. 사소한 효과를 무시하면 중요한 부분이 크게 부각되기 때문이다. 계가 복잡할 때에는 외부로부터 계를 완벽하게 고립시키거나, 복잡한 얼개를 제어 가능한 수준으로 단순하게 줄이는 것이 상책이다. 뉴턴의 운동법칙을 공부하는 대학 1학년 학부생에게 시험문제를 내줄 때 "공기저항을 무시하라"거나 "마찰력을 무시하라"고 사족을 다는 이유는 문제의 난이도를 최대한으로 낮추기 위한 배려다. 날아가는 포사체나 충돌하는 당구공, 경사면을 미끄러져 내려가는 블록의 운동을 계산할 때 공기저항과 마찰까지 고려하면 문제가 너무 어려워지기 때문이다. 이런 경우 물리학자는 "일부 상호작용을 끈다turn off"고 말하기도 한다. 잡동사니를 치워놓고 중요한 효과를 먼저 다룬 후, 나중에 세부 사항을 고려하겠다는 뜻이다. 우리는 8장에서 이와 비슷한 상황을 가정한 적이 있다. 즉, 전자기력이 존재하지 않는다면 "양성자"와 "중성자"라는 이름은 완전히 임의적이어서 양성자를 중성자로, 그리고 중성자를 양성자로 바꿔 불러도 상관없다.

그렇다면 중력도 끌 수 있을까? 물론이다. 중력 스위치를 끄면 물방울은 허공에 둥둥 떠 있는 완벽한 구형球形이 된다. (독자들은 국제우주정거장ISS에 파견된 우주인이 무중력 상태에서 음료수 봉지를 털었을 때 동그란 물방울이 튀어나와 이리저리 돌아다니는 광경을 본 적이 있을 것이다. 이것은 이론이 아닌 실험이므로 의심의 여지가 없다!) 이런 경우 물방울은 어느 방향에서 바라봐도 똑같으며, 이는 곧 물 분자를 결합시키는 전자기력이 특정 방향을 선호하지 않는다는 뜻이기도 하다. 그러나 육각형의 눈 결정은 중심을 통과하는 축에 대하여 60도(또는 60도의 배수)만큼 회전시킨 경우에 한하여 똑같은 형태가 유지된다(예를 들어, 45도 회전시키면 이전과 방향이 달라진다). 액체 상태의 물이 고체로 변하면서, 완벽했던 3차원 대칭이 어딘가로 숨어버린 것이다.

케플러는 눈 결정에 존재하는 대칭이 결코 우연의 산물이 아니라고 생각했다. 여섯 개의 가지가 뻗어 나가는 방향과 세부적인 형태는 무작위로 결정되지만, 눈 결정이 전체적으로 6중 대칭을 갖게 된 데에는 그럴 만한 이유가 있다고 믿은 것이다. 그로부터 몇 세기가 지난 후, 원자와 분자가 발견되면서 그의 생각은 결국 옳은 것으로 판명되었다. 그러나 눈 결정에 6중 대칭이 존재하는 이유는 외부 요인 때문이 아니라, 물 분자 자체의 구조로부터 초래된 결과다. 1930년대에 물리학자들은 X-선 회절 실험을 통해 물 분자의 형태가 육각형 결정을 선호한다는 사실을 알게 되었다. 다들 알다시피 물은 산소 원자 한 개와 수소 원자 두 개가 결합한 상태이며, 두 수소 원자 사이의 각도는 104.45도다.

여기서 약간의 상상력을 발휘해보자. 한 물리학자가 축소광선에 노출되어 몸집이 100만 분의 1×100만 분의 1로 줄어들었다. 원자만큼 작아져서 인간세계와 완전히 단절된 그는 내친김에 미시세계를 탐구하기로 마음먹고, 철 자석 결정 속으로 과감하게 뛰어들었다. 결정結晶세계의 모든 것은 전자기학과 양자역학에 의해 결정되며, 이 법칙들은 특별한 방향을 선호하지 않는다. 그러나 이 초소형 물리학자(A라 하자)는 자연에 회전대칭이 존재한다는 것을 쉽게 파악하지 못할 것이다. 결정을 따라 나 있는 도로의 사거리마다 나침반이 설치되어 있는데, 모든 나침반의 바늘이 한결같이 같은 방향을 가리키고 있기 때문이다. 이 방향은 우주가 불구덩이 속에서 태어날 때부터 이미 결정되어 있었다.

　　　　자연은 왜 이토록 단순하면서도 아름다운가

나침반의 방향은 A와 그의 실험 도구를 포함하여 모든 미시세계에 형성된 자기장을 나타낸다. A의 도구가 자기장의 영향을 크게 받지 않는다면, A는 자연의 법칙이 모든 방향으로 똑같이 적용된다는 사실을 쉽게 알 수 있을 것이다. 그러나 실험 도구가 자기장의 영향을 받는다면 A는 "완벽한 회전대칭"을 인지할 수 없다. 실험을 할 때마다 특정 방향(나침반이 향하는 방향)에서 유별난 결과가 얻어질 것이기 때문이다. 결국 그는 "3차원 공간에는 회전대칭이 존재하지 않는다"는 결론에 도달할 것이다.

또한 A는 "결정을 질서정연하게 안정적으로 유지해주는" 나침반의 방향이 과거에 무작위로 결정되었다는 것을 증명할 수 없다(오랜 세월 동안 결정세계에서 살아온 생명체들이 나침반의 방향에 특별한 의미를 부여하여 문화의 일부가 되었다면, 증명은 더욱 어려워진다). 게다가 모든 나침반 바늘을 일일이 돌릴 수도 없으므로, "모든 나침반 바늘이 일제히 똑같은 각도로 돌아가도 물리법칙은 변하지 않는다"는 것을 실험으로 입증할 수도 없다. 이런 상황에서 그가 할 수 있는 최선은 이 세상의 저변에 대칭이 숨어 있다고 가정한 후, 관측 결과로부터 가정의 타당성을 검증하는 것이다.

A에게는 매우 위험하고 버거운 일이겠지만, 마음만 먹는다면 어마어마한 덩치를 가진 우리가 도움을 줄 수도 있다. 외부에서 열을 가하여 결정의 온도를 1043K까지 올리면 열의 무작위운동으로 인해 나침반 바늘이 제멋대로 흔들리면서 높은 대칭성을 보유한 상태가 된다. 그 후 결정이 식으면 사거리마다 설치된 나침반의 바늘들이 다시 획일적으로 하나의 방향을 가리킬 텐데, 그 방

향은 이전에 가리키던 방향과 다를 가능성이 매우 높다. 이 가열-
냉각 과정을 여러 번 반복하면 매번 새로운 방향(진리로 가는 새로
운 길)이 선택될 것이며, 그 방향을 아무리 철저하게 분석해도 이
전의 방향을 알아낼 수는 없다. 그러므로 이런 실험을 반복하다 보
면, 초미세 자기결정磁氣結晶 세계를 지배하는 자연법칙의 은밀한
회전대칭이 모습을 드러낼 것이다.

　학생들에게 숨은 대칭을 설명할 때 자주 인용하는 사례가 하나
있다. 이 이야기는 생전에 아인슈타인이 좋아했던 "사고실험(독
일어로 Gedankenexperiment)"의 세계에서 펼쳐진다. 여기, 바닥
이 움푹 팬 와인 한 병과 완벽하게 동그란 구슬 한 개가 있다. 병 안
에 든 내용물은 없어도 괜찮으니, 원한다면 마셔도 된다. 이제 빈
병을 똑바로 세우고, 구슬을 밑바닥에 조심스럽게 밀어 넣어서 병
이 쓰러지지 않도록 균형을 잡는다(밑바닥의 팬 깊이보다 구슬의
직경이 커야 한다). 이 광경을 위에서 내려다보면 구슬은 어느 방
향으로도 움직이지 않고 한자리에 고정되어 있다. 중력이 구슬을
지구의 중심 쪽으로 잡아당기고 있기 때문이다. 즉, 중력은 지표
면 위에서 동서남북 어떤 방향도 특별히 선호하지 않는다. 이런 경
우 와인병이나 구슬을 아주 조금만 건드려도 중심을 잃고 쓰러질
것이므로, 고전역학에서는 구슬의 위치를 "불안정 평형점unstable
equilibrium"이라 한다. 고전적 세계에서 외부 진동이 없는 한, 한번
중심을 잡은 구슬은 영원히 그 자리를 지킨다. 구슬에게 "어느 쪽
으로 가라"고 지시해주는 법칙이 존재하지 않기 때문이다.

　그러나 양자세계는 판이하다. 이곳에서는 양자역학적 진동

quantum mechanical jitters이 구슬을 끊임없이, 미세하게 흔들고 있다. 그리고 자연은 상상을 초월할 정도로 인내심이 강하다. 미세한 진동으로는 커다란 와인병을 당장 쓰러뜨릴 수 없지만, 꾸준히 흔들다 보면 언젠가 와인병은 중력의 균형을 잃고 특정 방향으로 쓰러진다. 예를 들어 와인병이 정확하게 3시 방향으로 쓰러졌다고 하자. 그렇다면 자연이 3시 방향을 특별히 선호하는 것일까? 와인병과 구슬은 원통형 대칭을 갖고 있으므로, 그럴 것 같지는 않다. 확인하는 방법은 단 하나, 똑같은 실험을 여러 번 반복하는 것이다. 혹시라도 와인병이 3시 방향으로 살짝 비대칭적일 수도 있으니, 매번 다른 병으로 실험할 것을 권한다(매번 마실 필요는 없다). 아무튼 실험을 할 때마다 병과 구슬은 매번 다른 방향, 다른 위치에서 멈출 것이다. 즉, 병이 특정 방향으로 쓰러질 확률은 모든 방향에 대해 동일하며, 특정 실험에서 병이 쓰러지는 방향은 순전히 무작위로 결정된다. 이런 식으로 실험을 여러 번 실행한 후 결과를 분석해보면, 와인병의 거동에 2차원 대칭이 존재한다는 사실을 알 수 있다.

물리학자들이 말하는 진공상태眞空~, vacuum state란, "계의 에너지가 가장 낮은 배열상태(바닥 상태)"를 의미한다. 개개의 철 원자에 배당된 나침반 바늘은 총에너지가 최소화되는 쪽으로 나열되려는 경향이 있으며, 바로 이 경향에 의해 결정구조가 결정된다. 결정結晶과 결정決定의 발음이 같아서 어색하게 들리는 점 이해해주기 바란다. 그 결과 에너지가 가장 낮은 진공상태는 하나가 아니라 무수히 많이 존재하게 된다. 나침반이 가리킬 수 있는 방향이 무수히 많기 때문이다. 이 모든 진공상태는 물리적으로 동등하며, 대칭을 통해 서로 연결되어 있다. 즉, 임의의 배열에 회전변환을 가하면 또 다른 배열과 일치한다. 물리학 용어로는 에너지가 같은 동일한 진공들을 "축퇴된 진공degenerate vacua"이라 한다. 이와 마찬가지로 와인병 밑에 깔린 채 고정된 구슬의 모든 자세는 동일한 에너지를 가지며, 그 값은 병과 구슬로 이루어진 물리계의 가장 낮은 에너지에 해당한다. 즉, 병과 구슬로 이루어진 계의 바닥상태는 축퇴되어 있다. 이런 경우 대칭축을 중심으로 병을 임의의 각도로 회전시키면 또 다른 바닥상태에 놓이게 될 것이다(단, 회전 이외에는 어떠한 변화도 없어야 한다).

축퇴된 진공상태 중 하나가 우연히 선택되었을 때, 물리학자는 "대칭이 자발적으로 붕괴되었다"고 말한다. 대칭이 근사적이라거나, 결함이 있다는 뜻이 아니다. 이론이나 실험 장비에 명백하게 드러나 있던 대칭이 "진공의 대칭이 붕괴되는 바람에" 숨겨진 대칭으로 변한 것이다.

자발적 대칭붕괴spontaneous symmetry breaking는 시공간의 회전이나 병진변환에 국한되지 않고, 상호작용과 관련된 추상적 대칭에도 나타날 수 있다. 1950년에 모스크바 레베데프 물리연구소Lebedev Physical Institute의 비탈리 긴즈부르크와 레프 란다우는 추상적 대칭 붕괴가 나타나는 사례를 최초로 연구했는데, 앞서 예시했던 와인 병-구슬과 여러모로 비슷한 점이 많다. 당시 러시아의 이론물리학자들은 초전도체의 두 가지 특성(전기저항이 사라지는 것과 자기장을 밀어내는 것)을 어떻게든 연관 지어 설명하기 위해 "저항을 통해 에너지를 잃으면서 전류를 전달하는 전통적인 전하운반자charge carrier"와 "아무런 저항 없이 전하를 운반하는 슈퍼운반자supercarrier"를 도입했다. 긴즈부르크와 란다우의 이론은 디랙의 양자전기역학처럼 양자적 위상대칭에 기초하고 있지만, 새로 도입한 슈퍼운반자 때문에 사뭇 다른 결과가 유도된다.

이들의 이론을 이해하기 위해, 초전도체의 최저 에너지 상태를 찾아보자(결과는 활성화된 슈퍼운반자의 개수에 따라 달라진다). 임계온도보다 높은 온도에서 슈퍼운반자를 활성화하려면 별도의 에너지가 소모되므로, 이런 경우는 제외하기로 한다.

긴즈부르크와 란다우는 문제를 단순화하기 위해 원통대칭형 초전도체를 가정했다(통조림 모양의 초전도체를 상상하면 된다). 이런 경우 중심축으로부터의 거리는 활성화된 슈퍼운반자의 개수를 나타내고, 반지름이 일정한 원주 위의 각 점은 양자적 위상에 해당하며, 높이는 에너지에 대응된다. 슈퍼운반자를 활성화하는 데 약간의 에너지가 필요하고 슈퍼운반자가 많을수록 에너지가 많다면, 에너지 표면은 와인잔 모양이 된다. 와인잔도 원통대칭형이다. "에너지 표면"이란 에너지 분포도를 입체 그래프로 그렸을 때 나타나는 도형의 표면을 의미한다. 여기서 에너지가 가장 낮은 상태는 슈퍼운반자가 없는 상태이므로(유리잔 밑에 구슬을 받쳐놓은 것과 비슷한 상황), 양자전기역학이 정상적으로 작동하여 광자는 질량이 없고, 자속磁束, magnetic flux, 물질을 통과하는 자기력선의 수은 자유롭게 오고 가며, 전류는 통상적인 저항을 느낀다. 그리고 어떤 방향도 특별히 선택되지 않았으므로 양자적 위상대칭은 당연히 존재한다. 대칭변환이 진공상태에 아무런 영향도 미치지 않는 경우, 우리는 이 대칭을 "드러난 대칭 manifest symmetry"이라 한다.

긴즈부르크와 란다우는 온도를 임계온도 이하로 낮추면 슈퍼운반자가 쉽게 활성화된다는 사실을 깨달았다. 온도를 낮추면 계의 에너지가 작아지는 경향이 있기 때문이다. 두 사람은 검증된 이론에 기초하여 "에너지 표면은 와인병과 비슷한 형태가 되어야 한다"고 주장했다(솜브레로sombrero, 챙이 넓은 멕시코 모자에 비유하는 사람도 있다). 자, 이들의 말대로 계의 온도를 낮췄다고 하자. 그러면 주어진 계는 "활성화된 슈퍼운반자의 개수와 무작위로 선택된 위상"으로 서술되는 최소 에너지 상태에 정착할 것이다. 계에 대칭변환을 가했을 때 하나의 진공상태가 다른 진공상태로 바뀌는 경우, 우리는 이것을 "숨은 대칭hidden symmetry"이라 부른다. 이로써 우리 계는 활성화된 슈퍼운반자 덕분에 초전도체가 되었고, 여기에 약간의 계산을 수행하면 초전도체 안에서 광자가 질량을 갖게 된다는 사실도 알 수 있다. 이것은 초전도체뿐만 아니라 일반적으로 적용되는 결과다. 즉, 숨은 대칭과 관련된 게이지 보손은 유한한 질량을 갖는다.

이 정도만 알면 페르미의 이론을 "W 보손이 질량을 갖는 이론"으로 일반화할 수 있지만, 이론을 제대로 이해하려면 다양한 세부사항까지 알아야 한다. 1957년에 일리노이대학교의 존 바딘과 리언 쿠퍼, 로버트 슈리퍼는 초전도체의 미시적 거동에 대한 이론을 발표했는데, 긴즈부르크와 란다우의 이론보다 설명력이 훨씬 뛰어났다. 그러나 물리학자들이 바딘-쿠퍼-슈리퍼 이론을 완전히 이해하여 "자발적 대칭붕괴가 광역 대칭과 게이지 대칭에 미치는 영향"을 파악할 때까지는 10년이 더 걸렸다.

새로운 이론을 견인한 주인공은 고체 및 액체의 위상을 연구하는 응집물리학자와 상대론적 양자장이론을 연구하는 입자물리학자들이었다. 신기한 것은 이들의 주된 목적이 "글래쇼가 제기했던 약력이론의 걸림돌 제거하기"가 아니었다는 점이다. 당시 입자물리학자들의 주 관심사는 힘입자(매개입자)에 질량을 부여함으로써 양-밀스 이론으로 강력을 서술하는 것이었다.

1964년, 오랜 세월에 걸친 노력이 드디어 결실을 맺었다. 세 그룹의 연구팀이 각자 독립적으로 연구를 수행하여, 숨은 대칭으로부터 게이지이론의 무거운 매개입자를 유도하는 데 성공한 것이다. 그 주인공은 브뤼셀 자유대학 Brussels Free University의 프랑수아 앙글레르François Englert와 로버트 브라우트Robert Brout, 에든버러대학교의 피터 힉스Peter Higgs, 런던 임페리얼 칼리지Imperial College의 제럴드 구럴닉Gerald Guralnik과 리처드 헤이건Richard Hagen, 톰 키블Tom Kibble이었다.

이들의 이론에 의하면, 임의의 대칭연산(대칭변환)이 하나의 진공상태를 다른 진공상태로 바꿀 때, 거기 해당하는 게이지 보손(힘입자)이 질량을 획득하게 된다. 게다가 이 과정에서 게이지 대칭은 붕괴되지 않고 숨겨지기만 하기 때문에, 상호작용하는 입자들 사이의 수학적 관계가 더욱 긴밀해진다. 그야말로 "아름답다"는 수식어가 조금도 아깝지 않은 이론이다. 마치 불규칙한 모양의 퍼즐 조각들이 하나둘씩 제자리를 찾아가면서 우아한 그림이 완성되는 것 같다. 드디어 질량을 가진 힘입자가 게이지이론과 양립할 수 있는 길이 열린 것이다.

지금 우리는 이것을 "이론물리학 및 입자물리학의 역사를 바꾼 위대한 업적"으로 기억하고 있지만, 당시에는 이 놀라운 결과를 인용하는 물리학자가 거의 없었고, 심지어 이론을 개발한 여섯 명조차 논문만 발표하고 후속 연구를 거의 하지 않았다. 대체 왜 그랬을까? 정확한 이유는 알 수 없지만, (당시의 문헌을 뒤져보면) 새로 발견된 입자들이 학계의 관심을 독점했기 때문인 듯하다. 실제로 바로 그해에(1964년) 오메가 마이너스 입자(Ω^-)가 브룩헤이븐 연구소에서 발견되었고, 몇 년 후 빅뱅의 잔해인 마이크로파 우주배경복사CMB가 관측되었으며, 물질과 반물질의 미묘한 차이가 드러나기 시작했다.

약력이론은 1967년에 스티븐 와인버그가 "렙톤모형A Model of Leptons"을 발표하면서 다시 활기를 찾기 시작했다. 글래쇼가 그랬던 것처럼, 와인버그의 논문도 연구 동기와 문제점을 언급하는 것으로 시작된다.

렙톤이 상호작용을 교환하는 대상은 전자기력의 매개입자인 광자와 약력의 매개입자로 추정되는 위크보손weak boson뿐이다. 그러므로 스핀=1인 보손을 게이지장의 다중항으로 통합하는 것은 지극히 자연스러운 발상이다. 문제는 광자와 위크보손의 질량 및 결합상수가 다르다는 점이다.

와인버그는 "약력과 전자기력을 연결하는 대칭성이 진공의 특성 안에 감춰져 있다고 생각하면 위에서 언급한 차이점을 이해할 수 있다"고 주장했다.

그는 약력을 다루는 방법을 알지 못했기에, (약력의 존재를 처음 알린 징후였던) 베타붕괴를 비롯하여 양성자-중성자가 관련된 약한 상호작용에 대해서는 아무런 언급도 하지 않았다. 또 당시에 쿼크 모형은 확립되지 않은 가설에 불과했기 때문에, 진지하게 연구하는 사람이 거의 없었다. 이 책의 9장에서 언급한 양자색역학$_{QCD}$은 그로부터 6년이 지난 후에야 조금씩 체계를 갖추기 시작했다. 그러나 지금 우리는 전체적인 이야기를 알고 있으므로, 전지적인 관점에서 약력이론을 설명하기로 한다.

와인버그의 극적인 시나리오에서 제일 먼저 등장하는 것은 렙톤이다. 이들 중 전기전하가 −1인 렙톤(전자, 뮤온, 타우입자)은 왼손잡이와 오른손잡이가 모두 존재하며, 전하가 없는 뉴트리노(전자뉴트리노, 뮤온뉴트리노, 타우뉴트리노)는 모두 왼손잡이다. 입자가 왼손잡이라는 것은 스핀축의 방향이 운동 방향과 반대라는 뜻이다. 전하를 띤 렙톤은 (왼손잡이와 오른손잡이 모두) 전자기적 상호작용을 교환한다. 지금까지 발견된 세 종류의 뉴트리노는 약한 상호작용을 통해 "전하를 띤 자신의 파트너(전자, 뮤온, 타우입자)"와 연결되어 있다. 자연에 오른손잡이 뉴트리노가 없는 이유는 아직 밝혀지지 않았다. 만일 이런 입자가 존재한다면 전자기력이나 베타붕괴를 겪지 않을 것이므로 감지할 방법도 없다. 가상의 오른손잡이 뉴트리노는 우리가 알고 있는 상호작용에 관여하지 않기 때문에, "비활성 뉴트리노sterile particle"로 불리기도 한다. 'sterile'은 후손을 낳지 못하거나 열매가 열리지 않는다는 뜻이다.

강한 상호작용은 논외로 치고, 일단 쿼크를 등장인물에 포함시켜보자. 그러면 와인버그의 서문은 다음과 같이 수정될 것이다. "렙톤과 쿼크는 전자기력을 매개하는 광자 및 약력을 매개할 것으로 추정되는 위크보손과 상호작용을 교환한다." 렙톤의 여섯 가지 향flavor은 강력과 관련된 입자의 여섯 가지 향과 일치하며, 후자는 왼손잡이와 오른손잡이가 모두 존재한다. 왼손잡이 렙톤과 마찬가지로, 왼손잡이 쿼크는 약한 상호작용을 통해 하나의 향에서 다른 향으로 바뀔 수 있다. 대충 말하자면 위쿼크는 아래쿼크와 짝을 이루고 맵시쿼크는 기묘쿼크와 꼭대기쿼크top quark는 바닥쿼크bottom quark와 짝을 이룬다. 왼손잡이 쿼크와 오른손잡이 쿼크는 둘 다 전자기력의 영향을 받으며, 그 강도는 쿼크의 전하에 의해 결정된다(위, 맵시, 꼭대기 쿼크의 전하는 $+2/3$이고 아래, 기묘, 바닥쿼크의 전하는 $-1/3$이다). 그러나 오른손잡이 쿼크의 전하가 약한 상호작용을 통해 바뀌는 사례는 아직 발견되지 않았다. 이는 곧 W보손의 오른손잡이 파트너가 존재하지 않는다는(또는 아직 발견되지 않았다는) 뜻이기도 하다.

일부 입자들이 약한 상호작용을 통해 쌍으로 연결된다는 것은 (전자뉴트리노와 왼손잡이 전자, 왼손잡이 위쿼크와 왼손잡이 아래쿼크 등) 또 하나의 게이지 대칭이 존재한다는 것을 시사한다. 이것은 양성자와 중성자를 연결하는 아이소스핀과 비슷하기 때문에, (왼손잡이) 약한 아이소스핀weak isospin이라 한다. 양-밀스 이론과 마찬가지로, 이 게이지 대칭은 스핀이 1이면서 전하가 +1, 0, -1인 3종의 게이지 보손에 대응된다. 이들 중 전하를 띤 입자는 W 보손의 후보이며, 전하가 0인 중성입자의 역할은 잠시 후에 다루기로 한다.

약력과 전자기력을 하나로 통합하려면 양자위상대칭quantum phase symmetry의 도움이 필요하다. 와인버그는 "약한 초전하weak hypercharge"라는 양자수에 기초하여 대칭을 선택했다. 이것은 전기전하와 약한 초전하를 연결하는 대칭으로, 이로부터 약한 초전하와 짝을 이루는 또 하나의 중성 게이지 보손이 도입된다.

이 정도면 매우 우아한 이론이지만, 실제 세계와는 다소 차이가 있다. 지금까지 얻은 결과에 의하면 약력과 전자기력을 매개하는 무질량 입자가 네 개 있어야 하는데, 자연에 존재하는 무질량 입자는 광자 하나뿐이다. 문제점은 또 있다. 디랙의 이론에 의하면 전자의 질량은 왼손잡이 부분(스핀=1/2)과 오른손잡이 부분(스핀=-1/2)을 합한 값인데, 양자전기역학에서 이런 것은 문제가 되지 않는다. 왼손잡이 전자와 오른손잡이 전자는 전하가 같아서, 전자기적 위상대칭의 영향을 똑같이 받기 때문이다. 그러나 약력이 거입되면 왼손잡이와 오른손잡이의 구성 요소가 대칭변환에 대하여 다르게 반응한다. 즉, 왼손잡이 부분만 약한 아이소스핀 대칭의 영향을 받고, 오른손잡이 부분은 영향을 받지 않는다. 또한 약한 츠전하도 왼손잡이 부분과 오른손잡이 부분이 같지 않다. 즉, 쿼크와 렙톤의 질량은 게이지 대칭과 양립할 수 없으므로 모든 구성 입자는 질량이 없어야 한다. 이것은 결코 가볍게 넘길 일이 아니다. 약한 상호작용은 왼손잡이와 오른손잡이를 다르게 취급하기 때문에, 페르미온 점입자point particle(질량이 하나의 점에 집중되어 있는 입자)에 질량을 부여하는 메커니즘을 찾아야 한다. 이런 상황에서 패리티 비보존은 부담스러운 짐이면서, 동시에 기회가 될 수 있다.

모든 대칭이 숨는 상황을 연출하려면 새로운 요소를 도입해야 한다. 와인버그는 스핀이 0이면서 전하가 +1, 0인 짝과 −1, 0인 짝을 선택했다. 이들은 약한 아이소스핀 및 약한 초전하와 결합하여 대칭성을 유지한다. 또한 이들은 서로 간 상호작용을 통해 앞서 언급했던 와인병(또는 솜브레로) 모양의 에너지 표면을 형성하고, 진공상태를 임의로 선택하여 약한 아이소스핀과 약한 초전하 대칭을 숨기지만, 전자기적 위상대칭은 그대로 유지된다. 마이스너 효과에서 알 수 있듯이 숨겨진 대칭에 대응되는 힘입자는 질량을 얻게 되는데, 이들이 바로 전하를 띤 두 개의 게이지 보손 W^+와 W^-이다. 그리고 전하가 없는 약한 아이소스핀 게이지 보손과 약한 초전하 게이지 보손은 자기들끼리 재구성되어 질량이 없는 광자와 Z^0라는 무거운 입자가 되고, 새로 등장한 Z^0는 전하나 향香을 바꾸지 않은 채 약력을 매개한다. 이 "중성전류neurtal current(베타붕괴 상호작용에서 나타나는 '전하전류charged current'와 구별하기 위해 붙인 이름)"에 의한 약한 상호작용은 왼손잡이와 오른손잡이 입자에 모두 작용하지만, 작용하는 방식이 다르다. 만일 중성전류가 정말로 존재한다면, 와인버그의 약전자기 이론electroweak theory은 첫 번째 관문을 통과하는 셈이다.

그러나 와인버그가 1967년에 이 이론을 발표했을 때, 물리학계는 시큰둥한 반응을 보였다. 하버드대학교의 이론물리학자였던 고 시드니 콜먼Sidney Coleman은 "그토록 위대한 업적이 철저하게 무시된 사례는 일찍이 없었다"고 회고했다. 고에너지 물리학 논문을 관리하는 인스파이어 데이터베이스INSPIRE-database에 따르면 와인버그의 1967년 논문은 지금까지 총 1만 4000번 인용되었는데, 출판 후 처음 4년 동안 인용 횟수는 고작 12건에 불과했다. 냉담한 분위기에 실망한 와인버그는 연구를 그만두고 다른 주제로 관심을 돌렸다.

그러던 중 1970년에 셸던 글래쇼가 존 일리오폴로스John Iliopoulos, 루치아노 마이아니Luciano Maiani와 함께 강력을 교환하는 입자를 하나의 체계로 통일하는 방법을 개발했다. 대부분의 물리학자들이 쿼크의 존재를 믿지 않았던 그 시기에 쿼크의 향은 "위up", "아래down", "기묘strange" 세 가지만 알려져 있었고, 렙톤은 두 개의 쌍(전자-전자뉴트리노 쌍과 뮤온-뮤온뉴트리노 쌍)으로 존재한다고 여겨졌다. 글래쇼와 일리오폴로스, 그리고 마이아니는 "쿼크와 렙톤을 일괄적으로 서술하려면 쿼크도 쌍으로 존재해야 하며, 따라서 네 번째 쿼크인 맵시쿼크charm quark가 존재해야 한다"고 주장했다. 그리고 다음 해에 네덜란드 위트레흐트대학교의 대학원생 헤라르뒤스 엇호프트Gerardus 't Hooft와 그의 지도교수였던 마르티뉘스 펠트만Martinus Veltman은 숨은 대칭을 보유한 게이지이론이 논리적으로 타당하면서 계산 가능한 이론이 될 수 있음을 증명했다. 그 후 2년이 지난 1973에 스토니브룩대학교의 벤 리(이휘소)와 장 진쥐스탱Jean Zinn-Justin, 그리고 엇호프트와 펠트만은 글래쇼-살람-와인버그의 아이디어를 발전시켜서 약전자기 이론의 타당성을 수학적으로 증명하는 데 성공했다. 이때 실험물리학자들은 어떤 반응을 보였을까?

약전자기 이론이 구축되기 전까지는 물리학자 중 어느 누구도 "뮤온뉴트리노 또는 반뉴트리노가 전자와 충돌했을 때, (당구공처럼) 입자의 정체성은 변하지 않으면서 에너지와 운동량만 변하는 과정"을 계산하지 못했다(1막짜리 단막극조차 발표된 적이 없다). 와인버그의 모형에서 뮤온뉴트리노(또는 반뮤온뉴트리노)와 전자는 Z 보손을 교환하면서 약력을 행사한다. 이것은 중성전류를 통한 상호작용을 실험실에서 검증할 수 있는 가장 간단한 사례인데, 1973년 7월에 유럽핵입자물리연구소CERN에서 앙드레 라가리게André Lagarrigue가 이끄는 실험팀에 의해 처음으로 확인되었다. 이들이 가가멜 거품상자 Gargamelle bubble chamber로 찍은 사진에는 반뮤온뉴트리노를 만나서 되튀는 전자의 궤적이 높은 확률로 포착되었다. 가가멜은 길이 5미터에 지름 2미터짜리 초대형 입자 감지기로, 프랑수아 라블레François Rabelais의 서사시에 등장하는 거인 가르강튀아Gargantua의 어머니 이름에서 따온 것이다. 스머프에 등장하는 마법사 이름이기도 하다. 이 장치에는 브로모트리플루오로메탄 bromotrifluoromethane, BTF이 냉매로 채워져 있어서, 전자와 광자를 매우 정확하게 포착할 수 있다. 단, 뉴트리노는 약력에만 반응하기 때문에 거품상자에 이온화된 흔적(비행운)을 남기지 않는다.

새로운 현상이 "관측"되었다고 해서, 반드시 새로운 "발견"으로 이어진다는 보장은 없다. 누군가가 별로 가능성이 없는 대안적 해석을 내놓으며 딴지를 걸어왔을 때 귀를 닫아버리면 나중에 낭패를 볼 수도 있다. 그러나 가가멜 팀은 뉴트리노가 무거운 액체 속의 양성자 및 중성자와 충돌한 후 뮤온으로 변하지 않은 채 산란된다는 증거를 추가로 제시했다. 미국의 페르미 연구소 측은 처음에 이 발견을 지지하다가 얼마 후 지지를 철회하고 중성전류 상호작용을 지지하는 쪽으로 입장을 바꿨는데, 이를 두고 물리학자들은 "교류 중성전류alternating neutral current"라며 놀려댔다. 교류처럼 오락가락한다는 뜻이다.

이 모든 혼란은 1년 후 가가멜 팀이 새로운 약력을 발견하면서 진정되었다. 비슷한 시기에 페르미 연구소와 아르곤 연구소Argonne National Laboratory, 브룩헤이븐 연구소에서도 뉴트리노 산란실험을 통해 비슷한 결과가 얻어졌고, 이와 비슷한 실험이 각지에서 연달아 실행되었다. 그리고 대다수의 실험물리학자들은 연극 대본(이론적 계산)의 일부라도 보기를 원했다.

중성전류 상호작용이 관측되자, 맵시쿼크의 존재 여부가 핫이슈로 떠올랐다. Z 보손을 통한 상호작용에서 쿼크의 향flavor이 변하지 않으려면 쿼크는 짝을 지어 존재해야 한다. 이것이 중요한 이유는 뮤온붕괴실험에서 기묘쿼크가 아래쿼크로 바뀌는 경우가 한 번도 관측되지 않았기 때문이다. 글래쇼는 1974년 4월에 보스턴에서 개최된 학회에서 "맵시: 발견되기를 기다리는 발명품"이라는 제목으로 모두강연을 할 정도로 맵시쿼크의 존재를 굳게 믿고 있었다. 글래쇼와 제임스 비요르켄은 10년 전에 대칭이라는 단순한 개념에 기초하여 네 번째 쿼크를 예측한 적이 있다. "지금까지

발견된 렙톤은 모두 4종(전자, 전자뉴트리노, 뮤온, 뮤온뉴트리노)
인데, 쿼크는 왜 3종(위, 아래, 기묘)밖에 없는가?" 그러나 얼마 전
일리오폴로스, 마이아니와 함께 진행했던 공동연구에 더욱 강한
자극을 받은 셸던은 차기 학회에서 발표할 세 가지 가능한 결과를
다음과 같이 정리해놓았다.

1. 맵시쿼크는 발견되지 않았고, 나는 약속대로 손가락에 장을
지지겠다.
2. 하드론 분광기에서 맵시쿼크가 발견되었다. 다 함께 축하
하자!
3. 맵시쿼크가 엉뚱한 곳에서 발견되었다. 하지만 당신은 약속
대로 손가락에 장을 지져야 한다.

그 외에도 몇 개 항목이 더 있었는데, 11월 혁명이 일어나면서
삭제되었다. 아무튼 약전자기 이론은 거스를 수 없는 대세로 자리
잡은 것처럼 보였다. 엇호프트와 펠트만이 1971년에 주장했던 대
로, 과연 약전자기 이론은 논리적으로 타당하면서 계산 가능한 이
론이 될 수 있을까?

그러나 향후 5년 동안 새로운 실험 방법이 개발되면서, 이론에
대한 평판이 널을 뛰기 시작했다. 개중에는 이론과 일치하는 실험
도 있었지만, 완전히 빗나간 실험도 적지 않았기 때문이다. 일부
이론물리학자들은 구급차를 쫓아다니면서 사고 피해자에게 고소
를 종용하는 악덕 변호사처럼, 의외의 실험 결과가 나올 때마다 새

 자연은 왜 이토록 단순하면서도 아름다운가

로운 이론을 급조하여 끼워 맞추느라 여념이 없었다. 이런 혼란이 한동안 지속되다가, 마침내 1971년판 이론을 뒷받침하는 증거가 스탠퍼드에서 발견되었다. 스탠퍼드 선형가속기센터SLAC에서 찰스 프레스콧Charles Prescott과 그의 동료들이 전자산란실험을 하던 중 약한 상호작용과 전자기적 상호작용 사이의 간섭干涉을 이용하여 Z 보손의 효과를 증폭하는 데 성공했고, 그 결과 "전자와 핵자 사이의 패리티 비보존 상호작용은 Z 보손을 통해 매개된다"는 와인버그와 살람의 예측이 사실로 확인되었다(이 예측은 나중에 글래쇼, 일리오폴로스, 마이아니에 의해 보완되었다). 그리고 베타붕괴에서 나타나는 전하전류 상호작용과 마찬가지로, 중성전류에 의한 상호작용도 왼쪽과 오른쪽이 다르게 나타났다! 약전자기 이론이 새로운 자연법칙으로 등극할 가능성이 한층 더 높아진 것이다.

사실 전자기력과 약력은 완벽하게 통일되었다고 보기 어렵다. 두 힘은 상호작용의 강도가 다르고, 이론의 기반인 대칭도 다르기 때문이다. 전자기력과 전하전류 상호작용의 강도는 이미 정해진 반면, 중성전류 상호작용의 강도를 비롯한 세부 사항은 약한 아이소스핀과 약한 초전하 대칭에 대응되는 중성보손이 광자와 Z 입자를 낳도록 재배열되는 방식에 따라 달라진다. 더욱 완전한 이론이 나올 때까지, 이 정보는 실험을 통해 추측하는 수밖에 없다. 광자와 W^+, W^-, 그리고 Z^0가 하나의 기원에서 탄생했다면, 이들이 매개하는 상호작용의 강도는 크게 다르지 않아야 한다. 그런데도 약력이 그토록 약한 이유는 매개입자의 질량이 크기 때문이다.

약력이론이 옳다면, 대부분의 관측값은 "약혼합변수weak mixing parameter"라는 하나의 상수에 의해 결정된다. 이것은 중성전류 상호작용의 세부 사항과 약력 매개입자의 질량을 좌우하는 상수로서, 약전자기 이론에 의하면 W⁻ 보손의 질량은 양성자보다 최소 40배 이상 무거워야 하며, Z 보손은 W 보손보다 가볍지 않아야 한다. 또한 매개입자는 상태가 불안정하기 때문에 렙톤과 반렙톤, 또는 쿼크와 반쿼크 쌍으로 붕괴되는데, W⁺ 보손은 양전자와 전자뉴트리노로 붕괴되거나 위쿼크와 반아래쿼크로 붕괴되고, Z 보손은 입자-반입자 쌍(양의 뮤온-음의 뮤온, 맵시쿼크-반맵시쿼크, 뉴트리노-반뉴트리노 등)으로 붕괴된다.

우리 이론에서 전자기적 대칭에 대응되는 (무질량) 광자는 앙글레르와 브라우트, 힉스, 구럴닉, 헤이건, 키블이 남긴 교훈을 상기시켜준다. "진공을 바꾸지 않는 게이지 대칭에 대응되는 힘입자는 질량이 없어야 한다." 앞에서도 언급된 내용이라 딱히 새로운 느낌은 없지만, 대칭이 숨으면 놀랍게도 질량을 가진 스칼라입자(스핀이 0인 입자)가 나타난다. 힘입자가 게이지장의 들뜬상태인 것처럼, 이 새로운 입자는 스칼라장의 들뜬상태에 해당한다. 스칼라입자는 W, Z 입자와 상호작용을 교환할 때 게이지 대칭을 망가뜨리지 않지만, 게이지 대칭만으로는 대칭이 숨으면서 등장한 네 개의 스칼라입자 사이의 상호작용을 결정할 수 없다. 이들 중 세 개는 무거운 W⁺, W⁻, Z⁰에 삼켜지고, 네 번째 입자는 무거운 스칼라입자로 남는다. 대부분의 입자물리학자들은 스핀=0인 무거운 입자를 가장 쉽게 설명한 사람으로 피터 힉스를 꼽는다. 그 외에도 비슷한 설명을 제시한 물리학자가 여러 명 있었지만, 몇 가지 우연한 사건이 힉스에게 유리한 쪽으로 일어나서 결국 그 입자는 "힉스보손Higgs boson"으로 불리게 되었다. 힉스보손이 정말로 존재한다면, 그것은 약전자기 대칭이 숨겨진 메커니즘(긴즈부르크-란다우 이론과 비슷함)을 입증하는 전령이 될 것이다.

스칼라입자(또는 스칼라장)는 개념적으로 매우 중요한 또 하나의 기능을 갖고 있다(이 사실을 처음 지적한 사람은 와인버그였다). 즉, 힉스장Higgs field은 입자와 상호작용을 교환하면서 그들에게 질량을 부여한다(왼손잡이 및 오른손잡이 페르미온은 힉스보손과 협동하여 게이지 대칭을 유지한다). 원래 질량이 없었던 입자들이 힉스보손과의 상호작용을 통해 질량을 획득하는 것이다. 약전자기 이론으로는 쿼크와 렙톤이 지금과 같은 질량을 갖게 된 이유를 설명할 수 없고, 스칼라보손의 질량도 예측할 수 없다. 입자의 질량은 약혼합변수와 함께 실험으로 결정할 수밖에 없는 미지의 양이다. 그리고 일단 질량이 결정되면, 힉스보손의 붕괴 시나리오가 그 기원을 밝혀준다.

약전자기 이론은 1970년대 후반까지 다양한 테스트를 통과했지만 계산은 1막(1차 근사)에 머물러 있었다. 과연 약전자기 이론은 저에너지 수준에서만 통하는 근사적 서술에 불과한가? 아니면 자연의 새로운 법칙을 서술하는 완벽한 이론인가? 이론에서 예측된 내용의 상당 부분은 아직 확인되지 않은 채 남아 있었고, 실험장비는 양자보정을 확인할 수 있을 정도로 정밀하지 못했다. 힘입자 W, Z에 대한 간접증거를 수집하는 것과 이들을 직접 생성하여 세부 사항을 분석하는 것은 전혀 다른 일이다. 이 모든 조건이 갖춰지면 힉스보손을 발견할 수 있을까? 1970년대의 눈부신 발전에 잔뜩 고무된 물리학자들은 약전자기 이론을 검증하는 데 필요한 실험 장비를 본격적으로 설계하기 시작했다. 고에너지 입자가속기의 필요성이 심각하게 대두된 것이다.

14장

입자빔의 구성성분

1954년 1월 29일 금요일 오후 2시, 엔리코 페르미는 컬럼비아대학교 맥밀런 극장McMillan Theatre에 운집한 미국 물리학회 회원들 앞에서 은퇴 연설을 했다. 당시 만 52세의 나이에 현대 물리학의 최고봉으로 군림했던 페르미는 연구 업적도 탁월했지만, 어렵고 복잡한 문제를 간단하게 풀어내는 능력도 타의 추종을 불허했다. 그날 페르미는 로마 출신답게 여유롭고 신중한 어조로 당시 물리학계의 새로운 권력으로 떠오르던 입자물리학을 소개했다. 그는 같은 해 11월에 위암으로 사망했다.

그는 파이온pion(원자핵 안에서 양성자와 중성자의 결합을 매개하는 입자)이 발견된 후로 입자물리학이 거두어온 눈부신 성과를 조목조목 나열하면서, 무한한 가능성의 세계로 청중을 인도했다. 1935년에 유카와 히데키湯川秀樹는 핵력을 운반하는 매개체로 파-

이온을 지목했지만, 이 입자가 발견될 때까지 물리학자들이 겪은 우여곡절은 책 한 권을 써도 모자란다. 1947년에 드디어 물리학자들이 유카와가 예견했던 입자를 찾았을 때, 페르미는 눈을 반짝이며 말했다. "그게 다가 아닙니다. 우리는 훨씬 많은 것을 알게 되었어요." 실험물리학자들이 우연히 발견한 뮤온을 파이온으로 착각했을 때 이지도어 라비는 그런 쓸데없는 입자를 누가 주문했냐며 투덜댔고, 그 후로 새로운 소립자가 무더기로 발견되면서 물리학자와 식물학자의 구분이 모호해졌다.* 당시 핵물리학은 원자핵, 방사능, 핵화학(양성자와 중성자의 단순 재배치)을 연구하던 수준에서 벗어나 파이온, 중간자, 하이퍼론, 반핵자(반양성자와 반중성자) 등으로 범위를 넓혀가던 중이었다. 사실 핵물리학은 입자물리학의 모태라 해도 과언이 아니다. 페르미는 "새로운 세계로 나아가려면 더 높은 에너지 수준에서 얻은 데이터가 반드시 필요하다"고 역설했다.

입자물리학의 탄생기에는 입자를 생성하는 별도의 도구 없이 우주에서 쏟아지는 우주선이나 라듐 같은 방사성원소에서 방출되는 입자를 탐사입자로 사용했다. 페르미는 우주선 입자(성간 자기장에 의해 가속된 양성자나 철 원자핵 등)의 에너지가 무한하다고 생각했지만, 이것을 활용하려면 실험실을 융프라우요흐나 피크뒤미디 같은 산꼭대기에 지어야 한다. 지구의 대기가 대부분의 우주

---

* 물리학자라면 폼나게 자연의 법칙을 탐구해야 하는데, 입자를 종류별로 분류하는 단순노동에 시간을 허비했다는 뜻이다. 물론 식물학이 단순한 학문이라는 뜻은 아니다.

 자연은 왜 이토록 단순하면서도 아름다운가

선을 걸러내기 때문이다. 무거운 장비를 산 정상까지 운반하여 어렵게 실험실을 짓는다 해도, 1차 우주선primary cosmic rays, 우주에서 지면에 직접 도달한 우주선. 우주선이 대기에 진입한 후 대기 중 입자와 충돌하면서 발생한 우주선은 "2차 우주선"이라 한다의 밀도는 실망스러울 정도로 낮다. 페르미에게 필요한 1차 우주선은 1시간 동안 1제곱인치당 1개(10제곱센티미터당 약 2개)였는데, 실제 우주선의 밀도는 1제곱마일당 1개(10제곱킬로미터당 약 4개)밖에 되지 않았다. 과거에 사람들이 자연광에 부족함을 느껴 전구를 개발한 것처럼, 원하는 에너지 수준에서 실험을 하려면 천연 방사선을 훨씬 능가하는 입자가속기가 반드시 필요했다.

1950년, 과학 저널 〈피직스 투데이Physics Today〉 7월호에 '거대 물리학의 시대가 열리다'라는 제목으로 특종기사가 실렸다. 당시 매사추세츠 공과대학에서는 100만 전자볼트(1MeV)짜리 입자가속기 7대를 운용하면서 2대를 추가 설치할 예정이었고, 얼마 후 컬럼비아와 버클리, 일리노이, 그리고 제너럴 일렉트릭사General Electric Company에서 300MeV짜리 입자가속기가 가동되기 시작했다. 또한 1952년에는 브룩헤이븐 연구소에서 900만 달러를 들여 건설한 코스모트론Cosmotron이 10억 전자볼트(1GeV)를 돌파했고, 바로 이듬해에 35억 전자볼트(3.5GeV)에 도달했다. 한편, 영국 버밍엄대학교의 양성자 싱크로트론proton synchrotron도 1953년에 1GeV에 도달하면서 "10억 클럽"에 합류했으며, 버클리의 베바트론Bevatron은 페르미가 은퇴 연설을 한 지 두 달 만에 무려 6GeV의 출력을 기록했다. 이 첨단 장비들은 괴물 같은 출력에 걸맞게 덩치도 어마어마했는데, 고리형 코스모트론의 둘레는 약 70미터였고, 베바트론은 거의 120미터에 달했다.

페르미는 40년 후(1994년)에 등장할 실험 장비의 출력과 크기, 비용 등을 예측했는데, 그가 꿈꿨던 입자가속기는 무려 500만×10억 전자볼트, 즉 5000TeV였다. 심지어 그는 지상으로부터 1600킬로미터 높이에서 지구 전체를 에워싸는 둘레 5만 킬로미터짜리 입자가속기의 사전 설계도까지 작성했다. 현재 국제우주정거장의 고도가 400킬로미터 정도이니, 실로 상상을 초월하는 규모다. 페르미는 제작 비용으로 1700억 달러(현재 환율로 약 250조 원)를 예상했다. 그러나 2025년 현재 입자물리학의 가장 시급한 문제를 해결하려면 페르미가 제안한 것보다 무려 20배나 큰 입자가속기가 있어야 한다(고리의 크기가 달 궤도의 5분의 2쯤 된다).

16세기 말에 갈릴레오 갈릴레이는 자유낙하하는 물체의 운동을 연구하기 위해 과학 역사상 최초로 가속기를 이용한 실험을 수행했다(그의 제자였던 빈첸초 비비아니Vincenzo Viviani의 증언에 의하면 그렇다. 갈릴레오가 남긴 실험일지에는 "사탑"이 언급되어 있지 않다). 그 가속기란 1360년에 이미 심하게 기울어진 상태에서 완공된 피사의 사탑이었다. 탑 꼭대기로 이어지는 294개의 계단을 힘겹게 올라가는 갈릴레오의 모습을 상상해보라. 그는 재질이 같으면서 무게가 다른 두 개의 물체를 들고 꼭대기 층에 도달한 후 바닥을 향해 동시에 떨어뜨렸고, 지상에서 그의 실험을 돕던 조수는 두 물체가 약 3.5초 후 동시에 바닥에 도달했음을 확인했다. 갈릴레오는 이 실험을 "시멘티cimenti, '고난' 또는 '시련'을 뜻하는 이탈리아어"라고 불렀다. 가설을 검증하려는 그의 투철한 의지가 느껴지는 대목이다.

중력(지구의 중심을 향해 물체를 가속시키는 힘)은 400년 전의 갈릴레오에게나, 현대를 사는 우리에게나 똑같이 작용한다. 지표면 근처에서 자유낙하하는 물체의 속도는 시간당 35km/h씩 빨라진다 즉, 1초당 9.8m/s씩 빨라진다. 4.9미터 높이에서 뛰어내리면 1초 후 35km/h(또는 9.8m/s)의 속도로 땅에 닿는다. (어이쿠!) 19.6미터 높이에서 뛰어내리면 2초 후 70km/h(또는 19.6m/s)의 속도로 땅에 닿는다. (으악!) 세계에서 제일 높은 건물인 부르즈 칼리파Burj Khalifa의 옥상에서 뛰어내리면 공기저항 때문에 추락 속도가 시속 200킬로미터를 넘지 않지만, 이승과 저승의 경계는 가뿐하게 넘을 수 있다. 우리는 중력의 강도를 바꿀 수 없으므로, 갈릴레오식 낙하실험의 규모를 확장하려면 공기를 제거하고 더 높이 올라가거나 우물을 깊이 파는 수밖에 없다. 엔리코 페르미가 환상적인 입자가속기를 떠올리기 300년 전에, 갈릴레오는 그의 말 많고 탈 많은 책《두 가지 우주체계에 관한 대화 Dialogue Concerning the Two Chief World Systems》에서 궁극의 "지구 중력 가속기"를 언급했다. 지구의 자전축을 따라 한쪽 끝에서 반대쪽 끝까지 기다란 구멍을 뚫고 그 안을 진공상태로 만든 후 돌멩이를 떨어뜨리면 점점 빠르게 가속되다가, 지구 중심을 지나칠 무렵에는 속도가 29,000km/h에 가까워진다. 돌멩이는 중심을 지난 후에도 계속해서 반대쪽 끝을 향해 나아가지만, 중력이 반대 방향으로 작용하기 때문에 속도는 점점 느려진다.

중심을 통과한 돌멩이는 반대쪽 끝에 도달했을 때 순간적으로 멈췄다가 다시 중심을 향해 떨어지고, 이 운동은 공기저항이 없는 한 영원히 계속된다. 29,000km/h면 갈릴레오가 사탑에서 관측했던 120km/h보다 훨씬 빠르긴 하지만 빛의 속도에 비하면 거의 굼벵이 수준이며, 라듐에서 방출된 알파입자의 속도(13,000km/s)보다도 훨씬 느리다.

그러므로 중력을 이용한 "천연가속기"는 입자물리학 실험에 별로 적합하지 않다. 게다가 지구의 내핵은 너무 뜨거워서 입자감지기를 설치할 수도 없다(그래도 실험정신이 투철한 팀장이라면 팀원에게 "감지기를 들고 지옥으로 뛰어들라"며 등을 떠밀지도 모른다).

그런데 입자가속기 안에서 입자는 얼마나 빠르게 가속될 수 있을까? "엄청나게 빠르다"거나 "광속에 가깝다"는 말로는 감이 오지 않는다. 페르미 연구소의 테바트론Tevatron은 980GeV의 출력으로 양성자와 반양성자를 광속의 99.999594퍼센트까지 가속시킬 수 있고, CERN의 대형 강입자 충돌기LHC는 6500GeV(6.5TeV)의 출력으로 광속의 99.999998958퍼센트까지 가속시킬 수 있다. 이 정도면 광속에 아주 가깝다는 건 알겠는데, 여전히 감은 오지 않는다. "테바트론 속의 양성자가 크리스의 연구실 창문을 1초당 4만 7700번 지나갔다"거나, "양성자가 LHC를 초당 1만 1245번 선회했다"고 하면 감이 조금 오는 것 같다. 테바트론의 입자빔은 광속(10억 8000만km/h)보다 495km/h만큼 느리고, LHC의 빔이 광속보다 11km/h만큼 느리다고 하면 좀 더 가깝게 와닿는다.* LHC

　자연은 왜 이토록 단순하면서도 아름다운가

의 출력을 두 배, 100배 또는 1000배 높인다 해도, 양성자빔의 속도는 현재 속도에서 조깅하는 사람의 속도 정도밖에 빨라지지 않는다. 아인슈타인의 특수상대성이론이 "빛보다 빠른 이동"을 허락하지 않기 때문이다. 사람들은 흔히 "어떤 물체도 빛보다 빠르게 움직일 수 없다"고 알고 있지만, 좀 더 정확하게 말하면 "빛보다 느린 어떤 물체도 빛보다 빠르게 가속시킬 수 없다"는 뜻이다. 왜 그럴까? 임의의 물체를 빛보다 빠르게 가속시키려면 문자 그대로 "무한대의 에너지"가 필요하기 때문이다.

현대 입자물리학에서 요구되는 고에너지 실험을 하려면 갈릴레오의 지구 가속기는 말할 것도 없고, 페르미 시대의 가속기보다도 훨씬 강력한 슈퍼 가속기가 필요하다. 쿼크와 렙톤(모든 물질의 구성성분)의 멱살을 잡고 사정없이 흔들어서 자연의 비밀을 실토하도록 만들려면 가속기의 출력이 무조건 높아야 한다. 미시세계를 탐구하려면 탐사입자의 파장은 짧을수록 좋고, 에너지는 클수록 좋다. 우리가 원하는 것은 다량의 에너지를 투입하여 무거운 입자를 만들어내고, 아무도 가보지 않은 극미의 세계에서 새로운 현상을 조사하는 것이다. 페르미 시대의 물리학자들이 그랬듯이, 우리가 고에너지 산에 기를 쓰고 오르려는 이유는 산이 거기에 있기 때문이 아니라, 높은 곳에 올라가야 새로운 현상을 볼 수 있기 때문이다.

---

* 그러나 광속을 초속이 아닌 시속으로 표현하는 바람에 오히려 감에서 멀어졌다. 일단 초속으로 환산하면 광속은 30만km/s이며, 테바트론의 빔은 이보다 138m/s만큼 느리고, LHC 빔은 3m/s만큼 느리다.

고에너지 영역에서 일어나는 사건에 대해 많이 알수록 일상적인 현상에 대한 이해가 더욱 깊어지고, 우주가 지금과 같은 모습으로 존재하는 이유도 좀 더 정확하게 알 수 있다. 우리의 궁극적인 목표는 고에너지 영역에 새로 발견된 법칙으로부터 우주의 역사를 재현하는 것이다.

페르미가 세상을 떠나고 60년이 지난 후, 전 세계의 모든 입자물리학자들은 그가 상상했던 것보다 훨씬 효율적이면서 강력한 입자가속기를 설계할 수 있게 되었다. 2011년부터 가동되기 시작한 대형 강입자 충돌기는 둘레가 27킬로미터에 불과하지만, 페르미가 예상했던 것보다 세 배 강한 에너지로 양성자를 충돌시킬 수 있다. 페르미의 꿈과 LHC를 비교하다 보면 두 가지 상반된 질문이 떠오른다. (1) 가속기는 왜 그렇게 커야 할까? (2) 가속기는 어떻게 그토록 작아질 수 있을까?

입자가속기는 몇 가지 간단한 아이디어와 첨단기술의 조합으로 탄생한 기적의 결과물이다. 고에너지 충돌 사건으로부터 질량의 기원을 알고 싶다면, 일단은 충돌을 일으키는 입자가속기의 원리부터 알아야 한다. 바로 이것이 앞으로 한동안 다룰 내용이다.

입자물리학자는 "구조가 간단한" 탐사입자표적의 내부 구조를 알아내기 위해 척후병처럼 파견하는 입자를 선호한다. 탐사입자의 구조가 복잡하면 불필요한 잔여물이 양산되어 결과를 분석하기가 어려워지기 때문이다. 특히 에너지가 높은 빔은 더 이상 붕괴될 염려가 없는 기본입자로 만드는 것이 최선이다. 전하를 띤 입자는 전기장과 자기장을 이용하여 속도와 방향을 조절할 수 있다. 이들 중 자연에서 가장 쉽게 구할 수 있는 것이 전자와 양성자다.

고진공상태(거의 진공에 가까운 상태)에서 금속을 약 1700도까지 가열하면 그 안에 있는 전자들이 끓는 물처럼 요동치기 시작하는데, 이럴 때 약간의 양(+) 전압을 걸어주면 금속 표면을 쉽게 이탈하여 전기장 방향으로 끌려간다. 진공 중에서 일어난 스파크에 수소기체를 흘려보내면, 수소원자의 핵인 양성자는 궤도에 묶여 있던 전자를 자유롭게 풀어준다. 다시 말해서, 수소가 이온화되는 것이다. 다행히도 이 과정에서는 수소의 엄청난 잠재력(핵융합 에너지, 즉 수소폭탄)이 발휘되지 않는다.

전자는 내부 구조가 없기 때문에(10억 분의 1×10억 분의 1미터 규모까지는 그렇다. 이보다 작은 영역은 아직 볼 수 없다), 충돌 결과를 해석하기가 가장 쉽다. 반면에 양성자는 쿼크와 반쿼크, 글루온으로 이루어진 복합체이므로, 특정 에너지를 가진 양성자빔은 쿼크, 반쿼크, 글루온에 에너지가 분배된 합성빔으로 간주할 수 있다. 그래서 양성자빔은 전자빔보다 다양한 결과를 낳지만, 분석하기가 쉽지 않다. 현재의 기술 수준에서는 전자빔보다 양성자빔의 출력이 훨씬 크다.

반양성자와 반전자(양전자)도 안정적인 하전입자지만, 이들을 재료 삼아 입자빔을 만들려면 입자 자체를 실험실에서 직접 생산해야 한다. 한 가지 방법은 고에너지 전자를 금속 표적에 충돌시켜서 전자-양전자 쌍을 대량으로 생산하는 것이다. 반면에 고에너지 충돌 사건에서 반양성자가 생성되는 경우는 그리 흔치 않다. 페르미 연구소의 물리학자들은 표적을 향해 발사된 양성자 100만 개당 250개의 반양성자를 만들어내는 데 성공했다. 원료 대비 생산율이 0.025퍼센트에 불과하지만, 이 정도면 가뿐하게 세계기록이다. 2010년에 페르미 연구소는 약 7조 5900억 개의 반양성자를 보유함으로써, 이 분야의 챔피언임을 다시 한번 확인했다. 그러나 티스푼으로 떠올린 소량의 물에 들어 있는 양성자의 수는 페르미 연구소가 보유한 반양성자보다 2000억 배나 많다! 반양성자는 그 정도로 "귀하신 몸"이다. 정지상태에서 평균수명이 2.2마이크로초(100만 분의 2.2초)밖에 안 되는 뮤온을 효율적으로 수집해서 빠르게 가속시킬 수 있다면 입자물리학 연구에 획기적인 변화가 찾아올 것이다. 고에너지 입자의 평균수명은 에너지 대 정지에너지(질량)의 비율이 클수록 길어진다. 간단히 말해서, 에너지가 클수록 수명이 길어진다는 뜻이다.

하전입자를 고에너지로 가속시키는 가장 명백한 방법은 무조건 높은 전압을 걸어주는 것이다. 그러나 (제네로소산의 실험에서 알 수 있듯이) 수백만 볼트를 생산하고 제어하기란 여간 어려운 일이 아니다. 게다가 지금 우리에게는 수백만 정도가 아니라 수조 볼트의 전압이 필요하다. 이런 경우에는 높은 전압을 한 번에 가하는 것보다, 낮은 전압을 반복적으로 가해서 고에너지에 서서히 도달하는 편이 훨씬 쉽다. 높은 담을 한 번에 뛰어넘는 것보다 사다리를 타고 올라가는 편이 더 쉬운 것과 같은 이치다.

일반적으로 하전입자가 자기장 안으로 진입하면 경로가 휘어진다. 전자기학의 기본 법칙 중 하나인 "로런츠 힘"이 작용하기 때문이다. 이 현상을 이용하여 입자를 가속시킨다는 아이디어를 처음

　자연은 왜 이토록 단순하면서도 아름다운가

으로 떠올린 사람은 "입자가속기의 아버지"로 불리는 어니스트 로런스Ernest Lawrence였다. 그가 발명한 사이클로트론의 원리를 이해하기 위해, 참치캔을 위에서 두 조각으로 잘랐다고 상상해보자. 각 조각은 영어의 대문자 D처럼 생겼다. 안에 든 참치는 먹어 치우고 속이 빈 D자형 캔을 다시 합치되, 둘 사이에 약간의 틈을 둔다. 그리고 위에서 아래를 향해 걸려 있는 자기장 속으로 어설프게 연결된 D자형 참치캔을 집어넣으면, 자기장은 참치캔의 위를 뚫고 들어와 바닥을 뚫고 나갈 것이다. 이제 캔의 중심 근처에서 하전입자를 수평 방향으로 발사하면 대기상태^{착륙을 앞둔 비행기가 선행 비행기의} ^{착륙이 완료될 때까지 허공에서 대기하는} 상태에서 선회하는 비행기처럼 자기장 속에서 원운동을 하게 되는데, 이때 원 궤도의 반지름은 입자의 운동량에 비례한다. 이제 입자가 D자형 반쪽 캔 사이의 틈새를 지날 때마다 (수백만 볼트 대신) 수천 볼트의 전압을 걸어서 입자를 조금씩 가속시킨다고 해보자. 입자가 에너지를 얻으면 회전반경이 점점 커지면서 캔의 가장자리를 향해 나선을 그리며 나아가는데, 자기장의 세기가 고정되어 있기 때문에 하전입자가 한 바퀴 도는 데 걸리는 시간은 궤도의 반지름과 무관하다. 즉, 궤도가 커질수록 입자의 속도가 빨라지는 것이다. 이와 같은 과정을 반복하다가 입자의 에너지가 원하는 값에 도달하면 D자형 캔을 빠져나와 미리 준비해둔 표적에 충돌한다. 이것이 바로 사이클로트론의 원리다. 1931년에 만들어진 최초의 사이클로트론은 D-캔의 반지름이 장난감을 방불케 하는 11.5센티미터였고, 도달 가능한 최대 에너지는 약 8만eV였다.

싱크로트론 내부에 공기가 유입되면 입자가 공기분자와 충돌하면서 정해진 궤도를 벗어나게 된다. 그래서 당시 사이클로트론 제작자들은 D-캔의 진공상태를 유지하기 위해 실링 왁스를 발라가며 눈물겨운 사투를 벌였다. 진공이 유지된 상태에서 사이클로트론이 제대로 작동하면, 입자빔의 위력은 외부 공기의 저항력을 통해 적나라하게 드러난다. 로런스의 연구팀이 반지름 120센티미터짜리 사이클로트론을 처음으로 가동하여 16MeV짜리 중수소빔을 만들던 날, 주변 공기가 이온화되면서 1.5미터짜리 보라색 줄무늬가 허공에 나타났다. 연구원들은 그 장관을 바라보며 일제히 환호성을 질렀고, 연구실을 방문했던 외부 과학자와 후원자, 기자들도 깊은 감명을 받았다. 1940년 2월 5일 자 〈라이프〉에는 '사이클로트론으로 원자를 분해한 로런스, 노벨 물리학상을 수상하다'라는 제목의 기사가 대문짝만하게 실렸다.

150센티미터짜리 사이클로트론은 무려 220톤의 자석으로 에워싸여 있어서 연구원과 제작자들이 기념사진을 찍기에는 더없이 좋은 배경이었으나, 궤도가 나선형으로 한정되어 있기 때문에 고에너지 빔을 생성하기에는 역부족이었다. 궤도 반지름이 충분히 크면 원하는 에너지에 도달할 수 있지만, 그렇다고 진공챔버와 자석을 100배로 키우는 것은 별로 좋은 생각이 아니다. 현재 캐나다 밴쿠버의 트라이엄프TRIUMF 연구소에는 세계에서 가장 큰 사이클로트론이 가동되고 있는데(지름 18.3미터), 1초당 약 10억 개의 양성자를 3000분의 1초 안에 광속의 4분의 3까지 가속시킬 수 있다.

  자연은 왜 이토록 단순하면서도 아름다운가

고에너지 입자빔을 얻으려면 처음에 입자를 약한 자기장 안에 주입한 후 입자의 에너지가 커질수록 자기장의 세기도 함께 키워서, 입자빔이 가속되는 동안 동일한 궤적(동일한 반지름)을 유지하도록 만드는 것이 바람직하다. 이렇게 하면 빔이 나선을 그리면서 커지지 않기 때문에, 가속기의 중심 부분을 제거할 수 있다. 다시 말해서, 가속기를 가운데가 없는 도넛 형태로 만들 수 있다는 뜻이다. 이런 경우 자기장은 궤도 주변을 도넛 모양으로 에워싸기만 하면 되고, 빔은 가느다란 도넛의 내부에서 필요한 만큼 가속될 수 있다. 입자를 가속시키는 데 필요한 자석은 도넛 터널의 곳곳에 배치하되, 자기장의 강도와 입자의 에너지는 정밀하게 동기화되어야 한다. 자기장이 너무 약하면 빔이 도넛 터널의 외벽 쪽으로 치우치고, 너무 강하면 안쪽 벽을 향해 말려 들어간다. 또한 가속 전압의 진동수도 빔의 원운동 주기에 맞춰 조절해야 한다. 입자의 원운동 주기가 진동하는 전압의 진동수(정확하게는 진동수의 역수)와 일치하지 않으면, 입자는 "두 값이 일치하는 쪽으로" 가속되거나 감속된다. 예를 들어 입자의 속도가 이 균형값을 초과하면 가속기의 추진력이 약해지고, 균형값에 못 미치면 더욱 강하게 추진되는 식이다.

이 위상안정원리phase stability principle는 1940년대 중반에 모스크바 레베데프 연구소의 블라디미르 벡슬러Vladimir Veksler와 버클리의 에드윈 맥밀런Edwin McMillan에 의해 발견되었다. 현재 가동되는 모든 양성자 가속기는 이 원리에 기초한 싱크로트론이다.

입자빔이 지나가는 도넛 모양의 파이프와 그 주변을 에워싼 자석은 얼마나 작게 만들 수 있을까? 이것은 "빔의 경로를 조정하는 기술의 정밀도"에 달려 있다. 빔의 방향을 조준할 때 작은 오차가 발생하거나, 자기장 안에 극소량의 불순물이 유입돼도 입자는 의도했던 궤도를 벗어난다. 양성자들 사이의 전기적 반발력도 궤도를 벗어나게 만들 수 있다. 입자빔을 가느다란 줄기로 집중시키는 것은 밀가루 반죽에 활성 효모를 첨가해서 원하는 빵 모양을 만드는 것과 비슷하다. 반죽에 효모를 넣고 그대로 방치하면 사방으로 부풀어 오르지만 좌우, 상하로 적절한 압력을 가하면 원하는 모양을 만들 수 있다. 1952년 여름에 어니스트 쿠란트Ernest Courant와 사이클로트론의 선구자인 스탠리 리빙스턴, 하틀랜드 스나이더Hartland Snyder는 롱아일랜드의 브룩헤이븐 연구소에서 자기 사중극 렌즈magnetic quadrupole lens로 빔을 압축하여 극도로 가느다란 고밀도 빔을 만드는 데 성공했다.

사중극 렌즈는 빔이 지나가는 도넛형 파이프를 따라 1시 30분 방향, 4시 30분 방향, 7시 30분 방향, 10시 30분 방향에 설치된 네 개의 자극 磁極, magnetic pole으로 구성되어 있다. 다른 말로 표현하면, 자기 쌍극자magnetic dipole(두 개의 자극)를 가진 구부림 자석bending magnet, 가속기에서 입자빔의 경로를 바꾸는 데 사용되는 자석 두 개를 12시 방향과 6시 방향으로 설치했다는 뜻이기도 하다. 사중극 자석은 동, 서, 남, 북 방향에서 입자빔을 수직으로(위에서 아래로) 압축하고, 수평 방향으로는 초점이 퍼지게 만든다. 이런 상황에서 입자빔이 90도 돌아서 3시 방향에 도달하면 사중극 자석이 입자빔을 수평 방향으로(좌우로) 압축하고 수직 방향으로 퍼지게 만든다. 이 과정을 반복하면 빔의 굵기를 아주 가늘게 만들 수 있다(밀가루 반죽을 좌우, 상하로 번갈아 두들겨서 가느다란 면발을 뽑는 과정과 비슷하다). 전문용어로는 "교대구배집속交代勾配集束, alternating gradient focusing" 또는 "강력집속strong focusing"이라 한다. 특이한 사실은 브룩헤이븐의 과학자들이 이 아이디어를 발표한 후, 아테네에서 혼자 연구를 진행하던 미국 태생의 공학자 니컬러스 크리스토필로스Nicholas Christofilos가 미국으로 돌아와 "빔 집속 기술은 1950년에 내가 개발한 것"이라며 미공개 보고서와 함께 특허를 출원했다는 점이다. 아무튼 강력집속 기술 덕분에 물리학자들은 입자빔을 놀라울 정도로 정밀하게 제어할 수 있게 되었다. 현재 세계 최대의 가속기인 LHC의 경우, 빔의 굵기는 언제 어디서나 1밀리미터를 넘지 않는다.

싱크로트론의 기본 원리와 빔 집속 기술 덕분에, 가속기는 "고에너지 빔 가닥을 가늘게 뽑아내는 거대한 장치"로 진화할 수 있었다. 더 높은 에너지에 도달하고 싶은 물리학자들의 요구에 따라 가속기의 외형은 계속 커졌지만, 진공 파이프 속에서 생성된 입자빔은 점점 더 가늘어졌다. 1954년에 반양성자를 생성하려는 목적으로 만들어진 버클리의 6GeV짜리 양성자 가속기 베바트론의 진공챔버(빔이 지나가는 내부 공간)는 높이 0.3미터에 너비가 1.2미터나 되었다. 한편, 페르미 연구소에서는 1970년대 초에 "메인 링Main Ring"이라는 가속기가 완공되었는데, 출력은 400GeV로 커졌지만 타원형 빔 파이프의 단면적은 5×10센티미터로 베바트론코다 훨씬 가늘었다. 베바트론에 설치된 자석은 너비 6.2미터에 높이 2.9미터인 반면, 메인 링의 자석은 높이 64센티미터, 길이 36센티미터에 불과했다. 메인 링의 둘레는 6.28킬로미터로 베바트론보다 60배 이상 길지만, 자석을 만드는 데 투입된 철은 베바트론이 훨씬 많다. 자석과 진공 시스템의 규모가 작아지면서 가속기 제작 비용도 크게 절약되었다. 앞으로 더 높은 에너지에 도달하려면 이와 비슷한 혁신이 계속 이어져야 한다.

내부는 작으면서 외형이 큰 장치는 그 나름대로 문제점을 안고 있다. 길이가 수 킬로미터에 달하면서 너비는 몇 센티미터에 불과한 진공 빔 튜브를 아무런 하자 없이 완벽하게 만들고 유지하기란 보통 어려운 일이 아니다. 주의가 산만해진 외과 의사가 수술 도구나 스펀지를 장기 속에 넣은 채 봉합하는 것처럼, 가속기 기술자는 지저분한 곳을 휴지로 닦은 후 그대로 방치한 채 가동 스위치를 누를 수도 있다. 잘하면 외계인용 도시락 가방(심지어 맥주병까지)이 나타날 수도 있다. 출구에 가까워질수록 빔 파이프가 가늘어지면서 이물질이 낄 확률은 줄어들지만, 한번 유입된 이물질을 제거하기는 더욱 어려워진다.

1971년에 페르미 연구소에서 메인 링의 도넛형 진공 터널을 청소할 때, 물리학자 밥 셸던Bob Sheldon은 자신이 영국에 살던 시절 굴속에 숨은 토끼를 끌어내기 위해 족제비를 사용했던 기억을 떠올렸다. 그러고는 미네소타주의 한 농장에서 "거금" 35달러를 주고 체중 680그램짜리 검은발족제비를 구입하여 "펠리시아 Felicia"라는 이름까지 붙여주었다. 설마…… 족제비가 입자가속기 내부를 청소한다고? 그렇다. 펠리시아는 가볍고 튼튼한 끈으로 연결된 가

죽 작업복을 입고, 평소 양성자빔이 지나다니던 파이프 속을 거의 100미터나 달려갔다. 연구원들은 펠리시아가 가는 길을 일일이 추적할 수 없었지만, 아마도 웬만한 이물질은 그가 다 먹어 치웠을 것이다. 펠리시아가 터널에서 빠져나왔을 때, 기술자들은 작업복에 달린 줄을 잡아당겨서 낙하산을 펼쳤고, 임무를 무사히 마친 펠리시아는 우레와 같은 박수를 받으며 바닥에 사뿐히 착지했다. 물론 그곳에는 펠리시아의 무사 귀환을 축하하는 진수성찬(닭 간과 생선 머리 등)이 차려져 있었다. 그 후로 펠리시아는 세상에서 제일 유명한 족제비가 되었으나, 600미터가 넘는 진공 파이프를 혼자 청소하기에는 역부족이었다. 결국 연구원들의 아쉬움을 뒤로하고, 펠리시아의 업무는 효율이 훨씬 좋은 압축공기 분사기로 대체되었다.

1972년 2월 12일 이른 아침, 드디어 페르미 연구소의 입자가속기 메인 링이 본격적으로 가동되어 첫 번째 데이터를 수집하기 시작했다. 그날 이곳에는 로체스터대학교와 록펠러대학교, 국립 가속기 연구소(페르미 연구소의 옛 이름), 그리고 구소련의 두브나Dubna에 있는 핵물리 연합 연구소Joint Institute for Nuclear Research의 물리학자들이 대거 참석하여 입자물리학의 새로운 시대를 축하했다. 그러나 당시에는 빔의 표적이 가속기 내부에 설치되어 있었기 때문에, 빔이 충분히 가속되기 전에 표적을 때리지 않도록 신중을 기해야 했다. 가속기에서 양성자빔이나 전자빔이 최고 에너지에 도달하면(이것을 1차 빔primary beam이라 한다) 미리 세팅해놓은 표적에 직접 충돌시켜서 샘플을 분석하거나, 가속시키기 어려운 불안정한 입자(또는 중성입자)의 빔을 만드는 데 사용된다.

입자물리학 실험의 제일 중요한 과제는 충돌용 빔의 에너지와 집속도執束度를 개선하는 것이다. 다량의 에너지를 작은 영역에 집중시키고 싶을 때, 정지해 있는 표적에 빔을 쏘는 것은 그다지 효율적인 방법이 아니다. 특수상대성이론에 의하면 정지상태의 양성자에 5000TeV의 빔이 충돌하는 경우, 대부분의 에너지는 빔을 앞으로 나아가게 하는 데 사용되고, 새로운 입자를 생성하는 데 투입되는 에너지는 겨우 3TeV(0.06퍼센트)에 불과하다. 게다가 새로운 입자를 만드는 데 투입되는 에너지를 2배로 늘리려면, 빔의 에너지를 4배로 늘려야 한다.

새로운 입자를 가능한 한 많이 만들어내고 싶다면, 서로 반대 방향으로 내달리는 두 가닥의 빔을 정면충돌시키는 것이 훨씬 효율적이다. 이런 경우 하나의 빔은 나머지 빔의 표적이 되고, 두 빔의 모든 에너지는 새로운 입자를 생성하는 데 고스란히 투입된다. 그리고 각 빔의 에너지를 2배로 늘리면 새로운 입자를 만드는 데 투입되는 에너지도 2배로 커진다. 이 아이디어를 처음 떠올린 사람은 노르웨이의 물리학자 롤프 비데뢰Rolf Widerøe였다. 물론 자신이 처음 생각해냈다고 주장하고 싶은 과학자가 한둘이 아니겠지만, 비데뢰가 1943년에 제출한 특허 신청서에 이 원리가 명기되어 있으니 공식적으로는 그가 원조인 셈이다. 어니스트 로런스가 1929년에 고안한 사이클로트론도 비데뢰의 논문에서 착안한 것이었다. 비데뢰의 아이디어는 아주 간단하다. "도로 위의 자동차는 정면충돌을 피해야 하지만, 양성자를 탐사입자로 사용할 때는 정면

충돌이 최선의 선택이다." 그러나 두 가닥의 입자빔을 정면으로 충돌시키는 것은 날아가는 총알을 다른 총알로 맞추는 것보다 훨씬 어렵다.

하나의 총알을 다른 총알로 맞추려면 정확한 조준에 타이밍까지 완벽해야 한다. 산탄총이라면 확률이 꽤 높아지겠지만, 입자빔은 산탄이 아니라 일렬로 줄지어 날아가는 저격탄이다.

충돌하는 빔으로 입자의 특성을 연구한다는 원대한 꿈은 가속기 연구의 온상인 미국 미드웨스턴대학교의 도널드 커스트와 그의 동료들이 1956년 〈피지컬 리뷰〉에 발표한 논문 덕분에 더욱 현실에 가까워졌다.

입자의 상호작용에 투입되는 에너지가 가속기 에너지의 제곱근에 비례한다는 것은 익히 알려진 사실이다. 두 가닥의 빔을 정면충돌시켜서 상호작용을 유도하는 방법은 지금까지 여러 번 고려되었지만, 아직은 빔의 강도가 미약해서 실효성이 없었다. 그러나 우리가 개발한 새로운 방법을 적용하면 충분히 강력한 빔을 얻을 수 있다…….

커스트는 두 페이지가 조금 넘는 논문에서 실험에 필요한 양성자의 개수와 진공眞空의 수준, 그리고 잔여 기체로 인한 손실을 예측한 후, 빔 역학beam dynamics 자체의 중요한 문제를 지적했다.

프린스턴대학교의 제러드 오닐Gerard K. O'Neill은 싱크로트론에서 고에너지로 가속된 빔이 두 개의 스토리지 링storage ring(고에너지 하전입자를 저장하는 장치)으로 전송될 수 있음을 간파하고, 싱크로트론의 활용을 적극 지지하고 나섰다. 당시 브룩헤이븐과 CERN에 건설 중이던 25GeV짜리 양성자 가속기는 1.3TeV짜리 단일 양성자 빔이 정지상태에 있는 양성자를 때리는 것과 동일한 효과를 낼 수 있었다.

충돌하는 빔은 1960년대 초에 프라스카티Frascati(이탈리아)와 노보시비르스크Novosibirsk(소련), 스탠퍼드에서 처음으로 구현되었으며, 제러드 오닐과 칼 바버Carl Barber, 버나드 기텔먼Bernard Gittelman, 버턴 릭터Burton Richter는 프린스턴-스탠퍼드 빔 충돌실험Colliding Beams Experiment에서 300MeV짜리 전자빔을 정면충돌시키는 데 성공했다. 당시 학생이었던 크리스(저자 중 한 사람)는 〈뉴욕타임스〉에 실린 관련 기사를 읽으며 자신의 미래를 예감했다고 한다. 300MeV가 초라해 보인다면 이 점을 생각해보라. 표적이 고정된 상태에서 정면충돌과 동일한 효과를 얻으려면, 전자빔의 에너지가 무려 350GeV에 달해야 한다. 이 엄청난 에너지는 그로부터 25년이 지난 후에야 페르미 연구소에서 간신히 도달했다! 〈타임〉은 "두 개의 전자가 정면충돌할 만큼 충분히 가까워지는 사건은 15~20분당 한 번꼴로 일어난다"고 보도했다. 얼마 후 크리스는 "고에너지 전자가 정면충돌했을 때 어떤 일이 일어날지는 과학자들도 모른다"는 기사를 읽고 혼자 생각했다. "답을 모르니까 흥미로운 거지! 이보다 재미있는 게 또 어디 있겠어?" 미지를 향한 고에너지 충돌기의 흥미진진한 여정은 이렇게 시작되었다.

그 후로 10년 동안 노보시비르스크와 프라스카티, 케임브리지(매사추세츠), 오르세Orsay(프랑스), 그리고 스탠퍼드의 고에너지 충돌기는 전자-양전자 소멸과정에서 생성되는 입자를 관측하는 등 선구적인 실험을 연달아 수행했다. 일부 사람들은 충돌기가 "물리학의 틈새시장을 겨냥한 한시적 도구"라며 가치를 폄하했지만, 1974년에 리히터의 연구팀이 SPEAR에서 차모늄charmonium(J/Ψ 입자)을 발견하고 그 결과가 11월 혁명으로 이어지자 부정적 의견이 말끔하게 사라졌다(이 실험에서 J/Ψ 입자가 초당 한 개씩 감지되었다). 그 후로 2021년까지 전 세계 8개국에 설치된 20개의 전자-양전자 충돌기는 중쿼크(무거운 쿼크, 맵시쿼크와 꼭대기쿼크)와 암흑물질의 특성을 연구하고 새로운 입자를 발견하는 등 입자물리학의 발전에 지대한 공헌을 했으며, 1989년부터 가동된 스탠퍼드 선형 충돌기Stanford Linear Collider(Z-공장)와 CERN의 대형 전자-양전자 충돌기Large Electron-Positron Collider, LEP는 105GeV의 빔을 생성하여 약전자기 이론을 정설로 굳히는 데 결정적인 역할을 했다(LEP에서는 약전자기 매개보손인 Z 입자가 초당 한 개씩 생성되었다). 그 후로 제안된 전자-양전자 충돌기는 힉스보손을 연구하고, 미래에 등장할 대형 강입자 충돌기의 출력을 가늠하는 데 중요한 역할을 하게 된다.

전자는 식별 가능한 내부 구조가 없기 때문에 빔의 모든 에너지가 충돌 효과에 집중되지만, 양성자가 충돌할 때에는 빔 에너지가 구성 입자들에 분배된다. 전자의 구조가 단순하다는 것은 전자와 양전자가 충돌했을 때 너저분한 쓰레기가 양산되지 않는다는 뜻이다. 그러나 전자는 매우 가볍기 때문에, 충돌기 안에서 가속되면(즉, 외부의 힘에 의해 진행 방향이나 속도가 달라지면) 전자기파를 쉽게 방출하는 경향이 있다. 예를 들어 LEP에서 최대 에너지로 고리형 터널을 내달리는 전자와 양전자는 고리를 한 바퀴 돌 때마다 에너지의 약 3퍼센트를 잃어버리는데(이때 방출된 에너지를 싱크로트론 복사synchrotron radiation라 한다), 일반적으로 손실량은 빔 에너지의 네제곱(제곱의 제곱)에 비례한다. 이는 곧 반경이 고정된 가속기에서 전자가 도달할 수 있는 에너지에 실질적인 한계가 있다는 뜻이며, 우리가 그 한계 근처에서 가속기를 운용해왔다는 뜻이기도 하다. 전자의 에너지를 크게 높이려면 매번 동일한 위치에서 가속하는 원형 궤도를 포기하고, 곧은 길을 달리면서 가속하는 선형가속기linear accelerator를 사용하는 것이 바람직하다. 또한 똑같은 크기, 똑같은 에너지에서 전자 대신 양성자(질량이 전자보다 1836배 큼)를 사용하면, 싱크로트론 복사로 낭비되는 에너지가 10조 분의 1로 줄어든다.

그렇다면 양성자-양성자 충돌기가 고에너지 물리학의 미래를 열어줄 것인가? 1960년대에는 장담하기 어려웠고, 반대하는 사람도 많았다. 1965년, 유럽핵입자물리연구소CERN의 수장 빅토어 바이스코프는 여기에 과감하게 베팅을 걸었고, 브룩헤이븐은 검증된 길을 가겠다며 몸을 사렸다. 그리하여 1971년에 최초의 양성자-양성자 충돌기인 "교차형 저장고리Intersecting Storage Rings, ISR"가 CERN에서 가동되기 시작했다(둘레 1킬로미터짜리 고리 두 개가 여덟 개 위치에서 교차하여 상호작용을 일으켰기 때문에 이런 이름이 붙었다). 당시 빔의 최고 에너지는 31GeV로, 고정된 양성자

표적에 2000GeV(2TeV)짜리 빔을 충돌시킨 것과 동일한 효과를 낼 수 있었다. 처음 몇 년 동안 ISR의 충돌 빈도는 초당 수만 건에 달했다가 얼마 후에는 초당 수백만 건까지 늘어났다. 과거에 물리학자들은 고에너지 영역에서 상호작용의 빈도수가 더 이상 증가하지 않고 일정하게 유지될 것으로 예상했지만 ISR로 실험을 해보니 에너지에 따라 계속 증가하는 것으로 나타났고, 이에 따라 쿼크끼리 충돌 후 빔의 경로에서 크게 벗어난 방향으로 산란되는 입자들이 초유의 관심사로 떠올랐다. 그러나 초창기의 ISR은 중요한 발견을 코앞에서 놓치기도 했다. 1974년에 브룩헤이븐과 SLAC에서 동시에 발견된 차모늄과 1977년에 페르미 연구소에서 발견된 업실론upsilon, 베릴륨 원자핵과 고에너지 양성자가 충돌했을 때 생성되는 무거운 입자이 ISR에서 대량으로 생성되었는데도 감지기에 포착되지 않은 것이다.

가속기 과학은 이상적인 설계도와 현실적 도구가 하나로 어우러진 실용예술의 결정판으로, 관련 지식은 정규교육이 아닌 경험과 훈련을 통해 전수된다. 가속기 물리학자의 대부분은 전 세계에 흩어져 있는 소수의 가속기 실험실(12개를 넘지 않음)에서 기술을 익히고 있다. 이제 실험자들은 상상만 해왔던 양성자-양성자 충돌을 직접 연구할 수 있게 되었고, 제작자들은 프로젝트 지휘자인 키엘 존슨Kjell Johnson의 말대로 "상상할 수 있는 가장 정교한 기계장치"를 갖게 되었다. ISR은 양성자-양성자 충돌기의 가능성을 확실하게 보여주었으며, 그 가능성은 마침내 현실로 구현되었다. 고감도-고에너지로 가는 길이 활짝 열린 것이다.

1970년대에 물리학자들은 두 대의 양성자 싱크로트론을 제작했다. 둘 다 단일 빔을 생성하는 장치로 양성자 빔의 에너지가 이전보다 더욱 높아졌으며, 양성자뿐만 아니라 파이온, 케이온, 뮤온, 뉴트리노, 전자, 광자 등 여러 가지 입자빔을 생성하여 다양한 실험을 수행할 수 있게 되었다. 미국 일리노이주 바타비아에 있는 엔리코 페르미 국립연구소의 둘레 6.3킬로미터짜리 가속기 메인 링Main Ring은 1972년 3월에 설계 목표인 200GeV에 도달했고, 그해 말에 400GeV를 넘어섰다. 이 기계는 드넓은 초원의 7미터 지하에 숨어 있지만, 링이 지나가는 경로를 따라 냉각수용 운하와 둑이 설치되어 있어서, 비행기에서 내려다보면 거대한 원이 시야에 들어온다(메인 링은 1978년 5월에 최대 에너지인 500GeV에 도달했다). 한편, CERN의 슈퍼 양성자 싱크로트론Super Proton Synchrotron, SPS은 1976년 6월에 400GeV에 도달한 후 수십 년 동안 450GeV에서 운용되었다. 지하 40미터에 설치된 SPS는 둘레가 약 6.9킬로미터로서(메인 링보다 조금 크다) 스위스의 장인정신이 십분 발휘되어 훨씬 정교하고 튼튼했다. 또한 SPS는 둘레의 3분의 2가 프랑스에, 나머지 3분의 1은 스위스에 걸쳐 있어서 이곳을 내달리는 양성자는 프랑스-스위스 국경을 수시로 넘나들었다.

새로운 가속기가 등장한 후로 새로운 발견이 연달아 이루어지면서, 물리학계에는 더욱 강력한 가속기를 원하는 목소리가 날이 갈수록 높아졌다. 어린아이에게 장난감용 실험 세트를 사줬다가 과학에 눈을 뜨는 바람에 진공펌프를 사줘야 하는 처지에 놓인 것이다. 특히 1973년에 "중성전류"로 불리는 새로운 힘(약전자기 이론의 초기 버전)이 발견된 후로, 약력을 매개하는 W, Z 보손을 찾는 것이 입자물리학 최대의 현안으로 떠올랐다. 그런데 이론적으로 예측된 W, Z 입자의 질량이 너무 커서(60~100GeV, 양성자 질량의 60~100배), 기존의 가속기로는 도저히 도달할 수 없다는 점이 문제였다.

페르미 연구소의 메인 링과 CERN의 슈퍼 양성자 싱크로트론은 고에너지 양성자빔을 고정된 표적에 발사하는 "단일 링" 방식이었기에, 또 하나의 링을 추가해서 양성자끼리 정면충돌을 일으키는 것은 별로 좋은 해결책이 아니었다. 굳이 보조 링을 추가해서 낮은 에너지로 정면충돌을 유도한다 해도, 필요한 에너지에 도달하기는 어려울 것 같았다. 그러나 반수소원자antihydrogen(수소원자의 반물질) 한 병만 확보할 수 있다면, 하나의 링 안에서 한쪽 방향으로 가속되는 양성자빔과 반대 방향으로 가속되는 반양성자빔을 동시에 만들 수 있다. 일상적인 세계에서는 반양성자가 극히 드물지만 원자핵에 양성자를 충돌시키면 강력한 반양성자빔을 만들어낼 수 있다. 이것은 노보시비르스크 연구소의 게르시 버드커Gersh Budker와 CERN의 물리학자 시몬 판데르 메이르Simon van der Meer의 연구를 통해 확인된 사실이다. 여기에 영감을 받은 카를로 루비아Carlo Rubbia와 데이비드 클라인David Cline, 그리고 피터 매킨타이어Peter McIntyre는 1976년에 "메인 링과 SPS를 단일 링 양성자-반양성자 충돌기로 개조하여 약전자기 보손을 찾아보자"고 제안했고, 크리스(이 책의 저자 중 한 사람)는 꿈같은 미래를 상상하며 약전자기 보손의 생성 및 감지 방법을 정리한 보고서를 작성했다.

가속기가 가동되면 구리선 코일에 전류가 흐르면서 고리(링) 주변에 자기장이 형성되어 그 주변에 정교하게 설치된 철제 요크(Y자 모양의 조인트)를 자화磁化시키고, 여기서 만들어진 자기장이 가속기의 링 주위로 하전입자를 유도한다. 저에너지 빔이 싱크로트론 내부로 처음 진입할 때는 자기장이 약하면서 전류의 미세한 변동에 민감하게 반응해야 한다. 링 주변의 자기장이 균일하지 않으면 빔이 정해진 경로에서 벗어나기 때문이다. 빔 에너지가 너무 큰 싱크로트론은 다루기 힘든 코끼리와 비슷하다. 1950년대에 페르미 연구소의 수석 설계자였던 밥 윌슨Bob Wilson과 캘리포니아 공과대학의 고 맷 샌즈Matt Sands는 에너지를 순차적으로 높이는 "계단식 가속기"를 제안했다. 이 방법을 사용하면 각 단계에 요구되는 최소 자기장의 강도가 꽤 높기 때문에 미세조정이 가능해진다. 각 단계의 가속기가 자신에게 가장 적절한 에너지 수준에서 빔을 가속하여 다음 단계 가속기로 넘겨주면, 그곳에서 또 가장 적절한(그러나 이전 단계보다 조금 큰) 에너지로 가속하는 식이다. 이것은 자동차 변속기가 최고 속도에 도달할 때까지 기어를 여러 번 바꾸는 것과 비슷하다.

페르미 연구소의 작은 가속기들이 양성자를 8GeV로 가속하여 메인 링에 전달하면, 터널의 직선 구간에서 18개의 배터리가 양성자를 살짝 밀어서 1회전당 2.8Mev, 1초당 125GeV씩 에너지를 높이고, 자기장의 세기도 여기에 맞춰 증가한다. 이런 식으로 3초가 지나면 양성자는 최대 에너지인 400GeV에 도달하고, 약 1초 후에 링에서 빠져나와 주어진 임무(표적 때리기 등)를 수행하면 자석의 강도가 "주입 모드 injection mode"로 완화된다. 그리고 이 모든 과정은 10초를 주기로 반복된다. CERN의 SPS도 이와 비슷한 방식을 채택했다.

가속기에 사용되는 자석은 케이블의 저항 열로 다량의 전기에너지가 낭비되기 때문에, 유지 비용이 비싸기로 유명하다. 충돌 모드에서 각기 반대 방향으로 회전하는 양성자-반양성자 빔은 자석이 과열되지 않는 최고 에너지 상태에서 몇 시간 동안 저장된다. 페르미 연구소의 과학자들은 메인 링을 충돌기로 전환하는 것이 무리라고 생각했지만, CERN은 기존의 SPS로 270GeV짜리 빔을 장시간 보관할 수 있었기에 "충돌기 변신 프로젝트"를 과감하게 밀어붙였다. 여기에 판데르 메이르가 추가로 개발한 혁신적 기술에 힘입어 SPS 충돌기는 연구에 필요한 에너지와 충돌 빈도를 모두 달성할 수 있었다. 1981년에는 한 번에 100억 개가 넘는 반양성자를 축적하는 기술이 개발되어 SPS 충돌기 안에서 양성자와 반양성자가 가느다란 빔으로(물론 서로 반대 방향으로) 내달릴 수 있게 되었으며, 드디어 1983년에 양성자 속의 쿼크와 반양성자 속의 반쿼크가 결합된 W 보손과 Z 보손을 만들어내는 데 성공했다.

W 보손은 그야말로 "단명한" 존재다. 이 입자의 수명은 평균 3분의 1 요크토초 yoctosecond(1요크토초=10^{-24}초)밖에 안 된다. 그래서 실험자는 W 보손의 붕괴 잔해를 모아서 복원하는 수밖에 없다. 가장 바람직한 것은 전자와 뉴트리노로 붕괴되는 경우인데, 이런 결과를 낳은 붕괴 사건 9건 중 1건은 W 보손에서 유래된 것이다. 경험에 의하면 SPS에서는 1억 번 충돌당 한 번꼴로 W 보손이 붕

괴된다. 그러므로 기계가 1초당 1000번의 충돌을 일으킨다면, W 보손이 붕괴되는 사건을 한 달에 몇 번은 포착할 수 있다. Z 보손이 전자와 양전자로 붕괴되는 사건은 10배쯤 더 드물게 발생한다. SPS에서 얻은 양성자-반양성자 충돌 데이터를 분석하는 일은 두 대의 감지장치 UA1(Underground Area detector-1, 팀장 카를로 루비아, 팀원 135명)과 UA2(팀장 피에르 다리울라 Pierre Darriulat, 팀원 59명)의 몫이다. UA1은 크기가 10×6×6미터에 달하는 초대형 입자감지기로, 내부 구조가 혀를 내두를 정도로 복잡하다.

UA2는 덩치가 조금 작지만 W와 Z 보손 감지에 특화되어 있다. UA1과 UA2는 전자와 뮤온을 구별하여 에너지와 진행 방향을 측정할 수 있으며, 포착되지 않은 "누락된 에너지"를 추적하여 뉴트리노의 존재를 예측할 수도 있다.

1983년 초에 두 감지기에서 W 보손이 발견되었다는 소식이 들려왔고, 몇 달 후에는 UA1에서 Z 보손까지 발견되었다(UA2도 연이어 발견 소식을 전했다). 더욱 놀라운 것은 이들의 질량과 생성 빈도 등 여러 특성이 이론적 예측과 거의 정확하게 일치했다는 점이다. 그것은 실험물리학과 가속기과학, 그리고 약전자기 이론이 함께 이룩한 역사적 쾌거였다. 카를로 루비아와 시몬 판데르 메이르는 이 공로를 인정받아 1984년에 노벨 물리학상을 공동으로 수상했다.

SPS는 1991년에 충돌기 역할을 마칠 때까지 고정 표적 발사체 기능과 충돌기 기능을 번갈아 가며 수행했다. 반양성자를 만드는 기술은 그 후로 꾸준히 개선되어 지금은 반입자 실험을 별 어려움

없이 수행할 수 있게 되었으며, 그 덕분에 반수소원자에 대한 연구도 심층적으로 이루어졌다. 지금까지 알려진 바에 의하면 반수소원자의 특성은 (전기전하만 빼고) 수소원자와 거의 동일하다.

CERN에서 SPS 충돌기를 제작하고 W, Z 보손을 발견하는 동안, 페르미 연구소는 초전도 자석을 이용하여 가속기의 출력을 높이는 대규모 프로젝트에 착수했다. 초전도선(절대온도 0K 가까이 냉각되면 전기저항이 사라짐)으로 만든 자기 코일은 구리 코일과 달리 저항에 의한 발열 현상이 일어나지 않기 때문에, 큰 전류를 흘려보낼 수 있다. 게다가 초전도 자석의 강도는 철의 자기적 특성이 아닌 코일에 흐르는 전류에 의해 결정된다. 페르미 연구소 초창기부터 초전도 싱크로트론에 각별한 관심을 보였던 밥 윌슨은 메인 링이 첫 가동에 들어간 직후인 1973년부터 고에너지 가속기용 초전도 자석을 개발하기 시작했다. 초전도 자석은 몇 년 전부터 다른 분야에서 간간이 사용되어왔지만, 대형 가속기에 적용하려면 재생 가능한 고품질 자석을 대량으로 생산해야 한다. 메인 링에 새로운 가속기를 설치하려면 4K(섭씨 -269도) 근처에서 작동하는 구부림 자석과 초점 자석 1000개가 필요했다.

니오븀-티타늄 합금으로 만든 초전도 쌍극자의 굽힘 강도는 기존 자석보다 두 배 이상 강하다. 초전도 자석으로 중무장한 새로운 가속기는 1983년 7월 3일 512GeV에 도달함으로써 이 분야의 세계적인 기록을 수립했고, 1984년에 800GeV에 도달했을 때에는 "테바트론Tevatron"이라는 새 이름까지 얻게 되었다(물론 CERN에서 개발한 양성자 생성법도 테바트론의 탄생에 적지 않은 기여를 했다). 그리고 1985년 10월 13일에 테바트론에서 양성자-반양성자 충돌이 최초로 감지되었다. 그 후 빔의 충돌에너지는 "테바트론"이라는 이름에 걸맞게 1TeV에 거의 근접한 980GeV까지 도달했으며, SPS처럼 표적 발사 기능과 충돌 기능을 번갈아 발휘하면서 수많은 실험 데이터를 양산했다. 그 후로 25년 동안 테바트론과 감지기(CDF, DØ)는 SPS보다 뛰어난 성능을 발휘하면서 세계 최강의 고에너지 충돌기로 군림하게 된다.

테바트론의 명성은 1995년에 꼭대기쿼크top quark를 발견하면서 정점을 찍었고, 그 후로 15년 동안 꼭대기쿼크를 연구할 수 있는 가속기는 오직 테바트론뿐이었다. 얼마 전까지만 해도 물리학자들은 하드론 충돌이 너무 복잡하고 너저분해서 정밀 관측이 불가능하다고 생각했으나(종종 "쓰레기통 충돌"에 비유되곤 했다), 꼭대기쿼크와 W 보손의 질량이 정확하게 관측되면서 분위기가 완전히 바뀌었다. 테바트론의 황금기가 끝나가던 2011년에 페르미 연구소에 상주하는 과학자가 무려 1000명에 달했는데, 이 거대한 연구조직은 훗날 수천 명의 과학자로 구성된 LHC 운용 시스템을 구축할 때 많은 도움이 되었다.

테바트론의 막강한 성능에 자신감을 얻은 페르미 연구소 과학자들은 꼭대기쿼크를 발견하기 훨씬 전부터 "더 큰 가속기도 지을 수 있다"며 미국 정부를 설득해왔고, 마침내 미국은 20TeV의 가공할 출력을 발휘하는 둘레 87킬로미터짜리 초전도 초충돌기Superconducting Super Collider, SSC를 건설하기로 결정했다. 그리고 충돌 비율을 높이기 위해 양성자-반양성자 충돌기가 아닌 "양성자-

　　자연은 왜 이토록 단순하면서도 아름다운가

페르미 연구소의 테바트론 가속기.

양성자 충돌기"로 가닥을 잡았다. 그러나 허망하게도 SSC 건설 프로젝트는 1993년에 지하 터널을 파느라 20억 달러를 이미 지출한 상태에서 재정상의 이유로 중단되고 말았다. 테바트론이 처음 가동되던 무렵, CERN은 기존의 SPS보다 4배나 큰 대형 전자-양전자 충돌기Large Electron Positron Collider, LEP를 건설하기 시작했고, 훗날 이 터널은 초전도 양성자-양성자 충돌기(대형 강입자 충돌기 LHC)에 재활용되었다.

대형 강입자 충돌기에서 만들어진 입자빔은 가속되는 와중에 두 나라 영토를 들락날락하고 있다. 둘레 26.7킬로미터짜리 거대한 터널이 스위스(제네바 근처)와 프랑스 국경에 걸쳐 있기 때문이다. 평균 지하 100미터 깊이에 설치된 이 터널은 단단한 암석지대를 피하고 대들보의 길이를 최소화하기 위해 전체적으로 약간 기울어져 있다. 그래서 주라산맥 근처에서는 지하 175미터를 지나가고, 제네바 근처에서는 깊이가 50미터밖에 안 된다. 터널이 깊으면 지표면의 변화에 영향을 적게 받을 뿐만 아니라, 방사선 유출을 막는 효과도 있다. LHC 터널은 8개의 곡선주로와 8개의 직선주로가 연결된 형태로서, 곡선 구간에서는 154개의 구부림 자석이 빔의 방향을 바꾸고, 직선 구간에서는 주입된 빔을 6.8TeV로 가속하여 정면충돌을 유도한다.

대형 강입자 충돌기는 다양한 신기술이 집약된 "공학의 걸작품"이다. 터널에 주입된 빔은 일반적으로 10시간 이상 순환하다가 맞은편 빔과 충돌한 후 폐기된다. 이는 곧 양성자가 10광시light hour(1광시=빛이 1시간 동안 가는 거리), 즉 100억 킬로미터를 이

   자연은 왜 이토록 단순하면서도 아름다운가

동한다는 뜻이며(지구에서 태양계 끝까지의 거리와 비슷하다), 그 사이에 다른 기체분자와 충돌하는 "사고"도 일어나지 않아야 한다. 1세제곱센티미터당 250억×10억 개의 분자가 우글거리는 일상적인 공기 속에서 양성자가 거의 빛의 속도로 내달린다면, 100만 분의 몇 초 안에 충돌사고를 일으킬 것이다! 그래서 빔이 지나가는 튜브 속 기압은 일상적인 대기압보다 10조 배나 낮다거의 진공에 가깝다는 뜻이다. 진공상태가 요구되는 또 한 가지 이유는 초전도자석과 냉각용 액체헬륨 공급라인(직경 91.4센티미터짜리 원통형 파이프 안에 들어 있으며, 구조는 듀어 플라스크Dewar flask, 영국의 화학자 제임스 듀어가 발명한 저온유지용 플라스크와 비슷하다)을 극저온으로 유지해야 하기 때문이다.

테바트론과 마찬가지로, LHC에서 빔의 궤적을 휘어지게 만드는 1232개의 초전도 쌍극자 자석은 니오븀-티타늄 합금 케이블로 제작되었다. 이 물질이 초전도체가 되려면 10K(섭씨 -263도) 이하의 극저온 상태를 유지해야 한다. 길이 15미터의 쌍극자 자석 안에는 직경이 50밀리미터인 빔 튜브 두 개가 194밀리미터 간격을 두고 나란히 지나간다. 초전도 코일은 두 가닥 튜브 안에서 자기장의 방향이 반대가 되도록 세팅되어 있어서, 시계방향과 반시계방향으로 움직이는 양성자빔이 하나의 점을 중심으로 휘어지도록 만든다. 자석은 양성자의 경로에 맞춰 완만하게 휘어져 있으며, 초유체 헬륨 덕분에 1.9K(섭씨 -271.2도)의 극저온 상태를 유지한다. 이 정도면 마이크로파 우주배경복사(2.275K)보다 차갑다. 이렇게 냉각된 LHC 쌍극자 자석은 링 주변에 8.33테슬라의 자기장을 생성하여, 양성자를 7TeV까지 가속시킬 수 있다. 초전도 케이블이야말로 공학의 기적이라 불릴 만하다.

케이블 안에는 직경 7마이크로미터(100만 분의 7미터, 머리카락 굵기의 7분의 1)짜리 필라멘트 수천 가닥을 꼬아서 만든 선이 지나간다. 이것은 영국 러더퍼드 연구소Rutherford Laboratory에서 개발한 작품으로, LHC 쌍극자에 삽입된 케이블을 한 줄로 이어 붙이면 CERN에서 대서양을 건너 페르미 연구소에 닿고도 남는다! 이렇게 큰 자석을 극저온 상태로 유지하려면 세계 최대 규모의 냉각 시스템이 필요하다.

그 외에 다른 자석도 많다. LHC에 장착된 자석은 총 9600개인데, 빔의 초점을 맞추는 데 필요한 사중극자quadrupoles와 양성자의 궤적을 최적화하는 다양한 부품들, 그리고 충돌 지점에서 20마이크로미터 이내로 빔의 초점을 맞추는 특수 사중극자 등이 저마다 중요한 역할을 하고 있다.

초전도성은 2526개의 양성자 다발을 고밀도 상태로 유지하고 가속하는 "무선주파수 공동radio-frequency cavity, 전자기장을 이용하여 하전입자를 가속시키는 공진장치"에도 필수적이다. 이 장치가 제대로 작동해야 충돌 빈도를 높일 수 있다. 하나의 양성자 다발은 길이가 수 센티미터로 그 안에 약 1000억 개의 양성자가 들어 있으며, 각 다발은 시간적으로 25나노초만큼 분리되어 있다(이 간격을 거리로 환산하면 7.5미터쯤 된다). 따라서 감지기는 초당 4000만 회의 빔 충돌 사건을 분석해야 하는데, 양성자가 처음 주입될 때와 충돌 후 폐기 처분될 때 걸리는 시간을 고려하면 충돌 빈도는 초당 3000만

　자연은 왜 이토록 단순하면서도 아름다운가

회로 줄어든다. 200만 볼트의 가속력을 전달하는 8개의 무선주파수 공동은 터널의 직선 구간에 설치되어 있다.

LHC에 주입될 양성자는 수소기체가 담긴 작은 병에서 분출된 것이다. 이 병을 강한 자기장 속에 넣으면 양성자와 전자가 분리되고, 여기에 약 10만 볼트 전압을 걸어주면 양성자가 LHC 쪽으로 떠밀리면서 파란만장한 여행을 시작한다. 제일 먼저 마주치는 것은 무선주파수 사중극자radio-frequency quadrupole다. 이 장치는 양성자빔을 가늘게 집속集束시켜서 75만eV(750keV)로 가속한다. 이렇게 첫 번째 직선 구간으로 진입한 양성자는 에너지가 50MeV로 높아지고, 속도는 광속의 31.4퍼센트에 도달한다. 그 후 양성자는 둘레 157미터짜리 원형가속기인 "양성자 싱크로트론 부스터Proton Synchrotron Booster, PSB"로 진입하는데, 이곳에서 10조 개의 형제들과 함께 1.4GeV로 가속되어 0.5초 안에 광속의 91.6퍼센트에 도달한다. 다음으로 마주치는 것은 둘레가 628미터인 양성자 싱크로트론Proton Synchrotron, PS으로, 25GeV의 에너지를 받아 1~2초 안에 광속의 99.93퍼센트까지 가속된다.

PS에서는 25나노초마다 3조 개짜리 양성자 다발 81개가 소시지처럼 양산된다. LHC의 구조상 이런 식의 패키지가 가장 이상적이기 때문이다. 그 후 243개의 양성자 다발이 SPS에 주입되던 450GeV로 가속되어 4.3초 만에 광속의 99.9998퍼센트에 도달하고, 4분 20초 동안 LHC의 이중 초전도 고리(링) 하나당 12개의 다발이 할당된다. 이 과정이 끝나면 반대 방향으로 회전하는 양성자(고리 하나당 약 300조 개)도 20분 사이에 6.8TeV로 가속된다.

그 후 약간의 청소 작업과 영점조준을 거치면 양성자는 충돌할 준
비가 대충 끝난 셈이다(처음부터 지금까지, CERN에서 만든 대부분
의 가속기를 거쳐왔다). LHC의 다재다능한 감지기 ATLAS와 CMS
는 1초당 10억 건이 넘는 충돌 사건을 분석할 수 있다. 모든 발견
이 여기에서 이루어진다고 해도 과언이 아니다.

수많은 과학자들이 입자빔의 품질을 개선하고, 초전도체를 개
발하고, 빔의 집속도를 높이는 등 좋은 아이디어를 실용적인 장치
로 구현한 덕분에, 엔리코 페르미가 품었던 원대한 꿈이 마침내 이
루어졌다. 그것도 훨씬 작은 규모에 훨씬 저렴한 비용으로 실현되
었으니, 페르미도 매우 흡족해할 것이다.

 자연은 왜 이토록 단순하면서도 아름다운가

15장

낱눈

대왕오징어의 눈은 직경이 30센티미터나 된다. 사이즈만 큰 게 아니라 눈꺼풀과 홍채, 수정체, 망막 등 갖출 건 다 갖추고 있다. 대왕오징어가 이토록 거대한 눈을 갖게 된 것은 좋은 시력이 진화에 우리하게 작용했기 때문이다. 종種을 불문하고, 모든 진화는 환경에 적응하는 쪽으로 진행된다. 척추동물(또는 대왕오징어!)의 눈을 파리 눈만큼 작게 축소하면 모든 형체가 희미하게 보일 뿐, 제대로 작동하지 않을 것이다. 파리의 눈은 단일 수정체가 아니라 수백 또는 수천 개의 낱눈ommatidia*으로 이루어져 있으며, 빛은 낱눈을 던저 통과한 후 망막 같은 감지기관에 도달한다. 잠자리의 낱눈은 6단개나 되어 곤충 중 최강의 시력을 자랑하지만, 척추동물의 시력에

---

* 곤충을 비롯한 대부분 절지동물의 겹눈을 구성하는 개개의 눈.

비하면 아무것도 아니다. 척추동물의 망막은 1제곱밀리미터당 약 50만 개의 수용체가 있으며, 모두 합하면 수백만 개에 달한다.

사람의 눈에는 막대세포 rod cells와 원추세포 cone cells라는 두 종류의 수용체가 있다. 원추세포는 색상을 구별하는 반면, 막대세포는 어두운 빛을 감지하는 세포로서 조명이 없을 때 특히 효과적이다. 눈은 자궁 속 배아 胚芽가 성장할 때 전뇌 前腦의 상피세포가 확장되다가 머리의 외피에 도달하면서 생성된다. 상피(혈관이 없는 경계면)가 스스로 접혀서 컵 모양이 되고(이것을 안배 眼杯라 한다), 그 표면이 망막으로 자라나는 것이다. 눈이 보유한 놀라운 특징 중 하나는 빛을 감지하는 감광세포가 빛이 도달하는 표면에 있지 않고 신경회로 뒤에 숨어 있다는 점이다. 마치 모든 구성 요소가 거꾸로 조립된 것 같다.

빛이 막대세포와 원추세포에 도달했을 때 생성된 신호는 시신경을 통해 두뇌로 직접 전송되지 않고 국소적으로 처리된다. 발생학에서 말하는 것처럼, 망막의 신경계는 뇌의 명령을 받는 별개의 신체 장기가 아니라, 뇌의 일부로 봐도 무방하다. 물론 여기서 얻은 정보(1초당 약 10메가바이트)는 두뇌로 전달되어 추가 처리과정을 거친다. 이 정보는 단순히 "들뜬상태에 놓인 막대세포와 원추세포의 패턴"이 아니라, 형태와 대조 對照를 부분적으로 예민하게 해석한 결과다.

나이가 들어서 시력이 떨어지면 보조기구의 도움을 받아야 한다. 안경은 지금으로부터 약 700년 전에 이탈리아에서 처음 사용된 것으로 추정되며, 얼마 지나지 않아 "학자와 지식인의 상징"으로 자리 잡았다. 13세기 피사 Pisa의 도미니크회 수사修士였던 알레산드로 델라 스피나 Alessandro della Spina는 나빠진 시력을 회복하는 법을 사람들에게 전수했는데, 그 비결은 다름 아닌 안경이었다. 베네치아 근처의 아름다운 운하도시 트레비소 Treviso에는 8세기에 지은 산타루치아 Santa Lucia라는 교회가 있다. 이곳에는 1352년에 톰마소 다 모데나 Tommaso da Modena 형제가 그린 프레스코화가 보관되어 있는데, 이 그림에는 13세기 성경 주석가로 유명했던 우고 디 프로벤자 Ugo di Provenza 추기경이 안경을 쓴 모습으로 묘사되어 있다(그러나 프로벤자는 안경이 발명되기 50년 전에 세상을 떠났다).

최초의 안경은 노인들에게 젊은 시절에 보았던 것을 다시 볼 수 있게 해주었지만, 시력을 크게 높여주지는 못했다. 그 후 17세기에 네덜란드의 렌즈 제작자들은 렌즈 두 개를 결합하여 "물체를 확대하고 멀리 있는 물체를 가까이 당겨주는" 기적 같은 도구를 발명했다. 300년 전에 이탈리아 북부에서 시작된 광학 도구는 네덜란드로 전파되었다가 다시 베네치아로 재수입되어 1609년에 갈릴레오의 손에 들어왔다. 그는 타고난 손재주를 십분 발휘하여 자신만의 망원경을 직접 만들었을 뿐만 아니라, 지상관측에만 사용되던 망원경을 위로 치켜들어서 하늘을 관측하기 시작했다. 배율은 고작 20배에 불과했지만, 그의 망원경은 하늘의 베일을 일부나마 벗겨주었고, 갈릴레오는 과거에 감히 상상조차 할 수 없었던 하늘의 법칙을 머릿속에 그릴 수 있었다. 그렇다, 중세의 과학혁명은 망원경에서 시작되었다. 그가 1610년에 출간한 《별의 전령

The Starry Messenger》에는 망원경으로 관측한 달의 표면이 그림으로 제시되어 있는데, 완벽한 구형인 줄 알았던 달에는 산과 계곡, 언덕 등이 지구처럼 펼쳐져 있었다. 시력을 보완하려고 만든 도구가 "천체는 완벽하다"는 오래된 믿음을 사정없이 무너뜨린 것이다.

더욱 놀라운 것은 갈릴레오가 목성(〇) 근처에서 우주의 별(✳)을 발견했다는 점이다. 이들은 태양계의 행성들이 놓인 평면에서 특정한 선을 따라 나열되어 있었는데, 1610년 1월 7일에 ✳ ✳〇 ✳의 순서로 나타났던 것이 다음 날에는 〇 ✳ ✳ ✳로 바뀌었고, 10일에는 ✳ ✳ 〇로, 11일에는 ✳ ✳ 〇로, 12일에는 ✳ ✳〇 ✳로, 그리고 13일에는 ✳ 〇✳✳로 계속해서 바뀌었다. 갈릴레오는 이런 관측을 3월 2일까지 실행한 끝에, 다음과 같이 결론지었다. "작은 점들은 멀리 있는 별이 아니라, 목성 주변을 공전하는 위성이다." 그는 자신의 연구를 후원하던 귀족 가문에게 발견의 영예를 헌사한다는 의미에서 이 위성을 "메디치 별Medicean stars"로 명명했다. 또한 갈릴레오의 망원경에 비친 금성은 달처럼 차고 기울기를 반복했는데, 이것은 프톨레마이오스의 천동설로는 도저히 설명할 수 없는 현상이었다. 당시 사람들은 지구가 우주의 중심이라고 하늘같이 믿으면서 코페르니쿠스의 지동설을 배척하고 있었기에, 갈릴레오의 주장은 당연히 이단으로 간주되었다.

이와 비슷한 시기에 바이에른주의 미텔프랑켄에서 안스바흐 후작 Margrave of Ansbach의 궁정 천문학자였던 시몬 마리우스 Simon Marius도 갈릴레오와 비슷한 관측을 수행했다. 그는 네덜란드제 망원경으로 목성을 관측하여 얻은 결과를 1614년에《목성의 세계

The Jovian World》라는 제목으로 출판했는데, 출간 날짜가 갈릴레오의 《별의 전령》보다 늦었는데도 발견 날짜는 갈릴레오보다 앞선 것처럼 적어놓았다. 평소 너그러움과 별로 친하지 않았던 갈릴레오가 노발대발한 것은 당연한 일이다. 그러나 이것은 사소한 오해였다. 마리우스는 루터교도들이 선호하는 율리우스력을 사용한 반면, 갈릴레오는 로마 가톨릭에서 채택한 그레고리력을 따랐기 때문이다. 두 달력은 10일 정도 차이가 나는데, 아마도 마리우스는 갈릴레오와 같은 날부터 관측을 시작했던 것 같다.

《목성의 세계》에서 마리우스는 과학 역사상 최초로 목성이 거느리는 위성의 궤도운동을 도표로 작성했다. 이 정도면 매우 중요한 업적이지만, 오늘날 그의 명성은 갈릴레오에 한참 못 미친다. 그러나 목성의 위성에 이오Io, 유로파Europa, 가니메데Ganymede, 칼리스토Callisto라는 이름을 붙인 사람은 갈릴레오가 아닌 마리우스였다. 목성의 위성은 지금까지 79개가 발견되었으며, 이들 중 53개가 공식 명칭을 갖고 있다. 17세기에 등장한 망원경이 태양계에서 가장 큰 위성을 4개나 발견한 것처럼, 그 후에 등장한 관측 도구들(사진기가 장착된 망원경, 우주탐사선, 디지털 사진 기술 등)도 수없이 많은 발견을 이루어내면서 현대과학을 이끌었다.

마법의 렌즈는 미시세계에서도 막강한 위력을 발휘했다. 생명보다 흥미로운 현상이 또 어디 있겠는가? 런던의 로버트 훅Robert Hooke과 네덜란드 델프트Delft의 안톤 판 레이우엔훅Anton van Leeuwenhoek은 현미경으로 작은 세계를 탐색하다가 처음으로 미생물을 발견했고, 고인 물이나 부패한 식물에 서식하는 미생물이 저절로 발생한 것이 아님을 증명했다. 로버트 훅이 1665년에 출간한 《작은 세계Micrographia》에는 다음과 같은 질문이 등장한다. "그동안 우리가 '부패한 곳에서 자연적으로 발생했다'고 생각해온 것들이, 알에서 태어난 각다귀처럼 명확한 근원에서 태어난 것은 아닐까?"

우리 선조들은 인간의 감각이 닿지 않는 곳을 탐험하다가 태양계의 특성을 발견했고, 생명이 저절로 생겨나지 않는다는 사실도 알게 되었다. 인간의 시야가 미시세계와 거시세계로 확장되면서 "인간의 현주소"에 대한 인식이 근본적으로 바뀐 것이다.

현미경과 망원경은 시력의 진화를 인공적으로 촉진하여 새로운 세계를 보여주었지만, 제아무리 뛰어난 현미경으로도 "원자의 세계"만은 볼 수 없었다. 어니스트 러더퍼드가 원자의 내부를 엿보기 위해 사용했던 알파입자와 베타입자는 일상적인 빛을 쪼여서 그 존재를 확인하기에는 크기가 너무 작았다. 원자의 내부를 들여다보려면 기존의 광학기계를 뛰어넘는 완전히 새로운 도구가 필요했다.

러더퍼드는 맨체스터대학교에 갓 부임했을 때부터 방사선을 관측하기 위해 윌리엄 크룩스 경Sir William Crookes이 개발한 기술을 사용했다. 이 책의 1장 원자 쪼개기에서 언급했던 인광 스크린Phosphor-coated screen이 바로 그것이다. 크룩스는 라듐에서 방출된 방사선을 눈으로 보기 위해 "스핀타리스코프spinthariscope"라는 간단한 장치를 고안했다(spinthari는 그리스어로 "불꽃"이라는 뜻이다). 라듐의 흔적이 묻은 황화아연 스크린에 튜브의 한쪽 끝을 갖다 대고 반대쪽 끝에서 렌즈를 통해 바라보는 식이다. 러더퍼드는 1904년에 출간한 저서 《방사능Radio-Activity》에 다음과 같이 적어놓았다. "스크린 표면을 어두운 배경으로 삼아 밝은 점들이 빠르게 오고 갔다. 미학적으로도 매우 아름다운 이 실험을 통해 라듐이 입자를 연속적으로 방출한다는 것을 분명하게 알 수 있었다." 입자가 스크린에 도달할 때마다 빛이 번쩍였으니, 마치 불꽃놀이를 감상하는 기분이었을 것이다.

여기서 잠시 밥의 회상을 들어보자.

어린 시절, 내가 갖고 놀던 "길버트 아저씨 화학실험 세트"에 스핀타리스코프가 들어 있었다. 길이가 2센티미터 남짓한 원통 모양이었는데, 한쪽 끝에 렌즈가 달려 있어서 아무것도 모르는 아이도 무언가 들여다보는 장치임을 한눈에 알 수 있었다. 나는 이 장치를 볼 때마다 미리 옷장 안으로 들어가서 문을 닫고 눈이 어둠에 적응할 때까지 기다렸다. 나의 스핀타리스코프는 러더퍼드가 말했던 환상적인 광경을 보여주지 못했지만, 가끔씩 반짝이는 불꽃이 나타날 때마다 방사성붕괴의 현장을 직접 보고 있다는 생각에 잔뜩 흥분하곤 했다.

이런 장난감이 요즘 판매된다면 학부모들에게 당장 고소당할 것이다. 화학실험 세트는 지금도 판매되고 있지만, 방사성 물질이나 감지기 같은 것은 제일 비싼 세트에도 들어 있지 않다. 그래도 기어이 스핀타리스코프를 만들고 싶다면 가정용 화재감지기에 들

어 있는 아메리슘-241(^{241}Am)을 이용하면 된다. 자세한 제작법
은 인터넷에 나와 있으니 궁금한 사람은 참고하기 바란다(별로 권
하고 싶진 않다).

그로부터 10년 후, 20세 청년이 된 밥은 좀 더 전문적인 환경
에서 인광燐光을 경험했다. 그는 스탠퍼드 선형가속기센터SLAC가
한창 건설 중일 때 그곳에서 여름 한철 임시로 일자리를 구했는
데, 그의 직속 상사는 쿼크의 발견에 공헌하여 1990년에 노벨상
을 수상한 딕 테일러Dick Taylor였다. 1965년에 SLAC에 도착한 밥
은 하버드에서 그에게 양자역학을 가르쳤던 에드워드 퍼셀Edward
Purcell(1952년 노벨 물리학상 수상자)처럼 우아하고 매너 좋은 상
사를 기대했지만, 그를 맞이한 건 곰처럼 생긴 테일러였다. 캐나다
앨버타주의 메디신햇Medicine Hat 출신인 그는 매사 무뚝뚝하고 과
격한 것이 퍼셀과는 완전 딴판이었다.

> SLAC에 도착하자마자 "전자빔이 표적에 도달했을 때 정확한
> 충돌 지점을 알아내라"는 임무가 떨어졌다. 그것도 이미 알려
> 진 방법을 응용하는 게 아니라, 처음부터 끝까지 새로 개발해
> 야 했다. 나는 러더퍼드의 실험을 통해 확실하게 검증된 황화
> 아연을 사용하기로 했다. 인광제를 섞은 황색 슬러리동물 배설물
> 에 점토, 분탄, 시멘트 등을 섞은 걸쭉한 물질를 얇은 마일라 시트(폴리에
> 스테르 필름)에 바른 후 빔을 통과시키면, 통과한 부분이 라듐
> 시계판의 숫자(라듐과 황화아연의 혼합물)처럼 녹색 빛을 발한
> 다. 물론 이런 물질에는 가까이 가지 않는 것이 상책이므로, 멀

리 떨어진 곳에서 TV 카메라로 관측해야 한다. 나는 원뿔형 표견에 황화아연을 발라서 가운데 축을 중심으로 회전하도록 만든 후, 감지기가 작동하지 않는 동안 빔이 자유롭게 통과할 수 있도록 원뿔의 일부를 잘라냈다. 그런데 들어오는 빔과 나가는 빔을 모두 볼 수 있으려면 원뿔에 장착된 플런저plunger, 막대 피스톤를 밀고 당기는 장치를 추가로 달아야 했다.

연구팀은 나에게 시드 프렌켈Sid Frenkel이라는 기술자를 붙여주었다(내가 그에게 붙었을 수도 있다). 테일러의 고물 스포츠카를 점검하면서 대부분의 시간을 보내던 그는 차에 별문제가 없을 때 간간이 나를 도와주었지만, 실력 하나는 정말 최고였다. 내 설계도를 보여줬더니, 시드는 원뿔을 원격으로 조종하는 방법을 즉시 떠올리고 가전제품 매장에 가서 중고 세탁기에 부착된 밸브 작동기(액추에이터)를 구해왔다. 나는 반신반의하며 그 부품을 원뿔에 장착했는데, 맞춤형 장치처럼 기가 막히게 작동했다. 가장 골치 아픈 부분을 말도 안 될 정도로 싼값에 해결했으니, 평소 검소하기로 유명했던 러더퍼드가 살아 있었다면 매우 흡족해했을 것이다.

인광 스크린 망원경 덕분에 인간의 시력은 크게 확장되었지만, 그 성능은 "사용자의 능력"이라는 또 다른 변수 때문에 어느 한계를 넘지 못했다. 러더퍼드의 동료들은 아무리 신중을 기해도 입자의 도달 횟수가 분당 90회를 넘거나 5회 미만인 경우에는 정확한 측정을 할 수 없었고, 밝은 섬광을 오래 들여다보면 눈이 피로

해져서(또는 지루해져서) 2분 이상 관측을 할 수 없다는 것도 문제였다.

알파입자나 베타입자가 기체 속을 통과하면 그 궤적을 따라 전자와 이온이 흔적으로 남게 된다. 러더퍼드와 그의 조수 한스 가이거는 궤적에 남은 전하량이 너무 작아서 측정에 어려움을 겪다가, 이온화 현상을 증폭한다는 아이디어를 떠올렸다. 이들은 1908년에 저기압 공기를 채워 넣은 황동 튜브의 내부에 설치한 전선에 (스파크가 일어나지 않을 정도의) 고전압을 가했다. 알파입자가 지나간 곳에 있던 전자는 튜브 중앙에 있는 전선 쪽으로 돌진하다가 다른 원자와 충돌하여 더 많은 하전입자를 만들어내고, 이런 식의 충돌이 연쇄적으로 일어나면서 알파입자 자체에서 시작된 작은 전류를 증폭시킨다. 빛이 아닌 전자를 이용하여 인간의 시야를 확장하는 데 성공한 것이다.

이들이 제작한 튜브형 계수기counting tube(가이거-뮐러 계수기의 전신)는 전기력의 영향으로 빠르게 움직이는 단일 물체를 시각적으로 보여준 최초의 도구로서, 향후 등장할 다양한 전자 감지기의 모태가 되었다. 그리고 계수기에 도달한 알파입자가 실험자의 예상보다 훨씬 광범위한 영역에 퍼져 있는 것도 자연에 대한 기존의 개념을 수정하는 계기가 되었다. 알파입자 중 일부는 튜브 속에서 예상보다 훨씬 긴 경로를 따라가면서 더 많은 공기 분자와 충돌하여, 더 많은 전류를 생성하는 것처럼 보였다. 혹시 알파입자가 튜브에 삽입된 운모雲母를 통과하면서 경로를 벗어난 것일까? 러더퍼드는 가이거에게 표적(운모) 샘플을 가능한 한 얇게 만들라고 지시했다. 얼마나 얇아야 알파입자의 경로가 큰 각도로 휘어지지 않는지 확인하고 싶었던 것이다. 가이거는 알파입자의 질량이 충분히 커서 그런 일은 없을 거라고 생각했지만(그는 경로가 휘어진 것이 계수기의 오작동 때문이라고 생각했다), 일단은 보스의 명령을 따르기로 했다. 그리고 러더퍼드의 또 다른 제자인 어니스트 마스든과 함께 실행한 후속 실험에서 드디어 원자핵atomic nucleus의 존재를 확인하게 된다.

가이거와 마스든은 1909년에 실행된 첫 실험에서 표적에 충돌한 알파입자 8000개 중 1개가 들어갔던 길의 반대 방향으로 되튀어 나온다는 사실을 발견하여 원자핵의 존재를 입증했고물론 그 영예는 스승인 러더퍼드에게로 돌아갔다, 인광제로 코팅한 스크린과 가이거-러더퍼드의 튜브형 계수기는 향후 입자감지기의 모태가 되었다. 황화아연에 하전입자가 부딪히면 빛이 방출되고, 전자계수기는 하전입자가 물질을 통과할 때 생성된 이온을 증폭시켜서 그 개수를 헤아린다. 이 두 가지 기능(발광 및 이온화)은 오늘날에도 입자물리학 실험에서 핵심적 역할을 하고 있다.

90년 전에 러더퍼드의 제자들이 원자핵에서 산란된 알파선을 처음 관측한 후로, 입자감지기의 성능은 비약적으로 발전했다. 기체로 채워진 튜브와 현미경으로 관찰하던 황화아연 스크린으로는 한 번에 입자 하나밖에 관측할 수 없었기 때문에, 가이거와 마스든은 황화아연 스크린에 부착된 관찰용 망원경(현미경)을 다양한 각도로 회전시켜서 산란된 알파입자를 관측한 후 모든 결과를 하나로 모아야 했다. 표적 주변의 모든 방향에 스크린을 설치해놓고 수십, 수백 명의 관측자들이 각자 할당된 위치에서 현미경으로 관측하는 장면을 상상해보라. 이렇게 하면 러더퍼드의 실험이 훨씬 빨리 끝났겠지만, 알파입자 발생원과 표적 사이의 거리가 워낙 가까웠기 때문에 관측자의 수를 마냥 늘릴 수 없었다. 그 좁은 공간에 억지로 수십 명을 욱여넣는다 해도, 눈의 피로를 견디지 못하고 금방 나가떨어졌을 것이다.

러더퍼드와 가이거가 만든 튜브형 계수기는 관측자가 바라보지 않아도 스스로 알아서 결과를 출력해주었다. 가이거와 마스든의 "눈"을 대신할 장치는 만들기가 훨씬 어려웠지만, 결국은 훗날 발명된 광전증폭기photomultiplier가 그 역할을 맡게 된다. 광전증폭기에 광자가 도달하면 나트륨이나 칼륨, 세슘 등 알칼리족 금속으로 코팅된 표면에 충돌하여 원자를 이온화시키고, 원자에서 떨어져 나온 전자는 광전효과에 의해 표면을 이탈한다. 이 전자가 실험실에서 관측 가능할 정도로 강한 신호를 전달하려면 가이거와 러더퍼드가 했던 것처럼 하나의 전자를 여러 개로 늘려야 하는데, 해결책은 전자를 다른 원자와 충돌시켜서 더 많은 전자를 방출하도록 유도하는 것이다. 이 과정을 한 번 거칠 때마다 전자의 수가 3배 이상으로 늘어나므로, 10번쯤 반복하면 수십만 배에서 100만 배까지 늘어난다.

고에너지 하전입자를 감지하는 방법은 이것 말고도 또 있다. 안개상자와 감광유제photographic emulsion가 대표적 사례인데, 사실 기체로 채워진 계수기보다 성능이 훨씬 우수하다. 계수기와 신틸레이터scintillator(입자가 충돌했을 때 빛을 발하는 물질)는 입자를 한

번에 한 개밖에 기록할 수 없지만, 감광유제와 안개상자를 사용하면 동시에 발생한 여러 입자의 궤적을 3차원 입체사진으로 구현할수 있다.

과거에는 입자물리학자들이 산꼭대기에 올라 황화아연 스크린을 설치해놓고 우주선 입자가 도달하기를 하염없이 기다리던 시절도 있었다. 물론 대부분은 허탕이었고, 어쩌다가 우주선이 도달해서 흔적을 남긴다 해도 그 입자가 어디서 왔는지, 어떤 입자를 동반했는지 알 길이 없었다. 우주선 시대와 가속기 시대 초기까지만 해도 주된 감지장치는 광학기계였고, 전자계수기는 보조장치에 불과했다.

천수답天水畓을 방불케 하는 우주선 시대에서 관개농업과 비슷한 가속기 시대로 넘어오자 입자계수기의 성능은 더욱 좋아졌지만, 안개상자가 발명되면서 계수기는 다시 뒷전으로 밀려났다.

계수기에서 날아온 신호를 전자회로의 입력으로 사용하면 입자와 관련된 정보를 분석할 수 있고, 다른 입력과 결합하여 종합적인 결론을 내릴 수도 있다. 예를 들어 자기장 안에서 궤도의 곡률로부터 하전입자의 운동량을 계산하고, 이로부터 해당 이벤트의 기록 여부를 결정하는 식이다. 과학역사가 피터 갤리슨Peter Galison은 구언가를 바라보는 행위를 "영상"과 "논리"라는 두 가지 카테고리로 분류했다.

눈으로 보는 것이 제아무리 중요하다 해도, 가이거나 마스든 같은 사람이 어둠 속에서 섬광을 헤아리는 것은 인력 낭비가 아닐 수 없다. 이런 일은 원자물리학자가 아니어도 얼마든지 할 수 있다.

익숙해지기만 하면 1분당 섬광 90개를 헤아리는 것은 별로 어려운 일이 아니다. 실험에 필요한 지적 능력은 "가산기adder"라 불리는 논리회로로 대체할 수 있다. 구식 라디오와 텔레비전에 사용되었던 진공관이 대표적 사례다. 가산기는 사람보다 운용비가 적게 들면서 훨씬 정확하다. 월급을 줄 필요 없이 전기만 꾸준히 공급하면 된다. 그러나 전기회로는 열을 수반하기 때문에 전구처럼 고장 나기 쉽고, 한번 고장 나면 다른 것으로 교체해야 한다. 최초의 디지털 컴퓨터인 에니악ENIAC은 1만 7468개의 진공관으로 작동했는데, 하루에 한두 개씩 고장이 나서 수시로 교체해야 했다. 이처럼 진공관의 성능은 "열"과 "고장률"이라는 의외의 변수로 인해 넘을 수 없는 한계가 존재한다.

우리 세대의 젊은 과학자들이 그랬듯이저자들은 둘 다 1940년대에 태어났다, 우리는 TV가 고장 나면 거의 "수사관이 범죄 사건을 해결하듯" 문제를 해결했다. 일단 모든 진공관을 분리해서 수리점으로 가져간다. 그곳에는 요즘 패스트푸드점에 있는 키오스크만 한 테스트용 회로기판이 있는데, 거기에 진공관을 하나씩 꽂아가며 작동 여부를 일일이 확인하는 식이다. 불량으로 판명된 개수만큼 진공관을 새로 구입해서 집으로 돌아와 원래 자리에 꽂으면 수리는 완료된다. 지금 생각하면 참으로 무식한 방법이지만, 성공률은 거의 100퍼센트에 가까웠다!

전자계수기가 안개상자의 3차원 궤적도와 경쟁하려면, 개개의 결과를 단순히 더하는 "낱눈과 겹눈" 방식에서 여러 가지 작업을 동시에 수행하는 "다중감지센서"로 진화해야 했다. 그리고 이 혁명적 변신을 실현해준 일등 공신은 단연 트랜지스터였다.

진공관을 트랜지스터로 교체하면 고장이 잘 나지 않고, 처리 속도가 빨라지고, 기계의 몸집은 작아지고, 심하게 뜨거워지지도 않는다. 초기에는 진공관 한 개를 트랜지스터 한 개로 교체했기 때문에 이득이 별로 없었지만, 회로소자를 실리콘 기판에 새겨 넣은 집적회로integrated circuit가 등장하면서 세상이 달라지기 시작했다. 감지기의 경우, 미세한 전선이 새겨진 케이블을 통해 신호를 전송하면 감지기의 "신경계통"을 만들 수 있다. 전자식 감지기가 안개상자를 대체할 정도로 빠르게 발전할 수 있었던 것은 바로 이 디지털 혁명 덕분이다. 물론 소형화는 지금도 계속되고 있다. 아이폰 14에 탑재된 A15 바이오닉 프로세서A15 Bionic processor에는 1제곱센티미터당 150억 개의 트랜지스터가 새겨져 있다.

입자감지기는 특정 임무를 수행하는 유기체에 가깝다. 물론 감지기 자체는 생명체가 아니지만, 이 장치를 설계하고 제작하는 사람들은 "생명을 불어넣는다"는 표현을 자주 사용한다. 일반적으로 감지기의 주된 기능은 (1) 하전입자의 궤적을 추적하고, (2) 입자의 에너지를 측정하고, (3) 뮤온을 감지하는 것이다. 감지기의 신경계(네트워크)는 여러 개의 센서를 전자두뇌에 연결하고, 복잡한 순환계(회로)는 센서에 필요한 전력과 냉매, 기체 등을 공급한다. 그리고 이 모든 요소를 유연하면서도 든든하게 떠받치는 골격 구조도 필요하다.

입자감지기가 겪어온 변천사는 곤충의 눈이 진화해온 과정과 매우 비슷하다. 간단히 말해서 똑같은 센서 수천 개, 또는 수백만 개를 나열해놓고 관측을 반복하는 식이다. 개개의 센서는 곤충의 낱눈처럼 단순한 기능을 수행하지만, 이런 센서 여러 개를 결합하면 강력한 장치가 된다. 물론 센서의 성능도 기술혁신과 함께 크게 개선되었으며, 가끔은 센서 자체가 기술혁신을 주도할 때도 있다.

오늘날 고에너지 입자가속기에 연결된 대부분의 입자감지기는 "고정된 표적에 충돌하는 빔"이 아닌 "정면충돌하는 두 가닥의 빔"으로부터 데이터를 수집 및 분석하고 있다. 전체적인 구조는 원통 모양의 동심원 감지기들이 충돌 지점을 겹겹이 에워싼 형태로서 각 원통 껍질에 달린 수많은 낱눈이 충돌 지점을 바라보고 있으며, 제일 바깥에 있는 마지막 감지기가 모든 정보를 종합하여 마지막 그림을 완성한다.

안개상자 시대 이후로 실험물리학자들은 입자감지기를 자기장 안에 설치하여 하전입자의 경로를 원이나 나선형으로 구부려서 운동량을 측정했다. 일반적으로 입자의 운동량이 작을수록 궤적이 크게 휘어진다(즉, 곡률이 커진다). 예를 들어 2테슬라짜리 자기장에 운동량이 3TeV인 하전입자가 진입하면 반지름이 5킬로미터인 원을 그리는데, 이 정도면 거의 직선 궤적에 가깝다.* 3GeV짜리 입자가 전술한 자기장에 들어오면 궤도 반경은 5미터가 되고 (감지기 자체의 반지름과 비슷함), 300MeV면 0.5미터까지 줄어든다. 운동량이 이보다 작은 입자는 작은 소용돌이를 그리면서 회전

---

* TeV는 운동량이 아닌 에너지 단위다. 그러나 입자의 에너지와 질량을 알면 운동량을 알 수 있으므로, 저자는 에너지와 운동량을 굳이 구별하지 않았다.

　자연은 왜 이토록 단순하면서도 아름다운가

할 뿐, 외부 감지기에 도달하지 못한다.

입자 추적 장치tracking device(보통 여러 층의 센서로 이루어져 있음)는 사람의 손가락 끝처럼 센서가 밀집되어 있어서 궤적의 미세한 변화도 감지할 수 있다. 그러나 충돌과정에서 생성된 입자의 운동을 방해하면 안 되기 때문에, 입자들이 자유롭게 통과할 수 있도록 최소한의 재질로 만들어야 한다. 현재 사용되는 충돌감지기의 내부 층(안쪽 원통 껍질)은 거의 대부분이 반도체(실리콘)소자로 덮여 있다. 이곳의 핵심부에는 디지털카메라의 CCD와 비슷한 픽셀pixel이 설치되어 있어서, 입자의 궤적을 고해상도로 처리해준다. 여기서 바깥층으로 가면 실리콘 마이크로스트립 감지기silicon microstrip detectors가 나타나는데, 이것은 러더퍼드와 가이거가 만들었던 튜브형 계수기의 현대식 버전에 해당한다.

추적 장치의 바깥층에는 사람의 열수용체熱受用體, heat receptor처럼 열을 분산시키는 열량계calorimeter가 있다. 입자의 개성은 바로 이곳에서 확실하게 드러난다. 열량계가 하는 일은 짧은 거리 안에서 입자를 멈추고 에너지를 포착하는 것이다. 입자가 열량계에 부딪히면 3차원의 모든 방향으로 온갖 파편을 쏟아내는데, 충돌에너지가 클수록 파편의 종류가 많고 속도도 빨라진다.

전자와 광자가 물질의 가장 바깥층에 충돌하면 광자, 전자, 양전자로 이루어진 전자기적 샤워가 방출된다. 이때 충돌에서 방출까지 걸리는 시간은 아주 짧으며, 방출되는 방향은 좁은 원뿔 안에 국한되어 있다. 반면에 파이온이나 양성자처럼 강력을 교환하는 입자가 물질에 부딪히면 하드론 샤워가 방출되는데, 대부분이 부서진 핵 조각이나 파이온으로 구성되어 있고 전자기적 샤워보다 느리게 발생하며, 방출되는 방향이 좀 더 넓게 퍼져 있다. 요즘 실행되는 대부분의 실험에서는 전자기 열량계와 하드론 열량계를 모두 사용하여 각 반응을 개별적으로 측정한다. 두 열량계의 임무는 입자 샤워가 퍼지는 범위와 물리적 특성을 관측하는 것이다.

1780년대 초에 프랑스 과학계의 팔방미인 피에르 시몽 라플라스Pierre-Simon Laplace와 화학자 앙투안 라부아지에는 연소燃燒나 호흡 과정에서 방출된 열의 양을 측정하기 위해 열량계라는 도구를 처음으로 개발했다. 이들은 열량계 안에 갇힌 기니피그가 방출하는 이산화탄소와 열량을 측정한 후, 이와 동일한 양의 이산화탄소가 소모되는 연소과정에서 발생한 열량과 비교한 끝에 "동물의 신진대사=느리게 진행되는 연소과정"이라는 결론에 도달했다. 즉, 열량계는 생명체 대신 무생물의 칼로리를 측정하는 "칼로리 계수기"인 셈이다.

입자감지기에 부착된 열량계는 축적된 에너지를 측정하는 도구다. 에너지는 결국 열로 변하여 날아가지만, 입자 열량계가 측정하는 것은 온도 변화가 아니라 "열로 변하는 과정에서 생성된 이온과 방사선"이다.

소금의 사촌 격인 (약간의 탈륨이 첨가된) 요오드화나트륨(NaI) 결정은 전자기 샤워에서 생성된 이온과 들뜬상태의 원자를 광 펄스나 섬광으로 변환하는 기능이 있다. 이 결정은 투명하기 때문에, 에너지에 비례하여 생성된 섬광을 광전증폭기로 전송하면 정확한 양을 알 수 있다. 비용 면에서 여유가 있다면 성능이 더 좋은 결정

(요오드화세슘, 게르마늄산 비스무트, 텅스텐산 납 등)을 쓸 수도 있지만, 웬만한 실험은 플라스틱 발광체만으로 충분하다.

비싼 발광체의 도움 없이 이온을 직접 관측하는 방법도 있다. 입자 샤워의 규모가 클수록 이온도 많이 생성된다. 이온을 포착하는 가장 좋은 방법은 "물질의 밀도가 높은 층(샤워가 시작되는 층)"과 "이온을 감지하고 증폭하는 층"을 번갈아 배치하는 것이다.

이쯤에서 독자들은 이런 의문을 떠올릴지도 모른다. "입자감지기에 열량계가 왜 필요하지? 입자의 궤적만 알아내면 감지기는 제 할 일을 다 한 거 아닌가?" 맞는 말이다. 그러나 문제는 감지기가 전하를 띤 입자만 감지한다는 점이다. 광자와 중성자, 또는 뉴트리노처럼 전하가 없는 입자는 감지기에 포착되지 않는다. 하전입자들끼리는 궤도가 너무 가까워서 분리할 수 없는 경우도 종종 있다. 게다가 쿼크가 상호작용을 할 때는 자유쿼크가 생성되지 않으므로 굳이 입자를 개별적으로 세분할 필요가 없다. 이런 경우 외부로 방출된 쿼크는 일상적인 입자 속에 들어 있으므로, 쿼크의 에너지를 알려면 입자의 에너지를 통으로 측정하는 수밖에 없다.

뮤온(전자의 뚱뚱한 사촌)은 강력을 교환하지 않기 때문에, 핵을 향해 아무리 빠르게 발사해도 강입자 샤워를 유발하지 않고, 원자 내부의 전기장에 의해 요동칠 때도 전자와 달리 고에너지 광자를 방출하지 않으므로 전자기 샤워도 유발하지 않는다. 뮤온은 하전입자여서 추적기와 열량계에 약간의 흔적을 남기지만, 다량의 에너지를 축적하는 경우는 거의 없다고 봐도 무방하다. 뮤온은 두께 1미터짜리 철벽을 통과하면서 약 1.5GeV의 에너지를 잃는다. 따라서 에너지가 10GeV인 뮤온은(이 정도는 대형 강입자 충돌기에서 쉽게 만들 수 있음) 6미터 두께의 철벽 너머에 있는 감지기에 가뿐하게 도달할 수 있다. 사람으로 비유하면 뮤온은 세상사에 무심하면서 주변 사람에게 거의 아무런 영향도 미치지 않는 은둔형 외톨이에 가깝다.

전기전하가 없고 강력의 영향도 받지 않는 뉴트리노는 추적기에 아무런 흔적도 남기지 않고, 열량계까지 무사 통과한다. 철판은 어떠냐고? 뉴트리노에게 철판은 그냥 없는 거나 마찬가지다. 예를 들어 파이온 하나가 철벽을 향해 날아간다고 가정해보자. 파이온의 입장에서 볼 때, 철을 구성하는 원자핵과 전자는 특정한 크기를 가진 물체처럼 보일 것이다. 물리학자들은 이것을 "단면적cross section"이라 부른다. 전하를 띤 파이온에게 원자핵은 (나노 스케일에서) 꽤 크게 보인다. 계속 다가가면 충돌할 가능성이 높기 때문이다. 운동량이 1TeV인 파이온에게 원자핵은 지름이 100만 분의 10억 분의 1미터인 장애물과 같다. 그렇다면 파이온에게 전자는 어떻게 보일까? 전자기력은 강력보다 훨씬 약한 힘이어서 충돌 가능성이 낮기 때문에, 전자는 원자핵보다 훨씬 작게 보인다. 고에너지 파이온은 얇은 철판을 통과할 수 있지만, 두께가 15센티미터를 넘으면 철의 원자핵과 상호작용을 교환하면서 에너지를 잃다가 철판 내부 어딘가에 주저앉아버릴 것이다.

약력을 교환하는 뉴트리노의 입장에서 볼 때, 원자핵과 전자는 단면적이 매우 작아서 장애물이 되지 못한다. 에너지가 1TeV(LHC로 만들 수 있는 최고 에너지)인 뉴트리노에게 원자핵은 지름이 10억 분의 10억 분의 1미터도 안 되는 점처럼 보인다. 뉴트리노가 두께 3미터짜리 철판을 통과하지 못할 확률은 1억 분의 1밖에 안 된다. 그 정도로 원자핵과 전자의 방해를 받지 않는다는 뜻이다. 이 정도면 세상사에 무관심한 정도가 아니라, 아예 딴 세상에 존재하는 것 같다. 그래서 실험물리학자는 뉴트리노를 직접 검출하는 것이 아니라, "특정 방향에서 운동량의 일부가 사라졌는데, 이것은 분명히 뉴트리노가 가져갔을 것"이라며 뉴트리노의 존재를 간접적으로 추측하고 있다.

완벽한 입자감지기란 자기성찰을 기계적으로 실현한 궁극의 내성內省장치라 할 수 있다. 그것은 모든 눈이 안쪽 중심을 바라보는 유기체로서 여러 층의 눈을 갖고 있으며, "감시"에 관한 한 이보다 뛰어난 기계는 세상에 존재하지 않는다. 감지기의 가장 안쪽 눈은 해상도가 가장 높고, 그 주변을 에워싼 에너지 센서(열량계)는 하전입자를 다시 관측하고 감지기를 피해 간 중성입자를 포착한다. 마지막으로 제일 바깥에 설치된 뮤온 검출기는 투과력이 제일 강한 하전입자를 포착해서 중앙 통제센터에 보고한다. 그 옛날 반쯤 감긴 상태로 알파입자를 감시하던 가이거와 마스든의 침침한 눈은 수천만 개의 실리콘 회로소자와 와이어로 대체되었다.

물론 감지기는 어느 날 갑자기 하늘에서 떨어진 물건이 아니다. 이런 엄청난 장치를 설계하고 만든 사람들은 분명히 특별한 구석이 있을 것이다. 대표적 인물로는 오랜 세월 동안 버클리에서 경력을 쌓은 데이비드 니그렌David Nygren을 꼽을 수 있다. 커다란 몸집에 항상 깔끔한 외모를 유지했던 그는 동료들 사이에서 "과묵

한 실력자"로 통했다. 태평양 북서부 연안에서 태어나고 자란 니그렌은 워싱턴주의 왈라왈라 Walla Walla에 있는 휘트먼대학 Whitman College을 졸업한 후 워싱턴대학교 대학원에 진학하여 박사학위를 받았다.

니그렌은 1974년에 "시간투영상자"를 발명하여 세계적인 명성을 얻었다. 이름만 들으면 당신을 미래로 데려다줄 타임머신 같지만, 사실은 기체나 액체를 정확한 양만큼 담은 커다란 용기로서, 전기장과 자기장을 복합적으로 이용하여 입자의 3차원 궤적을 만들어내는 장치다. 시간투영상자 내부에서 하전입자가 자기장을 통과하면 기체분자가 이온화되면서 이온과 전자로 이루어진 흔적을 남기는데, 이때 전기장이 전자를 전선이 배열된 쪽으로 유도하여 감지기 끝에서 바라본 입자의 초기 경로를 투시도 스타일로 그려내는 식이다. 여기서 전자가 도착하는 시간을 측정하면 전자가 얼마나 오랫동안 표류했는지 알 수 있고, 이로부터 전자가 생성된 위치도 알 수 있다.

시간투영상자는 안개상자나 거품상자를 전자식으로 개조한 장치지만, 작동 속도가 훨씬 빠르고 결과도 정확하여 물리학자들 사이에서 "기적의 감지기"로 알려져 있다. 이 장치를 사용하면 눈이 돌아갈 정도로 복잡한 수백, 수천 개의 궤적을 일목요연하게 볼 수 있다. 페르미 연구소에서는 차세대 뉴트리노 실험을 위해 면적 14제곱미터에 길이가 62미터인 사각형 프리즘을 감지기 모듈로 도입했는데, 이 안에 액체 아르곤 1만 7500톤을 담을 수 있다. 또한 시간투영상자는 신비의 암흑물질에서 날아온 신호를 감지해줄 강력한 후보로 떠오르고 있다. 그러나 이 모든 성과에도 불구하고 니그렌은 미국 국방부 고위 간부가 던진 질문에 아무런 대답도 하지 못했다. "박사님께서 타임머신을 발명하셨다면서요? 한번 보여주시겠습니까?"

대부분의 입자물리학자는 아원자 세계의 거주민들에게 "평범한 전자", "단조로운 파이온", "요상한 케이온", "무거운 쿼크로 구성된 신비의 중간자"와 같이 특별한 성격을 부여한다. 악기 장인이 재료에 대해 예민한 감각을 갖고 있듯이, 일부 물리학자는 입자 샤워가 난무하는 원자세계에 대해 탁월한 직감을 갖고 있다. 빠르게 움직이는 입자가 흔적을 남기는 이유는 입자와 기체(또는 액체) 원자가 충돌할 때 원자들끼리 광자나 전자를 교환했기 때문이며, 구체적인 결과는 입자가 헤쳐 나가는 기체(또는 액체)의 특성에 따라 달라진다. 대부분의 물리학자들에게 이런 세부 사항은 유기화학이나 신진대사 주기처럼 머릿속에 떠올리기조차 겁날 정도로 복잡하다. 그러나 감지기 제작자는 문제가 복잡할수록 투지를 불태우며 실낱같은 가능성을 물고 늘어지는 사람들이다.

전기장과 자기장에 적절한 재료를 버무리면 마법을 부릴 수 있다. 너무 자주 봐서 식상한 물체도 새로운 눈으로 바라보면 설계의 퍼즐을 푸는 실마리가 되기도 한다. 몇 년 전에 밥은 마법사 니그렌과 함께 일한 적이 있다. 그 무렵 니그렌의 관심사는 실리콘 스트립 감지기였는데, 물건을 바라보는 방식이 여타 물리학자들과 화끈하게 달랐다. 보통 사람에게 가로 1센티미터, 세로 몇 센티미터짜리 직사각형 물체를 보여주면 "뭐가 이렇게 작아?"라며 의아해할 텐데, 그는 두께가 1밀리미터에 불과한 사각형 모서리에 집중하다가 그 부위를 50마이크로미터(0.05밀리미터) 단위로 쪼개서 바라보았다. 그러면 모서리는 미세한 픽셀로 이루어진 가느다란 선이 된다. 왜 이런 짓을 하냐고?

물론 실리콘 장치는 고에너지 하전입자를 감지할 수 있고, 마음만 먹으면 X-선도 감지할 수 있다. X-선으로 사각형 모서리의 픽셀 중 하나를 쪼이면 어떤 픽셀에 도달했는지 정확하게 알 수 있을 것이다(X-선은 파장이 매우 짧기 때문이다). 니그렌은 기다란 실리콘 스트립 감지기를 돌돌 말아서 끝을 가느다란 모서리 형태로 만들면 해상도가 매우 높은 X-선 영상을 만들 수 있다고 생각했다.

이뿐만이 아니다. 실리콘 감지기는 X-선을 구성하는 광자를 낱개로 헤아릴 수 있으므로, X-선 광자가 많은 곳과 적은 곳의 차이도 정확하게 알 수 있다. 이 기능까지 추가하면 X-선 영상은 거의 완벽해진다. 부러진 뼈를 촬영하기에는 너무 럭셔리해 보이지만, 신체 내부의 경화硬化된 부위를 찾아서 유방암을 조기에 발견해준다면, 이보다 좋은 의료기구는 찾기 어려울 것이다.

단, 여기에는 한 가지 문제가 있다. 실리콘 감지기의 두께가 1밀리미터일 때, 1센티미터 크기의 사진을 얻으려면 100번의 측정이 필요하고, 더 큰 사진을 얻으려면 측정 횟수가 수만에서 수십만 번으로까지 늘어난다. 이 문제를 해결하는 방법은 촬영 대상을 움직여서 정지 사진 대신 동영상을 찍는 것이다. 그러나 기존의 기술로는 이 작업에 며칠이 소요된다. 촬영 시간을 분 단위로 줄일 수는 없을까?

방법이 있다. 실리콘 감지기의 가장자리에 있는 좁은 영역에 X-선을 집중시키면 된다. 빛을 한곳으로 모을 때는 볼록렌즈가 사용되지만, X-선을 모으려면 가장자리가 두껍고 가운데가 얇은 오목렌즈를 써야 한다. 연구팀은 처음에 윗니와 아랫니처럼 포물선 모양으로 돌기가 나 있는 렌즈로 실험을 했는데, 결과는 좋았지만 렌즈 제작 비용이 너무 많이 들어서 차선책을 찾기로 했다. 그때 젊은 팀원이었던 스웨덴 출신의 비에른 세데스트룀Björn Cederström 이 사각형 렌즈의 직선 모서리를 톱니 모양으로 만들 것을 제안했고, 비용 절감을 최우선 과제로 여겼던 니그렌은 일단 실행해보라고 지시했다. 세데스트룀은 앞부분에 커다란 이가 울퉁불퉁하게 나 있고 뒤로 갈수록 돌기가 작아지는 렌즈를 설계했는데, 이렇게 하면 가장자리가 두꺼우면서 가운데가 얇은 오목렌즈 형태가 자연스럽게 구현된다. 그러자 밥은 돌기의 크기에 굳이 변화를 주지 않고 위턱과 아래턱을 조금 기울여도 동일한 효과를 볼 수 있음을 깨달았다. 돌기가 직선을 따라 나열되어 있으면서 크기가 모두 같으면 렌즈 제작 비용이 크게 절감된다.

바로 이때 마법사 니그렌이 끼어들어 일상적인 물체를 새롭게 해석하는 그만의 주특기를 발휘했다. 놀랍게도 해결책은 실험실로부터 1.5킬로미터 떨어진 곳에서 찾을 수 있었다. 그곳은 빈티지 레코드판을 판매하는 매장이었는데, 가게 주인은 "디지털 음원이 난무하는 세상에서 레코드만의 아날로그 감성을 사수하는 최후의 방어선"을 자처하는 사람이었다. 레코드판에 나 있는 홈을 렌즈의 굴곡으로 삼아 X-선을 쪼이면 대부분이 판(폴리염화비닐,

PVC)에 흡수되겠지만, 그래도 관측 가능한 양만큼은 반사될 것이다. 연구팀은 4.95달러라는 거금을 들여 독일 일렉트로닉 밴드 크라프트베르크Kraftwerk의 1974년 앨범 아우토반Autobahn을 구입해서 "기울어진 턱" 역할을 하게 될 방사형 스트립 두 조각을 잘라냈다. 그러나 홈의 깊이와 간격이 적절치 않아서 원하는 결과가 나오지 않자, 위아래로 333개의 굴곡이 나 있는 한정판 무음 레코드를 제작 의뢰하는 지경에까지 이르렀다.

결국 "톱니형 X-선 렌즈"는 사양길에 접어든 레코드 산업을 구하지 못했고(나중에 오디오 애호가들이 기어이 해냈다), 유방촬영술mammography의 속도를 획기적으로 높일 만큼 강력한 초점을 제공하지도 못했다. 그러나 〈네이처〉는 "중요한 원리가 발견되었다"며 톱니 렌즈와 관련된 기사를 제법 비중 있게 다루었다. 그 후 세데스트룀과 그의 지도교수 마츠 다니엘손Mats Danielson은 1000개의 실리콘 감지기로 이루어진 촬영 장치를 성공적으로 개발했고, 이 장치는 일선 병원에서 암을 진단하는 데 사용되었다. 유방촬영술은 지금도 실리콘 감지기의 도움을 받아 빠르게 발전하는 중이다.

실리콘 감지기와 레코드판은 버클리에서 다시 한번 만나게 된다. 2000년에 버클리대학교의 물리학자 칼 하버Carl Haber는 CERN의 대형 강입자 충돌기LHC에서 ATLAS 실험에 사용될 실리콘 감지기의 정확도를 높이기 위해 거의 완벽한 청정淸淨상태에서 빛과 이미지(영상)를 사용했다. 어느 날 하버는 라디오에서 음악학자이자 그룹 그레이트풀 데드Grateful Dead의 타악기 연주자인 미키 하트Mickey Hart가 내셔널 퍼블릭 라디오National Public Radio와 한 인터뷰를 듣게 되었는데, 이 자리에서 그는 "빈티지 레코드는 내구성이 약해서 여러 번 재생하면 망가질 수밖에 없다"고 주장했다. 디지털 녹음이 등장하기 전에 소리를 저장하는 전기장치는 왁스로 코팅된 디스크와 실린더, 일정한 속도로 회전하는 축음기용 레코드 등 다양한 형태로 보급되어 있었다. 내가 대학생이었던 시절, 가장 널리 보급된 음원은 직경 12인치(약 30센티미터)짜리 LP 레코드판으로, 분당 33과 3분의 1번 회전하는 턴테이블을 통해 재생되었다. LP는 장시간 재생을 뜻하는 "Long Playing"의 약자로서 총 길이 460미터에 걸친 나선형 트랙에 홈을 새기는 방식으로 소리를 저장했고, 한쪽 면에 저장된 곡이 모두 재생될 때까지 턴테이블은 700회 이상 회전했다. 레코드판 위에 바늘을 얹으면 홈의 굴곡에 따라 좌우, 상하로 진동하면서 전기적 신호가 생성되고, 이것을 증폭해서 스피커로 출력하는 식이다.

하버는 음향공학 관련 논문을 몇 편 읽은 후, 포스트닥 연구원 비탈리 파데예프Vitaliy Fadeyev와 함께 만들었던 실리콘 감지기의 일부 부품을 광 스캐너로 개조하면 레코드판에 새겨진 홈을 매우 정확하게 재생할 수 있다는 확신을 갖게 되었다. 일단 데이터를 추출하기만 하면, 그다음부터는 굳이 아날로그를 고집할 필요 없이 컴퓨터를 이용해서 음을 재생하면 된다. 이 아이디어의 주목적은 LP 레코드판을 보호하는 것이기 때문이다.

하버와 파데예프는 1950년대 4인조 혼성밴드 위버스Weavers의 〈잘 자요, 아이린Goodnight, Irene〉이 수록된 78rpm(분당 78회 회전)짜리 레코드를 실험용 샘플로 정하고, 이 곡을 듣는 데 필요한 새로운 재생장치(디지털 현미경이 장착된 턴테이블 또는 광테이블)를 설계하여 전문업체에 제작을 의뢰했다. 그로부터 얼마 후 드디어 최초의 광테이블이 완성되었고, 하버는 자신의 첫 작품을 아이린 IRENE으로 명명했다. 노래 제목을 그대로 가져온 것 같지만, 그의 설명에 의하면 "Image, Reconstruct, Erase Noise, Etc.(영상, 재생, 잡음 제거 등등)"의 약자라고 한다.

아이린 팀은 레코드판을 손으로 만지지 않고 곡을 듣는 방법을 개발했다. 좀 더 정확하게 말하면 "레코드판에 빛을 쪼여서" 곡을 재생하는 방식이다. 하버는 아이린이 기존의 어떤 축음기보다 성능이 좋을 것으로 예상했다. 바늘로 재생했을 때 발생하는 잡음과 튀는 소리는 디지털 데이터를 처리하는 단계에서 얼마든지 제거할 수 있기 때문이다. 게다가 턴테이블의 불규칙한 회전이나 판이 휘어져서 생기는 부작용도 쉽게 극복할 수 있다.

현재 아이린은 뛰어난 재생장치로 인정받아 음악, 언어, 인류학 등 다양한 분야에서 인류의 문화유산을 회복하고 보관하는 데 중요한 역할을 하고 있으며, 발명자인 하버는 이 공로를 인정받아 2013년에 맥아더 펠로MacArthur Fellow*를 받았다.

오래전에 있었던 흥미로운 일화가 100년 넘게 묻혀 있다가 아이린 덕분에 알려진 사례도 있다. 사람들에게 "소리 저장장치를 최초로 발명한 사람"이 누구인지 물으면 대부분 에디슨을 떠올리지

---

* 나이와 분야를 막론하고 창의력과 독창성, 헌신, 자기주도능력 등이 뛰어난 미국인 또는 미국 거주자에게 수여하는 상. 인지도는 노벨상보다 훨씬 낮지만, 상금은 노벨상의 80퍼센트에 가깝다.

　　자연은 왜 이토록 단순하면서도 아름다운가

만, 목소리를 최초로 녹음한 사람은 프랑스의 발명가 에두아르 리옹 스콧 드 마르탱빌Édouard-Léon Scott de Martinville이다. 그는 1860년에(당시 에디슨은 13세였다) 자신이 직접 부른 프랑스 민요 〈달빛 아래에서Au clair de la lune〉를 숯검정을 입힌 종이 위에 녹음했는데, 목소리의 진동 정보를 돼지털로 만든 바늘에 전달하여 종이 위의 검댕을 긁어내는 식이었다. 그러니까 마르탱빌의 "종이 레코드"는 쓰기 전용 메모리Write Only Memory, WOM였던 셈이다. 흥미로운 것은 소리굽쇠를 기준으로 삼아 실제 음과 재생된 음의 높이가 같아지도록 종이 위를 지나가는 바늘의 속도를 결정했다는 것이다.

또 1885년 3월 11일에 알렉산더 그레이엄 벨Alexander Graham Bell의 연구실에서 제작한 유리 디스크에는 "메리 해드 어 리틀 램Mary Had a Little Lamb, 〈떴다 떴다 비행기〉의 원곡"이 벨의 목소리로 녹음되어 있는데(최초의 레코드로 알려져 있다), 이것을 아이린으로 재생했더니 노래가 시작되기 전에 기존의 재생기로는 들을 수 없었던 소리가 튀어나왔다. "이런 빌어먹을······!" 강한 스코틀랜드 억양으로 미루어볼 때, 벨의 목소리일 확률이 99.99퍼센트다.

물리학의 기본 법칙을 확인하려면 탁월한 상상력과 정교한 기술이 뒷받침되어야 한다. 현대의 마법사들은 이 도전에 기꺼이 응하여 새로운 자연법칙을 발견했고, 그 와중에 첨단 의료 장비와 옛날 녹음 재생기 등 기발한 장치를 발명했다.

고에너지 물리학에서는 과학자들 사이의 국제적 협력이 필수다. 이를 위해서는 각종 데이터와 그림, 설계도, 사진, 신선한 아이디어가 거의 실시간으로 교환되어야 한다. 그 모범적 사례를 보여준 사람이 1989년에 CERN의 연구원이었던 영국의 컴퓨터과학자 팀 버너스리Tim Berners-Lee였다. 그가 구축한 월드와이드웹World Wide Web은 입자물리학자뿐만 아니라 모든 사람에게 필요한 것이었기에 그는 자신의 발명품을 아무런 대가 없이 외부에 공개했고, 그 덕분에 세상은 몰라볼 정도로 달라졌다. 버너스리가 기술을 무료로 제공한 것은 정말로 현명하고 뜻깊은 결정이었다.

16장

모래알 속의 세계

인간은 1~2세에 언어를 습득하도록 프로그램되어 있는 것 같다. 그 후 기본 언어를 마스터하고 8~9세가 되면 야구 관련 통계자료 암기에 최적화된다. 그런데 이런 독특한 형태의 숫자를 외우는 능력이 인간의 진화에 어떤 도움이 되었을까? 고생물학자이자 야구 전문가였던 고 스티븐 제이 굴드Stephen Jay Gould도 이 질문에는 아무런 대답을 하지 못했다. 밥의 두뇌에서 "타이 코브Ty Cobb의 통산 타율=0.367"이라는 정보가 저장된 자리는 아마도 과거 원시시대에 성질 고약한 마스토돈mastodon, 코끼리를 닮은 원시동물을 피하는 최상의 경로나 견과류 저장소를 기억해둔 자리였을 것이다. 또는 두뇌 속에 존재하는 특별한 "쾌락 중추"에 야구 관련 데이터(베이브 루스의 714 홈런, 조 디마지오의 56경기 연속 안타, 1924년 로저스 혼즈비의 0.424 타율. 이것은 그가 4할 타율을 넘긴 3개 시즌 중 최고

기록이다)와 밀접한 숫자가 저장되어 있을지도 모른다.

사회생물학적 근거가 무엇이건 간에, 우리는 1954년에 인생의 의미를 야구에서 찾고 있었다. 밥은 브루클린 출신답게 평생을 다저스Dodgers의 열혈팬으로 살아왔고원래 다저스의 연고지는 브루클린이었으나 1958년에 LA로 옮겼다, 크리스는 불운의 상징인 애슬레틱스Athletics보다 필라델피아 필리스Philadelphia Phillies를 선호했다. 당시 10대 소년이었던 우리는 여름방학 내내 픽업볼 게임pickup ball game을 했고, 자신이 좋아하는 팀의 활약상을 실시간으로 업데이트하면서 "올스타 베이스볼 게임All-Star Baseball Game"에 몰두했다.

"최초의 과학적 야구 경기"로 불렸던 올스타 베이스볼 게임 세트에는 현역 야구 스타와 과거 스타들의 평생에 걸친 기록을 야구공 지름만 한 파이 차트pie chart(원그래프)로 정리한 카드가 들어 있었다(그래프의 가운데가 뻥 뚫려 있어서 파이 차트가 아니라 베이글 차트였다). 두꺼운 종이로 만든 원형 차트의 테두리에는 삼진, 안타, 홈런 등 모든 가능한 결과가 나열되어 있다. 360도 원 중 25도 부채꼴 띠에는 "1"이라는 레이블과 함께 올스타 베이스볼 게임에서 위대한 베이브 루스가 타석에 섰을 때 홈런을 칠 확률이 7퍼센트임을 알려주고, 그 옆에 있는 44도짜리 부채꼴 띠에는 베이브 루스가 8타석 중 한 번꼴로 삼진을 당한다는 경고가 적혀 있다. 그리고 두 개의 69도짜리 부채꼴 띠에는 그가 5타석 중 한 번꼴로 볼넷을 얻는다는 정보가 들어 있다.

선수가 타석에 들어서면 그에게 할당된 원판 디스크를 스피너(종이 디스크를 돌리는 장치)에 끼워 힘차게 돌리고, 스피너가 멈춘 최종 위치에 따라 그의 운명이 결정된다. 디스크는 모든 선수의 경력에 기초하여 만들어졌기 때문에, 올스타 게임을 오래 하다 보면 각 타자의 활약상은 현실과 거의 비슷하게 나타난다. 게임 세트에는 주자의 현재 위치를 나타내는 작은 붉은색 핀도 들어 있다. 현실 세계에서 타자가 휘두르는 한 번의 스윙이 경기 결과를 좌우하듯이, 올스타 베이스볼 게임에서는 게이머가 스피너를 돌릴 때마다 극적인 상황이 연출된다.

물론 올스타 베이스볼은 완벽한 시뮬레이션이 아니다. 일단 투수의 기량을 표현할 방법이 없기 때문에, 베이브 루스가 타석에 들어섰을 때 상대 투수가 월터 "빅 트레인" 존슨Walter "Big Train" Johnson, 1900년대 초에 활약했던 워싱턴 세너터스팀의 투수, 메이저리그 역사상 최다 완봉승(110회) 기록 보유자이건 그저 그런 투수이건, 안타를 칠 확률은 항상 똑같았다. 그리고 수비수의 활약상도 누락되어 있었기에, 중견수 쪽으로 깊숙이 날아가는 빅 워츠Vic Wertz의 타구를 윌리 메이스Willie Mays가 오버 더 숄더 캐치over-the-shoulder catch, 수비수가 뜬공을 등진 상태로 잡는 동작로 잡아내는 극적인 장면이 연출되지도 않았다. 그러나 누가 뭐라 해도 올스타 베이스볼은 현실에 가장 가까운 게임이었으며, 우연에 우연이 더해지면서 실제 야구와 거의 비슷한 양상으로 진행되었다.

10세 소년 크리스는 여름 내내 야구와 함께 살았고, 밥은 한술 더 뜨는 광팬이었다. 그는 친구들을 모아서 여름방학 동안 진행되는 "올스타 베이스볼 리그"를 조직했는데, 시즌이 시작되기 직전에 드래프트에서 팀원을 정하고, 게임 일정과 박스 스코어, 공식

통계를 작성하는 등 실제와 똑같이 운영했다. 다저스를 숭배했던 이 소년은 야구를 어찌나 좋아했는지 〈샌프란시스코 크로니클San Francisco Chronicle〉의 야구 관련 기사를 읽으면서 수학을 배울 정도였다. 자신이 좋아하는 야구선수의 타율을 계산하면서 나눗셈을 익히는 것은 그 시절 소년들의 일상사였지만, 밥은 여기서 한 걸음 더 나아가 각도기와 계산자를 보물처럼 지니고 다녔다(물론 보물 1호는 야구 글러브였다). 엔지니어인 아버지의 도움으로 수학에 일찍 눈떴던 그는 분수, 대수, 기하학을 야구에 응용하면서 실용적인 수학 감각을 키워나갔다. 그에게 수학은 학교에서 배우는 따분한 과목이 아니라 삶의 일부였다. 밥은 올스타 야구 게임에서 결과가 마음에 들지 않을 때, 그것을 바꾸는 방법도 알고 있었다.

제2차 세계대전이 끝난 후 지금까지, 메이저리그에서는 4할대 타자가 단 한 명도 배출되지 않았다. 적어도 공식적으로는 그렇다. 1953년 시즌 후반에 군복무를 마치고 보스턴 레드삭스Red Sox에 복귀한 테드 윌리엄스Ted Williams가 37경기에서 0.407이라는 경이로운 타율을 기록했지만, 정규 타석을 채우지 못하여 비공식기록으로 남았다. 그는 이 잔여 시즌 동안 타석에 91번 등장해서 홈런 13개, 볼넷 19회, 삼진 10회를 기록했고, 장타율은 무려 0.901이었다. 참고로 타율의 만점은 1.0이지만, 장타율의 만점은 4.0이다. 밥은 이 기적 같은 비공식기록을 올스타 베이스볼 디스크에 새겨 넣어서 게임의 양상을 바꿔놓았다. 시뮬레이션의 묘미 중 하나가 "규칙 바꾸기"임을 어린 나이에 간파한 것이다.

밥과 크리스가 올스타 야구에 한창 빠져 있을 때, 과학자들도 이와 비슷한 게임을 만들고 시뮬레이션하면서 연구 영역을 넓혀가고 있었다. 사실, 아이들이 하는 모든 놀이는 어른이 되었을 때 마주하게 될 "심각한 상황"에 대처하기 위한 예행연습의 성격을 띠고 있다. 이것은 동물의 세계에서도 마찬가지다. 새끼 사자들은 서로 발톱을 세우고 티격태격하면서 사냥 기술을 익히고, 새끼 사슴은 어미를 따라 달리면서 사자로부터 도망가는 법을 배운다. 그런데 입자물리학의 발전을 견인해온 실험물리학이 어쩌다가 야구 게임보다 훨씬 복잡하고 우연적인 시뮬레이션에 의존하게 되었을까? 이제 곧 알게 되겠지만, 결정적 계기를 제공한 것은 다름 아닌 "게임"이었다.

제2차 세계대전이 연합국의 승리로 끝나자 맨해튼 프로젝트Manhattan Project에 차출되어 로스앨러모스에 모여 있던 과학자들은 각자 자신의 본거지로 돌아갔고, 그들 중 한 사람이었던 스타니스와프 울람Stanisław Ulam은 서던캘리포니아대학교의 부교수로 부임했다. 로스앨러모스의 과학자들은 한결같이 개성 넘치고 유별났지만, 그중에서도 울람은 단연 돋보이는 존재였다. 장난기 가득한 웃음과 표현력 넘치는 눈썹으로 유명했던 그는 잠시도 가만있지 못하고 항상 몸을 흔들어댔는데, 특히 현란하게 움직이는 손가락은 옆에서 보기에도 부담스러울 정도였다고 한다. 담배를 피우지 않을 때는 주머니칼을 어루만지거나, 카드를 돌리거나, 지진계 바늘처럼 흔들리는 손으로 종잇조각에 무언가를 열심히 끄적이곤 했다(사람들과 요란하게 떠들 때도 있었다). 울람은 1909년 폴란드의 리틀 비엔나Little Vienna로 알려진 르부프Lwów에서 태어나 그곳에서 수학교육을 받았는데, 이때 맺어진 학연은 미국으로 이주한 후에도 굳건하게 이어졌다. 학창 시절에 울람이 가입했던 수학동아리는 연구모임이라기보다 논쟁인지 농담인지 모를 대화를 요란하게 나누는 친목회에 가까웠고, 그들이 즐겨 찾던 스코카 카페Cafe Szkocka의 벽과 테이블은 온갖 방정식과 정리, 추측, 증명, 반증 등으로 뒤덮여 있었다.

울림의 수학동아리 회원들은 수학 문제를 놓고 열띤 논쟁을 벌이다가 무언가 그럴듯한 답이 떠오르면 웨이터를 향해 소리쳤다. "우리 노트 좀 갖다 주세요!" 그것은 좋은 아이디어가 떠오를 때마다 기록으로 남겨두는 회원 공용 노트였다(이 노트는 훗날《스코틀랜드 북 The Scottish Book》이라는 제목으로 정식 출간되었다).

울람은 말이 많은 사람이었다. 로스앨러모스에 있을 때 그는 시도 때도 없이 동료들의 연구실을 헤집고 다니면서 연구를 방해했고, 심지어 혼자 생각에 잠겼을 때조차 시끄러웠다. 그래서 사람들은 시끄럽게 떠들어대는 울람을 볼 때마다 의구심을 품었다. "저 친구, 지금 연구하는 거야, 노는 거야?" 그는 애써 겸손한 척하면서 너스레를 떨곤 했다. "저는 수학에 별로 소질이 없어요. 그냥 남들이 하는 대로 따라 하는 것뿐입니다." 이 엄살이 사실이라 해도, 문제의 핵심을 꿰뚫는 그의 수학적 통찰력만은 타의 추종을 불허했다. 동료들이 그를 높이 평가하는 이유는 연구에 몰두하는 모습을 본 적이 없는데도 그와 정신없이 대화를 나누다 보면 예외 없이 놀라운 결과가 얻어졌기 때문이다.

로스앤젤레스에서 두 번째 학기를 맞이하던 무렵, 울람은 끔찍한 두통에 시달리면서 방향감각이 무뎌지고 실어증 증세까지 보이기 시작했다. 참다 못해 병원에 갔더니, 담당 의사가 끔찍한 진단을 내렸다. "뇌염으로 뇌가 부풀어서 과도한 압력이 가해지고 있으니, 두개골을 열고 염증이 생긴 부위에 페니실린 가루를 뿌려야 합니다." 울람의 머리는 어쩔 수 없이 열렸다가 닫혔고, 가족과 함께 발보아섬Balboa Island으로 휴양여행을 가서는 작은 테이블 앞에 앉아 솔리테어 게임에 몰두했다. 아직 붕대를 풀지 않은 상태에서 하루 종일 카드만 들여다보고 있으니, 가족들은 치료가 제대로된 건지 의심스러웠을 것이다. 울람은 게임 결과를 작은 종이에 기록하면서 마치 기계처럼 카드 게임을 계속했고, 가족들은 그 모습을 걱정스럽게 바라보았다. 그가 가장 좋아했던 게임은 캔필드였는데, 이는 미국의 유명한 사업가이자 전설적인 도박사 리처드 캔필드Richard Canfield의 이름에서 따온 것이었다. 캔필드는 전략이나 기술은 필요 없고, 오직 운으로 좌우되는 게임이다. 철저한 운명론자라면 모를까, 이런 게임(그것도 돈을 걸지 않고 혼자 하는 게임)에서 재미를 느끼는 사람은 없다. 그러나 수학자에게 (두둑한 연구비와 함께) 캔필드 게임을 분석해달라고 의뢰하면 식음을 전폐하고 매달릴 것이다.

울람은 스스로 자문했다. "캔필드 게임에서 이길 확률은 얼마인가?" 단 하나의 사건이나 몇 개의 사건이 연달아 일어날 확률은 쉽게 계산할 수 있다. 무작위로 섞인 카드 한 벌에서 A가 나올 확률은 13분의 1이다. 52장의 카드 중 4장이 A이기 때문이다. 4장 연속 A가 나올 확률은 이보다 훨씬 작은 27만 725분의 1이고, 미리

지정한 순서로 4장이 나올 확률은 650만 분의 1밖에 안 된다. 그래서 포카드보다 스트레이트플러시가 족보 순위에서 더 높다! 간단한 사건이 발생할 확률을 알면, 이보다 복잡한 사건이 일어날 확률도 연쇄적으로 계산할 수 있다. 하지만 경우의 수나 동일한 결과로 이어지는 방법의 수가 지나치게 많으면 계산이 너무 복잡해서 생각하기조차 싫어진다. 발보아섬에 눌러앉은 울람은 세상의 모든 시간을 다 차지한 듯 여유로웠지만, 모든 가능한 경우를 고려하는 것은 도저히 불가능한 일이었다. 52장의 카드를 일렬로 나열하는 방법의 수는 8×10^{67}가지인데, 우주의 나이(약 138억 년)는 초 단위로 환산해도 4×10^{17}초밖에 안 된다. 그러므로 캔필드 게임의 모든 가능한 경우를 수학적으로 분석한다는 것은 말도 안 되는 이야기다.

캔필드(캔 들판?)에서 열심히 마라톤을 뛰던 울람의 머릿속에 문득 기발한 아이디어가 떠올랐다. "잠깐, 내가 원하는 건 수학 공식이 아니라 실용적인 답이잖아. 수학적으로 풀려고 애쓰지 말고, 그냥 아무 생각 없이 게임을 여러 번 해서 몇 번 이기는지 세어보는 게 낫지 않을까?" 그날부터 울람은 캔필드 게임이 한 번 끝날 때마다 승패 여부를 노트에 적으면서 똑같은 짓을 수백 번 반복했다. 이 프로젝트에는 "무작위성"이 핵심이었기에, 그는 새 게임을 시작하기 전에 온 정성을 다해 카드를 섞었고, 가족들은 그 모습을 걱정스럽게 바라보았다. 얼마 후 그는 "정확하진 않지만 꽤 만족스러운" 답을 얻을 수 있었다. 그러자 울람의 머릿속에 또 다른 아이디어가 떠올랐다. "복잡한 물리 문제도 이런 식으로 해결할 수 있지 않을까?" 그렇다, 이것은 1936년 프로야구 시즌 동안 동료

선수들이 카드 게임을 하는 모습을 지켜보던 시카고 컵스의 외야수 이선 앨런Ethan Allen이 올스타 베이스볼 게임을 창안할 때 떠올렸던, 바로 그런 아이디어였다!

캔필드를 정복한 후, 울람은 자신의 다음 목표가 "물리법칙에 내재된 수학을 상식적으로 이해하는 것"이라고 했다.

1945년 가을의 어느 날, 울람은 헝가리 출신의 수학자이자 또한 사람의 실용주의자인 요한 폰 노이만Johann von Neumann과 컴퓨팅 머신(오늘날의 컴퓨터)에 관한 대화를 나누고 있었다. 노이만은 1943년에 울람을 미국으로 초청하여 맨해튼 프로젝트에 합류시킨 사람이다. 육군 탄도학연구소의 자문이었던 그는 당시 세계에서 단 하나뿐인 전자식 디지털 컴퓨터 에니악ENIAC을 다룰 줄 아는 몇 안 되는 사람 중 하나였다. 요즘 사람에게 에니악을 보여주면 초대형 우주함대의 중앙사령실을 떠올릴 것이다. 에니악은 그 정도로 덩치가 어마어마했다. 1만 8000개의 진공관과 각종 전자부품이 빼곡하게 들어찬 높이 3미터짜리 캐비닛이 연구실 벽을 타고 30미터 길이로 늘어서 있는 광경을 상상해보라. 이렇게 큰 덩치에도 불구하고 에니악이 1초에 수행할 수 있는 연산은 333회에 불과했다(물론 이 정도면 사람보다 훨씬 빠르지만, 2023년에 출시된 맥북 프로의 연산 능력은 3조 6000억 회로, 에니악보다 100억 배 이상 빠르다!). 에니악에게 가상의 트럼프 카드를 섞거나 스피너(숫자 돌림판)를 돌리도록 지시할 수 있다면, 사람 대신 실험을 하도록 프로그래밍할 수 있다. 이것이 바로 컴퓨터 시뮬레이션의 출발점이다. 기계가 사람 대신 실험을 해준다면 시행 횟수는 훨씬 많아지고, 시간과 비용은 크게 절감된다. 사고위험이 크거나 아예 불가능한 실험도 시뮬레이션으로는 가능할 수도 있다. 1927년도 양키스팀과 1955년도 다저스팀은 절대로 월드시리즈에서 맞붙을 수 없지만, 시뮬레이션 세상에서는 얼마든지 가능하다. 선수 개개인의 기록과 팀 특유의 전략을 올스타 베이스볼 게임에 입력하면 된다. 모든 야구팬의 한결같은 소망이 이루어지는 것이다!

울람은 1946년 봄에 로스앨러모스로 다시 소집되었고맨해튼 프로젝트는 1946년 말까지 계속되었다, 그와 포커 게임을 하던 동료들은 "캔필드의 깨달음"을 실용적인 도구로 구현했다. 로스앨러모스는 각 분야의 최고들만 모인 두뇌집단이었지만, 군대처럼 일사불란하게 움직이는 조직은 아니었다. 예를 들어 노이만은 생각이 항상 다른 곳에 가 있어서, 회의를 할 때마다 사람들이 모인 이유를 일일이 설명해야 했다. 사실 그는 중성자 연쇄반응을 에니악으로 시뮬레이션하는 데 온 정신이 팔려 있었다. 원자로나 핵폭탄은 핵분열의 와중에 중성자를 방출하는데, 중성자는 전하가 없어서 전자기력의 영향을 받지 않으므로 "전자로 에워싸인 원자의 베일"을 뚫고 핵에 가까이 접근할 수 있다. 이들 중 일부는 핵에 충돌하여 에너지의 일부를 잃으면서 뒤로 퉁겨 나가고(핵도 살짝 뒤로 밀림), 일부는 핵에 잡아먹혀서 그 속에 눌러앉기도 한다. 또 중성자의 에너지가 충분히 크면 핵을 두 조각으로 쪼갤 수도 있는데, 이 경우에는 여러 개의 중성자가 쏟아져 나와 옆에 있는 핵을 연이어 쪼개면서 소위 말하는 "연쇄반응chain reaction"을 일으킨다.

중성자와 원자핵 사이에서 일어나는 모든 충돌은 수학 방정식

　　자연은 왜 이토록 단순하면서도 아름다운가

으로 서술되며, 시간이 충분히 주어진다면 일일이 풀어서 답을 구할 수 있다. 그러나 노이만은 훨씬 실용적인 해결책을 떠올렸다. 일정한 시간 간격으로 모든 중성자에게 "얼음 땡!"을 외쳐서 동작을 멈추게 하고, 그 순간에 각 중성자의 위치와 다음 순간에 일어날 일을 예측하면 굳이 방정식을 풀지 않아도 최종 결과를 알 수 있다. 그리고 이런 작업을 여러 번 반복하면 특정 결과가 나올 확률도 알 수 있다. 그런데 중성자를 무슨 수로 멈추게 한다는 말인가? 방법이 있다. 실제 중성자로 실험을 하는 대신, 모든 과정을 컴퓨터 시뮬레이션으로 재현하면 된다. 시뮬레이션 세상에서 중성자의 운명은 올스타 베이스볼 스피너의 디지털 버전인 "난수 random number"로부터 결정되며, 각 중성자(핵분열 후 방출된 중성자 포함)의 개인정보는 폭탄의 외피를 빠져나가거나 에너지가 거의 소진되어 무력해질 때까지 철저하게 추적된다. 과거에는 폭탄의 설계를 바꿀 때마다 시제품을 새로 만들어야 했지만, 시뮬레이션 세상에서 설계도 수정이란 "확률 표 수정"에 불과하므로 컴퓨터가 망가지지만 않는다면 얼마든지 반복할 수 있다. 노이만의 아이디어에서 시작된 "로스앨러모스 코드"는 순식간에 전 세계로 퍼져서 수많은 문제에 응용되었다.

울람이 열정적으로 참여했던 그 모임에서 니컬러스 메트로폴리스 Nicholas Metropolis(현대식 컴퓨터의 선구자 중 1인)는 노이만의 시뮬레이션에 "몬테카를로 Monte Carlo"라는 이름을 붙였다. 모나코 공국의 최고 수입원인 카지노를 기리는 의미였다고 한다. 몬테카를로는 울람과도 약간의 인연이 있다. 그의 삼촌은 친척들에게 거금을 빌려 몬테카를로의 카지노에서 탕진한 후 그곳에서 사망했고, 울람 자신도 "룰렛과 사랑에 빠졌다"며 수시로 카지노를 들락거렸다. 노이만이 그의 둘째 부인 클라라를 처음 만난 곳이 몬테카를로여서 이런 이름이 붙었다는 설도 있다. 어쨌거나 몬테카를로 시뮬레이션이 빠르게 퍼진 데에는 이름도 한몫했을 것이다. 오늘날 입자물리학자들이 몬테카를로라는 이름을 듣자마자 용도를 알아채는 것을 보면, 이름 하나는 꽤 잘 지은 것 같다.

로스앨러모스의 과학자들과 대서양 연안에 본거지를 둔 노이만의 동료들랜드 연구소의 과학자들은 에니악으로 구현된 몬테카를로 시뮬레이션을 이용하여 중성자의 경로를 분석했다. 그리고 이 과정에서 난수를 생성하는 알고리즘을 개발하고, 몬테카를로 샘플의 크기와 정확도 사이의 관계를 분석하는 등 부수적인 이득도 챙길 수 있었다. 그러는 동안 다른 과학자들도 "몬테카를로 정신(도박 정신)"을 충실히 이어받아 휴대용 계산기를 비롯한 여러 기계장치에 몬테카를로 시뮬레이션을 적용했는데, 난수를 이용한 적분 계산법이 개발된 것도 이 무렵이었다.

＊

로버트 윌슨Robert R. Wilson은 이타카Ithaca, 미국 뉴욕주 톰킨스 카운티의 도시. 코넬대학교가 이곳에 있다에 있는 실험실 작업대 앞에 앉아서 작은 원통을 열심히 돌리고 있었다. 사실 그것은 막대에 꽂은 원통형 오트밀 시리얼 상자였다. 그는 원통이 회전을 멈출 때마다 옆면에 그려진 그래프와 미리 준비한 표를 비교하여 노트에 어떤 숫자를 적어넣고, 약간의 주석을 휘갈긴 후 다시 원통 돌리기를 반복했다. 벽시계는 새벽 2시를 가리키고 있는데도 윌슨의 넥타이는 여전히 깔끔했고, 그는 최고의 집중력을 발휘하고 있었다.

같은 시간에 리처드 파인먼이 연구실 복도에서 서성대고 있었다. 표정은 느긋했지만 주변을 둘러보는 눈빛은 먹잇감을 찾는 댕수와 비슷했다. 맨해튼 프로젝트에서 인간 계산기로 통했던 그는 지금도 자연의 대리인을 자처하며 인간의 행동을 감시하는 중이다. "윌슨 저 양반, 대체 뭘 하는 거지?"

훗날 윌슨은 과거를 회상하며 말했다.

전쟁이 끝나고 하버드에서 1년을 보낸 후 코넬대학교로 돌아왔을 때, 새로운 입자감지기가 이슈로 떠오르고 있었습니다. 감지기를 만들려면 전자(또는 감마선)와 물질 사이에 어떤 상호작용이 오가는지를 알아야 하는데, 당시 통용되던 이론은 별로 신뢰가 가지 않았어요. 그래서 나는 몬테카를로 기법을 이용해서 해결하기로 마음먹었습니다. 감마선이나 전자가 1밀리미터 두께의 납을 통과하는 과정을 일일이 따라가면서 무슨 일이 일어나는지 확인하는 거죠.

윌슨은 그래프의 곡선 외에 원통의 한쪽 모서리를 따라가며 숫자를 적어나갔다. 이 광경을 물끄러미 지켜보던 파인먼은 어느 순간 감을 잡았다는 듯, 새로운 숫자가 나올 때마다 자신도 따라 적기 시작했다. 이렇게 몇 분쯤 지났을 때, 갑자기 파인먼이 외쳤다. "그러면 안 돼요. 바퀴가 비뚤어졌잖아요." 당시 윌슨은 물리학자이기 전에 뛰어난 예술가이자 조각가였고, 자타가 공인하는 장인匠人이었다. 몇 년 후 페르미 연구소의 입자가속기 건설을 주도하여 초대 소장을 역임했으니 그의 실력은 의심의 여지가 없다. 막대기에 꽂은 원통은 단순한 재료로 만든 것이었지만, 그에게는 더할 나위 없이 아름다운 장치였다. 사실 그의 바퀴는 조금도 흔들리지 않고 매끄럽게 돌아가고 있었다. 윌슨은 파인먼을 향해 외쳤다.

"비뚤어지긴 뭐가 비뚤어져? 혹시 자네 눈이 비뚤어진 거 아냐?"

그는 파인먼이 참견하기 훨씬 전부터 숫자를 추적하면서, 모든 숫자가 동일한 횟수로 나온다는 사실을 확인했다. 또한 그는 상상 속의 감마선이 물질을 통과할 때 적절한 비율로 흡수된다는 것도 이미 확인한 상태였다. 그러나 충분한 데이터를 접하지 못한 파인먼은 한쪽 눈썹을 치켜올리며 강한 의구심을 나타냈고, 윌슨은 여유만만한 표정으로 제안했다. "좋아, 딕Dick, 파인먼의 애칭. 나랑 내기하자고!"

두 사람이 도박 냄새 물씬 풍기는 농담을 주고받는 동안, 시뮬레이션은 점점 더 빠르게 진행되었다. 내기는 그날 아침까지 계속되었고, 두 사람의 관심사는 확률에서 서서히 돈으로 집중되었다. 원통을 돌려서 윌슨이 예측한 숫자가 나오면 윌슨이 이기고, 아니면 파인먼이 이긴다. 한 바퀴당 1달러! 결코 작은 판돈이 아니었다.

그(파인먼)도 돈 앞에서는 어쩔 수 없는 인간이더군요. 하하,

그날 저는 20달러를 잃었습니다. 아니, 30달러였나? 아무튼 그 내기 때문에 지갑이 텅 비었지요. 그는 내 바퀴가 쓸모없다고 생각했겠지만, 사실 저는 그에게 통계학의 산 교훈을 주었습니다. 그날은 단순히 운이 좋았을 뿐이라고 말이죠. 그는 운도 실력이라며 득의양양한 표정으로 돌아갔습니다.

윌슨의 바퀴는 정상이었다. 다만 "정상적인 변동"이 그의 지갑을 비운 것뿐이다.

크리스는 도박과 거리가 멀었지만, 자녀들에게 첫 개인용 컴퓨터 아타리Atari 800을 사줬다가 통계학의 중요한 교훈을 배웠다.

아타리 800을 들여놓았을 때, 내가 제일 먼저 한 일은 2차원 평면(플랫랜드)에서 자성체의 움직임을 시뮬레이션하는 것이었다. 지금 생각해도 참으로 물리학자다운 짓이다. 사실 나는 컴퓨터 그래픽과 음향효과를 배우기 위해 시작했을 뿐, 학술적인 의도는 전혀 없었다(그러나 시작하자마자 금방 중독되었다). 나는 시뮬레이션의 정확도를 평가하기 위해 화면 속 물체의 위치가 변할 때마다 계산으로 확인했고, 자석의 배치와 온도를 바꿔가며 다양한 환경에서 시뮬레이션을 실행했다. 나의 열정에 힘입어 시스템이 진화하고 있었던 것이다. 그러던 어느 날, 나는 시스템이 이상하게 돌아가는 것을 보고 깜짝 놀랐다. 그동안 시뮬레이션을 여러 번 실행하면서 평균적인 거동에 대해 어느 정도 감을 잡고 있었는데, 갑자기 예상에서 크게 벗어나니 몹시 당혹스러웠다. 대부분의 사람들은 모든 사건이 전형에서 벗어나지 않는다고 믿으면서 갑작스러운 변화를 과소평가하는 경향이 있는데, 이 점에서는 나도 예외가 아니었다. 후속 계산을 통해 그 이상한 거동 역시 이미 알려진 물리법칙의 결과임을 확인했지만, 이 일을 계기로 사람의 직관이 얼마나 보잘것없는지 다시 한번 절감하게 되었다.

조지 엘리엇George Eliot의 소설《대니얼 데론다 Daniel Deronda》에 등장하는 아리스토텔레스의 시구 詩句처럼, "일어날 수 있는 일은 언젠가 반드시 일어나기 마련이다."

개인용 컴퓨터가 나오기 전까지만 해도, 통계에 대한 인식은 이론가와 실험가 사이에 커다란 차이가 있었다. 크리스는 이론물리학자임에도 실험을 생각하면서 대부분의 시간을 보냈지만, 이 점에서는 그도 예외가 아니다. 실험물리학자는 실험을 아무리 정교하게 설계하고 관측을 아무리 세밀하게 해도 언제든지 예상에서 벗어난 결과가 나올 수 있음을 "몸으로" 체험한 사람들이다. 예외적인 결과를 오직 생각만으로 체험하는 데에는 분명한 한계가 있다. 지금은 컴퓨터 덕분에 많은 사람들이 (주로 시뮬레이션을 통해) 간접적으로나마 "통계적 요동"의 의미를 알고 있는 듯하다.

월슨이 고안한 감지기 시뮬레이션은 도박보다 훨씬 좋은 성과를 거두었다. 그는 무작위로 쏟아지는 우주선을 대상으로 이들을 감지하는 정교한 몬테카를로 감지장치를 만들었는데, 사람이 개입되는 부분을 최소화한 덕분에 바퀴를 돌리는 손의 편향성을 크

     자연은 왜 이토록 단순하면서도 아름다운가

게 줄일 수 있었다. 다시 말해서, "거의 완벽한 난수"를 생성하게 되었다는 뜻이다. 작동 원리도 별로 복잡하지 않다. 윌슨의 조교들이 서로 번갈아 가며 몇 시간 동안 바퀴를 돌리면, 생성되는 난수에 따라 다양한 에너지를 갖는 전자 샘플이 만들어져서 여러 단계의 감지기를 통과하는 식이다.(그건 그렇고, 혹시 파인먼이 이런 방법으로 제자들의 지갑도 털지 않았을까? 평소 그의 인품으로 봐선…… 그러고도 남을 인물이다!) 당시 물리학자들은 광자와 전자가 물질을 통과할 때 일어나는 일을 이론적으로 대충 이해하고 있었다. 그러나 윌슨은 그 이론을 처음부터 신뢰하지 않았기에, 콘테카를로 계산법을 이용하여 더욱 우수한 감지기를 만든 것이다. 윌슨이 돌린 "운명의 수레바퀴wheel of fortune"는 컴퓨터가 등장하기 전까지 이 분야에서 이룩한 최고의 혁신이었다.

고에너지 물리학 시뮬레이션은 오트밀 상자와 손으로 그린 그래프에서 출발한 후 없어서는 안 될 도구로 자리 잡았다. 요즘은 거의 모든 입자물리학 실험과 우주론, 의학, 보안 분야에서 몬테카를로 대신 Geant4와 같은 소프트웨어를 사용한다. Geant4는 130여 명의 물리학자와 컴퓨터 전문가로 구성된 국제연구팀이 만든 100만 줄짜리 객체지향형 C++ 코드로서, 입자와 물질의 상호작용을 실험의 종류에 맞춰 시뮬레이션하는 "상호작용 백과사전"이라 할 수 있다. Geant4에 구현된 모형들은 새로운 에너지 수준에서 얻은 측정값과 비교하여 수시로 업데이트되고 있으며, 개별 요소가 아닌 감지기 전체를 시뮬레이션하면서 배경 잡음과 물리적 신호를 구별하는 능력도 꾸준히 개선되고 있다.

물리학자에게 쿼크와 글루온, 그리고 이들이 등장하는 파인먼 다이어그램은 이상화된 문자와 도식일 뿐이지만 감지기는 고에너지 충돌과정에서 수백, 수천 번 나타나는 최종 결과물(하드론, 렙톤, 광자)에 직접 반응하는 장치이므로, 두 결과(이론과 실험)를 한 곳에 놓고 봐도 "동일한 실체가 만들어낸 결과"라는 느낌이 선뜻 들지 않는다. 여기에 몬테카를로 시뮬레이션을 도입하면 추상화된 이론과 감지기에 포착된 현실 사이의 격차를 줄일 수 있다. 요즘 몬테카를로 시뮬레이션은 실제 실험 못지않게 엄청난 양의 데이터를 쌓아 나가는 중이다. 대형 강입자 충돌기로 실행된 ATLAS 실험에서는 지난 1년 동안 150억 개의 이벤트를 시뮬레이션했는데, 여기에는 2만 6000가지의 서로 다른 프로세스가 포함되어 있다. 모래 알갱이가 실리콘 마이크로프로세서로 변하면서 세상을 바라보는 새로운 창이 열렸고, 그 창으로 바라본 세계가 바로 나노 세계였다!

컴퓨터에 체스 규칙을 알려주면 모든 가능한 경우를 시뮬레이션하여 최상의 플레이를 할 수 있고, 두 공항의 위치와 날씨를 알려주면 둘 사이에 존재하는 수많은 경로 중 가장 이상적인 항로를 선택하여 최적의 속도와 최소 비용으로 안락한 비행을 할 수 있다. 이와 마찬가지로 물리학자는 자신이 확인하고 싶은 이벤트가 가장 두드러지게 나타나도록 컴퓨터를 훈련시킬 수 있다. 이것을 "부스팅 결정 트리 boosted decision trees" 또는 "신경망neural network"이라 한다.

시뮬레이션을 이용하면 쿼크를 물질로 바꿔서 표현할 수 있다.

쿼크가 감지기에 도달하기 전에 특정 하전입자나 중성입자로 바꾸면 된다. 그래도 컴퓨터는 "쿼크가 어떻게 물질이 된단 말입니까? 그런 명령은 실행할 수 없어요!"라며 버티지 않을 것이다. 그렇다면 이 과정을 역으로 실행해서 감지기에 도달한 수많은 입자의 근원이 쿼크와 렙톤, 또는 힘입자임을 알아낼 수도 있지 않을까? 몬테카를로 시뮬레이션을 역방향으로 실행할 수는 없지만, 다양한 사례를 통해 무언가를 배우는 어린아이처럼 컴퓨터를 훈련시킬 수는 있다. 가장 좋은 방법은 꼭대기쿼크나 W 보손에서 시작된 다양한 사건(몬테카를로 시뮬레이션이나 이미 존재하는 데이터에서 엄밀하게 선택된 것들)을 컴퓨터에 알려주는 것이다. 그러면 컴퓨터는 각 이벤트의 차이점을 분석하여, 새로 감지된 이벤트가 어떤 부류에 속하는지 판단할 수 있다. "흠, 이 사건은 꼭대기쿼크에서 시작된 겁니다. 어라? 방금 W 보손에서 시작된 사건도 감지됐네요."

최초의 입자감지기, 즉 "꼼짝 않고 앉아서 화면을 응시하는 한스 가이거와 어니스트 마스든"은 얼마 후 전자식 감지기로 대체되었고, 지금은 인공지능이 추가된 "슈퍼-가이거-마스든"으로 진화하여 수많은 데이터를 쌓아가고 있다.

인공지능과 머신러닝machine learning, 인공지능을 이용하여 인간의 학습 능력을 컴퓨터로 구현하는 기술을 새로운 분야에 적용할 때 늘 주의할 점이 있다. 사람의 대리인으로 내세운 그 기계를 어디까지 신뢰할 수 있는지, 결정권을 넘겨줘도 괜찮은 경우는 어떤 경우인지 신중하게 생각해봐야 한다. 사람과의 대화를 통해서 작업을 수행하는 챗봇도 마찬가지다.

✳

케빈 아인스바일러Kevin Einsweiler는 지구 전역을 돌아다니면서 누구보다 많은 발견의 기회를 누리는 플라네테리언planetarian, 환경 보호를 위해 음식을 비롯한 모든 소비와 폐기물을 최소화하려고 노력하는 사람이다. 미네소타에서 태어난 그는 1984년에 스탠퍼드대학교에서 전자-양전자 충돌을 연구하여 실험 입자물리학 박사학위를 받은 후 제네바에 있는 유럽핵입자물리연구소CERN에서 박사후 연구원으로 일했다. 그곳에서 케빈은 슈퍼 양성자 싱크로트론SPS으로 양성자와 반양성자의 상호작용을 연구하는 UA2 실험팀에 합류하여 데이터 수집용 전자장치를 업그레이드했고, W 보손의 질량을 최초로 정밀하게 측정했다.

1990년에 케빈은 미국으로 돌아와 SPS보다 60배 이상, LHC보다 3배 이상 강력한 초전도 초충돌기SSC용 감지기 개발 프로젝트에 참여했는데, 그때부터 마음속 깊은 곳에서 변화를 갈구하는 목소리가 들려왔다.

저는 하드웨어 분야에서 꽤 많은 경험을 했습니다. 실험이 복잡해질수록 특정 목표를 이루기 위해 투자하는 시간이 점점 더 많아졌지요. CERN에서 실험 데이터를 테이프에 기록하는 전자장비를 만드는 사이에 몇 년이 후딱 지나가더군요. 지칠

   자연은 왜 이토록 단순하면서도 아름다운가

대로 지친 저는 잠시라도 그런 일에서 벗어나고 싶었습니다. CERN의 과학자들은 복잡한 일에 특화된 사람이지만, 저는 여생을 그런 식으로 보내고 싶지 않았습니다.

케빈이 미국으로 가져온 것은 UA2 관련 기술만이 아니었다. 그는 CERN에 있을 때 실험 동료인 샌드라 치오치오Sandra Ciocio와 결혼하여 함께 미국으로 돌아왔다. 케빈과 같은 플라네테리언인 그녀는 로마대학교에서 박사과정을 마치고 보스턴대학교에서 박사 후 연구원으로 일하다가 CERN으로 파견되었을 때 케빈을 만나게 되었다.

LHC가 가동되기 몇 년 전, 버클리에 머물던 케빈은 실리콘 그래픽스사의 19인치짜리 퍼스널 아이리스 워크스테이션Personal Iris workstation 컬러모니터 앞에 앉아 양성자 두 개가 정면충돌할 확률을 계산하고 있었다. 모니터 너머 벽에는 제네바에서 사온 1:50만 축적의 플라스틱제 스위스 입체 지형도가 걸려 있고, 그 왼쪽에는 케빈의 장기 기억장치가 놓여 있다. 그것은 디자인이 각기 다른 금속제 상자들인데, 오클랜드 전화번호부 책의 두 배쯤 되는 것들이 계속 윙윙거리면서 작은 등을 깜박이고 있다. 직선형 폰트의 초록색 숫자들이 8밀리미터 비디오카세트 플레이어의 검은 면을 가로지르며 쏜살같이 움직인다. 다른 두 상자에는 하드 디스크가 들어 있고, 그 위에 CD플레이어가 놓여 있다. 물론 CD는 음악 재생용이 아니라 그냥 데이터 저장용이다. 그리고 방 안 이곳저곳에는 비디오카세트 케이스가 어지럽게 흩어져 있다.

CD플레이어는 가끔씩 새로운 소프트웨어를 설치할 때 사용된다. 어쩌다 방문객이 찾아와서 벽에 걸린 헤드폰에 눈길이 멎으면, 케빈은 컴퓨터의 팬이 돌아가는 소리를 덮기 위해 텐 사우전드 매니악 10,000 Maniacs, 미국의 얼터너티브 록밴드의 곡을 연주할 때도 있다.

저는 물리학과 감지기를 연결하는 작업이 좋습니다. 요즘 실험가들은 기초적인 기능만 구현하고 만족하는 경우가 많지요. 물리학 논문을 쓸 때 실용성은 별로 중요하지 않습니다. 제가 시뮬레이션에 매달리는 이유는 실험가의 입장에서 물리학을 현실적으로 생각할 수 있기 때문입니다. 자연의 법칙을 손으로 만질 수 있는 유일한 방법이기도 하지요.

1993년 3월에 미국 의회는 초전도 초충돌기 ssc의 건설을 중단했다. 그 무렵 물리학 프로그램의 대부분은 케빈이 하는 일처럼 몬테카를로 기법을 통해 진행되고 있었다. SSC 추진위원회의 연구원들이 CERN의 LHC 실험 프로젝트에 참여했을 때 그들이 갖고 있던 아이디어의 상당 부분이 CERN으로 흘러 들어갔고, 버클리에서 파견된 연구원들은 SSC 프로젝트가 중단되면서 ATLAS 연구팀에 합병되었다(훗날 이 연구팀은 3000명 규모로 커졌다).

LHC 내부의 충돌 사건에서 W 보손이 생성될 확률은 100만 분의 1이고, 힉스보손이 생성될 확률은 10억 분의 1 미만이다. 올스타 베이스볼 게임은 스피너가 하나뿐이어서(즉, 1회당 난수를 하나밖에 생성할 수 없어서) 타자가 공을 친 후 1, 2, 3루로 달리는 과정을 모두 보여주지 않고 "아웃 또는 출루"라는 결과만 보여주었다. 그러나 케빈의 전자 스피너는 1초당 100만 개의 난수를 만들어낸다. 그의 프로그램은 이 난수를 이용하여 충돌 사건을 시뮬레이션하고, 확률에 입각하여 100개, 또는 200개의 입자가 생성될 것을 예측하고, 컴퓨터상의 감지기를 통과하는 모든 입자를 추적할 수 있다.

일부 입자는 충돌 후 맥없이 튕겨 나오다가 자기장 안에 웅크리고 앉는다. 번트를 댄 야구공이 내야를 벗어나지 못하는 것과 비슷하다. 또 어떤 입자는 전자기 열량계에 간신히 도달하고(외야 얕게 뜬 공), 열량계 깊숙한 곳에 도달하는 것도 있다(외야 깊숙이 뜬 공). 고에너지 뮤온은 충돌 후 더 멀리 날아가서 인정 2루타(그라운드 룰 더블)나 홈런, 심지어 장외 홈런을 기록하기도 한다. 그러나 뉴트리노는 충돌 후 빛의 속도로 날아가기 때문에, 수비수(감지기)의 눈에 보이지도 않는다.

충돌이 일어나면 프로그램은 결과를 기록하고 다시 스피너를 돌린다. 물론 시뮬레이션의 핵심은 감지기다. 일단 감지기가 완성되면 제작자는 기이한 결과를 수용하고 의외의 상황에 대처하는 법을 배울 수 있다. 몬테카를로 시뮬레이션은 입자물리학의 기본 개념과 "감지기 제작 기술"이라는 현실이 만나는 곳이다.

입자감지기를 설계하는 것은 스포츠팀을 구성하는 과정과 비슷하다. 감지기의 구성 요소들은 여러 포지션의 야구선수처럼 자신에게 주어진 임무를 확실하게 수행하고 다양한 상황에 대처할 수 있어야 한다. 재정 문제도 중요하다. 모든 포지션에 최고의 스타를 영입하면 최고의 팀을 만들 수 있지만, 이런 모집안에 찬성할 구단주는 없다. 연구를 지원하는 재단도 실험물리학자들이 모든 곳에 최고급 부품을 쓰도록 허락하지 않을 것이다. 게다가 올스타로 구성된 팀이 최고의 성적을 거둔다는 보장도 없다. 최고의 내야수가 가끔 에러를 범하듯이, 최고 품질의 추적 장치도 가끔은 입자를 놓칠 때가 있다. 그리고 팬들이 좋아하는 선수가 팀의 최고 선수가 아니듯이, 실험물리학자가 만들고 싶은 것이 반드시 필요한 감지기가 아닐 수도 있다. 감지기 시뮬레이션을 설계하려면 다양한 구성 요소들의 상호관계를 정확하게 파악해야 한다. 하나의 세부 요소가 다른 세부 요소의 문제점을 보완하고, 중복성이 충분히 확보되어야 오류를 줄일 수 있다. 물론 이 모든 조건을 주어진 예산 내에서 충족시켜야 한다. 야구에 비유하면 주어진 예산 내에서 최고의 팀을 짜는 것과 같다.

모니터 앞에 앉아 있는 케빈은 평온해 보인다. 말과 행동이 너무나 차분해서, 생각조차 조금의 낭비도 없는 것 같다.

지금 제가 감지기 설계에 몰두하는 이유는 표준모형의 다음 과제인 약전자기 대칭붕괴electroweak symmetry breaking를 이해하고 싶기 때문입니다. "기본입자와 힘의 실체는 무엇인가?", "입자에 질량을 부여하는 주체는 무엇인가?" 이런 질문은 답을 모른다 해도 그 자체만으로 너무나 흥미롭습니다.

몬테카를로 시뮬레이션을 처음 접했을 때, 아이디어가 매우 자연스러워서 거의 모든 분야에 닥치는 대로 적용했습니다. 통계

문제를 풀기 위해 제가 만든 몬테카를로 프로그램만 수천 개는 족히 될 겁니다. 몬테카를로는 이론이 아닌 실험 도구에 가깝습니다. 많은 사람들이 분석적 사고를 하기 전에 사물을 지배하는 법칙을 먼저 떠올리기 때문일 겁니다. 우리는 법칙의 결과를 순수한 사고로 추측하는 것보다, 법칙을 기계장치로 구현해서 결과를 눈으로 확인하는 것을 더 좋아합니다. 이런 의미에서 볼 때, 몬테카를로 시뮬레이션을 설계하는 것은 실험을 실행하는 것과 크게 다르지 않습니다. 일단은 특정 요소들을 모아서 특정한 방식으로 작동하도록 만든 후, 스위치를 켜고 무슨 일이 일어나는지 지켜보는 거지요. 문제는 좋은 시뮬레이션을 만드는 데 걸리는 시간이 진짜 감지기를 만드는 데 소요되는 시간과 거의 비슷하다는 겁니다. 그리고 완성된 시뮬레이션이 올바르게 작동한다는 것을 증명할 때까지 시간이 또 필요합니다.

어떤 면에서 보면 몬테카를로는 순진한 사람들에게 어울리는 접근법입니다. 감지기 어딘가에 입자를 툭 던져놓고 다음에 일어날 일을 단계적으로 시뮬레이션하는 프로그램은 누구나 짤 수 있습니다. 주어진 자기장에 의해 입자의 궤적이 휘어지는 정도를 단계별로 추적하면 됩니다. 이것은 단순한 원리로부터 입자의 미래를 단계적으로 추적하는 모형일 뿐입니다. 우리가 알고 있는 원자물리학과 핵물리학을 총동원하고, 거기에 7000톤짜리 감지기를 탑재하여 그 안에서 일어나는 모든 사건을 일일이 추적한다면, 프로그램에 버그가 없는 한 올바른 답을 얻을 수 있습니다. 이런 시뮬레이션은 특별한 재능이 필요 없고, 그저 끈기만 있으면 됩니다. 그러나 아직은 시기상조입니다. 우리에게 주어진 컴퓨터가 그 정도로 크지 않기 때문이지요. 그래서 정확한 답보다 "거의 정확한 근사치"를 얻어내는 것이 우리 목표입니다.

케빈은 초전도 초충돌기SSC와 대형 강입자 충돌기LHC를 시뮬레이션할 때 초충돌기의 대가인 로런스 버클리 연구소의 이안 힌클리프Ian Hinchliffe와 페르미 연구소의 에스티아 아이크텐Estia Eichten, 켄 레인Ken Lane과 크리스 퀴그의 도움을 받았다. 옥스퍼드에서 학위를 받은 이안은 요크셔(테리어) 출신답게 쉽게 흥분하고, 외모도 좀 어수선한 편이다(케빈과 정반대다). 이 네 사람이 공동저술한 《초충돌기의 물리학 Supercollider Physics》이 출간되었을 때 독자들이 저자의 이름 첫 자를 따서 "E-H-L-Q(이-에이치-엘-큐)"로 불렸는데, 이 소문을 들은 이안 힌클리프가 의외의 반응을 보였다. "E-H-L-Q는 elk(엘크, 뿔이 큰 사슴)로 읽어야 해. 여기서 H는 묵음이라구!H is silent!" 그러나 그의 주장은 "H=silent"라는 등식으로 둔갑하여 이름까지 그의 기질과 전혀 어울리지 않는 "조용한 이안 Ian Silent"으로 바뀌었고, 결국 이 책은 독자들 사이에서도 "엘크"라는 명칭으로 굳어졌다.

이안에게 가장 즐거운 순간은 실험을 분석하다가 새로운 것을 발견할 때다. 이것은 어린 시절 그에게 물리학을 가르친 체스터 선생님의 과학철학이기도 했다. 두 사람이 처음 만났을 때 이안은

11세 소년이었고 체스터는 은퇴를 목전에 둔 노인이었지만, 실험물리학에 대해서는 청년 못지않은 열정을 갖고 있었다. 그는 학생들 앞에서 시범을 보인 후 학생들끼리 의견을 나누면서 스스로 결과를 분석하도록 유도했는데, 호기심 많고 적극적인 이안에게는 최적의 교습법이었다. "실험을 끝내고 친구들과 논쟁을 벌일 때마다 새로운 사실을 깨달았다. 대부분의 과학 과목은 역사수업과 비슷한 방식으로 진행되지만, 체스터 선생님의 수업은 현장에서 몸으로 체험하는 라이브 공연이었다!"

그러나 손재주가 다소 무디고 숫자 계산에 능했던 이안은 결국 이론물리학자가 되었다. "대학교 학부생 시절에는 대규모 협동연구가 어떤 위력을 발휘하는지 전혀 알지 못했다. 실험이 제대로 이루어지려면 매일 아침 연구실에 혼자 들어가서 내 손으로 실험 장비에 생명을 불어넣어야 한다고 생각했다. 그때 CERN에서 개최되는 여름학교에 한 번이라도 참가했다면 실험물리학자가 되었을지도 모른다." 이안은 충돌 후 입자의 거동을 일련의 화살표로 보여주는 소프트웨어 "파파게노PAPAGENO"를 만든 사람이다. 밥이 올스타 베이스볼의 재미를 더하기 위해 테드 윌리엄스의 카드를 추가한 것처럼, 케빈과 한 팀을 이룬 이안도 전 세계의 수많은 팀과 겨루게 될 "가상의 감지기 게임"을 위해 새로운 규칙을 만든 것이다.

케빈은 이론과 실험의 역할 분담에 대해 다음과 같이 설명했다.

저 같은 사람은 이론물리학자와 함께 할 수 있는 일이 아주 많습니다. 이탈리아에서 프리프린트가 날아오면, 저는 몇 주 안에 그 논문에서 다룬 이벤트를 시뮬레이션으로 구현할 수 있습니다. 그리고 결과를 분석하여 앞으로 어떤 물리학이 필요한지 예측합니다. 물론 제 분석이 검출기의 성능에 얼마나 제한을 받는지 파악하는 것도 중요하지요.

이안은 이론물리학자지만 감지기에 대해 나름대로 확고한 견해를 갖고 있으며, 실험가인 케빈도 물리학에 대해 확실한 목표를 갖고 있다. 이안이 이론 전문가이고 케빈이 실험 전문가라는 것을 어떻게 알 수 있을까? 무엇보다도 두 사람은 미학적 관점이 다르다. 실험가는 결과보다 진행되는 과정에서 즐거움을 느끼고, 기술이 개선되었을 때 가장 큰 보람을 느낀다. 반면에 이론가는 감지기를 파인먼 다이어그램 같은 추상적 도구로 생각하는 경향이 있다.

케빈은 말한다. "몇 년 동안 어렵게 감지기를 만들어서 테스트까지 성공적으로 끝내고 나면 그것은 단순한 도구가 아니라 피, 땀, 눈물의 집합체로 느껴집니다. 물론 이안도 현실과 허구를 구별하는 능력이 있으므로 그의 조언은 많은 도움이 됩니다. 그러나 실제로 그는 아무것도 만들지 않았습니다. 감지기를 만든 사람은 이안이 아니라 접니다!"

둘 사이의 또 다른 차이는 감지기가 가끔 제대로 작동하지 않을 수도 있음을 오직 케빈만이 알고 있다는 점이다.

복잡한 시스템을 만들 때마다 새로운 것을 배웁니다. 제가 물

　　　자연은 왜 이토록 단순하면서도 아름다운가

리학을 처음 접했을 때는 이론 쪽에 관심이 더 많았지만, 협업으로 진행되는 대형 감지기 건설 프로젝트를 지켜보면서 생각이 달라졌습니다. 수많은 사람들이 각자 다른 일을 하면서도 결국 하나의 놀라운 도구가 만들어지고 그로부터 새로운 탐구가 시작된다니, 이보다 멋지고 의미 있는 일이 또 어디 있겠습니까? 물론 제작과정에서 별의별 일이 다 일어나지만, 중요한 것은 공학이 아니라 목적입니다. 이안이 생각하는 이론은 언제든지 무너질 수 있지만, 제가 생각하는 것은 절대 무너지지 않을 겁니다. 실험물리학자 그룹이 그런 것을 만들 수 있고, 완성되면 실제로 작동한다는 것을 잘 알고 있기 때문입니다. 결함이 있으면 고치면 됩니다. 그게 바로 우리가 하는 일이니까요.

이안이 한 일은 특정한 물리학에 ATLAS가 어떻게 반응하는지 이해하는 것이었다.

저는 누군가가 감지기를 손상시킬 수도 있는 결정을 내릴까봐 항상 걱정됩니다. 특정한 기술에 관심이 있어서 하드웨어를 건드릴 수도 있고, 지정학적인 이유나 예산 문제 때문에 무리한 결정을 내릴 수도 있습니다. 회계장부와 물리학 사이에 어떻게 균형을 잡아야 할까요? 올바른 답을 얻으려면 질문부터 정확해야 합니다. 무엇이 문제이며, 무엇이 더 중요할까요? 아마 들 사이에는 차이가 없을지도 모릅니다. 그렇다면 다수결로 결정하거나 비용이 적게 드는 쪽을 선택해야겠지요.

감지기를 설계하고 최적화하는 동안에는 무언가를 바꾸기가 비교적 쉽습니다. 그러나 한번 완성된 후에는 사소한 부분을 바꾸는 데에도 많은 시간이 소요됩니다. 무언가를 바꾸려면 거기 투입될 몇 달간의 노력도 생각해야 합니다. 실행 초기에는 변화에 대한 거부감이 별로 없습니다. 실험가에게는 아주 행복한 시기죠. 그런데 이론가는 항상 그런 마음으로 삽니다. 무엇이건 언제라도 바꿀 수 있다고 생각하는 것 같습니다. 대학원 시절 내내 실험실에 갇혀서 무언가를 만들다 보면, 자신도 모르는 사이에 보수적인 마음을 갖게 됩니다. 굳이 보수적 사고를 드러낼 필요가 없을 때는 모든 것이 재미있지만, 이런 시절은 그리 오래 가지 못합니다.

시뮬레이션을 통해 (감지기의) 특정 부분의 성능에 의문이 제기되면 문제를 해결하는 "합리적인 의사결정 프로세스"가 있긴 한데, 대부분은 실패합니다(웃음). 우리는 협업을 하면서 개인의 욕심을 최대한 자제하고 기술적 여건에 맞는 결정을 내리기 위해 최선을 다했습니다. 물론 목소리 큰 사람이 이길 때도 있고, 정치적 현실에 굴복하는 경우도 있지만, 그 어떤 주장도 기술적 한계보다 우선시될 수는 없습니다. 결과물의 성능과 제도적 압력 사이에는 어떻게든 도달해야 할 균형점이 존재합니다.

오늘날 모든 감지기 설계도와 모든 측정, 그리고 모든 탐색과 발견의 배후에는 몬테카를로 시뮬레이션이 자리 잡고 있다. 입자가속기용 시뮬레이션 프로그램인 PYTHIA(피티아, 델포이 신전에서 아폴로의 신탁을 받은 여사제의 이름이기도 하다)를 비롯하여 고에너지 입자 반응 시뮬레이션인 SHERPA(Simulation of High-Energy Reactions of PArticles), HERWIG(Hadron Emission Reactions With Interfering Gluons, 글루온을 고려한 하드론 방출 반응)도 몬테카를로를 응용한 시뮬레이션이다. 수많은 과학자들이 몇 년 동안 고군분투하여 어렵게 완성된 이 프로그램의 목표는 기존의 물리학과 배경에서 일어나는 반응을 최선의 정확도로 표현하고, 새로운 현상을 예측하는 것이다.

실험물리학자는 실제 충돌 데이터를 분석하기 전에, 기존의 물리학 이론과 감지기의 성능을 테스트하는 "유사 실험(시뮬레이션)"을 실행하여 정상에서 벗어난 값이 나올 확률을 미리 알아두어야 한다. 그런데 진짜 실험도 아닌 시뮬레이션이 어떻게 예외적인 결과를 낳을 수 있을까? 프로그램 단계에서 예외적인 프로세스를 일부러 집어넣은 것도 아닌데, 어떻게 의외의 결과가 나온다는 말인가?

재무설계사는 "현실적으로 가능한 다양한 가정"을 바탕으로 유사 실험을 수백 번 실행하여 은퇴자를 위한 포트폴리오의 신뢰도를 높인다. 예를 들어 시뮬레이션의 95퍼센트가 "95세부터 여유롭게 살 수 있다"고 나왔다면, 평생 빈곤하게 살아갈 5퍼센트의 확률을 감내할 수 있는지도 중요하지만, 시뮬레이션에서 누락되거나 과소평가된 부분이 있는지 확인하는 것도 그에 못지않게 중요하다. 물리학자에서 퀀트(양적 분석가quantitative analyst)로 변신한 이매뉴얼 더먼Emanuel Derman과 폴 윌모트Paul Wilmott는 2008년 금

융위기를 겪은 후 "경제모형 설계자를 위한 히포크라테스 선서"를
발표했는데, 그중 몇 가지 항목은 입자물리학 시뮬레이션에도 적
용된다.

- 나는 세상을 만든 창조주가 아니며, 세상은 내가 만든 방정식
  을 따르지 않는다는 것을 항상 기억할 것이다.
- 나는 이유를 설명하지 않은 채 우아함을 유지한다는 명목으
  로 현실을 외면하지 않을 것이다.
- 나는 사람들이 내 모형으로부터 거짓된 위안을 받는 것을 방
  관하지 않을 것이다.
- 나는 모형에 도입된 가정과 간과된 부분을 명확하게 밝힐 것
  이다.
- 이상의 원칙을 지키면 과학적 명성과 재산을 모두 지킬 수
  있다!

시뮬레이션이 제아무리 완벽하다 해도, 감지기의 성능에 대해
서는 "답하기 곤란한 질문"을 얼마든지 제기할 수 있다. 케빈은 말
한다.

시뮬레이션에서 전하를 띤 파이온과 전자를 구별하는 것(이것
을 전자식별electron identification이라 함)은 엄청나게 어려운 과제
입니다. 감지기의 구성 물질과 입자 사이에 교환되는 전자기적
상호작용은 원리적으로 잘 알려져 있습니다. 그러나 특별한 필

터를 사용하여 열량계로 날아오는 파이온의 99.9퍼센트를 저거했을 때, 시뮬레이션으로 알아낸 나머지 0.1퍼센트의 정체를 곧이곧대로 믿기는 어려울 것입니다. 그중에는 예측할 수 없는 매우 이례적인 조합이 포함되어 있기 때문입니다. 결국 우리는 전자라는 집단에서 "파이온으로 오염된 정도"를 측정하는 방법을 찾아야 합니다.

"쓰레기가 들어가면 쓰레기가 나온다 Garbage in, garbage out"는 구호는 시뮬레이션에도 똑같이 적용된다. 입력이 잘못되면 힉스보손이 붕괴되거나 불멸의 베이브 루스가 연속 삼진을 당하는 등 잘못된 결과가 나오기 쉽다. 그래서 물리학자와 퀀트, 그리고 가상의 야구선수들은 자신의 능력이 입력된 정보에 따라 달라진다는 사실을 항상 기억해야 한다. 불완전한 진실이 입력되면 이야기의 일부만 출력된다. 이럴 때 직관을 발휘해서 누락된 이야기를 메울 수도 있지만, 그것을 진리로 받아들이면 곤란하다. 1955년도 다저스팀과 1927년도 양키스팀을 최고의 시뮬레이션으로 맞붙여도 누구나 인정할 만한 결과를 얻을 수는 없다. 그러나 밥은 무조건 다저스가 이긴다고 굳게 믿고 있다. 이런 것이 바로 직관의 매력이자 맹점이다.

17장

확인 (힉스보손)

2012년도 달력이 6월에서 7월로 넘어가던 무렵, 전 세계 입자물리학자들은 잔뜩 흥분한 상태에서 일제히 한곳을 바라보고 있었다. CERN에서 대형 강입자 충돌기LHC를 다루는 두 실험팀이 호주 멜버른에서 7월 4일에 개최될 국제 고에너지 물리학회의 개막 연설에서 힉스보손 탐색에 관한 최신 정보를 공개하기로 약속했기 때문이다. 사람들은 입자물리학의 표준모형(쿼크, 렙톤, 양자색역학, 약전자기 이론 등)이 마지막 방점을 찍고 완벽한 이론으로 인정되기를 거의 기도하는 마음으로 바라고 있었다. 그렇지 않으면 그동안 출간된 물리학 교과서는 모두 폐기될 판이었다.이건 좀 과장이 섞였다. 입자물리학과 관련된 부분은 폐기될지 몰라도 나머지는 멀쩡하다.

촉각을 곤두세운 것은 입자물리학자뿐만이 아니었다. 한 달 전, 크리스는 북해의 후크 판 홀란트Hoek van Holland에서 프랑스 니스

Nice의 프렌치 니비에라French Riviera를 잇는 총 2289킬로미터의 장거리 여행을 시작했다. 그런데 처음 3주 동안 여행지에서 만나는 사람마다 (크리스의 신분을 확인한 후) 똑같은 질문을 해왔다. "실험은 어떻게 되어가고 있답니까? 힉스보손을 찾았대요?"

그렇다. 때가 무르익을 대로 무르익어, 진실의 순간이 찾아온 것이다. 한 세기 전만 해도 원자의 존재를 믿지 않는 물리학자가 태반이었는데, 어떻게 이런 수준까지 올 수 있었을까? 약전자기 이론은 1973년에 Z 보손으로 매개되는 중성전류 상호작용이 발견되면서 첫 번째 검증을 통과했다. 이때 뮤온뉴트리노가 전자에 의해 산란되는 장면이 안개상자 사진에 포착되었는데, 이것은 엔리코 페르미의 약력이론에 의하면 일어날 수 없는 사건이었다. 그 후 물리학자들은 뉴트리노의 상호작용을 체계적으로 연구한 끝에, 새로 발견된 힘이 약전자기 이론과 일치한다는 사실을 알게 되었다. 또 1978년에 스탠퍼드 선형가속기센터SLAC의 과학자들은 전자산란실험을 분석하던 중 중성전류 상호작용이 패리티 보존법칙을 위배한다는(즉, 왼쪽과 오른쪽을 구별한다는) 사실을 확인했다. 그 후 유럽의 CERN과 미국의 페르미 연구소에 등장한 양성자-반양성자 충돌기 덕분에 약력을 매개하는 W와 Z 보손이 발견되었다. 이론으로만 존재해왔던 입자를 붙잡아서 직접 취조할 수 있게 된 것이다. 1980년대에는 뉴트리노 산란실험과 전자-양전자 충돌실험(최대 32GeV) 등 다양한 실험이 실행되면서, 약전자기 이론의 1막 버전(1단계 계산)이 매우 정확한 근사치로 확인되었다. 파인먼이 창안한 다이어그램에 경의를 표하는 의미에서, 물리학자는 1막 버전을 "트리 레벨tree level"이라 부른다. 다이어그램에 분지分枝만 있고, 양자보정을 나타내는 루프loop(닫힌 고리)가 없기 때문이다.

W 보손과 Z 보손이 발견되기 전인 1981년에 CERN의 운영위원회는 대형 전자-양전자 충돌기LEP를 건설하기로 합의했다. 여기서 "대형"이라는 말은 전혀 과장이 아니다. LEP의 둘레는 무려 27킬로미터로, 당시 CERN과 페르미 연구소에서 운용 중이던 양성자 싱크로트론(훗날 양성자-반양성자 충돌기로 개조되었다)보다 4배나 길다. 이것은 유럽 역사를 통틀어 1994년에 완공된 채널 터널Channel Tunnel, 도버해협을 가로질러 영국과 프랑스를 잇는 해저터널에 이어 두 번째로 큰 토목공사였다. 1989년부터 가동에 들어간 LEP는 네 번의 실험에 걸쳐 전자와 양전자의 충돌에너지를 Z 보손의 질량과 정확하게 맞춰서 약 1700만 개의 Z 보손을 만들어냈다.

한편, 미국에서는 1983년에 스탠퍼드 선형 충돌기Stanford Linear Collider, SLC 건설이 승인되었는데, 이것은 전자와 양전자가 원형 터널을 돌지 않고 직선주로를 달리다가 충돌을 일으키는 단일패스single-pass 충돌기였다. 입자가 원형 트랙을 돌면 가속되는 지점을 여러 번 지나갈 수 있지만, 직선주로를 달리면 가속될 기회는 단 한 번뿐이다. 그래서 SLC의 상당 부분은 가속장치가 차지하고 있다. 언뜻 생각하면 비효율적인 것 같지만, 곡선주로를 달리는 전자가 싱크로트론 복사를 방출하면서 에너지를 잃는 것을 감안하면 거의 본전치기에 가깝다(가속되는 전자, 또는 휘어진 궤적을 그리는 전자는 전자기파를 방출하면서 에너지를 잃지만, 직선운동하는 전자는 그렇지 않다). 선형 충돌기는 1971년에 CERN에서 채택한 교차형 저장고리$_{ISR}$보다 출력이 훨씬 컸을 뿐만 아니라, 고에너지 영역에서 싱크로트론보다 좋은 점이 많다는 것을 확실하게 보여주었다. SLC에서 생성된 Z 보손은 60만 개에 불과했지만, 형태가 직선이었기에 전자의 스핀을 특정 방향으로 정렬하여 Z 보손의 특성을 더욱 세밀하게 관측할 수 있었다.

1989년 여름에 Z 보손 생산공장이 본격적으로 가동되면서 증성 게이지 보손의 질량이 더욱 분명하게 드러나기 시작했다. LEP가 알아낸 값은 91,867.6±2MeV로, 오차범위가 4만 3000분의 1 미만이다. 이 정도로 정확한 값을 얻을 수 있었던 것은 CERN의 과학자와 공학자들이 제네바 호수의 수위와 주변 지역의 강우량, 그리고 태양과 달의 조력까지 고려하여 LEP 고리가 변형되는 것을 철저하게 막아준 덕분이었다. 심지어 프랑스의 고속열차 TGV가 제네바-리옹$_{Lyon}$ 노선을 지나갈 때마다 정체불명의 전류가 감지되어 한동안 골머리를 앓기도 했다.

LEP는 가동을 시작하고 얼마 지나지 않아 Z 보손의 수명(또는 Z 공명의 대역폭)을 측정함으로써 전자, 뮤온, 타우에 대응되는 뉴트리노-반뉴트리노 쌍으로 나타나는 붕괴 사건이 "보이지 않는(또는 감지할 수 없는)" 붕괴를 설명한다는 것을 분명하게 보여주었다. 그 후로 뉴트리노(또는 미약하게 상호작용하는 다른 입자들)의 향$_{flavor}$은 더 이상 발견되지 않았으며, 오늘날 LEP 실험에서 확인된 뉴트리노의 종수種數는 0.5퍼센트의 불확정성 안에서 3으로 확인되었다.

13장 약전자기 이론에서 철 자석 결정 속으로 과감하게 뛰어든 난쟁이 물리학자의 일화에서 알 수 있듯이, 자연의 법칙이 공간에서 특별한 방향을 선호하지 않는다는 것을 알아내려면 꽤 기발한 실험을 수행해야 한다(즉, 그의 눈에는 물리법칙이 특별한 방향을 선호하는 것처럼 보인다). 약전자기 이론에 의하면 난쟁이뿐만 아니라 우리도 편향된 세상에 살고 있으며, 자연의 법칙에서 대칭성을 찾으려면 특별한 수완을 발휘해야 한다. 초미니 물리학자의 경우, 그가 찾아야 할 대칭은 3차원 공간에 존재하는 회전대칭이고, 우리가 뒤져야 할 곳은 글래쇼와 와인버그, 그리고 살람이 가정했던 게이지 대칭이다. 이 대칭은 사람 크기의 10억 분의 10억 분의 1쯤 되는 규모에 숨어 있다. 이 정도면 나노세계nanoworld가 아니라 "나노나노세계nanonanoworld"에 해당하는데, 신식 접두어에 거부감이 없다면 "아토세계attoworld"라 불러도 좋다. 따라서 게이지 대칭이 존재한다는 것을 확인하려면 아토물리학자처럼 생각하거나, 그보다 1000배 더 작은 "제토물리학자zeto~"가 되어 작업 공간을 확보해야 한다. 간단히 말해서, 약전자기력의 에너지 규모에서 실험을 수행해야 한다는 뜻이다.

우리가 찾아야 할 증거의 가장 중요한 부분은 게이지이론의 복잡한 계산과정에 내재되어 있다. 비유적으로 말하자면, 한 요소의 과도한 행동이 다른 요소의 과도한 행동으로 진정되는 식이다. 특히 관심을 끄는 것은 전자와 양전자가 충돌하여 게이지 보손 쌍 W^+와 W^-가 생성되는 경우다. LEP 실험에서 이 현장을 포착하려면 충돌기의 에너지를 Z 보손의 질량(약 91GeV)을 넘어 160GeV

   자연은 왜 이토록 단순하면서도 아름다운가

로 올린 후, 단계적으로 209GeV까지 올려야 한다. 약전자기 이론의 1막에서는 세 가지 과정(세 개의 파인먼 다이어그램)이 주인공으로 등장하는데, (1) 전자와 양전자가 뉴트리노를 교환하면서 W 보손을 방출하거나, (2) 이들이 결합하여 가상광자 virtual photon나 (3) 가상 Z 보손 virtual Z boson이 되었다가 다시 W^+와 W^-로 분해되는 경우다. 그런데 개개의 상호작용이 일어날 확률은 에너지가 증가할수록 높아지다가, 결국은 100퍼센트를 초과하게 된다. 물른 수학적으로는 말도 안 되는 결과다. 이 세상의 어떤 확률도 100퍼센트를 넘을 수는 없다. 그러나 이 계산에서 각 과정의 "나쁜 거동"이 서로 상쇄되어, 고에너지 수준에서도 최종 확률은 100퍼센트를 넘지 않는다. LEP 실험에서 얻은 결과가 바로 이것이었다. 약전자기 이론의 예측이 실험 결과와 정확하게 맞아떨어진 것이다. 약한 아이소스핀과 약한 초전하에 기반을 둔 게이지 대칭은 보이지 않는 곳에 숨어 있을 수도 있지만, 분명히 존재하는 대칭이었다!

새로 발견된 중성 Z 보손과 쿼크, 렙톤의 상호작용이 다양한 실험을 통해 확인되면서 약전자기 이론의 정확도와 신뢰도는 날이 갈수록 높아졌고, 결국 1단계 트리 다이어그램으로는 실험에서 얻은 정교함 값을 확인할 수 없는 지경에 이르렀다. 그리하여 물리학자들은 다른 입자의 기여도를 고려한 2단계 다이어그램(양자 보정이 포함된 고리 다이어그램)을 집중 공략하기 시작했고, 그 덕분에 이론과 실험 사이의 격차가 점차 줄어들었다. 렙톤에는 오래전에 발견된 전자와 뮤온, 이들의 가벼운 사촌인 전자뉴트리노와 뮤온뉴트리노가 있고, 새로 발견된 타우(τ)와 타우뉴트리노도 렙톤에 속한다. 렙톤 중에서도 헤비급 하전입자인 타우는 1975년에 마틴 펄Martin Perl과 SLAC의 물리학자들에 의해 발견되었다(J/Ψ 입자를 발견한 바로 그 팀이다). 타우의 질량은 1777MeV로 전자의 3500배나 되지만, 수명은 3조 분의 1초가 채 되지 않을 정도로 엄청나게 짧다.

세 번째 뉴트리노인 타우뉴트리노는 아직 정황증거밖에 없지만 반박하기가 어려워서 정식 입자로 인정받고 있다. 타우입자가 발견되고 25년이 지난 2000년 여름에 페르미 연구소에서 실행한 DONUT(Direct Observation of NU-Tau) 실험에서 "타우뉴트리노가 물질과 상호작용하여 타우렙톤을 생성한다"는 명확한 증거가 포착되었다. 이 실험의 에너지 수준에서 타우입자는 생성 지점으로부터 2밀리미터 이내의 거리에서 하나의 하전입자와 하나 또는 둘 이상의 뉴트리노로 붕괴되었다. 처음에 실험물리학자들은 붕괴가 일어나는 짧은 구간을 포착하기 위해 고해상도 감지기의 원조인 사진 감광유제에 의존하다가 중간 해상도로 경로를 추적하는 광섬유 추적기로 성능을 보완했고, 전자와 뮤온을 구별하는 장치도 추가되었다. 이렇게 단거리 이벤트가 몇 번에 걸쳐 반복적으로 관측되면서, 타우입자의 파트너는 세 번째 뉴트리노로 입자 목록에 당당히 이름을 올릴 수 있었다.

그러나 쿼크 목록에 빈칸이 남아 있어서 기본입자 목록은 아직 미완성 상태였다. 그때까지 발견된 쿼크는 위쿼크와 아래쿼크, 기묘쿼크, 11월 혁명의 기폭제가 되었던 맵시쿼크, 그리고 1977년에 페르미 연구소에서 리언 레더먼의 실험팀이 업실론 상태Upsilon

   자연은 왜 이토록 단순하면서도 아름다운가

state에서 발견한 바닥쿼크(bottom 또는 beauty)까지 모두 5종이었다.

바닥쿼크와 가벼운 반쿼크로 이루어진 중간자는 1983년에 코넬 전자 저장 순환고리Cornell Electron Storage Ring에서 처음으로 발견되었다. 글래쇼, 일리오폴로스, 마이아니가 예측했던 것처럼 쿼크와 렙톤이 각자 짝을 지어 존재한다면, 전하가 −1/3인 바닥쿼크는 전하가 +2/3인 짝을 갖고 있어야 한다. 전 세계 연구실에서 수집된 바닥쿼크 관련 데이터를 종합해볼 때, 미지의 쿼크는 약한 아이소스핀 쌍의 하위 멤버로 반드시 존재해야 했다. 1989년에 SLAC과 LEP가 데이터 수집에 착수했을 때, SPS 충돌기와 테바트론 실험팀은 "새로운(꼭대기, top) 쿼크가 존재한다면, 질량은 50GeV 이상이어야 한다"고 단언했다. 이보다 낮은 에너지에서 새로운 입자의 징후가 발견되지 않았기 때문이다. 물론 입자의 질량을 이른 적으로 예측할 방법은 없다. 일부 이론물리학자들은 아무런 근거 없이 "바닥쿼크의 질량이 맵시쿼크의 약 3배이므로, 꼭대기쿼크의 질량은 바닥쿼크의 3배인 15GeV쯤 될 것"이라고 예측했으나, 실험 전문가들의 "50GeV 초과설"이 나오자 곧바로 입을 닫았다.

꼭대기쿼크가 존재한다면, 정교한 장비로 측정한 값이 20여 가지의 양자보정에 포함되어 있어야 한다. 그러나 문제는 꼭대기쿼크의 질량이다. 과연 어떤 값을 선택해야 할까? 한 가지 방법은 꼭대기쿼크의 질량을 변수로 취급하여, 실험 데이터와 이론(양자보정)이 가장 가까워지는 변수값을 찾는 것이다. 이 조건을 만족하는 질량을 찾지 못한다면 약전자기 이론과 실험 결과가 일치하지 않는다는 뜻이고, 적당한 값이 존재한다면 꼭대기쿼크의 질량을 실험으로 확인한 후 약전자기 이론을 또 한 번 엄밀하게 검증할 수 있다. 그런데 정작 이론과 실험을 대조해보니 대체로 일관된 값이 얻어지긴 했지만 정확한 값을 집어내기가 어려웠다. 1994년에 꼭대기쿼크의 질량은 150~200GeV 사이로 추정되었는데, 이 정도면 기존의 쿼크 중 가장 무거운 바닥쿼크(4.5GeV)보다 30~40배 이상 무겁다.

페르미 연구소의 충돌기 테바트론에서 900GeV짜리 양성자빔과 역시 900GeV짜리 반양성자빔을 정면충돌시키는 중요한 실험이 실행되었다. "꼭대기쿼크를 발견했다"고 주장하려면 충분한 수의 꼭대기쿼크가 생성되어야 하는데, 꼭대기쿼크와 반꼭대기쿼크 쌍이 생성되는 사건은 100억 회 중 한 번꼴로 일어났기 때문에, 믿을 것은 충돌기의 "강력한 출력"밖에 없었다.

꼭대기쿼크가 바닥쿼크와 W 보손으로 붕괴되는 과정을 포착하려면 초정밀 감지기는 당연히 있어야 하고, 관측자는 모든 과정에서 초인적인 집중력을 발휘해야 한다. 바닥쿼크와 W 보손은 매우 불안정한 입자여서 다양한 성분으로 붕괴될 수 있다. 바닥쿼크의 수명은 약 1.5피코초picosecond(1피코초=1조 분의 1초)로서, 가벼운 반쿼크와 결합하여 B 중간자B meson, 바닥쿼크와 그보다 가벼운 쿼크(위, 아래, 기묘, 맵시), 또는 이들의 반입자로 이루어진 중간자의 총칭를 형성하기에 충분한 시간이다. 이 시간 동안 바닥쿼크는 약 1밀리미터를 이동할 수 있다. 페르미 연구소에서 진행된 CDF(Collider Detector at Fermilab) 협업은 실리콘 미세정점 감지silicon microvertex detection

기술을 사용하는 데 선구적 역할을 했으며, 그 덕분에 충돌 지점으로부터 멀리 떨어진 곳에서 B 중간자를 감지할 수 있었다. CDF는 그의 라이벌 격인 DZero 협업DZero Collaboration과 함께 진행되어 B 중간자가 전자와 뮤온으로 붕괴되는 과정을 포착함으로써 그 존재를 확인했다. W 보손의 수명은 수명이 더욱 짧아서 1조 분의 1×1조 분의 1초도 안 된다. 공식 용어로 말하면 1요크토초 미만이다. W 보손의 3분의 2는 쿼크-반쿼크 쌍으로 붕괴되고(이때 두 가닥의 가느다란 "하드론 제트hadron jet"가 나타난다), 나머지 3분의 1은 렙톤 쌍(고에너지 하전입자와 보이지 않는 뉴트리노)으로 붕괴된다.

테바트론은 1989년부터 꼭대기쿼크 질량의 하한값을 매년 15GeV씩 높여놓았고, 1995년에 CDF와 DZero 팀은 꼭대기쿼크의 질량을 175GeV로 추정했다. 물론 이 값은 약전자기 이론의 양자보정에서 얻은 값과 일치한다. 꼭대기쿼크는 이 막대한 질량(전자의 30만 배가 넘음)으로 평균 0.5요크토초 동안 살다가 다른 입자로 붕괴된다. 그렇다면 꼭대기쿼크는 페르미온계의 이단아인가? 아니면 정상적인 질량을 가진 유일한 페르미온인가? 후자의 가능성이 제기된 이유는 힉스장의 역할 때문이다. 힉스장이 정말로 페르미온에게 질량을 부여한다면 힉스장과 꼭대기쿼크와의 결합 강도는 거의 1에 가깝다. 물론 이것은 매우 자연스러운 선택이지만, 힉스장과 다른 쿼크(또는 렙톤)의 결합 강도는 1보다 훨씬 작다. 안타깝게도 이 질문은 아직 해결되지 않은 채 남아 있다. 아무튼 테바트론과 LHC로 25년 동안 연구한 결과, 꼭대기쿼크는 약전자기 이론의 예측과 정확하게 일치한다.

요즘 실행되는 실험에서는 꼭대기쿼크의 질량을 173GeV보다 조금 작은 값으로 세팅하고 0.5퍼센트의 오차범위 안에서 이 잡듯 뒤지는 것이 정석처럼 굳어져 있다. 꼭대기쿼크는 크기가 없고 내부 구조도 없지만, 놀랍게도 무게는 금의 원자핵과 거의 비슷하다.

힉스보손을 찾는 실험은 1995~2000년 사이에 네 개의 LEP에서 처음으로 실행되었다. 물론 장비에 구애받지 않는 이론물리학자들은 20여 년 전부터 힉스보손의 존재 여부를 놓고 열띤 논쟁을 벌여왔다. 실험물리학자가 할 일은 새로운 아이디어를 진지하게 받아들이고 가설을 검증하는 방법을 찾아내는 것이다. CERN의 이론물리학자 존 엘리스 John Ellis와 메리 게일러드, 디미트리 나노폴로스 Dimitri Nanopoulos는 1975년 말에 발표한 논문 「힉스보손의 현상학적 개요 A Phenomenological Profile of the Higgs Boson」에서 와인버그-살람 모형에 등장하는 힉스보손의 생성 및 붕괴과정과 관측 가능성에 대해 자세히 논의했다. 와인버그의 논문이 발표된 후 10년 사이에 힉스보손의 몇 가지 특성이 밝혀지긴 했지만, 세 사람의 논문은 힉스보손을 찾는 방법을 최초로 제시했다는 점에서 역사적 의미가 있다. 엘리스, 게일러드, 나노폴로스는 힉스보손이 존재하지 않을 수도 있으며, 약전자기 대칭은 피터 힉스의 시나리오와 달리 의외의 방식으로 숨어 있을 수도 있음을 강조했다. 힉스보손이 있건 없건, 둘 중 하나로 결론이 내려지기만 하면 약력과 전자기력을 통일하는 약전자기 이론의 갈 길도 확실하게 결정될 판이었다. 그러나 가속기의 성능에 제한을 받을 수밖에 없었던 실험물리학자들은 힉스보손의 질량을 10GeV 이하로 가정하고 그 영역을 집중적으로 뒤지고 있었다. 세 사람의 논문은 사과와 경고로 마무리된다.

> 힉스보손의 질량과 다른 입자와의 결합 강도에 대해 아무런 실마리도 제공하지 못한 점, 깊이 사과하는 바이다(다만, 결합 강도가 매우 약하다는 것만은 확실하다). 그래서 우리는 힉스보손을 찾는 대규모 실험을 적극 권장하지 않는다. 그러나 힉스보손의 존재 여부에 따라 결과가 크게 달라지는 실험을 하고 있다면, 힉스보손이 결과에 어떤 영향을 미치는지 알아야 한다고 생각한다.

뚜렷한 경고는 아니지만, 가상의 입자와 관련된 모든 내용을 정리하고 탐색 방법을 제안했다는 점은 주목받을 만하다. 사실 이들은 논문에서 사과와 경고를 해놓고 뒤로는 "힉스보손 찾기 운동"을 은근히 부추겼다.

크리스는 「힉스보손의 현상학적 개요」를 읽고 이상한 길을 따라 힉스보손에 도달했다. 1976년 말에 그는 W, Z 보손을 찾는 가이드북을 완성했고, 이 책은 CERN에서 양성자-반양성자 충돌기를 설계할 때 많은 도움이 되었다. 그러나 크리스의 원고가 출판사 편집자의 손에 들어갔을 때, 벤 리(이휘소)가 그에게 훈수를 두었다. "약력을 연구할 땐 고에너지 극한에 집중해야 해. 이론물리학자라면 당연히 그래야지. 그건 수두水痘랑 비슷해서, 젊었을 때 겪는

게 훨씬 좋아." 훗날 크리스는 그때의 일을 다음과 같이 회상했다.

나는 관련 서적을 모두 읽은 후 페르미 연구소의 동료인 행크 태커Hank Thacker를 찾아가 모호한 문제를 어떻게 공략해야 할지 상의했다. 우리는 뚜렷한 계획 없이 가장 단순한 페르미 이론에서 출발하여 와인버그-살람 이론으로 옮겨가면서 파인먼 다이어그램을 계산해나갔다. 처음에는 놀이 삼아 시작한 일이었는데 시간이 지날수록 깊이 빠져들었고, 얼마 후 분위기를 파악한 벤이 두 팔을 걷어붙이고 계산에 합류했다. 학창 시절에 수학 선생님이 당신을 앞으로 불러내서 "자, 친구들 앞에서 풀어봐!"라며 분필을 건네주던 아찔한 순간을 지금도 기억하고 있다면, 당신은 칠판에 거부감을 갖고 있을 가능성이 높다. 그러나 동료 한두 명과 칠판 앞에 서서 아이디어를 주고받으며 함께 방정식을 푸는 것은 이론물리학자의 삶에서 가장 즐거운 순간 중 하나라고 자신 있게 말할 수 있다. 페르미 연구소의 이론물리학 연구실은 바닥과 벽, 천장이 온통 패널로 덮여 있는데, 패널 표면이 칠판 재질로 코팅되어 있어서 방 전체가 그냥 칠판이었다. 또 우리가 있었던 회의실에는 폭 1.2미터짜리 패널이 일곱 개나 붙어 있었기에, 몇 시간 동안 지우개를 한 번도 쓰지 않고 방정식을 푼 후, 전 과정을 노트에 천천히 옮겨 적을 수 있었다. 이렇게 한차례의 풀이가 끝나면 잠시 밖으로 나가 한숨 돌리면서 다음에 수행할 계산을 준비했고, 얼마 후 안으로 들어와 비슷한 과정을 반복했다.

 자연은 왜 이토록 단순하면서도 아름다운가

그러던 어느 순간, 우리는 실험으로 금방 확인할 수 있는 렙톤과 쿼크를 제쳐두고, 두 개의 W 보손(당시에는 아직 발견되지 않았음)이 고에너지로 충돌했을 때 어떤 일이 일어날지 생각해보았다. 자발적 대칭붕괴에서 나타나는 게이지 보손은 우리의 "고에너지 사고실험"에서 가장 중요한 요소였다. 게이지 대칭은 각기 다른 파인먼 다이어그램 사이의 관계를 더욱 긴밀하게 엮는 효과가 있기 때문에, 한 다이어그램에서 나타난 무한대는 다른 다이어그램에 의해 상쇄될 수 있다. 결국 우리는 고에너지 W-W 산란이 정상적으로 진행되려면 힉스보손의 역할이 필수적임을 깨달았다.

그러던 어느 날, 어지럽게 휘갈겨놓은 칠판에 답이 있음을 직감하던 순간, 동료 중 한 사람인 빌 바딘Bill Bardeen이 위트레흐트대학교의 마르티뉘스 펠트만이 쓴 논문을 들고 회의실에 나타났다. 「약한 상호작용의 두 번째 출발점Second Threshold in Weak Interactions」이라는 제목의 그 논문에는 힉스 체계와 관련된 새로운 물리학 이론이 제시되어 있었다. 그리고 논문을 읽자마자 모호했던 질문이 확실해졌다! 지난 며칠 동안 휘갈겨놓은 칠판에는 우리가 실행했던 사고실험의 고에너지 한계가 힉스보손의 질량에 의해 일정하게 유지된다는 결과로 나타나 있었다. 우리는 "상호작용이 일어날 확률이 100퍼센트를 넘으면 안 된다"는 조건으로부터 힉스보손의 질량을 추정할 수 있었는데, 임계값이 거의 1TeV에 가까웠다. 그것은 커다란 전환점이었다. 우리 생각이 옳다면 질량이 1TeV 미만인 힉스보손(또는 그

와 비슷한 것)이 발견되거나, 약한 상호작용이 예상보다 강해
져서 W-W 공명과 W 보손이 대량으로 생성되는 새로운 현상
이 나타나야 한다.

1977년의 그날, 나는 상상 속의 친구를 둔 어린아이가 된 듯한
기분이었다. 내 상상 속의 친구인 힉스장Higgs fields은 내가 어디
를 가건 항상 따라다니면서 모든 현상을 일으키고 있다. 나는
상상의 친구가 틀림없이 존재한다고 철석같이 믿었다. 그러나
현실 세계에서 나는 물리학자였기에, 다른 사람들을 설득하려
면 실험적 증거를 찾아야 했다.

그렇다. 1TeV의 에너지 수준에서 새로운 현상이 관측되어야 한
다. 사고실험이 아닌 실제 실험에서 충돌기가 이 에너지에 도달한
다면, 약전자기 대칭을 은밀한 곳에 숨긴 주범이 누구인지 알 수
있을 것 같았다. 물론 약속의 땅을 밟으려면 여러 단계를 거쳐야
한다. 철 자석 결정 속으로 뛰어든 난쟁이 물리학자가 겪었듯이,
우리도 우주를 가열해서 대칭을 회복하기에는 너무도 작은 존재
이기 때문이다. 우리가 할 수 있는 일이란 힉스장의 아주 작은 부
분(우주의 극히 일부)을 교란시켜서 힉스보손이 생성되기를 바라
는 것뿐이었다.

엘리스-게일러드-나노폴로스의 논문에 한껏 자극된 실험물리
학자들은 힉스보손의 흔적을 찾기 위해 모든 곳을 이 잡듯이 뒤지
기 시작했다. 그러나 그들이 포착한 신호는 실체를 규명할 수 없
을 정도로 미약하거나 이론적 근거가 부족하여 확실한 결론을 내

리기 어려웠다. SLAC과 CERN에서 전자-양전자 충돌기가 가동에 들어갔을 무렵에도 힉스보손의 질량 범위는 여전히 알려지지 않은 상태였다.

힉스보손 사냥꾼들이 CERN으로 모여든 이유는 그곳에 있는 대형 전자-양전자 충돌기LEP가 가장 많은 충돌 사건을 관측했기 때문이다. 당시 스탠퍼드 선형 충돌기의 주된 표적은 Z 보손이었다. Z 보손의 어떤 붕괴 모드에서는 힉스보손이 방출되고 Z보다 질량이 작은 "그림자 Z"가 남을 수도 있다. 그러나 대부분의 경우 Z 보손이 붕괴되면 두 가닥의 하드론 제트와 함께 전자쌍이나 뮤온쌍, 또는 무無(뉴트리노-반뉴트리노 쌍)가 남는다. 힉스보손의 흔적으로 가장 그럴듯한 후보는 힉스보손이 바닥쿼크와 반바닥쿼크로 붕괴되는 경우다. LEP의 1단계 운용이 거의 끝나가던 무렵, 그곳의 실험물리학자들은 네 번에 걸쳐 얻은 실험 결과를 종합하여 "힉스보손의 질량=65.6GeV 이상"이라고 결론지었다.

LEP의 출력이 Z 보손의 질량보다 높아지자 실험 목표가 "Z 보손과 함께 생성된 힉스보손 찾기"로 바뀌었고, 1995년부터 충돌기의 출력이 높아질 때마다 새로운 목표가 제시되었다. 그 와중에 새로 떠오른 힉스 사냥터도 있었다. 전자와 양전자가 반응하면 두 개의 Z 보손이 생성되면서 "힉스+Z"와 비슷한 최종 상태가 나타난다. 그러나 2000년까지 실행된 그 어떤 실험도 이것을 확인할 만큼 충분한 사례를 수집하지 못했고, 힉스보손의 질량 하한선은 108.6GeV까지 올라갔다.

이론물리학자들이 꼭대기쿼크의 질량을 계산에 적용하기 시작한 후로, 힉스보손의 기여도가 포함된 미묘한 양자보정의 징후를 찾는 것이 중요한 과제로 떠올랐다. 꼭대기쿼크가 발견되기 전에는 계산 결과를 실험 데이터와 비교하여 힉스보손의 질량을 추정했는데, 약전자기 이론에 기초하여 2000년에 추정된 힉스보손의 질량은 "240GeV 이하"였다. 이것은 매우 중요한 정보다. 우리는 약전자기 대칭붕괴가 힉스 메커니즘 때문이라는 사실을 몰랐기 때문에, 약력의 강도가 강해지는 고에너지 극한을 비롯하여 다른 가능성을 찾아야 했다.

LEP의 출력이 최고조에 달하자 사람들이 흥분하기 시작했다. ALEPH 실험(LEP로 실행된 실험 중 하나)에서 힉스보손의 징후가 114GeV에서 포착된 것이다. 그해 9월 초에 LEP의 퇴역이 결정된 후에도 ALEPH는 흥미로운 사건을 두 개 더 발견했다. 이제 진정 때가 무르익은 것일까? LEP 터널에 대형 강입자 충돌기용 부품을 하루빨리 설치하고 싶었던 CERN의 경영진은 LEP 가동 마감일을 11월 초로 살짝 연기했고, 간신히 집행유예를 받아낸 실험팀은 충돌기를 풀로 가동하여 최대 에너지 데이터를 이전의 170퍼센트가 넘게 수집했다. 그러나 최종 분석단계에 들어갔을 때 ALEPH가 예측한 힉스보손의 질량은 115GeV에서 표준편차 3을 보인 반면, DELPHI와 L3, 그리고 OPAL의 실험 데이터는 신뢰도가 훨씬 떨어졌다. 모든 데이터를 종합한 결과, 관측값이 통계적 우연일 확률은 9퍼센트로 평가되었는데, 이 정도면 꽤 믿을 만한 것 같지만 물리학의 운명이 걸린 일이라면 이야기가 달라진다. 독자들의 이해를 돕기 위해 비행기를 예로 들어보자. 당신이 탈 비행기가 목적지

　　자연은 왜 이토록 단순하면서도 아름다운가

에 안전하게 도달할 확률이 91퍼센트라면 안심하고 탈 수 있겠는가? 이런 비행기를 연달아 100번 탄다면 당신이 살아남을 확률은 0.008퍼센트, 즉 1만 2500분의 1이다. 목숨이 걸린 상황에서 91퍼센트의 확률에 만족할 사람은 없다. 결국 LEP는 "힉스보손의 질량 하한선=114.4GeV"라는 마지막 메시지를 남긴 채 역사 속으로 사라졌고, LHC가 완공될 때까지 입자물리학 실험의 주도권은 (당분간) 페르미 연구소의 테바트론으로 넘어가게 된다.

반응률(입자들 사이에 상호작용이 교환될 확률)이 높은 LEP에서 의미 있는 신호를 골라내는 것은 결코 쉬운 일이 아니었다. 게다가 테바트론은 상황이 더욱 안 좋아서, 200억 개의 충돌 사건 중 힉스보손이 생성되는 사건은 단 한 개에 불과했다. CDF와 DZero의 연구원들은 수많은 배경 사건에서 의미 있는 사건을 분리하는 기술을 개발하느라 눈코 뜰 새 없이 바쁜 나날을 보냈다. 120GeV 근처에서 가장 기대되는 사건은 W 또는 Z와 함께 힉스보손이 생성되는 경우로, 그 후 힉스보손은 바닥쿼크와 반바닥쿼크로 붕괴되고 W는 전자(또는 뮤온)와 손실된 에너지(뉴트리노)로, Z는 전자(또는 뮤온)쌍으로 붕괴된다. 이보다 높은 160GeV 근처에서는 글루온 두 개가 꼭대기쿼크와 결합하여 힉스보손이 된 후 한 쌍의 W 보손으로 붕괴되었다가, 다시 전자(또는 뮤온)와 뉴트리노로 붕괴되는 사건이 관심을 끌었다. 연구원들은 이런 사건을 높은 신뢰도로 포착하기 위해 다양한 혁신을 시도했는데, B 중간자를 효율적으로 식별하고 배경 잡음과 유의미한 신호를 구별하기 위해 도입한 머신러닝 기술도 그중 하나였다.

테바트론 충돌기는 2011년 9월 말에 최대 에너지와 사건 발생률에서 LHC에게 추월당한 후로 가동이 중단되었다. 그러나 페르미 연구소의 연구원들이 고에너지 데이터 분석을 계속 진행한 덕분에, 2012년 여름에 힉스보손 탐색 영역에서 149~182GeV 구간이 완전히 제외되었다. 좋은 뉴스는 또 있었다. 두 개의 바닥쿼크가 포함된 샘플 데이터가 115~140GeV에서 과잉징후를 보인 것이다. 사실 에너지 간격은 더 좁았을 텐데, 실험의 해상도가 떨어져서 넓게 나타났을 것이다. 테바트론은 550개의 사건 중 한 번꼴로 이상 변동을 나타냈는데, 이것은 약전자기 게이지 보손과 힉스보손이 한 쌍의 바닥쿼크로 붕괴되었을 가능성을 시사했다. 우리는 데이터 샘플을 2~3배 더 수집하면 위의 사건이 힉스보손의 발견으로 이어질 수 있다고 생각했으나, 아쉽게도 테바트론은 발견을 목전에 두고 가동을 멈추고 말았다.

대형 강입자 충돌기LHC는 정말 환상적인 장비다. 양성자빔이 1초에 3000만 번 이상 회전하면서 매초 약 10억 번의 충돌 사건을 일으키고, 한 번의 충돌에서 100개에 가까운 입자가 생성된다. 처음에 LHC는 설계 사양(7GeV)에 조금 못 미치는 6.5GeV에서 운용되었으나, LHC 물리학 프로그램에서 충돌기 자체는 비교적 쉬운 부분에 속했다. LHC 건설 프로젝트가 구체화될 무렵에 많은 원로 물리학자들은 가속기 제작에 별문제가 없다며 낙관적인 태도를 보였지만, 정작 가속기를 다뤄야 할 우리는 좌불안석이었다. 가속기의 활용도를 좌우하는 입자감지기를 어떻게 만들어야 할지, 아무도 몰랐기 때문이다. 그러나 이것은 괜한 걱정이었다. 물리학자와 공학자를 비롯하여 가속기 제작에 참여한 사람들은 놀라운 창의력과 인내심을 발휘했고, 그 시기에 관련 기술이 눈부시게 발전한 것도 호재로 작용했다.

LHC의 힉스 사냥은 환상형 LHC 도구A Toroidal LHC Apparatus, 즉 ATLAS와 콤팩트 뮤온 솔레노이드Compact Muon Solenoid, 즉 CMS라는 두 개의 범용 감지기를 통해 실행되었다. 이 장치는 매초 1억 화소짜리 사진 4000만 장을 촬영 및 저장할 수 있는 디지털카메라와 비슷하다. 과학자 3000명의 손을 거쳐 15년 만에 완성된 ATLAS와 CMS는 물리학과 공학이 함께 일궈낸 기적의 산물이다(물론 경제학도 한몫했다). 두 감지기는 지하 100미터의 거대한 동굴에 숨어 있는데, ATLAS는 스위스 메랭Meyrin에 있는 CERN의 본관 캠퍼스와 인접해 있고, CMS는 프랑스 세시Cessy를 지나는 LHC 터널로부터 8.5킬로미터 떨어진 곳에 설치되었다.

CMS는 감지기의 핵심 부품인 자석에서 따온 이름이다. 이 자석은 길이 13미터, 지름 6미터의 원통 모양으로, 중심축이 빔의 방향과 일치하도록 세팅되어 있으며누워 있는 드럼통을 상상하면 된다, ATLAS와 마찬가지로 입자 추적 장치와 열량계, 뮤온 검출 장치 등 전통적 부품이 빼곡하게 들어차 있다. 특이한 것은 모든 추적 장치가 실리콘 감지기로 만들어졌다는 점이다. 이들은 입자빔어 가장 가까운 픽셀에서 먼 쪽의 스트립까지, 무려 1억 개에 달하는 신호를 추적하고 저장할 수 있다. 추적 장치의 작동 면적은 테니스코트와 비슷하다. 6층 건물 높이의 지하동굴에 설치된 CMS 감지기는 지름 14.6미터에 총길이가 21.6미터에 달하고, 무게는 1만

4000톤으로 에펠탑 두 개와 맞먹는다.

가속기 내부에서 입자빔이 출발 준비를 마치면, 감지기 동굴 안에 있는 사람들은 무조건 밖으로 나가야 한다. 이 순간이 되면 동굴을 비추던 작업등은 모두 꺼지고, 감지기에 달린 적색과 녹색 LED만이 동굴을 비춘다. 무언가 엄청난 일이 일어날 것 같은 분위기다. 잠시 후 에어컨이 요란한 굉음과 함께 돌아가면서 공기를 강제로 순환시키고, 때맞춰 냉각 펌프도 고음을 내면서 감지기 내부의 복잡하게 얽힌 파이프라인에 냉각수와 압축 이산화탄소를 주입한다. 그러나 LHC의 초-고진공상태에서 충돌하는 빔은 아무런 소리도 내지 않는다.

ATLAS 감지기는 CMS보다 훨씬 크지만, 무게는 절반밖에 안 된다. 이 장치는 길이 44미터, 지름 25미터로 10층 건물 높이의 동굴 안에 설치되어 있다. 가장 눈에 띄는 것은 감지기 양 끝에 있는 직경 25미터짜리 뮤온휠muon wheel과 길이 25미터, 지름 20미터인 8개의 초전도 코일이다. 바로 여기서 입자의 궤적을 휘어지게 하는 자기장이 생성된다.

테바트론에서 진행된 CDF 협업은 500명 규모로 성장하여 명실공히 국제연구기관으로 자리 잡았다. CDF의 연구진은 15개국 60개 기관에서 파견되었고, DZero의 연구진은 18개국 90개 기관에서 온 베테랑들이다. 한편, CERN의 LHC는 국제적 협업을 한 단계 높은 수준으로 끌어올렸다. 힉스보손을 찾는 동안 40개국 200여 개 기관에서 ATLAS와 CMS에 대표단을 파견했고, 이들은 물리학 역사에 길이 남을 순간을 현장에서 지켜보았다. 역사상 "가장 만들기 어려운 과학 장비"로 꼽히는 ATLAS와 CMS는 가동 후 몇 달 만에 설계목표를 달성하여 관계자들을 놀라게 했다. 세계 각지에 서 부분적으로 설계 및 제작된 후 CERN에서 조립된 장비가 그토 록 완벽하게 작동한다는 것은 거의 기적에 가까운 일이다. 각기 다 른 국적과 전통을 가진 사람들이 공동의 목표로 한데 뭉쳐서 거의 불가능한 일을 해낸 것도 또 하나의 기적이었다.

유럽과 북미의 미래지향적인 과학자들은 제2차 세계대전이 끝난 후 미국으로 유출되는 과학 인력을 붙잡기 위해 세계적 수준의 개방 형 연구단체를 구상했고, 그 결과로 탄생한 것이 지금의 CERN이 었다. 지난 70년 동안 유럽 협동과학의 상징이었던 CERN은 이제 사람이 거주하는 모든 대륙으로 뻗어 나가는 중이다. 국제사회에 이 정도로 공헌했으니, CERN은 국가 간 우호 증진에 큰 공을 세운 사람이나 단체에 주는 노벨 평화상도 받을 만하다.

CERN과 협력 기관들은 넓은 지역에 분산된 협동 연구의 효율 을 높이고 제네바에서 멀리 떨어져 있는 과학자들이 CERN의 실 험을 쉽게 활용하도록 돕기 위해 "월드와이드 LHC 컴퓨팅 그리드 Worldwide LHC Computing Grid"라는 전산망을 개발했다. 이 인프라는 현 재 42개국 170개 사이트에 연결되었으며, 앞으로도 계속 확장될 예정이다. 데이터를 저장하고 분석하는 그리드 리소스 grid resource 는 LHC에 참여한 모든 과학자가 원활하게 사용할 수 있도록 단일 시스템으로 통합되어 있어서, 전 세계 사용자들은 실험 데이터가 업로드되는 즉시 실시간으로 조회할 수 있다.

2008년 9월 19일, LHC 자석의 전력공급 시스템을 점검하던 중

쌍극자 자석(빔 경로 변경용)과 사극자 자석(빔 집속용)을 연결하는 회로가 합선되면서 전기아크가 발생하여 저온 파이프가 파괴되었고, 그로부터 액체헬륨이 터널 안으로 간헐천처럼 분출되었다. 그 바람에 일부 자석이 지지대에서 이탈하여 무너져 내리는 등 기차의 탈선 현장을 방불케 하는 끔찍한 광경이 펼쳐졌다. 다행히도 퀜치quench(초전도 상태에서 벗어남)가 발생했을 때 자석을 보호하는 예비 시스템이 정상적으로 작동하여 부상자는 발생하지 않았지만, "LHC처럼 거대한 장비가 정상적으로 작동하려면 수많은 부품이 한 치의 오차도 없이 제 역할을 해야 한다"는 교훈을 남긴 위험천만한 사고였다. 그 후 수십 개의 자석이 새것으로 교체되었고, 전기 시스템과 기계 부품도 재발 방지를 위해 대폭으로 개선되었다.

그로부터 1년 후(2009년), 슈퍼 양성자 싱크로트론SPS으로부터 450GeV의 양성자빔을 지하 터널에 주입하는 간단한 시험 가동과 함께 LHC 시대의 막이 올랐다. 그해 12월에 크리스의 생일 기념으로 열린 심포지엄에서 ATLAS의 총괄 책임자인 파비올라 자노티Fabiola Gianotti는 "처음으로 시뮬레이션 없이 실제 데이터를 보여줄 수 있게 되었다"며 LHC의 정상 가동을 축하했다. 당시 빔의 에너지는 원래 계획했던 값에 훨씬 못 미쳤지만 충돌기와 감지기의 가능성을 보여주는 역사적 실험이었으며, 크리스에게는 평생 잊지 못할 생일선물이었다!

2010년 4월, LHC는 3.5TeV짜리 빔을 생성하면서 공식적인 가동에 들어갔다. 페르미 연구소에서 생성했던 양성자-반양성자빔보다 무려 1TeV나 높은 에너지였다. 이때 ATLAS와 CMS가 제일 먼저 한 일은 지난 반세기 동안 입자물리학이 이룩해온 발견을 "재확인"하는 것이었는데, 이 목표는 1년도 되기 전에 완벽하게 달성되었다.

2011년 12월에 열린 "LHC 축제LHC Jamboree"에서 ATLAS와 CMS 측은 힉스보손과 관련하여 "감질나는 힌트"를 제시했다. 120~130GeV 구간에서 비정상적인 현상이 과도하게 포착되었다는 것이다. 그러나 CERN 본부는 신중한 자세를 취했다.

새로 얻은 결과는 힉스보손 탐색에 매우 긍정적인 신호임이 분명하지만, 힉스보손의 존재 여부에 결론을 내리기에는 충분치 않다.

실험 책임자들은 성급한 발언을 자제하면서도 "추가 데이터를 수집하여 정밀하게 분석하면 2012년 안에 결론이 나올 것"이라며 낙관적인 태도를 보였고, CERN의 가속기 운용팀은 힉스보손의 생성 빈도를 높이기 위해 1월부터 LHC의 에너지를 4TeV로 높였다.

그리고 마침내 2012년 7월, CERN 측은 힉스보손과 관련된 최신 뉴스를 발표하겠다고 예고했으나, 많은 사람은 그것이 "힉스보손 발견 선언"일 것으로 지레짐작하고 있었다. 그 무렵 파리를 방문 중이었던 밥은 센강 근처에 있는 파리 제6대학 쥐시외 캠퍼스의 고에너지 물리학 연구실에서 여름방학 동안 새로 사귄 동료들과 함께 "7월 4일 발표회"를 시청할 준비를 하고 있었다(미국 독립기념일도 7월 4일이어서 "독립기념 연설"로 불리기도 한다). 당시 그는 ATLAS의 연구원들과 함께 꼭대기쿼크를 연구하던 중이었다. 한편, 크리스는 7월 1일에 시카고 근교(페르미 연구소)를 떠나 멜버른에서 TV로 발표회를 시청한 후, 제네바로 가서 주요 인사들을 만날 예정이었다. 그런데 정오가 조금 지났을 무렵, 폭풍경보 사이렌이 울리면서 커다란 굉음이 온 집안을 뒤흔들었다. 깜짝 놀란 크리스가 피해를 확인하기 위해 서재로 달려갔더니, 은단풍 나뭇가지 하나가 천장을 뚫고 들어와 책상의 정중앙을 불길하게 가리키고 있었다. 훗날 그는 이 일을 회상하며 "인간이 우주의 비밀에 가까이 다가가는 것을 질투한 신의 경고"라고 했다. 결국 악천후 때문에 비행은 취소되었고, 크리스는 페르미 연구소에서 힉스입자 관련 뉴스를 지켜보기로 했다. 페르미 연구소의 CMS 협업 멤버들도 TV 앞에 모여들었는데, 그들은 날짜에 맞춰 결과를 내기 위해 며칠 밤을 새운 탓에 다들 좀비 같은 표정을 짓고 있었다.

CERN의 400석짜리 대강당은 완전히 만석이었다. 과거에 발표회에 참석했던 사람들은 발표자를 바라보는 시간보다 노트북 컴퓨터를 들여다보는 시간이 훨씬 길었는데, 그날은 발표 현장을 생중계로 블로그에 올리는 몇 사람을 제외하고 노트북을 들고 온 사람조차 없었다. 페르미 연구소와 파리의 쥐시외 캠퍼스, 그리고 역사적인 뉴스를 보기 위해 물리학자들이 모인 다른 곳도 비슷한 분위기였다. 그들은 결정적인 증거가 제시되는 장면을 혹여 놓칠세라 눈도 깜박이지 않은 채 화면만 바라보고 있었다.

힉스보손의 질량은 약전자기 이론으로 예측할 수 없지만, 일단
값이 알려지기만 하면 그로부터 다른 특성을 줄줄이 예측할 수 있
게 된다. 125GeV 근처에서 나타난 과잉 징후가 정말로 힉스입자
의 흔적이라면, 그것은 자연의 선물이나 다름없다. 그동안 이 구간
에서 일어나는 오만가지 붕괴 사건을 하도 많이 분석해서, 일단 힉
스보손이 나타나기만 하면 잡음을 깨끗이 제거하여 깔끔한 프로
파일을 얻을 수 있기 때문이다.

드디어 발표회가 시작되었다. CMS와 ATLAS의 실험 책임자들
이 연단에 서서 힉스보손의 두 가지 붕괴과정을 소개한 후, 관측
결과를 차분하게 설명했다. 그중 하나는 힉스보손이 두 개의 Z 보
손과 결합하여 두 쌍의 렙톤(전자 또는 뮤온)으로 붕괴되는 경우
인데, 이것은 새로운 입자가 약전자기 대칭붕괴에 관여한다는 직
접적인 증거이자 새로운 입자(힉스보손)의 질량을 알아낼 수 있는
좋은 기회이기도 하다. 두 번째는 힉스보손이 두 개의 광자로 붕
괴되는 경우로서, 이 과정에는 꼭대기쿼크나 W 보손의 양자고리
quantum loop(고리가 포함된 파인먼 다이어그램)가 필요하기 때문에
이론의 세부 구조를 분석하고 힉스보손의 질량을 결정할 수 있는
잠재력을 갖고 있다.

두 실험팀은 다른 붕괴과정에서 얻은 간접증거와 함께 위에 제
시한 두 가지 붕괴 모드에서 얻은 강력한 증거를 참석자들 앞에 공
개했다. ATLAS팀과 CMS팀은 각자 독립적으로 데이터를 분석했
는데, 렙톤 네 개로 붕괴된 신호와 광자 두 개로 붕괴된 신호는 둘
다 "표준편차 5"의 한계를 넘어선 것으로 나타났다. 데이터가 특정 값

에 매우 밀집되어 있다는 뜻이다. 두 실험팀이 두 가지 붕괴 모드를 하나씩 맡아서 각기 다른 감지기로 관측했는데 결과가 거의 동일하게 나왔으니, 이 정도면 통계적 신뢰도를 초월한 "진리"로 부족함이 없다. 또한 두 실험팀은 실제 관측 결과가 표준모형 시뮬레이션과 높은 정확도로 일치한다는 사실도 확인했다.

발표회가 시작되고 1시간 42분이 지났을 때, CERN의 사무총장 롤프 디터 호이어Rolf-Dieter Heuer가 연단으로 걸어 나와 차분한 어조로 말했다. "평범한 사람의 입장에서 말씀드리건대, 마침내 그것을 찾았습니다." (그는 결코 평범한 사람이 아니다!) 그러자 청중들은 일제히 자리에서 일어나 환호성을 질렀고, 그 후로 긴 시간 동안 기립박수가 이어졌다. 거의 반세기 전에 힉스보손의 존재를 예견했던 네 명의 이론물리학자(프랑수아 앙글레르, 제럴드 구럴닉, 리처드 헤이건, 피터 힉스)와 CERN의 과거 지도자들, 충돌기 건설자들, 그리고 표준모형을 구축했던 이론물리학자들도 현장에서 감격의 순간을 만끽했다.

밥은 그날의 일을 다음과 같이 회상했다.

당시 나는 프랑스 파리에 있는 LPNHE(국립 핵물리학 및 입자물리학 연구소)를 방문 중이었는데, 라운지에 있는 TV를 통해 발표회를 지켜보면서 마치 내가 CERN에 와 있는 듯한 느낌이 들었다. 나뿐만 아니라 주변 동료들도 의례적인 발표회가 아니라 폭탄선언이 터져 나올 것이라고 생각했다. 1969년에 달 착륙선을 모니터로 지켜보던 NASA의 연구원들도 이런 심정이었을까? CERN의 발표는 간결하면서 확실했고, 그들이 하는 말을 한마디도 알아듣지 못하면서 경청하는 사람들도 매우 인상적이었다. 힉스보손을 발견한 것은 정말 놀라운 업적이다. 일단 이론 자체부터 경이롭다. 온갖 장비를 총동원해서 발견한 기존의 입자와 달리, 새로운 입자를 순전히 이론만으로 예측하지 않았던가. 쿼크 세 개가 주어졌을 때 네 번째 쿼크를 예측하거나, 전하를 띤 세 개의 렙톤이 주어졌을 때 다섯 번째와 여섯 번째 쿼크를 예측하는 것은 논리상 당연한 수순이다. 그러나 유사한 입자가 하나도 발견되지 않은 상태에서 중성 스칼라 입자를 예측하는 것은 완전히 다른 이야기다.

실험적인 측면에서 보면 더욱 놀랍다. 그들이 도달한 "사건발생빈도"는 얼마 전까지만 해도 상상조차 할 수 없었던 수준이다. 수많은 배경 잡음 속에서 광자 두 개가 보낸 신호를 포착한 것은 입자물리학의 능력을 유감없이 보여준 모범적 사례였다. 네 개의 렙톤을 포착한 것도 매우 인상적이었지만 배경 잡음을 다루기가 쉬웠기 때문에, 나는 광자 두 개에 더 많은 별점을 주고 싶다.

페르미 연구소에 있었던 크리스의 이야기도 들어보자.

발표는 간단명료했고, 그들이 제시한 증거는 반론의 여지가 없었다. 평범한 사람들이 모여서 엄청난 일을 해냈고 그 덕분에 자연의 섭리를 더욱 자세히 알게 되었다니, 이 얼마나 감동적이고 경이로운 사건인가! 오래전부터 소망해왔던 대로, 나의 상상 속 친구가 현실 세계에 나타났다. 과학은 객관성을 추구하지만, 사람은 굳이 그럴 필요가 없다. ATLAS의 대표로 나선 파비올라 자노티는 나와 개인적 친분이 아주 두터운 물리학자이고, CMS의 대표 조 인칸델라Joe Incandela는 시카고대학교에서 나에게 힉스보손을 배웠던 제자다. 물리학에도 우리에게도, 앞으로 더욱 많은 사건이 일어나겠지만, 그 순간만은 오직 기쁨과 성취감으로 하나가 되었다. 나는 며칠 후 멜버른에서 그들을 만나 다음에 진행할 이론 연구와 실험 주제를 논의할 예정이었다. CMS 협업 멤버들은 케이크와 스파클링 주스를 준비해놓고 페르미 연구소의 동료들을 초대하여 한바탕 축하 파티를 벌였다(다들 잔뜩 흥분된 상태여서 굳이 알코올의 도움을 받을 필요가 없었다).

롤프 호이어가 말한 "그것"은 교과서에 명시된 힉스보손의 특징을 그대로 갖고 있는 새로운 중성 보손이었다. 데이터의 신뢰도는 더할 나위 없이 높았지만, 과학적 정설로 자리 잡으려면 향후 몇 년 동안 확인 작업이 이루어져야 한다. 새로 발견된 입자가 그토록 애타게 찾던 힉스보손이라면, 증거는 앞으로도 계속 쌓일 것이다.

그런데 약전자기 대칭의 붕괴 원인을 찾는 것이 왜 그렇게 중요한 문제일까? 잠시 시간을 내서 그 이유를 알아보자. 이 세계가 지금처럼 다양한 모습을 갖게 된 것은 "비밀스러운 대칭(우리 눈에 보이는 것보다 더욱 완벽한 대칭)"이 보이지 않는 곳에 숨어 있기

      자연은 왜 이토록 단순하면서도 아름다운가

때문이다.

완벽한 대칭의 세계는 모든 것이 완벽하게 평등한 세계다. 이런 곳에서 물질입자(물질을 구성하는 입자, 즉 쿼크와 렙톤)와 힘입자(힘을 매개하는 입자, 즉 광자, W-Z 보손, 글루온)는 모두 빛의 속도로 질주하고, 스쳐 지나가는 짧은 만남 속에서 정보를 교환한다. 잠시나마 멈춰서 대화를 나누면 좀 더 친해질 수 있겠지만, 이들 사전에 정지란 없다. 오늘 있었던 것이 오늘 사라지니 원자도, 물질도, 물리학자도 존재하지 않는다. 모든 입자는 형제지간이고, 모든 힘은 하나로 통일되어 있다. 그야말로 완전한 무질서의 세계지만, 무정부 상태는 아니다. "대칭"이라는 권력이 세상을 지배하면서 안정성을 유지하고 있기 때문이다. 모든 것이 똑같으니 무엇이건 호환 가능하고, 어디를 둘러봐도(둘러볼 주체도 없지만) 똑같은 풍경뿐이다. 정말로 완벽하게 지루한 세상이다.

약력과 전자기력을 연결하는 대칭이 바로 이 "비밀스러운" 대칭이다. 그러나 우리가 사는 세상에서 두 힘은 완전히 다른 방식으로 작용하고 있다. 전파나 빛을 발사하면 장애물에 부딪히지 않는 한 영원히 날아간다. 즉, 전자기력의 영향권은 무한히 넓다. 반면에 약력의 영향권은 100만 분의 10억 분의 1미터(10^{-15}미터)밖에 안 된다. 그러나 LHC는 전자기력과 약력이 대칭으로 연결되어 있음을 증명했다.

획일적인 세상보다 다양한 세상이 좋다면, 대칭이 숨어 있는 것을 다행으로 여겨야 한다. 만일 대칭이 겉으로 드러나 있다면 전자는 질량이 없어서 원자핵 주변을 돌지 않을 것이고, 따라서 원자도, 화학결합도, 고체도, 액체도, 심지어 생명체도 존재하지 않을 것이다! 이것이 바로 지난 수십 년 동안 입자물리학자들이 약전자 기력의 숨은 대칭을 찾아온 이유다. 자신의 정체를 숨겨가면서 세상을 이토록 다양하게 만들어준 일등 공신이기 때문이다.

CERN의 발표회가 있은 지 11년이 지난 후 ATLAS와 CMS는 그동안 수집해온 방대한 데이터에 기초하여 2012년에 발견했던 입자가 힉스보손임을 다시 한번 천명했고, 우리는 그것을 당연한 사실로 받아들였다. 그들이 발견한 보손의 스핀은 0이고, 붕괴 특성도 이론과 정확하게 일치한다. 그 외의 다른 "힉스류 보손"은 전하가 있건 없건 존재한다는 증거가 전혀 없다. 힉스보손의 질량은 125.25GeV로 알려져 있으며, 오차범위는 0.17GeV이다. 이 값이 결정된 후로 다양한 관측값에 대한 2단계(또는 고리를 포함한 1단계) 양자보정에서 "알려진 미지known unknown"가 모두 사라졌다. 이론과 실험의 차이가 1000분의 1 수준이라는 것은 약전자기 이론이 1차 근사보다 훨씬 정확하다는 뜻이다.

실험에 의하면 힉스보손은 W 보손 쌍(이론적 확률=22퍼센트)이나 타우-렙톤 쌍(6.3퍼센트)으로 붕괴되며, 발견을 이끌었던 2-광자(0.2퍼센트), 또는 Z 보손 쌍(3퍼센트)으로 붕괴될 수도 있다. 각 붕괴 모드는 네 가지의 뚜렷한 생성 모드를 통해 확인되었는데, 그중 가장 중요한 것은 두 개의 글루온(충돌하는 두 양성자에서 각각 하나씩)이 꼭대기쿼크의 고리를 생성하여 힉스보손을 방출하는 경우다. 테바트론과 LEP에서는 W 또는 Z 보손과 관련된 힉스보손 생성 모드를 집중적으로 탐색했는데, 두 개의 글루온이 한 쌍의 꼭대기쿼크를 생성하여 힉스보손을 방출하는 경우오-양성자 내부의 쿼크에서 방출된 위크보손 두 개가 결합하여 힉스보손을 형성하는 경우다. 이들 중 마지막 반응의 중요성을 처음으로 간파한 사람은 밥과 샐리 도슨Sally Dawson(현재 브룩헤이븐 국립연구소 소속)이었다. 흔히 "벡터보손융합vector-boson fusion"으로 알려진 이 메커니즘은 크리스와 그의 동료들이 상상 속에서 실행했던 W-W 산란실험을 실제 실험실에서 구현해줄 것으로 기대된다. 지금까지 관측된 모든 생성 빈도는 표준모형의 예측과 잘 일치하고 있다. 또한 LHC 실험에서는 힉스보손이 뮤온쌍(0.02퍼센트)이나 다른 희귀 모드로 붕괴할 가능성도 포착되었다. 약전자기 이론에 의하면 힉스보손이 다른 입자와 결합할 확률은 입자의 질량에 비례하는데, 이것은 꼭대기쿼크와 Z, W, 바닥쿼크, 타우입자에 대해 작은 오차범위 안에서 입증되었으며, 뮤온도 그럴 가능성이 높다. 결합 강도와 질량 사이의 관계가 이슈로 떠오른 것은 힉스브손이 처음이다. 실험물리학자들은 지난 수십 년 동안 전자와 뮤온, 그리고 타우입자를 동등하게 취급해왔다(이것을 렙톤 보편성lepton universality이라 한다).

이 모든 증거는 약전자기 이론의 시나리오를 뒷받침하고 있다. 즉, 힉스장이 약전자기 대칭을 보이지 않는 곳으로 감추는 바람에 원래 하나였던 약전자기력이 전자기력과 약력으로 분리되었고, 이 과정에서 약전자기 보손 $W^{\pm}$와 Z^0가 무거운 질량을 획득했다. 가장 무거운 쿼크(꼭대기쿼크와 바닥쿼크)와 가장 무거운 렙톤(타우)의 질량도 힉스장과 상호작용하면서 획득한 것이다. 입자들이 질량을 획득하는 과정에서 다른 어떤 기제機制가 작용하는지 아직은 알 수 없지만, 125GeV 질량의 힉스보손이 가장 큰 역할을 한다는 것만은 분명한 사실이다. 그렇다면 힉스보손은 고에너지 영역에서 약전자기 이론의 오작동도 막아줄 것인가? 심증적으로 그렇게 해주기를 바라지만, 사실 여부는 아직 확실치 않다. 이 또한 앞으로 알아내야 할 중요한 문제 중 하나다.

힉스보손이 모습을 드러낸 것은 물리학의 절정이자 새로운 시작을 알리는 신호탄이었다. 이것을 "센세이션"에서 "유용한 도구"로 전환하려면 몇 가지 중요한 질문의 답을 찾아야 한다. 첫째, 약전자기 대칭붕괴는 어디서 기인한 것인가? 둘째, 쿼크와 렙톤의 질량은 무엇으로부터 어떻게 결정되었는가? 셋째, 힉스보손 자체의 질량은 어떻게 결정되었는가? 넷째, 힉스 메커니즘힉스보손이 다른 입자에 질량을 부여하는 과정을 물리학의 다른 분야에 적용할 수 있을까?

18장

자리 바꾸기

스코틀랜드 출신의 작가 로버트 루이스 스티븐슨Robert Louis Stevenson
이 1886년에 발표한 중편소설 《지킬 박사와 하이드Strange Case of
Dr. Jekyll and Mr. Hyde》는 두 개의 상반된 인격이 서로 우위를 차지하
기 위해 사투를 벌인다는 이야기다. 소설의 주인공 헨리 지킬Henry
Jekyll 박사는 평소 온화하고 고결한 성품의 소유자인데, 특별 제즈
한 약을 삼키면 세상사에 무관심하고 오직 자신밖에 모르는 악당
에드워드 하이드Edward Hyde로 변한다. 스티븐슨은 이 초자연적인
장치(약물)를 이용하여 한 사람의 인간이 완전히 다른 사람으로
바뀐다는 자극적이고 설득력 있는 이야기를 만들어냈다. 당신의
가까운 지인이 어느 날 갑자기 완전히 다른 성격으로 바뀌어서 당
신 앞에 나타났다고 상상해보라. 하이드로 변한 지킬 박사는 아무
런 죄책감 없이 마음속 깊은 곳에 숨겨두었던 세속적 충동을 여과

없이 드러낸다.

상반된 것이 공존하는 난처한 상황은 물리학에서도 찾을 수 있다. 사실 이것은 양자이론과 특수상대성이론이 낳은 가장 놀라운 결과 중 하나다. 도저히 반박할 수 없는 원리에 의하면, 이 세상에 존재하는 모든 입자는 자신과 질량, 스핀, 전하의 크기가 같으면서 전하의 부호만 반대인 파트너를 갖고 있다. 이것을 반입자antiparticle라 한다. 입자와 반입자가 공존한다는 사실은 1931년에 디랙이 반전자(지금은 "양전자"로 불림)의 존재를 예측하면서 처음으로 알려지게 되었다. 양전자는 1932년에 칼 앤더슨의 안개상자에서 처음으로 발견된 후, 블래킷과 오키알리니의 안개상자에서는 전자와 함께 쌍으로 등장하여 자신의 존재를 세상에 알렸다(4장 하늘에서 날아온 입자 참고). 그러나 디랙의 발견은 전자에한정된 것처럼 보였다. 디랙 방정식으로 설명할 수 없는 양성자 같은 입자에도 똑같은 논리를 적용할 수 있을까? 자연에는 반양성자라는 입자가 정말로 존재할까? 당시에는 아무도 답을 알지 못했다. 게다가 우리가 사는 세계는 오직 양성자로만 이루어져 있으니, 양성자와 반양성자의 수가 같은 것 같지도 않다(그 이유는 아직도 수수께끼로 남아 있다). 지구에 없다면 우주선cosmic ray에 섞여서 날아올 법도 한데, 그런 사례조차 보고된 적이 한 번도 없다. 그래서 물리학자들은 반입자라는 신개념을 의심스러운 눈초리로 바라보고 있었다.

버클리의 60GeV짜리 양성자 싱크로트론, 즉 베바트론은 고정된 표적에 입자빔을 발사하여 양성자-반양성자 쌍을 생성하려는 목적으로 설계되었다. 물론 여기에는 반양성자가 존재한다는 가정이 깔려 있다. 1955년에 에밀리오 세그레와 오언 체임벌린Owen Chamberlain이 이끌던 실험에서 양성자와 질량이 같은 음전하 입자 39개가 발견되었다. 그러나 얼마 후 이것이 반양성자(양성자와 만나면 밝은 섬광을 방출하면서 소멸되었다)로 밝혀지자 물리학자들은 불안과 기쁨이 섞인 애매한 반응을 보였고, 같은 해 10월 19일 자 신문 〈버클리 데일리 가제트Berkeley Daily Gazette〉에는 'UC에서 이루어진 섬뜩한 발견Grim New Find at UC'이라는 기사가 헤드라인을 장식했다. 미국 핵융합 에너지 개발의 선구자였던 해럴드 퍼스Harold Furth도 이 발견을 기념하는 의미로 1956년 11월 10일 자 〈뉴요커〉에 '현대인에게 닥친 위험Perils of Modern Living'이라는 제목으로 짤막한 시를 발표했는데, 수소폭탄의 아버지로 불리는 에드워드 텔러가 미래의 어느 날 반물질로 이루어진 자신의 쌍둥이를 만나는 장면을 다음과 같이 짤막하게 묘사했다.

두 사람은 반갑게 악수를 했고, 그 즉시 감마선이 되어 사라졌다.

입자와 반입자 사이의 대응관계를 전반적으로 확립한 사람은 반양성자를 발견했던 세그레와 체임벌린이다. 댄 브라운Dan Brown의 미스터리 소설 《천사와 악마Angels and Demons》가 세계적 베스트셀러가 된 것은 반물질에 대한 대중의 생각이 그만큼 부정적이었기 때문이다. 이 영화의 최대 화젯거리는 단연 "반물질 폭탄"이었다.

반양성자 한 개와 반중성자 한 개로 이루어진 반중양자antideuteron(반중수소의 원자핵)는 브룩헤이븐 국립연구소의 교대구배 싱크로트론Alternating Gradient Synchrotron, AGS에서 최초로 발견되었다. 또한 지금까지 발견된 가장 무거운 반핵antinucleons(핵의 반입자)인 반알파입자anti-alpha particle(반양성자 두 개와 반중성자 두 개로 이루어진 반입자)도 2011년에 브룩헤이븐에서 실행된 고에너지 금-금 충돌실험에서 검출되었다. 한편, CERN의 과학자들은 반양성자와 양전자positron(전자의 반입자)로 이루어진 반수소원자를 인공적으로 만들어서 수소원자와 무엇이 어떻게 다른지 면밀히 조사 중이다. 이것은 입자와 반입자의 미스터리한 관계와 그 저변에 숨은 원리를 밝혀줄 매우 중요한 실험이다.

스티븐슨의 소설이 불티나게 팔린 이유는 지킬 박사와 하이드의 상반된 성격 때문이 아니라, 약물 하나로 사람이 정반대로 변한다는 설정이 워낙 자극적이었기 때문이다. 물론 이런 약물은 현실세계에 존재하지 않지만, 양자세계에서는 얼마든지 가능하다. 우리가 생각하는 마법이나 작가의 머릿속에 떠오르는 기괴한 사건들이 양자세계에서는 일상사처럼 벌어지고 있다. 심지어 어떤 특별한 상황에서는 입자가 반입자로 변하는 것이 "선택"이 아니라 "숙명"인 경우도 있다.

가속기 안에서 일어나는 입자 간 충돌 사건은 작은 세계 버전의 미스터리 소설이다. 탐정 역할을 맡은 실험자는 법의학 지식과 과학수사 기법을 총동원하여 충돌 후 남은 잔해로부터 사건의 전말을 낱낱이 규명해야 한다. 개중에는 쉽게 식별되는 입자도 있다.

감지기가 자기장 안에 있으면 양전하를 띤 입자는 한쪽으로, 음전하를 띤 입자는 그 반대쪽으로 휘어진다. 감지기를 가볍게 통과한 하전입자는 뮤온일 것이다. 그러나 전하가 없는 중성입자는 자기장의 영향을 받지 않기 때문에 식별하기가 훨씬 어렵다. 예를 들어 광자는 물질과 만나서 전자와 양전자, 그리고 다량의 추가 광자를 방출할 때만 모습을 드러낸다.

입자가 "산 채로(아직 붕괴되지 않은 채로)" 감지기를 통과하면 그 특성을 정확하게 알아낼 수 있다. 지금 보이는 것이 파이온인가, 아니면 양성자인가? 일반적으로 입자의 운동량은 측정할 수 있지만, 그 이상은 알 수 없다. 만일 입자의 속도를 알고 있다면 운동량과 속도를 조합해서 질량을 알아낼 수 있으므로, 문제의 입자가 파이온인지 양성자인지 금방 식별할 수 있다. 파이온과 양성자는 질량이 크게 다르기 때문이다.

일부 감지기에는 입자의 속도를 측정하는 부품이 달려 있지만, 속도가 광속에 너무 가까우면 이것도 무용지물이다. 그래서 대부분의 입자는 사후(붕괴 후) 부검을 통해서만 신원을 파악할 수 있다. 문제는 유실된 유해가 태반이고, 붕괴되는 방식도 수십 또는 수백 가지나 된다는 점이다. 이렇게 정보가 태부족한 상황에서 검시관(실험자)의 최선책은 유용한 단서를 찾아서 후보군을 좁히는 것이다. 빈번하게 일어나는 충돌 사건 중 중성 케이온(K^0)이 개입된 충돌은 지킬 박사와 하이드의 이야기와 비슷하게 전개된다. 케이온의 수명은 약 1나노초(10억 분의 1초)다. 인간의 기준에서 보면 더없이 단명한 삶이지만, 그나마 이 정도라도 삶에 애착이 있었기에 "기묘입자strange particle"라는 범주에 낄 수 있었다(기묘입자의 정의는 5장을 참고하기 바란다. 사실 케이온의 수명은 애초에 예상했던 것보다 1조 배 이상 길다). 헨리 모즐리가 원소의 순서를 정했다면, 기본입자의 순서를 정한 사람은 단연 머리 겔만이었다. 그는 기묘입자에 일일이 이름을 붙이고 기묘도strangeness라는 속성을 부여했으며, 두 쌍의 중간자를 이 속성에 따라 분류했다. 양전하를 띤 K^+와 중성 K^0는 기묘도가 +1이고, 이들의 반입자인 K^-와 $\overline{K}^0$는 기묘도가 −1이다.

겔만과 그의 연구 동료 아브라함 파이스Abraham Pais는 K^0와 $\overline{K}^0$가 지킬 박사와 하이드의 역할을 할 것이라고 생각했다. 이들은 기묘도를 감추고 한 쌍의 파이온으로 변했다가 다시 재결합하여 K^0나 $\overline{K}^0$로 되돌아올 수 있기 때문이다. 이들이 정체성을 맞바꾸는 속도는 지킬 박사와 하이드와는 비교가 안 될 정도로 빨라서 1초당 50억 번쯤 오락가락할 수 있으며, 이 정신없는 "자리 바꾸기" 게임은 중성 케이온(K^0)이 어떤 형태로든 붕괴될 때까지 계속된다.

《지킬 박사와 하이드》에서는 한 사람이 지킬 박사와 하이드의 속성을 모두 갖고 있지만, K^0와 $\overline{K}^0$는 독립적으로 존재하는 별개의 입자다. 겔만과 파이스는 이 두 입자가 실제로 섞여서 지수적 붕괴 법칙을 따르는 두 개의 정상적인 입자가 된다고 설명했다. 그중 하나는 (비유하자면) "지킬+하이드"이고, 다른 하나는 "지킬−하이드"다. 그런데 소설에서 "지킬−하이드"라는 식의 이름을 본 적이 있는가? 아마 없을 것이다. 문학적 상상력은 여기까지다. 그러나 양자역학에서는 두 물체가 임의의 비율로 + 또는 −를 통해 섞일 수 있다(심지어 복소수 비율로 섞이는 것도 가능하다).

지킬 박사와 하이드가 역할을 바꾼다면 "지킬+하이드"는 그대로 유지되지만, "지킬-하이드"는 "하이드-지킬"이 된다. 즉, 전체적인 부호가 바뀌는 것이다. 겔만과 파이스의 설명에 의하면 대칭조합(지킬+하이드)은 두 개의 파이온으로 붕괴될 수 있지만, 반대칭조합(지킬-하이드)은 그렇지 않다. 지킬 박사가 두 개의 파이온으로 붕괴하려고 애를 써도, "마이너스 하이드"가 그 노력을 상쇄시키기 때문이다.

두 조합 중 수명이 짧은 것(+ 조합)을 K-short라 하고, 수명이 긴 것(- 조합)을 K-long이라 한다. 충분한 에너지를 가진 음의 파이온 빔을 임의의 물질에 발사하면 파이온과 양성자가 충돌하여 람다입자(Λ, 양성자의 기묘한 사촌)와 중성 케이온(K^0)이 생성된다. 여기서 K^0를 지킬 박사라 하자. K^0는 K-short와 K-long을 더한 것과 같다(K-short와 K-long을 더하면 하이드가 상쇄되기 때문이다).* K^0에서 오랫동안 존재할 수 있는 부분은 K-long이므로, 생성된 지점으로부터 멀리 떨어진 곳에서 포착된 K^0는 두 개의 파이온으로 붕괴되지 않는다. K^0와 $\overline{K}^0$가 "K-short과 K-long의 혼합"이라는 생소한 제안을 받아들이면 모든 것을 직관적으로 이해할 수 있다.

이제 좀 더 유별난 구석을 들여다보자. K^0가 생성된 지점 근처에

---

* 물론 지킬 박사는 두 배가 되지만, 앞에 곱해진 상수는 무시해도 된다. 중요하지 않아서가 아니라, 저자가 "상수와 무관한 논리"만 펼칠 것이기 때문이다.

감지기를 설치하면 K^0의 특정한 붕괴 모드를 관측할 수 있는데, 그 중에는 다른 입자와 함께 양전자가 생성되는 붕괴도 있다. 그러므로 양전자는 그곳에서 K^0가 붕괴되었음을 알려주는 표식이다. 감지기를 먼 곳으로 옮기면 양전자 대신 전자가 발견되는데, 이것은 $\overline{K}^0$를 나타내는 표식이다. 즉, 발원 지점에서는 K^0의 흔적만 관측되고, 하류로 가면 $\overline{K}^0$의 흔적이 관측된다. 지킬 박사(중성 케이온, K^0)가 그 반대인 하이드(반중성 케이온, $\overline{K}^0$)로 바뀐 셈이다. 여기에는 약물도, 마법도 없다. 그냥 거시적 규모에서 펼쳐진 양자물리학일 뿐이다.

물리학자는 이런 경우에 "K^0가 $\overline{K}^0$로 변동했다oscillated"고 말한다. 중성 케이온빔이 처음 생성된 곳에서 멀어지면 반중성 케이온빔으로 변하기 때문이다(빔에 섞여 있는 $\overline{K}^0$의 비율은 사인곡선sine curve의 제곱에 따라 증가하거나 감소한다). K-short와 K-long은 질량이 다르기 때문에, 이들의 구성 요소는 똑같이 변하지 않는다. 만일 K-short와 K-long이 똑같은 시계를 차고 있다면, 이들의 시계는 각기 다른 속도로 움직일 것이다. 그래서 시간이 흐를수록 K^0와 $\overline{K}^0$의 혼합 비율도 달라진다.

입자가 지킬 박사와 하이드를 흉내내려면 전기전하가 없어야 한다. 양전하를 띤 양성자가 음전하를 띤 반양성자로 바뀌려면 전하의 부호가 달라져야 하는데, 이것은 전하보존법칙에 위배된다. 특별한 중성입자만이 서로 자리를 맞바꿀 수 있다. 예를 들어 중성 파이온과 광자는 그 자체가 자신의 반입자여서, 신비한 약물을 마셔도 달라지는 것이 하나도 없다. 이런 캐릭터를 주인공으로 내세우면 정말로 지루한 소설이 될 것이다!

　그렇다면 자신의 반입자와 확실하게 다르면서, 입자-반입자 자리 바꾸기를 시연할 수 있는 입자(반드시 기본입자일 필요는 없음)가 K^0 중간자 외에 또 존재할 것인가? 이것은 1957년에 이탈리아의 물리학자 브루노 폰테코르보Bruno Pontecorvo가 제기했던 질문이다. 그는 겔만과 파이스의 논리에 입각하여 "양의 뮤온과 전자로 이루어진 특이한 원자인 뮤오늄muonium은 음의 뮤온과 양전자로 이루어진 반뮤오늄으로 변동할 수 있다"고 주장했다. 그러나 지금까지 알려진 바에 의하면 이런 일은 절대로 일어날 수 없다. 파이온의 경우에는 "K^0와 $\overline{K}^0$의 혼합"에 대응되는 상태가 존재하지 않기 때문이다. 그러나 1970년대에 발견된 입자 중 이 조건을 만족하는 것이 있다. 맵시쿼크 c와 반꼭대기쿼크로 이루어진 중간자 D^0는 그 반입자인 $\overline{D}^0$와 자리를 맞바꿀 수 있으며, 바닥쿼크와 반아래쿼크로 이루어진 $\overline{B}^0$ 중간자도 반입자 B^0와 맞바꿀 수 있다. D와 B는 자신의 반입자와 역할 바꾸기 게임을 초당 약 1000조 번쯤 하고 있어서, 당당히 이 분야의 챔피언으로 등극했다.

　폰테코르보는 그 자신도 지킬 박사와 하이드처럼 이중적인 성격의 소유자였다. 다행인 것은 그 기질이 1950년에 딱 한 번 발휘되었다는 점이다.* 그는 21세 때 로마에 있는 엔리코 페르미 연구팀에 합류하면서 물리학계에 입문했고, 얼마 후 프레데릭 졸리오

---

* 앞으로 폰테코르보의 이중적 성격이 발휘된 사연을 소개할 텐데, 이야기가 너무 길고 장황해서 읽는 독자들이 도중에 지칠 것 같다. 그래서 역자는 선의의 스포일러를 저지르기로 마음먹었다. 결론: 폰테코르보는 1950년에 소련으로 망명했다!

와 이렌 퀴리(마리 퀴리의 장녀이자 졸리오의 아내)가 이끄는 파리 연구팀으로 들어가 방사성 원자핵을 실험실에서 인공적으로 만들 수 있음을 최초로 보여주었다. 폰테코르보는 페르미 연구소와 졸리오-퀴리 연구소에서 많은 업적을 남긴 핵물리학자다. 1913년에 이탈리아의 부유한 유대인 가정에서 태어난 그는 1936년에 졸리오의 실험팀에 합류하기 위해 파리로 이주했다가, 나치가 프랑스를 점령하기 직전인 1940년에 아내와 어린 딸을 데리고 그곳을 떠나 스페인을 거쳐 포르투갈로 피신했다. 아무런 준비 없이 몸만 빠져나와 앞날이 막막했던 그에게 버클리에 있는 이탈리아 동료 에밀리오 세그레로부터 반가운 소식이 날아들었다. 그가 앞장서서 폰테코르보 가족의 미국 이민을 주선한 것이다. 세그레는 어렵게 미국에 도착한 폰테코르보에게 일자리를 소개해주었는데, 그곳은 핵물리학 연구소가 아니라 오클라호마주 털사Tulsa에 있는 석유탐사 현장이었다. 좀 생뚱맞은 것 같지만, 알고 보면 그렇지도 않다. 아직 개발되지 않은 유전에서 석유 매장량을 추산할 때 방사능 탐지술을 사용했기 때문이다.

폰테코르보는 1943년에 핵물리학으로 복귀했다. 영국이 원자폭탄을 개발하기 위해 몬트리올에 설립한 연구소에 자리가 난 것이다. 얼마 후 이 연구소는 온타리오주의 초크리버Chalk River로 자리를 옮겨서 원자로nuclear reactor, 핵반응을 제어하는 장치 개발에 총력을 기울였다. 원자로를 만들려면 핵분열이 연쇄적으로 일어나도록 유도해야 하고, 이를 위해서는 핵분열에서 생성된 중성자의 속도를 늦춰야 한다. 과거에 페르미는 탄소의 일종인 흑연을 사용하여 중성자를 진정시켰으나(이것을 "감속재"라 한다), 캐나다 연구진은 졸리오와 퀴리의 조언에 따라 중수重水, heavy water(중수소와 산소로 이루어진 물)를 감속재로 사용하기로 결정했다. 갑자기 중수가 핵무기 생산을 위한 "전략적 물질"로 둔갑한 것이다. 그리하여 프랑스는 이 귀한 물질이 나치의 손에 들어가는 것을 막기 위해, 류칸Rjukan에 있는 노르스크Norsk 수력발전소에서 전 세계 생산량과 맞먹는 185킬로그램의 중수를 빼돌렸다. 독일군이 류칸을 점령했을 때 노르웨이 저항군은 수력발전소와 중수저장소를 파괴했는데, 이 일화를 영화로 만든 것이 커크 더글러스Kirk Douglas가 주인공으로 등장한 〈텔레마크의 영웅들 The Heroes of Telemark〉이다. 아무튼, 프랑스가 빼돌린 중수는 파리에서 영국을 거쳐 초크리버로 배달되었다.

폰테코르보는 캐나다에 머무는 동안 뉴트리노 검출법을 개발했다. 1930년에 파울리가 약력이론을 개발하면서 그 존재를 가정한 후 아무도 보지 못했던 입자를 간접적으로나마 검출하는 데 성공한 것이다. 그는 염소 원자핵이 뉴트리노와 충돌하면 방사성 아르곤 원자핵과 전자로 바뀐다는 사실을 알아냈다. 그러므로 염소 함유량이 풍부한 드라이클리닝 용액을 커다란 통에 담아서 뉴트리노 빔에 노출시킨 후, 반응에서 생성된 아르곤 원자를 추출하면 된다. 아르곤 원자가 바로 "뉴트리노, 여기 다녀가다"라는 징표이기 때문이다. 처음에 폰테코르보는 초크리버에 건설 중인 원자로보다 훨씬 큰 원자로에서 대량생산된 뉴트리노를 활용할 생각이었다.

1956년에 클라이드 카원Clyde Cowan과 프레더릭 라이너스Frederick

Reines가 이끌던 연구팀은 사우스캐롤라이나주 소재 서배너강 발전소Savannah River Plant에 있는 강력한 중수소 감속 원자로에서 반뉴트리노의 상호작용을 관측했다(이 발전소는 핵무기용 플루토늄을 비롯한 전략 물질을 생산하는 곳이었다). 이들은 200리터의 물을 표적으로 삼아 반뉴트리노와 양성자를 충돌시켜서 전자와 중성자를 검출했는데, 이 반응을 "역베타붕괴inverse beta decay"라 한다. 서배너강 발전소에서 염소실험을 실행했던 레이 데이비스Ray Davis는 뚜렷한 징후를 발견하지 못했지만, 뉴트리노와 반뉴트리노가 별개의 입자임을 확인할 수 있었다. 염소를 아르곤으로 바꾸는 것은 뉴트리노인데, 발전소의 원자로에서 생성되는 것은 반뉴트리노다. 그 후 데이비스는 자신의 인생을 걸고 뉴트리노-염소 상호작용을 끈질기게 연구한 끝에 혁명적인 결과를 얻게 된다. 그러나 뉴트리노에 대해 할 말이 가장 많은 사람은 폰테코르보였다.

브루노 폰테코르보는 실험실 밖에서도 꽤 유명한 사람이었다. 우리의 스승이었던 데이브 잭슨은 1947년에 폰테코르보를 처음 알게 되었는데, 그를 만난 장소는 초크리버에서 한참 떨어진 곳이었다. 잘생긴 외모에 살짝 수다스러운, 전형적인 이탈리아인이었던 그는 딥리버Deep River(연구소가 있던 마을)의 모든 미혼 여성에게 추파를 던지며 타고난 바람기를 유감없이 발휘하고 다녔다. 그의 아내 마리안Marianne은 아름답고 활기 넘치는 스웨덴 여성으로, 특히 테니스 코트에서 두각을 나타냈다고 한다.

폰테코르보는 수많은 미국 대학의 교수직 제안을 거절하고 1949년까지 캐나다에 머물다가 그해 영국 옥스퍼드 근교 하웰

Harwell에 있는 원자력연구소로 자리를 옮겼다(이곳의 소장은 초크 리버 연구소를 이끌었던 존 콕크로프트였다). 그리고 1950년 9월에 이탈리아로 휴가를 떠났다가 가족과 함께 바람처럼 사라졌다. 당시 서방세계의 동료들은 짐작조차 못 했지만, 사실 그는 소련으로 망명하여 "브루노 막시모비치", 즉 브루노 교수가 되었다. 그 후 폰테코르보는 가족과 함께 수십 년 동안 모스크바와 두브나Dubna에 거주하면서 공동 핵연구소 Joint Institute for Nuclear Research(소련의 CERN)의 핵심 멤버로 활약했다. 서방세계의 연구 동료들은 그가 실종되고 5년이 지난 후에야 모든 진상을 파악하고 고개를 끄덕였다고 한다. "그래, 소련 여자들이 이쁘긴 이쁘지……."

폰테코르보의 전기《반쪽 인생Half-Life》을 집필한 프랭크 클로스Frank Close는 책의 서문에 다음과 같이 적어놓았다.

> 그의 성격은 둘로 나뉘어 있으면서 상호보완적이었다. 한쪽은 외향적이면서 어디서나 눈에 띄는 뛰어난 과학자 폰테코르보였고, 반대쪽은 공산주의 사상에 심취하여 소련 정부에 헌신하는 수수께끼의 인물, 브루노 막시모비치였다.

세간에는 그가 소련 스파이였다는 소문이 파다했지만, 확인된 사실은 아니다.

망명 후 폰테코르보는 서방세계 여행을 금지당했지만, 노동자의 낙원에서 약한 상호작용과 뉴트리노를 계속 연구할 수 있었다. 그는 1975년에 발표한 논문에서 K^0와 $\overline{K}^0$처럼 뉴트리노와 반뉴트리노도 자리를 바꿀 수 있다고 예측했으나, 뉴트리노-반뉴트리노 변동은 지금까지 한 번도 관측되지 않았다. 중성 케이온 이외의 입자도 자리를 맞바꿀 수 있다는 그의 주장은 30년이 지난 후에야 B 중간자를 통해 비로소 입증되었다.

1950년대 후반부터 입자물리학자들 사이에 강한 의문이 퍼지기 시작했다. 혹시 뉴트리노가 두 종류로 존재하는 건 아닐까? 파울리가 뉴트리노를 도입하는 데 결정적 계기가 되었던 베타붕괴에서는 일반적으로 전자와 반뉴트리노가 방출된다. 그리고 전하를 띤 파이온은 뮤온과 뉴트리노로 붕괴되며, 다른 붕괴 모드는 관측된 적이 없다. 그렇다면 "전자와 함께 방출된 뉴트리노"와 "뮤온과 함께 생성된 뉴트리노"는 같은 입자일까?

폰테코르보(1959년)와 컬럼비아대학교의 멜 슈워츠Mel Schwartz (1960년)는 각자 독립적으로 다음과 같은 실험을 제안했다. 파이온 붕괴과정에서 생성된 뉴트리노빔을 거대한 표적에 충돌시켜서 뉴트리노가 뮤온으로 변하는지, 아니면 뮤온과 전자로 변하는지 확인한다. 뉴트리노가 한 종류만 존재한다면, 뉴트리노빔은 뮤온과 전자를 모두 생성할 것이다. 1962년에 리언 레더먼과 슈워츠, 그리고 잭 스타인버거Jack Steinberger를 필두로 한 실험팀은 브룩헤이븐 국립연구소의 교대구배 싱크로트론AGS으로 이 실험을 실행하여 뮤온만 생성된다는 것을 확인했다. 즉, "뮤온을 동반하는 뉴트리노"와 "전자를 동반하는 뉴트리노"는 엄연히 다른 입자였던 것이다.

이 사실이 밝혀지자 입자들 사이의 가족관계가 새로운 화두로

 자연은 왜 이토록 단순하면서도 아름다운가

떠올랐다. 전자는 전자뉴트리노와, 뮤온은 뮤온뉴트리노와 짝을 이룬다. 일본 나고야대학교의 마키 지로牧二郎와 나카가와 마사미 中川昌美, 사카타 쇼이치는 "전자뉴트리노와 뮤온뉴트리노는 서로 섞일 수 있는가?"라는 의문을 제기했고, 1967년에 폰테코르보가 이 질문을 파고든 끝에 "전자뉴트리노와 뮤온뉴트리노는 K^0와 $\overline{K}^0$ 처럼 변동할 수 있다"고 주장하면서 원자로와 가속기 실험에서 얻은 변동 사례를 증거로 제시했다. 입자에서 반입자로 변동하는 대신, 한 종류에서 다른 종류로 변동한다는 것이다. 그는 "태양에서 날아온 뉴트리노로부터 변동의 증거를 확보할 수 있을 것"이라고 했다(태양 중심부에서 생성된 뉴트리노를 활용한다는 아이디어는 초크리버 시절에 폰테코르보의 동료가 처음으로 제안한 것이다).

태양이 뜨겁게 타오르는 이유는 수소를 헬륨으로 바꾸는 과정(정확하게는 양성자로 헬륨 원자핵을 만드는 과정)에서 다량의 에너지가 발생하기 때문이다. 이것은 결코 쉬운 일이 아니다. 막대기를 비벼서 불을 붙여본 경험이 있다면, 불을 만드는 게 얼마나 어려운 일인지 잘 알고 있을 것이다. 불이 붙을 때까지, 그야말로 "손에 불이 나도록" 비벼야 한다. 태양 속의 양성자는 1500만K의 온도로 타오르는 중심부에서 끊임없이 충돌하다가 아주 가끔(평균 90억 년에 한 번) 희미한 열핵융합 불꽃을 일으킨다. 양성자 두 개가 중양자deuteron(중수소의 핵)로 융합되면서 양전자와 전자뉴트리노를 방출하고, 이 과정에서 다량의 에너지가 함께 방출된다. 이 반응은 매우 느리게 진행되는데, 그 이유는 주된 역할을 하는 힘이 약력이기 때문이다. 이 상태에서 유사한 반응이 또 일어나면 헬륨 원자핵이 만들어진다. 그러므로 태양에서 날아온 뉴트리노를 검출하면, 태양의 에너지원이 핵융합이라는 것을 증명할 수 있다.

천체물리학자는 태양에서 생산되는 에너지의 총량을 알고 있고 그중에서 뉴트리노가 차지하는 비율도 알고 있으므로, 태양에서 생산되는 뉴트리노의 양을 계산할 수 있다. 그들이 얻은 답은 "어마어마하게 많다"는 것이다. 당신이 태양 아래 서 있을 때, 초당 약 100조 개의 뉴트리노가 당신의 몸을 관통한다. 왠지 섬뜩하다고? 걱정할 것 없다. 뉴트리노는 사람에게 아무런 영향도 미치지 않는다. 태양 빛을 100년 동안 쉬지 않고 쪼인다 해도, 당신의 몸 안에 있는 입자와 상호작용하는 뉴트리노는 평균 한 개밖에 안 된다. 여기까지는 좋은 소식인데, 별로 반갑지 않은 소식도 있다. 태양에서 날아온 뉴트리노의 에너지가 염소를 아르곤으로 바꿀 정도로 충분하지 않다는 것이다.

핵융합 외에 태양 내부에서 진행되는 과정 중에는 에너지가 충분히 큰 뉴트리노를 만들어내는 과정도 있다. 그러나 반응 단계가 너무 복잡해서 계산하기 어렵고, 실험 결과를 예측하기도 쉽지 않다.

서배너강 발전소에서 염소처리기법을 최초로 개발했던 레이 데이비스는 사우스다코타주에 있는 홈스테이크 금광Homestake Mine의 지하 1.6킬로미터 아래에서 소규모 팀원과 함께 실험을 계속했다. 이들이 하는 일은 세척액 10만 갤런(37만 8000리터)이 담긴 거대한 탱크로 뉴트리노를 감지하는 것이다(깊은 지하에서 실험을 해야 우주선cosmic ray의 방해를 막을 수 있다). 데이비스는 날이 갈수록 광부를 닮아가는 팀원들을 독려해가며 실험에 전념했지만, 1968년까지 아무런 신호도 포착하지 못했다. 폰테코르보와 블라디미르 그리보프Vladimir Gribov는 반응 빈도가 줄어든 이유를 "전자뉴트리노와 뮤온뉴트리노의 변동 때문"으로 해석했으나, 데이비스의 실험 장비에는 그런 증거도 포착되지 않았다. 그 후 실험 장비와 예측의 정확도는 꾸준히 개선되었지만, 관측된 반응 빈도는 예상의 절반에도 미치지 못했다. 애초부터 실험 방법 자체가 입자물리학의 전통적인 기법과 거리가 멀었기 때문에, 홈스테이크 실험의 신뢰도에 대해서도 물리학자들 사이에 의견이 분분했다.

태양의 뉴트리노 생성률을 계산했던 존 바콜John Bahcall은 1975년에 데이비스의 실험을 분석한 후 그때까지의 상황을 다음과 같이 요약했다.

> 많은 물리학자들이 지금까지 드러난 실험적 불일치의 원인을 천문학에서 찾고 있다. 우주에 대한 현재의 지식수준이 천문학자들이 자신하는 것만큼 깊지 않다는 것이다. 표준이론으로 실험 결과를 설명하지 못한다는 것은 물리학자들이 천문학에 회의적인 이유를 설명해준다. 반면에 많은 천문학자들은 "이톤과 실험이 이토록 큰 차이를 보이는 것은 천문학의 잘못이 아니라 기초물리학의 문제일 가능성이 높다"고 주장하고 있다.

"잘되면 내 탓, 잘못되면 네 탓"은 과학에도 적용되는 모양이다 실험자들이 아르곤 원자를 효과적으로 추출하지 못했을 수도 있고, 태양 중심부의 온도가 우리 예상보다 낮기 때문일 수도 있다. 후자의 경우라면 우리는 아직 그 효과를 느끼지 못할 것이다. 중심부의 변화가 표면에 전달되기까지는 꽤 긴 시간이 소요되기 때문이다. 데이비스와 바콜은 폰테코르보의 뉴트리노 변동설을 별로 심각하게 받아들이지 않았다. 아마도 두 사람은 "뉴트리노의 질량이 0이면 약력이론은 훨씬 더 우아해진다"는 편견을 갖고 있었을지도 모른다. 뉴트리노는 질량이 너무 작아서, 아직 정확한 값이 알려지지 않았다. 1950년대 후반부터 일부 물리학자들은 몇 가지 증거를 종합하여 뉴트리노의 질량을 아예 0으로 취급해왔다. 광자와 같이 질량이 없는 입자는 항상 빛의 속도로 움직이기 때문에 시간의 흐름을 느끼지 않는다. 그런데 시간이 멈추면 "시간차"라는 개념이 존재하지 않으므로 변동 현상도 나타날 수 없다.

데이비스는 실험의 특성상 모든 상황을 실시간으로 지켜볼 수 없었다. 그저 몇 주에 한 번씩 금광을 방문하여 아르곤 원자를 확인하는 것이 전부였다. 물론 그는 나름대로 최선을 다했지만, 이런 식으로는 뉴트리노가 태양에서 날아왔다는 것을 증명하기 어렵다. 그래서 일본의 과학자들은 1986년에 일본열도 중 가장 큰 섬인 혼슈本州 서쪽 해안 산악지대에 있는 모즈미 광산의 1킬로미터 지하 암반층에 새로운 실험 장비를 설치했다. 이곳에는 가미오칸데Kamiokande-2라는 용량 2000리터짜리 물탱크가 설치되어 있으며, 태양에서 날아온 뉴트리노가 물속의 전자에 의해 산란될 때마다 시간, 방향, 에너지를 측정하고 저장하는 감지기가 물탱크 내벽에 빼곡하게 설치되어 있다. 이 감지기는 1934년에 소련의 물리학자 파벨 체렌코프Pavel Cherenkov가 발견한 현상을 이용한 것으로, 원리는 다음과 같다. 빛은 물 같은 매질 속에서 속도가 느려지기 때문에, 고에너지 입자가 매질 속으로 진입하면 빛보다 빠르게 이동할 수 있다(물론 진공 중에서는 빛이 제일 빠르다!). 하전입자가 매질 속에서 빛보다 빠르게 통과하면 전자기 충격파의 선단先端에 원뿔 모양의 섬광이 발생하는데, 뮤온의 경우는 선명하게, 전자는 흐릿하게 나타난다. 가미오칸데-2 탱크에는 1미터 간격으로 50센티미터 크기의 광전증폭기(빛 신호의 강도를 증폭하는 장치)가 설치되어 있어서 빛이 도달한 시간과 위치, 강도 등을 기록한다. 이 데이터에 기초하여 원뿔과 전자의 방향을 재구성하면 뉴트리노가 날아온 방향을 알 수 있다.

1988년에 가미오칸데-2 실험팀은 그들이 검출한 뉴트리노가 태양에서 날아온 것임을 확신할 수 있을 정도로 충분한 양의 데이터를 축적했다. 그리고 10년 만에 슈퍼 가미오칸데Super-Kamiokande라는 첨단 감지기를 추가로 설치하여 빛이 아닌 뉴트리노로 관측한 하늘 지도를 제작했는데, 이 지도에 의하면 가장 많은 뉴트리노가 방출된 지점은 단연 태양이다. 즉, 빛이 아닌 뉴트리노를 통해서 하늘을 바라봐도 가장 밝은 천체는 여전히 태양이라는 것이다. 이것은 정말로 대단한 업적이다. 생각해보라. 그들은 산꼭대기가 아닌 땅속 1킬로미터에 지은 지하천문대에서 인간의 감각으로는 절대 느낄 수 없는 뉴트리노를 이용하여 태양을 관측해왔다(이 관측은 해가 저문 후에도 계속되었다!). 슈퍼 가미오칸데의 규모는 실로 어마어마하다. 직경 39미터, 높이 41미터짜리 거대한 탱크에

슈퍼 가미오칸데. 출처: Super-Kamiokande 홈페이지

5만 톤의 순수한 물이 담겨 있고, 여기 설치된 광전증폭기만도 무려 1만 3000개나 된다. 게다가 이보다 훨씬 큰 하이퍼 가미오칸데 Hyper-Kamiokande가 현재 건설되고 있다.

1988년, 가미오칸데 실험팀은 우주선에서 뉴트리노의 또 다른 특이한 거동을 발견했다. 우주선은 입자물리학 초기에 입자의 특성을 연구하는 중요한 원천이었으나, 1953년에 코스모트론 가속기가 가동된 후 부수적인 수단으로 밀려나 있었다. 우주에서 날아온 입자(대부분이 초고에너지 양성자)가 대기 중의 원자핵과 충돌하면 전하를 띤 파이온이 대량으로 생성된다.

파이온은 뮤온과 뮤온뉴트리노로 붕괴되고, 뮤온은 다시 전자(또는 양전자)와 뮤온뉴트리노, 그리고 전자뉴트리노로 붕괴된다(이 과정에서 감지기는 뉴트리노와 반뉴트리노를 구별하지 않는다. 물을 이용한 체렌코프의 감지기도 마찬가지였다). 그러므로 지구 어딘가에 아주 예민한 뉴트리노 감지기를 설치하면, 전자뉴트리노 하나당 뮤온뉴트리노 두 개가 검출될 것이다. 그런데 뉴트리노는 머리 위 하늘에서 내려오는 것도 있고, 발 아래(반대편 하늘)에서 "올라오는" 것도 있다. 이들 중 후자가 감지기에 도달하려면 직경이 1만 2700킬로미터인 지구를 관통해야 하는데, 뉴트리노에게 이 정도는 일도 아니다. 그러나 가미오칸데-2에는 전자뉴트리노 하나당 뮤온뉴트리노 하나가 검출되었다. 전자뉴트리노는 제대로 도달했는데, 뮤온뉴트리노 중 거의 절반이 어디론가 사라진 것이다.

가미오칸데-2를 업그레이드한 슈퍼 가미오칸데가 1998년에 얻은 데이터를 분석해보니 위에서 내려온 뉴트리노의 경우에는 뮤온뉴트리노와 전자뉴트리노의 비율이 거의 2대 1로 나타난 반면, 지구를 뚫고 아래에서 올라온 뉴트리노는 뮤온뉴트리노의 수가 여전히 부족했다. 하늘에서 내려온 것과 땅을 뚫고 올라온 것이 어떻게 다르기에 이런 차이를 보인다는 말인가? 다른 점이 있긴 있다. 하늘에서 내려온 뉴트리노는 지구 대기를 통과한 후 곧바로 감지기에 도달했지만, 아래에서 올라온 뉴트리노는 (반대편) 지구 대기를 통과한 후 추가로 "지구"를 통째로 통과한 후에야 감지기에 도달했다. 즉, 아래에서 올라온 뉴트리노가 조금 더 먼 길을 여행한 셈이다.* 혹시 뮤온뉴트리노와 전자뉴트리노가 "변동"을 겪은 것일까? 그럴 가능성은 없다. 만일 변동이 일어났다면 아래에서 위로 올라온 전자가 예상보다 많아야 하는데, 이런 현상은 관측된 적이 없다. 2000년에 슈퍼 가미오칸데 실험팀은 실종된 뮤온뉴트리노가 폰테코르보 시대에는 알려지지 않았던 새로운 뉴트리노, 즉 "타우뉴트리노"로 변했음을 확인했다.

타우뉴트리노는 전자와 뮤온의 헤비급 형제인 타우입자(또는 그냥 "타우"라고도 함)의 중성 파트너에 해당한다. 2004년에 추가로 분석한 결과, 이 현상은 일회성 자리 바꾸기가 아니라 주기적으로 일어나는 변동으로 밝혀졌다. 이것은 미시적 규모가 아니라 "지구만 한 규모"에서 일어나는 양자 현상이다. 이로써 뉴트리노

---

* 뉴트리노의 출발점에 따라 달라지지 않을까? 그렇지는 않다. 뉴트리노는 모든 방향에서 무작위로 날아오기 때문에, 지구 대기에 도달할 때까지 날아온 평균 거리는 모든 방향에서 거의 같다고 봐도 무방하다.

의 변동이 현실로 확인되었으며, 물리학자들은 뉴트리노의 질량이 0이 아니라는 강한 의구심과 함께 태양 뉴트리노를 새로운 시각으로 바라보게 되었다.

대기 속에서 뉴트리노의 변동이 발견되자 미국과 일본, 유럽의 물리학자들은 뮤온뉴트리노 빔과 반뮤온뉴트리노 빔을 만들어서 인공적으로 변동을 유도하는 실험에 착수했고(이들이 만든 뉴트리노빔은 지하에서 750킬로미터를 이동한 후 감지기에 도달했다) 그 덕분에 뮤온뉴트리노와 타우뉴트리노의 변동에 관한 이론이 크게 개선되었다.

그렇다면 태양 뉴트리노의 수수께끼는 어떻게 되었을까? 1995년에 레이 데이비스와 그의 동료들은 2200건의 태양 뉴트리노 상호작용을 포착했는데, 신호 자체는 꽤 강력했지만 발생 빈도는 예상치의 3분의 1에 불과했다. 그리고 갈륨을 표적으로 사용한 두 차례의 후속 실험에서도 상호작용의 발생 빈도는 예상보다 낮았지만 첫 번째 실험보다는 높게 나타났다(갈륨은 양성자 두 개가 중양자로 바뀔 때 생성되는 저에너지 뉴트리노에 민감하게 반응한다). 슈퍼 가미오칸데는 2001년까지 뉴트리노가 전자에 의해 산란되는 사례를 1만 8000건 이상 포착했는데, 태양에서 방출된 뉴트리노의 양은 예상치의 45퍼센트를 밑돌았고, 사라진 뉴트리노에 대해서는 아무것도 알아내지 못했다. 혹시 존 바콜이 계산한 태양 뉴트리노의 양이 틀린 거 아닐까? 그리하여 다수의 물리학자들은 초크리버에서 감속재로 사용했던 중수重水로 관심을 돌리게 된다.

과학자들은 캐나다 온타리오주 북부에 있는 크라이턴Creighton

니켈 광산의 지하 2킬로미터 깊이에 서드버리 뉴트리노 관측소
Sudbury Neutrino Observatory, SNO를 건설했다. 이곳에서는 1000리터의
중수가 담긴 직경 12미터짜리 투명 아크릴 용기를 감지기로 사
용하고 있는데, 중수값만 무려 3억 캐나다 달러(한화 약 3000억
원)에 달한다. SNO는 슈퍼 가미오칸데보다 훨씬 작지만, 중수소
의 핵이 분해되는 두 가지 과정을 별도로 관측할 수 있다는 장점이
있다.

그중 하나는 전하전류 charged current(W-보손)와 상호작용하면서
나타나는 해리解離 과정으로 태양에서 날아온 뉴트리노에 민감하
게 반응하고, 다른 하나는 중성전류(Z 보손)와의 상호작용에 의한
해리 과정으로 세 종류의 뉴트리노 모두에 민감하게 반응한다. 두
반응의 발생 빈도를 비교한 결과, 태양의 중심부에서 생성된 뉴트
리노는 예상대로 전자뉴트리노, 뮤온뉴트리노, 타우뉴트리노가
섞인 채 지구에 도달하는 것으로 확인되었으며, 이로써 모든 퍼즐
이 제자리를 찾아가게 되었다. 태양의 전자뉴트리노가 부족한 것
은 실제로 존재하는 현상임이 확실해졌고, 태양 내부에서 뉴트리
노가 생성되는 과정이 더욱 자세하게 밝혀졌으며, 전자뉴트리노
가 다른 뉴트리노와 섞인다는 것도 사실로 확인되었다.

뉴트리노 변동은 지킬 박사와 하이드처럼 단순한(초자연적인)
이야기가 아니라, 영화 〈디프 수프Deep Soup〉에서 마르크스 형제가
레모네이드 가판대 상인의 모자를 연거푸 바꿔쓰는 사건과 비슷
하다.* 세 명의 등장인물은 K-short와 K-long 같은 뉴트리노의
혼합과 비슷하고, 끊임없이 변하는 모자는 전자뉴트리노와 뮤온

뉴트리노, 타우뉴트리노를 연상케 한다.

뉴트리노의 변동은 다양한 형태로 나타나면서 물리학자의 호기심을 사정없이 자극해왔다. 지금까지 알려진 바에 의하면, 태양 중심부에서 생성된 저에너지 뉴트리노는 전자뉴트리노의 옷을 입고 지구로 날아오다가 변동을 겪는다. 염소-물 실험에서 포착된 고에너지 뉴트리노는 태양 내부의 고밀도 환경에서 상호작용을 통해 "뉴트리노-2"라는 혼합물로 바뀌어 지구로 날아온 것이다.

뉴트리노의 질량은 얼마나 될까? 변동 빈도로부터 알 수 있는 것은 두 뉴트리노의 질량이 아니라 "질량의 제곱의 차이"다. 지금까지 얻은 데이터에 의하면 세 개 중 두 개의 질량은 거의 비슷하고 나머지 하나만 큰 차이를 보이는 듯하다. "비슷한 둘"과 "다른 하나" 중 어느 쪽이 더 가벼운지는 아직 알려지지 않았다. 어쨌거나 뉴트리노는 다른 기본입자보다 엄청나게 가볍다. 셋 중 가장 가벼운 뉴트리노의 질량은 대략 5만 분의 $1eV$로 추정되는데, 이 정도면 전자의 1억 분의 1쯤 된다.

물리학자들은 뉴트리노의 변동을 통해 새로운 현상에 대한 확실한 증거를 손에 넣을 수 있었다. 이 실험적 증거는 물리학을 어디로 이끌 것인가? 이것이 바로 그 직후에 제기된 질문이다.

---

* 1933년에 개봉한 옛날 영화 이야기다. 레모네이드 상인이 모자를 꺼낼 때마다 주인공이 모자를 바꿔쓰는 장면을 비유한 것인데, 자세한 내용은 알 필요 없고 단지 뉴트리노 변동이 잘 짜인 각본처럼 수시로 일어나는 사건이라고 이해하면 된다.

(19장)

도깨비불

아득한 옛날, 사람들이 마법을 믿던 시절에 우리 선조들은 주변에서 일어나는 모든 일들이 신의 뜻이라고 생각했다. 풍년이 들건 가뭄이 들건, 날씨가 화창하건 태풍이 불건, 모든 것은 신이 행하는 기적이었다. 그러나 긴 세월 동안 관찰 데이터와 경험이 쌓이면서, 신이 모든 것을 결정한다는 믿음은 서서히 허물어졌다.

지금으로부터 5000년 전, 고대인들은 하늘을 가로지르는 별자리의 경로를 추적하고, 날짜를 헤아리기 위해 최초의 달력을 개발했다. 태양과 달이 뜨고 지기를 반복하고, 해마다 계절이 어김없이 돌아오고, 별과 행성이 규칙적인 운동을 한다는 것은 자연이 어떤 명확한 섭리에 따라 운영되고 있음을 보여주는 강력한 증거다. 인간은 수많은 경험을 통해 우주가 신들의 놀이마당이 아니라 질서 정연한 공간이며, 우리 능력으로 이해 가능한 곳임을 깨닫기 시작했다. 변화무쌍한 인간과 달리 언제 어디서나 똑같은 형태로 반복되는 자연현상을 온몸으로 체험하면서 자연의 법칙에 대한 신뢰가 쌓인 것이다. 별과 행성의 운동을 좌우하는 중력은 물체를 지구로 떨어뜨리는 힘과 동일한 원인에서 발생하며, 따라서 모든 운동은 예측 가능하다. 자연의 법칙은 이렇게 보편적으로 적용되기 때문에 하늘의 법칙을 지상의 실험실에서 확인할 수 있고, 그 반대로 지구에서 발견한 법칙을 하늘에 적용할 수도 있다.

영국의 여성 천문학자 서실리아 페인Cecilia Payne이 1925년에 하버드대학교에 제출한 박사학위 논문은 천문학 역사상 가장 뛰어난 논문으로 평가받고 있다. 그녀는 논문의 서문에 다음과 같이 적어놓았다.

> 천문학에 물리학을 적용하면…… 무한한 가능성의 세계가 열린다. 별을 연구한다는 것은 지구의 실험실에서 상상조차 할 수 없는 방대한 양의 물질을 극단적인 환경에서 관찰한다는 뜻이다.

동시대의 그 어떤 천문학자보다 원자 스펙트럼을 깊이 이해했던 24세의 페인은 별의 대기 스펙트럼을 분석하여 아득히 먼 곳에 있는 천체의 구성성분과 각 원소의 상대적 분포까지 알아냈다.

이후 대형 망원경의 등장과 함께 천체관측이 하나의 연구 수단으로 정착되면서, 단순히 별을 바라보던 천문학은 우주의 역사와 천체의 물리화학적 구조를 연구하는 첨단과학으로 발전했다. 비야흐로 우주론cosmology의 시대가 열린 것이다. 19세기까지만 해도 천문학자들은 은하galaxy의 존재를 모르고 있었다. 그러나 20세기에 제작된 거대 망원경 덕분에 수천억 개의 별들로 이루어진 우주의 섬, 즉 은하가 그 모습을 드러냈고, 개개의 은하들이 엄청나게 멀리 떨어져 있다는 사실도 알게 되었다(우리 태양계가 속한 은하인 은하수Milky Way가 발견된 것도 이 무렵의 일이다). 이 모든 것은 1924~1925년에 미국의 천문학자 에드윈 허블Edwin Hubble이 윌슨산 천문대Mount Wilson Observatory에서 망원경 관측을 통해 알아낸 사실이다. 그 후 1929년에 허블은 별의 스펙트럼을 분석하던 중 모든 은하가 우리로부터 일제히 멀어지고 있다는 사실을 발견했는데, 더욱 이상한 것은 멀리 있는 은하일수록 멀어지는 속도가 더욱 빨랐다는 점이다.

잘츠부르크Salzburg의 물리학자 크리스티안 도플러Christian Doppler는 1842년에 발표한 논문「쌍성계와 기타 별들의 색상에 관한 연구On the colored light of the binary stars and some other stars of the heavens」에서 다음과 같은 가설을 제시했다. "관측자로부터 멀어지는 광원에서 방출된 빛은 파장이 길어지고, 관측자에게 다가오는 광원에서 방출된 빛은 파장이 짧아지는 경향이 있다. 따라서 지구로부터 멀어지는 별에서 방출된 빛이 지구에 도달하면 적색이나 적외선 쪽으로 치우치고, 지구를 향해 다가오는 별에서 방출된 빛은 보라색이나 자외선 쪽으로 치우친다." 흔히 도플러 효과Doppler effect로 알려진 이 현상은 소리(음파)에서도 나타난다. 나를 향해 다가오는 구급차의 사이렌 소리는 실제보다 고음으로 들리고, 멀어지는 구급차의 사이렌은 저음으로 들린다. 도플러 효과는 물체와 바람의 속도를 측정하는 레이더건을 비롯하여 다양한 관측 도구에 활용되고 있다. 도플러의 고향에 있는 카페 콘디토라이 퓌르스트Café-Konditorei Fürst에서는 지금도 트러플 샴페인과 다크 초콜릿을 입힌 누가를 도플러 콘팩트Doppler Konfekt라는 이름으로 판매하고 있는데, 크리스의 평에 의하면 사 먹을 때마다 맛이 다르다고 한다.

팽창하는 시공간 속의 광원에서 방출된 빛도 도플러 효과에 의해 파장이 길어진다. 이 현상을 적색편이red shift라 하는데, 광원의 속도가 빠를수록(즉, 공간의 팽창 속도가 빠를수록) 적색편이가 크게 나타난다. 허블은 은하까지의 거리를 멀어지는 속도로 나눠서, 우주의 겉보기 나이우주가 탄생 초기부터 일정한 속도로 팽창했다는 가정하에 계산된 나이를 약 20억 년으로 추산했다. 이는 곧 우주의 크기가 수십억 광년이라는 뜻이다. 현재 알려진 우주의 나이(약 140억 년)에 비하면 형편없이 작은 값이지만, 허블은 "우주의 나이는 유한하며, 과거의 우주는 지금과 완전히 다른 모습이었다"는 것을 오직 관측을 통해 알아냈다.

그러나 새로 얻은 지식은 소화하기에 양이 너무 많았다! 사실 허블은 자신의 관측 결과를 팽창하는 우주로 해석하는 것이 지나친 모험이라고 생각했다. 그는 1929년에 자신의 연구 결과를 발표하는 자리에서 "속도 데이터만으로는 모든 천체가 지구로부터 멀어지고 있다고 단정하기 어렵다"며 다소 유보적인 자세를 취했다. 또 그는 1936년에 옥스퍼드대학교에서 개최된 로즈 기념 강연Rhodes Memorial Lectures에서 '관측을 통한 우주론으로의 접근 The

Observational Approach to Cosmology'이라는 제목으로 강연을 했는데, 여기서도 명쾌한 결론을 내리지 않았다.

모든 것은 아직 불확실하며, 다른 해석도 가능하다. 다만, 우주에 대한 개념이 근본적으로 달라져야 한다는 것만은 분명한 사실이다. 지금까지 서술한 몇 가지 가설 중 그 어떤 것도 다른 것보다 우월하다고 볼 수 없지만, 상대론적 우주론에서 우주가 팽창한다는 가설은 적색편이를 해석하는 과정에서 자연스럽게 도출된 것이다. 확실한 결과를 얻으려면 이론을 좀 더 완전하게 다듬고 관측 데이터도 보강되어야 한다.

적색편이가 천체의 움직임 때문에 나타난 현상이라면, 당시 통용되던 이론으로 미루어볼 때 우주는 "허블-르메트르 법칙Hubble-Lemaître Law"(나중에 붙은 명칭)에 따라 팽창하고 있음이 분명하다. 반면에 빛이 먼 거리를 이동하는 동안 모종의 피로광tired light 현상 때문에 점차 에너지를 잃어서 적색편이가 나타난 것이라면, 우주는 팽창도, 수축도 하지 않고 항상 동일한 형태를 유지한다고 봐야 한다(정적 우주론). 빛이 물질과 충돌할 때 일종의 "중력 마찰"을 겪는다는 가설을 처음 제시한 사람은 스위스의 천문학자이자 허블의 연구 동료인 프리츠 츠비키Fritz Zwicky였다.

허블의 우유부단한 자세는 한동안 계속되었다. 그는 당시 세계에서 제일 큰 천체망원경으로 6년 동안 하늘을 관측한 후, 1941년 12월 30일 자로 미국 과학진흥협회American Association for the

Advancement of Science에 연구 보고서를 제출했는데, 거기에는 "우주 팽창설과 반대되는 균일한 성운이 관측되었으며, 지구는 원시 폭발이 일어나기 훨씬 전부터 존재했던 것으로 보인다"고 적혀 있다. 며칠 후 〈로스앤젤레스 타임스〉에는 '천문학의 거장 허블, 우주폭발설(빅뱅)을 반박하다'라는 기사가 헤드라인을 장식했다. 물론 우주의 나이(137억 년)는 지구의 나이(45억 년)보다 훨씬 많다. 현대를 사는 우리는 우주가 빅뱅에서 출발하여 지금까지 계속 팽창해왔다는 것을 당연하게 받아들이고 있다. 지난 100년 사이에 이것을 입증하는 관측 데이터가 충분히 쌓였기 때문이다.

✳

덴마크의 괴짜 천문학자 튀코 브라헤Tycho Brahe는 맨눈으로 카시오페이아Cassiopeia 별자리를 관측하던 중 우주가 변한다는 생각을 처음으로 떠올렸다. "천상계에서는 그 어떤 것도 새로 창조되지 않고, 소멸되지도 않는다"는 아리스토텔레스식 우주관에 익숙했던 그는 모든 천체가 신성한 법칙에 따라 움직인다는 확고한 신념을 갖고 어린 시절부터 줄기차게 하늘을 바라보았다. 그런데 26세의 청년이 되었을 때(1572년) 자신의 믿음을 송두리째 뒤흔드는 의외의 현상이 시야에 들어온 것이다. 그는 자신이 본 것이 "진정한 기적"이라며 세상이 시작된 이래 그 누구도 본 적 없는 희귀한 현상이라고 단언했고, 다른 천문학자들은 튀코의 눈에 포착된 별이 《햄릿Hamlet》의 도입부에 등장하는 "징조의 별omen-star"이라고 생각했다.

브라헤가 본 것은 늙은 별이 최후의 순간에 대폭발을 일으키면서 장렬하게 최후를 맞이한 초신성supernova이었다. 그는 이것이 역사상 최초의 사건이라고 주장했지만, 이와 비슷한 사건은 과거에도 있었다. 1054년에 중국의 천문학자들은 황소자리 근처에서 거의 3주 동안 낮 시간에도 환한 빛을 발했던 별(초신성)을 "객성客星, guest star"이라는 이름으로 천문일지에 기록해놓았다(이 별의 흔적으로 남은 것이 지금의 게성운Crab Nebula이다). 일부 학자들 중에는 수메르의 필경사들이 1만 1000년 전에 나타났던 벨라Vela 초신성 이야기를 후대에 남겼다고 주장하는 사람도 있다. 16세기 중반의 유럽은 전통적 권위가 심각한 도전에 직면했던 르네상스 시대였고 튀코 브라헤의 관측 데이터는 정확하기로 정평이 나 있었기에, "천상의 세계는 완벽하지 않으며, 지금도 끊임없이 변하고 있다"는 그의 주장은 유럽 전역으로 빠르게 퍼져나갔다.

19세기까지만 해도 모든 천문 관측은 맨눈이건 망원경이건, 항상 가시광선을 통해 실행되었다. 그 외에는 다른 관측 수단이 없었기 때문이다. 가시광선은 우리에게 우주의 다양한 모습을 보여주었지만, 전자기파의 일부에 담긴 정보는 불완전할 수밖에 없었다. 그 후 20세기에 실용적인 관측 기술이 비약적으로 발전하면서 천문학은 전례 없는 혁명기를 겪게 된다. 1927년 1월에 뉴욕과 런던을 연결하는 대서양 횡단 무선전화가 개통되었다. 초기에는 잡음이 많아서 통화에 어려움이 많았지만, 얼마 후 잡음을 줄인 고급 통화 서비스가 제공되자 부자들 사이에서 전화기가 불티나게 팔

리기 시작했다. 1928년에 위스콘신대학교를 졸업한 카를 잰스키
Karl Jansky는 곧바로 벨 연구소에 취직하여 무선 통화의 품질과 안
정성을 높이는 프로젝트에 투입되었다. 통화 시 발생하는 잡음의
주원인은 정전기이므로, 품질을 높이려면 정전기의 진원지를 찾
아서 차단하는 것이 최선이다. 1930년 가을에 잰스키는 뉴저지주
홈델Holmdel에 있는 야외 실험실에 지름 14.6미터짜리 회전식 안
테나를 설치하고 거기 수신된 전파radio wave(라디오파)를 분석하
여, 시간과 방향에 따른 정전기(대기잡음)의 특성과 강도를 일일
이 기록해나갔다.

그로부터 2년 후(1932년), 잰스키는 잡음의 원인을 (1) 근거리
뇌우에서 발생한 잡음과 (2) 원거리 뇌우에서 발생한 잡음, (3) 일
정하게 유지되는 원인 불명의 잡음으로 분류했다. (1)과 (2)는 자
연현상이어서 제어하기 어렵지만, 원인이 밝혀졌으니 어떻게든 개
선책을 마련하면 된다. 그러나 출처가 불분명한 (3)은 잰스키의
마음을 불편하게 만들었고, 승부욕이 발동한 그는 1년 동안 수수
께끼의 잡음이 날아오는 진원지를 집요하게 추적하여 기어이 원
인을 알아냈다. 1933년 4월, 잰스키는 워싱턴에서 개최된 국제전
파과학연합International Scientific Radio Union, ISRU 정기회의에 참석하여
전파망원경에 포착된 복사(잡음)의 가장 유력한 진원지로 우리
은하(은하수)의 중심에 있는 궁수자리Sagittarius를 지목했다. 이 위
치는 오늘날 "궁수자리 A*"로 알려져 있는데, 이곳에 초대형 블랙
홀이 존재한다는 것이 천문학계의 정설이다. 1933년 5월 5일, 일
반 대중은 '은하 중심에서 방출된 신비의 전파, 망원경에 잡히다'

라는 〈뉴욕타임스〉의 기사를 읽고 안도의 한숨을 내쉬었다. 지구를 노리는 외계인이 보낸 신호치고는 거리가 너무 멀었기 때문이다. 그해 5월 15일에 NBC 블루라디오에서는 잰스키가 포착한 "별에서 날아온 소음"을 청취자들에게 직접 들려주었고, 6월 17일 자 신문에는 자랑인지 겸손인지 헷갈리는 잰스키의 인터뷰 기사가 실렸다. "뉴저지에 정교한 수신장치를 설치하면 은하의 중심에서 날아온 신호를 잡아낼 수 있다. 아마도 이것은 오만가지 문제를 해결해온 인류의 역사를 통틀어 '가장 먼 곳에서 찾은 문제'로 기록될 것이다."

언론 보도는 대체로 호의적이었지만, 성간파동interstellar waves 연구에 필요한 기금을 확보하기에는 역부족이었다. 외계에서 날아온 잡음은 대서양 횡단 통신에 큰 지장을 주지 않았기 때문에, 잰스키의 상관들은 프로젝트 종료를 선언하고 실용적인 연구에 잰스키를 투입했다(당시는 대공황 시기여서 당장 필요한 연구 외에는 연구지원금이 거의 바닥난 상태였다).

1933년, 시카고 아머 공과대학교(현 일리노이 공과대학교)의 전자공학과를 졸업한 그로트 레버Grote Reber는 어느 날 우연히 전파공학회보Proceedings of the Institute of Radio Engineers를 읽다가 잰스키의 "초장거리 잡음" 이야기를 접하고 전파천문학radio astronomy에 완전히 매료되었다. 우주 정전기의 강도는 하늘의 위치와 파장에 따라 어떤 식으로 변할 것인가? 레버는 제일 먼저 잰스키가 일하는 벨 연구소를 떠올렸으나 앞서 말한 대로 그곳에서는 잡음 추적을 중단한 상태였고, 천문학자들에게 자신의 아이디어를 소개해

그로트 레버와 1937년에 그가 만든 접시안테나.

도 별 반응이 없었다. 낙담한 레버는 이런저런 궁리를 하다가 자신의 손으로 직접 전파망원경을 만들어서 관측하기로 마음먹었다. 그는 지갑을 탈탈 털어서 일리노이주 휘턴Wheaton에 있는 어머니 집 옆 빈터에 움막 같은 간이연구실을 짓고 본격적인 연구에 착수했다. 휘턴은 당시 인구가 7300명밖에 안 되는 소도시로, 크리스가 페르미 연구소에 합류했을 때 살았던 집과 1.6킬로미터쯤 떨어져 있다.

레버의 어머니 해리엇 그로트Harriet Grote는 첫째 아들 레버를 자신의 처녀 시절 성으로 부르면서 천문학에 전념할 수 있도록 도와주었다. 허블의 가족도 1900년을 전후하여 휘턴에서 살았는데, 교사였던 해리엇 그로트는 7~8학년 과정에서 에드윈 허블을 직접 가르쳤다. 그녀의 기억에 의하면 허블은 꽤 똑똑한 학생이었고 특히 운동을 잘했다고 한다. 훗날 맏아들이 장성하여 잰스키의 연구에 관심을 보이자, 그녀는 자신의 제자인 허블이 쓴 책《관측을 통한 우주론으로의 접근》을 선물하며 용기를 북돋아 주었다.

21세의 아마추어 무선 기사로 변신한 레버는 잰스키가 사용했던 무선안테나의 한계를 극복하기 위해 1937년 여름 동안 금속으로 덮인 직경 9.6미터짜리 포물선형 접시안테나를 직접 만들어서 지면으로부터 6미터 높이에 설치했다.

관측 첫해에는 별다른 성과를 거두지 못했다. 그러나 평소 "고집 센 네덜란드인"을 자처했던 레버는 무선수신기 사업에서 쌓았던 전문지식을 총동원하여 장비를 개선했고, 드디어 1939년 봄에 잰스키가 발견했던 파장 1.87미터짜리 전파를 수신하는 데 성공했다. 물론 그의 목적은 잰스키의 결과를 재현하는 것이 아니라, 훨씬 광범위한 영역에 걸쳐 전파신호를 수신하는 것이었다.

어느덧 무선 수신 분야의 전문가가 된 레버는 최첨단 실험 장비와 고주파 진공관을 입수하여 수신기의 성능을 꾸준히 개선해나갔고, 자신이 시카고로 출근한 사이에 포착된 신호를 기록하기 위해 차트 레코더chart recorder, 전기신호를 자동으로 기록하는 장치까지 구입했다. 그는 1944년에 자신이 제작한 첫 번째 천문지도를 발표한 후 망원경의 해상도를 높이기 위해 파장을 62.5센티미터로 줄였는데, 결과를 놓고 볼 때 매우 탁월한 선택이었다. 그가 작성한 〈천체 전파잡음지도〉는 훗날 전파은하로 알려진 백조자리 A와 초신성의 잔해인 카시오페이아 A, 그리고 게성운에서 방출된 전파신호를 최초로 관측한 사례로 역사에 남게 되었다. 10년 동안 1만 1473달러(한화 약 1600만 원)를 들여서 얻은 결과치고는 꽤 성공적이다!

레버는 여러 연구단체와 정부 기관을 찾아다니며 조정 가능한 지름 61미터짜리 접시안테나 설치 계획을 제안했지만 번번이 거절당했다. 미국에 이런 초대형 관측 장비가 건설된 것은 그로부터 거의 50년 후의 일이다. 그러나 맨체스터 근처의 조드럴 뱅크 천문대Jodrell Bank Observatory를 비롯하여 세계 각지에 전파 천문대가 건설되면서 전파천문학이 새로운 대안으로 떠오르기 시작했다. 1959년에 출판된 〈제3차 케임브리지 전파발생원 카탈로그〉에는 우주에서 전파발생지로 추정되는 곳이 무려 471개나 수록되어 있다.

1947년에 워싱턴에 있는 국립표준국National Bureau of Standards으로 자리를 옮긴 레버는 해군연구소의 과학자 11명으로 구성된 관측팀과 함께 전파망원경 네 개를 들고 1950년 9월 12일에 일어날 금환일식달그림자가 태양의 중심부를 가려서 테두리가 반지처럼 보이는 일식을 관측하기 위해 알류샨 열도Aleutian chain의 서쪽 끝에 있는 애투섬Attu으로 원정길을 떠났다. 이틀 전에 일본을 강타한 태풍의 잔해가 애투섬에 폭우를 몰고 오는 바람에 광학 관측이 불가능한 상태였으나, 전파망원경으로 무장한 레버의 관측팀은 일식의 진행 과정을 매우 세밀하게 촬영할 수 있었다. 쏟아지는 빗속에서 일식을 촬영한 것도 대단했지만, 이 원정에서 얻은 데이터 덕분에 천문학자들은 처음으로 태양의 대기를 분석할 수 있게 되었다. 당시 세계 유일의 전파천문학자였던 레버는 워싱턴에서 3년을 더 머물다가 아무런 예고 없이 하와이로 떠났고, 얼마 후 태즈메이니아Tasmania, 호주 동남쪽에 있는 섬로 이주하여 그곳에서 오랫동안 연구를 이어갔다.

✳

우주는 어떻게 탄생했을까? 영원히 답을 구할 수 없는 질문이자 학자들의 지적 호기심을 한껏 자극하는 학구적 질문이기도 하다. 미국의 언어학자 데이비드 애덤스 리밍David Adams Leeming의 저서 《세계의 창조신화Creation Myths of the World》에는 세계 각지에 전해오는 200여 개의 창조신화가 수록되어 있는데, 그중에서 시인 E. E. 커밍스E. E. Cummings의 시구가 가장 명쾌한 것 같다. "신이 만물을 창조하기로 마음먹었을 때 / 그는 서커스 텐트보다 크게 숨을 내쉬었고 / 그로부터 모든 것이 시작되었다." 과학은 우주창조 시나리오를 아직 완성하지 못했지만 "우주는 어떤 과정을 거쳐 진화해왔는가?"라는 질문에는 나름대로 할 말이 많다. 그러나 이 질문도 원래는 전혀 과학적인 질문이 아니었다.

여기서 잠시 크리스의 회고담을 들어보자.

내가 우주론을 처음 접한 것은 예일대학교 학부생 시절이었다. 당시 물리학 담당 교수는 20세기 물리학을 부담 없이 접할 수 있는 오래된 책을 여러 권 소개했는데, 대부분이 도버판Dover reprint edition, 미국 도버출판사에서 출간한 저가도서 시리즈로 주로 절판된 책을 재발행했다이어서 돼지고기 한 봉 값으로 살 수 있었다. 나는 학기 말 보고서의 주제로 아인슈타인의 일반상대성이론을 선택했는데, 내용이 너무 어려워서 좀 더 쉽게 접근할 수 있는 방법을 찾다가 아서 에딩턴Arthur Eddington이 쓴 입문서를 읽기로 했다. 그는 당대 최고의 천체물리학자이자 아인슈타인의 이론을 널리 전파하는 "상대성이론 전도사"였다. 일반상대성이론에 의하면 중력은 시공간을 휘어지게 만들고, 휘어진 시공간은 중력을 야기한다. 프린스턴대학교의 저명한 물리학자 존 아치볼드 휠러John Archibald Wheeler는 일반상대성이론을 다음 한 문장으로 요약했다. "시공간은 물질의 거동을 결정하고, 물질은 시공간의 형태를 결정한다." 대부분의 경우 일반상대성이론에서 예측된 결과는 뉴턴의 중력이론과 구별할 수 없을 정도로 잘 일치하지만, 두 이론의 차이가 두드러지는 특수한 환경에서는 일반상대성이론이 뉴턴의 중력이론을 제치고 자연의 법칙으로 등극한다.

에딩턴은 1919년에 관측팀을 이끌고 프린시페섬에서 개기일식을 촬영하여 일반상대성이론의 타당성을 입증한 사람이다. 그 덕분에 일반상대성이론은 250년 동안 물리학의 왕좌에 군림해온 뉴턴의 만유인력을 제치고 새로운 중력이론으로 등극했고, 아인슈타인은 과학의 새로운 아이콘으로 급부상했다. 그러나 에딩턴이 1939년에 집필한 《물리학의 철학 Philosophy of Physical Science》은 첫 문장부터 나를 당혹스럽게 만들었다.

> 우주에는 15,747,724,136,275,002,577,605,653,961,181,555,468,044,717,914,527,116,709,366,231,425,076,185,631,031,296개의 양성자가 존재하며, 전자의 수도 이와 같다.

독자들은 "난 이스마엘이라 하오"로 시작하는 허먼 멜빌 Herman Melville의 소설 《모비딕 Moby Dick》보다 덜 인상적이라고 생각하겠지만, 책을 펼치자마자 튀어나온 80개의 숫자는 내 마음을 완전히 사로잡았다. 이 큰 숫자를 대체 어떻게 알아냈을까?

얼마 후 나는 그 어마어마한 숫자가 136×2^{256}을 십진 표기법으로 풀어쓴 것임을 알게 되었고, 에딩턴이 배를 타고 대서양을 횡단하면서 이 계산을 했다는 사실도 알게 되었다(멀미가 꽤 심했을 텐데 그 와중에 이런 짓을 했다니, 온전한 몸으로 도착하지 못했을 것 같다). 우주론이 예측이나 증명보다 공론에 가까운 과학임을 에딩턴을 통해 알게 된 것이다. 그렇다. 우주론이 독자적인 과학으로 살아남기 위해 가장 절실하게 필요한 것은 관측 데이터였다. 그러나 나는 에딩턴의 책을 끝까지 읽으면서 우주에 대해 대략적으로나마 알아낼 수 있을지도 모른다는 희망과 함께 우주론에 대한 경외감을 갖게 되었다.

＊

허블의 우주팽창설이 등장하기 전까지만 해도 우주론의 콘텐츠는 "밤하늘은 어둡다"는 명백한 사실과 "우주는 변하고 있다"는 튀코 브라헤의 통찰, 그리고 "지구는 우주에서 특별한 지위에 있지 않다"는 니콜라우스 코페르니쿠스Nicolaus Copernicus의 지동설이 거의 전부였다. 우리 눈에 비친 우주는 지구 어느 곳에서 바라봐도 비슷하게 생겼다. 즉, 우주는 등방적isotropic이다. 지구가 특별한 위치에 있지 않다면, 우주의 모든 지점은 충분히 큰 규모에서 볼 때 평균적으로 동일하다고 봐도 될 것 같다. 이것이 바로 우주론의 기본 가정인 우주원리Cosmological Principle다.

알베르트 아인슈타인은 일반상대성이론을 구축한 후 1917년부터 우주 모형에 관심을 갖기 시작했다. 우주에 물질이 균일하게 분포되어 있다는 가정하에 일반상대성이론의 방정식을 풀면, 우주가 중력에 의해 무한히 수축된다는 끔찍한 해解가 얻어진다. 사실 이것은 새로운 시나리오가 아니었다. 중력이론의 창시자인 아이작 뉴턴은 아인슈타인보다 250년 앞서서 깊은 고민에 빠졌다. 우주에 존재하는 모든 물질이 서로 잡아당기고 있다면, 결국 우주는 안으로 수축되어 처참하게 으깨질 것이다. 그러나 신이 우주를 창조했다면, 이런 처참한 결말에 직면하지 않도록 어떻게든 조치를 취했을 것이다. 우주의 내파內破를 막아주는 원리는 과연 무엇일까? 뉴턴은 답을 알아내지 못했고, 아인슈타인은 답을 알아낸 게 아니라 "발명"했다. 자신이 유도한 장방정식field equation에 우주상수 Λ(람다)를 추가하여 중력을 상쇄시킨 것이다. 물론 다분히 인위적인 조치였지만, 우주상수는 일반상대성이론의 기본 원리를 훼손하지 않았기에 (당분간은) 납득 가능한 해결책으로 인정되었다.

정적靜的이고 균일하면서 등방적인 아인슈타인의 우주 모형은 안으로 수축하는 우주와 밖으로 무한히 팽창하는 우주 사이에서 아슬아슬한 균형을 유지했다. 그러나 이 모형은 1917년경에 제기된 "밤하늘은 왜 어두운가?"라는 간단한 질문에도 그럴듯한 답을 내놓지 못했다.

별빛은 구형 우주의 표면 위에서 끝없이 진행하고 있으므로우리에게 친숙한 3차원 구가 아니라 4차원 구의 표면이다, 시간이 흐를수록 우주에 존재하는 광자의 수가 많아질 것이고, 따라서 우주는 더욱 밝아질 것이다. 그렇다면 밤하늘도 대낮처럼 밝아야 하는데, 현실은 그렇지 않다. 대체 어디가 어떻게 잘못된 것일까? 허블의 우주팽창설이 제기되면서 정적우주를 유지하기 위해 도입했던 아인슈타인의

    자연은 왜 이토록 단순하면서도 아름다운가

우주상수는 폐기되었지만, "정상상태(변하지 않는 상태)"라는 개념은 그 후로 수십 년 동안 천문학자들의 뇌리를 맴돌았다.

러시아의 페트로그라드Petrograd에서 알렉산드르 프리드만Alexander Friedmann은 아인슈타인의 초기 우주 모형에서 문제점을 발견하고, 1922년에 "태초에 존재했던 특이점singularity이 팽창하여 균일한 물질 분포로 진화한 우주 모형"을 발표했다. 그리고 1927년에 벨기에의 루뱅Louvain에서는 가톨릭 신부이자 물리학자인 조르주 르메트르Georges Lemaître가 아인슈타인의 방정식을 풀다가 "팽창하는 우주"라는 의외의 해를 얻었다. 르메트르는 이 결과를 아인슈타인에게 보여주기 위해, 벨기에에서 개최된 5차 솔베이 회의에 초대장도 없이 참석했다.

르메트르: (회의실에서 나오는 아인슈타인을 붙잡고) 안녕하세요? 저는 조르주 르메트르라고 합니다. 박사님께서 유도하신 장방정식의 해를 구했는데, 한번 보시겠습니까?

아인슈타인: 그래? 젊은 친구가 수학을 꽤 잘하는군. 아무나 풀 수 있는 방정식이 아닌데…….

르메트르: 이겁니다. 보시면 아시겠지만, 우주가 팽창한다는 결과가 나왔어요!

아인슈타인: 뭐? 우주가…… 팽창한다고? 그런 헛소리는 난생처음 들어보는구먼.

르메트르: 저의 개인적인 생각이 아니라, 수학적 팩트입니다. 다시 한번 봐주세요.

아인슈타인 : 자네의 수학 실력은 인정하네만, 물리적 식견은 정말 형편없군. 나는 바빠서 이만 실례하겠네.

르메트르는 모든 천체의 후퇴속도가 지구로부터의 거리에 비례한다는 결론에 도달했는데, 이것은 1929년에 허블이 관측을 통해 알아낸 사실과 정확하게 일치했다.

프리드만은 우주가 팽창한다는 증거를 보지 못한 채 1925년에 장티푸스 합병증으로 세상을 떠났다. 르메트르가 영국 케임브리지대학교의 연구원으로 있을 때 그에게 우주론을 소개했던 아서 에딩턴은 우주팽창설에 즉시 찬성표를 던졌다. 아인슈타인은 팽창설을 받아들일 때까지 꽤 긴 시간이 걸렸는데, 주된 이유는 허블이 계산한 우주의 나이가 이치에 맞지 않았기 때문이다(우주가 지구보다 젊다는 말도 안 되는 결과가 얻어졌다). 어쨌거나 아인슈타인도 결국은 우주팽창설을 받아들였다. 그는 1932년에 패서디나Pasadena를 방문했을 때 빌럼 드지터Willem de Sitter와 함께 "우주는 공간적으로 평평하며, 서서히 느려지는 속도로 영원히 팽창할 것"이라고 선언했다. 물론 그가 임시방편으로 도입했던 우주상수는 진작에 쓰레기통으로 들어갔고, 프리드만과 르메트르의 이론에 기초한 모형은 향후 60년 동안 우주론의 표준모형으로 자리 잡게 된다.

위로 던진 공은 속도가 점점 느려지다가 결국 아래로 떨어진다. 지구의 중력이 공을 계속해서 아래로 잡아당기고 있기 때문이다. 이것은 은하도 마찬가지다. 도망가는 은하는 다른 천체의 중력 때문에 속도가 점점 느려진다. 공의 초기속도(위로 던진 순간의 속도)가 빠를수록 최고 고도가 높아지는데, 처음에 시속 4만 4000킬로미터로 던진 공은 바닥으로 다시 떨어지지 않고 지구의 중력을 완전히 벗어날 수 있다이 값을 탈출속도escape velocity라 한다. 이와 마찬가지로, 우주의 초기 팽창속도가 충분히 빨랐다면 모든 은하는 중력을 이기고 영원히 도망갈 수도 있다. 즉, 우주 팽창이 영원히 계속될 수도 있다는 뜻이다(영원하지는 않더라도 매우 긴 세월 동안 계속될 수는 있다).

자연이 우리를 기만하지 않는다면, 팽창의 역사를 거꾸로 되돌려서 탄생 초기의 우주가 어떤 상태였는지 추정하는 것도 가능하다. 허블이 제공한 관측 데이터에 의하면, 우주는 한때 초고온-초고밀도 상태였을 가능성이 높다. 아마도 원시 불덩어리가 지옥 불처럼 끓는 아수라장이었을 것이다. 1931년에 르메트르는 이 아이디어를 극단으로 밀어붙여서 "우주는 아주 작은 점(그는 이것을 원시원자primeval atom라 불렀다)에서 시작되었다"고 주장했다. 프리드만과 르메트르의 방정식처럼, 팽창 시나리오를 거꾸로 재생해서 우주의 시작점까지 완벽하게 거슬러 올라갈 수 있을지는 알 수 없지만, 초고온-초고밀도였던 불덩이가 공간이 팽창할수록 식어가는 과정을 머릿속에 그려볼 수는 있다. 이렇게 탄생한 것이 바로 그 유명한 빅뱅이론Big Bang Theory이다.

1920년대 말에 알파붕괴와 양자터널효과(3장 참조)를 설경했던 조지 가모는 1934년에 미국으로 이주하여 조지워싱턴대학교에 자리를 잡았고, 제2차 세계대전이 끝난 후에는 그의 스승이

었던 프리드만의 영향을 받아 핵물리학에서 얻은 새로운 지식을
우주론에 적용해나가기 시작했다. 가모의 제자인 랠프 알퍼Ralph
Alpher는 우주 초기에 각종 원소들이 만들어진 과정을 추적하여 핵
반응 네트워크를 구축했는데, 그의 논리에 의하면 우주가 식으면
서 탄생한 양성자가 전자를 포획하여 수소원자가 탄생했고, 이들
사이의 핵융합반응은 탄소원자가 생성될 때까지 계속되었다. 알
퍼는 1948년에 자신의 박사학위 논문을 심사받는 자리에서 "모
든 원시 핵합성primordial nucleosynthesis은 빅뱅 후 약 300초 안에 일
어났다"고 주장했는데, 눈치 빠른 기자가 이 소식을 〈워싱턴 포스
트〉에 타전하여 '새로운 이론: 단 5분 만에 시작된 세상'이라는 뉴
스가 헤드라인을 장식했다. 그리고 4월 1일 자로 발행된 학술지
〈피지컬 리뷰〉에는 알퍼와 가모, 그리고 훗날 노벨상을 수상한 한
스 베데Hans Bethe의 공동논문 「화학원소의 기원The Origin of Chemical
Elements」이 게재되었는데, 평소 장난기 다분했던 가모는 그리스
알파벳의 처음 세 글자가 저자 이름의 첫 글자와 비슷하다는 이유
로 이 논문을 "알파(α)-베타(β)-감마(γ)"라 불렀다.

그로부터 1년 후, 알퍼와 로버트 허먼Robert Herman은 팽창하는
우주의 진화과정을 단계별로 세밀하게 분석하여, 명목뿐이었던
빅뱅이론에 생명을 불어넣었다. 이들의 주장에 의하면 우주의 상
대적 구성 비율은 시간에 따라 달라지며, 따라서 대부분의 에너지
가 복사radiation의 형태로 존재했던 시대는 우주의 온도가 내려감
에 따라 물질의 시대로 바뀌게 된다.

초기 우주의 용광로 속에서 모든 원소는 이온ion의 형태로 존재

했다. 자유전자와 양전자, 그리고 이들보다 무거운 입자들이 주변의 복사선을 흡수하고 산란시켰으니 빛(복사선 또는 광자)이 멀리 갈 수 없었고, 따라서 우주는 전체적으로 불투명한 상태였다. 그러나 빅뱅 후 38만 년쯤 지났을 때 우주의 온도가 수천 K까지 식으면서 전자와 양성자로 이루어진 중성원자가 형성되기 시작했고, 그제야 비로소 빛이 먼 거리를 이동할 수 있게 되었다. 즉, 공간이 지금처럼 투명해진 것이다.

투명한 공간은 광자(빛)로 가득 차 있었고, 빛의 강도와 스펙트럼은 매질의 온도에 의해 결정되었다. 이것은 전자기복사를 가장 효율적으로 흡수하고 방출하는 흑체black body의 특징이기도 하다.

흑체의 개념은 1860년에 처음 제기되었지만, 베를린의 물리학자들이 현실 세계에서 흑체와 비슷한 사례를 생각해낸 것은 19세기가 거의 끝나가던 무렵의 일이었다. 내벽이 거울로 덮여 있는 속이 빈 원통의 한쪽 끝에 작은 구멍을 뚫어놓으면, 이 구멍을 통해 안으로 진입한 광자가 같은 구멍으로 탈출할 확률은 거의 0에 가깝다. 즉, 원통은 처음에 전자기파를 흡수만 하고, 거의 방출하지 않는다. 그러나 크기가 유한한 원통은 에너지를 무한정 품고 있을 수 없으므로, 어느 정도 시간이 지나면 복사의 형태로 에너지를 방출하기 시작한다. 이것이 바로 "흑체복사"다. 또 당시에는 가시광선뿐만 아니라 적외선과 자외선의 강도를 측정하는 도구도 개발되어 있었다. 가스등과 전기조명이 경쟁을 벌이던 시대에, 과학자들은 전자기파의 파장(또는 진동수)과 강도를 측정할 정도로 뛰어난 기술을 보유했던 것이다.

전자레인지의 가열 코일은 온도가 높아질수록 짙은 붉은색에서 밝은 주황색으로 색이 변한다. 빛의 에너지는 진동수에 비례하여 커지기 때문이다 주황색 빛은 붉은색 빛보다 진동수가 크다. 흑체도 온도가 높을수록 더 많은 복사에너지를 방출한다. 흑체의 스펙트럼은 특정 파장에서 복사에너지의 강도가 최고조에 달하는데, 온도가 높을수록 최고 에너지에 해당하는 파장이 짧은 쪽으로 이동한다(또는 진동수가 큰 쪽으로 이동한다). 천문학자들은 별의 표면 온도가 빛의 색과 밀접하게 관련되어 있음을 알아냈다. 예를 들어 안타레스 Antares(전갈자리의 알파성)처럼 붉은 별의 표면 온도는 약 3500K이고 노란색의 태양은 5000K, 푸른색을 띤 리겔 Rigel(오리온자리의 1등성)은 1만 1000K쯤 된다.*

19세기 말에 일부 과학자들은 흑체 스펙트럼을 별에 적용하여 별의 온도와 특성을 연구했고, 또 어떤 과학자는 새로 등장한 전구의 수명을 늘리기 위해 필라멘트 개발에 집중했다. 그러나 다행히도 개중에는 흑체 스펙트럼 자체를 이해하기 위해 고군분투하는 물리학자도 있었다. 이들은 흑체복사 그래프를 논리적으로 이해하고 싶었지만, 무슨 짓을 해도 19세기의 물리학 이론으로는 설명할 길이 없었다.

빛을 파동으로 간주한 고전이론을 적용하면 긴 파장 영역에서 흑체복사 그래프가 정확하게 재현된다. 그러나 파장이 짧은 영역

---

* 절대온도 K와 섭씨온도 °C는 273만큼 차이가 난다. 그러므로 온도가 수천, 또는 만 단위로 커지면 굳이 절대온도와 섭씨온도를 구별할 필요가 없다.

 자연은 왜 이토록 단순하면서도 아름다운가

으로 가면 이론(빛의 파동설)과 실험(흑체복사 그래프)이 거의 무한대만큼 차이가 난다! 유한한 온도의 흑체가 단파장 복사에너지를 무한정 방출한다니, 난센스도 이런 난센스가 없다. 대체 어디가 잘못된 것일까?

이 문제는 매우 보수적인 물리학자 막스 플랑크Max Planck의 파격적인 아이디어로 해결되었다. 양자역학의 선구자 중 한 사람이자 1954년에 노벨상을 수상한 막스 보른은 훗날 막스 플랑크를 다음과 같이 평가했다.

> 그는 타고난 보수주의자였다. 혁명적인 성향은 거의 제로에 가까웠고, 누군가가 추측성 발언을 하면 무조건 색안경을 끼고 바라보았다. 그랬던 그가 물리학의 근간을 갈아엎는 혁명적 아이디어를 제안했다니, 지금도 믿기지 않는다. 아마도 그는 물리학 역사를 통틀어 가장 모순적인 인물일 것이다.

고전적인 관점에서 볼 때, 열운동을 하는 원자(또는 분자)가 흡수하거나 방출하는 에너지의 값에는 아무런 제한이 없다. 방출한 에너지는 10일 수도 있고, 7.23이나 0.34982일 수도 있으며, 심지어 $\sqrt{2}$ 나 π일 수도 있다. 그러나 플랑크는 당장 발등에 떨어진 문제를 해결하기 위해 "복사에너지는 불연속적인 덩어리의 형태로만 전달될 수 있다"고 가정하고, 이 덩어리에 "양자quantum"라는 이름을 붙였다. 그리고 이 가정에 기초하여 플랑크가 유도한 복사 공식은 실험에서 얻은 스펙트럼(파장에 따른 복사에너지 그래프)고-

정확하게 일치했다. 플랑크가 학회에서 이 파격적인 이론을 발표한 날이 1900년 12월 말이었으니, 그의 양자가설은 물리학의 신이 인류에게 가져다준 19세기의 마지막 선물이었던 셈이다. 처음에 물리학자들은 플랑크의 이론을 황당무계한 미봉책 정도로 생각했으나, 결국 그의 양자가설은 얼마 지나지 않아 미시세계의 거동을 서술하는 양자물리학quantum physics으로 꽃피우게 된다.

그로부터 반세기가 지난 후, 알퍼와 허먼은 우주 초기에 방출된 흑체복사가 지금도 태초의 유물처럼 남아 있다고 생각했다. 우주가 팽창하면서 차가워진 공간은 균일한 전자기파복사로 가득 찰 것이고, 그 온도는 우주의 나이와 팽창 속도로부터 추정할 수 있다. 알퍼와 하먼은 약간의 계산을 거친 후, 현재 우주 공간에 남아 있는 복사에너지의 온도가 5K(섭씨 -268도)쯤 될 것으로 추정했다. 그렇다면 복사에너지의 파장은 가시광선보다 1000배 이상 길어서 우리 눈에는 보이지 않을 것이다. 이 대역에 해당하는 파동이 마이크로파microwave이기 때문에, 빅뱅의 잔광을 "마이크로파 우주배경복사cosmic microwave background, CMB"라 한다.

과거의 우주가 초고온에 초고밀도 상태였다면, 지금도 우주배경복사가 희미하게 남아서 전파망원경에 포착될 것이다. 만일 누군가가 이 흔적을 발견한다면 빅뱅이론은 확실하게 검증될 것이고, 그의 이름도 과학사에 길이 남을 것이다. 그러나 알퍼와 허먼은 우주배경복사를 찾는 "골드러시"를 촉발하지 못했다. 최근 들어 그들의 기사를 다시 읽어보니, 빅뱅을 꿰뚫어 보는 통찰력이 정말 대단했다는 느낌이 든다. 다만, 원소의 생성과정을 설명하는 부분에서 논리의 연결고리가 조금 부실했을 뿐이다. 그런데 알퍼와 허먼은 왜 학계로부터 인정받지 못했을까? 아마도 초기 우주를 연구 대상으로 삼기에는 시간적으로 너무 멀리 떨어져 있었거나, 검증할 수 없는 추론이 한곳에 너무 집중되었기 때문일 것이다. 또는 그들의 이론이 시대를 너무 앞서갔을 수도 있고, 형이상학적으로 고착된 우주론의 근간을 흔드는 것 자체가 무리한 시도였을지도 모른다. 이유야 어찌 되었건, 우주배경복사를 검출해서 빅뱅이 실제 사건이었음을 증명하려는 사람은 꽤 긴 세월 동안 단 한 명도 없었다.

*

1965년 5월 21일, '빅뱅을 암시하는 신호, 드디어 포착되다'라는 뉴스가 〈뉴욕타임스〉 1면에 실렸다. 담당 기자였던 월터 설리번Walter Sullivan의 기사는 다음과 같이 시작된다.

프린스턴대학교의 연구팀은 우주가 거대한 폭발에서 탄생했을 것으로 추측했고, 벨 연구소의 과학자들은 그 폭발의 잔해를 기어이 찾아냈다.

1963년, 아노 펜지어스Arno Penzias와 로버트 윌슨Robert Wilson은 박사과정을 마친 후 곧바로 벨 연구소에 취직하여 거대한 나팔처럼 생긴 6미터 길이의 홈델 혼 안테나Holmdel Horn Antenna로 전파천

1962년 홈델 혼 안테나 위에 서 있는 펜지어스와 윌슨.

   자연은 왜 이토록 단순하면서도 아름다운가

문학을 연구하기 시작했다. 원래 풍선위성 "에코Echo"에서 반사된 마이크로파를 감지하기 위해 제작된 이 안테나는 인공위성시대의 막이 오른 후 최초의 통신위성 텔스타Telstar의 중계 신호를 포착하는 데 사용되다가 현역에서 은퇴한 상태였다. 두 명의 젊은 전파천문학자 펜지어스와 윌슨은 이미 알려진 전파발생원에 안테나를 맞춰서 절대 강도를 세팅한 후, 은하수를 가로질러 7.35센티미터 파장대에서 새로운 전파진원지를 찾기 시작했는데, 관측 첫날부터 출처를 알 수 없는 잡음noise, 여기서는 소리가 아니라, 의외의 진동수 대역에서 나타나는 신호를 의미한다 때문에 도무지 데이터를 추출할 수가 없었다.

두 사람은 대기에 섞여 있는 오염원과 사람의 활동으로 인한 간섭, 은하에서 발생한 소음, 그리고 외계 오염원을 일일이 조사하여 차례로 제거해나갔으나, 문제의 잡음은 끝까지 사라지지 않았다. 혹시 안테나 자체가 잡음을 만들고 있지는 않을까? 펜지어스와 윌슨은 두 팔을 걷어붙이고 안테나에 기어올라 오염물질을 닦아내다가, 그곳에 둥지를 튼 비둘기 한 쌍을 발견하고 대경실색했다. 둥지 일대가 비둘기의 배설물로 거의 도배가 되어 있었기 때문이다(이것은 윌슨이 노벨상을 받을 때 연단에서 직접 들려준 이야기다). 두 사람은 침입자를 쫓아내고 안테나 내부를 깨끗하게 청소했지만, 그래도 잡음은 여전히 남아 있었다. 신기한 것은 그 잡음이 모든 방향에서 똑같이 발생하고, 계절이 바뀌어도 강도가 일정했다는 점이다. 이것을 흑체복사로 해석하여 온도를 계산해보니 3.5±1K라는 값이 얻어졌다(나중에 3.1K로 수정되었다). 펜지어스와 윌슨은 우주가 균일한 마이크로파 복사로 가득 채워져 있음을 발견한 것이다. 그런데 이게 과연 무슨 뜻일까?

그 무렵 벨 연구소의 연구진은 가까운 곳에 있는 프린스턴대학교의 물리학자들(로버트 디케Robert Dicke, 짐 피블스Jim Peebles, 피터 롤Peter Roll, 데이비드 윌킨슨David Wilkinson)이 우주배경복사에 관심이 많다는 사실을 우연히 알게 되었다. 특히 디케는 초고온-초고밀도 상태였던 우주 팽창 초기 단계에 방출된 복사가 공간 전체에 퍼져나가서 오늘날 화석처럼 남아 있다는 가설을 연구 중이었다. 그는 롤과 윌킨슨에게 우주배경복사를 관측할 수 있는 도구를 만들어보라고 지시했고, 피블스에게는 배경복사가 검출된 경우와 검출되지 않은 경우, 각각 이론적으로 어떤 해석을 내릴 수 있는지 검토해볼 것을 권했다. 그 후 두 연구팀이 만났을 때 데이터를 손에 넣지 못한 프린스턴 팀이 살짝 밀리는 분위기였으나, 벨 연구소 팀이 포착한 신호의 의미를 제대로 해석할 수 있는 쪽도 프린스턴 팀이었다. 1965년 7월 1일에 발행된 〈천체물리학 저널The Astrophysical Journal〉에는 편집자에게 보내온 짧은 논문 두 편이 소개되었는데, 프린스턴대학교의 「우주흑체복사Cosmic Black-body Radiation」에는 예측되는 결과가 제시되어 있었고, 펜지어스와 윌슨이 보내온 두 페이지짜리 논문 「안테나 초과온도 측정A Measurement of Excess Antenna Temperature」에는 기술적인 내용만 있을 뿐, 이론적 해석을 내리지 않았다. 그리고 두 연구팀 모두 마이크로파 배경복사를 먼저 예견했던 알퍼와 허먼의 논문을 한 번도 언급하지 않았다.

어쨌거나 이제 남은 일은 마이크로파 우주배경복사가 막스 플랑크의 흑체 스펙트럼과 일치하는지, 그 여부를 확인하는 것이었다. 1966년 3월에 롤과 윌킨슨은 배경복사의 온도를 3.2센티미터의 파장에서 3±0.5K로 예측했고, 몇 달 후 전파천문학자들이 얻은 측정값은 21센티미터~2.6밀리미터 파장 영역에서 3K에 가까웠다. 이런 식으로 흑체 스펙트럼 데이터가 조금씩 쌓여가자 펜지어스와 윌슨이 발견한 마이크로파가 빅뱅의 잔해일 가능성이 점점 더 높아졌다. 그리고 일단의 관측팀이 추가 조사를 벌인 결과, 지구에서 관측한 배경복사는 지구 자체의 운동 때문에 실제 값에서 조금 왜곡된다는 사실도 밝혀졌다. 지구는 초속 371킬로미터라는 엄청난 속도로 움직이고 있는데지구의 자전과 공전, 그리고 은하수의 회전운동을 모두 고려한 값이다. 이들 중 기여도가 가장 큰 것은 은하수의 회전이다, 이 사실을 고려하여 관측값을 보정하면 우주배경복사는 모든 방향에서 균일하게 나타난다(즉, 특정 방향을 선호하지 않는다). 결국 아노 펜지어스와 로버트 윌슨은 마이크로파 우주배경복사를 발견한 공로로 1978년에 노벨 물리학상을 받았다. 이들이 수집한 데이터는 "아득한 옛날에 일어났던 우주적 사건을 재현할 수 있다"는 가능성을 열어주었으며, 빅뱅이 우주론의 정설로 등극하는 데에도 결정적인 역할을 했다. 그러나 자칭 "고집 센 네덜란드인" 그로트 레버는 끝까지 설득되지 않았다. 그는 1982년에 발표한 논문에서 다음과 같이 주장했다. "빅뱅 창조론은 과학이론이 아니라 종교적 교리에 가깝다. 우주론이 빅뱅을 받아들인다면, 우주론 자체도 목소리 큰 사람이 이기는 말싸움의 범주를 벗어나지 못할 것이다!"

그 후 지상과 산꼭대기, 비행기, 풍선, 로켓 등 다양한 도구로 측정한 결과, 우주배경복사가 약 3K로 균일하게 분포되어 있음이 거의 확실해졌다. 그렇다면 여기서 한 가지 의문이 떠오른다. 우주는 상상을 초월할 정도로 광활한데, 그 넓은 영역의 온도가 어떻게 균일할 수 있다는 말인가? 관측 가능한 우주에서 서로 멀리 떨어져 있는 두 영역 A와 B를 생각해보자. A와 B 사이의 거리가 엄청나게 멀어서, A에서 출발하여 빛의 속도로 날아가도 B에 도달하려면 우주의 나이보다 긴 시간이 소요된다고 하자. 그러면 우주 초창기에 A에서 출발한 신호는 아직도 B에 도달하지 않았을 것이다. 즉, A와 B는 우주가 탄생한 이후로 접촉은커녕, 신호조차 교환한 적이 없다. 그런데 어떻게 A와 B의 온도가 같을 수 있다는 말인가?

1980년, 스탠퍼드 선형가속기센터SLAC의 물리학자 앨런 구스Alan Guth는 이 수수께끼의 해결책으로 대담한 가설을 내세웠다. 우리 눈에 보이는 모든 우주(그리고 그 너머)가 우주 초기에 서로 접촉한 상태였다는 가정이 바로 그것이다. 그리고 아주 짧은 시간 동안(허블의 팽창법칙이 적용되기 전) 우주는 10^{26}배로 팽창했다! 만일 이것이 사실이라면, 우주는 아주 작은 영역에 물질과 에너지가 똘똘 뭉친 채로 존재하면서 서로 정보를 교환하여 온도가 균일해졌고, 그 후 아주 짧은 시간 동안 말도 안 되는 속도로 빠르게 팽창하여 균일한 온도가 그대로 유지되었다. 급속한 팽창을 강조하는 의미에서, 구스의 이론을 "인플레이션이론Inflation Theory"이라 한다. 즉, 모호했던 빅뱅이론이 훨씬 구체적인 인플레이션이론으로 업그레이드된 것이다. 오늘날 인플레이션이론은 수많은 보정을 거치면서 우주 탄생의 비화를 설명하는 정설로 자리 잡았다(물론 동의하지 않는 사람도 있다).

✳

균일한 온도를 인플레이션으로 설명한 것까지는 좋은데, 그래도 아직 의문이 남는다. 태초에 우주가 완벽하게 균일했다면, 별과 은하는 어떻게 탄생할 수 있었는가? 모름지기 천체가 형성되려면 질량이 특정 영역 안에 집중되어 있어야 한다. 균일했던 우주가 어떻게 이런 변칙적인 결과를 낳을 수 있다는 말인가? 이것은 지난 세기말에 우주론학자들을 무던히도 괴롭힌 수수께끼였다. 앞서 말한 대로 인플레이션 가설은 우주가 균일한 이유를 설명해준다. 여기에 양자요동quantum fluctuation을 도입하면 부분적인 불규칙성까지 설명할 수 있다. 즉, 우주를 구성하는 은하와 성단, 필라멘트filament, 은하와 은하간물질, 암흑물질 등이 모여서 형성된 기다란 거대구조, 그리고 빈 공간은 우주 초기의 양자요동으로부터 생겨난 것이다. 우주의 대부분은 온도와 밀도가 균일했지만 초기의 양자요동으로 인해 밀도가 평균보다 높거나 낮은 영역이 부분적으로 생겼고, 이 영역이 인플레이션을 겪으면서 거대한 구조로 자라났다. 1967년에 라이너 작스Rainer Sachs와 아서 울프Arthur Wolfe는 초창기 우주의 균일하지 않은 밀도분포가 중력의 영향을 받아 마이크로파 우주배경복사에 미세한 온도 차이를 남겼다고 주장했다. 우주의 기원을 알아내려면 얼마나 먼 과거까지 거슬러 가야 할까?

밥의 회고담으로 이 장을 마무리하고자 한다.

1992년 4월에 나는 로런스 버클리 연구소에서 입자물리학 프로그램을 이끌고 있었다. 그 무렵 우리가 진행했던 프로젝트 중 몇 가지는 미국 에너지부Department of Energy의 요구사항에서 다소 벗어나 있었다. 당시 나는 그런 번외활동에 큰 신경을 쓰지 않았기 때문에, 나중에 어떤 결과가 나올지도 알 수 없었다. 어느 날, 조지 스무트George Smoot가 내 연구실로 찾아와 그동안 얻은 결과를 보여주었다. 그가 이끌던 연구팀은 우주배경복사 관측위성Cosmic Background Explorer satellite, COBE에 탑재된 것과 동일한 장비로 우주배경복사를 관측하고 있었다. 조지는 어디를 가도 눈에 띌 정도로 덩치가 크고 위풍당당한 물리학자였다. 게다가 잘생긴 외모에 말솜씨까지 유창해서, "TV 스포츠 해설가로 고수입을 올리는 은퇴한 미식축구 선수"를 연상케 했다.

"조지, 이거 진짜 중요한 건가?"

"네, 진짜로 중요한 겁니다. 두말하면 입 아파요."

우리는 COBE 위성에서 보내온 첫 번째 데이터가 과학계를 한 차례 들었다가 놓았다는 사실을 잘 알고 있었다. 다른 과학은 몰라도, 적어도 천문학계에서는 그랬다. 1974년에 NASA가 나서서 개발한 COBE 위성은 지구에서 방출된 적외선과 마이크로파 우주배경복사를 감지하는 고감도 장비를 싣고 1989년 11월 19일에 랠프 알퍼와 로버트 허먼이 지켜보는 가운데 발사되었다. 그 후 몇 주 동안 COBE 위성은 원적외선 절대분광광도계Far InfraRed Absolute

Spectrophotometer, FIRAS를 이용하여 34가지 파장대에서 우주배경복사의 강도를 측정했다. 1990년 1월, FIRAS 팀의 리더인 NASA/고다드 우주비행센터NASA/Goddard Space Flight Center의 존 매더John Mather는 버지니아주 크리스털 시티에서 개최된 미국 천문학회 회의 석상에서 COBE 위성이 보내온 데이터에 기초하여 다음과 같이 보고했다. "우주배경복사의 온도는 $2.735 \pm 0.06K$이며, 스펙트럼은 플랑크의 흑체복사공식과 정확하게 일치합니다."

매더의 발표가 끝나자 그 자리에 있던 1000명의 천문학자들이 일제히 기립박수를 보냈다. 그러나 〈뉴욕타임스〉는 22페이지에 걸친 기사에서 COBE가 발견한 것보다 "발견하지 못한 것"을 더 강조했다. 담당 기자인 워런 리리Warren Leary는 'COBE, 우주 창조의 흔적 중 일부 발견'이라는 다소 인색한 헤드라인을 걸고 다음과 같이 적어놓았다. "모든 존재의 출발점을 찾는 새로운 우주선spacecraft이 최초로 우주를 관측했다. 과학계는 이로써 우주의 완벽한 모습이 드러났다며 잔뜩 흥분한 분위기다." COBE가 보내온 스펙트럼은 정말로 아름다웠다(빅뱅이론을 믿지 않는 사람들은 몹시 실망했을 것이다). 그러나 거기에는 "은하와 성단의 씨앗"이 되었던 국소적 밀도변화가 전혀 나타나지 않았다.

그로부터 2년이 조금 지난 지금, 조지가 내 연구실로 찾아와 미국 물리학회에서 공개할 사진을 미리 보여주고 있다. 그렇다. 그것은 바로 "우주의 출생기념 사진"이었다! 이 사진을 비전문가에게 보여주면 값비싼 위성과 최첨단 장비를 총동원해서 촬영한 "역사상 최악의 출생기념 사진"이라고 생각할지도 모른다. 사실 사진에

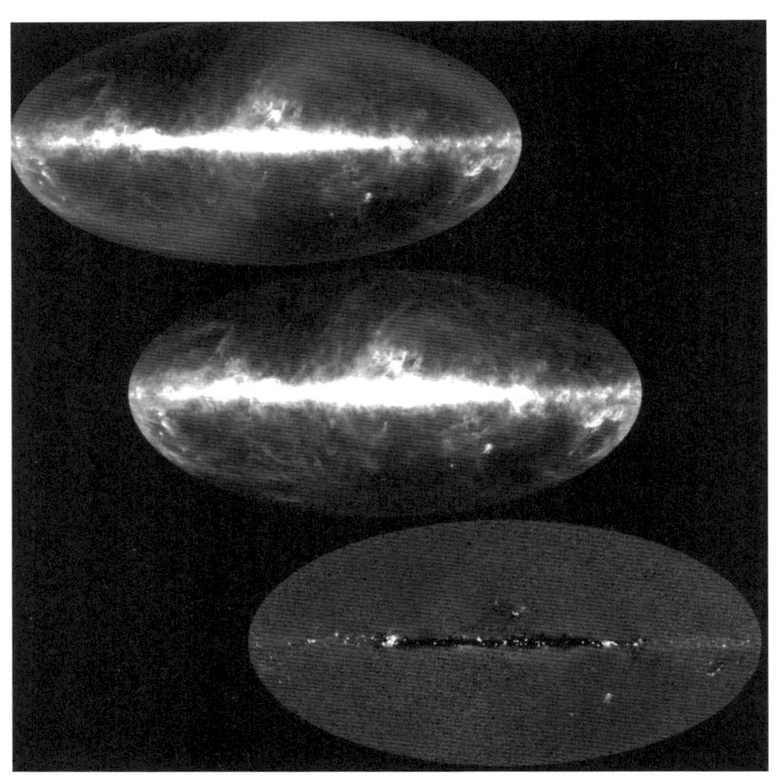

COBE 위성이 촬영한 적외선 우주의 모습.
태양계 먼지가 만들어내는 황도광黃道光을 제거하자,
우리 은하 밖에서 오는 미약한 배경복사가 드러난다.

　자연은 왜 이토록 단순하면서도 아름다운가

찍힌 아기(우주)는 지금 막 태어난 갓난아기가 아니라, 38만 살쯤 먹은 늙은 아기였다. 그 전에는 우주가 불투명하여 아무것도 보이지 않았기 때문이다. 사진을 흑백으로 인쇄하면 온통 회색으로 덮일 것 같았는데, 조지의 설명은 지금부터가 시작이었다.

주먹을 쥔 채 팔을 45도 위로 곧게 뻗었을 때, 주먹이 가리는 하늘 면적만큼의 영역 안에서 우주배경복사의 온도는 10만 분의 1의 오차범위 안에서 동일하게 나타났다. 10만 분의 1이면 오차가 거의 없는 것 같지만, 눈을 부릅뜨고 자세히 들여다보면 온도가 주변보다 조금 밝거나 어두운 곳이 시야에 들어온다. 물론 그 차이가 너무나 미세하여 "좀 더 자세히 보라"며 마냥 다그칠 수는 없다. 이럴 때 좋은 방법은 흑백사진을 청록색에서 자홍색 사이의 색상 차트를 이용하여 컬러사진으로 바꾸는 것이다. 예를 들어 온도가 평균보다 3000만 분의 1도 낮은 곳은 청록색 점으로, 평균보다 3000만 분의 1도 높은 곳은 자홍색 점으로 나타내는 식이다. 변화량은 극히 미미했지만, 사진에 색상을 입혀서 출력하고 보니 시공간 캔버스에 그려진 초현실적 점묘화에서 태초의 우주(거시적으로는 균일하지만 국소적으로는 다양한 구조를 보유한 우주)가 극적으로 그 모습을 드러냈다. 그렇다. 초기 우주는 우리가 상상했던 것만큼 완벽하지 않았다. 결국 조지 스무트가 옳았다. 그것은 정말로 중요한 사진이었다. 며칠 후 이 사진이 세상에 공개되면 한바탕 난리가 벌어질 것이다.

아니나 다를까, 조지 스무트가 워싱턴 학회에서 이 사진을 공개하자 물리학자와 천문학자를 비롯하여 과학계 전체가 충격과 흥분에 빠져들었고, 1992년 4월 24일 자 〈시카고 트리뷴〉 1면에는 'NASA의 위성, 신의 얼굴을 찍다'라는 헤드라인과 함께 화제의 사진이 게재되었다(조지는 한 언론과의 인터뷰에서 "종교를 가진 사람에게는 신의 얼굴처럼 보일 것"이라고 했다).

〈뉴욕타임스〉는 이번에도 다소 신중한 태도를 보였다. "빅뱅이론의 증거가 발견되었다. 천문학자들이 첨단장비로 과거를 들여다보던 끝에, 드디어 빅뱅의 증거라 할 수 있는 '공간 속의 주름진 곳'을 찾아냈다. 이것은 태초에 매끈했던 우주가 오늘날의 별과 은하, 그리고 은하단으로 진화한 이유를 보여주는 최초의 증거라 할 수 있다." 그로부터 한 달 후 조지의 프로필 기사가 〈피플People〉에 실렸는데, 내용은 다음과 같았다. "천체물리학자 조지 스무트가 동료들과 함께 우주의 주름을 발견한 후, 그의 캠퍼스 생활은 거대한 빅뱅처럼 소란스러워졌다."

조지의 유명세는 한동안 계속되어 1992년 〈피플〉 연말 특집호에 올해의 인물 25인 명단에 들었다. 여기서 그는 "창조의 청사진을 완성한 천체물리학자"라는 타이틀로 소개되었는데, 바로 앞에는 가수 마돈나("영화! 앨범! 외설적 사진들!")가 있었고, 유명 앵커인 케이티 커릭Katie Couric("〈오늘의 상식〉 공동 앵커, 자신의 쇼를 다시 정상에 올려놓다")이 조지의 뒤를 이었다. 물론 가장 중요한 것은 존 매더와 조지 스무트가 2006년에 공동으로 노벨상을 수상했다는 점이다. 노벨위원회는 "마이크로파 우주배경복사의 흑체적 특성과 비등방성을 발견한 공로"를 수상 이유로 밝혔다.

COBE 위성 이후에 개선된 장비를 탑재한 두 대의 첨단위성이

추가로 발사되었는데, 하나는 NASA의 "마이크로파 천문탐사선
Microwave Astronomy Probe"이고, 다른 하나는 유럽우주국의 "플랑크미
션Planck Mission"이다(마이크로파 천문탐사선은 발사 후 세상을 떠난
데이비드 윌킨슨을 기리는 뜻에서 "윌킨슨 마이크로파 천문탐사선"
으로 개명되었다). 이로써 과학자들은 우주배경복사의 뜨거운 점
과 차가운 점의 크기로부터 몇 가지 중요한 정보(우주의 형태, 크
기, 나이, 구성성분, 팽창속도 등)를 계산할 수 있게 되었다. 앞으로
정교한 데이터가 충분히 쌓이면 초기 우주의 완벽한 그림을 재현
할 수 있을 것이다.

(20장)

세상은 무엇으로 이루어져 있는가?

인류가 물질의 구성성분을 탐구해온 역사는 차라투스트라(조로 아스터)의 선언을 거쳐 고대 바빌로니아의 창조신화까지 거슬러 올라간다. 거의 문서로 기록된 역사(역사시대)만큼 오래된 셈이 다. 기원전 494년경, 그리스의 철학자 엠페도클레스Empedocles는 이 세상이 흙, 공기, 물, 불로 이루어져 있으며, 이 네 가지 원소들 이 사랑과 투쟁을 반복하면서 균형을 이룬다고 주장했다. 그의 참 신한 아이디어는 아리스토텔레스학파의 교리로 정착되어 무려 1700년 동안 가장 그럴듯한 원소이론으로 군림했다. 그 후 과학 의 언어가 철학에서 수학으로, 단순한 주장에서 증거 제일주의로 옮겨가면서 19세기 화학자들은 주기율표에 등록된 원소들을 모 든 물질의 기본단위로 간주하게 되었다. 1961년에 리처드 파인먼 은 그 유명한 물리학 강의Lectures on Physics 첫 시간에 원자의 중요성

     자연은 왜 이토록 단순하면서도 아름다운가

을 다음과 같이 강조했다.

이 세상에 일대 격변이 일어나 기존의 과학 자식이 모두 파괴된 상황에서, 후손에게 남겨줄 지식을 단 한 문장으로 요약해야 한다면 어떤 문장을 골라야 할까? 내 생각에는 원자 가설 atomic hypothesis을 남겨주는 게 가장 현명할 것 같다. "모든 것은 원자로 이루어져 있다"는 문장이야말로 모든 과학적 서술 중 최고의 가성비를 자랑한다. 끊임없이 움직이는 작은 입자(원자)들은 거리가 어느 정도 멀어지면 서로 잡아당기고, 외력에 의해 압축되어 거리가 가까워지면 서로 밀어낸다. 앞으로 차차 이야기하겠지만, 약간의 논리와 상상력을 동원하면 이 짧은 문장 안에 엄청난 양의 정보가 들어 있음을 알게 될 것이다.

원자의 존재가 입증된 시기는 정량화학quantitative chemistry, 시료에 존재하는 특정 물질의 절대적 또는 상대적 양에 기초하여 시료의 성질을 분석하는 화학이 처음 등장한 날과 파인먼이 첫 번째 물리학 강의를 한 날의 중간쯤 된다. 원자는 희미하게 퍼진 전자구름과 그 중심에 있는 작은 원자핵으로 이루어져 있으며, 이들의 화학적 성질은 (적어도 원리적으로는) 양자역학의 새로운 세계관으로 서술된다. 또 원자핵은 양성자와 중성자로 이루어져 있고, 핵력의 얼개를 깊이 파고들어가면 존재 가능한 핵의 종류와 이들의 거동 방식을 이해할 수 있다. 칼텍에서 진행된 파인먼의 매력적인 강의가 입소문을 타고 전 세계 물리학과 학생들에게 알려졌을 즈음에, 물리학자들은 양성자와 중성자가 쿼크로 이루어져 있고 전자는 렙톤이라는 입자족의 구성원임을 알게 되었다. 강력과 약력, 그리고 전자기력을 더욱 큰 그림에서 바라보기 시작한 것도 이 무렵의 일이다.

이 세상에는 "만질 수 있는 물질" 외에, 그 이상의 무언가가 존재하고 있을까? 엠페도클레스가 세상을 떠나고 한 세기가 지난 후, 박학다식하기로 둘째가라면 서러운 아리스토텔레스가 완벽하고 영원불변한 천상계를 설명하기 위해 사물의 다섯 번째 본질(또는 정수精髓)인 "에테르ether"를 도입했다. 인간계의 모든 만물은 흙, 공기, 물, 불로 설명되고 천상계는 에테르로 가득 차 있으니, 지구를 중심에 둔 아리스토텔레스의 우주론에는 더 이상 다른 것이 끼어들 여지가 없었다. 다행히도 갈릴레오와 시몬 마리우스 같은 과학자들이 망원경으로 하늘을 관측하여 맨눈으로 볼 수 없었던 새로운 천체를 발견해준 덕분에, 인류는 소수의 독단적인 확신에서 벗어날 수 있었다. 그리고 20세기에 발견된 성운星雲, nebula은 (에드윈 허블의 표현을 빌리면) 하늘에 무언가 새로운 것이 존재한다는 결정적 단서를 제공했다.

1933년에 허블의 동료인 프리츠 츠비키는 은하계 바깥에 있는 성운의 적색편이에 대한 비판적 관점을 정리해서 논문으로 발표했는데, 거기에는 그가 학창 시절에 독일어로 접했던 스위스 물리학회 학술지 〈헬베티카 피지카 악타Helvetica Physica Acta〉의 "중력 마찰"에 대한 개인적 추측이 포함되어 있었다. 그는 이 논문의 초록에서 특별한 언질 없이 평이한 어조로 연구 목적을 밝혔지만, 사실은 "5절: 코마 성단Coma nebular cluster의 속도 분산에 관한 논평"에서

　　자연은 왜 이토록 단순하면서도 아름다운가

불의의 결정타를 날릴 심산이었다. 2페이지도 채 안 되는 문제의 5절에서 그는 다음과 같이 주장했다.

> 코마 성단(1000개 이상의 은하로 이루어진 은하집단)에 속한 은하들은 서로에 대해 끊임없이 움직이고 있는데, 그 속도는 우리가 예상했던 것보다 훨씬 빠르다. 은하들이 이토록 빠르게 움직이면서 성단의 전체적인 형태가 유지되려면, 코마 성단의 평균 물질밀도는 관측을 통해 계산된 값보다 최소 400배 이상 높아야 한다. 만일 이것이 사실이라면, 코마 성단에는 눈(또는 망원경)에 보이는 일상적인 물질보다 눈에 보이지 않는 암흑물질이 훨씬 더 많을 것이다.

그렇다. 츠비키는 눈에 보이는 것(밝은 점들)이 전부가 아님을 지적한 것이다.

19세기 말에 레일리 경도 불활성 원소인 아르곤을 발견했을 때 이와 비슷한 말을 남겼다.

> ……이 설명을 잠정적으로나마 받아들이면, 엄청난 양의 기체가 우리 주변을 에워싸고 있는데도 그 존재를 전혀 모르는 채 살아왔다는 당혹스러운 현실에 직면하게 된다.

과연 우주는 우리가 전혀 알지 못했던 무거운 비활성 물질로 가득 차 있는 것일까? 이 신비한 물질을 "비활성 물질noble matter"이라 불러도 괜찮은 걸까?

17세기 초에 요하네스 케플러는 태양 주변을 공전하는 행성의 궤적을 추적하던 중, 태양에서 먼 행성일수록 공전 속도가 느리다는 사실을 발견했다. 예를 들어 토성과 태양 사이의 거리는 지구와 태양 사이의 거리보다 거의 9배나 멀고, 토성의 평균 공전 속도는 지구의 3분의 1쯤 된다. 이것이 바로 케플러가 발견한 행성의 운동법칙(정확하게는 케플러의 제3법칙)이다. 뉴턴은 중력이론(만유인력)으로 케플러의 법칙을 설명했는데, 여기에는 태양이 "행성의 공전을 일으키는 원천"이라는 가정이 깔려 있다.[*] 이와 마찬가지로, 은하단의 질량이 밝은 영역(눈에 보이는 천체들)에 집중되어 있다면, 은하단의 중심에서 멀리 떨어져 있는 은하일수록 이동 속도가 느려야 한다.

츠비키 이후로 관측 장비가 개선되면서 천문학자들은 은하단 속의 은하뿐만 아니라, 하나의 은하 안에서 밝은 영역의 움직임까지 분석할 수 있게 되었다. 그런데 1970년대에 광학망원경과 전파망원경으로 수집한 데이터를 분석해보니, 은하의 중심에서 멀리 떨어진 별들은 케플러의 법칙에 따라 속도가 감소하지 않는 것으로 나타났다. 이 문제와 관련된 가장 유명한 연구 사례로는

---

[*] 케플러는 튀코 브라헤가 남겨준 방대한 양의 관측 데이터를 분석하다가 법칙을 발견한 반면, 뉴턴은 순전히 이론(원리)에 입각하여 케플러의 법칙이 옳다는 것을 증명했다. 만일 누군가가 "그런 법칙이 왜 성립하나요?"라고 묻는다면 뉴턴은 "중력법칙 때문"이라고 자신있게 답하겠지만, 케플러는 꿀 먹은 벙어리가 될 것이다. 그러므로 두 사람의 법칙이 동일한 결과를 낳았다 해도, 법칙의 품격이 근본적으로 다르다!

1980년에 워싱턴 카네기 연구소의 베라 루빈Vera Rubin과 그녀의 동료들이 발표한 논문을 꼽을 수 있다. 루빈은 크고 작은 나선은하 21개를 골라서 그 안에 있는 천체의 움직임을 분석한 끝에, "뉴턴의 중력이론이 옳다면, 은하의 질량은 중심부에 집중되어 있지 않다"는 의외의 결론에 도달했다. 은하의 테두리 바깥에도 엄청난 양의 질량이 존재한다고 가정하지 않고서는 천체의 움직임을 설경할 길이 없었기 때문이다. 루빈은 동료들과 함께 발표한 논문에서 다음과 같이 결론지었다. "광학은하(망원경으로 관측되는 은하) 너머에 비발광물질(암흑물질)이 존재한다는 것은 피할 수 없는 결론이다." 은하와 같은 천체구조에 눈에 보이는 것보다 훨씬 많은 질량이 존재하지 않으면 형태를 유지하지 못하고 산산이 흩어진다. 최근 실행된 컴퓨터 시뮬레이션도 똑같은 결론에 도달했다.

대부분의 천문학자들은 암흑물질 발견에 가장 큰 공을 세운 사람으로 베라 루빈을 꼽는다(코마 성단에서 암흑물질의 징후를 포착한 프리츠 츠비키의 공로도 빼놓을 수 없다). 그녀가 세상을 떠났을 때 〈뉴욕타임스〉의 부고 기사 밑에는 우주과학 담당 기자 데니스 오버바이Dennis Overbye의 추모사가 함께 실렸다. "그녀는 은하와 별들이 거대한 암흑물질의 구름에 휩싸여 있음을 관측을 통해 증명함으로써 현대 물리학과 천문학에 혁명적 변화를 가져왔다."

베라 루빈은 2001년에 전파천문학자 소후에 요시아키祖父江義明와 함께 쓴 논문에서 미래의 발전상을 다음과 같이 예견했다.

결국 우리는 암흑물질의 정체를 알게 될 것이다. 질량만 놓고 보면 우주에서 가장 흔한 물질이 바로 암흑물질이기 때문이다. 또한 우리는 입자물리학을 통해 암흑물질의 기원과 물리적 특성까지 밝힐 수 있을 것이다. 우리가 예상할 수 있는 결과는 두 가지다. 뉴턴의 중력법칙에 대해 잠시나마 품었던 의구심을 말끔하게 털어버리거나, 새로운 법칙의 탄생을 열광적으로 축하하게 될 것이다.

루빈은 지인과의 사적인 자리에서 자신의 희망 사항을 솔직하게 털어놓았다.

천문학적 규모에서 뉴턴의 중력법칙이 수정되어야 한다는 쪽으로 결론이 났으면 좋겠어요. 우주에 새로운 종류의 입자가 존재한다고 밝혀지는 것보다, 법칙 자체를 수정하는 게 훨씬 논리적이고 보기에도 좋으니까요.

루빈이 원하는 결과는 물리학자와 천문학자 모두에게 매우 흥미진진한 사건이지만, 그렇게 될 가능성은 거의 없어 보인다. 뉴턴의 중력법칙은 지난 350여 년 동안 수많은 실험과 관측을 통해 너무도 확고하게 검증된 사실이므로, 이보다는 은하에 아직 알려지지 않은 입자가 존재하여 질량의 대부분을 차지하고 있을 가능성이 훨씬 높다. 지금도 물리학자들은 암흑물질을 찾아서 그 특성을 이해하기 위해 고군분투하고 있다.(물리학자들의 구호: "어두운 게 문제야!dark matters!")

        자연은 왜 이토록 단순하면서도 아름다운가

　망원경으로 무장한 천체물리학자들은 암흑물질이 있는 곳을 열심히 찾는 중이다. 1936년에 알베르트 아인슈타인은 태양의 중력에 의해 빛의 경로가 휘어지는 현상에 착안하여, 가까이 있는 별의 중력이 렌즈처럼 작용하여 멀리 있는 별에서 방출된 빛을 왜곡시키는 "중력렌즈효과gravitational lensing"를 짧은 논문으로 발표했다. 그리고 츠비키는 여기서 한 걸음 더 나아가 성단에 의해 나타나는 중력렌즈효과(성단 뒤에 있는 배경은하의 분포가 왜곡되어 나타나는 효과)를 역으로 추적하여 성단 내 물질의 전체적인 분포를 알아낸다는 아이디어를 제시했다. 그로부터 70년 후, 국제 관측팀은 우주 전체에 걸쳐 3차원 암흑물질 분포지도를 완성했는데, 이 프로젝트의 일등 공신은 허블 우주망원경에 탑재된 대형 카메라였다.

　암흑물질의 정체는 과연 무엇일까? 그냥 평범한 물질인데, 빛을 거의 방출하지 않아서 광학망원경으로 관측되지 않는 것일까? 질량이 태양과 행성의 중간쯤 되는 블랙홀이나 갈색왜성이라면 가능성이 있다. 천문학자들은 이런 천체를 "마초MACHOs, MAssive Compact Halo Objects"라 부른다. 우주에 마초가 충분히 많다면, 멀리 떨어진 별에서 방출된 빛이 지구로 향하는 도중에 마초를 통과하면서 중력렌즈효과를 일으켜 별빛이 순간적으로 밝아지는 현상이 나타날 수도 있다. 그러나 지금까지 발견된 마초는 수가 너무 적어서, 암흑물질의 후보로 내세우기에는 역부족이다.

　가벼운 원자핵(중수소, 헬륨, 리튬 등)을 모아서 무거운 원자핵으로 합성하는 핵융합반응은 우주 탄생 후 처음 몇 분 동안 존재했던 양성자와 중성자의 수에 따라 진행되는 양상이 달라진다. 최신 이론에 의하면 현재 우주에 존재하는 양성자와 중성자의 양(즉, 별을 구성하는 물질의 양)은 "평평한 우주"가 유지되는 데 필요한 질량과 에너지의 4퍼센트에 불과하다. 평균적으로 5세제곱미터당 수소원자 한 개가 존재하는 꼴이다. 이것을 처음으로 주장한 사람은 마이크로파 우주배경복사를 이론적으로 예견한 로버트 디케였다.

뉴트리노는 어떨까? 전하가 없고, 질량도 매우 작고, 거의 광속으로 날아다니면서 다른 입자와 상호작용도 하지 않지만, 개수로 따지면 우주 챔피언이다. 게다가 초기 우주의 빠르고 "뜨거운" 뉴트리노는 물질을 응집시키는 데 도움이 된다. 그러나 우주에서 물질이 형성된 역사를 돌아볼 때, 뉴트리노가 암흑물질의 주성분일 가능성은 거의 없다.

그렇다면 암흑물질의 정체는 우주가 젊고 뜨거웠던 시절에 남긴 유물인 "윔프WIMPs, Weakly Interacting Massive Particles(약하게 상호작용하는 무거운 입자)"가 아닐까? 이런 입자는 잘하면 지금의 입자가속기로 만들어낼 수 있을지도 모른다. 1970년대에 입자물리학의 표준모형이 확립된 후 물리학자들은 표준모형을 더욱 포괄적이고 예측 가능한 이론으로 확장하기 위해 다양한 가설을 제시했고, 그 와중에 암흑물질 후보도 여럿 등장했다. 프린스턴대학교의 우주론학자 짐 피블스는 1982년에 비상대론적 "차가운" 암흑물질이 우주의 진화에 미치는 영향을 고려하여 "비상대론적"이란 상대성이론을 고려하지 않았다는 뜻이다 마이크로파 우주배경복사의 비등방성

(모든 방향으로 완벽하게 균일하지 않음) 덕분에 대규모 천체가 탄생했다는 가설을 발표했다. 그는 온도변동량을 "100만 분의 5" 수준으로 예측했는데, 이 값은 10년 후 조지 스무트가 발표한 COBE 위성의 관측 결과와 거의 정확하게 일치한다. 또한 피블스는 이 연구에서 암흑물질의 후보로 윔프를 지목했는데, 이것은 2019년에 그에게 노벨상을 안겨준 연구의 핵심 요소였다.

인플레이션 우주론에 의하면 우주의 밀도는 임계값에 매우 가까워야 한다. 그렇지 않으면 인플레이션(급팽창)이 일어나던 순간에 시공간이 크게 휘어져서, 지금처럼 평평한 우주로 진화할 수 없기 때문이다. 그러므로 우주의 콘텐츠 중 아직 발견되지 않은 96퍼센트의 상당 부분은 암흑물질일 가능성이 높다.

다들 가능성만 높을 뿐, 확실한 답이 없다. 정말 답답하고 감질나는 상황이다. 그렇다고 우주를 저울에 올려서 무게를 달 수도 없고, 궁금한 미래가 눈앞에 다가올 때까지 마냥 기다릴 수도 없다. 무슨 좋은 방법이 없을까? 빛의 속도는 유한하므로, 멀리 떨어진 물체를 본다는 것은 그 물체의 과거를 본다는 뜻이다. 즉, 우리의 시야에 들어온 모든 천체는 현재가 아닌 과거의 모습이며, 거리가 멀수록 먼 과거로 거슬러 올라간다. 우주가 계속 팽창할 것인지, 아니면 어느 순간부터 팽창을 멈추고 수축할 것인지 판단하기 위해, 일단 다음과 같은 질문을 던져보자. 지금 이 순간에 우주는 얼마나 빠르게 팽창하고 있는가? 그리고 과거 어느 시점에는 얼마나 빠르게 팽창했는가? 두 질문을 하나로 엮으면 이렇게 된다. "중력은 팽창속도에 어떤 영향을 주고 있는가?"

1980년대에 표준 인플레이션 우주론은 명확한 답을 제시했다. "우주는 영원히 팽창하지만, 팽창속도가 점차 느려져서 감속변수가 2분의 1에 가까워진다." 골치 아픈 용어는 잊어버리고, 요약하면 다음과 같다. 인플레이션 신봉자들은 물질밀도가 임계값과 일치한다고 굳게 믿고 있으며, 아인슈타인의 이론(또는 아인슈타인의 이론과 미약하게나마 관련된 이론)에 반기를 드는 것은 별로 좋은 생각이 아니다. 측정이란 자연을 시험한다기보다, 과학자와 그들이 보유한 기술을 시험하는 것이다. 결과는 이미 정해져 있다.

그러나 위에 제시한 질문에는 어떻게든 답을 찾아야 한다. 에드윈 허블의 후계자이자 우주의 나이를 최초로 정확하게 계산했던 앨런 샌디지Allan Sandage는 1970년에 우주론을 "우주의 팽창속도"와 "팽창감속도"*라는 두 개의 숫자로 정의했다. 이 책의 저자 중 밥이 우주론에 다시 관심을 갖게 된 것도, 숫자 두 개로 요약될 정도로 우주론의 목표가 뚜렷했기 때문이다.

1980년대에 CCD(charge-coupled device, 전하결합소자)가 등장하면서 천문학은 극적인 변화를 겪었다. CCD는 단시간에 여러 개의 픽셀 신호를 기록할 수 있는 광센서로, 디지털카메라의 핵심 부품이기도 하다(구식 필름카메라의 필름에 해당한다). 캘리포니아대학교 로런스 버클리 연구소의 리치 뮬러Rich Muller와 그의 후배 동료 칼 페니패커Carl Pennypacker, 솔 펄머터Saul Permutter는 컴퓨터

---

* 가속도가 음수여도 여전히 가속운동이므로 "팽창가속도"라고 써도 된다. 그러나 가속도라고 하면 으레 점점 빨라지는 상황을 떠올리기 때문에, 속도가 느려진다는 것을 강조하기 위해 굳이 감속도라고 쓴 것이다. 이것은 영어 표기도 마찬가지다.

  자연은 왜 이토록 단순하면서도 아름다운가

로 제어되는 망원경과 특수 제작한 미니컴퓨터에 최신 광학 센서를 연결하여 최초로 "초신성 자동 탐색장치"를 만들었다. 당시 천문학자들은 초신성을 찾을 때 일정한 시간 간격으로 찍은 사진을 눈으로 비교하여 달라진 부분을 찾는 전통적 기법을 주로 사용했는데, 여기에 디지털 기술을 도입하면 효율이 크게 높아진다. CCD가 영상을 픽셀 단위로 포착해서 컴퓨터로 보내면 맞춤 소프트웨어가 "나중 사진"에서 "이전 사진"을 빼고 남은 픽셀을 화면에 띄워주는 식이다. 만일 남는 픽셀이 하나도 없으면 두 사진은 완전히 똑같다는 뜻이고, 무언가가 남으면 새로운 빛, 즉 초신성 폭발을 알리는 신호가 새로 나타났을 가능성이 있다. 게다가 디지털 조수는 어떤 인간보다 빠르고 정확하며, 도중에 화장실에 가지도 않는다. 뮬러, 페니패커, 펄머터는 이런 식으로 하룻밤 사이에 수백 개의 은하를 이 잡듯이 뒤질 수 있었으며, 1986년부터 1991년 6월까지 약 20개의 초신성을 발견함으로써 자동탐색장치의 위력을 확실하게 보여주었다. 이들이 사용한 첫 CCD는 픽셀의 수가 320×512=16만 3840개였는데, 아이폰 13에 탑재된 CCD가 1200만 픽셀이니 그 사이에 세상이 참 많이 달라진 것 같다.

자, 지금부터가 본론이다. 천문학자들은 별이 폭발하는 이유가 제각각이라는 사실을 알게 된 후로 초신성을 몇 가지 종류로 구분해왔다.[*] 1572년에 튀코 브라헤가 발견한 초신성은 Ia형 초신성Type Ia supernova에 속하는데("원-에이"라고 읽는다), 쌍성계에서 적어도 하나 이상이 백색왜성일 때 발생한다. 이들은 우주에서 가장 밝은 천체 중 하나이며, 물리적 특성도 놀라울 정도로 똑같다. 두 초신성의 스펙트럼이 다를 때 적색편이된 정도를 조절하면 두 스펙트럼이 완전히 일치하고, 광도곡선(폭발 후 몇 주 동안 밝기 변화를 나타내는 그래프)이 다를 때에도 지구와의 거리를 조절하면 거의 정확하게 일치한다.

그러므로 Ia형 초신성은 밝기의 기준을 나타내는 "표준촛불standard candles"의 역할을 한다. 즉, 망원경에 포착된 초신성의 밝기로부터 그곳까지의 거리와 폭발이 일어난 시간을 알 수 있다(빛은 우주공간에서 일정한 속도로 진행하기 때문이다). 또한 초신성 스펙트럼이 적색편이된 정도를 알면, 폭발 후 지금까지 시공간이 얼마나 팽창했는지도 알 수 있다. 그래서 Ia형 초신성은 우주의 과거를 알려주는 귀한 존재로 대접받는다. 천문학자는 가장 가까운 초신성부터 가장 먼 초신성까지, 여러 초신성의 밝기와 적색편이를 비교함으로써, 우주의 팽창속도가 시간에 따라 어떻게 변해왔는지 알아낼 수 있다.

물론 좋은 점만 있는 건 아니다. 전형적인 은하에서 Ia형 초신성은 1000년 동안 단 몇 번밖에 발생하지 않는다. 게다가 이들은 폭발 후 몇 주 안에 사라지기 때문에, 한번 포착되면 모든 장비를 총동원하여 최후의 데이터까지 알뜰하게 뽑아내야 한다. 특히 "최대 밝기"가 가장 중요한 정보여서, 광도 변화는 여러 번 관측할수록

---

* 초신성supernova은 적색거성이나 백색왜성처럼 "특정한 종류의 천체"를 뜻하는 용어가 아니라, "폭발하는 별"을 칭하는 용어다. 즉, "아직 폭발하지 않은 초신성"은 정의상 존재할 수 없다. "초신성"이라는 단어 안에 이미 폭발이라는 의미가 들어 있으므로, 굳이 "초신성 폭발"이라고 길게 쓸 필요도 없다.

좋다. 초신성은 임의의 위치에서 무작위로 나타나는데 천문대의 관측 시간은 한정되어 있으므로, 천문학자는 몇 달 전부터 관측 일정을 예약해둬야 한다. 다른 연구를 하던 중에 초신성이 관측되었다는 뉴스를 들었다면, 관측은 물 건너간 거나 다름없다.

우주 팽창의 역사를 추적하려면 가까운 초신성뿐만 아니라 빛의 파장이 20퍼센트, 30퍼센트, 심지어 100퍼센트까지 늘어난 원거리 초신성까지 관측해야 한다. 이 문제는 천문학계에서 지난 몇 년 동안 꾸준히 논의되어왔는데, 노련한 천문학자들은 초신성을 이용해서 우주 팽창속도를 측정하는 것이 너무 어려운 과제라고 생각하고 있다. 가장 어려운 부분은 "멀리 있는 초신성"을 찾는 것이다. 그도 그럴 것이, 1980년대 말까지 발견된 Ia형 초신성 중 새로운 정보를 얻을 수 있을 정도로 멀리 있는 것은 달랑 한 개뿐이었다. 한스 울리크 뇌르고르닐센Hans Ulrik Nørgaard-Nielsen의 관측팀이 칠레에 있는 라 실라 천문대La Silla Observatory에서 2년 동안 기다린 끝에 발견한 SN1988U가 바로 그것이다(지금까지 알려진 Ia형 초신성 중 가장 멀다). 이 초신성에서 방출된 빛의 파장은 35억 년 동안 31퍼센트나 늘어났다. 천문학 용어로 말하면 적색편이=0.31이다(역사에 기록된 1054년과 1572년 초신성은 적색편이가 100만 분의 1도 되지 않았다).

로런스 버클리 연구소 팀(LBL 팀, 훗날 "초신성 우주론 프로젝트 팀Supernova Cosmology Project"으로 알려짐)은 저명한 실험물리학자 거슨 골드하버Gerson Goldhaber와 뮬러의 제자인 하이디 마빈 뉴버그Heidi Marvin Newberg를 영입하여 5인조 팀이 되었는데, 이들 중에는 천문학자가 단 한 명도 없었지만 아이디어만은 차고 넘치는 그룹이었다. 평소 "아이디어 제조기"로 불렸던 리치 뮬러는 지구의 기상氣象과 빙하기 연구에 많은 시간을 할애했고, 칼 페니패커는 핸즈온 유니버스Hands-On Universe라는 단체를 설립하여 고등학교 교사와 학생들에게 연구용 망원경과 천문영상을 제공해주었다.

잠시 밥의 회상을 들어보자.

> 내가 로런스 버클리 연구소의 물리학부장으로 있을 때, 어느 날 거슨이 내 연구실로 찾아와 자신보다 어린 신출내기 솔을 초신성 프로그램의 책임자로 임명해야 한다고 우겨댔다. 조지 스무트와 달리 솔은 체격이 그리 당당하지도 않고, 성격도 매우 세심한 친구였다. 또 대학교 학부 시절 요요마중국계 미국인 첼리스트에게 바이올린 지도를 받은 이력이 있어서, 그를 바이올리니스트로 착각하는 사람도 있었다. 나는 솔의 세심한 성격이 초신성 연구에 어울린다고 판단하여, 거슨의 제안을 군말 없이 받아들였다.

버클리팀은 적색편이가 0.3을 넘는 원거리 초신성을 찾기 위해 호주 뉴사우스웨일스주New South Wales의 쿠나바라브란Coonabarabran 근처에 있는 사이딩 스프링 천문대Siding Spring Observatory의 직경 3.9미터짜리 앵글로 오스트레일리언 망원경Anglo-Australian Telescope을 사용하기로 결정했다. 이들은 향후 3년 동안 하늘 곳곳을 뒤지면서 Ia형 초신성을 필사적으로 찾았지만 단 한 개도 발견하지 못했다. 그러나 이 과정에서 초신성을 체계적으로 찾는 신기술을 개발했고, 결국 이 기술 덕분에 프로젝트는 성공적으로 마무리되었다. 5인조 팀은 3주 간격으로 달이 뜨기 직전의 어두운 하늘을 집중적으로 탐색한 끝에, 드디어 1992년에 적색편이=0.458짜리 원거리 초신성(지구와의 거리=48억 광년)을 발견했다. 그 후로 4~8개의 초신성이 추가로 발견되었는데, 이들은 시간이 갈수록 희미해지지 않고 오히려 점점 더 밝아지는 양상을 보였다. 초신성이 발견되면 스펙트럼을 분석해서 적색편이를 결정하고, 최대 밝기를 측정해서 거리를 알아내야 한다. 초신성 몇 개의 위치가 확인된 후로, 연구팀은 망원경 관측 시간을 탄력 있게 조정해가면서 일의 효율을 높일 수 있었다.

1990년대 초에 칼란/톨롤로 초신성 관측팀Calán/Tololo Supernova Search은 칠레의 안데스산맥 기슭에 있는 세로 톨롤로 미주 천문대Cerro Tololo Inter-American Observatory, CTIO에서 적색편이가 0.01~0.1 사이인 Ia형 초신성의 광도곡선 30개를 작성하여, 천문 거리지표를 확립하는 데 커다란 공을 세웠다. 그리고 1994년 말에 하버드대학교의 박사후 연구원 브라이언 슈미트Brian Schmidt와 CTIO 멤버인 니컬러스 순제프Nicholas Suntzeff는 "하이-Z 초신성 탐색팀High-Z Supernova Search Team(Z는 적색편이를 나타내는 기호)"을 조직하고 "이제 Ia형 초신성을 대량으로 찾아서 확실한 거리지표로 활용할 수 있을 것"이라고 장담했다. 하이-Z 팀에 영입된 저명한 천문학자들은 대형 망원경을 관리하는 전문가들과 친분이 두터웠기에, 관측 시간을 비교적 자유롭게 선택할 수 있었다. 그리고 이 무렵에 버클리팀도 "진짜 천문학자"를 영입하기 위해 동분서주하고 있었다.

1997년에 초신성 우주론 프로젝트팀(버클리팀)은 초신성 7개를 분석하여 우주 팽창속도가 점점 느려지고 있다는 증거를 찾아냈지만, 확실한 결과는 아니었다. 버클리팀과 하이-Z 팀은 원거리 초신성을 포함한 4개의 초신성으로부터 우주의 밀도가 임계밀도보다 작다는 것을 확인함으로써, 인플레이션 추종자들의 심기를 불편하게 만들었다. 입자물리학자들은 대체로 우주론학자를 신뢰하지 않는다. "우주론학자는 수시로 삽질을 하면서도 자신이 내린 결론을 절대 의심하지 않는다"는 농담이 나돌 정도다. 그러나 우주론학자들이 발견한 원거리 초신성은 진정한 놀라움을 선사했다. 1997년에서 1998년으로 넘어가던 무렵, 하이-Z 팀이 발견한 10개의 초신성과 버클리팀이 발견한 34개의 초신성을 추가로 분석한 결과, 특정 거리에 있는 초신성은 적색편이로부터 예측한 밝기보다 희미한 것으로 나타났다. 별이 예상보다 희미하게 보인다는 것은 별까지의 거리가 예상보다 멀다는 뜻이고, 이는 곧 주어진 시간 동안 우주가 예상보다 더 많이 팽창했다는 뜻이다. 그렇다. 현재 우주는 팽창속도가 점점 더 빨라지고 있다! 두 관측팀이 각자 독립적으로 관측과 분석을 실행하여 똑같은 결론에 도달했으니, 이 정도면 믿을 만하다. 훗날 펄머터는 이 시절을 회상하며 말했다. "우주는 너무나 복잡하고 분석과정도 엄청나게 길었기 때문에, 처음에는 우리가 얻은 결과를 믿기 어려웠다. 그러나 분석을 여러 번 다시 해봐도 결과는 항상 똑같았다." 초신성 우주론 프로젝트팀을 이끌었던 솔 펄머터와 하이-Z 초신성 탐색팀의 브라이언 슈미트와 애덤 리스Adam Riess는 우주의 가속팽창을 발견한 공르로 2011년에 노벨 물리학상을 공동으로 수상했다.

그 후로 우주배경복사의 정밀측정을 비롯하여 다양한 후속 연구가 이루어졌는데, 결론은 언제나 똑같았다. 우주의 팽창속도는 점점 빨라지는 중이었고, 우주의 질량-에너지 밀도는 임계밀도에 매우 가까운 것으로 판명되었다. 일상적인 물질과 암흑물질은 우주의 30퍼센트를 차지하고, 나머지는 우주의 가속팽창을 주도하는 "암흑에너지dark energy"로 가득 차 있다.

세상은 무엇으로 이루어져 있는가? 이 질문에 답하려면 "세상"이라는 단어부터 정확하게 정의해야 한다. 100년 전만 해도 과학자들은 지구가 있는 곳이 "지극히 전형적이고 평범한 위치"라고 생각했다. 그러나 사실은 그렇지 않다. 지구는 정말로 이례적이고 희한한 곳에 자리 잡고 있다! 지구의 공전궤도를 에워싼 가상의 구球를 생각해보자. 태양과 지구를 포함한 구의 내부는 거의 대부분이 일상적인 물질로 이루어져 있다. 그러나 은하수까지 포함되도록 구를 확장하면 그 내부의 주성분은 암흑물질이며, 일상적인 물질이 적당히 섞여 있고 암흑에너지는 극소량만 존재한다. 우주를 이루는 구성성분의 비율(현재 일반물질 4퍼센트, 암흑물질 27퍼센트, 암흑에너지 69퍼센트)은 시간에 따라 변하고 있다. 지금까지 알려진 바에 의하면, 우주가 품고 있는 에너지의 대부분은 빅뱅 후 4만 7000년 동안 복사radiation의 형태로 존재했다. 그 후 우주가 계속 팽창함에 따라 복사의 밀도가 낮아졌고(우주의 부피가 커졌으므로), 적색편이 때문에 빛이 에너지를 잃으면서 밀도는 더욱 낮아졌다. 그리고 향후 100억 년 동안 우주의 구성 요소는 대부분이 (일상적인) 물질이었지만, 이조차도 공간이 팽창하면서 밀도가 감소했다. 우주가 팽창해도 암흑에너지의 밀도가 감소하지 않는다면(즉, 에너지밀도가 언제 어디서나 일정하다면), 미래의 우주에는 물질과 복사의 밀도가 거의 0으로 사라지고 결국 에너지만 남을 것이다. 최근 관측 결과도 이 시나리오를 강하게 지지하고 있다.

우주의 팽창속도가 점점 빨라진다는 것이 사실로 확인되었으니, 우주의 미래에 대한 예측도 대대적으로 수정되어야 한다. 만일 자연의 법칙이 지금 이대로 유지되면서 새로운 구성 요소도 출현하지 않는다면, 우주는 계속해서 가속팽창하다가 종국에는 극저온의 텅 빈 공간만 남을 것이다. 물론 여기에는 많은 가정이 깔려 있지만, 이 정도라도 우주의 미래를 예측할 수 있다는 것은 정말 놀라운 일이 아닐 수 없다. 앞으로 얼마나 많은 놀라움이 우리를 기다리고 있을지, 생각만 해도 온몸에 소름이 돋는다.

천문학은 팽창하는 우주와 암흑물질, 암흑에너지 등 기적 같은 세계로 우리를 이끌었다. 우리의 일상적인 경험과는 완전히 다른 세상이다. 그러나 우리 눈에 당연하게 보이는 것들(물질은 사방에 넘쳐나지만 반물질은 매우 희귀하다는 사실)도 논리적인 설명이 필요하다. 다음 장에서 보게 되겠지만, 이 역시 입자물리학이 풀어야 할 중요한 수수께끼로 남아 있다.

     자연은 왜 이토록 단순하면서도 아름다운가

（21장）

물질과 반물질

1968년 5월, 사회주의 노동 영웅상을 3회 수상하고 스탈린상과 레닌상까지 받은 소련의 물리학자이자 소련 수소폭탄의 아버지 안드레이 드미트리예비치 사하로프Andrei Dmitrievich Sakharov가 《진보와 공존, 그리고 지적 자유 Progress, Coexistence, and Intellectual Freedom》라는 단편 에세이를 탈고했다. 처음에 음성적으로 유통되다가 우여곡절 끝에 〈뉴욕타임스〉에 게재된 이 소책자에는 핵보유국의 평화로운 공존법과 지적知的 자유의 필요성, 그리고 정치범 석방에 대한 사하로프의 개인적 견해가 간단명료하게 소개되어 있다. 그 후 10년 동안 사하로프는 더욱 강경한 자세를 취하면서 소련 공산당 체제에 반대하는 저항 세력의 상징으로 떠올랐다. 1966년 9월, 강경한 정권에 맞서서 목소리를 높이던 와중에도 그는 다시 물리학으로 돌아와 누구도 풀지 못한 난제를 해결하기로 마음먹었다.

만질 수 있는 물질은 우주에 어떻게 존재하게 되었는가? 빅뱅이 일어날 때, 물질과 반물질은 왜 같은 양만큼 생성되지 않았는가? 우리는 왜 물질만 보고 반물질은 보지 못하는가? 모든 것이 소멸하여 무無로 사라지지 않은 이유는 무엇인가?

1955년에 반양성자가 발견된 후로, 과학자들은 입자-반입자 대칭이 우주의 구성 요소에 어떤 영향을 미치는지 깊이 생각하기 시작했다. 관측 가능한 우주 어딘가에(지구 이외의 다른 행성, 다른 태양계, 또는 다른 은하) 반물질이 다량으로 존재한다면, 그곳에서는 물질과 반물질이 만나서 소멸되는 장관이 수시로 펼쳐질 것이다. 천문학자 제프리 버비지Geoffrey Burbidge와 프레드 호일Fred Hoyle 은 윌슨산 천문대와 팔로마산 천문대Palomar Observatory의 관측 데이터를 면밀히 분석한 끝에 "우리 은하에는 양성자 1000만 개당 반양성자가 한 개꼴로 존재한다"고 결론지었다.

우리 주변에는 반물질이 왜 그토록 희귀한 것일까? 희귀하진 않은데 은밀한 곳에 모여 있어서 눈에 띄지 않는 것뿐일까? 아니면 애초부터 양이 부족했을까? 롱아일랜드 소재 브룩헤이븐 국립연구소의 물리학자 모리스 골드하버도 이와 비슷한 의문을 떠올렸다. "우주가 처음 탄생할 때 물질로 이루어진 '우주'와 반물질로 이루어진 '반우주'가 함께 탄생했고, 우리는 물질 우주에서 계속 살아온 거 아닐까? 물질과 반물질은 처음부터 이렇게 균형을 이루었는데, 우리가 그 사실을 모르는 채 살아왔을 수도 있지 않을까?" 반우주의 반물질에서 방출된 빛은 우리 우주의 빛과 완전히 같을 것이므로, 어쩌다가 반우주 빛이 우리 우주로 진입한다 해도 우리

 자연은 왜 이토록 단순하면서도 아름다운가

는 그것이 반우주에서 날아온 빛임을 전혀 눈치채지 못할 것이다.

천문학자들은 지난 60여 년 동안 반물질이 집중된 영역을 찾기 위해 우주를 샅샅이 뒤졌지만 아무런 증거도 찾지 못했다. 우주 어디를 둘러봐도 물질이 반물질보다 최소 100만 배는 더 많았고, 그들이 집중적으로 관측한 지역에는 물질이 100만~10억 배나 많았다. 지구에서는 유럽의 CERN과 미국의 페르미 연구소에서 1980년대 초부터 반양성자를 만들어왔다. 어렵게 만든 반양성자를 양성자와 충돌시키면 우리 세계와 반세계가 무엇이 어떻게 다른지 비교할 수 있다(그 와중에 쿼크와 W, Z 보손이 발견되기도 했다) 두 연구소에서 만든 반양성자를 모두 합하면 1000조 개쯤 되는데, 엄청 많은 것 같지만 저울에 달면 20나노그램(0.00000002그램)밖에 안 된다. 반물질 핵은 지구에서 제일 귀한 생산품이다!

병원에서 PET 스캔을 해본 적이 없다면, 장담하건대 당신은 반물질과 접촉해본 경험이 단 한 번도 없다. PET(Positron-Emission Tomography, 양전자 방출 단층촬영)는 신체조직과 장기의 기능을 진단하는 영상기술로서, 기본 원리는 양전자를 방출하는 방사성 핵(이들을 추적자tracer라 하는데, 수명이 매우 짧으므로 걱정할 것 없다!)을 몸에 주입한 후(주시를 놓거나, 입으로 삼키게 하거나, 기도를 통해 주입할 수도 있음) 그 위치를 실시간으로 추적하는 것이다. 우리 몸의 대부분은 주기율표의 제일 윗줄에 있는 가벼운 원소로 이루어져 있기 때문에, 몸 안에 주입된 방사성 핵을 추적하기에 적절한 환경이 이미 조성되어 있다. "양성자가 과도하게 많은 동위원소"를 몸에 주입하면 여분의 양성자는 양전자를 방출하면서 중성자로 변하고, 이 과정에서 뉴트리노도 함께 방출된다. 이런 기능을 수행할 수 있는 동위원소로는 탄소-11(양성자 6개, 중성자 5개)과 질소-13(양성자 7개, 중성자 6개), 산소-15(양성자 8개, 중성자 7개), 불소-18(양성자 9개, 중성자 9개) 등이 있다. 추적자는 대사 활동이 활발한 신체 부위에 모여서 차례로 붕괴되고, 이때 방출된 양전자는 신체조직 안에서 몇 밀리미터를 이동한 후 전자를 만나 소멸되면서 두 줄기의 감마선을 거의 동시에 방출한다. 즉, 감마선이 방출된 곳이 곧 방사성 추적자가 붕괴된 지점이다. 미국에서는 매년 200만 명의 몸 안에 이런 식으로 반물질(양전자)이 생성-소멸되고 있는데, 양이 아주 적기 때문에 걱정할 필요는 없다. 18장의 "텔러-반텔러 쌍둥이 악수 대참사" 같은 대형 사고는 절대로 일어나지 않을 것이다.

반양성자가 발견된 이후 몇 년 동안 물리학자들은 바리온수baryon number(양자수의 일종으로 양성자와 중성자는 바리온수가 +1이고, 반양성자와 반중성자는 −1이다)가 전기전하처럼 항상 보존된다고 가정했다. 양성자와 중성자는 절대로 혼자 생성되거나 파괴되지 않는다. 이런 일이 생기려면 반양성자나 반중성자가 반드시 개입되어야 한다. 예를 들어 양성자는 양전자와 중성 파이온으로 붕괴될 수 있을 것 같은데, 실제로 이런 붕괴는 일어나지 않는다. 왜 그럴까? 물론, 이 과정을 금지하는 법칙 같은 것은 없다. 1960년대에 모리스 골드하버가 언급했던 가상의 대화를 들어보자.

실험가: 양성자는 매우 안정적입니다. 절대 파괴되지 않아요.

골드하버: 그걸 어떻게 확신합니까? 당신은 그저 실험을 통해서 안 것뿐이잖아요.

실험가: 당신의 단단한 뼈에서 그게 느껴지지 않습니까? 만일 양성자의 수명이 1경년(10^{16}년)보다 짧다면, 당신은 양성자와 함께 죽을 테니까요!

그렇다, 양성자가 붕괴되면 내 몸도 붕괴된다. 사람의 몸에 들어 있는 양성자의 수와 사람의 평균수명으로부터 양성자의 수명을 대충 짐작할 수 있는데(물론 죽은 후에는 양성자가 붕괴되건 말건 상관 않겠다는 가정이 깔려 있음), 골드하버가 계산한 값은 우주 나이의 10만 배 이상이었다. 양성자의 붕괴 여부를 확인하는 실험에 의하면, 양성자의 수명은 현재 1조×1조 년까지 늘어난 상태다. 이 정도면 거의 영원히 사는 거나 다름없지만, 양성자가 안정적인 것은 법칙이 아니라 경험과 실험으로 확인된 "현상"일 뿐이다.

바리온수가 항상 보존된다면, 우주의 구성성분을 어떤 식으로 이해해야 할까? 만일 우주 초기에 물질과 반물질의 양이 같았다면, 이로부터 나올 수 있는 결과는 두 가지다. (1) 물질과 반물질이 만나서 모든 것이 소멸되고 양성자도, 반양성자도 없이 오직 "방사능으로 가득 찬" 무無의 우주가 되었거나 (2) 물질과 반물질이 어떻게든 분리되어, 각자 자신만의 영역에서 안전하게 살아가는 우주가 되었을 것이다. 우주에는 별과 행성이 존재하고 당신과 나도 끈질기게 살아가고 있으니, 일단 (1)은 아니다. 그러면 (2)는 어떤가? 분리된 것까지는 좋은데, 물질과 반물질이 만나는 경계면에서 방출된 감마선은 한 번도 관측된 적이 없으므로, "충분한 거리를 두고 완전히 분리되어야 한다"는 추가 조건이 필요하다.

"물질과 반물질이 공존하는 우주"를 설명하는 또 한 가지 방법은 (바리온이 항상 쌍으로 생성되거나 소멸된다는 법칙에도 불구하고) 태초에 물질이 반물질보다 많이 생성되었고, 그 후로 이 불균형이 계속 유지되어왔다고 가정하는 것이다. 현재 상황과 모순되는 구석은 없는데, 왠지 억지스러운 느낌이 든다. 게다가 누구나 납득할 만한 창조론이 되려면 물질이 반물질보다 많은 이유뿐만 아니라, 우주에 방대한 양의 물질이 존재하게 된 이유도 설명해야 한다.

우주가 정적靜的이라면 모를까, 팽창하는 우주에서는 매우 어려운 과제다. 대부분의 우주론학자들이 동의하듯이, 태초에 급팽창(인플레이션)이 일어났다면 물질의 밀도가 급격하게 낮아졌을 것이므로 물질이 존재하는 것조차 어려워진다.

사하로프는 물질 우주가 탄생하게 된 기원을 추적하던 중, 문득 최근에 알려진 두 가지 놀라운 사실을 떠올렸다. 하나는 펜지어스와 윌슨이 발견한 마이크로파 우주배경복사를 분석하여 우주의 나이가 약 130억 년으로 계산되었다는 것이고, 다른 하나는 중성 케이온(K^0)의 이론에 나타난 작은 편차였다. 18장에서 말한 대로 지킬 박사와 하이드를 닮은 중성 케이온은 물질과 반물질이 동일한 비율로 섞인 두 가지 형태, 즉 K-short와 K-long으로 존재한다. 이들 중 K-short는 10분의 1나노초라는 단명한 삶을 살다가 두 개의 파이온으로 붕괴되고, K-long은 두 개의 파이온으로 붕괴되는 것이 금지되어 있어서 수명이 K-short보다 500배나 길다. K-long이 두 개의 파이온으로 붕괴되지 않는 것은 CP-불변성 원리(패리티 비보존이 발견된 후에도 살아남은 대칭)와도 일치하는 결과다. 여기서 CP란 전하 Charge와 패리티 Parity의 약자로서, 입자를 반입자로 바꾸고(전하반전) 공간의 방향을 거꾸로 뒤집는(공간반전) 변환을 의미한다. CP-불변이 사실이라면, K-long이 두 개의 파이온으로 붕괴된다 해도 "지킬 박사 붕괴 모드"와 "하이드 붕괴 모드"가 정확하게 상쇄되어 겉으로 드러나지 않을 것이다. 아주 이상적인 시나리오다. 그러나 1964년에 발 피치 Val Fitch와 짐 크로닌 Jim Cronin의 실험팀이 중성 케이온을 세밀하게 관측한 끝에 500개 중 하나가 두 개의 파이온으로 붕괴된다는 사실을 확인했다. 즉, CP-불변성은 항상 성립하는 진리가 아니었던 것이다. 물리학 애호가들에게는 둘도 없는 특종감이긴 한데…… 그래서 뭐가 어쨌다는 건가? CP-불변성이 위배되는 것은 중성 케이온이 붕괴될 때만 나타나는 미미한 효과일 수도 있지 않은가?

그러나 사하로프는 역시 천재였다. 그는 "500분의 1"이라는 확률과 "초기에 에너지로 가득 찬 초고온 상태에서 팽창한 우주"가 수수께끼를 풀어줄 단서임을 간파했다. 우주는 왜 복사(광자나 뉴트리노처럼 거의 광속으로 움직이는 입자들)가 아닌 물질로 이루어져 있는가? 사하로프는 우주가 물질-반물질이 균형을 이룬 상태, 즉 바리온과 반바리온의 수가 같은 상태에서 시작되었다고 가정했다. 그리고 우리가 지금 이곳에 존재하려면(또는 우주에 물질이 존재하려면) 우주 초기에 세 가지 조건이 충족되어야 한다고 주장했다. 첫째, (지금까지 단 한 번도 감지된 적은 없지만) 바리온과 반바리온이 동일한 수로 생성되지 않는 과정이 존재해야 한다.

불균형을 가정하는 것만으로는 충분하지 않다. 원리적으로는 바리온이 반바리온보다 많을 수도 있지만, 초고온 상태에서 물질과 반물질은 바리온과 반바리온의 수가 같아지는 쪽으로 평형을 이루려는 경향이 있을지도 모른다. 이들이 충분히 긴 시간 동안 초고온 상태에 노출되어 평형상태에 도달했다면 얼마든지 가능하다. 이런 경우에는 입자의 개수가 입자의 질량에 따라 좌우되기 때문이다.

양성자와 반양성자는 질량이 정확하게 같으므로 개수도 같았을 것이다. 사하로프는 모든 가능성을 철저히 분석한 끝에, "우주 초창기에 열평형에 도달하지 않은 시기(입자 수프가 천천히 끓어오르지 않는 상태)가 존재했을 것"이라고 결론지었다. 이것이 사하로프가 제시한 두 번째 조건인데, 팽창하는 우주가 그 가능성을 뒷받침하고 있다. 입자 수프가 끓어 넘칠 정도로 뜨거워지기 전에 급격한 팽창이 일어나는 바람에, 재료들이 충분히 섞이지 못하여 균일한 수프가 만들어지지 않은 것이다.

마지막으로 사하로프는 "모든 과정이 입자와 반입자에 동일하게 적용된다면, 바리온수 보존법칙을 위반하는 반응은 양성자를 추가로 생성하면서, 동시에 반양성자도 같은 수만큼 추가로 생성한다"는 사실을 지적했다. 그러므로 불균형 상태가 초래되려면 법칙이 입자와 반입자에 동일하게 적용되지 않아야 하고, 이는 곧 CP-불변성이 위배되어야 한다는 것을 의미한다. 그리고 이것은 피치와 크로닌의 실험을 통해 사실로 확인되었다.

3페이지에 불과한 사하로프의 짧은 노트는 서방세계에 잘 알려지지 않았다. 1960년대에 소련 정부가 자국의 문헌이 외국으로 유출되는 것을 엄격하게 통제했기 때문이다. 게다가 (바리온수가 보존된다고 믿을 만한 근거가 없다고 해도) 바리온수 보존법칙을 위배하는 그럴듯한 메커니즘을 제시한 사례도 없었다. 그 무렵 사하로프는 다른 생각을 하고 있었다. 거대한 우주에 도전한 김에, 소련의 거대 정부에도 도전하기로 마음먹은 것이다.

1970년대 중반에 자연의 힘을 설명하는 이론이 제기되자, 물리학자들은 우주에 물질이 존재하는 이유와 사하로프가 제시한 세 가지 조건에 관심을 갖기 시작했다. 양자색역학QCD과 약전자기 이론의 성공에 한껏 고무된 이론물리학자들은 강력, 약력, 전자기력을 하나의 체계로 통일한 "대통일이론 Grand Unified Theory, GUT"을 꿈꾸며 각자 출발선에 서서 시동을 걸고 있었다. 대통일이론의 구체적인 형태는 알 수 없지만, 개별적인 족族으로 존재하는 쿼크와 렙톤이 확장된 쿼크-렙톤족으로 통합되고, 강력과 약전자기력이 더욱 큰 대칭을 통해 하나의 힘으로 통일된다는 것만은 분명하다. 그러면 자연에 존재하는 힘 중에서 중력만 외톨이로 남게 된다. 쿼크와 렙톤이 사촌지간이 되면 새로운 힘이 쿼크를 렙톤으로, 또는 렙톤을 쿼크로 바꿔서 바리온수 보존법칙이 무색해지고, 양성자가 붕괴될 확률이 높아질 가능성도 있다.

이런 상호작용은 아직 관측된 적이 없으므로, 만일 존재한다 해도 강도는 매우 미약할 것이다. 약전자기 이론의 특성(약력이 약한 이유는 힘을 매개하는 W와 Z 보손의 질량이 거의 100GeV에 가까울 정도로 크기 때문이다)으로 미루어볼 때, 대통일이론의 확장된 게이지 대칭은 새로운 힘입자의 무거운 질량에 의해 보이지 않는 곳으로 숨겨져 있을 것이다. 우리의 경험(실험실에서 탐구하는 에너지 영역)에 의하면 강력과 약력, 그리고 전자기력은 각기 다른 강도로 작용하고 있다.

힘의 강도가 이렇게 다른데, 어떻게 하나로 통일할 수 있을까? 현존하는 가속기로는 도저히 도달할 수 없는 초고에너지 충돌에서 W와 Z 보손의 질량은 매우 작아 보일 것이다. 충분히 큰 에너지 수준에서는 W, Z 보손을 포함하여 쿼크와 렙톤의 질량까지 모두 0으로 가정할 수 있다. 그러면 다양한 상호작용의 세기는 "기능은 형태를 따른다 Function Follows Form"는 8장의 격언처럼 오직 결합 강도에 따라 결정된다. Z 보손의 에너지 수준에서 전자기력의 세기를 나타내는 매개변수의 값은 약 129분의 1이며, 강력의 경우는 이보다 15배쯤 크다. 앞서 말한 대로 강력은 양자적 효과 때문에 고에너지로 갈수록 (점근적 자유 asymptotic freedom에 의해) 점차 약해지는 반면, 전자기력은 점점 강해지는 경향을 보인다. 세부 사항은 대통일이론의 구조에 따라 달라지겠지만, 기존의 이론으로 추측해볼 때 강력과 약전자기력의 결합 강도는 1조GeV 근처에서 약 40분의 1에 수렴할 것으로 예상된다.

대통일이론을 찾는 물리학자들에게는 좋은 소식이다. 쿼크를 렙톤으로 바꾸고 양성자를 붕괴시키는 새로운 게이지 보손은 모든 힘이 하나로 통일되는 에너지 스케일과 비슷한 질량을 가질 것이므로, 이들이 매개하는 상호작용은 너무나 약해서 관측되지 않을 것이다. 하버드대학교의 하워드 조자이Howard Georgi와 셸던 글래쇼가 제시한 "최소통일모형"에서는 양성자가 붕괴되는데, 조자이와 헬렌 퀸Helen Quinn, 그리고 스티븐 와인버그의 계산에 의하면 양성자의 수명은 100만×1조×1조 년을 넘는다. 제아무리 졸업에 목숨 건 박사과정 학생이라 해도, 양성자 한 개를 100만×1조×1조 년 동안 지켜볼 수는 없다. 우주의 나이도 138억 년밖에 안 된다. 그러나 양성자 100만×1조×1조 개를 한곳에 모아 놓으면 붕괴되는 양성자를 1년에 한 개, 또는 몇 개까지 관측할 수 있다. 이렇게 많은 양성자를 어떻게 모으냐고? 걱정할 것 없다. 3톤의 물이면 충분하다. 가장 그럴듯한 시나리오는 양성자가 양전자와 중성 파이온으로 붕괴되고, 파이온이 다시 두 개의 광자로 붕괴되는 것이다.

뉴트리노의 변동과 관련하여 극적인 발견을 이룩했던 일련의 가미오카Kamioka 실험은 원래 양성자 붕괴를 확인하기 위해 고안된 실험이었다. 이들 중 "가미오칸데Kamiokande"로 명명된 첫 번째 실험에서는 극도로 순수한 물 880톤을 대형 용기에 담아놓고 1983년부터 관측을 시작했는데, 201일 동안 아무런 징후도 발견되지 않으면서 양성자의 수명이 대통일이론에서 예견했던 값보다 거의 10배쯤 길어졌다. 가장 우아하면서도 난해한 자연법칙의 증거를 찾는 실험이 그저 물통을 바라보는 식이었다니, 참으로 아이러니가 아닐 수 없다. 하긴, 17세기에 뉴턴도 떨어지는 사과를 바라보다가 중력법칙을 떠올렸다는 소문이 있지 않은가. 그러나 가미오칸데는 소문이 아니라 엄연한 현실이다! 5만 톤짜리 슈퍼 가미오칸데로 정점을 찍었던 이 실험은 양성자의 수명을 100배까지 늘려 놓았다. 다른 버전의 대통일이론에서 예견된 양성자의 수명은 현재 실험으로 관측 가능한 값을 조금 넘는 수준이다. 물론 실험은 지금도 계속되고 있다. 자연에서 새로운 힘을 발견하고 우주의 비밀을 풀 기회가 찾아왔는데, 기술적인 제약 때문에 포기할 수는 없다. 과학자들은 양성자 붕괴의 증거가 "뉴턴의 사과처럼" 어느 날 갑자기 떨어지기를 학수고대하고 있다.

2020년대 후반이 되면 지하 깊숙한 곳에 설치된 두 개의 초대형 감지기가 양성자 붕괴의 현장을 포착하기 위한 잠복근무에 들어갈 예정이다(지하에 설치해야 우주선에 섞여서 내려온 뮤온의 번거로운 신호를 걸러낼 수 있다). 일본 가미오카 광산에서 실행될 하이퍼 가미오칸데Hyper-Kamiokande 실험은 물을 이용한 체렌코프 감지기술을 한 단계 끌어올려서 높이 60미터, 지름 74미터짜리 탱크에 담긴 물 26만 톤을 4만 개의 광센서로 관측한다는 계획을 세워놓고 있다. 이 정도면 6만 개의 낱눈으로 이루어진 잠자리의 겹눈과 비슷한 수준이다. 한편, 미국 사우스다코타주 블랙힐스의 홈스테이크 금광에서는 "심층 뉴트리노 실험Deep Underground Neutrino Experiment, DUNE"이 실행될 예정이다. 이 광산은 지난 125년 동안 1160톤의 금과 255톤의 은을 채굴한 "노다지"였다가, 매장량이 바닥난 지금은 완전히 새로운 원소인 아르곤 6만 8000톤으로 채워질 준비를 하고 있다. DUNE 실험에는 폭 15미터, 높이 14미터, 길이 62미터짜리 초대형 박스 4개가 동원되는데, 각 박스에는 액체 아르곤 시간투영상자Time Projection Chamber가 설치될 예정이다. 전체적인 규모는 면적이 농구장 두 개만 한 4층 건물과 비슷하다. 하이퍼 가미오칸데와 DUNE은 양성자가 붕괴되기를 하염없이 기다리는 게 아니라, 그 사이에 초감도 센서를 이용하여 뉴트리노의 물리적 특성을 관측하도록 설계되었다.

현실적인 제약을 고려할 때, 지금의 기술로 만들 수 있는 가속기의 최대출력은 100만GeV쯤 된다. 그런데 모든 힘이 하나로 통일되는 에너지 스케일은 이보다 10억 배나 크기 때문에, 대통일이론을 실험으로 검증하는 것은 당분간(또는 영원히) 불가능할 것 같다. 그러나 대통일이론에서 새로운 통찰을 얻고, 그로부터 예측되는 결과 중 일부를 현재의 환경에서 검증할 수는 있다. 양성자의 수명이 충분히 길다는 사실을 알아낸 것도 큰 수확이다. 대통일이론의 첫 번째 버전이었던 약전자기 이론도 우리가 도달할 수 있는 에너지 수준에서 약력의 중성전류와 전하전류의 상대적인 강도를 예측하여 극적인 발견으로 이끌지 않았던가.

대통일이론은 너무나도 매혹적인 주제다. 그래서 물리학자들은 바리온수가 보존되지 않는다는 실험적 증거가 전혀 없음에도 불구하고, 현대 입자물리학의 가장 중요한 과제 중 하나인 사하로프 프로그램에 앞다투어 뛰어들었다. 이에 대한 평가는 다소 엇갈린다. 우리는 대통일이론으로부터 "바리온수 비보존"의 가능성을 보았고, CP-위배CP-violation를 보여주는 증거도 포착했다. 양성자 및 중성자 붕괴는 아직 관측되지 않았으므로, CP-위배를 예측한 사하로프의 이론이 더 그럴듯해 보인다. 과거에 사하로프도 케이온

붕괴로부터 CP-위배의 가능성을 떠올렸다. 1977년에 바닥쿼크가 발견된 후로 CP-위배를 좀 더 광범위한 영역에서 추적해야 한다는 의견이 제시되었다. 전하가 −1/3인 바닥쿼크는 역시 전하가 −1/3인 기묘쿼크와 비슷한 점이 많다. 바닥쿼크와 위쿼크, 또는 아래쿼크로 이루어져 있거나 바닥쿼크와 반위쿼크, 또는 반아래쿼크로 이루어진 입자를 B 중간자라 한다. 이들은 CP-위배를 관측하기에 가장 이상적인 조건을 갖추고 있기 때문에, 페르미 연구소의 테바트론 충돌기와 스탠퍼드와 KEK(일본 고에너지물리학 연구소)의 전자-양전자 충돌기를 통해 집중적으로 연구되었다.

입자물리학의 표준모형은 B 중간자와 그 기묘한 파트너인 K 중간자(케이온)의 수명과 붕괴 특성, 혼합 특성, CP-위배 등을 매우 구체적으로 예견했다. 이들 중 CP의 위배된 정도는 "반물질보다 물질이 많다"는 결과로 이어지지만, 이로부터 생성되는 바리온의 밀도는 우리 우주의 밀도보다 무려 10억 배나 작다. 사하로프의 가설이 맞으려면 CP-위배를 초래하는 다른 원인이 있어야 한다. 과연 B 중간자는 표준모형의 예측이 옳았음을 확인해줄 것인가? 아니면 표준모형과 단절하는 계기가 될 것인가?

밥

나는 운 좋게도 SLAC에서 진행된 공동연구에 참여할 수 있었다. B 중간자와 반-B 중간자($\overline{B}$로 표기하고 "비바B-bar"라고 읽는

     자연은 왜 이토록 단순하면서도 아름다운가

다)를 관측하기 위해 모인 우리 팀은 장 드 브루노프 Jean de Brunhcff 의 동화책에 등장하는 코끼리의 이름을 따서 프로젝트명을 "바바 BaBar"로 짓기로 합의했다(거의 만장일치로 결정되었다). 그러자 브루노프 책의 저작권자들이 곧바로 항의를 해왔고, 우리는 긴 시간에 걸친 협상 끝에 그 이름을 사용해도 좋다는 허락을 간신히 받아냈다. CP 측정용 감지기를 설계하고 제작하느라 몇 년을 보낸 후 드디어 첫 번째 관측일이 코앞으로 다가왔을 때, 팀원들 사이에서 우려의 목소리가 들려왔다. 관측 결과가 예상했던 값과 일치하기를 바라는 마음이 너무 간절하면 부지불식간에 어느 한쪽으로 치우친 판단을 내릴 수도 있다는 것이다. 그래서 우리는 편견을 원천 봉쇄하는 특별한 조치를 취하기로 했다.

입자물리학의 역사를 돌아보면 예상과 일치하는 결과가 발표되었다가 나중에 취소된 사례가 종종 있다. 이런 일은 주로 실험에서 발생한다. 이론물리학에서는 있을 수 없는 일이다. 아인슈타인이 크게 한 번 사고를 친 적은 있다(우주상수 철회사건). 정확성이 생명인 물리학자들에게 이런 일이 왜 생기는 것일까? 물론 최종 결과를 발표하기 전까지는 항상 주의를 기울인다. 실험에 소요된 시간보다 데이터를 분석하는 시간이 더 길어질 수도 있다. 그렇다고 하염없이 기다릴 수도 없으므로, 분석은 일정 수준에서 끝내야 한다. 그런데 어떤 수준? 평소 "냉정한 물리학자"를 자처하는 사람도 막상 데이터 분석에 들어가면 최종 결과가 자신의 예상과 일치할 때까지 물고 늘어지는 경향이 있다. 누군가가 다그치면 이런 핑계를 댄다. "이대로 내놓을 순 없어. 모든 버그를 말끔하게 제거해야지!" 바바팀도 이런 함정에 빠지지 않으려면 특단의 조치를 취해야 했다. 우리는 며칠 동안 회의를 한 끝에, 오류를 수정하는 동안 최종 결과를 숨기는 "눈가림 분석법"을 채택했다. 분석 작업이 완전히 끝난 후에 결과를 확인하기로 한 것이다. 여기에는 팀장도, 연구소 소장도, 심지어 대통령도 예외가 될 수 없었다. 마침내 모든 분석이 끝나고 봉인된 상자 뚜껑을 여는 순간, 우리 예상과 완전히 다른 값이 튀어나왔다. 그러나 어쩌겠는가? 이런 결과도 감수하기로 이미 약속한 것을…… 우리는 결과를 있는 그대로 발표했다.

데이터를 충분히 수집한 후에 그 첫 번째 실험을 분석했다면 훨씬 좋은 결과가 나왔을 것이다. 우리는 CP를 설명하는 표준모형이 틀렸음을 발견했을지도 모른다. 분명히 우리는 무언가를 놓치고 있었다. 어쩌면 우리는 CP-위배의 새로운 원인을 발견했을지도 모른다. 그것은 사하로프의 이론에 필요한 요소일 수도 있다. 그러나 안타깝게도 우리 실험과 일본의 벨 실험Belle experiment(바바와 경쟁하던 실험)에서 다량의 데이터가 쏟아져 나왔을 때, 최종 결과는 표준모형과 정확하게 일치했다. 이것으로 표준모형은 또 한 번의 승리를 거두었고, 우리는 새로운 것을 발견하는 데 실패했다. 그로부터 몇 년이 지난 지금, 다양한 후속 실험이 실행되었음에도 불구하고 표준모형은 정말이지 얄미울 정도로 굳건하다.

지금으로선 바리온수 보존법칙이 성립하지 않는다는 증거도 없고, 바리온과 반바리온 사이의 불균형을 설명해줄 CP-위배에 대한 직접적인 증거도 없지만, 설명이 필요한 결과는 있다. "우리가 지금 이곳에 존재한다"는 명백한 결과가 바로 그것이다. 이마도

     자연은 왜 이토록 단순하면서도 아름다운가

이 현상(물질이 반물질보다 많은 현상)은 표준모형 이외에 새로운 입자를 도입해야 설명이 가능할 것 같다. 이론물리학자에게는 꽤 흥미로운 도전과제다. 그러나 "새 입자 도입하기 없기"라는 규칙을 부과한다면 어떻게 될까? 표준모형에 이미 포함되어 있으면서 아직 충분히 고려되지 않은 입자가 존재할 수도 있지 않을까?

대통일이론이 화려한 스포트라이트를 받으면서 등장했다가 간단한 현상조차 제대로 설명하지 못하자, 이론물리학자들은 "경입자생성leptogenesis"이라는 간접적인 메커니즘으로 관심을 돌렸다. 우주 초기에 진행된 어떤 물리적 과정에 의해 렙톤과 반렙톤의 수가 달라졌다면, 그 결과는 바리온과 반바리온 사이의 비대칭으르 이어졌을 것이다. 물리학자들 사이에서 가장 인기 좋은 시나리으는 "전자, 뮤온, 타우, 그리고 뉴트리노의 무거운 사촌들이 물질-반물질이 균형을 이루는 과정에서 생성되었다가 바리온과 반바리온으로 붕괴되어 균형이 깨졌다"는 것이다.

렙톤은 강한 상호작용을 하지 않는다. 즉, 이들에게는 색전하color charge가 없다. 렙톤lepton("가벼운 것" 또는 "날씬한 것"을 뜻하는 고대 그리스어에서 유래되었음)이라는 이름은 1940년대 후반어 등장했는데, 당시 이 부류에 속한 입자는 양성자보다 훨씬 가벼운 전자와 (당시에는 아직 가상의 입자였던) 뉴트리노뿐이었다. 이제와서 "무거운 렙톤"을 논하자니 이름과 어울리지 않아 살짝 어색한 감이 있지만, 한번 붙인 이름을 바꾸는 건 더 어색하다.

어쨌거나 무거운 렙톤, 특히 "헤비급 뉴트리노"의 개념은 중입자생성baryogenesis이라는 새로운 패러다임보다 먼저 대두되었다.

역설적으로 들리겠지만, 뉴트리노가 엄청나게 가벼운 이유(전자보다 수십만 배 가볍다!)를 설명하는 가장 단순한 이론은 "본 적도 없고 앞으로 볼 가능성도 없는" 무거운 뉴트리노에 의존하고 있다. 무거운 뉴트리노와 가벼운 뉴트리노 사이의 균형을 "시소 메커니즘 see saw mechanism"이라 한다. 한쪽 질량이 증가하면 다른 쪽 질량이 감소하는 식이다.

아직 가설 단계에 있는 슈퍼-울트라-헤비급 뉴트리노가 CP-위배를 일으켜서 "물질이 존재하는 우주"를 만든 일등 공신일지도 모른다. 너무 무거워서 관측할 기회가 없다면, 아이디어 자체를 검증할 방법은 없을까? 우리가 할 수 있는 최선은 관측 가능한 뉴트리노를 쥐어짜서 현상 수배 중인 그들의 사촌에 대한 정보를 실토하도록 만드는 것이다. 일상적인 뉴트리노의 CP-위배 여부를 확인하는 한 가지 방법은 지면을 향해 강력한 뉴트리노 빔을 발사하여 지구를 통과시킨 후, 지구 반대편으로 멀리 떨어져 있는 감지기에 도달한 뉴트리노의 변동을 분석하는 것이다. 하나의 뉴트리노가 다른 뉴트리노로 오락가락하는 진동 패턴은 이들이 이동 중에 다른 물질과 주고받은 미약한 상호작용의 영향을 받는다.

현재 물질과 반물질의 차이를 연구하는 실험이 두 곳에서 진행되고 있으며 또 다른 두 개의 실험이 준비 중에 있다. 토카이-투-가미오카 Tokai-to-Kamioka, T2K는 일본 양성자 가속기 연구단지 Japan Proton Accelerator Research Complex에서 발사된 뉴트리노를 295킬로미터 거리에 있는 슈퍼 가미오칸데 감지기로 포획하여 상태를 분석하는 실험이다. 또한 미국 미네소타주의 애쉬리버 Ash River에서 진

행 중인 NOvA 실험에서는 페르미 연구소에서 출발하여 800킬로
미터를 날아온 뉴트리노의 상호작용을 분석하고 있다. DUNE 실
험(페르미 연구소로부터 1300킬로미터 떨어져 있음)과 일본의 토카
이–투–하이퍼 K Tokai-to-Hyper K 실험도 몇 년 안에 시작될 예정이다.

　입자물리학은 인간이 상상할 수 있는 가장 작은 규모에서 자연
의 거동 방식을 꾸준히 탐구해왔으며, 이 연구는 앞으로도 계속 이
어질 것이다. 안드레이 사하로프의 깊은 통찰이 없었다면, 눈앞에
빤히 보이는 물질의 근원을 이해하기 위해 나노–나노 세계를 그토
록 열심히 뒤지지 않았을 것이다.

22장

가장 이상적인 우주?

17~18세기에 독일에서 활동했던 고트프리트 빌헬름 라이프니츠 Gottfried Wilhelm Leibniz는 역사와 철학에서 수학, 과학에 이르기까지 거의 모든 학문에 통달한 만능 천재였다. 물리학자들은 그를 미적분학의 창시자이자 이 콘텐츠의 우선권을 놓고 영국의 아이작 뉴턴과 치열한 논쟁을 벌인 사람으로 기억하고 있다(지금 우리가 사용하는 미적분 표기법은 라이프니츠가 창안한 것이다). 그러나 라이프니츠가 악惡의 문제에 심취한 기독교 옹호자였다는 것을 아는 사람은 별로 없다. 무한정 자비롭고 지혜로우면서 오류라곤 찾아볼 수 없는 신이 어떻게 이 세상에 악이 존재하도록 허용했다는 말인가? 그가 《신정론神正論, Theodicy》(1710)에서 언급한 "신성한 지혜divine wisdom"는 거대한 병렬구조를 통해 무소불위의 위력을 발휘하면서 체스판을 장악하는 슈퍼컴퓨터를 연상케 한다. 여기서

잠시 그의 설명을 들어보자.

……그것(신성한 지혜)은 모든 가능성을 비교하여 완전함과 불완전함, 강함과 약함, 그리고 선함과 악함의 정도를 가늠한다. 또한 그것은 유한한 조합을 초월하여 무한의 무한, 즉 무한히 이어지는 우주의 연속체를 형성한다. 이 모든 비교와 숙고熟考를 거쳐 모든 가능한 시스템 중 가장 좋은 버전을 선택하는 것이다.

프랑스의 철학자 볼테르F. M. A. Voltaire는 1759년에 라이프니츠의 사상을 유쾌하게 풍자한 중편소설 《캉디드 Candide》를 발표했다. 내용을 한 줄로 요약하면 "세상 물정을 너무 모르면서 매사 낙천적인 한 젊은이의 고생담"이다. 소설 속에서 주인공 캉디드에게 형이상학과 신학, 그리고 우주론을 가르쳤던 팡글로스Pangloss 박사는 이 세상이 "우리가 상상할 수 있는 모든 세상 중 단연 최고"라고 주장한다. 이베리아의 종교재판도, 1755년에 리스본에 닥친 대지진도 세상이 완벽하다는 팡글로스의 믿음을 흔들지 못했지만, 이것은 과학적 의심이나 불확실성을 극복하고 얻은 믿음이 아니었다. 뉴욕 필하모니의 상임 지휘자이자 작곡가인 레너드 번스타인Leonard Bernstein이 코믹 오페레타operetta, 소규모 오페라로 각색한 〈캉디드〉에는 팡글로스 박사의 넘치는 자신감이 합창으로 울려 퍼진다.

모든 가능한 세상 중에서

필요 없는 것을 지워버렸을 때

마지막에 남은 그 하나야말로

가장 좋은 세상이라네.

　세상의 단점을 수시로 절감하면서 살아가는 우리가 볼 때, "모든 가능한 세상 중 최고"라는 주장은 아이러니하다 못해 반어법처럼 들리기까지 한다. 그러나 팡글로스의 (다분히 "라이프니츠적인") 주장에는 매우 중요하면서도 급진적인 사고가 깃들어 있다. "이 세상은 지금과 다르게 만들어질 수도 있었다"는 사고가 바로 그것이다. 과연 그럴까? 이 세상은 지금과 다른 세상으로 창조될 수도 있었을까? 지금 우리가 알고 있는 자연법칙들은 "지금 같은 세상"이 될 수밖에 없는 쪽으로 세팅되어 있을까? 이것은 알베르트 아인슈타인이 생전에 제기했던 질문과 일맥상통한다. "창조주는 왜 하필 이 세상을 지금과 같은 형태로 만들었을까? 그에게는 다른 선택의 여지가 없었던 것일까?" 비관주의적 철학의 대표 격인 아르투르 쇼펜하우어Arthur Schopenhauer는 이 세상이 "모든 가능한 세상 중 최악"이라고 결론지었다! 라이프니츠를 별로 좋아하지 않았던 그는 1844년에 발표한 에세이《허영과 고통, 그리고 삶에 대하여On the vanity and suffering and life》에서 "이 세상보다 조금이라도 더 나쁜 세상은 자력으로 유지될 수 없기에, 존재할 수도 없다"고 주장했다.

　만일 우리 세상이 상상할 수 있는 수많은 세상 중 하나라면, 누가(또는 무엇이) 지금과 같은 세상이 되도록 선택했는가? 이것은

　　자연은 왜 이토록 단순하면서도 아름다운가

형이상학적인 질문인가? 신학적인 질문인가? 아니면 말 많은 사람들이 좋아하는 우주론적 질문인가?

어떤 카테고리에 속하건 간에, 우리는 아직 답을 찾지 못했다. 우리 세계의 특성이 우연히 선택되었는지, 아니면 필연적 결과였는지조차 알 수 없다. 그러나 세상이 창조된 이래 과학은 분명히 발전했다. 과학의 영역 밖이어서 한때 답할 수 없었던 질문에 답할 수 있게 되었다는 것은 그만큼 과학이 발전했다는 뜻이다. 방금 제기한 질문의 답을 찾지 못한다 해도, 누군가가 그것을 과학적 질문으로 구체화하려고 애쓴다면, 그 문제는 이미 과학의 영역으로 영입된 거나 다름없다.

상상 속에서나마 세상의 기본원칙을 바꿔서 어떤 결과가 초래되는지 추론해보면, 무엇이 이 세상의 특성을 결정하는지 알 수 있다. 이것은 물리학과 대학원생들이 입학 직후에 거치는 전통적인 통과의례이기도 하다(일종의 "신고식"으로 생각하는 사람도 있다). 교수들은 묻는다. "양성자나 전자의 질량이 지금보다 조금 가볍거나 무거웠다면 세상은 어떻게 달라졌을까? 그리고 전자기력의 세기가 지금보다 조금 강하거나 약했다면, 물리학은 어떻게 달라졌을까?" 내가 대학원에 입학했을 때 교수가 이런 과제를 내주자 사방에서 짜증 섞인 비명이 터져 나왔다. 솔직히 말해서, 우리는 그런 질문이 정말 싫었다. 세상은 분명히 그렇지 않은데, 현실과 다른 가정을 세워놓고 시간을 낭비할 필요가 어디 있는가? 팝 아트의 선구자 앤디 워홀Andy Warhol이 마오쩌둥의 초상화를 다양한 색으로 바꿔서 발표한 "마오쩌둥 10부작"은 그만의 사회정치적 풍자일지도 모르지만, 그의 그림을 보면서 마오쩌둥의 얼굴이 파랗게 질린 세상을 떠올리는 건 무의미하다. 그의 얼굴이 파랗지 않다는 것은 누구나 아는 사실이기 때문이다. 그러나 지금 우리는 젊은 시절의 안일한 확신에서 벗어나 "만일……"로 시작하는 질문의 진정한 가치를 깨닫게 되었다. 그리고 이제 와서 생각건대, 그때 질문을 던졌던 교수들은 좀 더 파격적인 가정을 내세워야 했다.

시인들은 바위의 단단함이나 사랑의 숭고함을 진실되게 표현하기 위해 세상과 어느 정도 거리를 둔 채 살아간다(그래야 새로운 것을 발견할 수 있다). 이 점은 물리학자도 비슷하다. 그들은 자연의 속성에 난해한 이름을 붙이는 사람들이 아니라(사실 이것도 업무의 일부이긴 하다), 그 본질을 파고드는 사람들이다. 세상을 진정으로 이해하고 그 경이로움에 감탄하려면, 일상적인 경험에서 벗어나 새로운 시각으로 세상을 바라봐야 한다.

입자물리학자는 가속기와 감지기를 통해 새로운 경험을 창출하고 관찰하면서, 문자 그대로 "새로운 눈으로" 세상을 바라본다. 좀 더 은유적으로 표현하면, 그들은 지금과 다른 세계를 상상하면서 시야를 넓히고, 세상에 대한 이해를 도모하고 있다. 우리를 다른 세상으로 인도하는 사고실험은 물리법칙의 결과를 좌우하는 변수(입자의 질량, 상호작용의 세기 등)의 값을 바꾸는 것으로 시작된다. 또는 세상을 산만하게 만드는 세부 사항을 몽땅 치워버리고 이상적인 세계를 만들어서 그 본질에 도달할 수도 있다. 자연의 기본 법칙을 바꿔서 파격적인 세상을 만드는 것도 가능하다.

물론 편안한 소파에 앉아서 상상만 해도 다른 세상으로 진입할 수 있다. 그러나 사고실험은 과학의 심장부에서 현실을 확인하고, 비록 상상 속이지만 관측과 실험에 의존한다는 점에서 상상(또는 몽상)과 구별된다. 이것이 바로 갈릴레이가 말했던 "시멘티cimenti"다. 자연은 참과 거짓을 시험하는 우리의 실험실이며, (깊이 집중한다면) 검증을 통과하지 못한 비주류 아이디어에서도 무언가를 배울 수 있다.

굳이 새로운 세계를 상상하는 이유는 우리 세계를 단순히 묘사하기 위해서가 아니라, 세상이 지금과 같은 형태로 존재하게 된 이유를 이해하고 싶기 때문이다(이것은 과학의 목표이기도 하다). 굴리학자가 "왜?"라고 물을 때, 그는 세상이 존재하는 동기나 목적을 묻는 것이 아니라, 세상이 지금처럼 만들어진 과정을 묻는 것이다. 즉, 물리학자의 "왜?"는 사실 "어떻게?"에 가깝다. 특정 원리에서 어떻게 이런 결과가 나왔는가? 이것은 필연적인 결과인가, 아니면 수많은 가능성 중 하나일 뿐인가? 자연의 법칙은 얼마나 넓은 영역까지 적용되는가? 그리고 우리가 세운 가정을 바꾸면 세상은 어떻게, 얼마나 달라지는가?

*

우리 눈에 보이는 일상적인 세계는 사람보다 10억 배쯤 작은 원자로 이루어져 있다. 원자 질량의 대부분은 중심부에 자리 잡은 원자핵에 집중되어 있는데, 핵이 차지하는 부피는 원자핵의 100억 분의 1밖에 안 된다. 그리고 핵이 보유한 양전하는 가벼운 전자구름의 음전하와 균형을 이루어, 대부분의 원자는 전기적으로 중성이다. 전자는 우주에서 가장 흔한 입자 중 하나로, 당신의 새끼손가락에 무려 10조×10조 개가 넘는 전자들이 우글거리고 있다! 전자는 금속 내부에서 전기를 유도하고, 은의 표면에서 빛을 반사하고, 물질의 화학적 특성과 구조를 결정한다. 물론 이런 내용을 컴퓨터 화면에 보여주는 것도 전자가 하는 일이다. 원자핵은 양성자와 중성자로 이루어져 있는데, 이들은 입자물리학 초창기에 "더 이상 쪼갤 수 없는 기본입자"로 간주되었다.

1926년에 취리히에서 새로운 물리학(양자역학)을 연구하던 에르빈 슈뢰딩거는 원자핵 주변을 선회하는 전자를 비롯하여 미시세계의 다양한 특성을 서술하는 방정식을 유도하는 데 성공했다. 그의 방정식을 적용하면 원리적인 단계에서(그리고 상당 부분은 현실적으로) 물질의 속성을 "계산"할 수 있다. 전자와 원자핵의 질량과 전하를 방정식에 대입하면 수소원자에서 다이아몬드, 심지어 DNA의 특성에 이르기까지, 미시세계의 모든 정보가 슬롯머신처럼 쏟아져나온다.

슈뢰딩거를 비롯한 양자이론의 창시자들은 복잡한 방정식을 풀면서도 입자의 질량과 전하가 어디서 왔는지 별로 궁금해하지 않았다. 그런 것은 과학적 질문이 아니라고 생각했을지도 모른다. 어떤 실험을 해도 "입자의 질량"과 "상호작용의 세기"의 기원만은 알 길이 없었고, 이론 역시 일말의 단서도 제공하지 못했다. 그로부터 40년이 흘러 우리가 대학에 입학하던 무렵에도 양성자, 중성자, 전자의 질량과 기본 상호작용의 세기는 조물주가 우주를 창조할 때 "창조 지침서"의 뒷장에 아무렇게나 휘갈겨놓은 숫자처럼 보였다. "전자의 질량은 왜 양성자의 1836분의 1인가?" 이런 것은 물리학이 아닌 형이상학적 질문인 데다, 별로 생산적인 질문도 아니었다.

뉴트리노를 "발명한" 볼프강 파울리는 이론물리학자 중에서도 보기 드문 인물이다. 그는 최고의 실력에 최강의 자신감까지 탑재한 난공불락의 지성이었다. 파울리의 동료들은 그의 탁월한 직관과 통찰력을 존중했지만, 그의 솔직하고 맹렬한 비판은 언제나 공포의 대상이었다. 우리에게 물리학계의 할아버지뻘인 빅토어 바이스코프는 취리히에서 파울리의 조교로 일하던 시절을 떠올리며 말했다.

파울리에게 질문할 때는 "혹시 이 사람이 내 질문을 멍청한 질문이라고 생각하지 않을까?"라며 걱정할 필요가 없었다. 그에게는 모든 질문이 멍청한 질문이었다. 물론 그가 던지는 질문만 빼고!

전해오는 소문에 의하면 1958년에 파울리가 세상을 떠났을 때, 천국의 문 앞에서 신이 그에게 말을 건넸다고 한다.

신: 자네, 나한테 뭐 물어볼 거 없나?

파울리: 당연히 있지요! 양성자의 질량은 왜 전자의 1836배입니까? 대체 왜 그렇게 만드신 거예요?

(신이 칠판 앞으로 가서 분필을 들고 설명하기 시작하자 곧바로 파울리가 말을 끊으며)

파울리: 뭐야, 저런 헛소리가 어딨어? 말도 안 돼!

이런 대화가 정말로 오갔는지 확인할 길은 없지만, 여기서 한 가지 주목할 점이 있다. 파울리가 삶의 의미나 만물의 이론에 대해 묻지 않고, 자신이 이해할 수 없었던 단 하나의 사소한 현상을 마지막 순간까지 붙잡고 늘어졌다는 것이다(평소 그의 기질로 미루어볼 때, 지극히 당연한 자세이긴 하다). 입자물리학의 최종 목적은 보편적으로 적용되는 법칙을 찾는 것이지만, 현장에서 뛰는 입자물리학자에게 가장 시급한 과제는 자잘한 세부 사항으로부터 자연을 이해하는 것이다. 우리가 궁금해하는 개개의 사실들, 일상적으로 접하는 미스터리는 언제나 호기심을 자극한다. 갈릴레오 이후로 과학은 "자잘하지만 특별한 대상"에 집중하면서 발전해왔다. 과학의 역할은 우주적 진실에 도달하여 공허한 메시지를 늘어놓는 것이 아니라, 사소한 질문의 답을 찾고 진실의 조각을 엮어서 광범위한 이해를 도모하는 것이다. 갈릴레오는 이렇게 말했다. "진리에 도달하지도 못한 채 중요한 의문에 대해 끝없이 논쟁을 벌이는 것보다, 사소한 현상에서 한 조각 진실을 찾아내는 것이 나에게는 훨씬 중요하다."

입자물리학은 우리에게 "존재할 수도 있었던 다른 세계"를 강하게 시사하고 있다. 그 세계의 기본 법칙은 우리 세계와 같을 수도 있지만, 겉모습과 거동 방식은 완전히 다를 것이다. 자연은 입자의

　　자연은 왜 이토록 단순하면서도 아름다운가

질량과 상호작용의 세기 같은 기본적인 양을 메뉴판에서 선택한
것 같다. 다른 항목을 선택했다면 지금과는 완전히 다른 우주가 되
었을 것이다.

당신이 다이얼로 가득 찬 계기판 앞에 앉아 있다고 상상해보라.
이곳은 우주선이 아니라, 우주를 만들어내는 중앙제어센터다. 당
신이 다이얼을 어디에 맞추느냐에 따라 각기 다른 우주가 만들어
질 것이다. 생각만 해도 짜릿하지 않은가? 이 정도면 "조물주"라
불러도 될 것 같다. 아마도 당신은 이렇게 생각할 것이다. "우리 우
주의 다이얼 값도 우주가 갓 태어났을 때 '먼 훗날 우리가 발견하
게 될' 물리법칙에 의해 결정되었겠군⋯⋯." 우주창조용 계기판은
물리학자뿐만 아니라 호기심 많은 아이들에게도 거의 장난감이나
다름없다. 아이들은 마음에 드는 우주가 나올 때까지 다이얼을 이
리저리 돌려가며 시험 운전을 한다. 원한다면 이것을 "실험"이라
불러도 좋다. 현실 세계에서는 한번 맞춘 다이얼을 재설정할 수 없
으므로 다른 우주를 시험 운행해볼 수 없지만, 사고실험의 세계에
서는 얼마든지 가능하다. 상상의 다이얼을 돌리면 팡글로스 박사
가 원했던 이상적인 우주가 펼쳐진다!

우리 우주에서 양성자와 중성자는 "아주 조금 다른" 쌍둥이다.
양성자는 양전하를 띠고, 중성자는 전기적으로 중성이다. 그리고
중성자는 양성자보다 0.7퍼센트가량 무거운데, 이 차이는 초경량
급 전자 3개도 안 되는 수준이다. 물리학자들이 실험을 하지 않았
다면, 양성자가 중성자보다 조금 더 무겁다고 예상했을지도 모른
다. 양성자의 전하가 약간의 추가 질량을 부여하기 때문이다. 그러

나 양성자는 중성자의 "가벼운 쌍둥이"다.

우리 우주에서 중성자는 원자핵 안에 있어야 오래 살 수 있다. 원자핵을 빠져나온 중성자는 평균 15분도 채 지나기 전에 방사성 붕괴를 일으켜 양성자, 전자, 반뉴트리노로 분해된다. 이런 중성자가 원자핵 안에 있으면 양성자와 다른 중성자들이 단단히 붙들어서 붕괴를 막거나, 붕괴될 때까지 긴 시간을 벌어준다. 이제 우주 창조 계기판 앞에 앉은 당신이 다이얼을 돌려서 양성자와 중성자의 질량을 맞바꿨다고 하자. 과연 어떤 일이 벌어질까? 일단 원자핵 바깥에서 자유롭게 돌아다니던 양성자는 중성자(질량을 맞바꿔서 매우 안정한 상태임)와 반전자, 그리고 뉴트리노로 붕괴될 것이다. 이 얼마나 대칭적인 변화인가! 그러나 뒤에 일어날 사건은 생각만 해도 끔찍하다. 우주에 멀쩡하게 존재해왔던 모든 수소원자들은 당신이 다이얼을 돌리는 바람에 (정상적인 우주의 자유 중성자처럼) 산산이 분해되고, 원자핵이 없어졌으니 전자는 졸지에 떠돌이 신세가 된다. 이런 식으로 15분쯤 지나면 지구에 존재했던 수소의 63퍼센트가 사라지고, 하루가 지나면 지구의 모든 수소원자와 함께 물도, 유기분자도, 수소경제 hydrogen economy, 수소를 주 에너지원으로 사용하는 경제산업도 말끔하게 자취를 감출 것이다.

역시 지금의 우주가 최고인가? 아무튼 팡글로스 박사, 가볍게 선취점을 올렸다.

양성자와 중성자의 질량을 조절하는 다이얼은 건드리지 않는 게 좋을 것 같다. 그러면 전자의 질량은 어떨까? 전자는 워낙 가벼워서 원자와 분자의 질량에 거의 아무런 기여도 하지 않지만, 값

자체는 매우 중요하다. 일단, 전자의 질량은 전자구름의 반지름을 결정한다. 그런데 전자구름의 크기가 곧 원자의 크기이므로, 전자의 질량이 원자의 크기를 결정하는 셈이다. "전자 질량"이라고 적혀 있는 다이얼을 돌려서 값을 서서히 올리면 주변의 모든 것들이 조금씩 작아지기 시작한다. 전자의 질량이 5퍼센트 커지면 슈뢰딩거 방정식에 의해 원자의 크기가 5퍼센트 줄어들고, 우리 몸도 5퍼센트만큼 작아진다!

다이얼을 더 돌려서 20퍼센트를 지나 30퍼센트에 도달하니 무언가 심상치 않은 진동이 느껴지다가…… 31퍼센트에 도달하는 순간, 기어이 사달이 나고 만다. 질소의 동위원소 중 가장 흔한 질소-14가 돌연 다른 원소로 바뀐 것이다! 전자구름이 원자핵 주변으로 너무 가까이 접근하는 바람에 질소 원자핵에 있는 일곱 개의 양성자 중 하나가 전자 하나를 집어삼키고 뉴트리노를 방출하면서 중성자로 변신했기 때문이다. 이제 질소-14의 원자핵에는 양성자가 여섯 개로 줄어들었으니, 이 원소는 더 이상 질소가 아니라 탄소다. 이 세상 모든 질소가 탄소로 변하면 생명체에게 필수적인 아미노산은 별 볼 일 없는 탄화수소가 된다. 간단히 말해서, 모든 생명활동이 멈춘다는 뜻이다(적어도 우리가 아는 생명체라면 여기서 예외일 수 없다). 엎친 데 덮친 격으로 지구 대기의 78퍼센트를 차지하고 있던 질소가 졸지에 탄소로 변했으니, 하늘에서 난데없는 숯검댕이가 비처럼 쏟아져 내려서 지표면을 약 3.7미터 두께로 덮어버린다.

이로써 팡글로스 박사가 2점을 획득했다. 쇼펜하우어가 말한 최악의 세상이 구현되었으니 그에게도 점수를 줘야 할까? 계기판 위에 "손대지 말 것"이라는 경고 문구가 왜 걸려 있는지 이제 좀 알 것 같다.

최초의 원자물리학자들은 전자, 중성자와 함께 양성자를 모든 물질의 최소단위로 간주했다. 하긴, 그렇게 생각하지 않을 이유가 어디 있겠는가? 양성자는 전자 못지않게 흔하고, 중성자와 결합하여 다양한 원소의 핵을 이룬다. 우리가 초등학교에 다닐 때부터 물리학자들은 양성자를 열심히 파헤친 끝에 드디어 양성자가 더 작은 단위인 쿼크로 이루어져 있음을 알아냈고, 덕분에 우리는 양성자의 내부 구조 및 중성자의 질량 다이얼이 지금처럼 설정된 배경에 대해 더욱 많은 것을 알게 되었다.

양성자와 중성자의 질량 다이얼을 이리저리 돌려보다가 문득 호기심이 발동하여 계기판 뒤로 돌아가서 보니, 오호라…… 이 다이얼들이 쿼크의 질량과 강한 상호작용의 세기를 조절하는 다이얼에 연결되어 있다. 아마도 이들 사이에는 눈에 보이지 않는 기어와 체인이 복잡하게 얽혀 있을 것이다. 그렇다면 다른 다이얼도 이런 식으로 연결되어 있지 않을까? 이제 당신은 계기판 전면보다 후면에 더 많은 관심을 보이기 시작한다.

양성자의 질량이 어디서 비롯되었는지 알고 나니(대부분이 쿼크들 사이의 강한 상호작용에서 생성됨) 또 다른 의문이 생긴다. 처음부터 다른 값으로 설정되었다면 무엇이 어떻게 달라졌을까? 예를 들어 강한 상호작용이 지금보다 조금 더 강했거나 약했다면, 양성자와 중성자의 질량도 조금 더 크거나 작았을 것이다. 이로써 우

     자연은 왜 이토록 단순하면서도 아름다운가

리는 중성자가 양성자보다 "어떻게" 더 무거워졌는지 알게 되었다. 그러나 "왜 그렇게 되었는지"는 여전히 오리무중이다. 위쿼크는 아래쿼크보다 조금 가볍다. 양성자는 가벼운 위쿼크 두 개와 무거운 아래쿼크 한 개로 이루어져 있고, 중성자는 무거운 아래쿼크 두 개와 가벼운 위쿼크 한 개로 이루어져 있다. 그래서 양성자를 이루는 쿼크의 총질량은 9MeV인데, 중성자의 쿼크 질량은 12MeV다. 둘 다 엇비슷해 보이지만, 이 작은 차이가 양성자에 추가된 전자기적 에너지보다 크기 때문에 중성자가 더 무겁다. 이것은 격자 양자색역학lattice QCD을 통해 확인된 사실이다. 그래도 미묘한 구석은 여전히 남아 있다. 쿼크의 질량이 조금만 달라져도 양성자가 중성자보다 무거워져서 위에 언급한 재앙이 닥치게 된다.

현재의 실험 수준으로는 쿼크와 렙톤의 내부 구조를 파악할 수 없기에, 우리는 이들을 (잠정적으로나마) 기본입자로 간주하고 있다. 전자나 쿼크 같은 기본입자(소립자)에 대해서는 할 말이 별로 많지 않다. 소립자는 크기나 모양이 없고, 색도, 냄새도 없다색전하는 실제 색色과 아무런 상관도 없다. 그런데도 이들은 특유의 질량과 전하를 갖고 있으며, 자석처럼 작용한다. 엄청나게 작은 나침반을 만들 수 있다면, 이들이 발휘하는 자력을 측정할 수 있다. 이것이 전부다. 소립자는 말 그대로 "가장 기본적인 입자elementary particles"이기 때문에, 특성이라고 할 만한 것이 별로 없다.

우리가 사는 세상에서 겉보기에 "변하지 않는 것들"을 자세히 들여다보면, 기실 그렇지 않은 경우가 태반이다. 달의 공전궤도(안정성과 질서, 신뢰의 상징)가 규칙적인 이유는 지구와 달 사이에 작용하는 중력에 의해 가속되어 지구를 향해 끊임없이 추락하고 있기 때문이다. 지구를 향해 돌진한다는 게 아니라, "중력이 작용하지 않을 때 달이 그렸어야 할 직선 궤도"에서 타원궤도를 향해 매 순간 이탈하고 있다는 뜻이다. 역시 뉴턴이 옳았다. 움직이는 물체는 힘이 작용하지 않는 한, 일정한 속도로 직선운동을 한다.

우리 주변에 있는 일상적인 물체들도 달 못지않게 안정적이다. 적어도 겉모습은 그렇다. 그러나 물체의 표면 아래에서는 구성 요소들이 끊임없이 움직이고 있다. 모종의 힘이 이들을 하나로 묶어두면서, 어쩌다가 이탈자가 생기면 다시 잡아당기고 있기 때문이다. 양성자는 항상 양성자로 존재하지만, 내부에서는 구성 요소(쿼크)들이 그냥 움직이는 게 아니라 끊임없이 변하고 있다. 쿼크는 글루온을 교환하면서 서로 끌어당기고 있는데, 교환이 일어날 때마다 쿼크의 색전하color charge가 달라진다.

물리학자들은 상호작용을 흔히 "중개인 교환agent exchange"이라 부른다. 양자장이론에서 상호작용은 힘입자(매개입자)의 교환을 통해 이루어지기 때문이다. 전자기력의 광자와 약력의 W, Z 보손, 그리고 강력의 글루온은 모두 힘입자에 속한다. 중력을 매개할 것으로 추정되는 가상의 중력자graviton도 마찬가지다. 그 존재가 확인된 힘입자는《입자물리학 개론서》에 수록될 자격이 있다. 힘입자는 물질의 구성성분인 쿼크와 렙톤에 작용할 뿐만 아니라, 자기들끼리도 상호작용을 교환하고 있다.

앞에서 우리는 "중성자 붕괴"를 통해 약력을 접한 적이 있다. 이것은 방사능 붕괴의 한 가지 사례다. 대부분의 사람들은 일상생활

속에서 약한 상호작용을 겪을 기회가 별로 없기 때문에(자주 겪는다면 당장 독서를 멈추고 빨리 병원에 가봐야 한다!) 별로 중요한 힘이 아니라고 생각하는 경향이 있다. 양성자나 중성자의 질량이 적절한 값으로 세팅되어 있으면 수소원자는 굳건하게 존재하고, 대기에서 숯검댕이가 쏟아져 내리지도 않는다! 그러나 정상적인 환경에서도 약력은 우리 삶에 중요한 역할을 하고 있다. 그중에서도 가장 중요한 것은 약력이 태양에너지의 원천이라는 점이다.

태양의 내부에서는 약한 상호작용이 몇 단계에 걸쳐 일어나 4개의 양성자가 알파입자(양성자 2개와 중성자 2개로 이루어진 입자. 헬륨원자의 핵)와 2개의 양전자, 그리고 2개의 뉴트리노로 변하고 있으며, 이 과정에서 25MeV의 에너지가 빛과 뉴트리노의 형태로 생성되고 있다. 태양 용광로의 첫 번째 단계는 양성자 2개가 중양자deuteron(양성자+중성자)로 융합되는 것이다. 우리에게 친숙한 일상적인 환경에서 양성자는 자신의 "무거운 쌍둥이"인 중성자로 붕괴되지 않는다. 그러나 양성자 두 개가 아주 가까이 접근하면 둘 중 하나가 중성자로 변할 수 있다. 양성자와 중성자가 결합된 중양자는 매우 안정적인 핵이기 때문이다 일반적으로 입자들은 안정한 상태를 선호한다. 문제는 양성자 두 개가 중양자로 변할 수 있을 정도로 충분히 가까워져야 한다는 것이다.

수소분자(H_2)에 포함된 2개의 양성자는 물분자(H_2O) 속의 두 양성자와 마찬가지로 평균 0.1나노미터(10^{-10}미터)만큼 떨어져 있다. 중양자를 형성하기에 적절한 거리보다 10만 배나 멀다. 이런 이유 때문에 상온常溫에서는 핵융합이 자발적으로 일어나지 않는다(이것을 저온핵융합, 또는 상온핵융합이라 한다). 태양 중심부의 온도는 약 1500만K로 수소원자에서 전자가 떨어져 나올 만큼 뜨겁지만, 양성자끼리는 전기적 척력이 작용하여 가까이 다가갈 수 없다. 그러나 가끔은 충분한 열에너지를 획득한 운 좋은 양성자가 옆에 있는 양성자에 초단거리로 접근하여 중수소로 융합된다.[*] 그러므로 태양 내부에서 중수소의 생산 원천인 약력은 지구의 모든 생명체를 먹여 살리는 궁극의 에너지원인 셈이다.

약한 상호작용의 핵심에는 변화를 중개하는 W 보손이 있다. 중성자는 두 단계를 거쳐 붕괴되는데, 먼저 아래쿼크가 위쿼크와 음전하를 띤 W 보손으로 변신한 후 W 보손이 다시 전자와 반뉴트리노로 물질화되는 식이다. 그런데 여기에는 한 가지 장애물이 있다. W 보손의 질량은 80,377MeV로, 중성자의 85배나 된다. 따라서 산술적으로 따지면 중성자는 절대로 붕괴될 수 없다. 그러나 현실 세계에서 중성자는 달랑 1.3MeV만 지불하고 양성자로 변신한다. 어떻게 그럴 수 있을까?

비결은 바로 양자역학의 불확정성 원리다. 중성자는 이 원리 덕분에 파격적인 "에너지 대출"을 받을 수 있다. 단, 빌린 양이 많을수록 빨리 갚아야 한다. 그래서 중성자의 1단계 붕괴과정에서 막대한 부채를 떠안은 채 생성된 W 보손은 재빨리 전자와 반뉴트리

---

[*] 중양자deuteron는 양성자와 중성자가 결합한 상태이고, 중수소deuterium는 중양자가 전자 한 개를 포획하여 원자가 된 상태다. 태양 내부는 워낙 뜨거워서 핵과 전자가 분리된 플라스마 상태이므로 중양자라 해야 옳지만, 저자는 중양자와 중수소를 굳이 구별하지 않고 있다. 별로 중요한 문제는 아니니 그냥 넘어가주길 바란다.

노로 현금화(물질화)되어 부채를 상환하는 것이다. W 보손이 지금보다 더 무거웠다면, 더 빠르게 사라질 것이다. 태양에서 중수소가 생산되려면 양성자 한 개가 충분한 에너지를 초단기로 대출받아서 양전하를 띤 W 보손을 생성하고 중성자로 변해야 한다. 만일 W 보손이 지금보다 무거웠다면 에너지 대출상환일이 더 빨리 도래하여 중수소 생산공정이 느려지고, 이로 인해 태양의 가열속도가 느려지면서 태양이 약간 작아질 것이다. 열에너지로 인한 팽창과 중력에 의한 수축이 팽팽하게 맞서다가 중력이 살짝 우세해졌기 때문이다. 그러면 온도가 다시 올라가면서 열핵반응은 원래의 속도를 되찾게 된다. 원래대로 돌아왔으니 다행이라고? 아니다. 큰일은 이미 벌어졌다. 태양이 작아지지 않았는가! 태양의 몸집이 작아지면 당연히 출력도 줄어들 수밖에 없다. W 보손의 질량 다이얼을 돌려서 정상값의 두 배로 설정하면 태양의 출력은 5퍼센트쯤 줄어든다. 95퍼센트나 남았으니 별일 없을 거라고? 천만의 말씀이다. 머지않아 인류는 빙하기가 어떤 모습이었는지 온몸으로 체험하게 될 것이다!

다이얼을 만질 때마다 초대형사고를 친 당신은 팡글로스 박사가 옳았다고 느끼면서 입자의 질량과 결합강도(상호작용의 세기) 다이얼을 원위치로 돌려놓았다. 그런데 계기판 위를 올려다보니 손이 닿지 않을 정도로 높은 곳에 "배타원리exclusion principle"라고 적혀 있는 스위치가 눈에 들어온다. 그렇다. 이건 미세조절용 다이얼이 아니라, 켜거나 끌 수만 있는 스위치다. 자세히 보니 지금은 켜진 상태인데, 함부로 바꾸지 못하도록 두툼한 덕트 테이프로 고정되어 있다. 이 스위치는 단순히 값을 바꾸는 게 아니라, 규칙 자체를 바꾸기 때문이다. 과연 당신은 유혹을 참을 수 있을까? 물론 아니다. 그 정도로 참을성이 있다면 이 책의 게스트로 초대하지 않았을 것이다.

앞에서 슈뢰딩거 방정식이 "물질의 구조를 이해하는 열쇠"임을 강조할 때, 우리는 매우 중요한 사실(그리고 매우 기이한 사실) 하나를 대충 얼버무리고 넘어갔다. 원자 안에서 전자의 궤도, 즉 "오비탈orbital"에 전자가 최대 2개까지만 들어갈 수 있다는 사실이 바로 그것이다. 전자는 크기가 없는데도 팽이처럼 자전하고 있으며, 이 운동은 전자가 사라지지 않는 한 절대로 멈추지 않는다. 특정 방향으로 자전하는 전자가 하나의 오비탈을 점유하고 있으면, 그 오비탈에는 반대 방향으로 자전하는 전자 한 개만 추가로 들어올 수 있다. 이처럼 오비탈의 용량을 제한하는 법칙이 바로 배타원리다. 이 원리는 주기율표에 등록된 원소의 화학적 규칙성을 설명하기 위해 1925년에 볼프강 파울리가 제안한 것으로, 양자역학을 떠받치는 핵심 원리 중 하나다. 원자에 포함된 전자의 수가 많아질수록(수소=1개, 헬륨=2개, 리튬=3개 등) 마지막 전자의 궤도는 핵에서 점점 멀어진다.

언뜻 생각하면 파울리의 배타원리는 원자 스펙트럼이나 원자 내 전자 분포를 연구하는 원자물리학자에게나 유용한 원리인 것 같지만, 사실은 그렇지 않다. 단적으로 말해서, 배타원리가 없으면 일상생활이 아예 불가능해진다. 주기율표에 있는 화학원소들이 이리저리 섞여서 엄청나게 다양한 물질계를 형성하게 된 것도 모두 배타원리 덕분이다. 1931년, 네덜란드 왕립 예술 과학 아카데미 Royal Netherlands Academy of Arts and Sciences에서 파울 에렌페스트Paul Ehrenfest는 파울리에게 로런츠 메달을 수여하면서 배타원리의 가치를 다음과 같이 평가했다.

저는 금속조각이나 작은 돌멩이를 손에 쥘 때마다 깜짝 놀라곤 합니다. 이 정도 양밖에 안 되는 물질이 어떻게 그토록 큰 부피를 차지하는 것일까요? 물론 물분자들은 가까이 밀집되어 있고 분자 속 원자들도 거의 밀착된 상태입니다. 하지만 원자 내부는 이야기가 다르죠. 원자는 왜 그렇게 큰 것일까요? 보어의 원자모형에 입각하여 납(Pb) 원자를 상상해봅시다. 무려 82개나 되는 전자들 중 핵에 가까운 궤도를 도는 전자의 수가 왜 그렇게 적을까요? 원자핵 안에서 82개의 양성자는 매우 강한 인력으로 전자를 잡아당기고 있으므로, 전자는 자기들 사이의 척력이 너무 커지기 전에 핵에 가까운 안쪽 궤도로 모여들 것이고, 이렇게 되면 납은 더 이상 존재할 수 없습니다. "전자의 집중"이란 곧 붕괴를 의미하기 때문입니다. 그런데 현실 세계에 납 원자가 멀쩡하게 존재하는 것을 보면, 전자가 중심에 가까운 궤도로 모여드는 것을 무언가가 막아주고 있음이 분명합니다. 그 고마운 파수꾼의 정체는 과연 무엇일까요? 답: "하나의 전자는 단 하나의 양자상태만을 점유할 수 있다"는 배타원리가 그 역할을 하고 있습니다. 원자의 부피가 불필요하게 여겨질 정도로 크고 금속과 돌이 그토록 무거운 것은 파울리의 배타원리가 그 세계를 지배하고 있기 때문입니다.

파울리 교수님, 교수님께서 내린 금지조항을 부분적으로라도 철회한다면 교통체증을 비롯하여 일상생활 속의 많은 문제들이 일거에 해결된다는 것을 인정하셔야 합니다! 자동차 두 대가 동시에 같은 장소를 점유할 수 없는 것도 결국은 파울리의 배타원리 때문이라는 뜻이다.

물론 배타원리가 자연을 지배하게 된 것은 파울리의 책임이 아니다. 게다가 그는 단순한 발견자일 뿐, 이 원리를 철회할 능력 같은 건 당연히 없다(우리도 마찬가지다). 배타원리는 전자에만 적용되는 단순한 경험적 법칙이 아니라, "세상이 돌아가는 이치"가 담긴 훨씬 일반적이면서 심오한 법칙이다. 입자는 크게 보손boson(인도의 물리학자 사티엔드라 나드 보스Satyendra Nath Bose의 이름에서 유래되었음)과 페르미온fermion(엔리코 페르미Enrico Fermi의 이름에서 유래되었음)이라는 두 부류로 나눌 수 있다. 광자와 W, Z 입자를 포함하여 스핀이 정수(0, 1, 2⋯)인 모든 입자들은 보손에 속하는데, 이들은 배타원리의 제한을 받지 않아서 여러 개의 입자들이 동일한 양자상태를 점유할 수 있다. 반면에 전자, 양성자, 중성자, 쿼크를 포함하여 스핀이 반정수(1/2, 3/2⋯)인 입자들은 페르미온에 속하며, 하나의 양자상태에는 한 개의 페르미온만 놓일 수 있다. 페르미온과 보손은 "홀수와 짝수"의 관계와 비슷해서, 중성자와 양성자(페르미온 2개)가 결합하면 중수소(보손 1개)가 된다.

에렌페스트가 말했던 "배타원리가 없는 세상"을 다시 한번 떠올려보자. 이런 세상에서 전자는 보손이 될 수 있을까? 우주 창조

중앙제어센터의 계기판에서 전자의 질량을 바꾸는 다이얼 옆에 "페르미온/보손"이라고 적힌 토글스위치를 달아야 할까? 음……
거의 그렇다. "초대칭supersymmetry"이라는 초거대 규모의 대칭원리 가설에 의하면 모든 입자, 즉 모든 페르미온과 모든 보손에 대하여 "스핀을 제외한 모든 특성(전하, 상호작용, 질량 등)이 자신과 똑같은" 이란성 쌍둥이가 어딘가에 존재한다(이들을 초대칭짝superpartners이라 한다. 임의의 입자와 그 초대칭짝은 스핀이 1/2만큼 다르다). 즉, 우리가 알고 있는 모든 보손은 페르미온 초대칭짝을 갖고 있고, 모든 페르미온은 보손 초대칭짝을 갖고 있다. 스핀=1인 광자와 W, Z 입자는 각각 스핀=1/2인 포티노photino, 위노wino, 지노zino와 초대칭짝을 이루고, 스핀=1/2인 쿼크는 스핀=0인 스쿼크squark와 초대칭짝을 이룬다. 스핀=1/2인 전자의 초대칭짝은 스핀=0인 셀렉트론selectron이다. 입자의 이름 앞에 's'를 붙였을 때 발음이 자연스러우면 초대칭짝의 이름이 되고, 그렇지 않으면 포티노, 위노, 지노처럼 불규칙한 이름이 만들어진다. 초대칭 입자는 초대칭 가설이 처음 제기된 후 40년이 지나도록 단 한 개도 발견되지 않았지만, 지금도 CERN의 강입자 충돌기는 이들을 찾기 위해 부지런히 돌아가고 있다.

초대칭은 우리 세계에 존재하는 정확한 대칭이 아닐 가능성이 높다. 그렇지 않다면 초대칭 입자는 진작에 발견되었어야 한다. 많은 물리학자들은 초대칭 입자의 질량이 자신의 초대칭짝보다 훨씬 클 것으로 예상하고 있다. 하지만 그 반대의 경우라면 어떨까?

일단 초대칭 가설을 사실로 받아들이고, 셀렉트론이 전자보다 가볍고 스쿼크가 쿼크보다 가볍다고 가정해보자. 다시 말해서(에

렌페스트의 상상을 현대식 언어로 표현하면) "손으로 만질 수 있는 모든 만물이 보손으로 이루어져 있다"고 가정해보자. 과연 어떤 일이 벌어질 것인가? 셀렉트론이 전자를 대신한다면 모든 셀렉트론은 에너지가 가장 낮은 양자상태로 모여들 것이므로 원자(보손)의 크기가 훨씬 작아질 것이다.

원자 한 개를 상상하는 것만으로는 감이 잘 오지 않을 테니, 규모를 좀 더 키워보자. 정상적인 세상에서 원자들 사이에 작용하는 힘은 전자기력뿐이지만, 배타원리에 의해 추가 규칙이 적용된다. 결정의 격자구조와 단백질의 복잡한 분자구조는 원자들이 결합할 때 전자가 자신만의 고유한 양자상태를 찾아가면서 생겨난 것이다. 그래서 응집물리학에서는 "많으면 달라진다 More is different!"는 구호가 불변의 진리로 통하고 있다.

초대칭 입자의 세계에서는 이 구호가 한층 더 드라마틱하게 구현된다. 초대칭 물질(스매터smatter라고 불러도 될까?)은 우리가 일상 세계에서 본 어떤 물질과도 판이하다. 일단, 초대칭 입자의 세계에는 "물질 덩어리"라는 개념이 존재하지 않는다. 어떤 덩어리도 정해진 형태가 없기 때문이다. 우리가 사는 세상에서는 같은 양의 점토 두 덩어리를 합치면 이전보다 두 배 큰 점토 한 덩어리가 생긴다.

그러나 초대칭 세계에서는 합치는 것 자체가 위험천만한 행동이다. 만일 초대칭 세계에서 온 초대칭 인간이 당신에게 보손으로 이루어진 점토 두 덩어리를 건넨다면, 합칠 생각일랑 절대 하지 않길 바란다. 개개의 분자가 온전하게 존재할 수 있도록 보호해주는 배타원리가 작동하지 않으니, 두 덩어리를 합치면 더 작은 덩어리로 융합되면서 열핵융합폭탄(수소폭탄)보다 훨씬 많은 에너지를 방출할 것이다. 간단히 말해서, 보손으로 이루어진 물질 덩어리는 그 자체가 무지막지한 폭탄이다!

팡글로스 박사가 또 1점을 얻었다. 그의 믿음이 옳을지도 모른다는 생각이 슬슬 들기 시작한다. 아무튼 페르미온/보손 스위치는 건드리지 않는 게 모두를 위해 좋을 것 같다. 애초에 초대칭이 존재했다면, 초대칭이 붕괴되어 보손보다 가벼운 페르미온이 생겨난 것을 천만다행으로 여겨야 한다. 그리고 감사의 기도가 끝난 후에는 무엇이 초대칭을 붕괴시켰는지 알아내야 한다.

✳

아미노산이 없는 세상, 숯검댕이로 가득 찬 대기, 그리고 대책 없이 작아지는 보손 덩어리 등 SF 소설에나 나올 법한 이야기들이 입자물리학의 세계에서 펼쳐졌다. 기본입자와 이들의 상호작용에 대한 현재의 이론을 조금만 변형하면 이보다 더 희한한 세상도 얼마든지 만들 수 있다. 그런데 이렇게 만들어진 대부분의 세상에는 물질의 종류가 우리 세상처럼 다양하지 않으며, 일어날 수 있는 반응도 극히 제한적이다. 우리가 "모든 가능한 세상 중 최고의 세상에서 살고 있다"는 팡글로스 박사의 주장이 옳다는 보장은 없지만, 지금까지 예시했던 세상 중에는 우리 세상이 단연 최고다.

상상의 다이얼을 이리저리 돌려가면서 다른 세상을 둘러보는 것은 확실히 재미있고 교훈적이지만, 입자물리학은 현재의 세상만 다루는 과학이 아니다. 우리가 조금씩 알아가고 있는 자연의 법칙은 태초에 우주를 지배했던 법칙이므로, 그 시기에 다이얼을 바꾸면 우주가 어떻게 진화했을지 묻는 것도 의미가 있다.

다른 길로 진화한 우주를 탐구하다 보면, 우리 주변 세계의 본질이 무엇에 의해, 어떻게 결정되었는지 궁금해진다. 양성자의 질량을 중성자보다 조금 작게 세팅하여 수소원자가 안정한 상태로 유지되도록 만든 변수는 무엇인가? 전자의 질량은 어떻게 결정되었으며, W 보손과 Z 보손의 질량은 누가, 어떻게 조절한 것인가? 우리는 이 질문의 답을 찾기 위해 수십 킬로미터에 달하는 입자가속기와 농구장 크기만 한 감지기를 만들었다.

끈이론string theory과 인플레이션이론에 한껏 고무된 이론물리학자들은 지난 20년 동안 상상력을 총동원하여 급진적이고 혁명적인(또는 혁명으로 이어질 가능성이 있는) 가설을 연구해왔다. 라이프니츠가 상상했던 "신성한 존재"는 모든 가능한 우주를 일일이 고려한 후 마지막 순간에 가장 좋은 우주를 창조했다. 끈 경관string landscape(끈이론에서 예견된 다중우주)을 지지하는 사람들은 우리 우주가 거대한 우주론적 앙상블(다중우주)의 한 요소일 뿐이며, 각 우주에는 각기 다른 법칙이 적용된다고 주장한다. 우리의 경험에 의하면 자연법칙은 언제 어디서나 똑같은데 무수히 많은 우주에 무수히 많은 법칙이 존재한다니, 참으로 대담한 발상이 아닐 수 없다. 우주가 하나뿐이라는 것과 다른 우주가 어딘가에 존재한다는 것, 둘 중 어느 쪽이 더 유별난 주장일까? 과학자는 "증거"를 최고의 가치로 삼아야 하며 증거가 부족할 땐 언제라도 마음을 열 준비가 되어 있어야 한다.

끈이론에서 예견된 다중우주multiverse 중 지적 생명체가 탄생하고 진화할 수 있는 우주는 극히 일부에 불과하다(역시 팡글로스 박사가 옳은 것 같다). 그런데 어쨌거나 우리가 여기에 존재하고 있으므로, 우리가 발견한 자연법칙이 생명 친화적인 것은 당연한 결과다. 생명체가 존재할 수 없는 척박한 우주에는 그런 사실을 인지할 생명체가 존재하지 않기 때문이다. 이런 관점을 "인류원리anthropic principle"라 하는데, 논리가 지나치게 결과론적이어서 실험→결과→원인 분석의 순서로 진행되어온 지난 500년의 과학사가 무색해진다. 아마도 자연법칙은 한 번에 유도되는 것이 아니라, 부분적으로나마 환경의 영향을 받으면서 오랜 세월에 걸쳐 형성되었을지도 모른다.

우리는 과거 한때 생소했던 질문이 훗날 과학의 영역으로 편입되는 사례를 종종 목격해왔다. 또한 선조 과학자들이 심각하게 고민했던 질문이 "잘못된 질문"으로 판명되는 경우도 있다. 한 가지 예를 들어보자. 독일의 천문학자 요하네스 케플러는 코페르니쿠스의 태양중심설(지동설)을 체계적으로 정리하여 1596년에《우주의 신비Mysterium Cosmographicum》라는 책으로 출간했다. 이 책에서 가장 눈에 띄는 것은 "태양이 거느리는 행성의 수가 여섯 개인 이유"를 설명하는 부분이다(당시에는 수성, 금성, 지구, 화성, 목성, 토성까지만 알려져 있었다). 그는 수성의 공전궤도에 외접하는 정8면체에서 시작하여 다섯 개의 플라톤 다면체(정8면체, 정20면체,

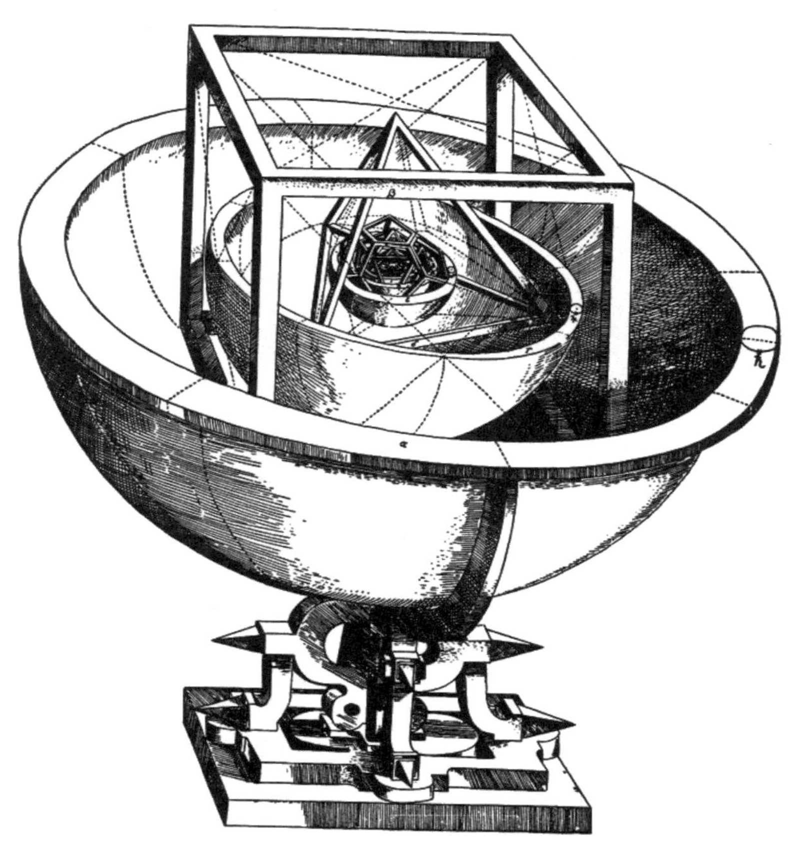

케플러의 태양계 모형.

 자연은 왜 이토록 단순하면서도 아름다운가

정12면체, 정4면체, 정6면체)에 외접하는 구球가 각 행성의 공전궤도와 일치한다는 사실을 발견했다. 그러나 태양계에는 행성이 8개일 뿐만 아니라 소행성 벨트에 혜성과 왜소행성도 있고, 각 행성이 거느리는 위성도 있다. 게다가 케플러가 1609년에 출간한 《신천문학Astronomia Nova》에는 행성의 공전궤도가 원이 아니라 "태양을 초점으로 하는 타원"으로 명시되어 있다. 결국 케플러가 발견했던 심오한 원리는 별 의미 없는 우연의 일치였던 것이다.

우리가 케플러의 태양계 모형을 믿지 않는 이유는 그사이에 천문학적 지식이 쌓였기 때문이 아니라 "태양계는 단순해야 한다"는 믿음에 아무런 근거가 없음을 잘 알고 있기 때문이다. 케플러가 옳다면 다른 태양계의 행성들도 플라톤의 정다면체를 따라 공전궤도가 정해져야 하는데, 혼돈으로 가득한 원시행성계 원반protoplanetary disc, 별의 탄생 초기에 기체와 먼지가 빠르게 회전하면서 형성된 납작한 접시 모양의 구름에서 탄생한 행성들이 그런 이상적인 규칙을 따를 리 없다.

이 사례로부터 우리가 얻은 교훈은 두 가지다. (1) 물리계의 작동 원리를 설명할 때, 어떤 것이 복잡하고 어떤 것이 간단한지 겉모습만으로는 판단할 수 없으며, (2) 어려운 질문을 파고들면 (끝까지 답을 찾지 못한다 해도) 그 과정에서 중요한 교훈을 얻을 수 있다. 행성의 궤도가 양자화되어 있다는 케플러의 가설은 결국 행성 운동의 세 가지 법칙(1. 행성은 태양을 초점으로 갖는 타원을 따라간다. 2. 행성이 일정한 시간 동안 타원을 돌면서 쓸고 지나간 부채꼴의 면적은 항상 동일하다. 3. 행성의 공전주기의 제곱은 타원궤도의 장축의 세제곱에 비례한다)으로 이어졌고, 이 법칙은 훗날 뉴턴이 중력법칙을 발견하는 데 중요한 역할을 했다. 케플러처럼 자연을 진지하게 탐구한다면, 우리도 이 세상에 대해 깊은 통찰을 얻게 될지도 모른다. 비록 최후의 순간에 우리 우주가 수많은 다중우주의 하나일 뿐이라는 냉혹한 결론에 직면한다 해도, 진지한 탐구는 그 자체만으로 충분한 가치가 있다.

우주 속에서 자신의 위치뿐만 아니라 다중우주 속의 위치까지 생각해야 한다면, 인간이라는 존재가 너무 초라해지지 않을까? 1864년, 프랑스의 문호 빅토르 위고 Victor Hugo는 무한히 큰 공간과 영원히 흐를 것 같은 시간을 떠올리며 스스로 자문했다. "지구에 붙어사는 세균과 다를 바 없는 우리는 이 압도적인 무한대와 비교할 때 너무나 미천하고 하찮은 존재가 아니던가?" 질문 자체는 다분히 비관적이지만, 그가 제시한 답은 우리에게 용기와 희망을 준다. "그렇지 않다. 인간은 자신이 하찮은 존재라는 것을 알고 있기 때문이다!"

사실 우주에서 인간의 위치는 빅토르 위고와 그의 천문학 뮤즈였던 카미유 플라마리옹Camille Flammarion이 생각했던 것보다 훨씬 미미하다. 지구는 빅토르 위고 이후 20세기 천문학을 거치면서 우주의 중심으로부터 훨씬 더 멀어졌다. 이뿐만이 아니다. 자연에서 우리가 보고 만질 수 있는 것은 극히 일부에 불과하다. 140억 살 가까이 먹은 우주는 지금도 팽창하고 있으며, 지금과는 완전히 다른 환경에서 진화해왔다. 우리는 최신 관측 도구와 상상력을 동원하여 수십억 년 전의 우주를 추적하면서, 다른 한편으로는 우리보다 수십×수십억 배나 작은 미시세계를 탐구해왔다. 또한 우리는 "1조×1조 분의 1초"라는 짧은 시간 사이에 일어나는, 너무나도 덧 없어 보이는 현상까지 기를 쓰며 파고드는 중이다.

인간은 전자나 쿼크와 비교할 때 엄청난 거인이지만, 그 세계를 지배할 수는 없다. 아니, 오히려 그 반대다. 우리 몸을 지배하는 모 든 법칙은 미시세계의 법칙에서 비롯된 것이다. 그러므로 미시서 계를 면밀하게 들여다볼수록, 인간을 포함한 거시세계의 법칙을 더욱 정확하게 알 수 있다. 불확정성은 극도로 짧은 거리와 짧은 시간 간격에 존재하여 확률과 양자요동으로 표현할 수밖에 없지 만, 우주 탄생 초기에 이 미미한 효과가 장차 거대하게 자라날 우 주에 물질의 씨앗을 뿌려놓았다. 이런 점에서 볼 때 우리는 군주가 아니라 하찮은 백성일 가능성이 높다!

자연은 우리에게 경외감과 겸손함을 강요하지만, 자연에 대한 지식이 쌓일수록 자괴감을 넘어서 뚜렷한 목적의식을 갖게 된다. 이 얼마나 놀라운 성과인가! 인간은 자연에 대한 신뢰에 기반을 둔 "작용가설working hypothesis"과 원인이 결과에 선행한다는 "인과 율causality"에 기초하여, 두 개의 극한(거시세계와 미시세계)과 그 사이에 있는 자신의 존재에 대해 꽤 많은 것을 알아냈다. 우리는 이 책을 통해 현대 입자물리학(표준모형)의 우아하고 효율적인 체 계에 최고의 찬사를 보내는 바이다. 몇 가지 기본적인 구성 요소와 기본 상호작용을 결정하는 대칭을 찾아내고, 숨은 대칭이 자연의 풍부함과 다양성을 낳는다는 사실을 인식하기만 하면, 물리적 세 계의 정수精髓를 이끌어낼 수 있다. 그 외에 쿼크와 글루온의 구속 문제confinement, 핵의 바깥에서 쿼크와 글루온이 발견되지 않는 현상와 무거운 핵의 고에너지 충돌, 원자와 분자의 집단적 특성 등 아직 해결되지 않은 문제에 접근하려면 표준모형의 범주를 벗어난 새로운 분석이 필요하다.

우리는 자연현상을 이해하고 미스터리를 해결할 때 더없는 성취감을 느끼지만, 연구의 진정한 활력소는 이미 알고 있는 대상이 아니라 "아직 알려지지 않은 대상"이다. 우리를 포함한 연구 동료들은 아직 답을 찾지 못한 질문과 사방에 흩어진 퍼즐 조각들, 앞으로 마주치게 될 수많은 미스터리, 그리고 아는 것이 부족하여 질문조차 할 수 없는 문제와 씨름을 벌이면서 그런 행위 자체를 낙으로 여기며 살아가고 있다.

우리 두 사람은 운이 좋았다. 물리학자로서 성년이 되었을 때 입자물리학의 여러 이론이 표준모형으로 통일되었고 혁신적인 실험 장비가 탄생하여 이론이 검증되는 감동적인 현장을 목격했으니, 인생의 절정기에 입자물리학의 황금기를 누린 셈이다. 또한 우리는 이론물리학자임에도 불구하고 뛰어난 실험물리학자와 공학자, 가속기 제작자, 컴퓨터과학자 등 다양한 분야의 기술자들과 함께 일하는 행운도 누렸다. 이 책을 통해 선배 과학자들의 업적과 동료들과 겪었던 희로애락을 일부나마 독자들과 나누게 된 것도 기쁘게 생각한다.

입자물리학은 배경과 성향이 제각각인 사람들이 자연에 대한 호기심과 탐구 의지로 뭉쳐서 어렵게 쌓아 올린 금자탑이다. 이들은 기존의 진리보다 실험을 통한 검증을 훨씬 중요하게 생각하며,

불확실성을 냉소적으로 대하지 않고 진지한 탐구 대상으로 받아들인다. 개인적으로 또는 팀으로, 우리는 경쟁하고 협력하는 사이다. 옛날부터 과학은 독점이 아닌 공유를 통해 발전해왔다. 이런 개방적인 전통을 존중하면서 우리의 연구를 물심양면으로 지원해준 개인 및 단체들과 물리학에 관심을 가져준 모든 이들에게 진심으로 깊이 감사드린다. 우리가 발견한 것은 모두의 것이다.

감사의 글

이 책은 주변 세계를 가장 근본적인 단계에서 분석하고 이해해온 사람들의 이야기다. 오늘날의 입자물리학은 굳건하면서도 감질날 정도로 불완전하지만, 이 모든 체계가 확립될 때까지 뜨거운 열정과 깊은 통찰력을 발휘해준 과거와 현재의 모든 학자와 동료 및 친구들에게 감사드린다. 책 제목에서 "우아함Grace"이라는 단어는 이들 모두에게 바치는 우리의 경의敬意를 상징한다.

집필 초기 단계에 많은 도움을 준 케이트 메트로폴리스Kate Metropolis에게도 깊은 감사를 전한다. 긴 세월 동안 우리와 함께해준 마이클 칼라일Michael Carlisle과 마이크 먼젤로Mike Mungiello, 잉크웰 매니지먼트InkWell Management에서 일하는 이들의 동료들에게도 감사드린다. 또한 이 책이 완성될 때까지 우리를 이끌어준 제시카 케이스Jessica Case와 페가수스팀의 도움도 잊을 수 없다. 끝으로 집필 기간 내내 가장 가까운 곳에서 우리를 격려하고 지지해준 우리의 아내(들) 프랜 Fran과 리즈 Liz에게 고마움을 전한다.

134, 245

윌슨, 로버트Wilson, Robert 428~433, 533~537, 570

윌슨, 에드워드Wilson, Edward 66

윌슨, 찰스 톰슨 리스Wilson, Charles Thomson Rees 13, 112~116, 119, 121~123, 133~134

윌킨슨, 데이비드Wilkinson, David 536~537, 545

유카와 히데키湯川秀樹 129~132, 139, 232, 351~352

일리오폴로스, 존Iliopoulos, John 343, 346~347, 457

ㅈ

자노티, 파비올라Gianotti, Fabiola 472, 478

잭슨, 존 데이비드Jackson, John David 182~184

잰스키, 카를Jansky, Karl 515~517, 519

졸리오퀴리, 프레데리크Joliot-Curie, Frédéric 245, 255

ㅊ

채드윅, 제임스Chadwick, James 109, 228

체렌코프, 파벨Cherenkov, Pavel 501, 503, 576

체임벌린, 오언Chamberlain, Owen 485

추, 폴Chu, Paul 318~319

츠바이크, 조지Zweig, George 163, 165, 178~179, 235~236

츠비키, 프리츠Zwicky, Fritz 512, 548~551, 553

ㅋ

카메를링 오너스, 헤이커Kamerlingh Onnes, Heike 16, 270, 277~278, 284~286, 289, 291~293, 296~297, 299, 303~304, 313

케플러, 요하네스Kepler, Johannes 328, 330, 550, 609~612

쿤즐러, 진Kunzler, Gene 311~312, 315

퀴리, 마리Curie, Marie 28, 39, 245, 250~251

클라인, 펠릭스Klein, Felix 221~223

키블, 톰Kibble, Tom 337, 348

ㅌ

테일러, 딕Taylor, Dick 167, 394~395

텔러, 에드워드Teller, Edward 262, 485

톰슨, 윌리엄Thomson, William 82, 274

톰슨, 조지프Thomson, Joseph 28, 34, 36, 114

틴들, 아서Tyndall, Arthur 134, 138

팅, 새뮤얼Ting, Samuel 180~181

ㅍ

파스퇴르, 루이Pasteur, Louis 271~274

파울리, 볼프강Pauli, Wolfgang 15~16, 108~109, 158~159, 205, 207, 237, 252, 256, 261, 268, 493, 591~592, 602~604

파월, 세실Powell, Cecil 121~122, 134~137, 139, 145, 147

파이스, 아브라함Pais, Abraham 488~489, 491

파이얼스, 루돌프Peierls, Rudolf 255~256

파인먼, 리처드Feynman, Richard 168~169, 212~213, 243, 260~261, 264, 274, 429~430, 433, 451, 546~547

판데르 메이르, 시몬van der Meer, Simon 375, 377~378

퍼셀, 에드워드Purcell, Edward 394

펄머터, 솔Perlmutter, Saul 556~557, 562~563

페니패커, 칼Pennypacker, Carl 556~557, 560

페랭, 장Perrin, Jean 32

페르미, 엔리코Fermi, Enrico 16, 131, 159, 161, 251~257, 262, 275, 307~308, 322~325, 336, 342, 351~354, 357~358, 386, 462, 491, 604

페리에, 카를로Perrier, Carlo 105~107

펜지어스, 아노Penzias, Arno 533~537, 570

펠트만, 마르티뉘스Veltman, Martinus 343, 346, 463

폰테코르보, 브루노Pontecorvo, Bruno 491~497, 499~500, 504

프랭클린, 벤저민Franklin, Benjamin 27, 40, 42, 45, 49, 83

프리드만, 알렉산드르Friedmann, Alexander 525~528

플랑크, 막스Planck, Max 531~532, 541

피블스, 짐Peebles, Jim 536, 554~555

ㅎ

하버, 칼Haber, Carl 412~414

하이젠베르크, 베르너Heisenberg, Werner 203, 228~229, 252

허먼, 로버트Herman, Robert 528, 532~533, 536, 540

허블, 에드윈Hubble, Edwin 510~513, 517, 523~524, 526~527, 538, 548, 553, 556

헤스, 빅토르 프란츠Hess, Victor Franz 117~120, 134

헤이건, 리처드Hagen, Richard 337, 348, 476

홉킨스, 스미스Hopkins, Smith 104~105, 107

휠러, 그랜빌Wheeler, Granville 77~81

휠러, 존 아치볼드Wheeler, John Archibald 521

힉스, 피터Higgs, Peter 337, 348~349, 460

힐베르트, 다비트Hilbert, David 221~223, 226

인명 외

ㄱ

가미오칸데 503, 575

가미오칸데-2 501, 503~504

각운동량 158, 224

감마선 29, 54, 57, 118, 122, 271, 429~430, 485, 568, 570

강한 상호작용(강력) 145~146, 155, 165, 232, 234~235, 243, 246, 340, 581, 596

거품상자 17, 149~151, 163, 344, 408

게이지 대칭 220, 224~225, 239, 324~325, 337, 340~341, 348~349, 454~455, 463

게이지 보손 231, 233, 327, 336~337, 341~342, 453~454, 463, 468, 574

게이지이론 224, 228, 239, 242, 268, 276, 324, 337~338, 343, 454

광전증폭기 398, 404, 501, 503

교차형 저장고리(ISR) 372~373, 453

국제우주정거장(ISS) 298, 329

글루온 239~240, 242~243, 246~248, 322, 359, 434, 447, 479~480, 598, 613~614

기묘도 146~147, 154~158, 160~162, 165~166, 238, 488

기묘쿼크 164~166, 193, 235, 237, 340, 345, 578

  자연은 왜 이토록 단순하면서도 아름다운가

꼭대기쿼크 340, 371, 380, 435, 457~460, 465~467, 474~475, 480~481

끈이론 608~609

ㄴ

나트륨(Na) 86, 94, 98, 281, 398

눈 결정 328~330

뉴트리노(중성미자) 14, 16, 18, 108~110, 127, 130~131, 139, 142, 152, 166, 191, 251~257, 261, 264, 268, 270~271, 274~276, 323~324, 339~340, 344~345, 374, 377, 406~408, 439, 451, 453, 456, 459, 465, 467, 493~507, 554, 568, 575, 581~583, 591, 594~595, 599

니오븀-주석 합금 310~317, 321

니오븀-티타늄 합금 315, 317, 379, 383

ㄷ

다중우주 608~609, 612

대통일 이론(GUT) 573~577, 581

대형 강입자 충돌기(LHC) 17~18, 242, 317, 321, 323, 356~358, 365, 371, 380, 382~386, 406, 412, 434, 436~438, 442, 450, 459, 466~473, 479, 481

대형 전자-양전자 충돌기(LEP) 371~372, 382, 452~457, 460, 465~467, 480

W 보손 323~324, 326, 336, 340~341, 348, 375, 377~378, 380, 430~436, 438, 452, 455, 458~459, 461, 463~464, 467, 475, 480, 506, 567, 574, 598, 600~601, 608

도플러 효과 510~511

동위원소 60, 102, 105~106, 110, 567~568, 595

디랙 방정식 14, 125, 127, 207, 209, 484

ㄹ

라돈(Rn) 30, 33, 37, 116, 251

라듐(Ra) 28~31, 37~40, 45, 53, 59, 251, 352, 356, 392~394

람다(Λ) 154~155, 163, 179, 489, 524

레이던병 68, 82~83

렙톤 155, 166, 275, 338~341, 343, 346, 348~349, 357, 435, 450, 455~459, 463, 475, 477, 479~482, 548, 573~574, 581, 597~598

로런스 버클리 연구소 442, 540, 556, 559~560

리튬(Li) 56~57, 245, 553, 602

ㅁ

마수륨(Ma) 104~105, 107

마초(MACHOs) 553

맨해튼 프로젝트 421, 425, 429

맵시쿼크 14, 171, 180, 184~186, 188~189, 192~193, 340, 343, 345~346, 348, 456~457, 491

메인 링 365~367, 374~377, 379

목성 69, 200, 390~391, 609

《목성의 세계》 390~391

몬테 제네로소(제네로소산) 17, 25~27, 39, 41, 43~44, 48, 50, 58, 360

몬테카를로 시뮬레이션 18, 427~429, 432~435, 439~441, 446~447

《물리학의 철학》 522

뮤온 129~132, 139, 142, 146, 150, 152, 166, 260, 264~266, 268~269, 275, 324~325, 339, 504, 576, 581

뮤온뉴트리노 275, 324, 339, 343~344, 346, 451, 455, 497, 499, 503~507

알파붕괴 53, 250~252, 527

알파입자 30, 33~37, 39~40, 48, 50,
52~53, 55~58, 109, 120~122, 124, 133,
135~136, 167, 245~246, 250~252, 255,
287, 356, 392, 396~398, 407, 599

암흑물질 12, 19, 371, 408, 549, 551~555,
563~564

암흑에너지 19~20, 563~564

약전자기 대칭 349, 460, 464, 466, 478, 481

약전자기 대칭붕괴 440, 475, 482

약전자기 이론 16, 18, 90, 322~350,
371, 374~375, 378, 450~451, 454~455,
457~460, 466, 475, 480~482, 573, 577

약한 상호작용(약력) 16, 146, 154,
166, 253~254, 256, 262, 264, 269~270,
274~275, 322, 339~340, 342, 347, 464,
495, 582, 599~600

양-밀스 이론 230~233, 235~236, 337, 340

양성자 붕괴 575~576

양성자-반양성자 충돌기 375, 378, 380,
451~452, 461

양성자-양성자 충돌기 372~373, 382

양자색역학(QCD) 15, 242~243,
247~248, 339, 450, 573

양자역학 15, 53, 89, 95, 109, 158, 193,
204~205, 211, 218~219, 228~229, 258,
330, 394, 488, 531, 547, 590, 600, 602

양자장이론 211, 234, 241, 337, 598

양자전기역학(QED) 14, 16, 212~213,
234, 240~242, 246, 259, 326, 335, 341

양자터널효과 53, 250, 527

양전자 110, 124~125, 127~129, 173~174,
176, 178, 192, 208~209, 213, 240, 250,
255, 270, 348, 359, 371~372, 378, 436,
452, 454~455, 465, 484, 486~487,
490~491, 497, 503, 529, 567~568, 575,
578, 599

X-선 28, 54, 58, 60, 96~100, 102, 105,

114~116, 121, 154, 199, 330, 410~412

연속대칭 257

영구전류 297, 303, 305

올스타 베이스볼 게임 17, 418~420,
425~427, 443

우주팽창설 513, 523~524, 526

《원소의 발견》 104, 300

원자 스펙트럼 95, 110, 258, 285, 509, 602

원자론 31~33, 38

위상대칭 220, 223, 230, 326, 335~336,
341~342

위쿼크 164~166, 192, 235, 246, 340, 348,
456, 578, 597, 600

위크보손 323~324, 326, 338, 340, 481

윔프(WIMPs) 554~555

유럽핵입자물리연구소(CERN) 17,
163, 242, 323, 344, 356, 370~372,
374~375, 377, 379, 382, 384, 386, 412,
416, 436~438, 443, 450~453, 460~461,
465~466, 469~471, 473~474, 476~477,
480, 486, 495, 567, 605

유카와 입자 132

은하수 510, 515, 534, 537, 563

이온화 42, 116~117, 123, 135, 149, 344,
359, 362, 396~398, 408

일리늄 104~105, 107

일반상대성이론 197, 200, 203, 216~217,
222, 521~524

일식 69, 118, 197~198, 520

입자가속기 13~14, 51, 105, 147~148, 150,
172, 188, 196, 242, 299, 320~321, 350,
353~356, 358, 361, 366~367, 402, 430,
446, 554, 608

입자감지기 124, 167, 174, 176, 344, 356,
378, 397, 401~402, 404~405, 407, 429,
435, 439, 468

입자물리학 18, 20, 44, 147, 151, 169, 175,

177, 187, 190~191, 196, 257, 317, 338,
351~352, 354, 357, 360, 367~368, 371,
375, 421, 433, 436, 439, 448, 450, 467, 473,
477, 503, 540, 552, 554, 564, 577~579,
583, 588, 590, 592, 607~608, 613~614,
616

입자빔 43, 52~55, 58, 106, 173~174, 177,
317, 356, 359, 362~365, 369, 374, 382,
386, 469~470, 484

ㅈ

자발적 대칭붕괴 334, 337, 463

적색편이 511~512, 548, 558~562, 564

전자기 샤워 403~405

전자기력 15, 18, 208, 216, 220, 229, 234,
240, 249, 254, 262, 301, 322, 325~327,
329, 338~341, 347, 406, 460, 479, 481,
548, 573~574, 587, 598, 606

전파천문학 516, 519~520, 533~534, 537,
551

절대온도(0K) 265, 278~280, 284, 321,
379

점근적 자유 242~246, 574

제이-프시 중간자(J/Ψ 입자) 14, 186,
188~189, 191, 206, 371, 456

제1차 세계대전 13, 31, 36, 102, 104, 119,
121, 226, 289, 297

제2차 세계대전 60, 106, 130, 262, 306,
420~421, 471, 527

Z 보손 344~345, 347~348, 375, 377~379,
451~455, 461, 465, 480, 506, 567, 574,
598, 608

주기율표 13, 15, 38, 85, 87~89, 98~99,
101~102, 104~105, 107, 110, 225, 308,
316, 546, 567, 602

중간자(메손) 129, 137, 155, 159~160,
163~165, 169, 193, 235~236, 238, 259,
352, 409, 457~458, 488

중력 마찰 512, 548

중력법칙 200, 243, 552, 575, 612

중력이론 521~522, 524, 550~551

중성자 109~110, 127, 129~130, 139,
154~157, 161, 164, 166, 179, 228~231,
234~236, 238, 246~248, 250~253, 255,
263, 270, 275, 329, 340, 345, 351~352,
405, 426~428, 492~494, 547~548, 554,
568, 577, 590, 593~601, 604, 608

중성전류 342, 345, 347~348, 374, 451,
506, 577

중수 493, 505~506

중수소 493~494, 497, 506, 553, 600~601,
604

중양자 497, 599~600

g-인자 209, 211

《지킬 박사와 하이드》 483, 488

진공관 302, 400~401, 425, 519

진공상태 279, 333~334, 336~337, 342,
355, 362, 383

진공챔버 55, 362

ㅊ

차터하우스 13, 73~75, 80

초대칭 605~607

초대칭짝 605

초신성 514, 557~563

초전도 싱크로트론 317, 379

초전도 자석 297, 303, 311, 317, 379, 383

초전도 초충돌기(SSC) 380, 382, 436, 438,
442

초전도 현상 16, 295, 307, 315~316, 318,
321

자연은 왜 이토록 단순하면서도 아름다운가

1판 1쇄 인쇄 2026년 4월 16일
1판 1쇄 발행 2026년 4월 23일

지은이 로버트 칸, 크리스 퀴그
옮긴이 박병철
발행인 양원석 **편집장** 김건희 **책임편집** 곽우정
디자인 강혜림 **영업마케팅** 조아라, 박소정, 김유진, 원하경, 정민지

펴낸 곳 ㈜알에이치코리아
주소 서울시 금천구 가산디지털2로 53, 20층 (가산동, 한라시그마밸리)
편집문의 02-6443-8932 **도서문의** 02-6443-8800
홈페이지 http://rhk.co.kr
등록 2004년 1월 15일 제2-3726호

ISBN 978-89-255-6954-3 03420